彩图 1　住宅楼效果图

彩图 2　室内装饰效果图

“十四五”职业教育国家规划教材

“十二五”职业教育国家规划教材

经全国职业教育教材审定委员会审定

“十四五”职业教育河南省规划教材

建筑制图与阴影透视

第3版

主　编　李思丽

副主编　李喜霞　尹家琦

参　编　陈秀云　徐维涛

　　　　李　娟　李盼盼

　　　　杨　哲　费建刚

　　　　李春阳

机 械 工 业 出 版 社

本书在“十二五”职业教育国家规划教材《建筑制图与阴影透视》（第2版）的基础上进行修订。全书共11个项目，主要内容有了解建筑工程图，绘制简单建筑施工图，投影法及其在建筑工程图中的应用，建筑形体的图样表达方法，建筑工程施工图、装饰施工图认知，建筑施工图识读与绘制，建筑测绘，图纸会审，建筑阴影和透视投影的基本知识等。

本书突出高等职业教育的特点，实用性强，与工程实际结合紧密。采用现行国家标准、丰富的工程实例，图文结合，简明易懂。

本书配套有《建筑制图与阴影透视习题集》供选用。本书可作为高职高专院校建筑装饰工程技术、建筑设计、建筑室内设计、城镇规划等专业教学用书，也可供相关专业技术人员参考。

为方便教学，本书配有电子课件和微课视频，凡使用本书作为教材的教师均可登录机工教育服务网 www.cmpedu.com 注册下载。咨询邮箱：cmpgaozhi@sina.com。咨询电话：010-88379375。

图书在版编目（CIP）数据

建筑制图与阴影透视/李思丽主编．—3版．—北京：机械工业出版社，2020.8（2025.1重印）
“十二五”职业教育国家规划教材
ISBN 978-7-111-66617-2

Ⅰ.①建… Ⅱ.①李… Ⅲ.①建筑制图-透视投影-高等职业教育-教材 Ⅳ.①TU204

中国版本图书馆CIP数据核字（2020）第185514号

机械工业出版社（北京市百万庄大街22号 邮政编码100037）
策划编辑：常金锋 责任编辑：常金锋 陈紫青
责任校对：闫玥红 封面设计：陈 沛
责任印制：单爱军
保定市中画美凯印刷有限公司印刷
2025年1月第3版第9次印刷
184mm×260mm・21.75印张・1插页・535千字
标准书号：ISBN 978-7-111-66617-2
定价：49.90元

电话服务
客服电话：010-88361066
010-88379833
010-68326294

网络服务
机 工 官 网：www.cmpbook.com
机 工 官 博：weibo.com/cmp1952
金 书 网：www.golden-book.com
机工教育服务网：www.cmpedu.com

关于“十四五”职业教育
国家规划教材的出版说明

为贯彻落实《中共中央关于认真学习宣传贯彻党的二十大精神的决定》《习近平新时代中国特色社会主义思想进课程教材指南》《职业院校教材管理办法》等文件精神，机械工业出版社与教材编写团队一道，认真执行思政内容进教材、进课堂、进头脑要求，尊重教育规律，遵循学科特点，对教材内容进行了更新，着力落实以下要求：

1. 提升教材铸魂育人功能，培育、践行社会主义核心价值观，教育引导学生树立共产主义远大理想和中国特色社会主义共同理想，坚定“四个自信”，厚植爱国主义情怀，把爱国情、强国志、报国行自觉融入建设社会主义现代化强国、实现中华民族伟大复兴的奋斗之中。同时，弘扬中华优秀传统文化，深入开展宪法法治教育。

2. 注重科学思维方法训练和科学伦理教育，培养学生探索未知、追求真理、勇攀科学高峰的责任感和使命感；强化学生工程伦理教育，培养学生精益求精的大国工匠精神，激发学生科技报国的家国情怀和使命担当。加快构建中国特色哲学社会科学学科体系、学术体系、话语体系。帮助学生了解相关专业和行业领域的国家战略、法律法规和相关政策，引导学生深入社会实践、关注现实问题，培育学生经世济民、诚信服务、德法兼修的职业素养。

3. 教育引导学生深刻理解并自觉实践各行业的职业精神、职业规范，增强职业责任感，培养遵纪守法、爱岗敬业、无私奉献、诚实守信、公道办事、开拓创新的职业品格和行为习惯。

在此基础上，及时更新教材知识内容，体现产业发展的新技术、新工艺、新规范、新标准。加强教材数字化建设，丰富配套资源，形成可听、可视、可练、可互动的融媒体教材。

教材建设需要各方的共同努力，也欢迎相关教材使用院校的师生及时反馈意见和建议，我们将认真组织力量进行研究，在后续重印及再版时吸纳改进，不断推动高质量教材出版。

机械工业出版社

第3版前言

PREFACE

《建筑制图与阴影透视》（第3版）是根据《技术制图　通用术语》（GB/T 13361—2012）、《房屋建筑制图统一标准》（GB/T 50001—2017）等相关现行标准、规范，采用现行建筑标准设计图集做法，在“十二五”职业教育国家规划教材《建筑制图与阴影透视》（第2版）的基础上修订而成的。与本书配套的《建筑制图与阴影透视习题集》也已修订完成，学练结合，可培养学生读图和制图的基本职业技能。

本书在动态修订时，编者队伍深入学习贯彻党的二十大精神，以学生的全面发展为培养目标，融“知识学习、技能提升、素质教育”于一体，严格落实立德树人根本任务。在理论知识学习、实践目标设计、任务实施过程设计、考核评价设计等方面致力于培养高素质技能型人才。通过行业企业的深度参与，及时将行业企业的新技术、新规范等转化为有关教学内容和要求，同时参照“1+X”建筑工程识图任务一的赛项要求，以实际工程施工图纸为载体，以学生对应职业岗位要求为标准，将所需要的知识与技能穿插在学习任务中，强化学生岗位实践能力训练，实现专业知识与技能的有效转化，培养学生的独立工作能力与协作精神。为推进教学内容数字化，打造立体化教材，建设了丰富详实、活泼多样的数字化教学资源，并在智慧职教平台建设了在线开放课程，实现了线上线下混合式教学。

本书由河南建筑职业技术学院李思丽担任主编，河南建筑职业技术学院李喜霞、尹家琦担任副主编。其他参与编写的还有黄淮学院陈秀云、费建刚，河南建筑职业技术学院徐维涛、李娟、李盼盼、杨哲，河南康利达投资集团有限公司李春阳。

本版的修订工作由李思丽主持完成，限于编者的水平，对于疏漏和不当之处，敬请各位老师和读者批评指正。

编　者

第2版前言

PREFACE

《建筑制图与阴影透视》第1版教材于2007年9月出版，距今已有6年多的时间。期间，新标准如《房屋建筑制图统一标准》(GB/T 50001—2010)、《建筑制图标准》(GB/T 50104—2010)等于2010年颁布，并且随着社会的发展及高等职业教育改革的深入，出现了很多新的教改成果，如校企合作、教学做一体化等。建筑行业发展也出现了很多的新理念、新工艺、新技术、新规范。所以，第1版教材已不能完全适应当前的教学需求。

本次再版，教材的修订以学生为主体，充分尊重当前高职学生的理解能力、接受水平，任务驱动，提高学生学习兴趣，突出动手能力、实际应用，注重实践，并在教材的组织形式、内容整合、实践性教学等环节体现出来。充分利用学生身边的建筑物，如教学楼、宿舍等，由浅入深，进行比例、尺寸标注，投影图，剖、断面图，轴测图，施工图识读，测绘，图纸会审实务模拟，透视效果图绘制等一系列练习，教学做一体，实际场景教学，注重制图标准在工作中的具体应用，注重提高解决实际问题的能力，提高学生职业技能。

本版采用项目教学，从认识建筑工程图开始，循序渐进，进行简单的制图标准练习、简单施工图的绘制，到投影，剖、断面图，轴测图，建筑工程施工图，阴影透视图，以“建筑工程图”贯穿教材内容，识图不断线，尊重认知规律，使学生对建筑工程图有整体理解与掌握。

本版的修订工作由河南建筑职业技术学院李思丽主持完成，限于编者的水平，对出现的疏漏和不足，深望各位老师和读者批评指正。

与本书配套的《建筑制图与阴影透视习题集》第2版(ISBN 978-7-111-47682-5)也已修订完成，将与本书同时出版。

编　者

第1版前言

PREFACE

《建筑制图与阴影透视》针对高职教育的特点及高职学生的实际需求组织教材内容。教材强调实用性、面向就业、面向后续课程的学习，加大了实训练习内容，强调动手能力及解决实际问题的能力，强调思考问题的方法的培养，使同学们能够掌握应知应会的知识和技能。本教材适用于高职高专建筑设计、建筑装饰、室内设计等专业，土建施工、建筑工程管理等专业也可选用。

在教材的内容上，本书针对高职高专层次的建筑设计、建筑装饰及相关专业的实际需要加大了内容整合的力度，特别在投影理论和工程制图的融合上下功夫，投影原理与工程制图紧密结合，突出投影方法的实用性，重点为后面章节建筑工程制图的学习打基础，使学生能够学以致用。特别设置建筑形体的图样画法一章，作为投影知识与建筑工程施工图的衔接章节，有承上启下的作用，使学生能更好地理解投影知识在工程施工图中的运用，从而更好地掌握工程施工图的识读和绘制。

由于本课程是一门实践性很强的技术基础课，故应加强课堂练习，强调“读”“练”与“画”，并在画图过程中进一步培养学生读图能力，投影图、施工图、阴影、透视部分突出绘图基本技能训练，切实培养学生的读图和绘图的基本功。学习中，要保证学生有足够的训练时数，仅靠课内时数是不够的，还需要一些课外时数进行练习。所以，本课程的教学手段为精讲多练、边讲边练，重在培养学生掌握及灵活运用所学知识的能力。练习分为三种：课堂练习、实训练习、课后练习。

课堂练习：利用课堂时间进行。一般是学生第一次接触的新知识、新技能，不易掌握其要点，需在老师指导下进行，且不需要太长时间。课堂练习的内容在教材中出现，可设计成提问、黑板演示、动手练习等，注意应密切配合教师的辅导。

实训练习：实训练习中所包含内容较多、题目较大，在课堂上无法全部完成，但又需在教师指导下才能保证其质量。可利用一次课堂时间完成其难度较大的部分，剩余部分在课下完成。实训练习的内容为工程施工图或阴影透视图的绘制，在教材及习题集中出现。

课后练习：要求学生自己独立思考完成的作业，巩固课堂知识，以习题集的形式出现。

参加本书编写工作的有河南建筑职业技术学院李思丽（第1、2、3、6、7、12章）；黄淮学院陈秀云（第4、9、10章）、费建刚（第5章）；河南省国防工业设计研究院李春阳（第8、11章）；河南省建筑工程学校阮铮（第13章）。本书由李思丽任主编，并负责全书统稿工作。在编写者中，既有从教多年的高校教师，又有从事多年设计工作的建筑师、结构工程师。工程图样选自编写者实际工作中的工程实例。

本书在成稿过程中参阅了许多专家的著作，在此谨向各位专家表示感谢。同时，本书编写过程中还得到了机械工业出版社李俊玲编辑的大力帮助，在此一并表示感谢。

由于编者的水平所限，疏漏和不当之处在所难免，敬请各位老师和读者批评指正。

编　者

目录

CONTENTS

绪　　论

工程图是工程技术人员用来传达、交流技术思想的文件，是工程界的共同语言。建筑物的形状、大小、结构、设备、装饰装修等，不一定能用语言或文字描述清楚，但却可以借助一系列的图样准确而详尽地表达出来，所以，图样是建筑工程不可缺少的重要技术资料。从事工程技术的人员都应掌握读图、制图技能，不会读图，就无法理解别人的设计意图，不会画图，就无法表达自己的设计构思。

“建筑制图与阴影透视”课程的目的，就是培养学生绘制和阅读工程图的基本能力，培养空间想象能力，为后续课程的学习和专业技术工作打下必要的基础。学完本课程后，应达到如下的要求：

- 掌握正投影、轴测投影、阴影、透视的基本理论和作图方法。
- 能正确使用制图工具和仪器作图。
- 掌握制图的步骤和方法，所画图样符合国家制图标准。
- 能正确地阅读和绘制一般的建筑工程图。
- 能绘制建筑阴影。
- 能绘制一般建筑工程的透视图。
- 培养严肃认真的工作态度和耐心细致、一丝不苟的工作作风。

本课程的投影部分是制图的理论基础，比较抽象，初学者往往不易接受；而制图部分是投影理论的运用，实践性较强。所以学习时应加强实践性教学环节，完成一定数量的作业和习题，以便较好地掌握所学内容。学习本课程应注意以下学习方法：

- 明确学习目的。
- 建筑制图是一门既有本学科基础理论，又与生产实际密切结合的实践性技术基础课程。基本理论和方法，必须通过大量的画图和读图实践才能掌握。学习中要注重理论联系实际，细观察、多思考、勤动手，掌握正确的方法和步骤，努力提高绘图技能。
- 认真听讲，独立完成作业，做好课堂练习、课后练习及实训练习。
- 培养空间想象能力，即从二维的平面图形想象出三维的形体形状。这也是该课程的难点。学习时，应将画图与读图相结合，即当根据形体画出投影图之后，随即移开形体，从所画的投影图想象原来形体的形状，看是否相符。坚持这种做法，有利于空间想象能力的培养。
- 建筑制图课程只能为学生制图、读图能力的培养打下一定的基础，而涉及的相关专业知识，还应在后续课程的学习中不断补充和完善，只有这样，才能真正地读懂建筑工程图。

项目1 了解建筑工程图

学习目标：理解建筑的概念、建筑工程图的常见类型；掌握建筑制图国家标准的基本要求，并学会运用制图标准标注常见的平面图形的尺寸。

任务：收集建筑相关图样，如建筑物照片、楼盘广告、施工图等，分析它们的建筑类型及风格，了解它们的图名及所表达的内容。

1.1 建筑工程图

1.1.1 建筑的概念

建筑与人的关系十分密切。人们的工作、学习、休息、娱乐等都离不开建筑，人们始终生活在建筑所构成的空间里。

建筑是一种既有艺术形象，又有不同物质功能的构筑物。建筑的形象不能像绘画、雕塑等一样，由建筑师随意创造，而必须受物质功能要求和结构、材料、施工等技术条件的制约。不论是中国的宫殿、寺庙、陵墓、民居，还是外国的宫殿、教堂、住宅、园林、城市等，它们的个体和群体形象都是一个时期政治、经济、文化、技术等诸方面条件的综合产物。

由于物产、气候、地理、交通等的差异，每个地方的建筑都有自己的特点。由于宗教、政治、经济、社会等的差异，每个时代的建筑都有自己的特点。由于文化的交流、艺术的传承与创新，建筑的形象千姿百态、丰富多彩。

建筑是人类生活的舞台、主要的物质环境。建筑上凝固着人的生活以及他们的需要、感情、审美和追求。建筑又把这些传达给人，渗透到他们的性格和理想中去。

中国古建筑主要采用木结构，加工建造方便，体现了中国古代科技的水平和工巧，凝结了独特的审美和文化内涵，是民族文化认同的象征之一。但木结构的防火、防潮、防蛀及耐久性较差，所以早期古建筑遗存极少。如图 1-1 所示为梁思成所绘山西应县佛宫寺辽释迦塔。

现代建筑由于大量采用先进的建筑材料和设备，因此在建筑高度、建筑规模和科技含量上都有了巨大的进步和提高，新技术、新材料、新工艺和新的施工方法不断涌现，建筑的艺术形象和使用功能更加多元，为人们的生产、生活和社会活动提供了有效的空间。如图 1-2 所示为现代建筑。

为了方便，人们把建筑分成不同的类型，常见的分类方式有按使用性质分类、按层数分类、按承重结构的材料分类、按结构形式分类等。如按使用性质分有民用建筑（包括居住建筑、公共建筑）、工业建筑；按层数分有低层、多层、高层、超高层建筑；按承重结构材料分有混合结构、钢筋混凝土结构、钢结构、木结构等。本书主要以民用建筑为例。

图 1-1　梁思成所绘山西应县佛宫寺辽释迦塔

图 1-2　现代建筑

拓展阅读

直至 20 世纪 20 年代，国际学界缺少对中国建筑的认识和研究，这些知识在本国文化传统中同样被遮蔽。梁思成、刘敦桢两位杰出的留学生学成归国后创建“中国营造学社”，开展古建筑调查研究。从 1932 年学社工作全面开展至抗日爆发前的五年内，学社成员走过中国上百个县市，寻访近千处古代建筑，对它们第一次做了现代科学方法下的测绘记录与研究。发表的论文文字生动传神，精心绘制的建筑图纸丰富而详实，将无比复杂的木构架、斗拱构造、观音像等，表现得有条不紊，具有高度的艺术性，蕴含着古建筑及传承人的“匠心”。我们在赞叹经典之作、难以逾越的同时，还要特别说明的是，绘制这些杰作的工具，仅仅是简陋的鸭嘴笔和黑墨水而已。

梁思成（后）、莫宗江在营造学社绘图的场景

1.1.2 建筑工程图常见类型

在建筑工程中，不论是建造壮观的大厦，或是简单房屋，都要根据设计完善的图纸，才能进行施工。建筑物的形状、大小、结构、设备、装饰装修等，都不能用人类的语言或文字描述清楚，但图纸却可以通过一系列的图样，将建筑物的造型、空间、结构、构造、设备以及施工要求等，准确而详尽地表达出来，作为施工的依据，所以，图纸是建筑工程不可缺少的重要技术资料。

根据设计阶段的不同，建筑工程图常见类型主要有方案图、效果图、扩初图、施工图、变更图等。

方案图主要是根据业主提出的设计任务和要求，进行调查研究，搜集资料，提出设计方案，然后初步绘出草图。复杂一些的可以绘出透视图或制作出建筑模型。

效果图是在建筑工程施工前就绘制出建筑物建成后的风格效果的图，可以提前让客户知道建筑与环境的关系、建筑的规模、造型、风格、选材及色彩等效果。效果图主要偏重于艺术性，烘托建筑的艺术感染力。

扩初图主要是根据初步设计阶段确定的内容，进一步解决建筑、结构、材料、设备（水、电、暖通）等与相关专业配合的技术问题，包括技术图纸、编制的有关设计说明和初步计算等。

施工图是为满足工程施工中的各项具体技术要求，通过详细的计算和设计，绘制出的完整的工程图样。施工图是施工单位进行施工的依据。建筑工程施工图包括建筑施工图、结构施工图、设备施工图、装饰施工图等。

变更图应包括变更原因、变更位置、变更内容等。变更设计可采取图纸的形式，也可采取文字说明的形式。

下面简要介绍方案图及效果图，施工图在项目5、6、7中有详细介绍。

1. 方案图

方案图一般包括设计说明书、设计图纸、透视图或鸟瞰图，必要时还应有建筑模型。

设计说明书包括设计依据及设计要求、建筑设计的内容和范围、方案设计所依据的技术准则、设计构思和方案特点、关于节能措施方面的必要说明等。设计图纸主要包括平面图、立面图、剖面图。平面图应有底层平面及其他主要使用层平面的总尺寸、柱网尺寸或开间、进深尺寸，承重墙、柱网、剪力墙等位置，功能分区和主要房间的名称。 立面图应根据立面造型特点，选绘有代表性的和主要的立面，并表明立面的方位、主要标高。透视图或鸟瞰图视需要而定。设计方案一般应有一个外立面透视图或鸟瞰图。建筑模型可根据建设单位的要求或设计部门的需要制作，一般用于大型或复杂工程的方案设计。方案图的图纸和有关文件只能供研究和审批使用，不能作为施工依据。

如图1-3所示为某传达室的方案图，包括平面图、正立面图、侧立面图、透视图。通过该方案图可了解传达室的平面形状为L形，传达室的入口、台阶、门窗的位置，室外挑廊的位置，传达室的建筑造型、大小及高度等。透视效果图具有立体感和空间感，易于读出房屋的规模、造型、风格等。

2. 效果图

效果图是对设计师或业主的设计意图形象化表现的图样。设计师通过手绘或电脑软件

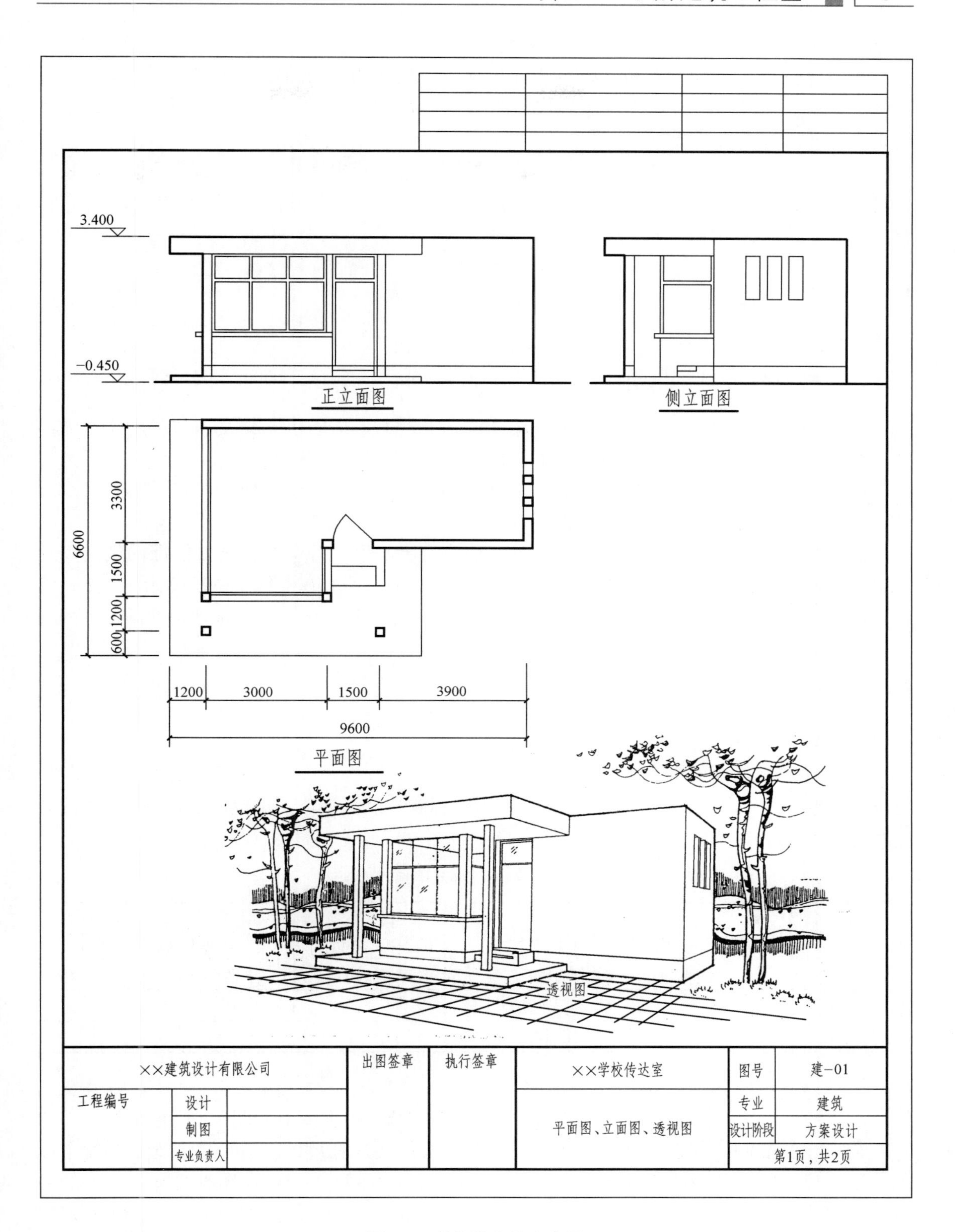

图 1-3　某传达室的方案图

在建筑施工前就绘制出建筑物建成后的风格效果的图。

效果图通常选取典型部位，表达出建筑环境、整体的空间特征、建筑规模、造型、风格等，直观性强。如彩图1为某住宅楼效果图，可以看出该住宅为单元式多层住宅，简欧式建筑风格，色彩明快，造型简洁。

彩图2所示为某住宅客厅、主卧装饰效果图，可以看出客厅、卧室的空间格局、装饰选材、陈设、家具等，家具（沙发、柜子等）、陈设（灯具、珠帘、挂画等）均为简约风格，整个空间简洁明快，空间开阔。

1.2 制图标准

1.2.1 制图标准简介

为了统一房屋建筑制图规则，做到图面清晰、简明，适应信息化发展与房屋建设的需要，利于国际交流，国家有关部委颁布了有关建筑制图的国家标准，包括：《房屋建筑制图统一标准》（GB/T 50001—2017）、《总图制图标准》（GB/T 50103—2010）、《建筑制图标准》（GB/T 50104—2010）、《建筑结构制图标准》（GB/T 50105—2010）等。

房屋建筑制图，除应符合以上标准外，还应符合国家现行有关强制性标准的规定以及各有关专业的制图标准。制图国家标准（简称国标）是一项所有工程人员在设计、施工、管理中应严格执行的国家法令。同学们从学习制图的第一天起，就应该严格地遵守国标中的每一项规定。

1.2.2 图纸幅面

1. 图纸的幅面规格

图纸幅面是指图纸宽度与长度组成的图面，即图纸的大小规格。图纸中应有标题栏、图框线、幅面线、装订边线和对中标志。图纸的标题栏及装订边的位置，应符合表1-1的规定和图1-4的格式。

表1-1 图纸幅面和图框尺寸 （单位：mm）

幅面代号 尺寸代号	A0	A1	A2	A3	A4
$b \times l$	841×1189	594×841	420×594	297×420	210×297
c	10			5	
a	25				

图纸以短边作为垂直边应为横式，以短边作为水平边应为立式。A0～A3图纸宜横式使用；必要时，也可立式使用。横式、立式幅面的图纸，应按图1-4的形式进行布置。

需要微缩复制的图纸，其一个边上应附有一段准确米制尺度，四个边上均附有对中标志，米制尺度的总长应为100mm，分格应为10mm。对中标志应画在图纸内框各边长的中点处，线宽0.35mm，应伸入内框边，在框外为5mm。对中标志的线段，于l_1和b_1范围取中。

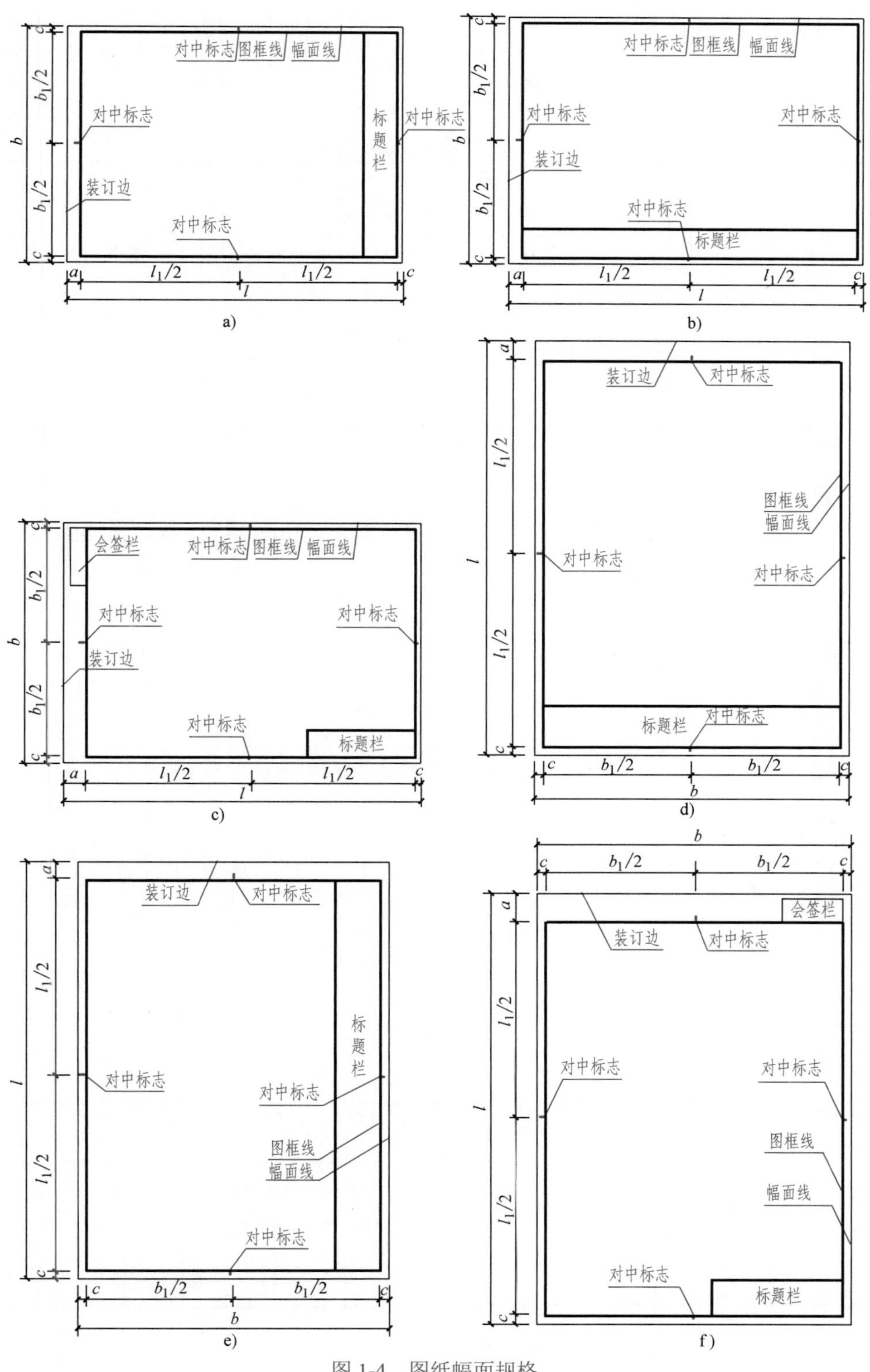

图 1-4　图纸幅面规格

a）A0 ～ A3 横式幅面（一）　b）A0 ～ A3 横式幅面（二）　c）A0 ～ A1 横式幅面（三）
d）A0 ～ A4 立式幅面（一）　e）A0 ～ A4 立式幅面（二）　f） A0 ～ A2 立式幅面（三）

图纸的短边尺寸不应加长，A0 ~ A3 幅面长边尺寸可加长，但应符合表 1-2 的规定。

一个工程设计中，每个专业所使用的图纸，不宜多于两种幅面（不含目录及表格所采用的 A4 幅面）。

表 1-2 图纸长边加长尺寸 （单位：mm）

幅面代号	长边尺寸	长边加长后的尺寸
A0	1189	1486（A0+l/4） 1783（A0+l/2） 2080（A0+3l/4） 2378（A0+1l）
A1	841	1051（A1−l/4） 1261（A1+l/2） 1471（A1+3l/4） 1682（A1+1l） 1892（A1+5l/4） 2102（A1+3l/2）
A2	594	743(A2+l/4) 891(A2+l/2) 1041(A2+3l/4) 1189(A2+1l) 1338(A2+5l/4) 1486(A2+3l/2) 1635（A2+7l/4） 1783（A2+2l） 1932（A2+9l/4） 2080（A2+5l/2）
A3	420	630（A3+l/2） 841（A3+1l） 1051（A3+3l/2） 1261（A3+2l） 1471（A3+5l/2） 1682（A3+3l） 1892（A3+7l/2）

注：有特殊需要的图纸，可采用 $b \times l$ 为 841mm×891mm 与 1189mm×1261mm 的幅面。

2. 标题栏和会签栏

图纸的标题栏简称图标。标题栏和会签栏应按图 1-5 和图 1-6 所示，根据工程的需要确

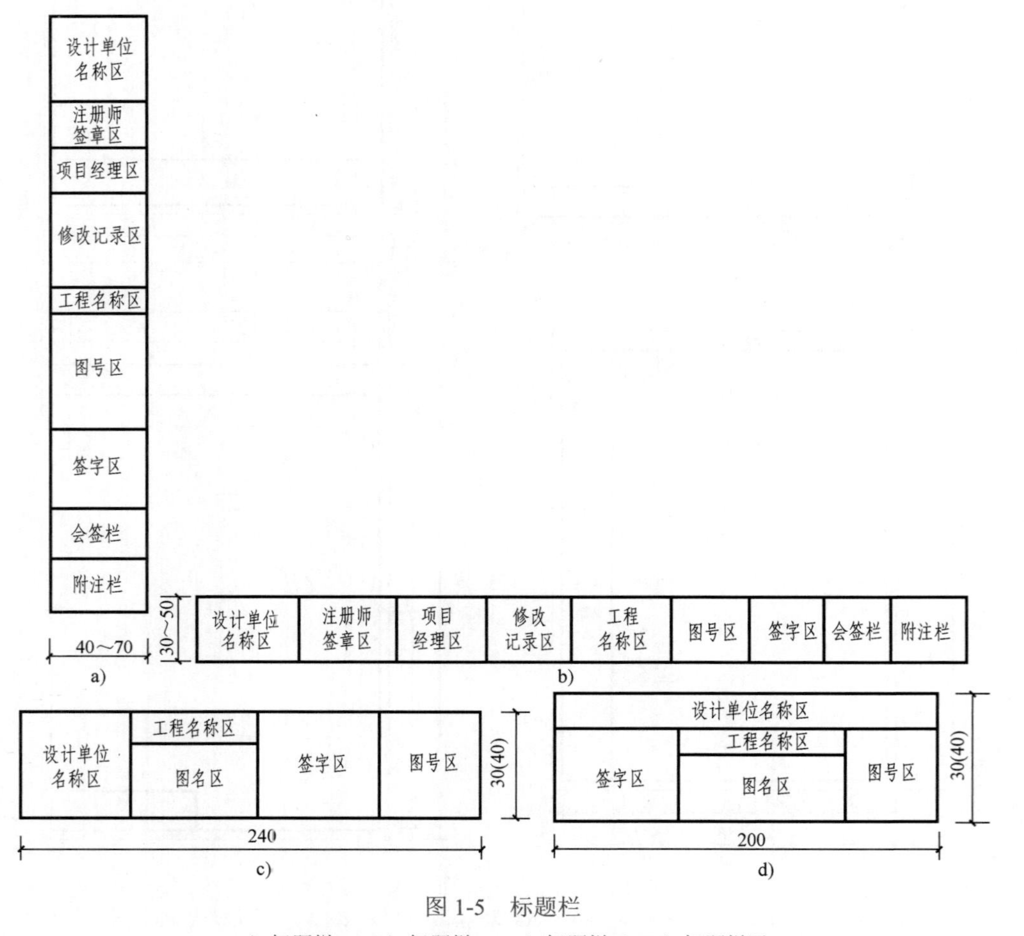

图 1-5 标题栏

a）标题栏一 b）标题栏二 c）标题栏三 d）标题栏四

定其尺寸、格式及分区。标题栏内容的划分仅为示意，可根据项目具体情况调整。签字栏应包括实名列和签名列。标题栏和会签栏应符合下列规定：

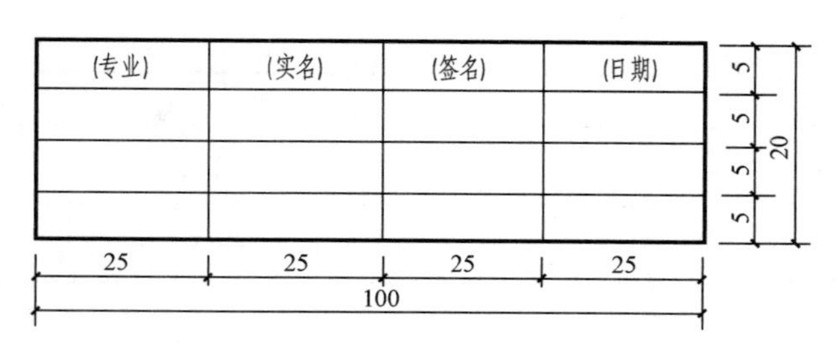

图 1-6　会签栏

1）涉外工程的标题栏内，各项主要内容的中文下方应附有译文，设计单位的上方或左方，应加“中华人民共和国”字样。

2）在计算机辅助制图文件中使用电子签名与认证时，应符合国家有关电子签名法的规定。

3）当由两个以上的设计单位合作设计同一个工程时，设计单位名称可依次列出设计单位名称。

1.2.3　图线

图线是指起点和终点间以任何方式连接的一种几何图形，形状可以是直线或曲线，可以是连续线或不连续线。

图线的基本线宽 b，宜按照图纸比例及图纸性质从 1.4mm、1.0mm、0.7mm、0.5mm 线宽系列中选取。每个图样，应根据复杂程度与比例大小，先选定基本线宽 b，再选用表 1-3 中相应的线宽组。

同一张图纸内，相同比例的各图样，应选用相同的线宽组。

表 1-3　线宽组　（单位：mm）

线宽	线宽组			
b	1.4	1.0	0.7	0.5
$0.7b$	1.0	0.7	0.5	0.35
$0.5b$	0.7	0.5	0.35	0.25
$0.25b$	0.35	0.25	0.18	0.13

注：1. 需要缩微的图纸，不宜采用 0.18mm 及更细的线宽。
2. 同一张图纸内，各不同线宽中的细线，可统一采用较细的线宽组的细线。

工程建设制图应选用表 1-4 所示的图线。

表 1-4　图线

名称		线型	线宽	一般用途
实线	粗	————	b	主要可见轮廓线
	中粗	————	$0.7b$	可见轮廓线、变更云线
	中	————	$0.5b$	可见轮廓线、尺寸线
	细	————	$0.25b$	图例填充线、家具线

（续）

名称		线型	线宽	一般用途
虚线	粗		b	见各有关专业制图标准
	中粗		$0.7b$	不可见轮廓线
	中		$0.5b$	不可见轮廓线、图例线
	细		$0.25b$	图例填充线、家具线
单点长画线	粗		b	见各有关专业制图标准
	中		$0.5b$	见各有关专业制图标准
	细		$0.25b$	中心线、对称线、轴线等
双点长画线	粗		b	见各有关专业制图标准
	中		$0.5b$	见各有关专业制图标准
	细		$0.25b$	假想轮廓线、成型前原始轮廓线
折断线	细		$0.25b$	断开界线
波浪线	细		$0.25b$	断开界线

如图 1-7 所示为建筑工程施工图中的线型示例。

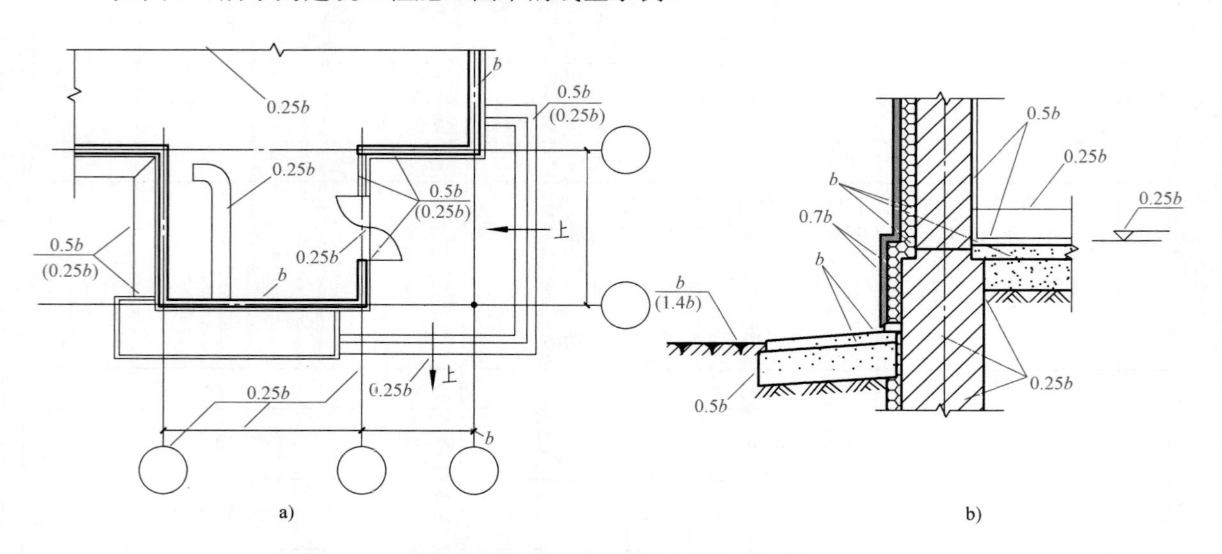

图 1-7　建筑工程施工图中的线型示例

a）平面图图线宽度选用示例　b）墙身剖面图图线宽度选用示例

图纸的图框线和标题栏线，可采用表 1-5 的线宽。

表 1-5　图框线、标题栏线的宽度

幅面代号	图框线	标题栏外框线、对中标志	标题栏分格线、幅面线
A0、A1	b	$0.5b$	$0.25b$
A2、A3、A4	b	$0.7b$	$0.35b$

绘制图线时还应注意以下问题：

1）相互平行的图例线，其净间隙或线中间隙不宜小于 0.2mm。

2）虚线、单点长画线或双点长画线的线段长度和间隔，宜各自相等。

3）当单点长画线或双点长画线在较小图形中绘制有困难时，可用实线代替。

4）单点长画线或双点长画线的两端不应是点。点画线与点画线交接或点画线与其他图线交接时，应是线段交接。

5）虚线与虚线交接或虚线与其他图线交接时，应是线段交接。虚线为实线的延长线时，不得与实线相接。

6）图线不得与文字、数字或符号重叠、混淆，不可避免时，应首先保证文字的清晰。

如图 1-8 所示为常用图线的画法示例。

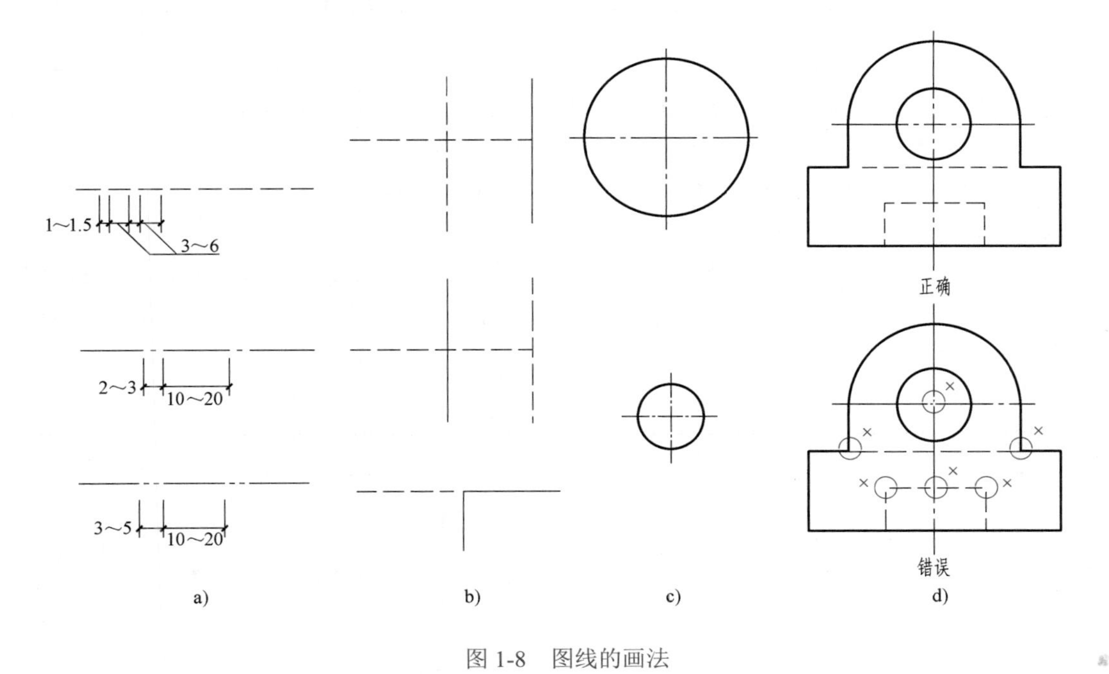

图 1-8　图线的画法

a）线的画法　b）交接　c）圆的中心线画法　d）举例

1.2.4　字体

字体是指文字的风格式样。图样上常用的字体有汉字、阿拉伯数字、拉丁字母，它们用来标注尺寸及施工的技术要求等内容。有时也会出现罗马数字、希腊字母等。例如：用汉字注写图名、建筑材料；用数字标注尺寸；用数字和字母表示轴线的编号等。图纸上所需书写的文字、数字或符号等，均应笔画清晰、字体端正、排列整齐；标点符号应清楚正确。

文字的字高，应从表1-6中选用。字高大于10mm的文字宜采用True type字体，如需书写更大的字，其高度应按$\sqrt{2}$的倍数递增。

表1-6 文字的字高 （单位：mm）

字体种类	汉字矢量字体	True type字体及非汉字矢量字体
字高	3.5、5、7、10、14、20	3、4、6、8、10、14、20

1. 汉字

图样及说明中的汉字，宜优先采用True type字体中的宋体字型，采用矢量字体时应为长仿宋体字型。同一图纸中的字体种类不应超过两种。矢量字体的宽高比宜为0.7，且应符合表1-7的规定，打印线宽宜为0.25mm～0.35mm；True type字体宽高比宜为1。大标题、图册封面、地形图等的汉字，也可书写成其他字体，但应易于辨认，其宽高比宜为1。

表1-7 长仿宋体字高与宽关系 （单位：mm）

字高	20	14	10	7	5	3.5
字宽	14	10	7	5	3.5	2.5

长仿宋体字的书写要领是：横平竖直，注意起落，结构匀称，填满方格。

横平竖直，横笔基本要平，可顺运笔方向稍许向上倾斜2°～5°。

注意起落，横、竖的起笔和收笔，撇、钩的起笔，钩折的转角等，都要顿一下笔，形成小三角和出现字肩。几种基本笔画的写法见表1-8。

书写仿宋字时，应先按字高和字宽的比例打好格子，字与字之间要间隔均匀，排列整齐。还应注意字体结构的特点和写法。结构匀称，笔画布局要均匀，字体构架要中正疏朗、疏密有致。长仿宋体字书写范例如图1-9所示。

表1-8 仿宋体字基本笔画的写法

名称	横	竖	撇	捺	挑	点	钩
形状							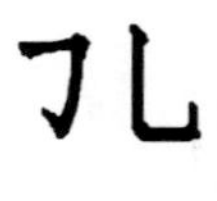
笔法						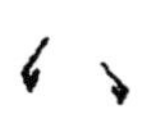	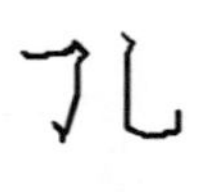

2. 数字和字母

图样及说明中的字母、数字，宜采用True type字体中的Roman字型，书写规则应符合表1-9的规定。

平面基土木 术审市正水 直垂四非里

柜轴孔抹粉 棚械缝混凝 砂以设纵沉

工业民用建筑厂房屋平立剖面详图

结构施说明比例尺寸长宽高厚砖瓦

木石土砂浆水泥钢筋混凝截校核梯

门窗基础地层楼板梁柱墙厕浴标号

制审定日期一二三四五六七八九十

图 1-9　长仿宋体字书写范例

表 1-9　字母及数字的书写规则

书写格式	字体	窄字体
大写字母高度	h	h
小写字母高度（上下均无延伸）	$7h/10$	$10h/14$
小写字母伸出的头部或尾部	$3h/10$	$4h/14$
笔画宽度	$h/10$	$h/14$
字母间距	$2h/10$	$2h/14$
上下行基准线的最小间距	$15h/10$	$21h/14$
词间距	$6h/10$	$6h/14$

字母及数字，如需写成斜体字，其斜度应是从字的底线逆时针向上倾斜 75°。斜体字的高度和宽度应与相应的直体字相等。

字母及数字的字高不应小于 2.5mm。

数量的数值注写，应采用正体阿拉伯数字。各种计量单位凡前面有量值的，均应采用国家颁布的单位符号注写。单位符号应采用正体字母。

数字与字母书写范例如图 1-10 所示。

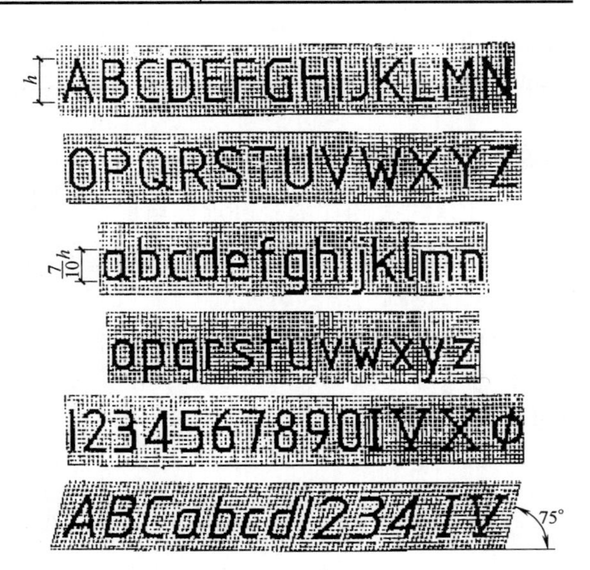

图 1-10　数字与字母书写范例

1.2.5　比例

图样的比例，应为图形与其实物的线性尺寸之比。比例的符号为“:”，比例应以阿拉伯数字表示，比如 1：50、1：100 等。

比例大小指比值大小，如 1：50 ＞ 1：100；比值为 1 的比例为原值比例（即 1：1）；大于1的比例称放大比例（如2∶1等）；小于1的比例称缩小比例（如1∶2、1∶100等），比例的大小示例如图1-11所示。

比例宜注写在图名的右侧，字的基准线应取平；比例的字高宜比图名的字高小一号或二号，如图1-12所示。

绘图所用的比例应根据图样的用途与被绘对象的复杂程度，从表1-10中选用，并应优先采用表中常用比例。

一般情况下，一个图样应选用一种比例。根据专业制图需要，同一图样可选用两种比例。

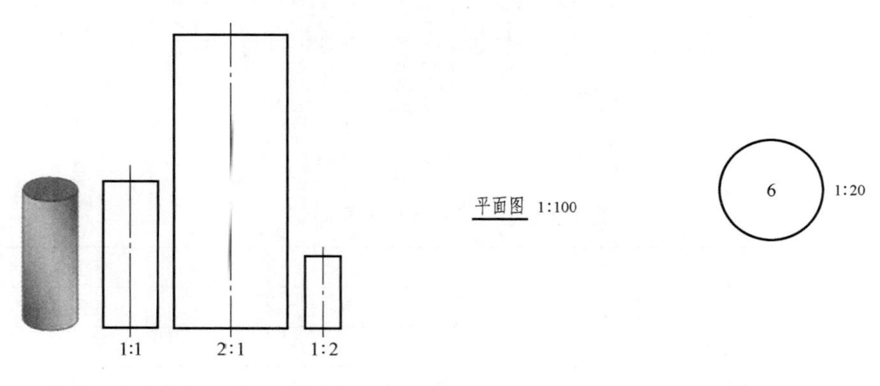

图1-11 比例的大小示例　　图1-12 比例的注写

表1-10 绘图比例

常用比例	1∶1、1∶2、1∶5、1∶10、1∶20、1∶30、1∶50、1∶100、1∶150、1∶200、1∶500、1∶1000、1∶2000
可用比例	1∶3、1∶4、1∶6、1∶15、1∶25、1∶40、1∶60、1∶80、1∶250、1∶300、1∶400、1∶600、1∶5000、1∶10000、1∶20000、1∶50000、1∶100000、1∶200000

1.2.6 尺寸标注

尺寸是构成图样的一个重要组成部分，是工程施工的重要依据，因此尺寸标注要准确、完整、清晰。图样上标注的尺寸由尺寸线、尺寸界线、尺寸起止符号、尺寸数字组成，称为尺寸的四要素。尺寸标注的组成如图1-13所示。

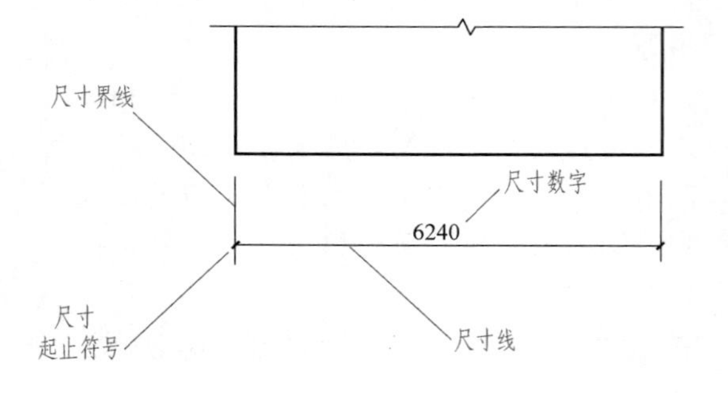

图1-13 尺寸标注的组成

1. 尺寸界线、尺寸线、尺寸起止符号

尺寸界线应用细实线绘制，一般应与被标注长度垂直，其一端离开图样轮廓线不应小于2mm，另一端宜超出尺寸线2～3mm，如图1-14所示。图样轮廓线可用作尺寸界线。

尺寸线应用细实线绘制，应与被标注长度平行。图样本身的任何图线均不得用作尺寸线。

尺寸起止符号一般用中粗斜短线绘制，其倾斜方向应与尺寸界线成顺时针45°角，长度宜为 2 ～ 3mm。轴测图中用小圆点表示尺寸起止符号，小圆点直径 1mm，如图 1-15a 所示。半径、直径、角度与弧长的尺寸起止符号宜用箭头表示，如图 1-15b 所示。箭头宽度 b 不宜小于 1mm。

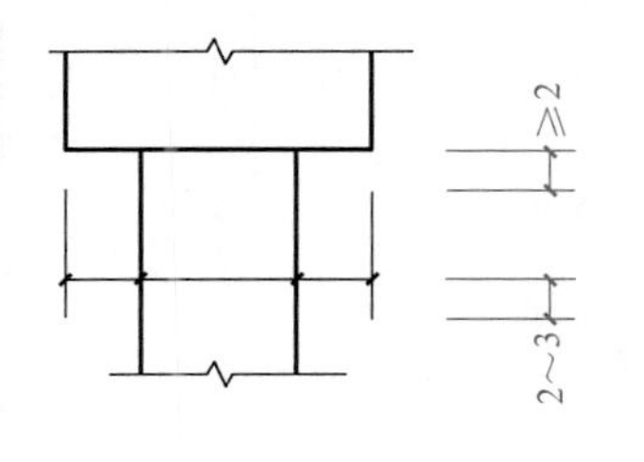

图 1-14 尺寸界线

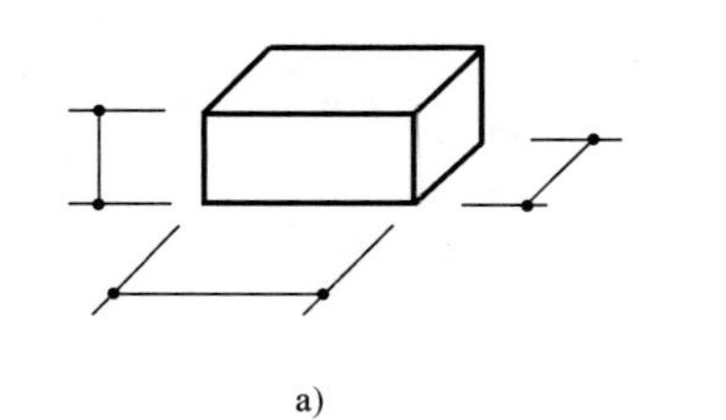

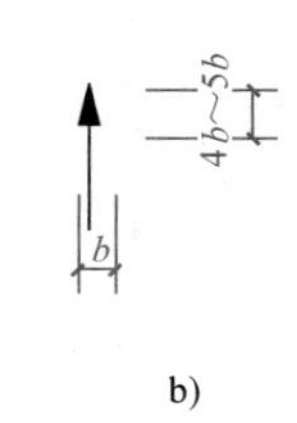

图 1-15 尺寸起止符号

a）轴测图尺寸起止符号 b）箭头尺寸起止符号

2. 尺寸数字

1）图样上的尺寸，应以尺寸数字为准，不得从图上直接量取。

2）图样上的尺寸，除标高及总平面以 m 为单位外，其他必须以 mm 为单位。

3）尺寸数字的方向，应按图 1-16a 的规定注写。若尺寸数字在 30°斜线区内，也可按图 1-16b 的形式注写，此注写方式较适合手绘操作。

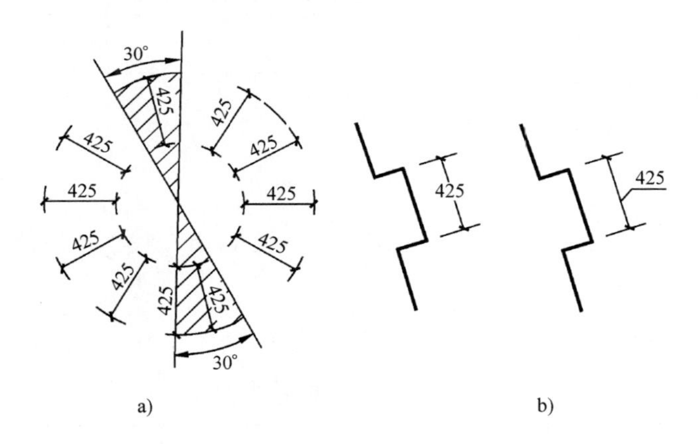

图 1-16 尺寸数字的注写方向

4）尺寸数字一般应依据其方向注写在靠近尺寸线的上方中部。如没有足够的注写位置，最外边的尺寸数字可注写在尺寸界线的外侧，中间相邻的尺寸数字可上下错开注写，可用引出线表示标注尺寸的位置，如图 1-17 所示。

5）工程图上标注的尺寸数字是物体的实际尺寸，它与绘图所用的比例大小无关。不同比例图样的尺寸标注如图 1-18 所示。

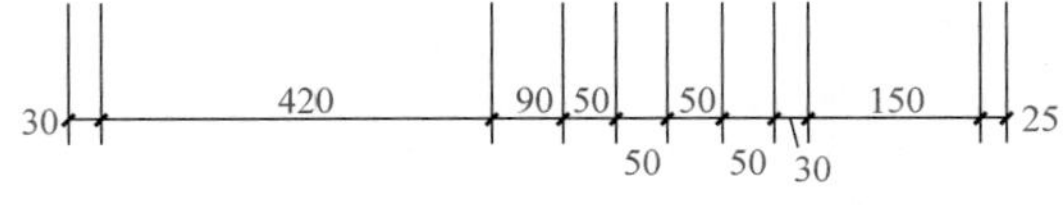

图 1-17 尺寸数字的注写位置

3. 尺寸的排列与布置

1）尺寸宜标注在图样轮廓以外，不宜与图线、文字及符号等相交。尺寸数字的注写如图 1-19 所示。

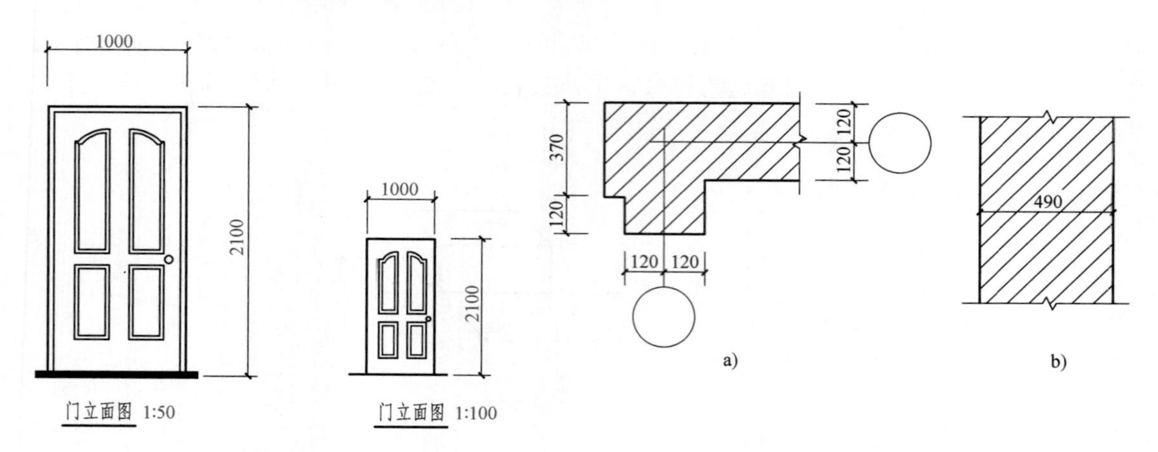

图 1-18 不同比例图样的尺寸标注

图 1-19 尺寸数字的注写

2）互相平行的尺寸线，应从被注写的图样轮廓线由近向远整齐排列，较小尺寸应离轮廓线较近，较大尺寸应离轮廓线较远，如图 1-20 所示。

3）图样轮廓线以外的尺寸界线，距图样最外轮廓之间的距离不宜小于 10mm。平行排列的尺寸线的间距宜为 7 ～ 10mm，并应保持一致。

4）总尺寸的尺寸界线应靠近所指部位，中间的分尺寸的尺寸界线可稍短，但其长度应相等。

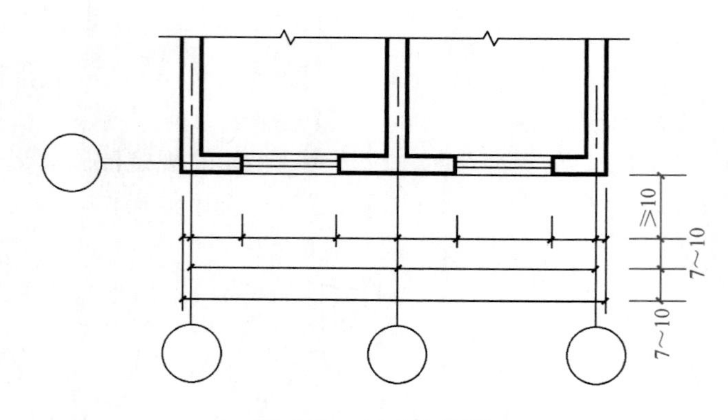

图 1-20 尺寸的排列

注：小尺寸在内，大尺寸在外，注意尺寸线与图及尺寸线之间的距离。

在标注尺寸时容易出现的一些问题见表 1-11。

表 1-11 尺寸标注易出现的问题

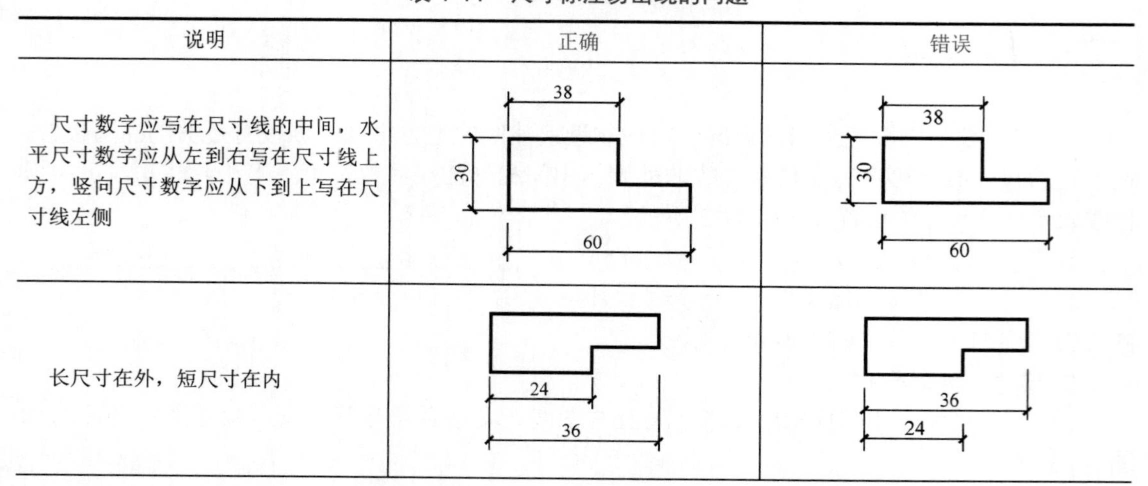

说明	正确	错误
尺寸数字应写在尺寸线的中间，水平尺寸数字应从左到右写在尺寸线上方，竖向尺寸数字应从下到上写在尺寸线左侧	38 30 60	38 30 60
长尺寸在外，短尺寸在内	24 36	36 24

（续）

说明	正确	错误
不能用尺寸界线作为尺寸线	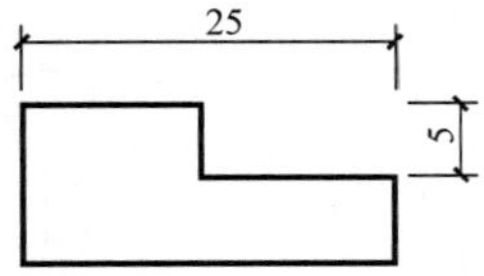	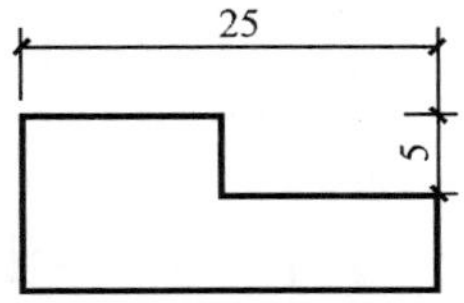
轮廓线、中心线可以作为尺寸界线，但不能用作尺寸线	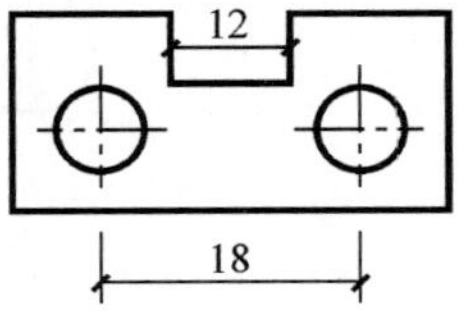	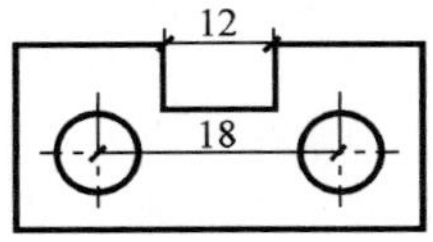
同一张图样内尺寸数字应大小一致	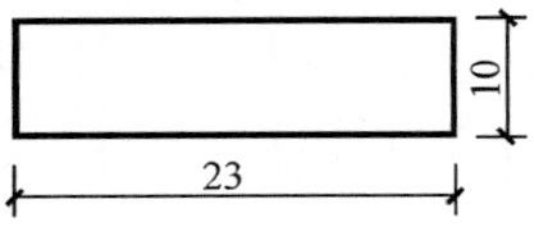	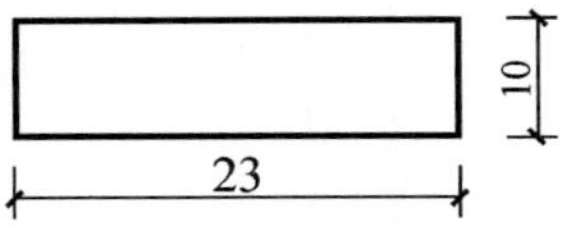
在断面图中写数字处，应留空不画断面线	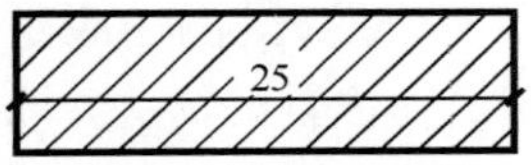	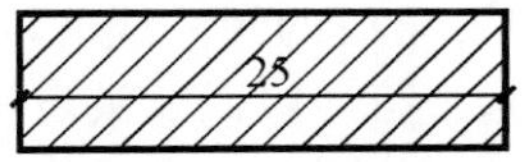
两尺寸界线之间比较窄时，尺寸数字可注在尺寸界线外侧，或上下错开，或用引出线引出再标注	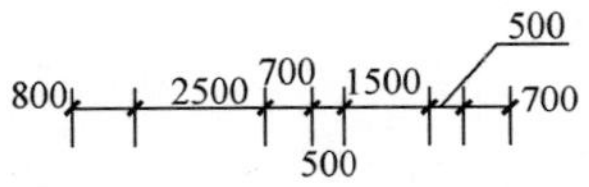	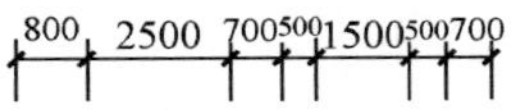

4. 半径、直径、球的尺寸标注

1）半径的尺寸线应一端从圆心开始，另一端画箭头指向圆弧。半径数字前加注半径符号“*R*”，如图 1-21 所示。较大圆弧的半径可按图 1-22 的形式标注，较小圆弧的半径可按图 1-23 的形式标注。

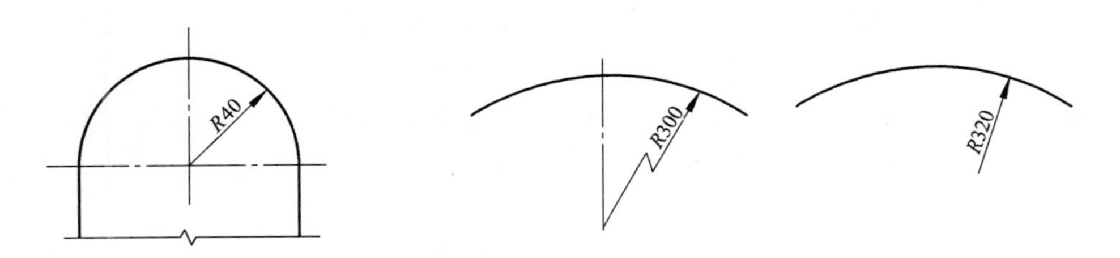

图 1-21　半径的标注方法

图 1-22　大圆弧半径的标注方法

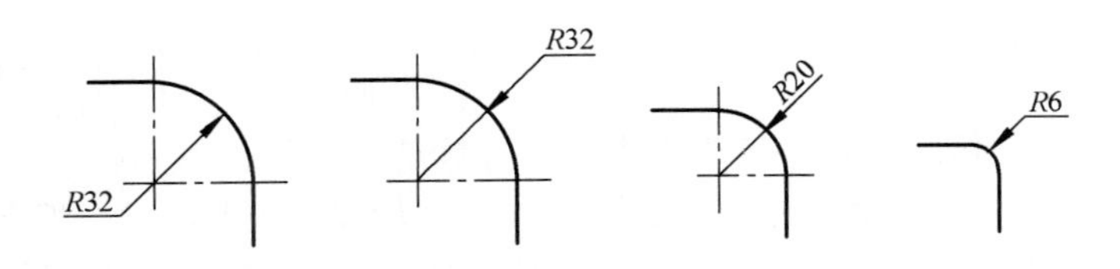

图 1-23　小圆弧半径的标注方法

2）圆的直径尺寸前标注直径符号“ϕ”，圆内标注的尺寸线应通过圆心，两端画箭头指至圆弧，如图1-24所示。较小圆的直径尺寸可以标注在圆外，如图1-25所示。

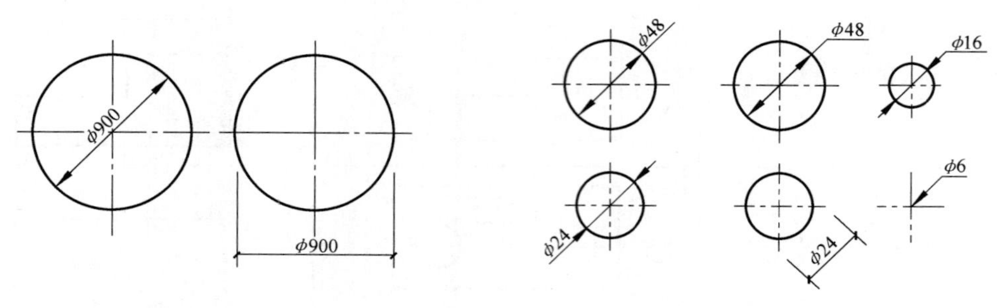

图1-24 圆直径的标注方法

图1-25 小圆直径的标注方法

3）标注球的半径、直径时，应在尺寸前加注符号“S”，即“SR”“$S\phi$”，注写方法与圆弧半径和圆直径的尺寸标注方法相同，如图1-26所示。

5. 角度、弧度、弧长的标注

1）角度的尺寸线应以圆弧表示。该圆弧的圆心应是该角的顶点，角的两条边为尺寸界线。起止符号应以箭头表示，如没有足够位置画箭头，可用圆点代替，角度数字应沿水平方向注写，如图1-27所示。

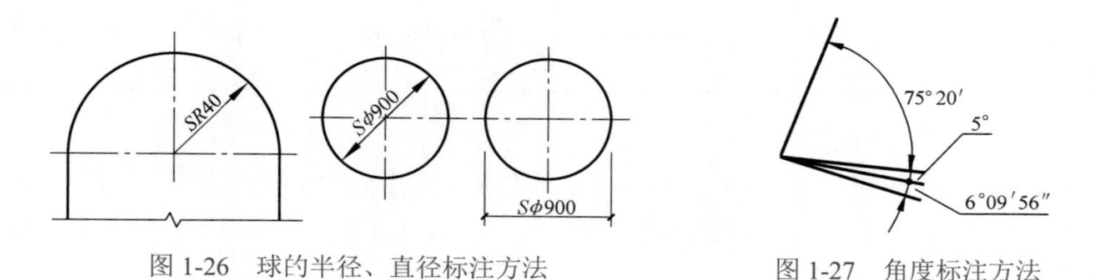

图1-26 球的半径、直径标注方法

图1-27 角度标注方法

2）标注圆弧的弧长时，尺寸线应以与该圆弧同心的圆弧线表示，起止符号用箭头表示，弧长数字上方或前方应加注圆弧符号“⌒”，如图1-28所示。

3）标注圆弧的弦长时，尺寸线应以平行于该弦的直线表示，尺寸界线应垂直于该弦，起止符号用中粗斜短线表示，如图1-29所示。

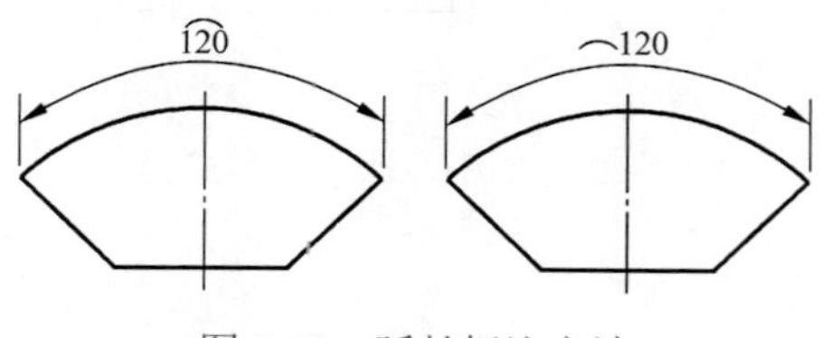

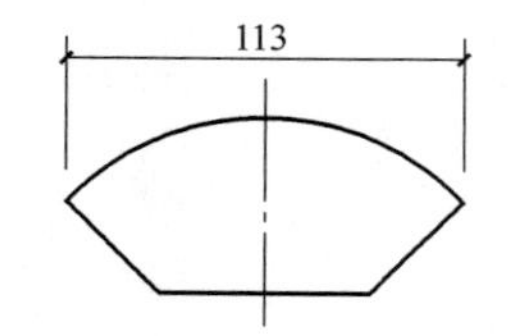

图1-28 弧长标注方法

图1-29 弦长标注方法

6. 薄板厚度、正方形、坡度、非圆曲线等尺寸标注

1）在薄板板面标注板厚尺寸时，应在厚度数字前加厚度符号“t”，如图1-30所示。

2）标注正方形的尺寸，可用“边长 × 边长”的形式，也可在边长数字前加正方形符号“□”，如图1-31所示。

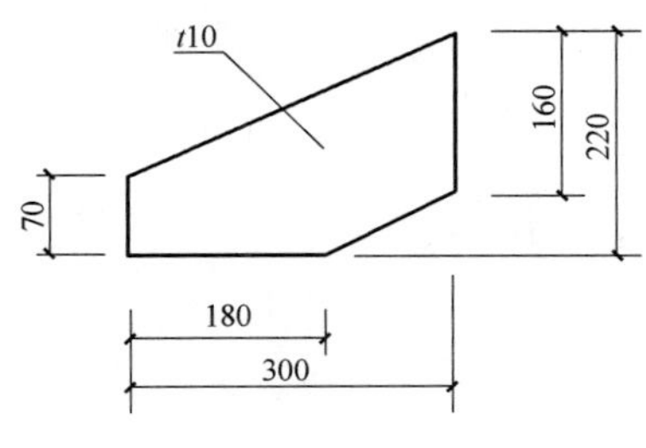

图 1-30　薄板厚度标注方法

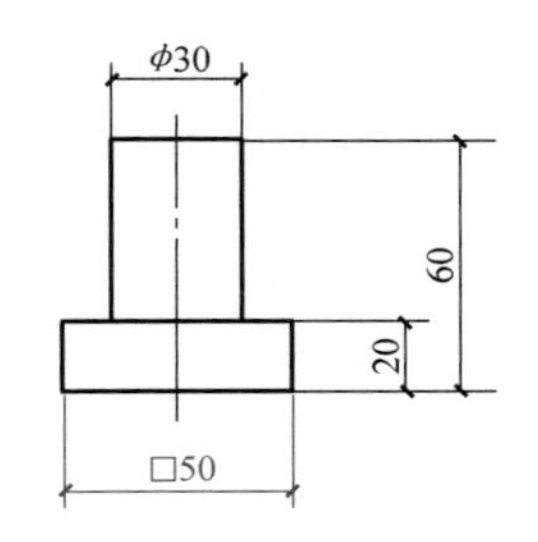

图 1-31　标注正方形尺寸

3）标注坡度时，应加注坡度符号“←”或“↼”，如图 1-32a、b、c、d 所示，箭头应指向下坡方向。坡度也可用直角三角形形式标注，如图 1-32e、f 所示。

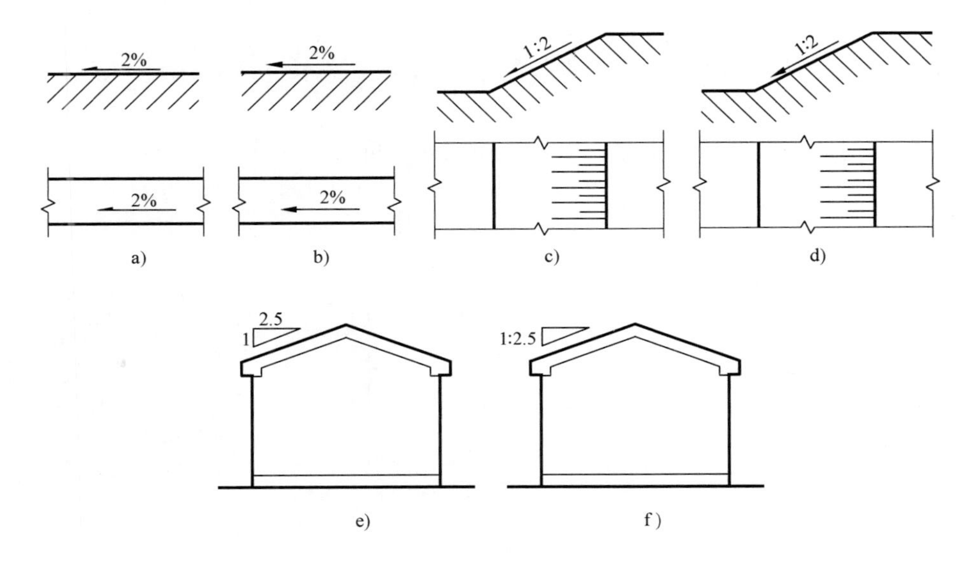

图 1-32　坡度标注方法

4）外形为非圆曲线的构件，可用坐标形式标注尺寸，如图 1-33 所示。

5）复杂的图形，可用网格形式标注尺寸，如图 1-34 所示。

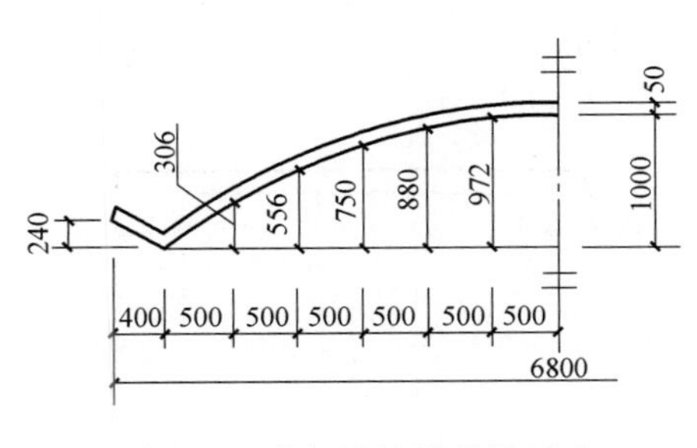

图 1-33　坐标法标注曲线尺寸

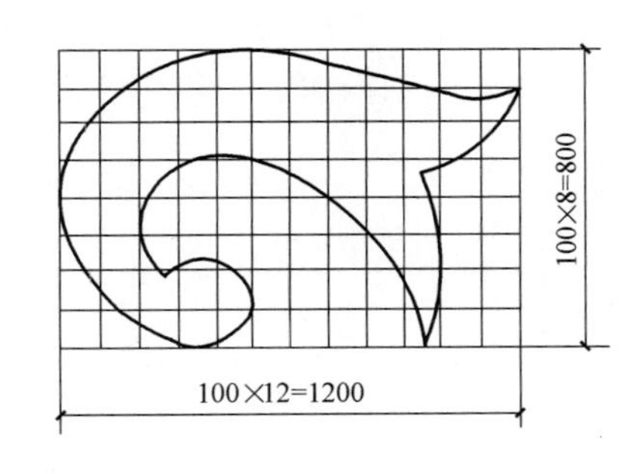

图 1-34　网格法标注曲线尺寸

7. 尺寸的简化标注

1）杆件或管线的长度，在单线图（桁架简图、钢筋简图、管线简图）上，可直接将尺寸数字沿杆件或管线的一侧注写，如图1-35所示。

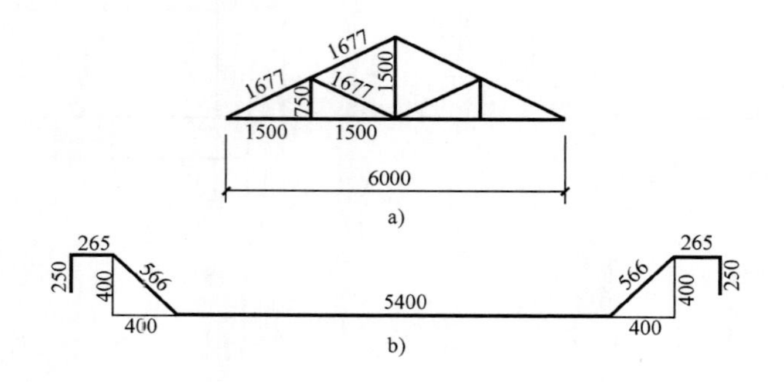

图1-35 单线图尺寸标注方法

2）连续排列的等长尺寸，可用“等长尺寸 × 个数 = 总长”或“总长（等分个数）”的形式标注，如图1-36所示。

3）构配件内的构造要素（如孔、槽等）如相同，可仅标注其中一个要素的尺寸，如图1-37所示。

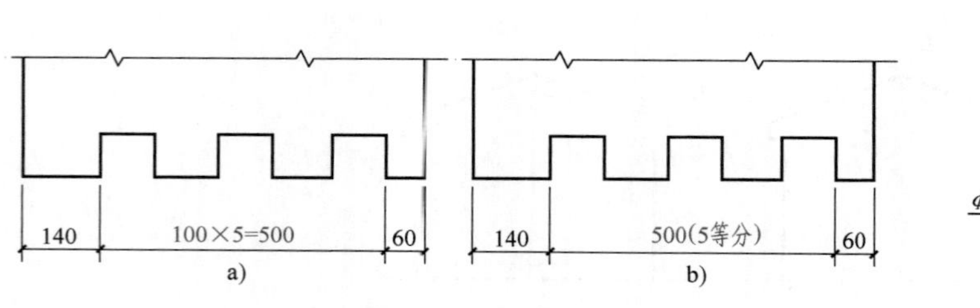

图1-36 等长尺寸简化标注方法

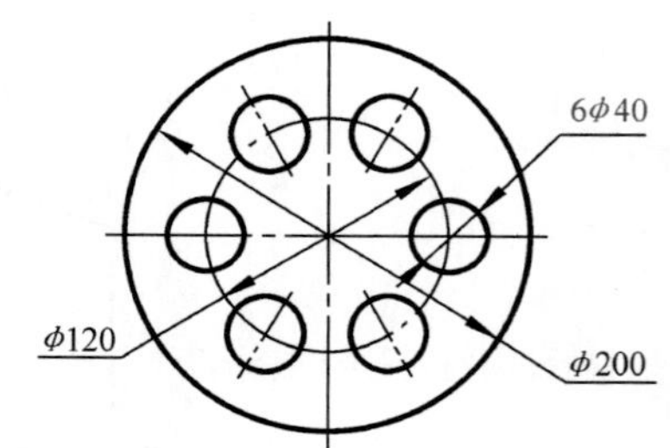

图1-37 相同要素尺寸标注方法

4）对称构配件采用对称省略画法时，该对称构配件的尺寸线应略超过对称符号，仅在尺寸线的一端画尺寸起止符号，尺寸数字应按整体全尺寸注写，其注写位置宜与对称符号对齐，如图1-38所示。

5）两个构配件，如个别尺寸数字不同，可在同一图样中将其中一个构配件的不同尺寸数字注写在括号内，该构配件的名称也应注写在相应的括号内，如图1-39所示。

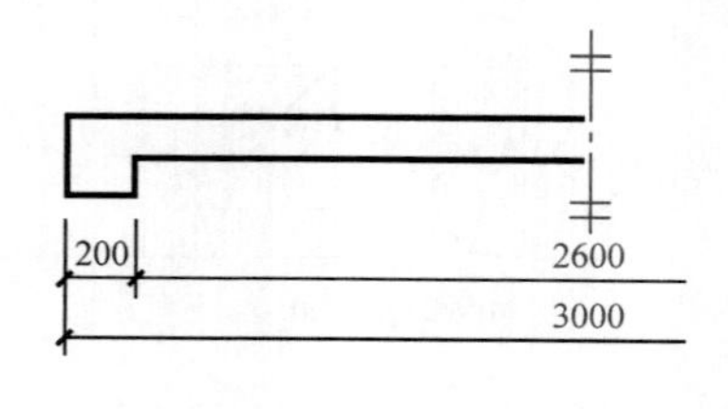

图1-38 对称构件尺寸标注方法

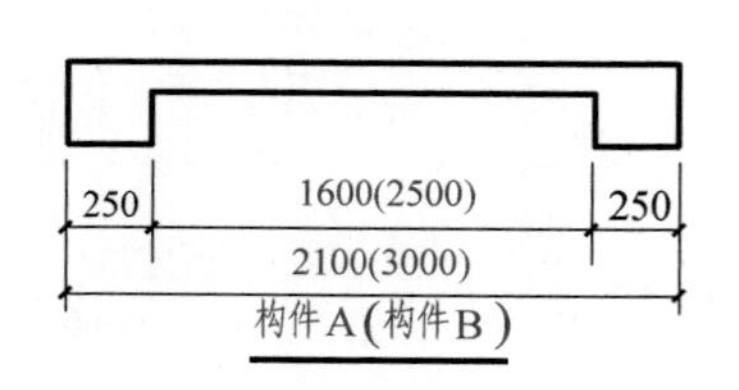

图1-39 相似构件尺寸标注方法

6）数个构配件，如仅某些尺寸不同，这些有变化的尺寸数字，可用拉丁字母注写在同一图样中，另列表格写明其具体尺寸，如图1-40所示。

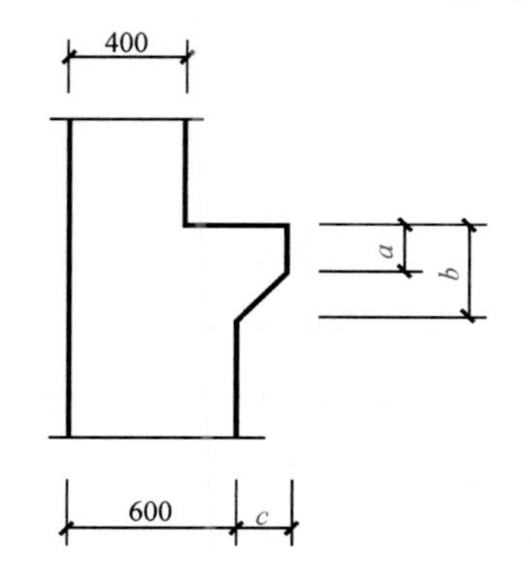

构件编号	a	b	c
Z—1	200	200	200
Z—2	250	450	200
Z—3	200	450	250

图 1-40　相似构配件尺寸表格式标注方法

1.3　施工图中常见平面图形的尺寸标注

尺寸是施工的重要依据，是必不可少的组成部分。尺寸不能在图纸上量取，只有依据完整的尺寸标注才能确定形体的大小和位置。

尺寸标注的要求是：准确、完整、排列清晰，符合制图国家标准中关于尺寸标注的基本规定。尺寸标注的准确、完整是指在平面图形上所标注的尺寸，能唯一确定平面图形的大小和各部分的相对位置，尤其不要有遗漏尺寸到施工时再去计算和度量；排列清晰是指所标注的尺寸在平面图形中应完整、明显、排列整齐、有条理性、便于识读。

在标注常见平面图形的尺寸时，要解决两个方面的问题：一是应标注哪些尺寸，二是尺寸应标注在平面图形的什么位置。

1.3.1　尺寸的种类

1. 定形尺寸

定形尺寸是确定组成平面图形的各基本图形大小的尺寸。

2. 定位尺寸

定位尺寸是确定各基本图形在组合图形中的相对位置的尺寸。一般先选择标注尺寸的起点，称为尺寸的基准。长度方向一般可选择左边或右边作为基准，宽度方向一般可选择前边或后边作为基准；若形体是对称的，还可选择对称中心线作为尺寸的基准。

3. 总尺寸

总尺寸是确定平面图形总长、总宽（总高）的尺寸。

1.3.2　有门窗洞的墙面尺寸标注示例

如图 1-41 所示为一有门窗洞的墙面。该平面图形需要标注出门洞、窗洞的宽与高，墙面的宽与高，门洞、窗洞与墙面的相对位置等尺寸。

如图 1-42 所示为有门窗洞的墙面尺寸标注。通过该尺寸标注可以读出：门洞宽 1000mm、高 2100mm，窗洞宽 2700mm、高 1500mm，墙面宽 6000mm、高 2700mm，均为定形尺寸；门洞距墙面左边缘 600mm，窗洞距墙面右边缘 600mm、距地面 900mm，均为定位尺寸；墙面总宽6000mm、总高2700mm，为总尺寸。

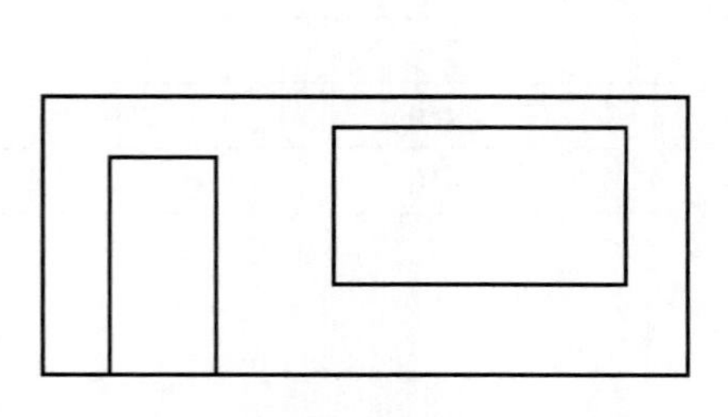

图1-41 有门窗洞的墙面

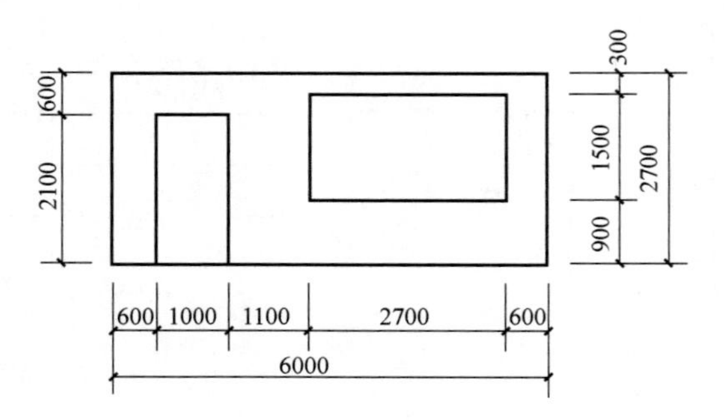

图1-42 有门窗洞的墙面尺寸标注

1.3.3 楼梯平面的尺寸标注示例

如图1-43所示为一楼梯的平面图形。该平面图形需要标注出楼梯间的宽度、深度，平台的宽度，梯井的宽度，踏步的宽度，墙的厚度等尺寸。

如图1-44所示为楼梯平面的尺寸标注。通过该尺寸标注可以读出：楼梯间墙厚200mm，楼梯间净宽2500mm、净深3900mm，楼梯有两个梯段，宽度均为1200mm，梯井宽度100mm，楼梯平台宽度1200mm，有8个踏面，各宽300mm。

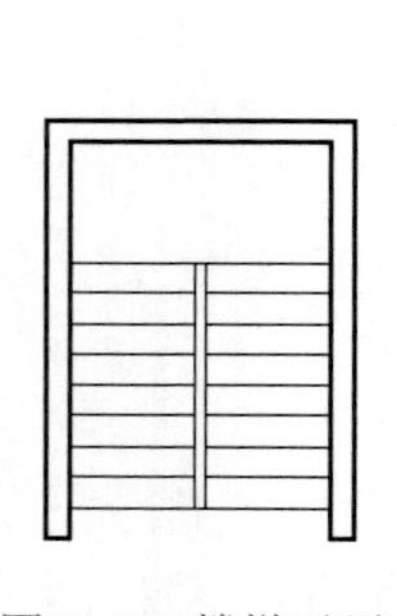

图1-43 楼梯平面

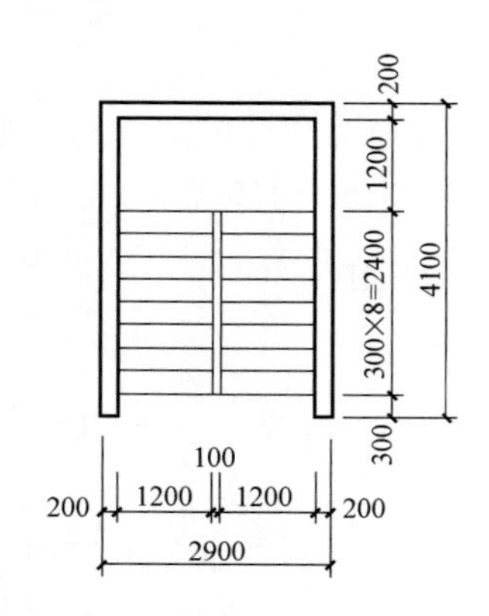

图1-44 楼梯平面的尺寸标注

小 结

1）通过建筑工程实例，介绍了建筑的概念、建筑工程图常见类型，以及国家制图标准中关于图幅、图线、字体、比例、尺寸标注等的相关规定。

2）制图标准是工程技术人员必须遵照执行的国家标准。在学习之初，就应该养成依据标准制图的好习惯，对本项目所介绍的图纸幅面规格、比例、字体、图线和尺寸标注的有关规定，都要在绘图过程中随时查阅、严格执行，久之，可养成良好的绘图习惯，使绘制的图样合格、规范。

思　考　题

1. 建筑工程常见的分类方式有哪些？

2. 常见建筑工程图有哪些类型？

3. 制图标准的作用是什么？目前使用的有哪些制图标准？

4. 图纸幅面有哪些规定？试说明 A2 幅面的大小。

5. 图线有哪些种类？什么是线宽组？

6. 长仿宋字的特点是什么？文字的字高系列有哪些？

7. 什么是比例？常用比例和可用比例有哪些？

8. 尺寸标注的组成是什么？直线、圆、角度、坡度的尺寸标注方法分别有哪些？

9. 尺寸标注中箭头的画法是怎样的？

项目 2　绘制简单建筑施工图

学习目标：

1. 从简单建筑施工图的识读与绘制的要求出发，通过任务驱动，了解常用绘图工具和用品，掌握绘图步骤和方法，会使用常用绘图工具绘制简单施工图。

2. 通过识读与绘制简单建筑施工图，掌握现行国家制图标准的基本要求，掌握工程制图中常用的几何作图的方法、常见平面图形的画法。

任务：

1. 准备各种制图工具与用品。

2. 图线练习。要求正确使用制图工具，图线分明，交接正确，字体工整，图面整洁，符合制图标准的要求。

3. 简单建筑施工图绘制。要求了解简单建筑平面图的绘图步骤与方法，能合理选用图线，尺寸标注正确，能正确使用丁字尺、比例尺等常用制图工具，所绘图样符合制图标准的要求。图样见图 2-19，A3 幅面。

建筑工程施工图是设计人员根据国家的相关标准、规范绘制的用于反映建筑外形外貌、功能布局、构造做法和结构形式等内容的图样。建筑工程施工图是建筑施工和验收的依据，同时也是进行造价管理、工程监理等工作的必备技术文件，所以作为建筑专业技术人员应正确地识读与绘制建筑施工图，掌握制图相关国家标准。

2.1　识读简单建筑施工图

一套完整的建筑施工图通常由很多图样组成，这里选取一个简单的图样，简单介绍图样的作用与组成元素。如图 2-1 所示，为某小型建筑施工图中的建筑平面图。

通过识读该平面图，我们可以了解以下信息：

1）该房屋有四个房间。每个房间均有一个对外出口、有两樘窗，外有柱廊，左右两侧房间有吊柜。两侧房间大小为 3400×7200，中间房间大小为 3400×5700（单位 mm），柱廊的宽度为 1500。

该房屋的墙、柱为竖向承重构件，墙还起到分隔与围护的作用，门窗起交通、通风采光的作用。

2）建筑施工图的构成元素。

① 比例：该平面图比例 1∶100，为常用比例。

② 图线：图线是图样的主要组成部分，如墙柱轮廓线、门窗线、尺寸标注线等均应符合制图标准的要求。

③ 尺寸标注：通过尺寸标注表明建筑各部位的尺寸。

④ 符号：有确定主要承重构件相对位置的定位轴线等。

⑤ 图例：即国家制图标准规定的图形画法，如墙体、门窗的画法等。

⑥ 文字说明：表明图名、房间名称等情况。

以上各施工图样构成元素均应符合制图国家标准的规定。

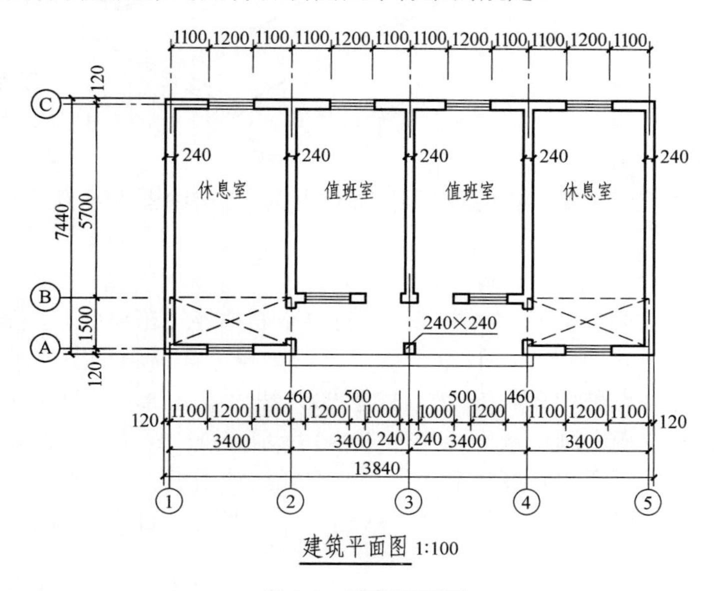

图 2-1　建筑平面图

除了正确识读建筑施工图以外，还应能够绘制出建筑施工图。那么绘制施工图需要用到什么呢？

2.2　制图工具与用品

“工欲善其事，必先利其器”。学习制图，首先要了解各种制图工具和仪器的性能，熟练掌握它们的正确使用方法，并注意维护保管，才能保证绘图质量，加快绘图速度。

2.2.1　绘图板

绘图板（图 2-2）是手工绘图最基本的工具，图纸必须固定在绘图板上才能绘图。

绘图板通常用胶合板作板面，并在四周镶以硬木条。绘图板有各种不同规格，可根据需要选定。0 号图板适用于 A0 图纸，1 号图板适用于 A1 图纸，2 号图板适用于 A2 图纸，四周还略有宽余。

画图时，绘图板放在桌子上，板身要略为倾斜。

绘图板的工作边要保持笔直，否则用丁字尺画出的水平线就不准确。板面要保持平滑，否则会影响画图质量。

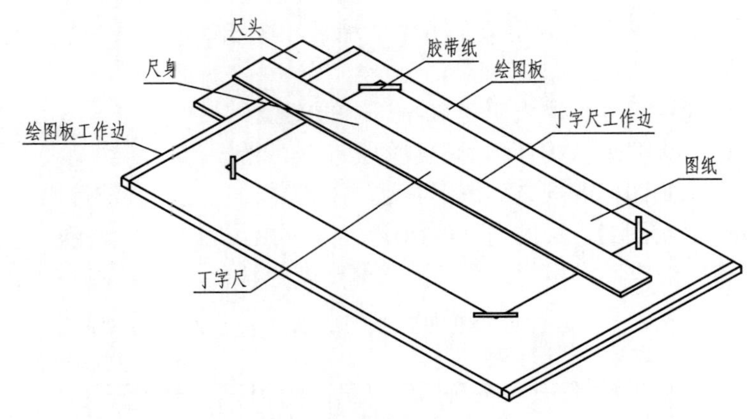

图 2-2 绘图板与丁字尺

绘图板应避免受潮或暴晒，以防变形。不画图时，应将绘图板竖立保管。

2.2.2 丁字尺

丁字尺由相互垂直的尺头和尺身组成，尺身要牢固地连接在尺头上，如图 2-2 所示。

丁字尺主要用来画水平线。所有水平线，不论长短，都要用丁字尺画出。画线时，左手把住尺头，使它始终贴住绘图板左边（工作边），然后上下推动，直至丁字尺工作边对准要画线的地方，再从左向右画出水平线，如图 2-3 所示。画一组水平线时，要由上至下逐条画出。每画一线，左手都要向右按一下尺头，使它紧贴绘图板。画长线时或所画线段的位置接近尺尾时，要用左手按住尺身，防止尺尾翘起和尺身摆动，如图 2-4 所示。

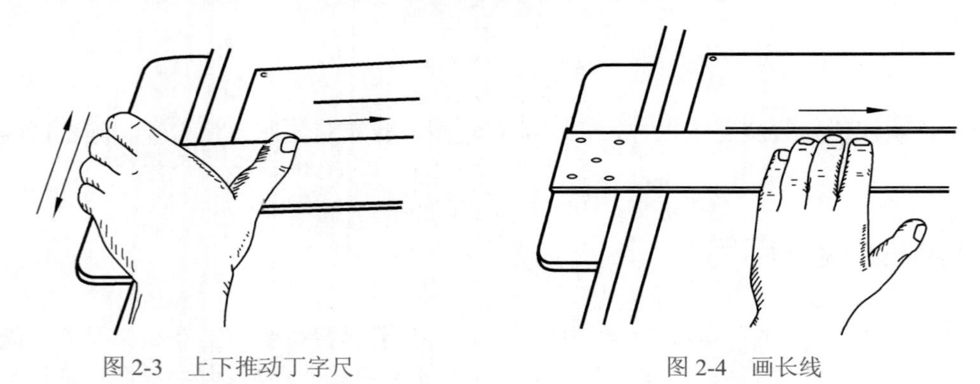

图 2-3 上下推动丁字尺　　图 2-4 画长线

注意：

1）不得把丁字尺头靠在绘图板的右边、下边或上边画线，也不得用丁字尺的下边画线。

2）丁字尺工作边必须保持平直光滑。切勿用小刀靠住工作边裁纸。丁字尺用完之后要挂起来，防止尺身弯曲变形。

2.2.3 三角板

一副三角板包含 30°、60°、90°和 45°、45°、90°两块。

用一副三角板和丁字尺配合，可以画出与水平线成 15°及其倍数角（15°、30°、45°、

60°、75°）的斜线及铅垂线（90°），也可画出它们的平行线，如图 2-5 所示。

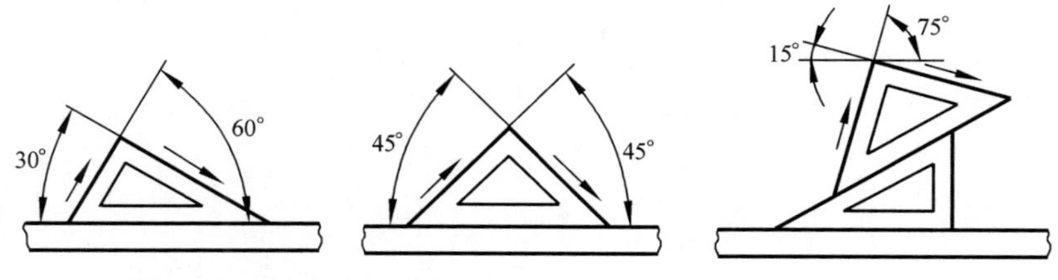

图 2-5　用丁字尺与三角板画 15°、30°、45°、60°、75°斜线

所有铅垂线，不论长短，都要由三角板和丁字尺配合画出。如图 2-6 所示，画线时先推丁字尺到线的下方，将三角板放在线的右方，并使它的一直角边贴在丁字尺的工作边上，然后移动三角板，直至另一直角边靠贴铅垂线，再用左手轻轻按住丁字尺和三角板，右手持铅笔，自下而上画出铅垂线。

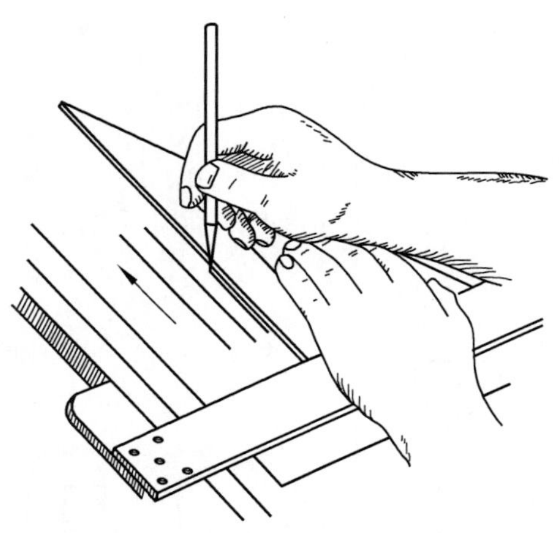

图 2-6　用丁字尺与三角板配合画铅垂线

课堂练习： 画出一系列与水平线成 45°角的斜线，如图 2-7 所示。这种图样在后面的学习中，应用非常广泛。

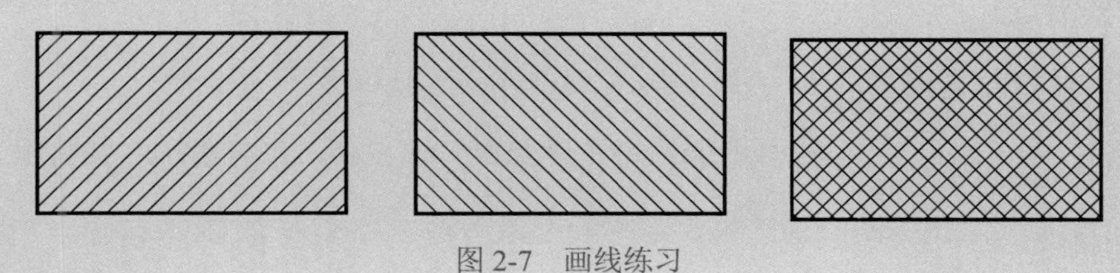

图 2-7　画线练习

练习时应注意的问题：

1）水平线、铅垂线、45°斜线的画法。（用什么制图工具？用法？）

2）各斜线的间距要均匀。

2.2.4　比例尺

建筑物的形体比图纸大得多。它的形体尺寸不可能也没有必要按实际尺寸画出来，而应该根据实际需要和图纸的大小，选用适当的比例将图形缩小画出。

比例尺就是用来缩小（或放大）图形用的，如图2-8所示。有的比例尺做成三棱柱状，所以又称为三棱尺。大部分三棱尺上有六种刻度，分别表示1：100、1：200、1：300、1：400、1：500、1：600六种比例。还有的比例尺做成直尺形状，称为比例直尺，它只有一行刻度和三行数字，表示三种比例，即1：100、1：200和1：500。

比例尺上的数字以米（m）为单位。

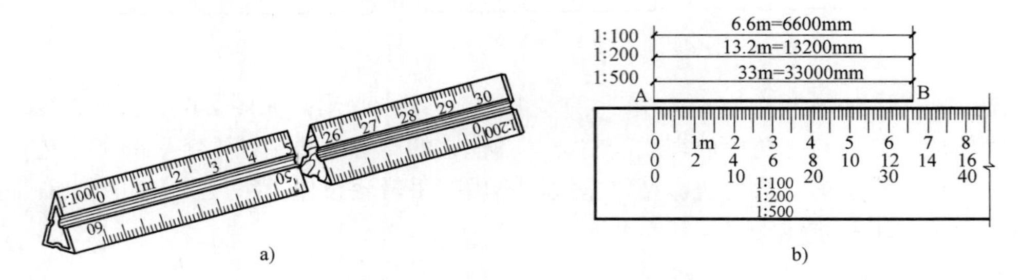

图2-8　比例尺及其用法

a）三棱尺　b）比例直尺

图2-9是用两种不同的比例画出的同一个铁三角。注意：两图形虽然由于比例不同，以致图形大小不一，但所注的尺寸数字却完全一样。图中所标注的尺寸是指形体的实际大小，与图的比例无关。

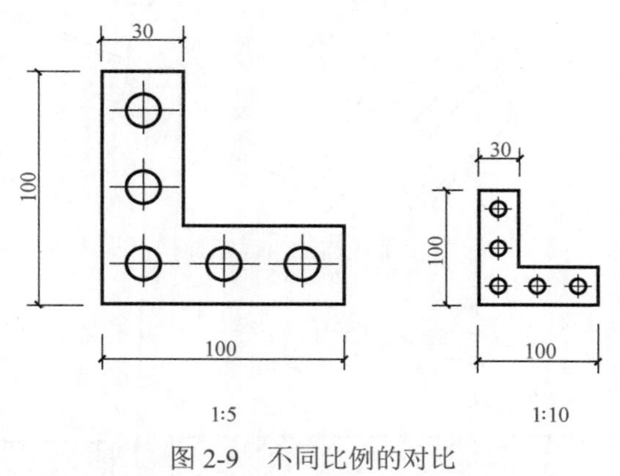

图2-9　不同比例的对比

课堂练习： 用不同的比例（1：100、1：200、1：300、1：500）分别画出一条长6000mm的直线。

2.2.5　圆规与分规

圆规是画圆或圆弧的工具，如图2-10所示。画圆时，先把圆规两脚分开，使铅芯与针尖的距离等于所画圆或圆弧的半径。再用左手食指将针尖送到圆心位置，轻轻插住，并使铅芯插脚接触纸面，然后右手转动圆规手柄，沿顺时针方向画圆。整个圆应一笔画完，转动时圆规可稍向画线方向倾斜。当画较大的圆时，应使圆规两脚均与纸面垂直，必要时，可接延伸杆。

加深图线时，圆规铅芯的硬度应比画直线的铅芯软一级，才能保证图线深浅一致。

在画施工图时，通常采用圆模板来画圆。

分规如图 2-11 所示。分规有两种用途：一是等分线段或圆弧；二是量取等长的线段或圆弧。用分规等分线段时，一般采用试分的方法。分规两腿端部均装固定钢针，使用时要先检查分规两腿针尖靠拢后是否平齐。

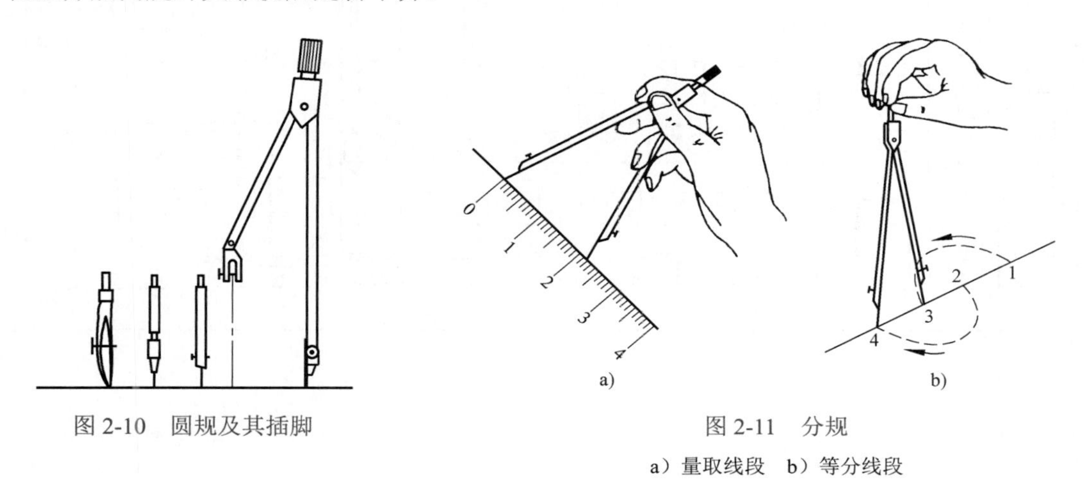

图 2-10　圆规及其插脚

图 2-11　分规

a）量取线段　b）等分线段

2.2.6　建筑模板

如图 2-12 所示，建筑模板上刻有可以画出各种不同大小、不同图例或符号的孔。只要用笔在孔内画一周，需要的图形就画出来了。建筑模板主要用来画各种建筑标准图例和常用符号，如柱、墙、门开启线、大便器、污水盆、索引符号、标高符号等。除建筑模板以外，常用的还有装饰模板（图 2-13）、圆模板、椭圆模板等。

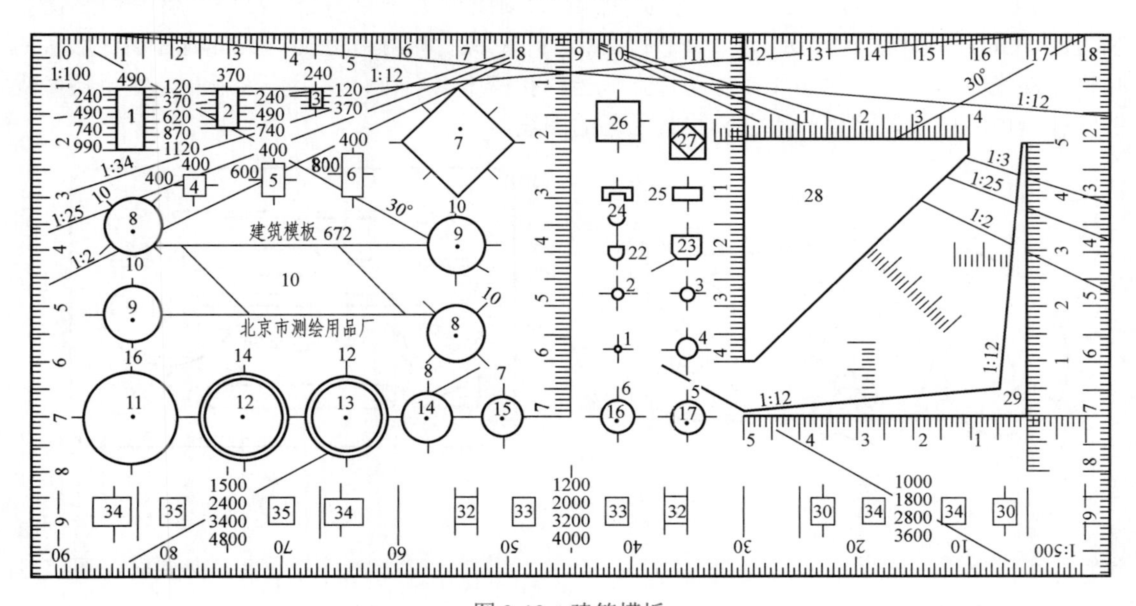

图 2-12　建筑模板

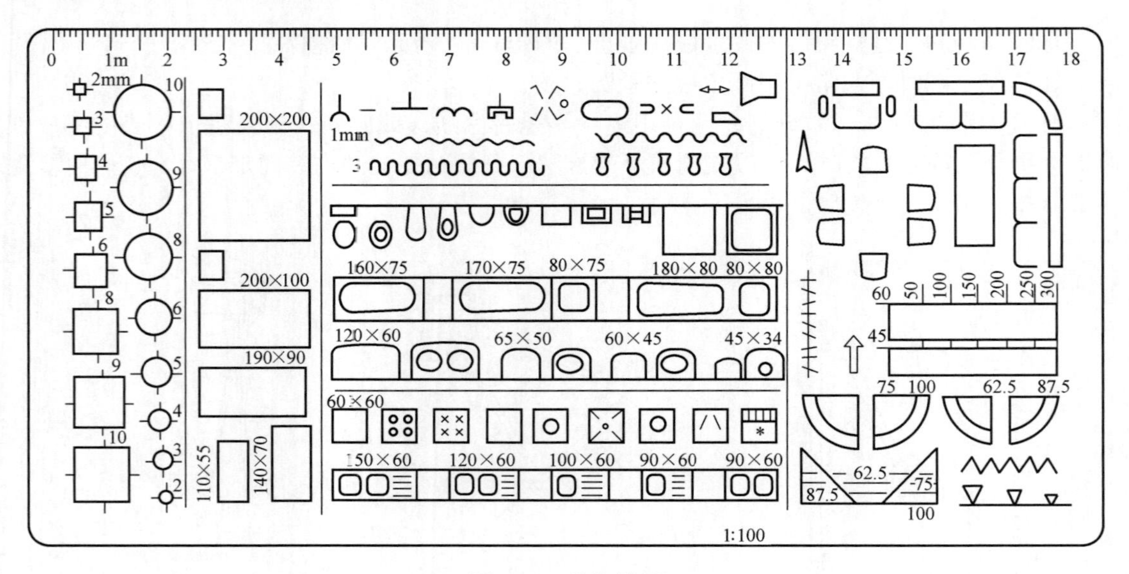

图 2-13 装饰模板

2.2.7 曲线板

曲线板是用来画非圆曲线的工具，如图 2-14 所示。画曲线时首先要定出曲线上足够数量的点，徒手将各点连成曲线，然后选用适当的曲线板，找出曲线板上与所画曲线吻合的一段，沿曲线板边缘将该段曲线画出，然后依次连续画出其他各段。注意相邻两段应有一部分的重合，曲线才显得圆滑。

2.2.8 擦图片

当擦掉一条画错的图线时，很容易将临近的图线也擦掉一部分，擦图片就是用来保护临近的图线的。如图 2-15 所示，擦图片用薄塑料片或不锈钢片制成，上面刻有各种形状的孔槽。擦线时将画错了的图线在擦图片上适当的孔槽中露出来，左手按紧板身，右手持橡皮擦除孔槽内的图线，这样就不会影响其临近的图线。

图 2-14 曲线板

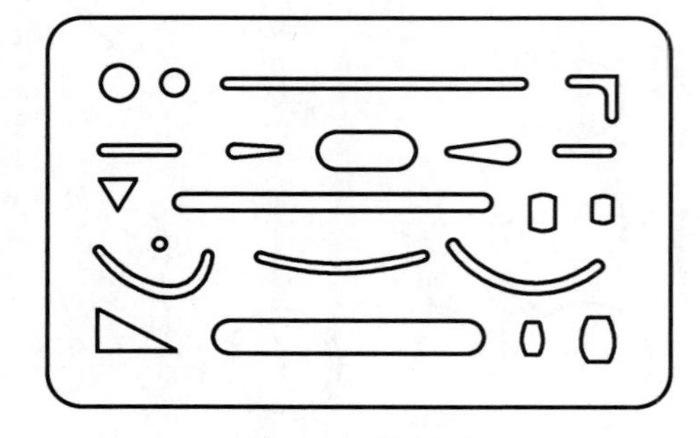

图 2-15 擦图片

2.2.9 绘图铅笔

绘图铅笔有木铅笔（图 2-16a）和活动铅笔（图 2-16b）两种。铅芯有各种不同的硬度：

标号 B、2B……6B 表示软铅芯，数字越大表示铅芯越软；标号 H、2H……6H 表示硬铅芯，数字越大表示铅芯越硬；标号 HB 表示铅芯中等硬度。画底稿时常用 2H 或 H 铅芯的铅笔，加深图线时常用 HB、B、2B 铅芯的铅笔。

削木铅笔时，铅笔尖应削成锥形，铅芯露出 6 ～ 8mm，如图 2-16a 所示。削木铅笔时要注意保留有标号的一端，以便始终能识别其硬度。

活动铅笔有 0.3mm、0.5mm、0.7mm、0.9mm 等各种口径，铅芯也有不同的硬度，可以根据需要选择。

使用铅笔绘图时，用力要均匀，用力过大会刮破图纸或在图纸上留下凹痕，甚至折断铅芯。画长线时要一边画一边旋转铅笔，使图线保持粗细一致。画线时，从侧面看笔身要铅直（图 2-16c），从正面看笔身要倾斜约 60°（图 2-16d）。

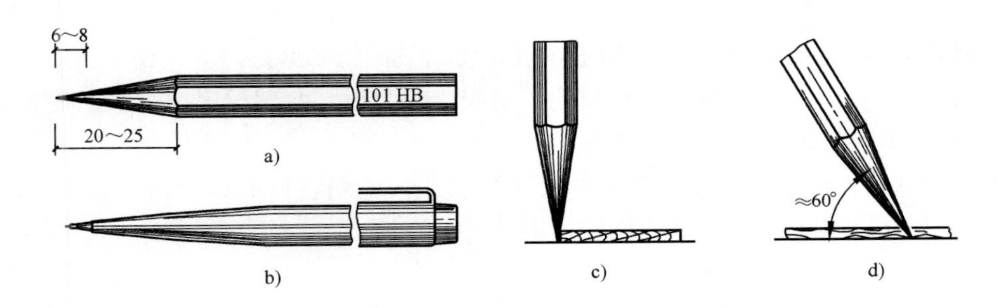

图 2-16　铅笔及其用法

2.2.10　绘图墨水笔

绘图墨水笔的笔尖是一支细针管，所以也叫针管笔，如图 2-17 所示。绘图墨水笔能像普通钢笔那样吸墨水。笔尖的口径有多种规格，如 0.2mm、0.3mm、0.5mm、0.6mm、0.9mm 等，每支绘图笔只能画出一种粗细的图线，可视图线粗细而选用。

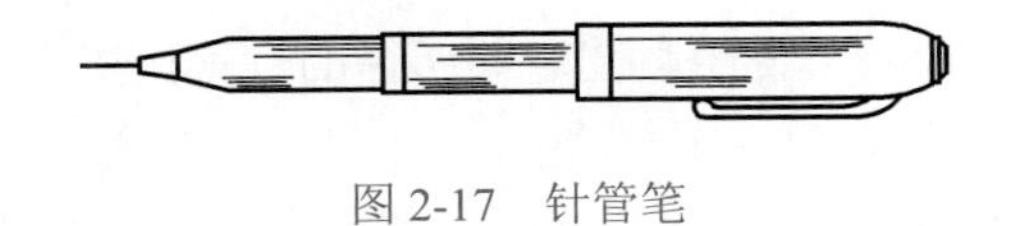

图 2-17　针管笔

使用绘图墨水笔时要注意保持笔尖清洁，如长期不用时应及时清洗干净保存。

2.2.11　图纸

图纸有绘图纸和描图纸两种。

绘图纸一般以质地厚实、颜色洁白、橡皮擦拭不易起毛为佳。绘图纸在保存时不能折叠和压皱。

描图纸应有韧性、透明度好。保存时应放在干燥通风处，避免受潮。

2.2.12　其他

橡皮：用于擦去不需要的图线等。一般用软橡皮擦铅笔线，硬橡皮擦墨线。

刀片：用于修整图纸上的墨线。

小刀：用于削铅笔。

砂纸：用于修磨铅笔芯。

胶带纸：用于粘贴固定图纸。

软毛刷：用于清扫图面上的橡皮屑等杂质，保持图面清洁。

2.3 绘图步骤和方法

绘图时，应按照一定的绘图步骤和方法进行，才能提高绘图效率，保证图面质量。

2.3.1 绘图准备

1）做好准备工作，将所需要的铅笔削好；将圆规的铅芯磨好，并调整好铅芯与针尖的高低，使针尖略长于铅芯；用干净软布把丁字尺、三角板、绘图板等擦干净；将各种绘图用具按顺序放在固定位置，洗净双手。

2）分析要绘制的图样，收集参阅有关资料，理解所绘图样的内容和要求，并对如何绘制做到心中有数。

3）选定图纸和比例。

4）将图纸固定在绘图板上，固定时注意图纸在绘图板上的位置，即丁字尺的工作边与图纸的水平边平行。另外为了绘图时的准确与方便，图纸一般在绘图板靠左下方的位置，但纸边不要紧贴绘图板边缘，图纸的下边与绘图板的下边一般应留有大于一个丁字尺宽度的距离。

2.3.2 用铅笔绘制底稿

1）按照要求绘制幅面线、图框线、标题栏外框线，如图2-18a所示。

2）合理布置图面，定出图形的中心线或外框线。布图时，除考虑图样本身外，还要注意考虑尺寸标注所占的位置和文字说明、图名等所占的位置，综合考虑，不能遗漏，避免在一张图纸上出现太空和太挤的现象，做到图面匀称美观、疏密得当。画出各个图形的基准线，一般对称的图形以轴线或中心线为基准线，非对称的图形以最下和最左的图线为基准线；确定各图形的位置。

3）绘制图形。打底稿时应使用较硬的铅笔，落笔要尽可能轻、细，以便修改。绘图步骤如图2-18b、c、d所示。

4）画尺寸线、尺寸界线、尺寸起止符号、其他符号，但暂不注写数字和文字，如图2-18e所示。

5）检查有无错误和遗漏并修正，完成底稿。

2.3.3 区分图线、上墨或描图

1. 铅笔线图

1）同类型、同规格、同方向的图线可集中画出。

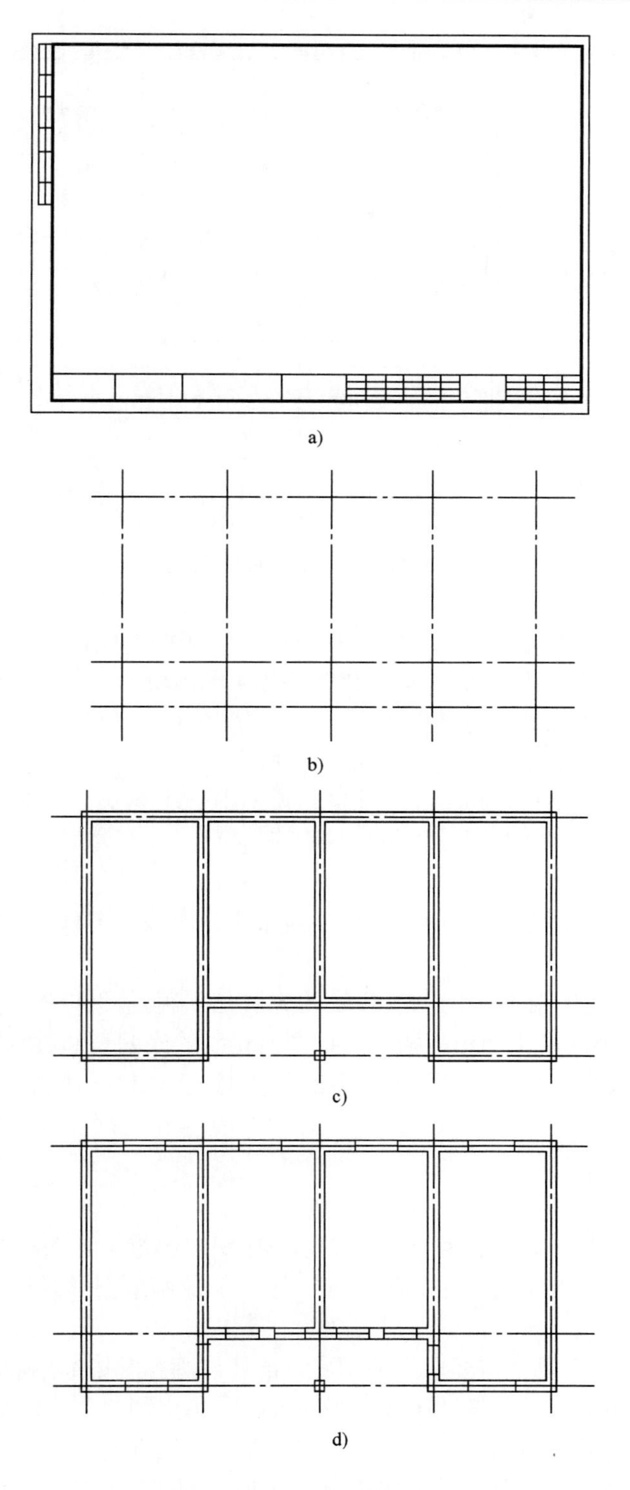

图 2-18　施工图的绘制步骤

a）绘制幅面线、图框线、标题栏　b）绘制轴线

c）绘制墙、柱线　d）绘制门窗洞

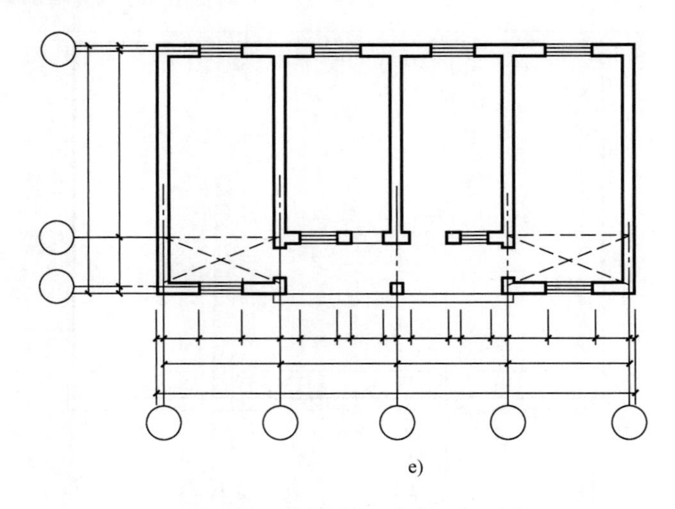

图 2-18 施工图的绘制步骤（续）

e）画其他细部，画尺寸线

2）先画上方，后画下方；先画左方，后画右方；先画粗线，后画细线；先画曲线，后画直线；先画水平方向的线段，后画垂直及倾斜方向的线段。

3）注意成图后各种图线的浓淡要一致。图线有粗细之分，而没有深浅之分，不要误以为细线就是轻轻地、淡淡地画，细和轻是不同的概念。

4）填写尺寸数字，注写标题栏及其他文字说明。

5）检查核对修改，完成全图，如图 2-19 所示。

2. 墨线图

使用绘图墨水笔在绘制完成的底稿上用墨线来区分图线。步骤与画铅笔线图基本一致。

3. 描图、复制

在工程施工时往往需要多份图纸，传统的方法是采用描图和晒图的方法。描图是用透明的描图纸覆盖在铅笔线图上用墨线描绘，描图后得到的底图再通过晒图就可得到所需份数的复制图纸（俗称蓝图）。新的复制图纸的方法是使用工程图复印机复印图纸。

2.3.4 注意事项

1）打底稿时线条宜轻而细，但应清晰明确。

2）铅芯软硬的选择：打底稿时宜选用 2H、3H 铅芯铅笔，加深时粗实线宜选用 HB、B 或 2B，细实线选用 H、HB，写字宜选用 H 或 HB。加深圆或圆弧时所用的铅芯应比同类型直线的铅芯软一号。

绘图铅笔的数量要充足，按要求提前削好、磨好，画图时铅笔不能将就。

3）加深或描绘粗实线时应保证图线位置的准确，防止图线移位，影响图面质量。

4）使用橡皮时可借助擦图片，尽量缩小擦拭面，擦拭方向应与图线方向一致。

5）尺寸线、尺寸界线都是图的组成部分，在加深图线时一定要加深描黑，而不能只留淡淡的底稿线。

6）注意图面保持洁净。

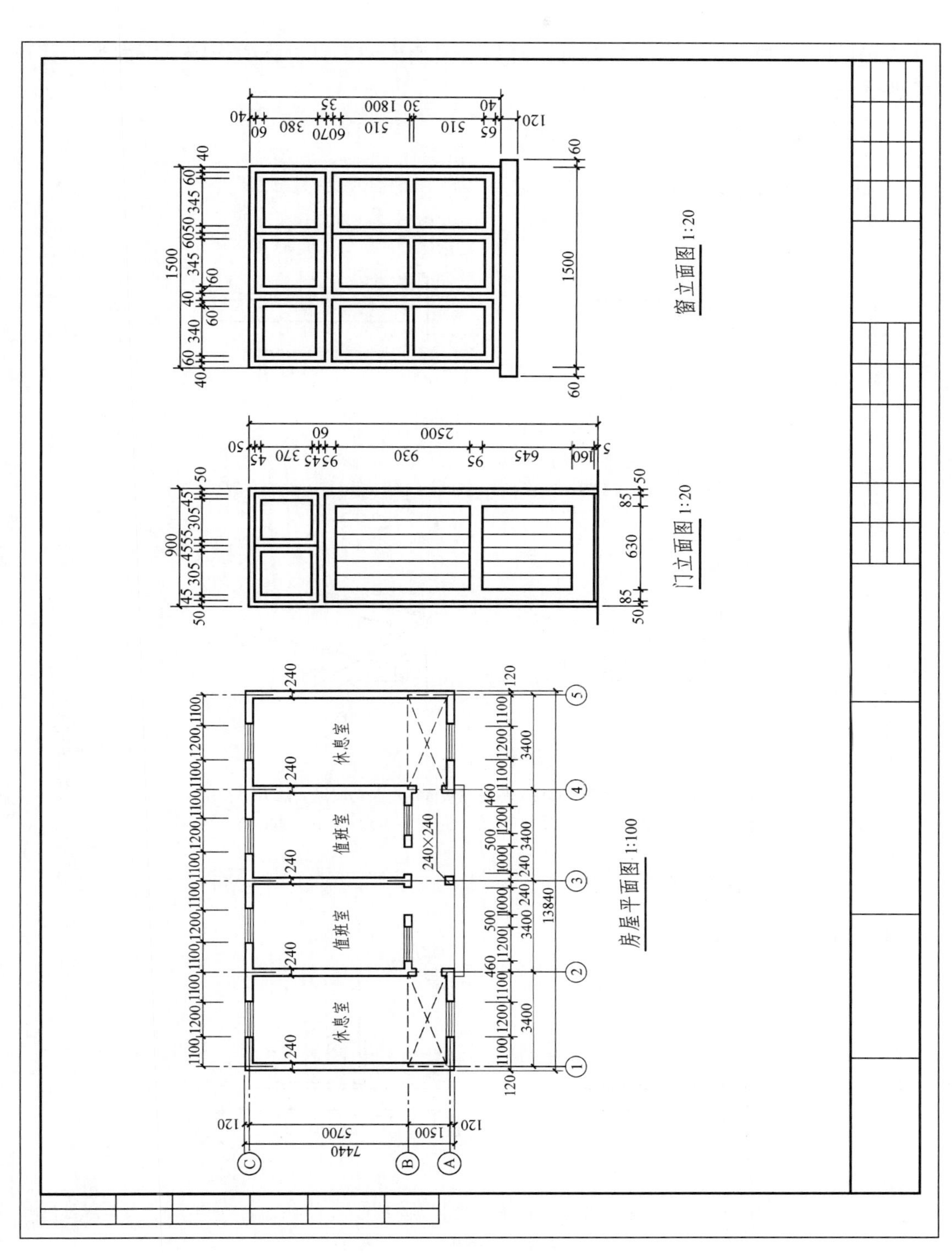

图 2-19　区分图线，标注尺寸、图名，完成全图

2.4 几何作图

几何作图是指根据已知条件按几何定理用普通的作图工具进行的作图。下面为工程制图中常遇到的几何作图问题和作图方法。

2.4.1 作一直线的平行线

1. 作水平线的平行线（图2-20）

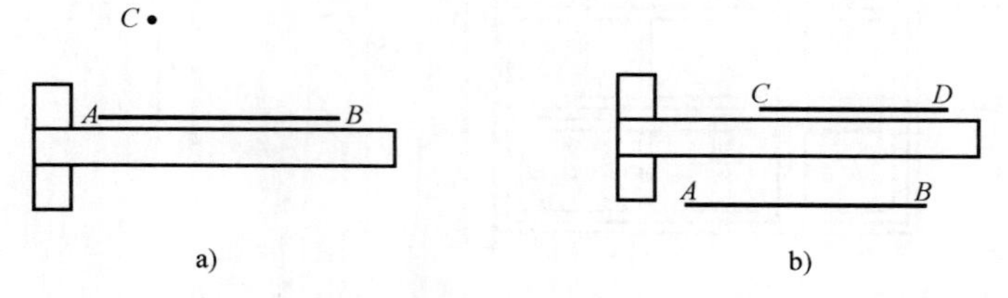

图2-20 作水平线的平行线

a）使丁字尺的工作边与已知水平线 AB 平行

b）沿绘图板工作边平推丁字尺，使丁字尺工作边紧贴 C，作直线 CD

2. 作斜线的平行线（图2-21）

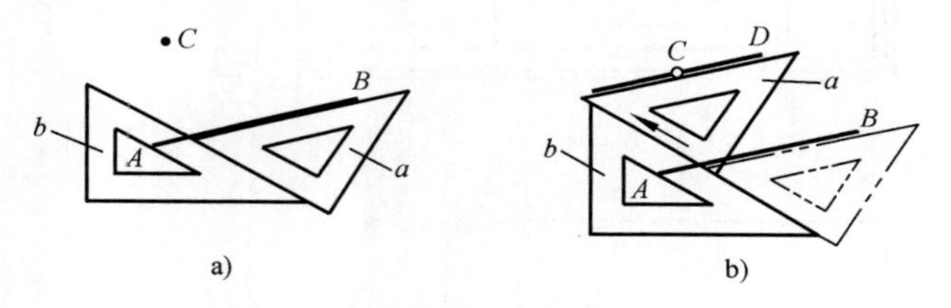

图2-21 作斜线的平行线

a）使三角板 a 的一边紧贴 AB，将三角板 b 的一条边紧贴 a 的另一边

b）按住三角板 b 不动，推动三角板 a 沿 b 的一边平移至点 C，作直线 CD 即为所求

2.4.2 作一直线的垂直线

1. 作水平线的垂直线（图2-22）

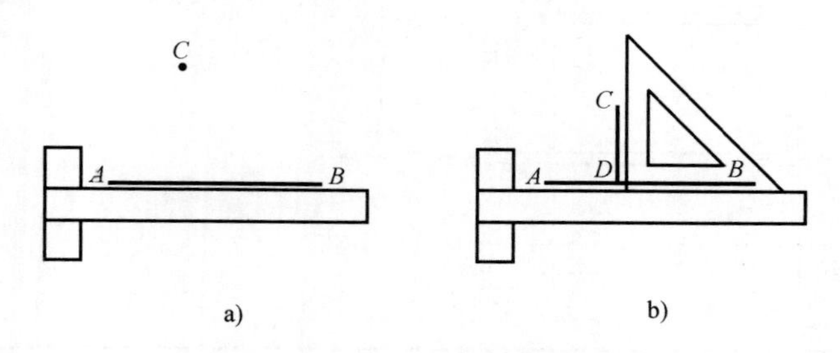

图2-22 作水平线的垂直线

a）将丁字尺的工作边紧贴已知水平线 AB

b）将三角板的一直角边紧贴丁字尺工作边，沿三角板的另一直角边过点 C，从下至上作直线 CD 即为所求

2. 作斜线的垂直线（图 2-23）

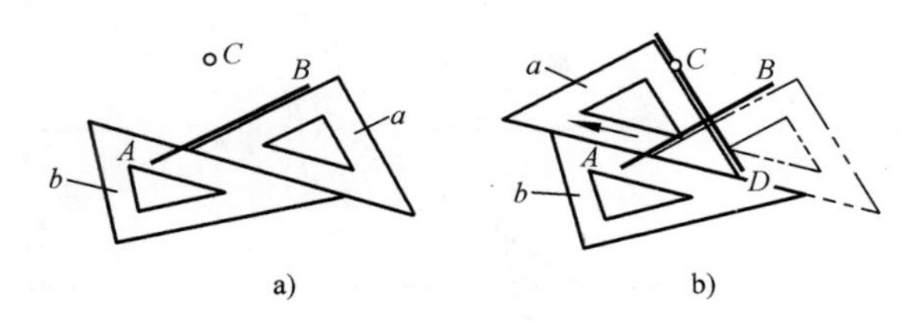

图 2-23　作斜线的垂直线

a）使三角板 a 的一直角边紧贴 AB，其斜边靠在另一三角板的一边

b）推动三角板 a，使其另一直角边过点 C，作直线 CD 即为所求

2.4.3　作坡度线

坡度是指直线（或平面）上任一点的垂直投影与水平投影的比。图 2-24 以坡度 1∶5 为例说明坡度线的作图方法。

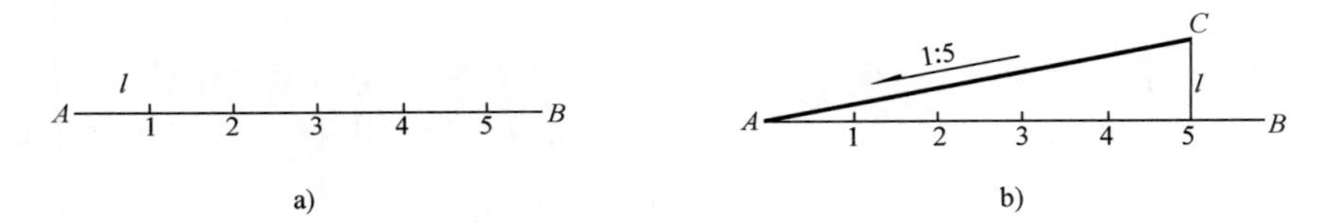

图 2-24　作坡度线

a）过点 A 在 AB 上取 5 个等间距点

b）过点 5 作 AB 的垂直线 $5C$，使其长为相邻两点长度，连 AC 即为所求

2.4.4　分直线段为任意等份

具体做法如图 2-25 所示。

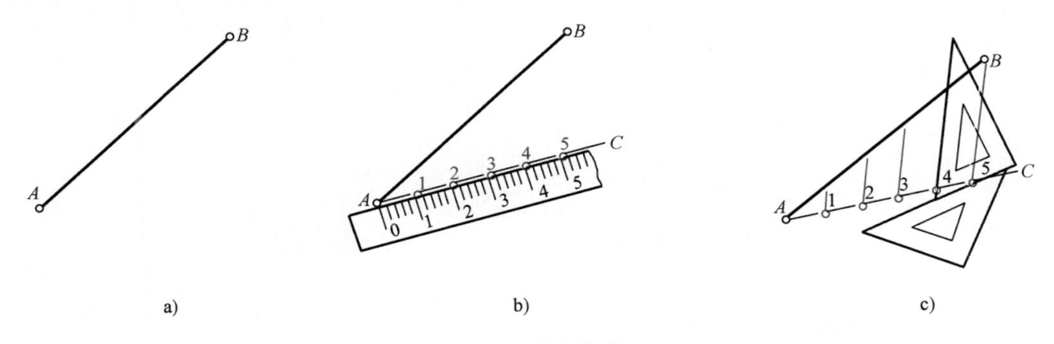

图 2-25　五等分线段 AB

a）已知直线段 AB　b）过点 A 作任意直线 AC，用直尺（或分规）在 AC 上截取 5 个单位

c）连 $5B$，过 1、2、3、4 点作 $5B$ 的平行线，交 AB 于 4 个等分点，即为所求

2.4.5　分两平行线之间的距离为已知等份

在房屋工程图中，经常用到等分两平行线间的距离（如楼梯的绘制），如图 2-26 以 5 等

分为例说明其作图方法和步骤。

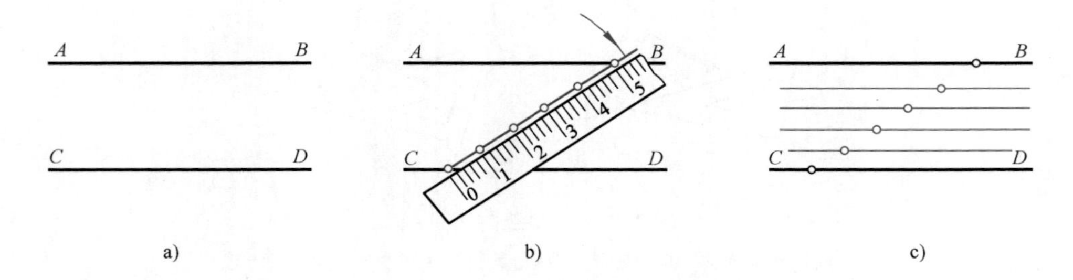

图 2-26 分两平行线 *AB* 和 *CD* 之间的距离为 5 等份

a）已知平行线 *AB* 和 *CD* b）将尺身 0 点置于 *CD*，摆动尺身，使刻度 5 落在 *AB* 上，得 1、2、3、4 各等分点 c）过各等分点作 *AB*、*CD* 的平行线，即为所求

2.4.6 作已知圆的内接正六边形

如图 2-27a 所示，用 60°三角板作正六边形，将 30°三角板的短直角边紧靠丁字尺工作边，沿斜边分别过点 *A*、*D* 作 *AB*、*DE*、*DC*、*AF*，连接 *EF*、*BC* 即得。如图 2-27b 所示，用圆规、直尺作正六边形，分别以 *A*、*D* 为圆心，*R* 为半径作弧交圆周于 *B*、*F*、*C*、*E* 点，依次连接 *AB*、*BC*、*CD*、*DE*、*EF*、*FA* 即得。

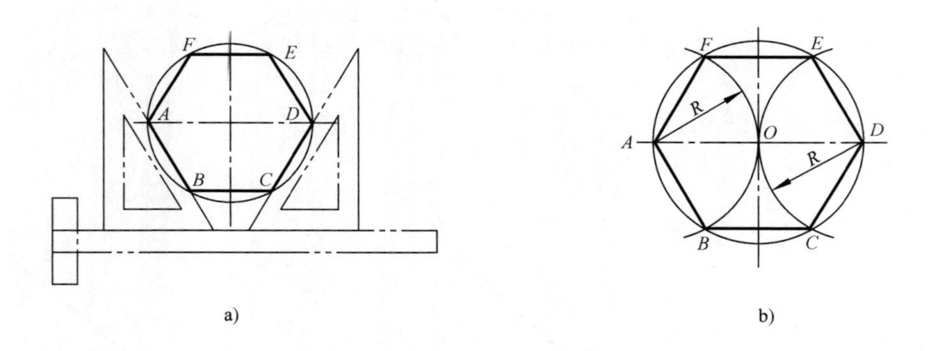

图 2-27 作圆内接正六边形

a）用 60°三角板画正六边形

b）根据外接圆的半径用圆规、直尺作正六边形

2.4.7 作已知圆的内接正五边形

作图过程如图 2-28 所示。

2.4.8 作踏步

在工程图中经常要画楼梯，而楼梯踏步的画法是一个难点。图 2-29 所示踏步的画法用到了等分平行线的方法。

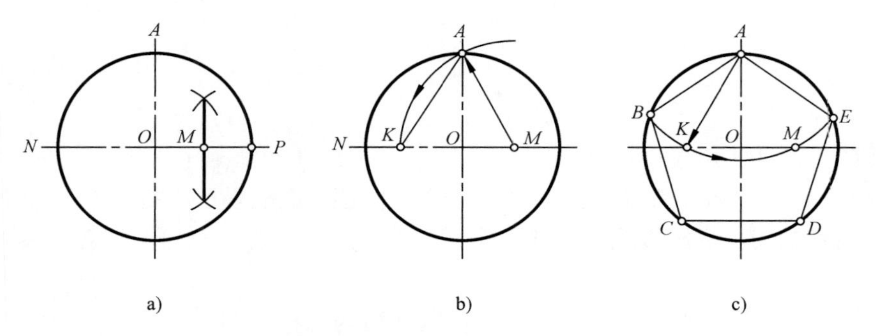

图 2-28　作圆内接正五边形

a）作 OP 中点 M　b）以 M 为圆心、MA 为半径作弧交 ON 于 K，AK 即为圆内接正五边形的边长　c）自点 A 起，以 AK 为半径五等分圆周得点 B、C、D、E，依次连接 AB、BC、CD、DE、EA，即为所求

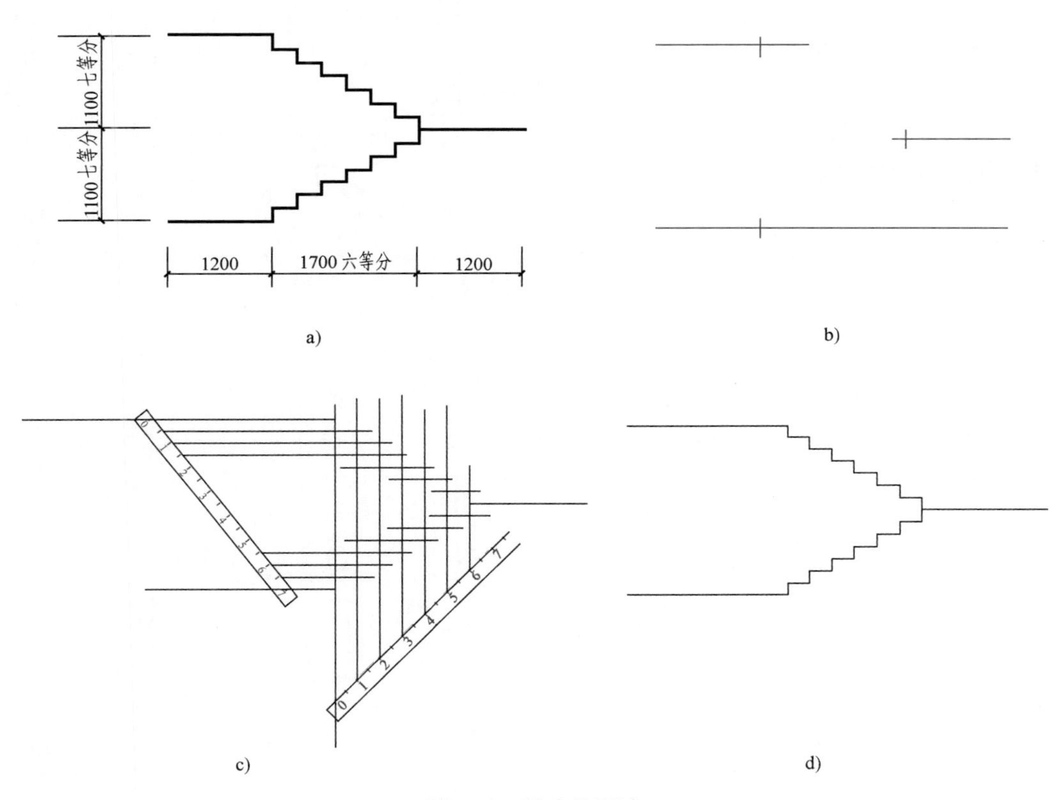

图 2-29　踏步的画法

a）踏步的形式及尺寸　b）按尺寸及比例定出大的轮廓线　c）用等分平行线的方法分别 6 等分、14 等分（7+7 等分）　d）作出踏步

小　　结

1）在常用制图工具和仪器用法中要解决的问题是，每一种常用工具的四个方面：

① 做什么用？

② 怎么用？

③ 怎么维护保管？

④ 使用中的常见问题。

2）正确的绘图步骤和方法是提高制图效率、保证图面质量的前提。从绘图准备、打底稿、加深图线到成图，均应按照一定的顺序和方法，通过练习，应能做到有条不紊，切忌杂乱无章。

3）为保证所绘图样的准确性，应牢固掌握常用的几何作图方法，并为后面准确、快速地绘制建筑工程图打下良好的基础。但应注意，图样绘制的方法有时是多种多样的，在以后的制图过程中，应当灵活掌握、活学活用。

思 考 题

1. 常用的制图工具和仪器有哪些？试说明它们各自的用途、用法、保管及常见问题。

2. 绘图前应做好哪些准备工作？

3. 一般绘图步骤是什么？绘制铅笔线图纸时，怎样选用铅笔？

4. 绘图时怎样进行图面布置？

5. 怎样绘制图纸中的水平线、铅垂线、45°线？

项目 3　投影法及其在建筑工程图中的应用

学习目标：通过本项目学习，熟练掌握投影的概念、分类和平行投影的特性，熟练掌握三面正投影图的形成、特性，并了解各种投影法在建筑工程图中的应用。掌握点的投影规律，会判断点的相对位置及重影点的可见性，掌握不同位置直线、平面的投影特性，根据投影读出直线、平面的位置。掌握基本形体、组合形体的投影制图、读图，能熟练运用点、线、面及基本形体的投影通过形体分析法、线面分析法进行组合形体的识读与绘制。

任务：请绘制课桌的三视图，并标注尺寸。A3 图纸，比例自定。

3.1　投影及投影法

3.1.1　投影及投影法的概念

我们生活在一个三维空间里，一切形体都有长度、宽度和高度（或厚度），而我们所用的图纸只有长度和宽度，是平面的。怎样才能在平面的图纸上准确、全面表达三维形体的真实形状和大小呢？这就需要用投影的方法。

大家都见过影子，如在灯光下，书本就会在桌面或墙面上产生影子。但是这样的影子不反映书本的真实形状及大小，而且是灰黑的影子，只反映书本的轮廓，如图 3-1a 所示。但是如果在正午的阳光下，把一本书与桌面平行，你会发现桌面上的影子和书本近似，如图 3-1b 所示。

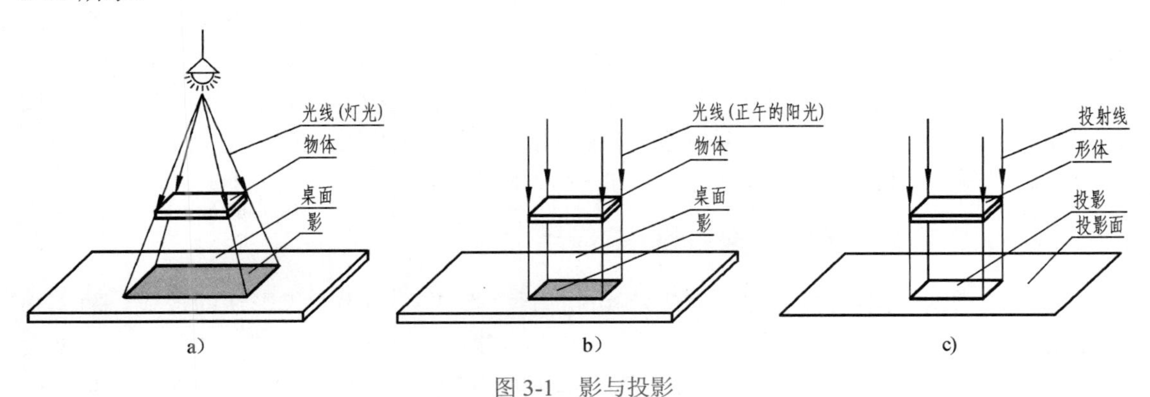

图 3-1　影与投影

a）灯光产生的影　b）正午的阳光产生的影　c）投影

在影的基础上，人们抽象出了投影及投射法的概念。

假设光线能透过形体而将形体上的各个顶点和各条棱线投影在平面上，这些点和线的影将组成一个能反映出形体形状的图形。这个图形就称为形体的投影，光线称为投射线，投影所在的平面称为投影面，如图3-1c所示。投影法即投射线通过物体，向选定的面投射，并在该面上得到图形的方法。

3.1.2 投影法的分类

投影法按投射线及其与投影面的相对位置可分为中心投影法和平行投影法两类，如图3-2所示。

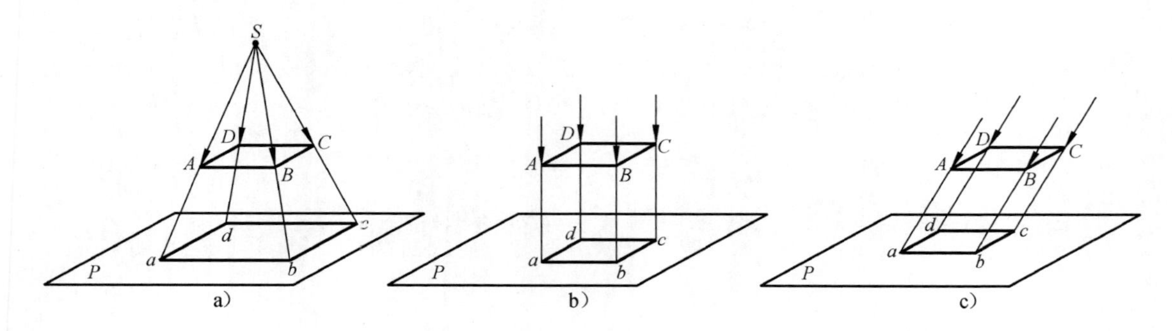

图3-2 投影法的分类

a）中心投影法 b）平行投影法——正投影法 c）平行投影法——斜投影法

1. 中心投影法

如图3-2a所示，投射线由一点放射出来，对形体进行投影的方法称为中心投影法。

中心投影法的特点是投射线汇聚于一点，投影的大小取决于投射中心、形体和投影面三者之间的位置关系。当投影面和投射中心距离不变的情况下，形体距投射中心越近，投影越大，反之投影越小。当形体和投影面距离不变的情况下，投射中心距离形体越近，投影越大，反之则越小。因此，利用中心投影法作出的投影，其大小与原形体并不相等，不能准确地度量出形体的尺寸大小。

2. 平行投影法

当投射中心距离投影面无限远时，投射线则趋近于平行。投射线相互平行的投影方法称为平行投影法。平行投影的大小与形体和投射中心的距离远近无关。

平行投影法根据投射线与投影面之间是否相互垂直，又可分为正投影和斜投影。如图3-2b所示，投射线相互平行，且垂直于投影面的投影方法称为正投影法。如图3-2c所示，投射线相互平行，且倾斜于投影面的投影方法称为斜投影法。

3.1.3 各种投影法在建筑工程绘图中的应用

如图3-3所示为中心投影法的形成及实际应用。图3-3a为中心投影法的形成。图3-3b为运用中心投影法在画面（即投影面）P上画出建筑物的透视图。透视图（主要特征为近大远小）的图形跟一个人的眼睛在投射中心的位置时所看到该形体的形象，或者将照相机放在投影中心所拍得的照片一样，立体感、空间感强，显得十分逼真，但形体各部分的形状和大小大都不能直接在图中反映和度量出来。如图 3-3c 所示为小房子的透视图。中心投影法往往用在建筑设计、装饰设计的方案图和效果图中，如图 3-3d、e 所示分别为别墅建筑的室外、室内效果图。

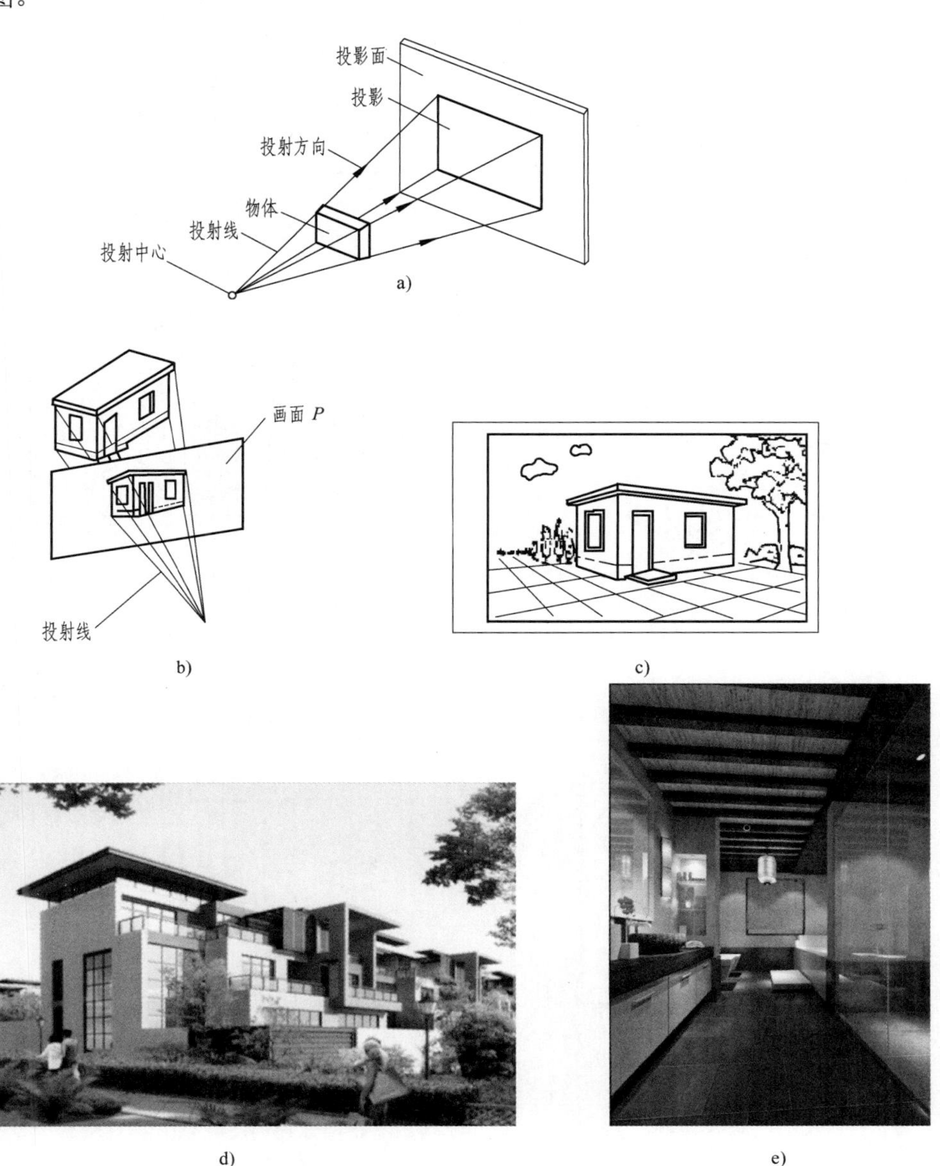

图 3-3　中心投影法的形成及实际应用

a）中心投影法的形成　b）透视投影形成　c）小房子的透视图
d）别墅外部效果图　e）别墅内部卫生间装饰效果图

如图 3-4 所示为平行投影法及其实际应用。平行投影法常用于绘制轴测投影图，如建筑室外和室内立体图、管道系统图等。图 3-4a、b 为平行投影法的形成。图 3-4c 为轴测投影的形成，即采用平行投影法绘制。图 3-4d 为小房子的正轴测投影（外观立体图）。图 3-4e 为小房子的斜轴测投影（内部分隔立体图）。图 3-4f 为斜轴测投影（排水系统图）。

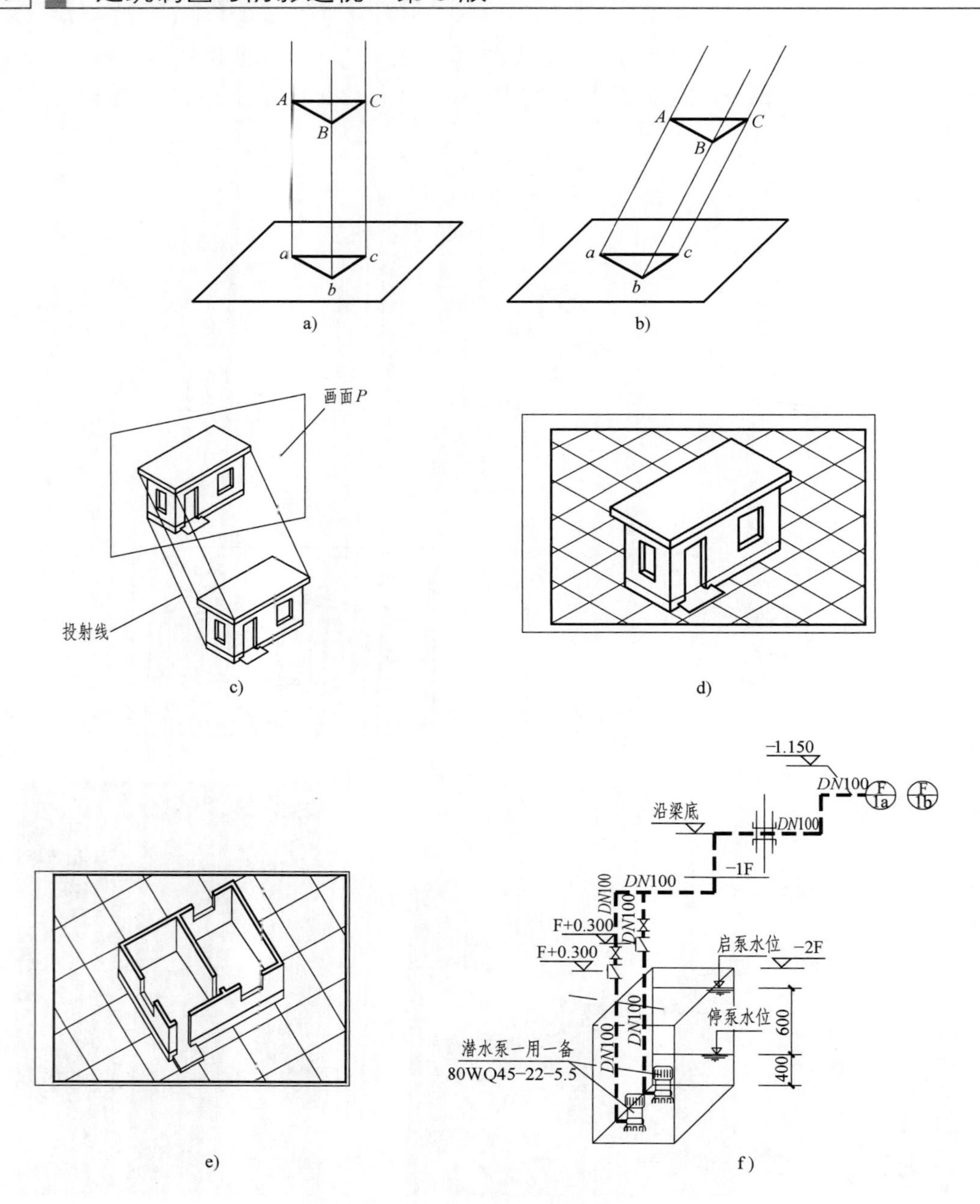

图 3-4 平行投影法及其实际应用

a）平行投影法——正投影法 b）平行投影法——斜投影法

c）轴测投影的形成（平行投影法） d）小房子的正轴测投影（外观立体图）

e）小房子的斜轴测投影（内部分隔立体图） f）斜轴测投影（排水系统图）

当平面平行于投影面时，其正投影反映实形，如图 3-5a 所示。故正投影图能反映出建筑物各侧面的真实形状和大小，如图 3-5b 所示。正投影图具有可度量性，而且作图简便，如图 3-5c 所示。建筑工程图一般采用正投影图，如图 3-5d 所示，但这种图缺乏立体感，需经过一定的训练才能看懂。

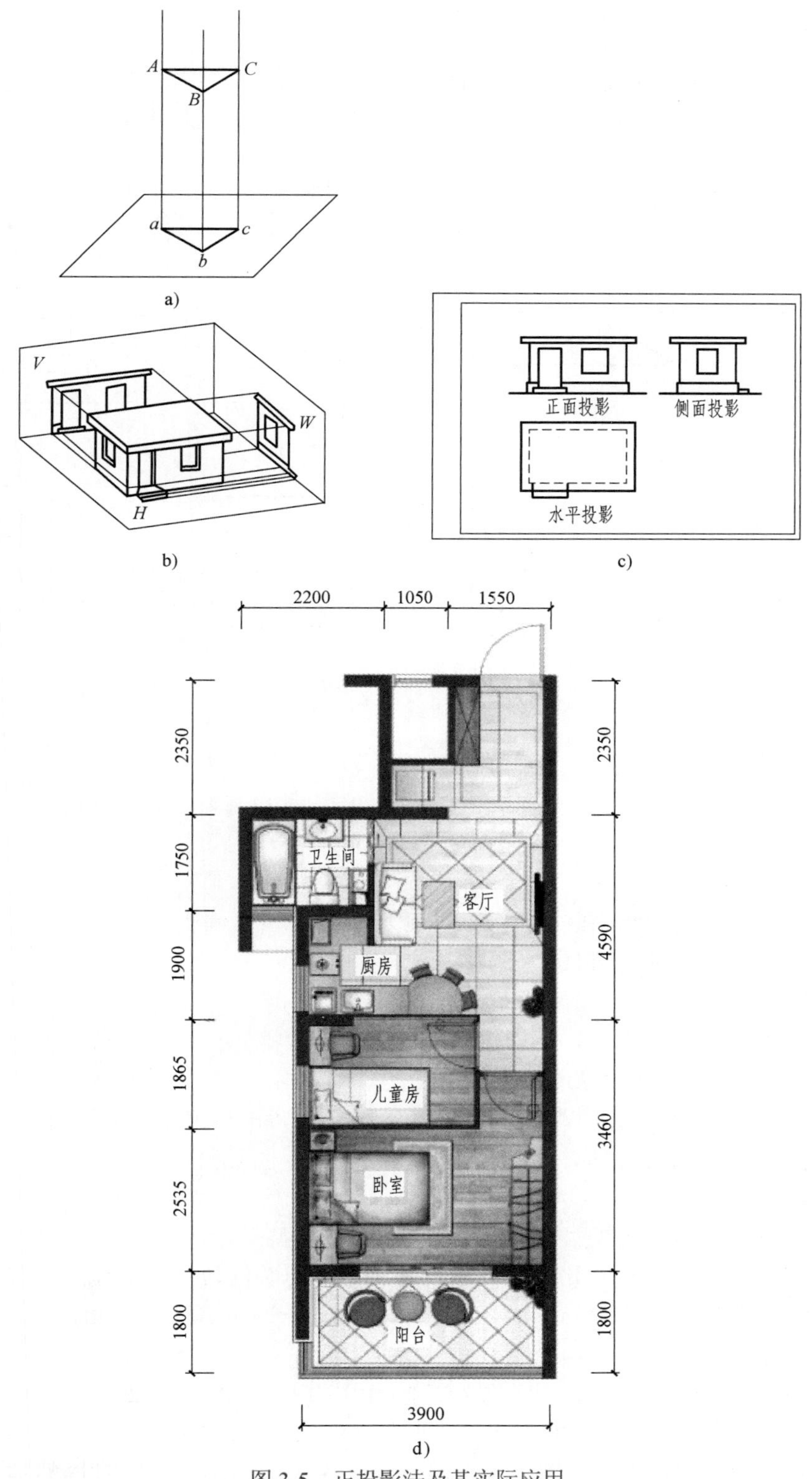

图 3-5　正投影法及其实际应用

a）正投影法　b）正投影法的应用（三面正投影形成）　c）小房子三面正投影图示例　d）小户型住宅户型图（正投影法）

3.1.4 平行投影的投影特性

在建筑工程制图中，最常使用的投影是正投影。

下面以点、直线、平面的正投影（图3-6）为例说明正投影的特性。

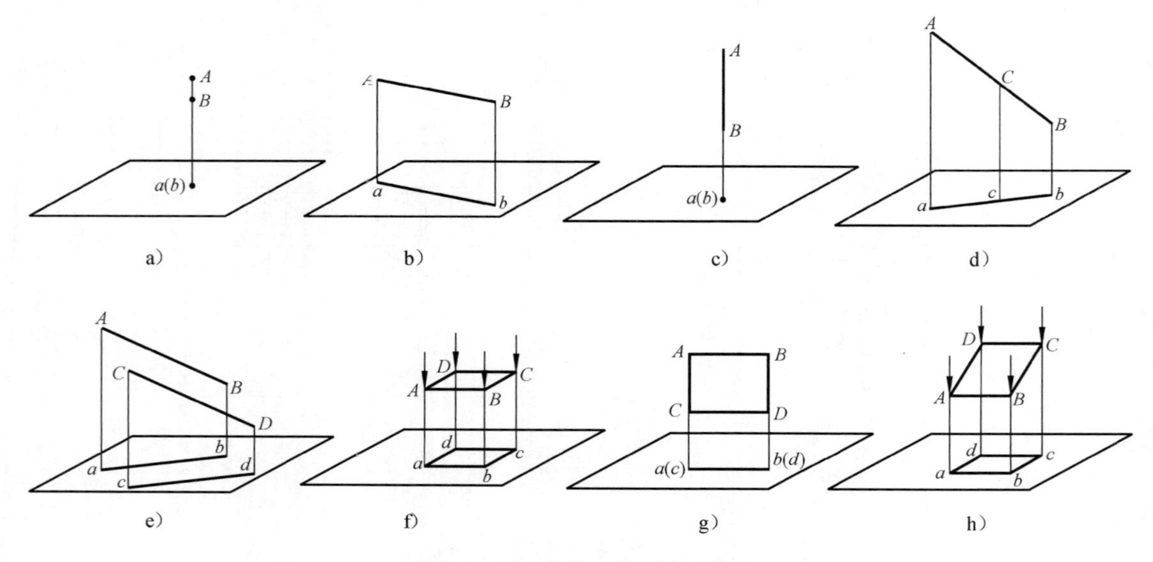

图3-6 点、直线、平面的正投影

a）点的投影仍然是点 b）直线平行于投影面，其正投影反映实长（显实性）
c）直线垂直于投影面，其正投影积聚为点（积聚性） d）直线倾斜于投影面，其正投影为变短的线段（类似性）；
点在线段上，点分线段所成的比例，等于点的投影分线段的投影所成的比例（定比性）
e）相互平行的直线，其正投影仍平行（平行性） f）平面平行于投影面，其正投影反映实形（显实性）
g）平面垂直于投影面，其正投影积聚为直线（积聚性） h）平面倾斜于投影面，其正投影为类似形（类似性）

从图3-6可以看出，点、直线、平面的正投影具有以下一些特性：

1）点的投影仍然是点，如图3-6a所示。

2）直线的投影：

① 当直线平行于投影面时，其正投影反映实长，即实形投影，如图3-6b所示。该直线的长度可以从其正投影的长度来度量，即度量性。

② 当直线垂直于投影面时，其正投影积聚为一个点，即积聚投影，如图3-6c所示。

③ 当直线倾斜于投影面时，其正投影不反映实长，也不积聚，而是一条比实长短的线段，如图3-6d所示。

④ 相互平行的两条直线在同一投影面上的正投影保持平行，即平行性，如图3-6e所示。

⑤ 点在直线上，则点的投影必在直线的投影上。点分线段所成的比例，等于点的投影分线段的投影所成的比例，即定比关系，如图3-6d所示。

3）平面的投影：

① 当平面平行于投影面时，其正投影反映真实的形状和大小，即实形投影，具有显实性，如图3-6f所示。该平面图形的形状和大小可以从其正投影来确定和度量，即度量性。

② 当平面垂直于投影面时，其正投影积聚为一条直线，即积聚投影，如图3-6g所示。

③ 当平面倾斜于投影面时，其正投影既不反映实形，也不积聚，而是一个小于实形的

相似形，如图 3-6h 所示。

综上所述，正投影具有显实性、积聚性、类似性、度量性、平行性、定比性几个特性。

同样，斜投影也具备以上的特性。因此，以上的特性也是平行投影的特性。

由于正投影具有反映实形的特性，具有可度量性，作图方便，因此，一般的工程图纸都用正投影法画出。以后在说到投影时，除特别说明外，均指正投影。

3.2　三面正投影图（三视图）

3.2.1　三面正投影图（三视图）的形成

用正投影法所绘制出物体的图形称为正投影图，也可称为视图。下面以长方体为例来说明正投影图的形成。

作长方体的正投影图时，在长方体的下方放置一个平行于底面的水平投影面 *H*，简称 *H* 面，如图 3-7 所示。形体在水平投影面 *H* 上的投影称为水平投影，或 *H* 投影。

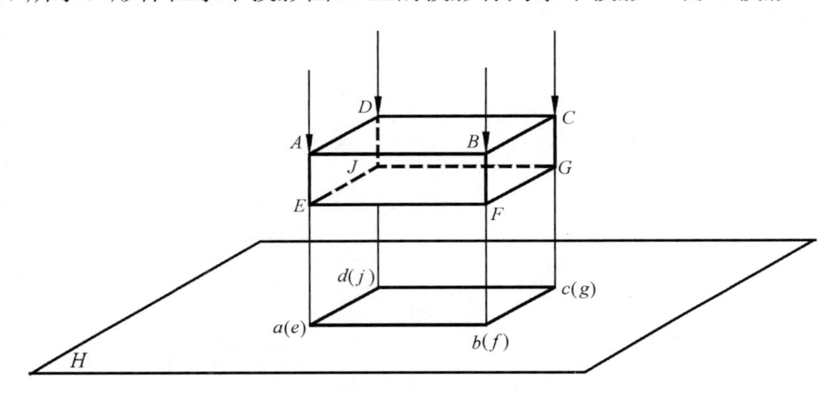

图 3-7　投影图的形成

如图 3-7 所示，运用点、直线、平面的正投影特性知识，可知平面 *ABCD*、*EFGJ* 都平行于 *H* 面，它们的水平投影反映实形，即长方形；而平面 *ABFE*、*BCGF*、*CDJG*、*DAEJ* 都垂直于 *H* 面，它们的水平投影积聚为一条直线。直线 *AB*、*BC*、*CD*、*DA*、*EF*、*FG*、*GJ*、*JE* 都平行于 *H* 面，它们的水平投影均反映实长；而直线 *AE*、*BF*、*CG*、*DJ* 都垂直于 *H* 面，它们的水平投影都积聚为一点。因此，该长方体的水平投影是一个长方形，且反映该长方体上、下底面的真实形状和大小。

由上例可以知道长方体的水平投影是长方形。反过来，能否由水平投影是长方形而得出它一定是长方体的投影呢？下面以图 3-8 为例讲解。

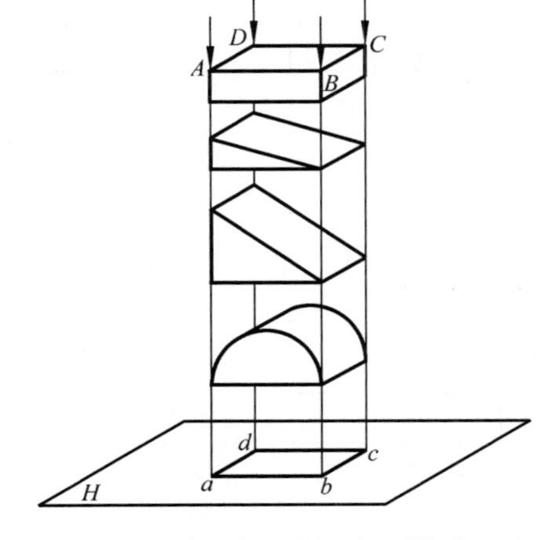

图 3-8　一个正投影图一般不能唯一确定其形体

图 3-8 中的四个形体的水平投影均是相同的长方形，因此由水平投影不能唯一得出一个形体。这是因为形体

由长、宽、高三个向度确定，而一个投影图只能反映其中两个向度。要准确而全面地表达形体的形状和大小，一般需要两个或两个以上投影图。

现设置一个三投影面体系，即由三个相互垂直的平面作为投影面，其中包含水平投影面 *H* 面、正立投影面 *V* 面、侧立投影面 *W* 面。三个投影面两两垂直相交，交线称为投影轴，分别为 *OX*、*OY*、*OZ* 轴，三个投影轴的交点是 *O* 点，又称原点。这样即组成了一个三投影面体系，如图 3-9 所示。

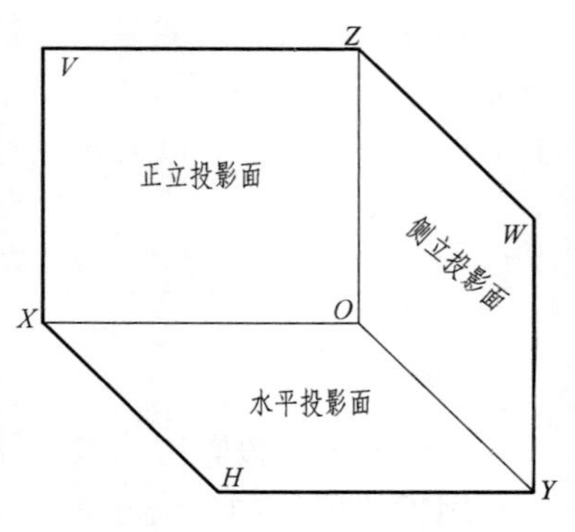

图 3-9 三投影面体系

把长方体放置在三投影面体系中，注意使长方体的上、下底面平行于 *H* 面，前、后侧面平行于 *V* 面，左、右侧面平行于 *W* 面，如图 3-10a 所示。

作形体在水平投影面上的投影时，投射线从上向下垂

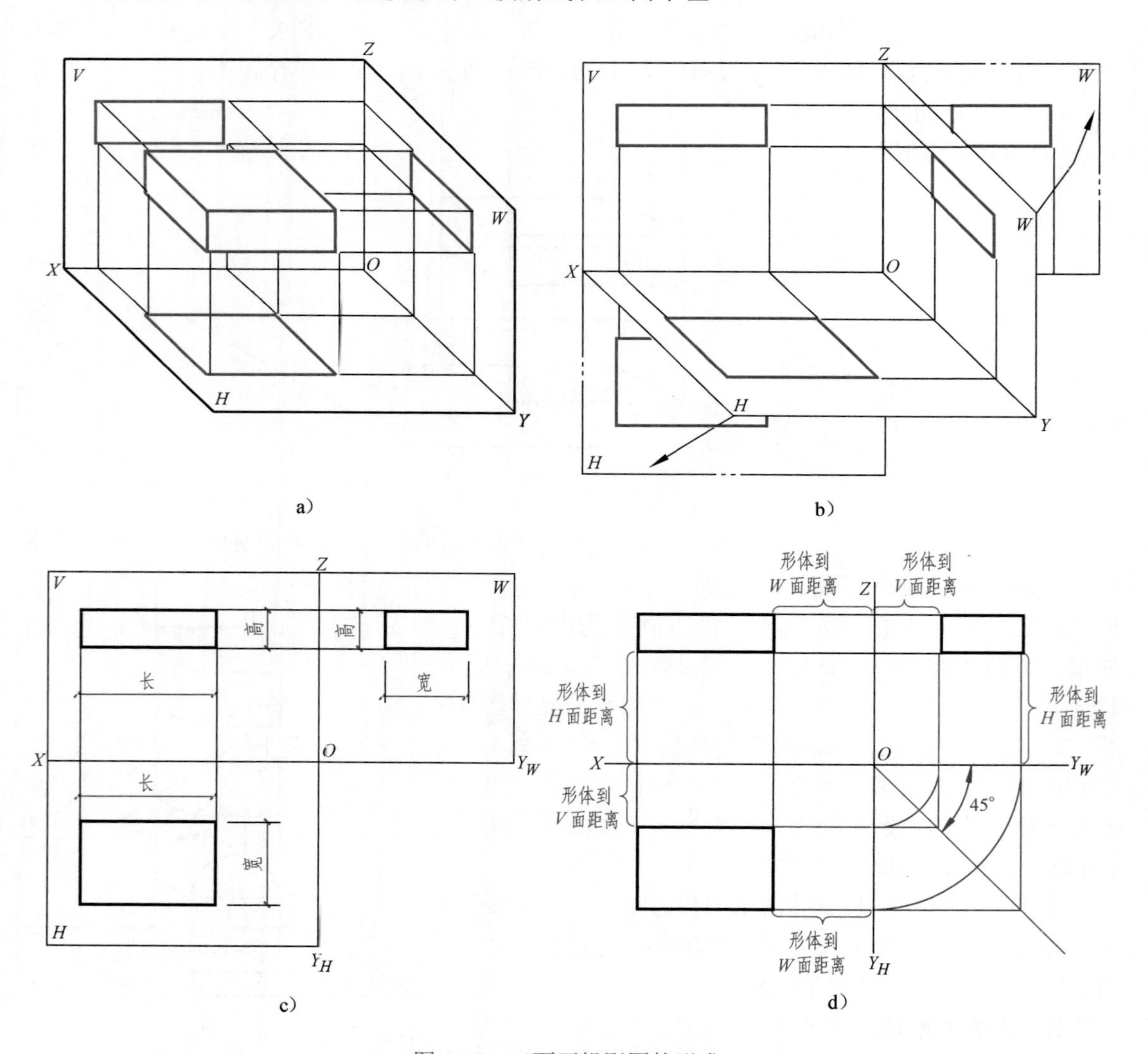

图 3-10 三面正投影图的形成

直于水平投影面；作形体在正立投影面上的投影时，投射线从前向后垂直于正立投影面；作形体在侧立投影面上的投影时，投射线从左向右垂直于侧立投影面。这时可得到形体的三面正投影图，也称三视图。

形体在水平投影面上的投影，称为水平投影，或 *H* 投影，或俯视图。它反映长方体上、下两个面的实形，反映形体的长、宽。

形体在正立投影面上的投影，称为正面投影，或 *V* 投影，或主视图。它反映长方体前、后两个面的实形，反映形体的长、高。

形体在侧立投影面上的投影，称为侧面投影，或 *W* 投影，或左视图。它反映长方体左、右两个面的实形，反映形体的宽、高。

形体的三面投影图可以完整全面地表达出形体各表面的真实形状和大小。

为了使形体的三个投影图能绘制在平面的图纸上，需要将三投影面体系中的三面正投影图展开。

投影图展开时的规定：*V* 面不动，*H* 面连同 *H* 投影一起绕 *OX* 轴向下旋转 90°，*W* 面连同 *W* 投影一起绕 *OZ* 轴向右旋转 90°，使三个投影面（包括三个投影图）展开在同一个平面上，如图 3-10b 所示。

展开以后的情况如图 3-10c 所示。可以看出，每个投影图反映形体长、宽、高三个向度当中的两个。

由于投影面是无限大的，而且投影面的大小对投影图也没有任何影响，因此投影面的边框线不需要画出，如图 3-10d 所示。

投影图与投影轴的距离，反映了形体距投影面的距离，在三面投影图中形体对同一个投影面的距离应相等。而其实形体距投影面远近对投影图并没有影响，因此投影轴往往也可以省略，但三面投影图的关系应当保持不变，即水平投影图在正面投影图的正下方，侧面投影图在正面投影图的正右方。按照这种位置画投影图时，在图纸上可以不标注投影图的名称。

3.2.2　三面正投影图（三视图）的规律

1）形体的投影图一般有 *V*、*H*、*W* 三个投影图。*V* 投影反映形体的长度和高度，以及形体上平行于 *V* 面的各个面的实形；*H* 投影反映形体的长度和宽度，以及形体上平行于 *H* 面的各个面的实形；*W* 投影反映形体的宽度和高度，以及形体上平行于 *W* 面的各个面的实形。

2）投影图的展开，规定 *V* 面不动，*H* 面向下转，*W* 面向右转，摊平在同一个平面上。

3）由于三个投影表达的是同一个形体，而且进行投影时，形体与各投影面的相对位置保持不变，因此，投影图展开之后，它们的投影必然保持下列关系：

① *V*、*H* 投影都反映形体的长度且对正，称为“长对正”。

② *V*、*W* 投影都反映形体的高度且平齐，称为“高平齐”。

③ *H*、*W* 投影都反映形体的宽度，称为“宽相等”。

“长对正、高平齐、宽相等”称为“三等关系”，这三个重要的关系是三面正投影的投影关系。三等关系是绘制和识读形体投影图必须遵循的投影规律。

4）在三投影面体系中，通常使 *OX*、*OY*、*OZ* 轴分别平行于形体的三个向度（长、宽、高），以便更多地作出形体表面的实形投影。

5）形体的方向在投影图上也有所反映。形体有前、后、左、右、上、下六个方向，如图 3-11a 所示。投影时，若将形体周围这六个字随同形体一起投影到三个投影面上，则所得投影如图 3-11b 所示。

在投影图上识别形体的方向，对读图很有必要。

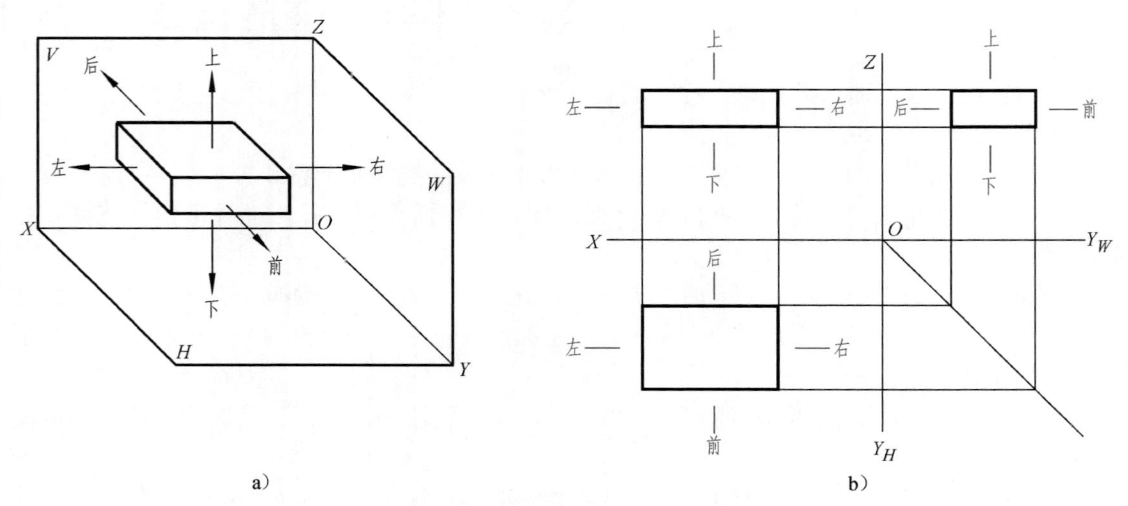

图 3-11 形体的方向在投影图上的反映

6）一个形体需要画多少个投影才能表达清楚，完全取决于形体本身的形状。对一般形体来说，用三个投影已经足够确定其形状和大小；对于简单的形体两个（或一个）投影也可以；而对于复杂的形体，往往需要更多的投影来表达。

课堂练习：图 3-12 所示为几个简单形体及其投影图的形成，图 3-13 所示为这几个形体的三面投影图，请分别找出形体对应的投影图。

3.2.3 三面正投影图（三视图）的画法示例

画出如图 3-14 所示三棱柱的三面正投影图。

绘制三面正投影图时，一般先绘制反映形体表面实形的投影图，然后再按照“三等关系”绘制其他投影图。熟练掌握形体的三面正投影图画法是绘制和识读工程图样的重要基础。下面是绘制三面正投影图的具体方法和步骤：

1）先画出正投影图中的投影轴，同时画出 45°辅助线（以保证投影图的“宽相等”），如图 3-15a 所示。熟练时投影轴也可以省略。

2）根据形体在三投影面体系中的放置位置，先画出能够反映形体表面实形的 *H* 投影图，如图 3-15b 所示。

3）根据投影关系，由“长对正”的投影规律，画出 *V* 投影图，如图 3-15c 所示。

4）由“高平齐”的投影规律，把 *V* 面投影图中涉及高度的各相应部位用水平线引向 *W* 面；由“宽相等”的投影规律，用过原点 *O* 作 45°斜线的方法也引向 *W* 面，得到 *W* 投影图，如图 3-15d 所示。

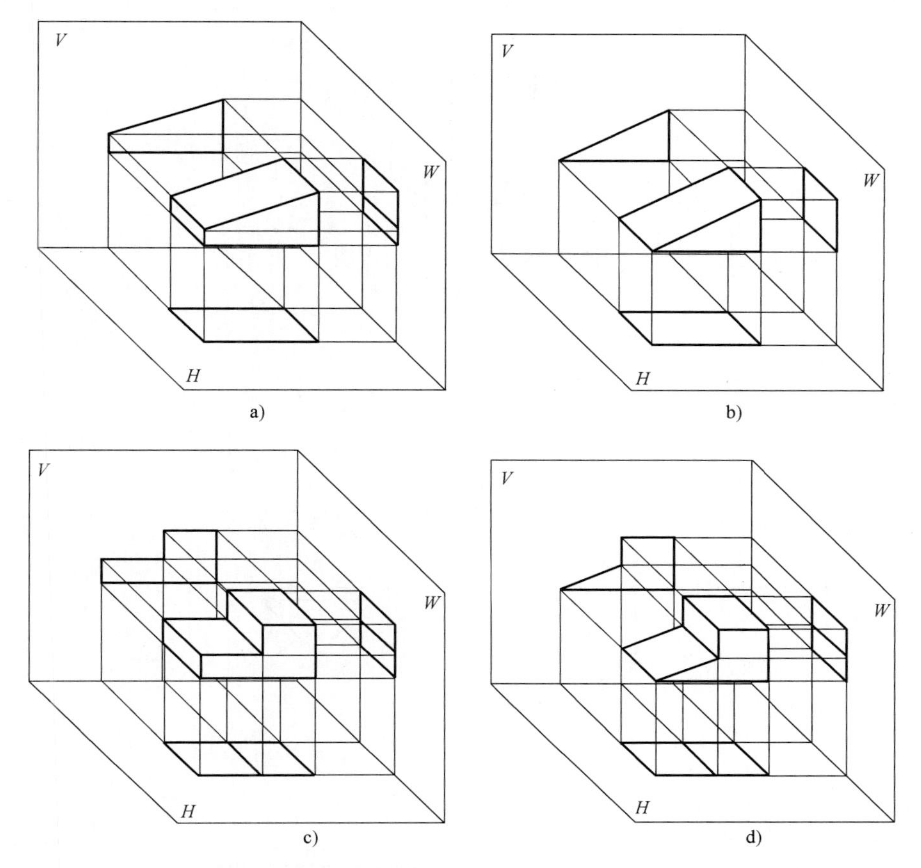

图 3-12　形体的三面投影图形成

a）形体Ⅰ　b）形体Ⅱ　c）形体Ⅲ　d）形体Ⅳ

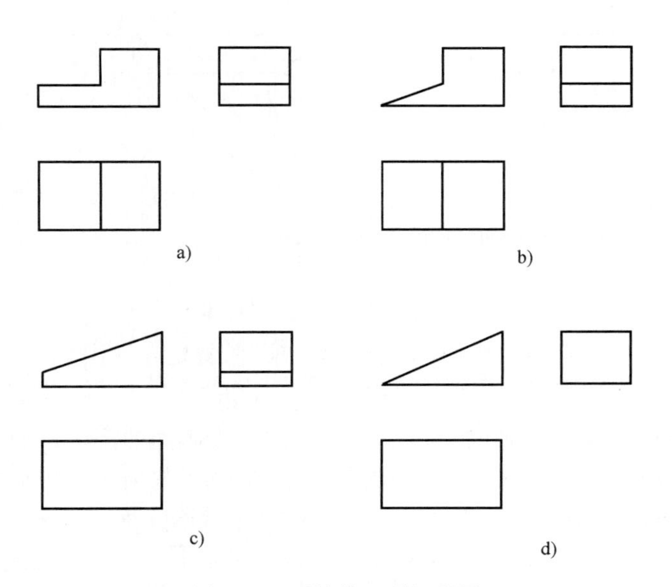

图 3-13　形体的三面投影图

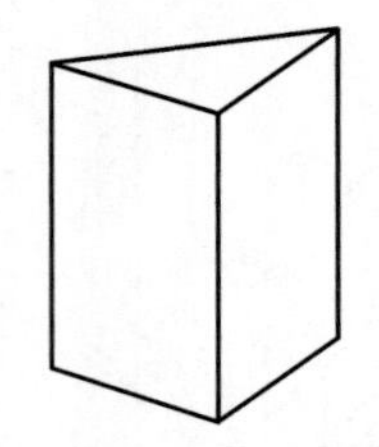

图 3-14 三棱柱的直观图

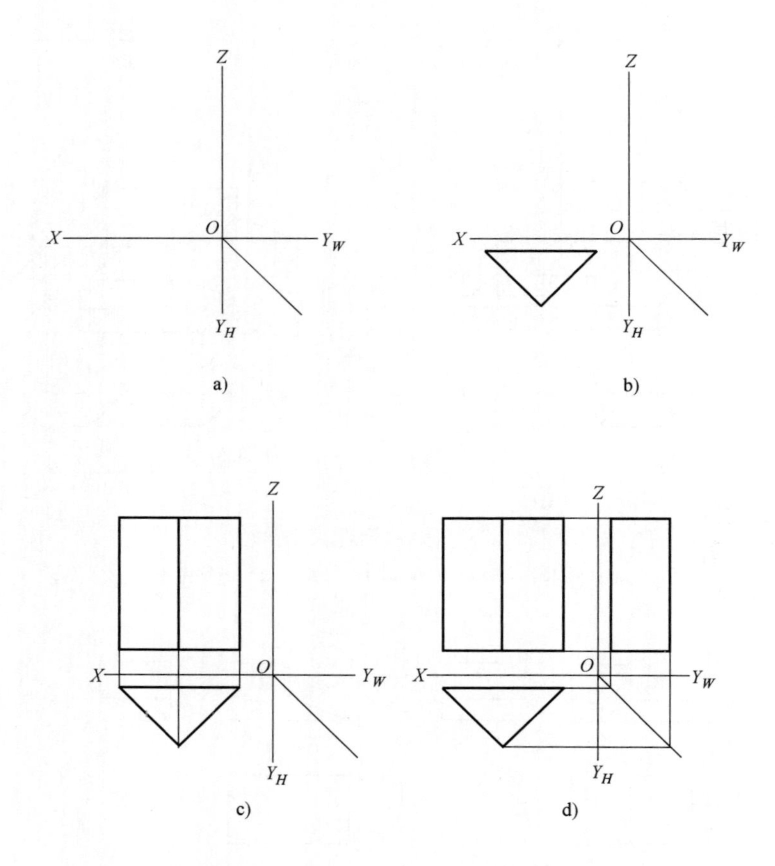

图 3-15 三棱柱的三面正投影图画法示例

a）画出投影轴及45°辅助线 b）画出 H 投影（反映上、下底面的实形）
c）按照“长对正”画出 V 投影 d）按照“高平齐、宽相等”画出 W 投影

注意：形体的投影距投影轴的距离反映出形体距投影面的距离，而形体距投影面的距离对投影图没有影响，因此可以不画投影轴，如图 3-16a、b 所示。但如若画出投影轴，则形体距同一投影面的距离应相等，如图 3-16c 所示。注意不能画出投影轴而距同一个投影面的距离却不同，如图 3-16d 所示。此为部分同学易出现的错误，应正确理解并避免此种错误画法。

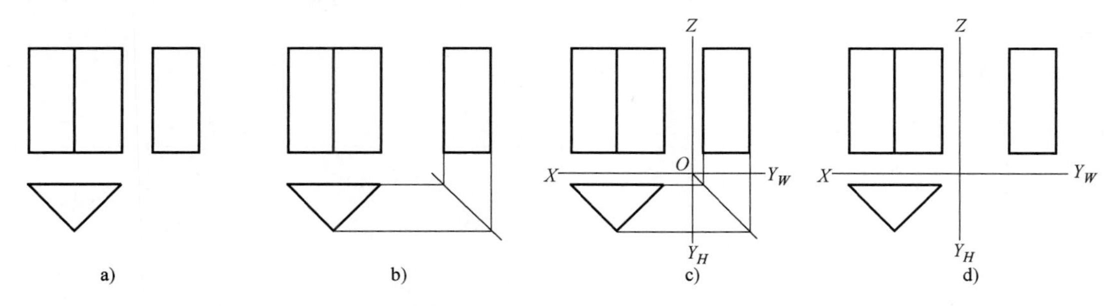

图 3-16　投影图的画法正误分析

a)、b)、c) 正确　d) 错误

3.3　点、直线、平面的投影

一个形体由多个侧面所围成，各侧面又相交于多条棱线，各棱线又相交于多个顶点。因此，点是形体最基本的元素。点、直线、平面的投影是形体的投影基础。

3.3.1　点的投影

1. 点的三面投影

点的正投影仍然是点，如图 3-17 所示。由图可知，点的一个投影不能确定它在空间的位置。

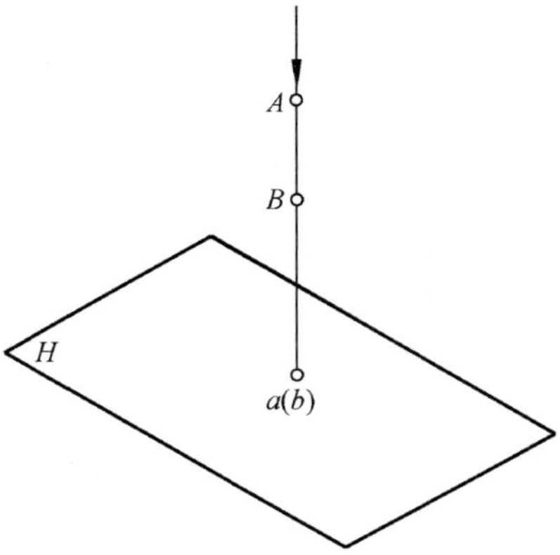

如图 3-18a 所示，过点 A 分别向 H、V、W 面作投影，并分别用 a、a'、a''表示，展开后如图3-18b所示，图3-18c为不画出投影面的图。可以看出点的各投影之间有如下三项正投影关系，即点的三面投影的规律：

1）点的正面投影和水平投影的连线必然垂直于 OX 轴，即在同一铅直线上。

2）点的正面投影和侧面投影的连线必然垂直于 OZ 轴，即在同一水平线上。

3）点的水平投影到 OX 轴的距离等于点的侧面投影到 OZ 轴的距离，都反映该点到 V 面的距离。

图 3-17　点的投影

点的这三项正投影关系，就是形体的三投影之所以具有“长对正、高平齐、宽相等”关系的理论根据。如图 3-19 所示，形体最右一点和最左一点的 V 投影和 H 投影，都分别在同一铅直连线上，因此必然会出现“长对正”的关系。形体最高一点和最低一点的 V 投影和 W 投影，分别在同一水平连线上，因此必然会出现“高平齐”的关系。形体最前一点和最后一点到 V 面的距离，以及这两个距离之差，即形体的宽度，都可以在 H 投影和 W 投影得到相等的反映，因此又必然出现“宽相等”的关系。

如图 3-20 所示，当点 A、B、C 位于投影面上时，则点在所在投影面上的投影与其本身重合，另外两个投影在相应的投影轴上；点 D 位于 OX 轴上，则其 H、V 投影与其本身重合，W 投影在 O 点上。

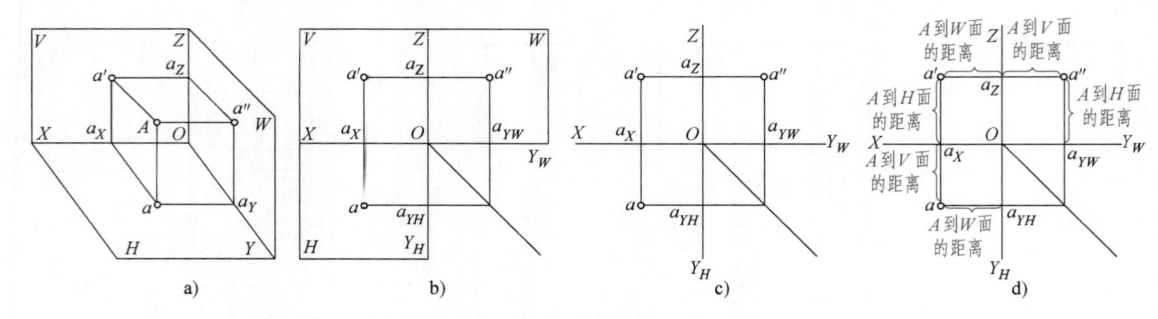

图3-18 点的三面投影

a）点的投影直观图 b）点的投影图的展开 c）点的三面投影

d）空间点A到投影面的距离在投影图中的反映

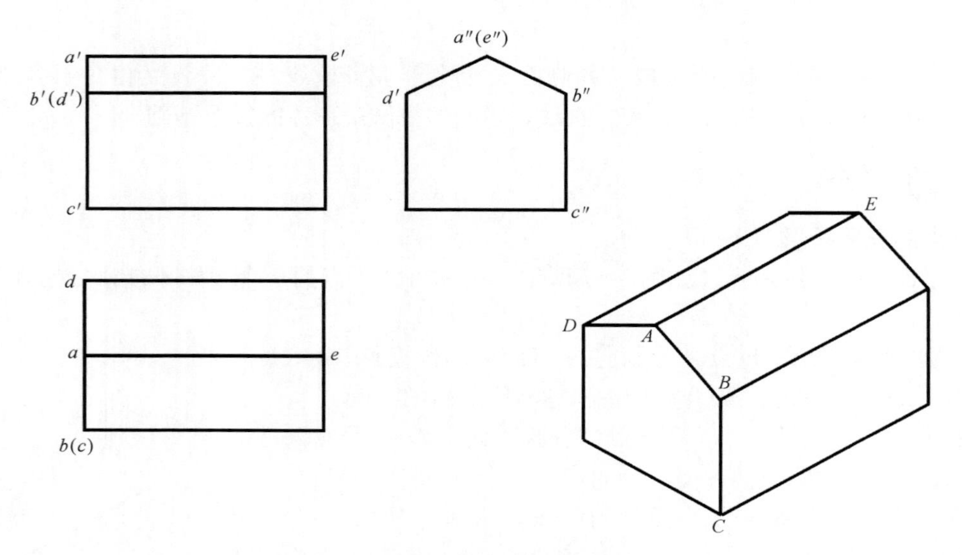

图3-19 三面投影的投影关系

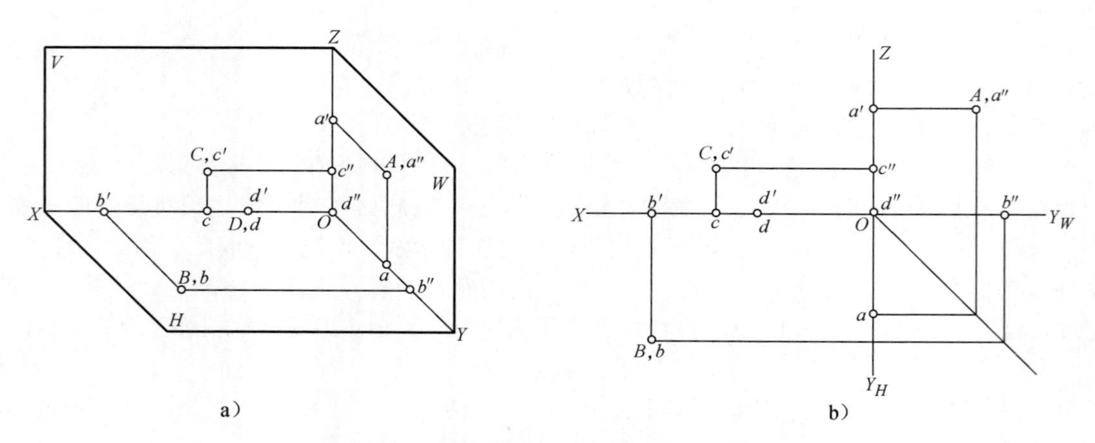

图3-20 位于投影面上的点及其三面投影

点的三面投影的规律说明了三面投影中每两个投影都有联系，因此只要任意给出点的两个投影就可以补出其第三个投影。

【例 1】 已知点的两个投影，如图 3-21a 所示，求其第三个投影。

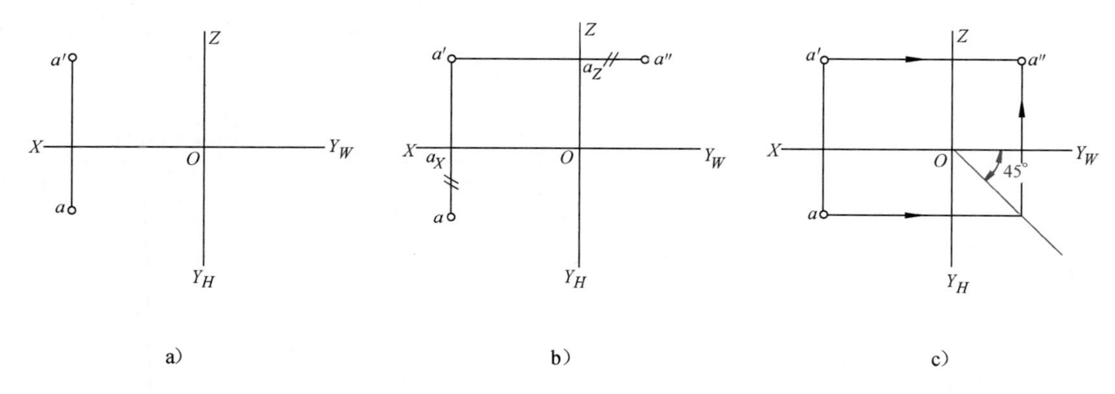

图 3-21　求点的第三个投影（一）

利用点的投影的三条规律，作图如图 3-21b 所示：

1）过 a' 作 OZ 轴的垂线（规律 2）。

2）在所作的垂线上截取 $a''a_Z=aa_X$，即得所求的 a''（规律 3）。

第 2）步也可按图 3-21c 所示，过 a 作水平线，与过 O 点的 45° 斜线相交，从交点引铅直线，与过 a' 所作 OZ 轴的垂线相交，即为所求（规律 3）。

【例 2】 已知点的两个投影，如图 3-22a 所示，求其第三个投影。

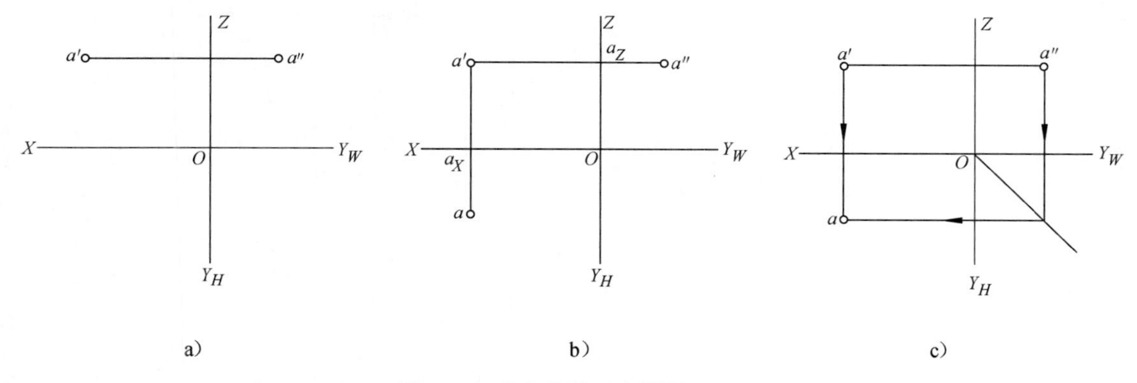

图 3-22　求点的第三个投影（二）

利用点的投影的三条规律，作图如图 3-22b 所示：

1）过 a' 作 OX 轴的垂线（规律 1）。

2）在所作的垂线上截取 $aa_X=a''a_Z$，即得所求的 a（规律 3）。

第 2）步也可按图 3-22c 所示，过 a'' 作铅直线，与过 O 点的 45° 斜线相交，从交点引水平线，与过 a' 所作 OX 轴的垂线相交，即为所求（规律 3）。

【例 3】 已知特殊位置点的两个投影，如图 3-23a 所示，求其第三个投影。

作图过程如图 3-23b 所示，用箭头表示，不再细述。

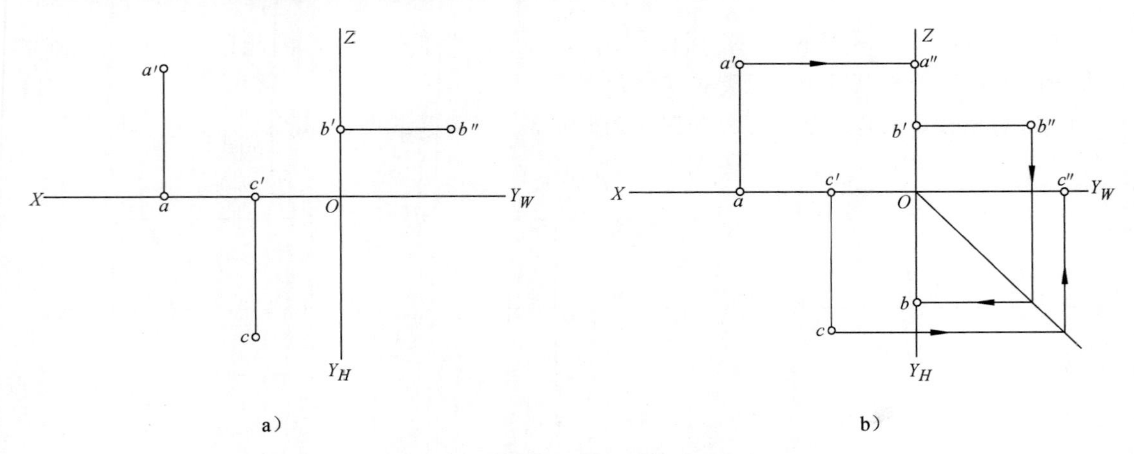

图 3-23 求特殊位置点的第三个投影

2. 两点的相对位置、重影点

（1）两点的相对位置 空间两点的相对位置，是指两点间的上下、左右和前后关系，如图 3-24a 所示，点 *A* 在点 *B* 的右后上方。两点的相对位置可以在它们的三面投影中反映出来。*V* 投影反映出它们的上下、左右关系，*H* 投影反映出左右、前后关系，*W* 投影反映出上下、前后关系。在投影图中判别两点的相对位置对投影图的识读和绘制十分重要。

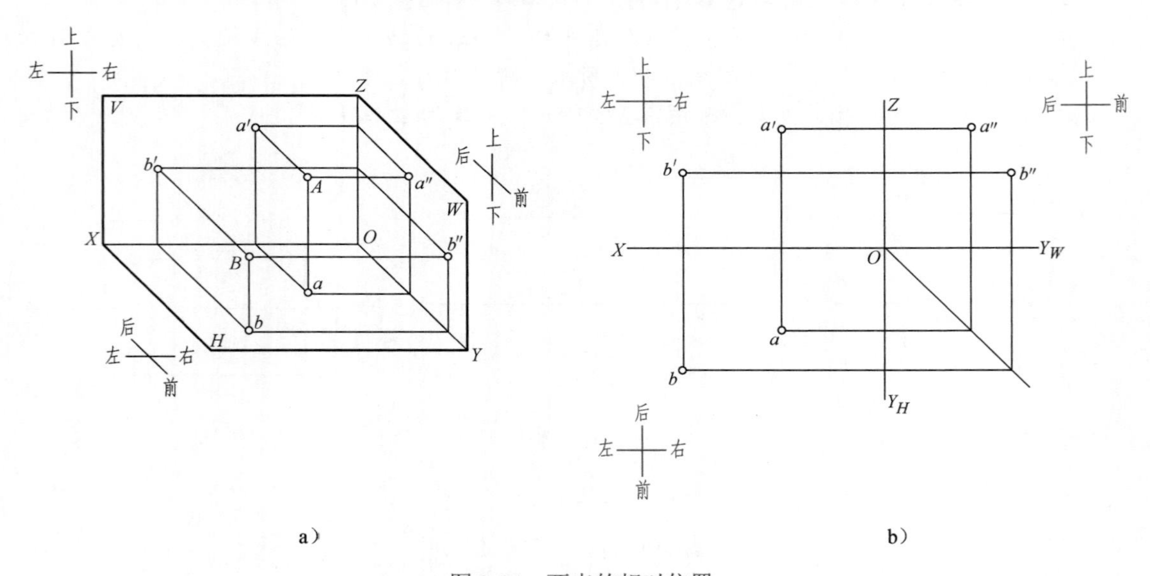

图 3-24 两点的相对位置

（2）重影点 如果空间两点在某一投影面上的投影重合，那么这两点就称为该投影面的重影点，重影点的投影及投影特性如图 3-25 所示。

显然，重影点投影重合的原因是两个点位于该投影面的同一条投射线上，假如沿投射线方向进行投影，则会有一点可见，另一点不可见，这就是重影点的可见性问题。在投影图中的标注应在不可见点的投影上加小括号。在投影图中判别重影点的可见性，对读图十分重要。

判断重影点可见性的方法如下：H 面重影点，上面的点可见，下面的点不可见；V 面重影点，前面的点可见，后面的点不可见；W 面重影点，左面的点可见，右面的点不可见。

判定重影点的可见性，须先根据其他投影判断它们的位置关系，然后按照投射方向可判别出重影点的可见性。

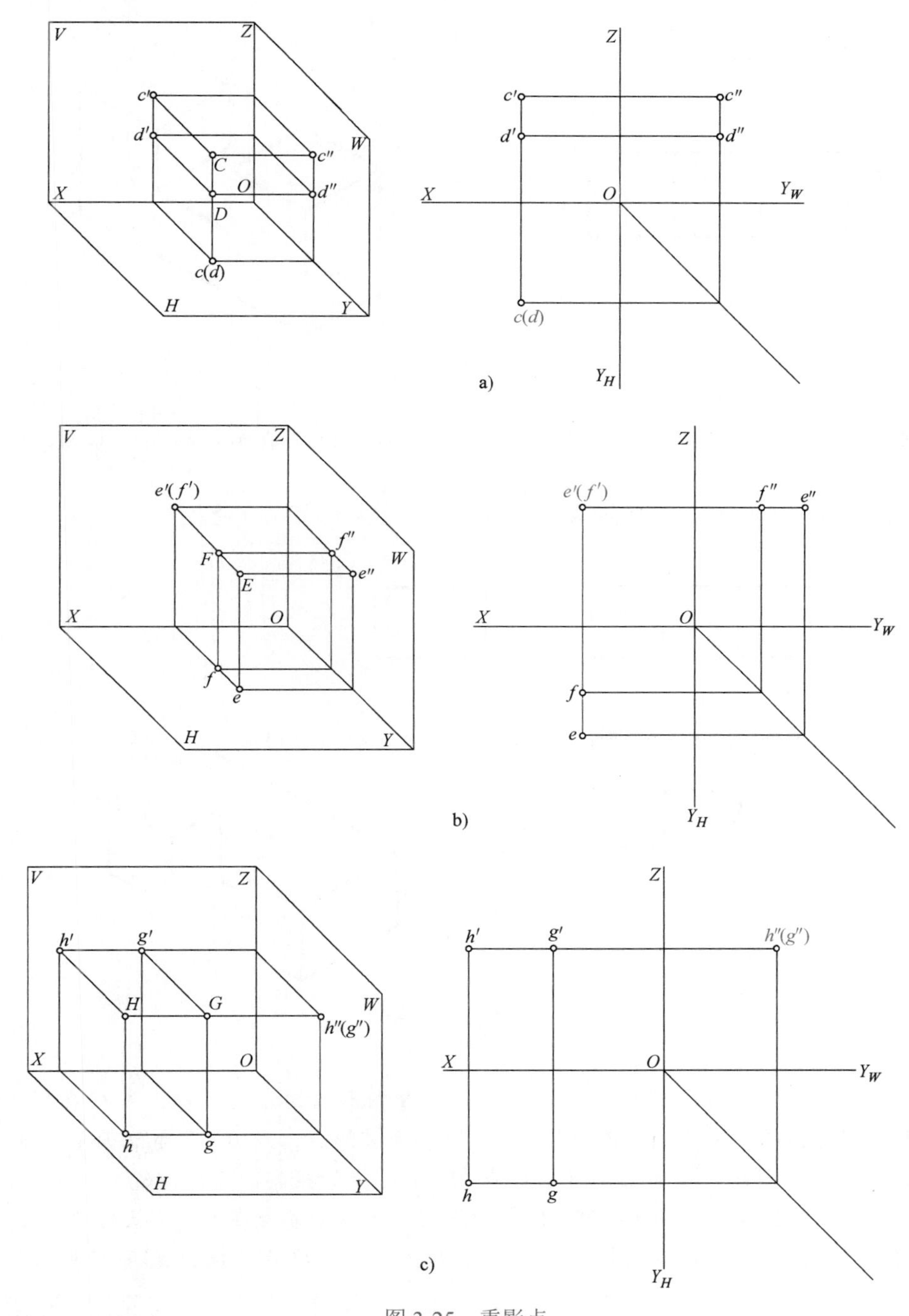

图 3-25　重影点

a）H 面重影点　b）V 面重影点　c）W 面重影点

【例4】 已知形体的直观图和投影图如图3-26所示，在直观图上标注出其中的点*A*和*B*。

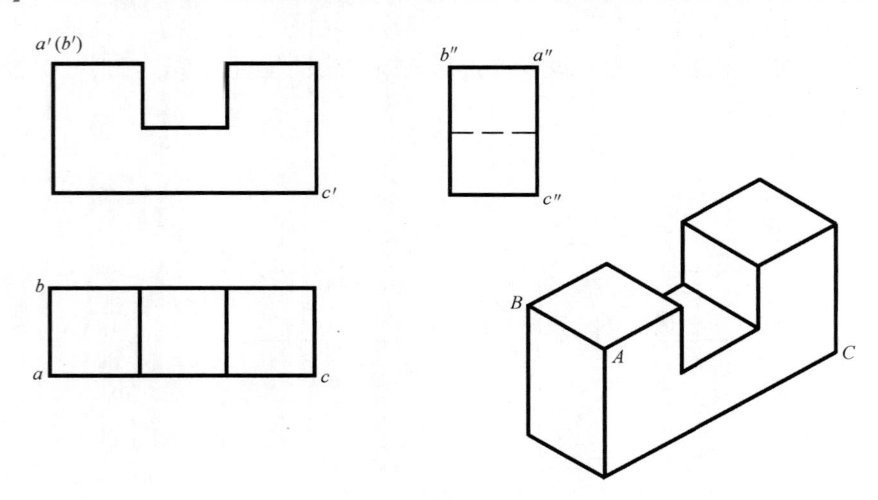

图3-26 重影点（一）

根据投影图可以判断出，点*A*在形体的左前上角，点*B*在形体的左后上角，点*C*在形体的右前下角。

【例5】 如图3-27所示，根据形体，标注出点*A*、*B*、*C*、*D*的投影。

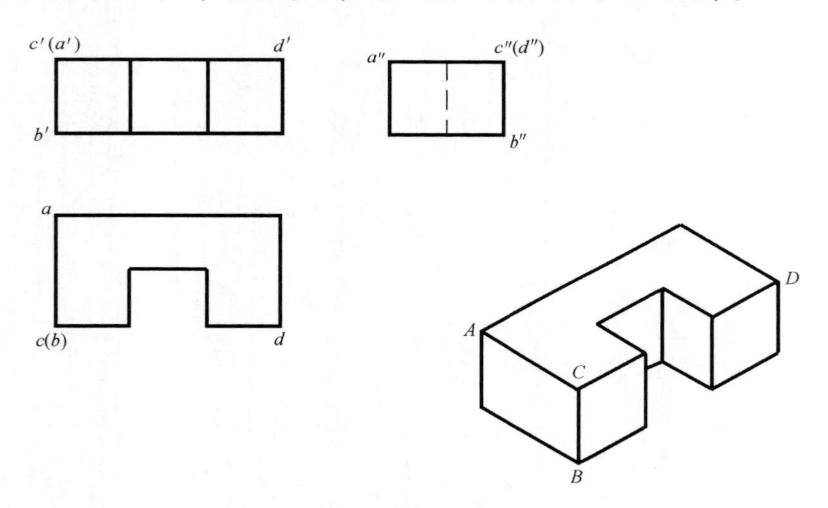

图3-27 重影点（二）

分析形体可知，点*A*在形体的左后上角，点*B*在形体的左前下角，点*C*在形体的左前上角，点*D*在形体的右前上角；而且点*A*、*C*为*V*面重影点，点*B*、*C*为*H*面重影点，点*C*、*D*为*W*面重影点。因此，在*H*投影中，*C*点在上，*C*点的投影*c*可见，*B*点在下，*B*点的投影*b*不可见；在*V*投影中，*C*点在前，*C*点的投影*c′*可见，*A*点在后，*A*点的投影*a′*不可见；在*W*投影中，*C*点在左，*C*点的投影*c″*可见，*D*点在右，*D*点的投影*d″*不可见，如图3-27所示进行标注。

【例6】 如图3-28a，已知点*A*的投影，并且点*B*在点*A*的正前方10mm处，求作点*B*

的投影。

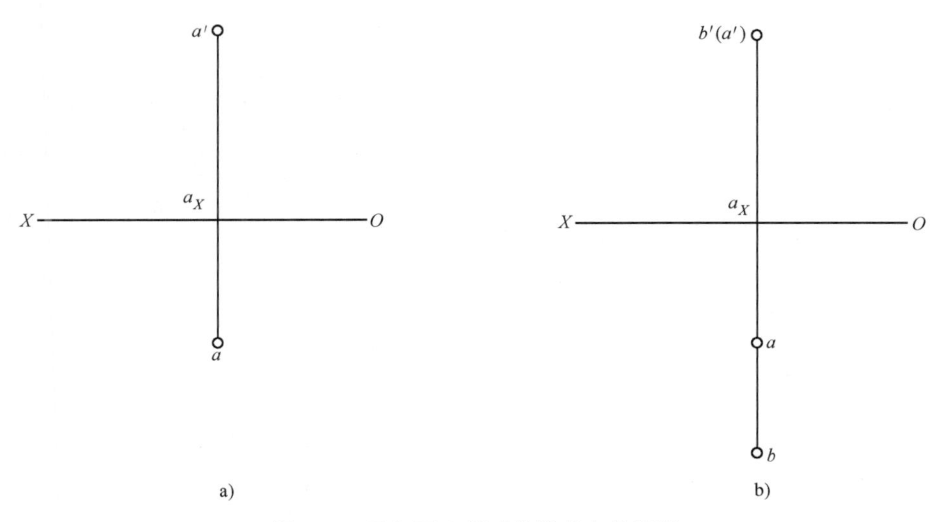

图 3-28　已知两点相对位置求点的投影

如图 3-28b 所示，它们的 V 投影重合，其中点 A 的 V 投影 a'不可见；H 投影中 b 在 a 的正前方 10mm。

课堂练习 1： 如图 3-29 所示，对照立体图，在三面投影图中注明 A、B、C 点的三个投影。

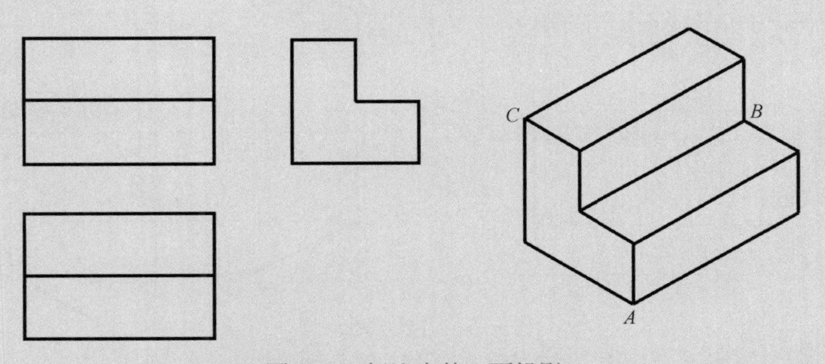

图 3-29　标注点的三面投影

课堂练习 2： 如图 3-30 所示，根据点 A、B、C 的两面投影，求出它们的第三投影，并判定三点在空间的相对位置。

3.3.2　直线的投影

直线的长度是无限的。直线的空间位置可由线上任意两点的位置确定，即两点定一直线。直线还可由线上任意一点和线的指定方向（例如规定要平行于另一条已知直线）来确定。直线可以取线内任意两点的字母来标记，例如直线 AB，或者以一个字母来标记，例如直线 l。直线上两点之间的一段，称为线段。线段有一定的长度，用它的两个端点作标记。为便于作图，在投影图中，通常用有限长的线段来表示直线。

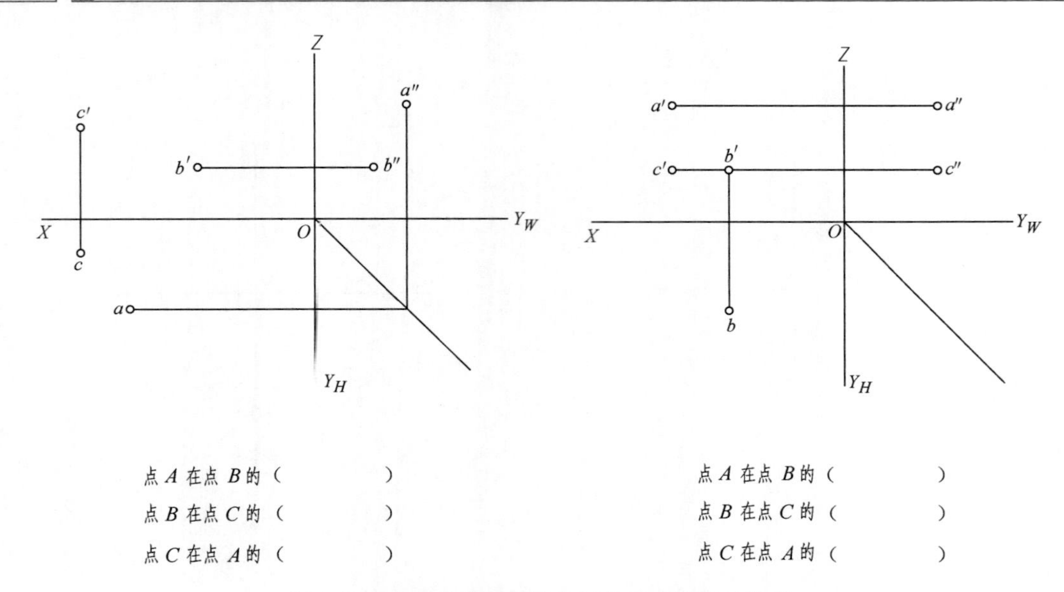

图 3-30 求点的第三投影并判定三点的相对位置

一般来说，求作直线的投影，只要作出直线上的两点的投影，再把两点在同一投影面上的投影（即同面投影）连线即可，如图 3-31 所示。

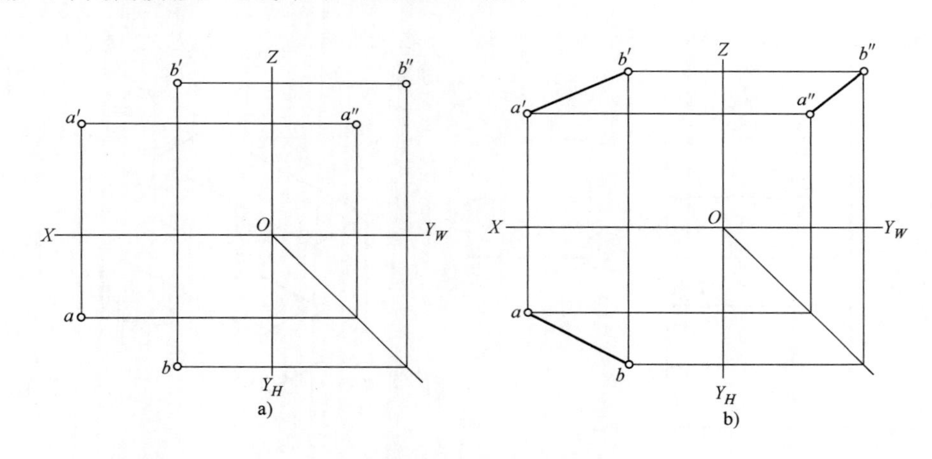

图 3-31 直线的投影

a）两点的投影图 b）两点所确定的直线的投影图

对投影面而言，形体上的直线有各种不同的位置，有的垂直于投影面，有的平行于投影面，有的不平行于任一投影面。因此，直线的位置分为三大类：投影面垂直线、投影面平行线、一般位置直线。

在建筑形体上，比较多的不是一般位置直线，而是处于特殊位置的直线，即投影面垂直线和投影面平行线。

1. 投影面垂直线

和一个投影面垂直的直线即为投影面垂直线。这时，该直线必定平行于其他两个投影面。投影面垂直线的直观图、投影图、投影特性和判别方法见表 3-1。

表 3-1 投影面垂直线

名称	铅垂线 （垂直于 H 面，平行于 V、W 面）	正垂线 （垂直于 V 面，平行于 H、W 面）	侧垂线 （垂直于 W 面，平行于 H、V 面）
直观图	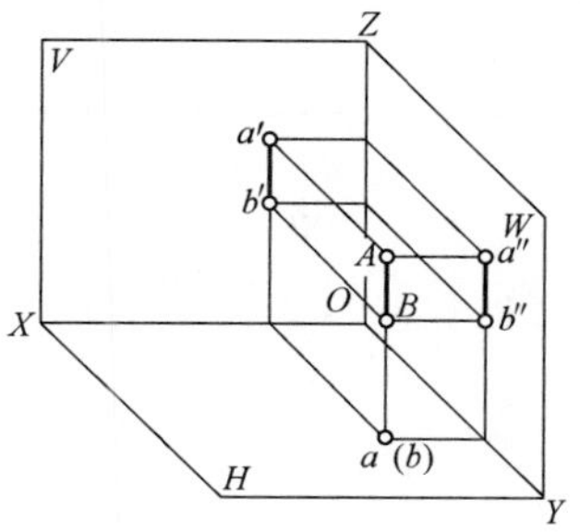	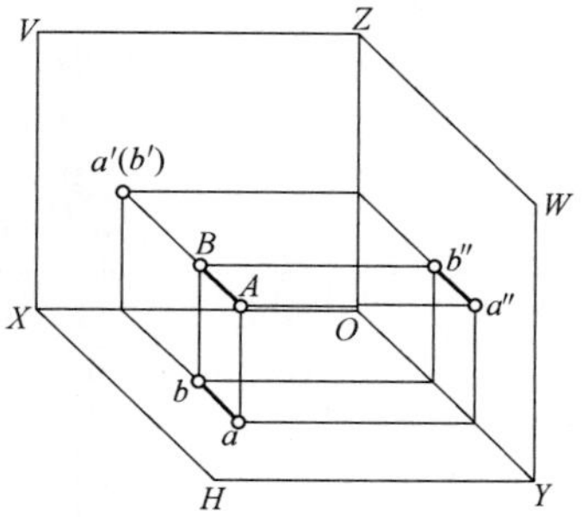	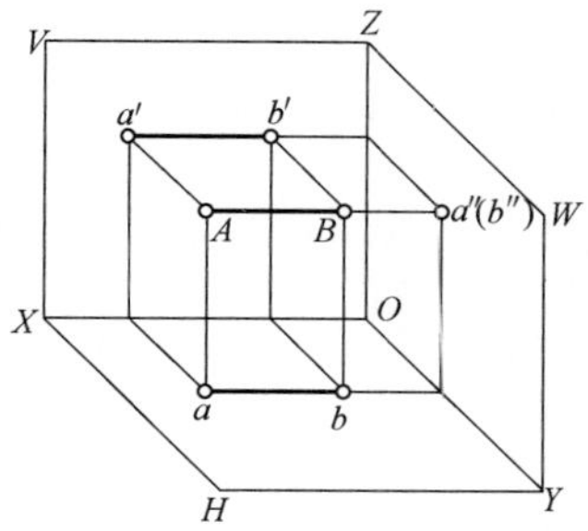
投影图	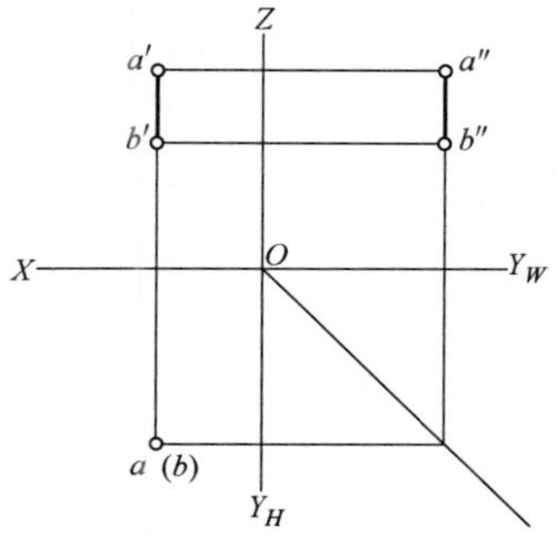	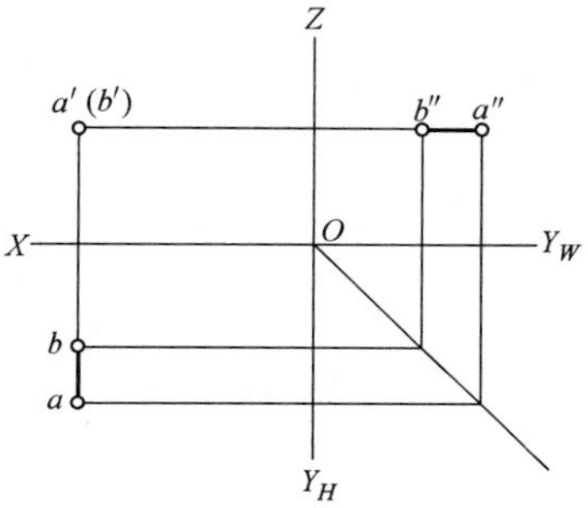	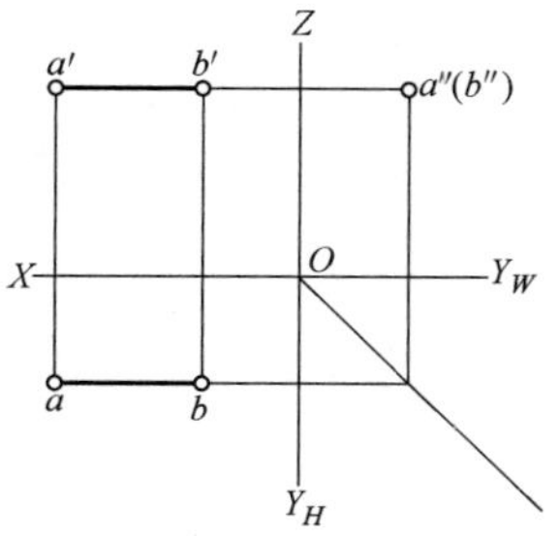
投影特性	①水平投影积聚为一点 ②正面投影 $a'b'$、侧面投影 $a''b''$ 分别垂直于 OX、OY_W 轴，且反映实长	①正面投影积聚为一点 ②水平投影 ab、侧面投影 $a''b''$ 分别垂直于 OX、OZ 轴，且反映实长	①侧面投影积聚为一点 ②水平投影 ab、正面投影 $a'b'$ 分别垂直于 OY_H、OZ 轴，且反映实长
	“一点两直线”： ①在所垂直的投影面上的投影积聚为一点 ②其他两面投影垂直于相应投影轴且反映实长		
判别方法	“一点两直线”，定是垂直线；点在哪个面，垂直哪个面（投影面）		

1）空间位置：投影面垂直线（包括铅垂线、正垂线、侧垂线）。垂直于某一投影面，因而平行于另外两个投影面。

2）投影特点：投影面垂直线在它所垂直的投影面上的投影积聚为一点，即积聚投影。由于投影面垂直线与其他两投影面平行，因此在它所平行的投影面上的投影反映该线段的实长，即实形投影，并且平行于相应的投影轴。

3）读图：一直线只要有一个投影积聚为一点，它必然是一条投影面垂直线，并垂直于积聚投影所在的投影面。

2. 投影面平行线

和一个投影面平行，和其他两个投影面倾斜的直线即为投影面平行线。投影面平行线的直观图、投影图、投影特性和判别方法见表3-2。表中直线与H、V、W面的倾角分别用α、β、γ表示。

表3-2 投影面平行线

名称	水平线 （平行于H面，倾斜于V、W面）	正平线 （平行于V面，倾斜于H、W面）	侧平线 （平行于W面，倾斜于H、V面）
直观图	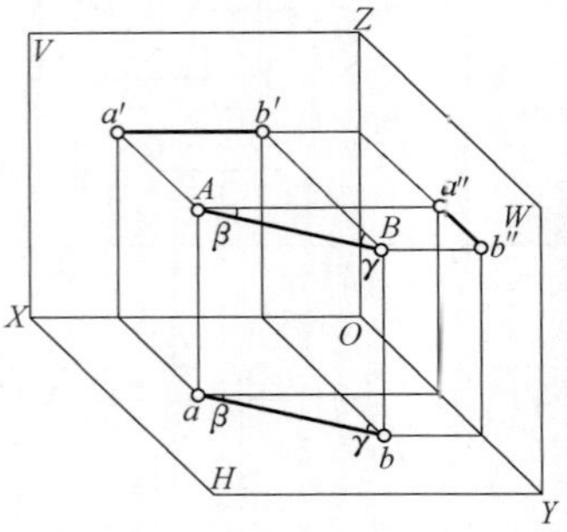	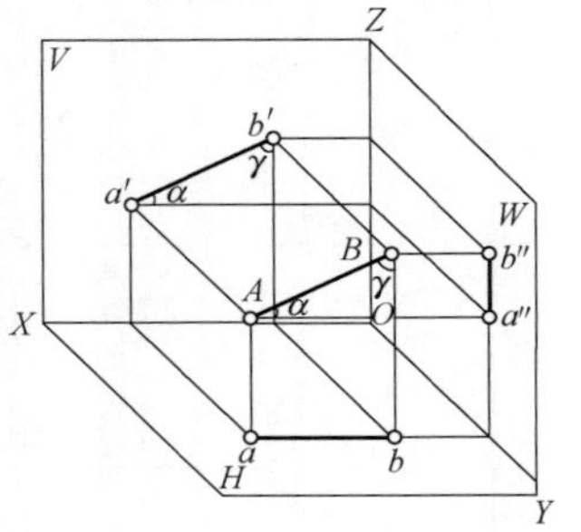	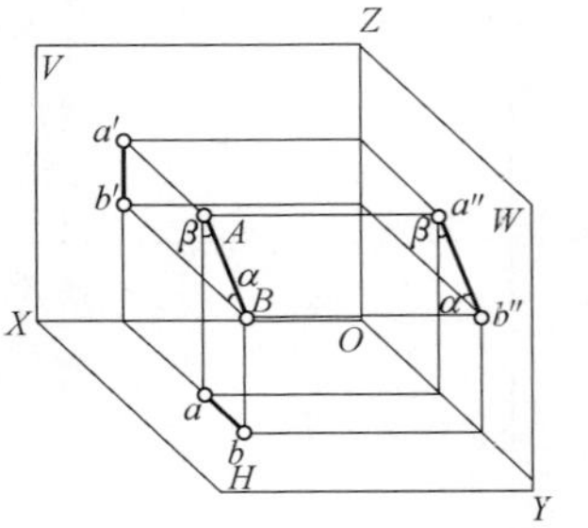
投影图	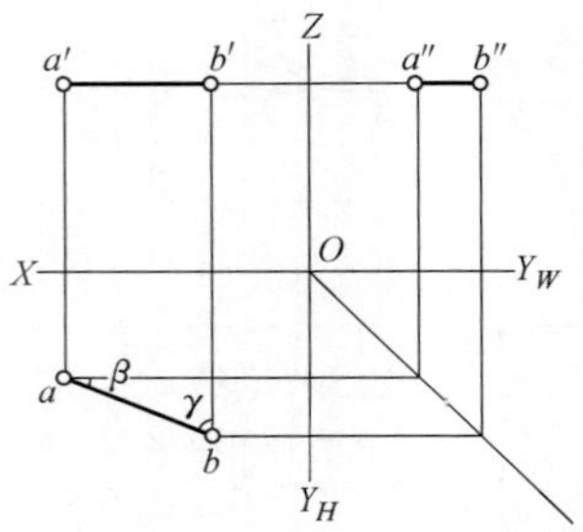	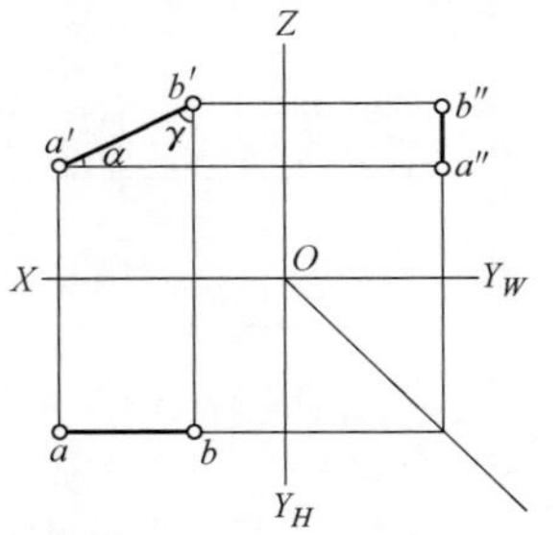	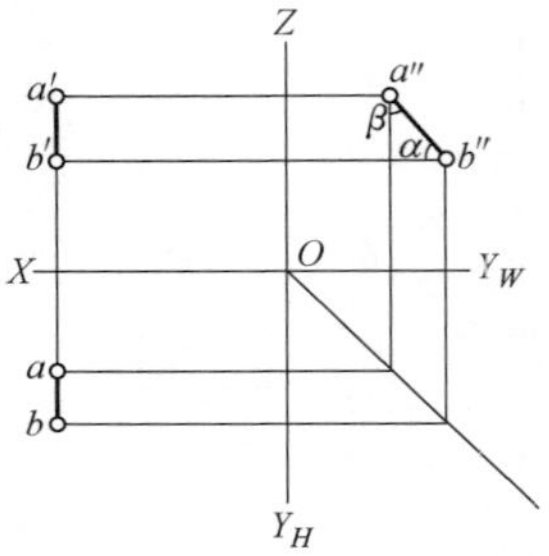
投影特性	①水平投影ab倾斜于投影轴且反映实长 ②正面投影$a'b'$、侧面投影$a''b''$分别平行于OX、OY_W轴，且短于实长	①正面投影$a'b'$倾斜于投影轴且反映实长 ②水平投影ab、侧面投影$a''b''$分别平行于OX、OZ轴，且短于实长	①侧面投影$a''b''$倾斜于投影轴且反映实长 ②水平投影ab、正面投影$a'b'$分别平行于OY_H、OZ轴，且短于实长
	“一斜两直线”： ①在所平行的投影面上的投影倾斜于投影轴且反映实长 ②其他两面投影平行于相应投影轴且短于实长		
判别方法	“一斜两直线”，定是平行线；斜线在哪面，平行哪个面（投影面）		

1）空间位置：投影面平行线（包括水平线、正平线、侧平线）平行于某一投影面，且倾斜于其他两个投影面。

2）投影特点：投影面平行线在它所平行的投影面上的投影是倾斜的，且反映实长。直线的其他两个投影平行于相应的投影轴，但不反映实长，而是缩短了。

3）读图：一条直线如果有一个投影平行于投影轴而另有一个投影倾斜时，它就是一条投影面平行线，平行于该倾斜投影所在的投影面。

3. 一般位置直线

和三个投影面都倾斜的直线称为一般位置直线，简称一般线，其投影如图 3-32 所示。

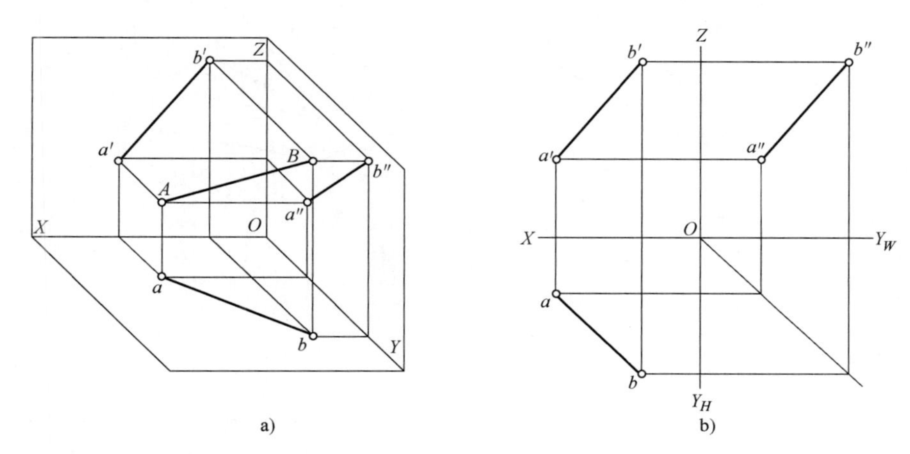

图 3-32　一般位置直线的投影

a）一般位置直线的直观图　b）一般位置直线的三面投影图

1）空间位置：一般线对三个投影面都倾斜。

2）投影特点：一般线的三个投影都和投影轴倾斜（即“三斜线”），三个投影的长度都小于线段的实长。

3）读图：一条直线只要有两个投影是倾斜的，它一定是一般线。即“投影三斜线”，定是一般线。

课堂练习 1： 图 3-33 给出了各种位置直线的投影，试判断直线的位置，并说出该直线的投影特性。

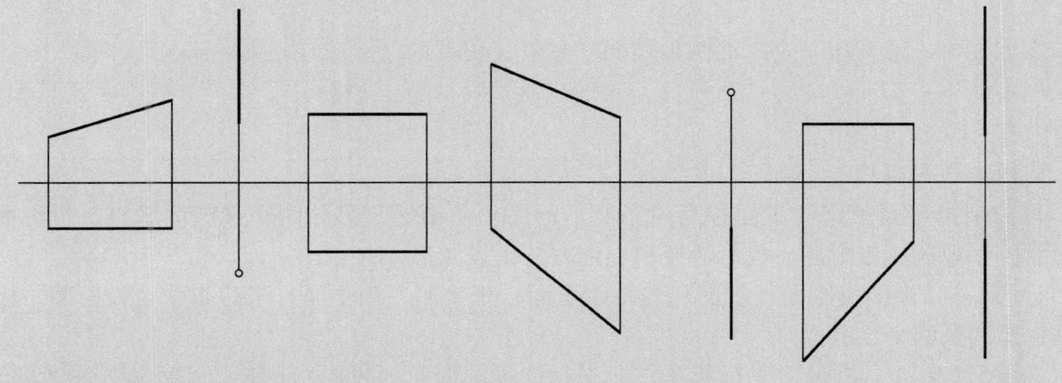

图 3-33　判断直线的位置（一）

课堂练习2： 判断图3-34立体图中指定直线的位置。

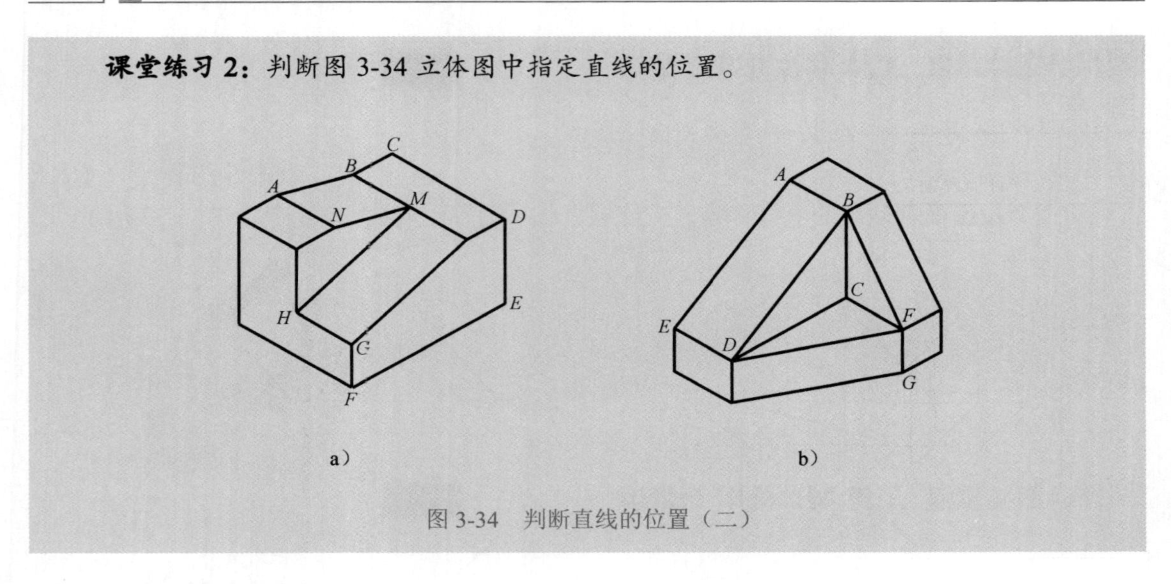

图3-34 判断直线的位置（二）

3.3.3 平面的投影

平面是无限大的，它在空间的位置可用下列几何元素来确定和表示：不在同一直线上的三个点，如图3-35a所示；一直线及线外一点，如图3-35b所示；相交二直线，如图3-35c所示；平行二直线，如图3-35d所示；平面图形，如图3-35e所示。

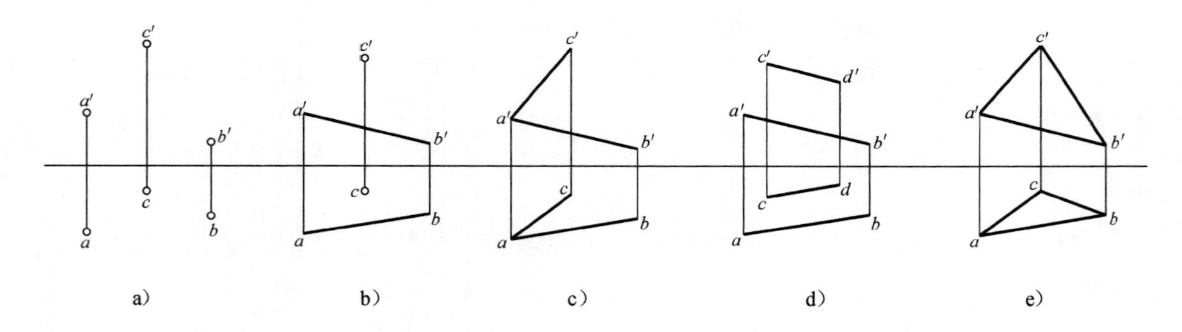

图3-35 平面的表示方法

在本书中，通常用一个平面图形（如三角形、长方形、梯形等）来表示一个平面。

按平面与投影面的相对位置不同，平面也有三种位置：投影面平行面、投影面垂直面、一般位置平面。

1. 投影面平行面

与一个投影面平行的平面称为投影面平行面，它必然与另外两个投影面垂直。投影面平行面的直观图、投影图、投影特性和判别方法见表3-3。

1）空间位置：投影面平行面（包括水平面、正平面、侧平面）平行于一个投影面，因而垂直于其余两个投影面。

2）投影特点：投影面平行面在它所平行的投影面上的投影，反映该平面图形的实形，即实形投影。由于它又同时垂直于其他投影面，所以它的其他投影均积聚为一条直线，且平行于投影轴。

表 3-3　投影面平行面

名称	水平面 （平行于 H 面，垂直于 V、W 面）	正平面 （平行于 V 面，垂直于 H、W 面）	侧平面 （平行于 W 面，垂直于 H、V 面）
直观图	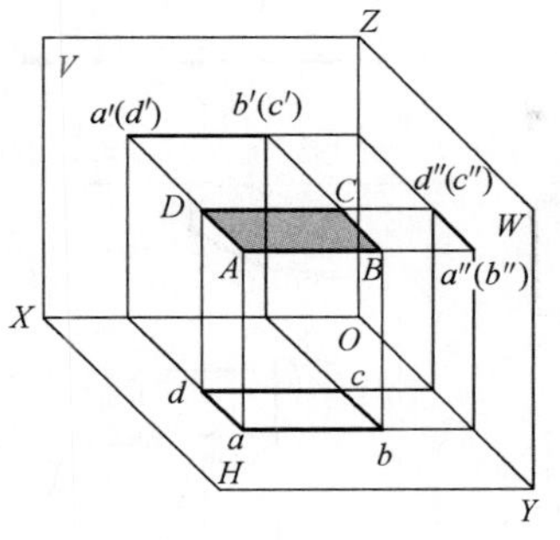	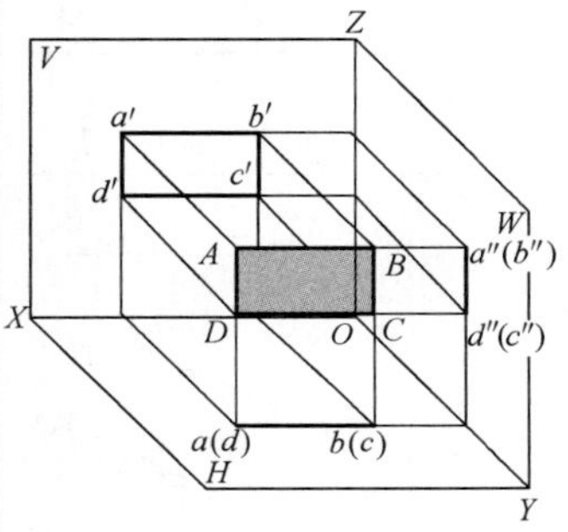	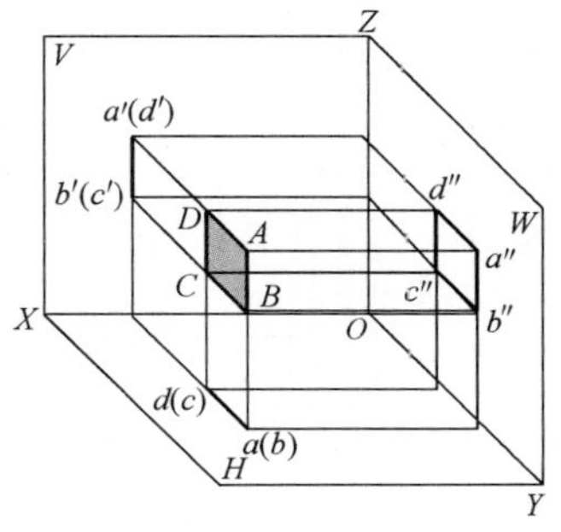
投影图	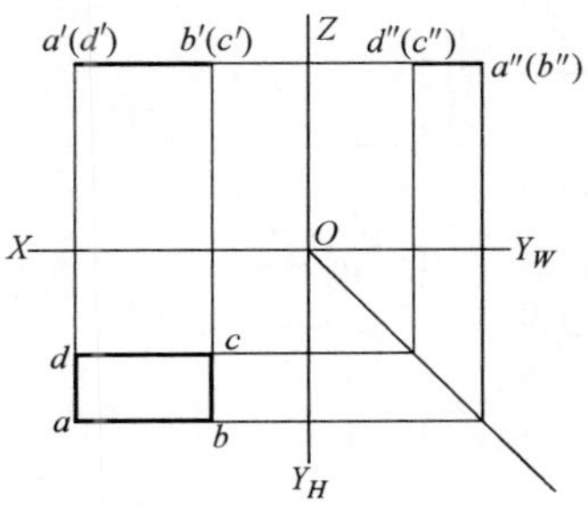	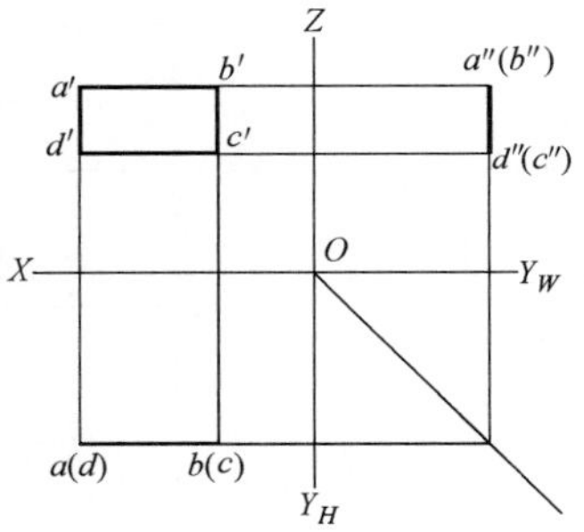	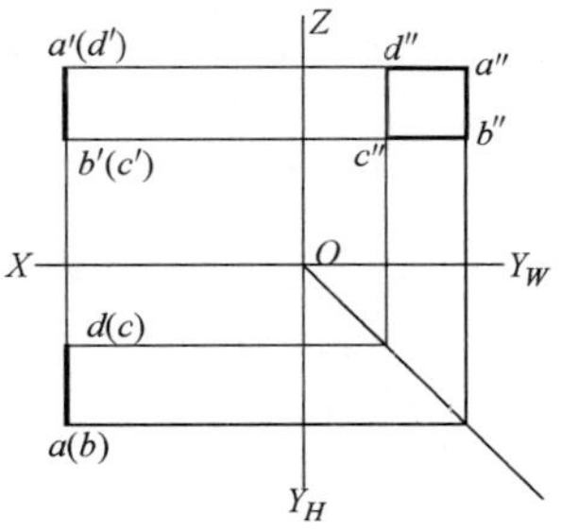
投影特性	①水平投影为平面图形，且反映平面的实形 ②正面投影、侧面投影分别积聚为一条直线，且分别平行于 OX、OY_W 轴	①正面投影为平面图形，且反映平面的实形 ②水平投影、侧面投影分别积聚为一条直线，且分别平行于 OX、OZ 轴	①侧面投影为平面图形，且反映平面的实形 ②水平投影、正面投影分别积聚为一条直线，且分别平行于 OY_H、OZ 轴
	“一框两直线”： ①在所平行的投影面上的投影反映实形 ②其他两面投影分别积聚为一条直线，且平行于相应投影轴		
判别方法	“一框两直线”，定是平行面；框在哪个面，平行哪个面（投影面）		

3）读图：一个平面只要有一个投影积聚为一条平行于投影轴的直线，该平面就是投影面平行面，平行于非积聚投影所在的投影面。那个非积聚的投影反映该平面图形的实形。

2. 投影面垂直面

与一个投影面垂直，且与另外两个投影面倾斜的平面称为投影面垂直面。投影面垂直面的直观图、投影图、投影特性和判别方法见表 3-4。表中平面与 H、V、W 面的倾角分别用 α、β、γ 表示。

1）空间位置：投影面垂直面（包括铅垂面、正垂面、侧垂面）垂直于一个投影面，而对另外两个投影面倾斜。

2）投影特点：投影面垂直面在它所垂直的投影面上的投影，积聚为一倾斜线。投影面垂直面的其他投影都比实形小，但反映原平面图形的类似形状。

3）读图：一个平面只要有一个投影积聚为一倾斜线，它必然是投影面垂直面，垂直于积聚投影所在的投影面。

表 3-4 投影面垂直面

名称	铅垂面（垂直于 H 面，倾斜于 V、W 面）	正垂面（垂直于 V 面，倾斜于 H、W 面）	侧垂面（垂直于 W 面，倾斜于 H、V 面）
直观图	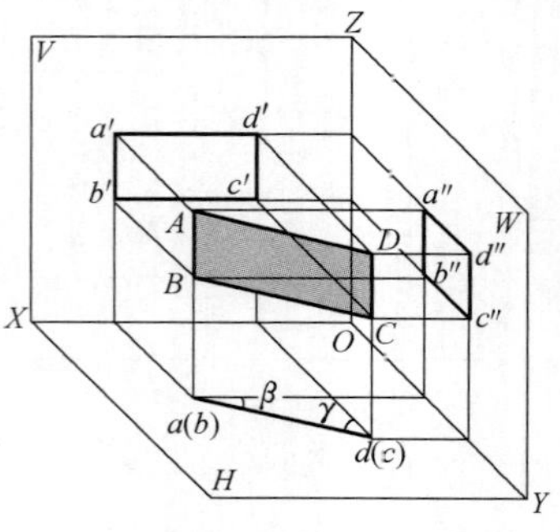	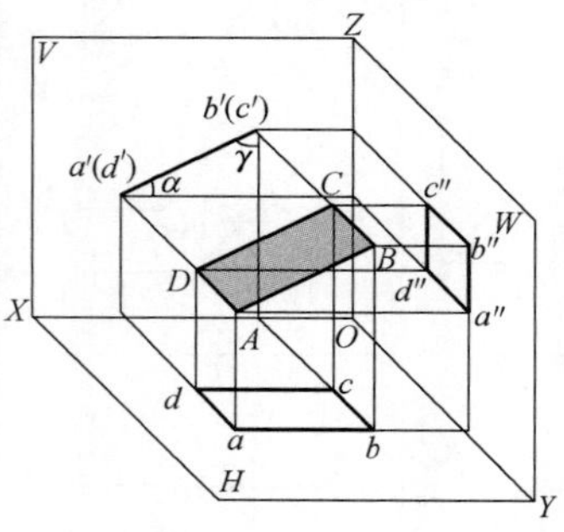	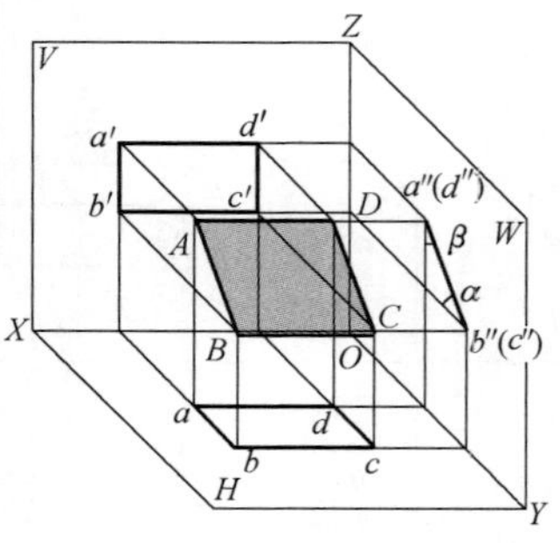
投影图	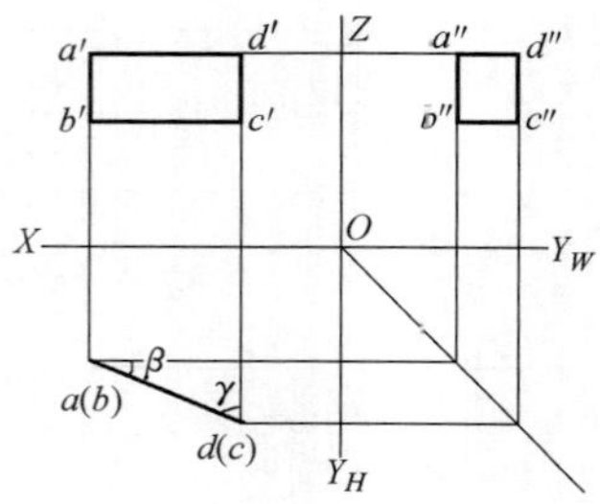	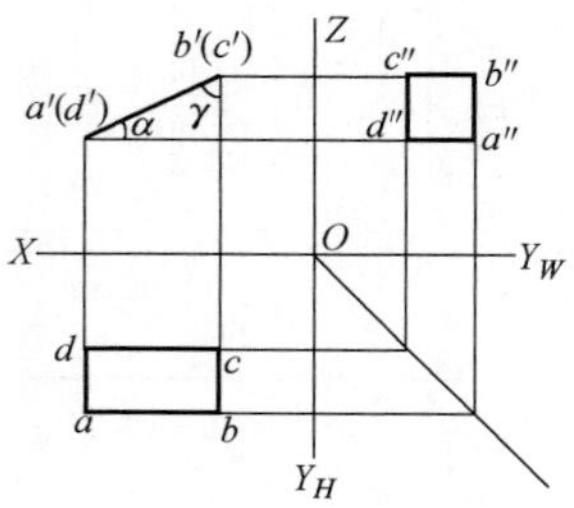	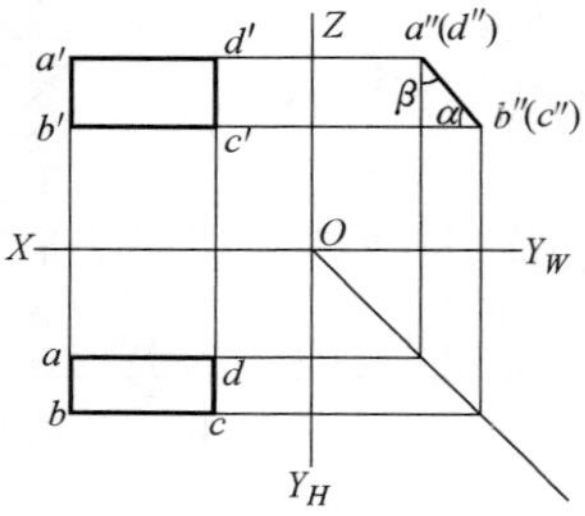
投影特性	①水平投影积聚为一条斜线 ②正面投影、侧面投影均为空间平面的类似形	①正面投影积聚为一条斜线 ②水平投影、侧面投影均为空间平面的类似形	①侧面投影积聚为一条斜线 ②水平投影、正面投影均为空间平面的类似形
	“两框一斜线”： ①在所垂直的投影面上的投影积聚为一条斜线 ②其他两面投影均为空间平面的类似形，但不反映实形		
判别方法	“两框一斜线”，定是垂直面；斜线在哪面，垂直哪个面（投影面）		

3. 一般面

与三个投影面都倾斜的平面称为一般位置平面，简称一般面，其投影如图 3-36 所示。

1）空间位置：一般面对三个投影面都倾斜。

2）投影特点：一般面的三个投影都不积聚，也不反映实形，但都反映原平面图形的类似形状（即“三框”），比平面图形本身的实形小。

3）读图：一个平面的三个投影如果都是平面图形，它必然是一般面。即“投影三个框”，定是一般面。

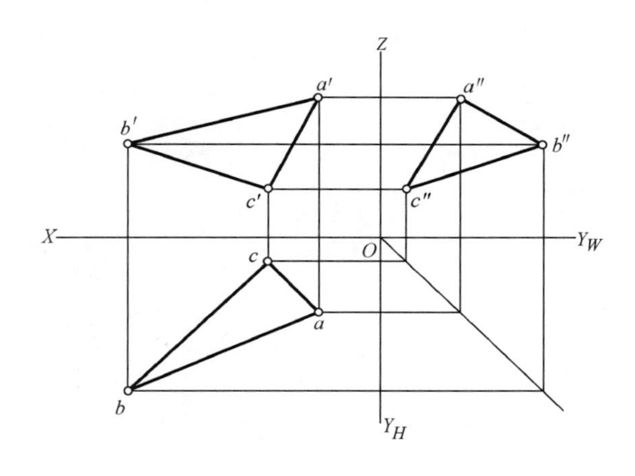

图 3-36　一般面的投影

课堂练习 1：判断图 3-37 立体图中指定平面的位置。

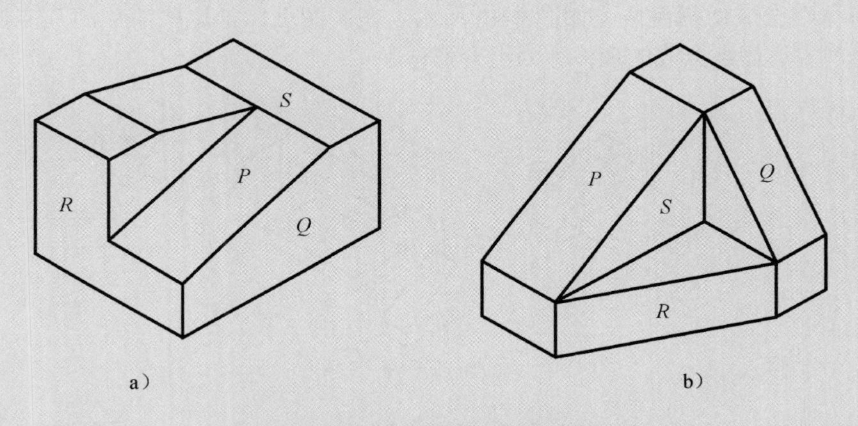

图 3-37　判断指定平面的位置

课堂练习 2：根据图 3-38 投影图判断各平面的位置。

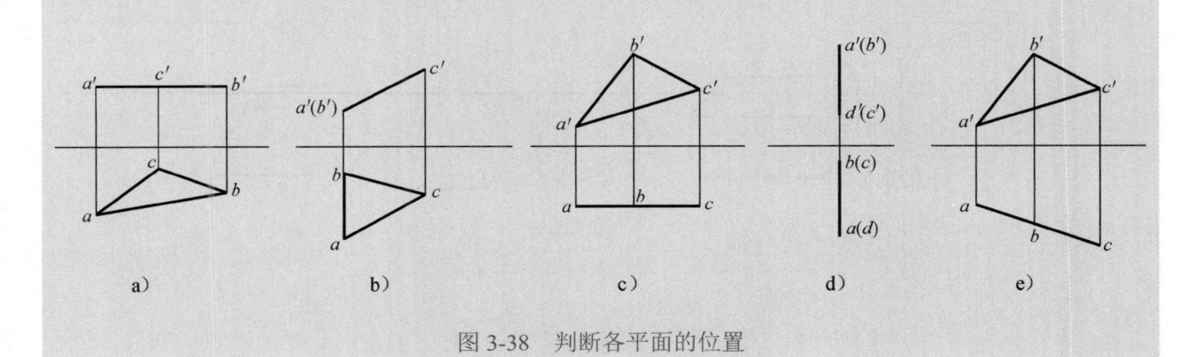

图 3-38　判断各平面的位置

课堂练习3： 如图3-39所示，对照立体图，在三面投影图中注明P、Q、R面的三个投影。

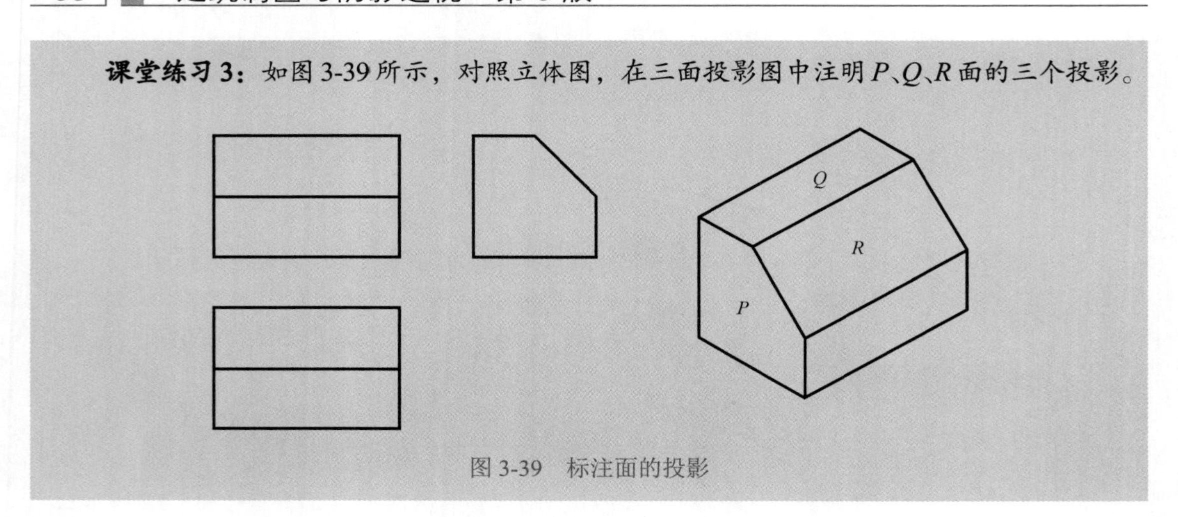

图3-39 标注面的投影

3.4 基本形体的投影

一般建筑物及其构配件，如果对其形体进行分析，就会发现它们总是可以看成由一些简单的几何体组合或切割而成，如图3-40所示。在制图上，把这些简单的几何体称为基本形体，把由基本形体组合成的形体称为组合形体。

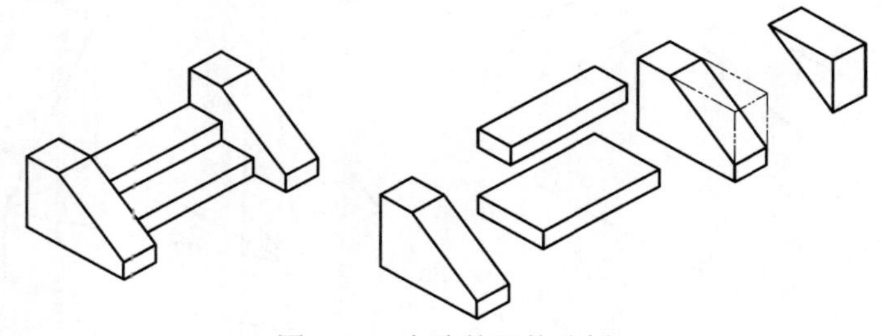

图3-40 台阶的形体分析

常见的基本形体分两类：平面立体和曲面立体。

表面均由平面围成的立体称为平面立体，如图3-41a所示；表面由曲面围成或由曲面和平面共同围成的立体称为曲面立体，如图3-41b所示。

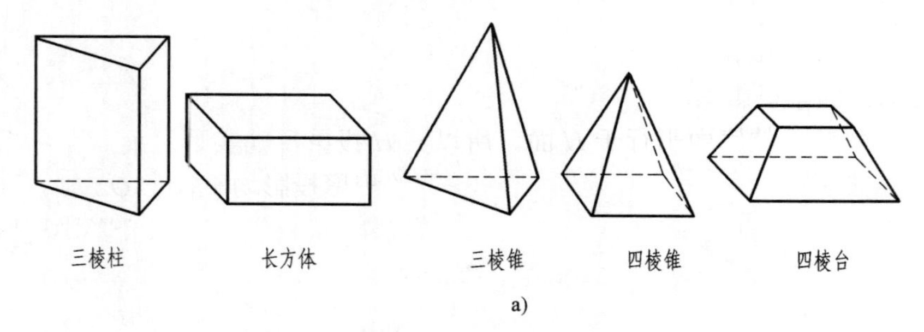

图3-41 基本形体

a）平面立体

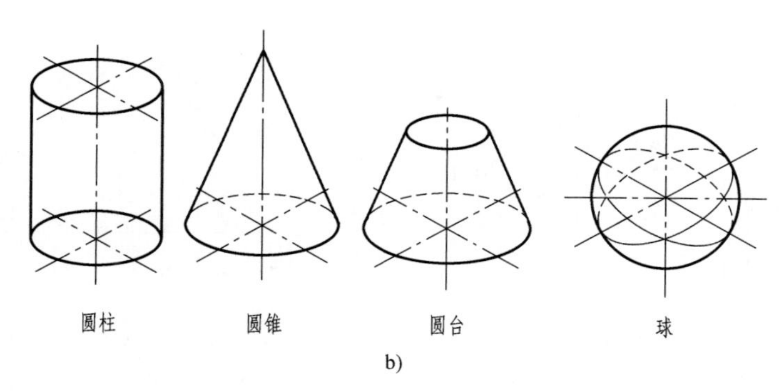

图 3-41　基本形体（续）

b）曲面立体

平面立体包括棱柱、棱锥和棱台；曲面立体包括圆柱、圆锥、圆台和球。

3.4.1　平面立体的投影

1. 棱柱

棱柱由上、下底面和若干棱面围成，其中上、下底面形状大小相同且平行，其余的面为棱面，相邻两个棱面的交线称为棱线，棱线相互平行且等长。

在建筑形体中常见的棱柱有三棱柱、四棱柱、五棱柱、六棱柱等。下面以正六棱柱为例，分析其三面正投影图的作图方法，如图 3-42 所示。

（1）分析形体特征（图 3-42a）

1）上、下底面是两个相互平行且相等的正六边形。

2）六个棱面是全等的矩形，与底面垂直。

3）六条棱线相互平行且相等，并垂直于底面，其长度等于棱柱的高。

（2）确定形体摆放位置　如图 3-42a 所示，摆放形体时，应注意以下几点：

1）使形体处于稳定状态。

2）考虑物体的工作状况。

3）使形体的表面尽可能多地平行于投影面，以便作出更多的实形投影。

考虑到以上因素，作正六棱柱的投影时，应使其上、下底面平行于 *H* 面，前后两个棱面平行于 *V* 面。此时，该正六棱柱中的上、下两面为水平面，前后两面为正平面，其余各面均为铅垂面。

（3）投影图分析　根据平行投影的特性，按照各种位置直线、平面的投影特性即可作出该正六棱柱的三面正投影图。

H 投影：正六棱柱的底面平行于 *H* 面，所以其 *H* 投影反映实形；而六个棱面均垂直于 *H* 面，因此其 *H* 投影均积聚，其中前、后两个棱面的积聚投影均平行于 *OX* 轴；底面上的各线段均平行于 *H* 面，其投影反映实长；六条棱线均垂直于 *H* 面，其 *H* 投影均积聚为点，即正六边形的顶点。因此正六棱柱的 *H* 投影为正六边形。

V 投影：上、下底面为水平面，其 *V* 投影均积聚为水平线；前、后棱面为正平面，其 *V* 投影反映实形；左、右棱面与 *V* 面倾斜，其 *V* 投影均为类似形即长方形；六条棱线为铅垂线，其 *V* 投影与 *OX* 轴垂直且反映实长。因此正六棱柱的 *V* 投影为横放的“目”字。

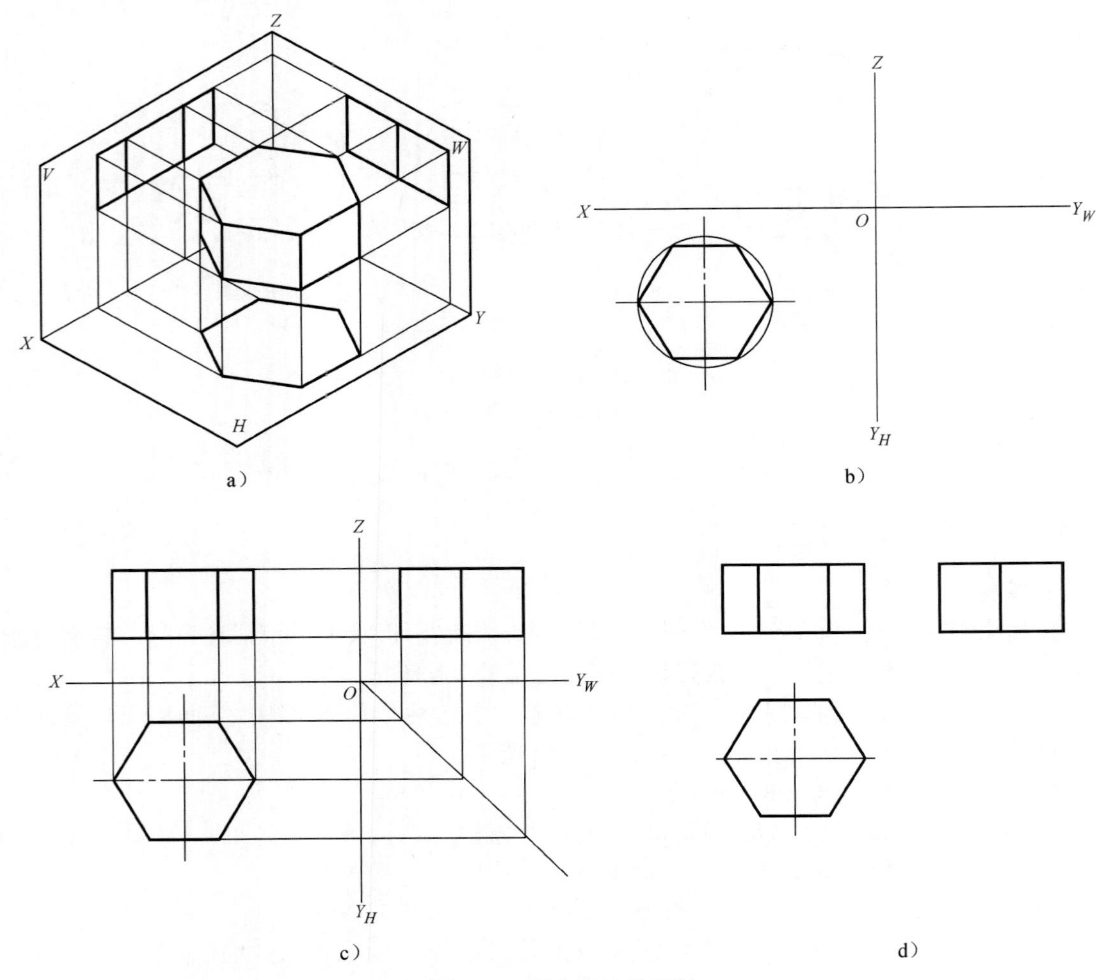

图 3-42 正六棱柱的投影

a）确定正六棱柱的摆放位置 b）先从最能反映形体特征，且反映形体表面实形的投影作起
c）按照“三等关系”作其他两个投影，可以画出投影轴和45°辅助线，注意区分线型
d）可以省去投影轴，但仍需符合“三等关系”

W 投影：上、下底面均积聚为一条水平线；前、后棱面均积聚为一条铅垂线；左、右棱面均为类似形即长方形；六条棱线反映实长。因此正六棱柱的 *W* 投影为横放的“日”字。

（4）作图步骤 一般先从最能反映形体特征，并且反映形体表面实形的投影作起。

正六棱柱的投影先作出其 *H* 投影，如图 3-42b 所示。

注意：此处需注意正六边形的画法。此正六边形距离投影轴的远近与形体距投影面的远近对应，但对投影图没有影响。另外该正六边形有两条边与 *OX* 轴平行。

如图 3-42c 所示，按照“长对正”作出其正面投影；按照“高平齐”“宽相等”作出侧面投影。

在作投影图时，一般投影图只要求表示出形体的形状和大小，而不要求反映形体与各投影面的距离，所以可以不画投影轴。但在无轴投影图中，各个投影之间仍需保持正投影的

“三等关系”，如图 3-42d 所示。

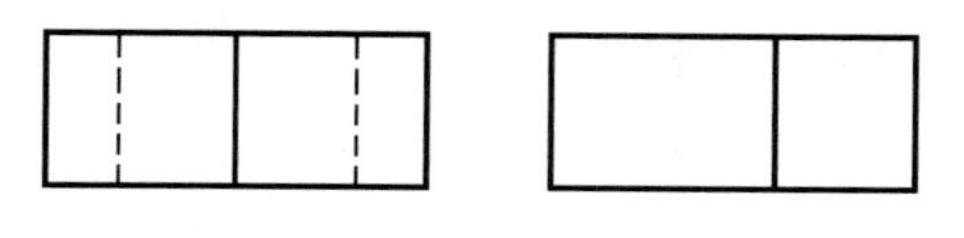

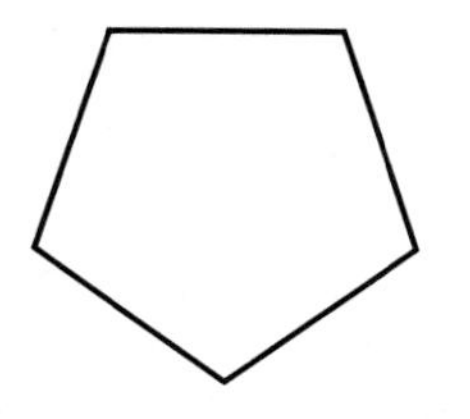

图 3-43　正五棱柱的投影

（5）投影特征　棱柱的投影特征可归纳为四个字：“矩矩为柱”。从两个角度来讲，即：

1）作图：只要是棱柱，则必有两个投影的外框是矩形。

2）读图：若一形体的两个投影的外框是矩形，则该形体必是柱体。至于是何种柱体，可从其第三投影判断。

其他常见的棱柱体还有三棱柱、四棱柱、五棱柱等。正五棱柱的投影如图 3-43 所示。

课堂练习： 图 3-44 为同一个三棱柱的三种不同摆放位置，试作出其三面投影图。

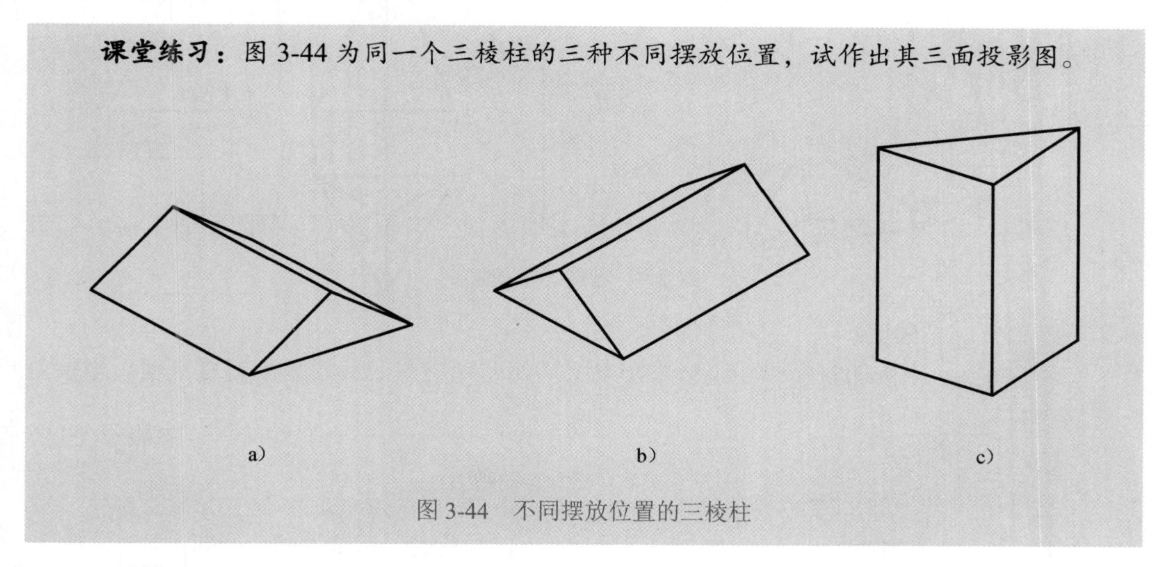

图 3-44　不同摆放位置的三棱柱

2. 棱锥

棱锥由一个底面和若干个棱面围成，各棱面相交于一个点，即锥顶。常见的棱锥有正三棱锥、正四棱锥、正六棱锥等。下面以正三棱锥为例讲述棱锥的投影，如图 3-45 所示。

（1）分析形体特征　如图 3-45a 所示，形体总共有四个面。

1）底面是正三角形。

2）三个棱面是全等的等腰三角形。

3）三条棱线相交于一点，即锥顶，三条棱线的长度相等。

（2）确定形体摆放位置　摆放形体时的注意事项与棱柱体相同。作正三棱锥的投影时，应使其底面平行于 H 面，即为水平面，同时使底面上的一条边垂直于 W 面，即为侧垂线。此时底面上的其余两条边是水平线，三棱锥的后棱面是侧垂面，其余两个棱面则是一般面，如图 3-45a 所示。

（3）投影图分析　按照平行投影的特性，根据各种位置直线、平面的投影特性即可作出该正三棱锥的三面正投影图。

H 投影：正三棱锥的底面平行于 H 面，所以其 H 投影反映实形，即为正三角形，该三角形的一条边 ac 平行于 OX 轴；三个棱面均与 H 面倾斜，其 H 投影反映类似形即三角形；

三条棱线相交于一点，即锥顶 S，其投影在正三角形的中心。

V 投影：底面为水平面，其 V 投影积聚为一条水平线；三个棱面均与 V 面倾斜，其 V 投影为三角形；后面两条棱线均为一般线，其 V 投影倾斜，而前面的棱线为侧平线，其 V 投影垂直于 OX 轴。

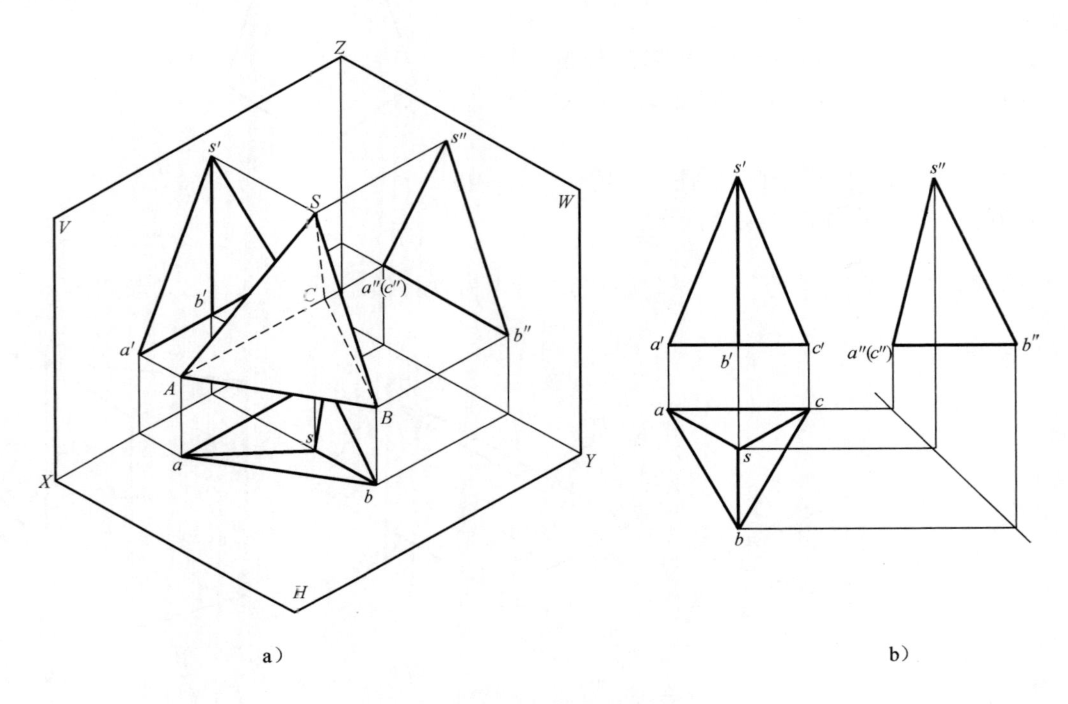

a）　　　　b）

图 3-45　正三棱锥的投影

W 投影：底面为水平面，其 W 投影积聚为一条水平线；后面棱面与 W 面垂直，其 W 投影积聚为一条斜线，其余两个棱面均与 W 面倾斜，其 W 投影为三角形。

（4）作图步骤　先从最能反映形体特征，并且反映形体表面实形的投影作起，故正三棱锥的投影应先作其 H 投影。

此处需注意正三角形的画法，另外正三角形的一条边平行于 OX 轴。

按照“长对正”作出其正面投影。

按照“高平齐”“宽相等”作出侧面投影。

作出的三面投影图如图 3-45b 所示。

注意：正三棱锥的侧面投影很容易出现错误，侧面投影不是等腰三角形，中间也没有一竖线。

（5）投影特征　棱锥的投影特征可归纳为四个字：“三三为锥”。从两个角度来讲，即：

1）作图：只要是棱锥，则其两个投影的外框是三角形。

2）读图：若一形体的两个投影的外框是三角形，则该形体必是锥体。至于是何种锥体，可从其第三投影判断。

图 3-46 所示为其他常见的棱锥的投影。图 3-46a 为四棱锥的投影，图 3-46b 为正五棱锥的投影，图 3-46c 为正六棱锥的投影。

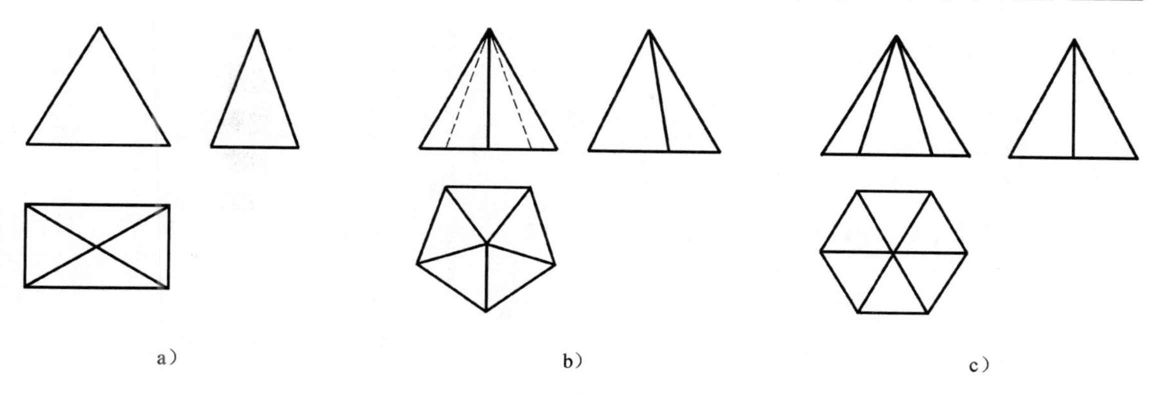

图 3-46　棱锥的投影

a）四棱锥　b）正五棱锥　c）正六棱锥

3. 棱台

以四棱台为例，讲述棱台的投影。四棱台可以看成是由平行于四棱锥底面的平面截去锥顶部分而形成的。其上、下底面互相平行，为水平面；前后棱面为侧垂面，左右棱面为正垂面，如图 3-47a 所示。

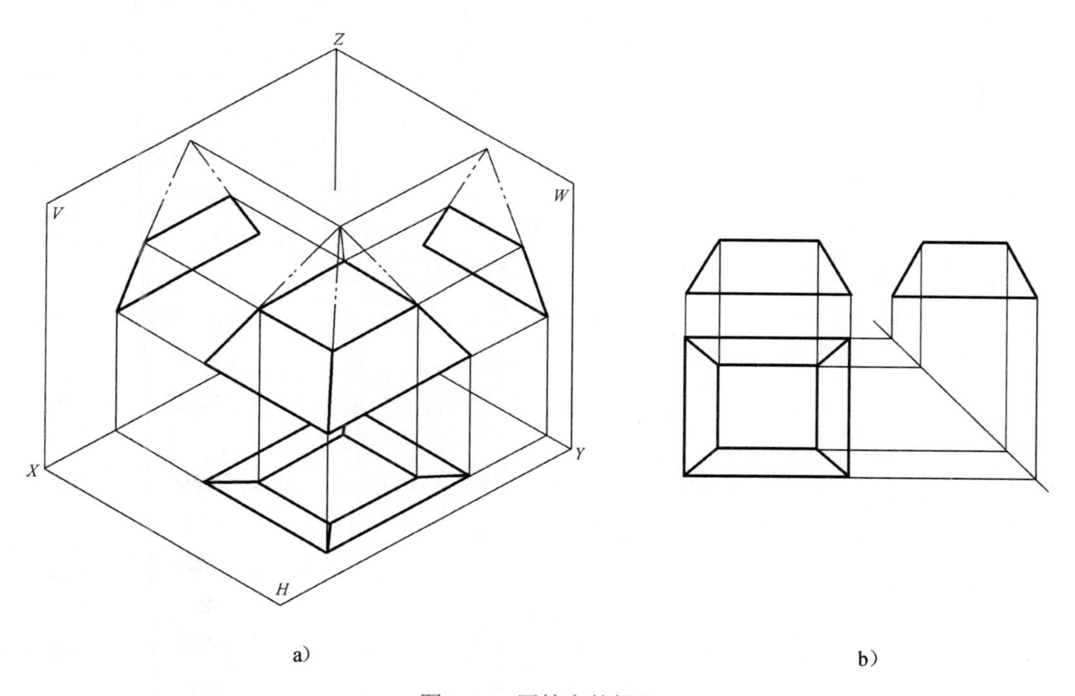

图 3-47　四棱台的投影

四棱台的投影中，*V*、*W* 投影均为梯形，如图 3-47b 所示，所以棱台的投影特征可归纳为四个字："梯梯为台"。从两个角度来讲，即：

1）作图：只要是棱台，则其两个投影的外框是梯形。

2）读图：若一形体的两个投影的外框是梯形，则该形体必是台体。至于是何种台体，可从其第三投影判断。

3.4.2 曲面立体的投影

在工程实践中，常用的曲面立体有圆柱、圆锥、圆台、球等。

由直线或曲线绕一轴线旋转，该直线或曲线称为母线。

直母线或曲母线绕一轴线旋转而形成的曲面，称为回转面。

由回转面围成或由回转面和平面共同围成的形体，称为回转体，如圆柱、圆锥、圆台、球等。

母线绕轴线旋转到任一位置时，称为曲面的素线。

将形体放置于三投影面体系中，在投影时为形体的轮廓的素线是形体的轮廓素线。对于不同的投影面，轮廓素线不同。

母线绕轴线旋转时，母线上每一点的运动轨迹都是一个圆，这个圆称为曲面的纬圆。

常见的回转体圆柱、圆锥、球分别如图3-48a、b、c所示。

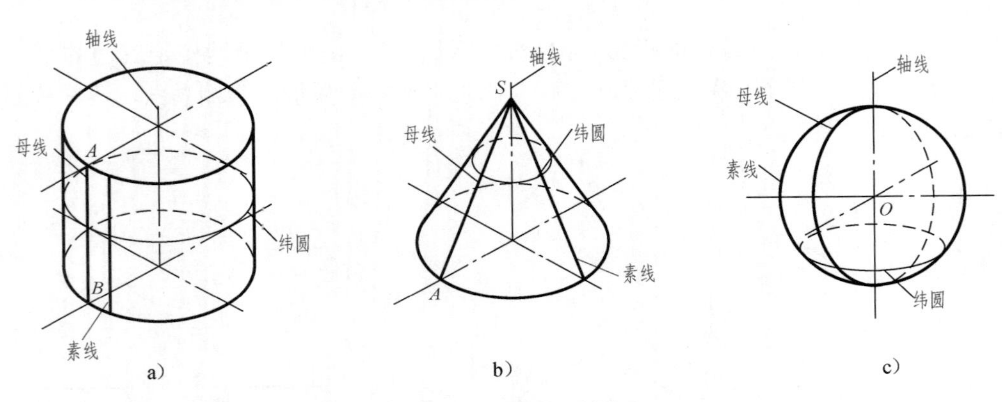

图3-48 常见的回转体

a）圆柱 b）圆锥 c）球

1. 圆柱

圆柱由圆柱面和上、下底面围成。圆柱面是由直母线 *AB* 绕与母线平行的轴线旋转一周形成的曲面，如图3-48a所示。

（1）分析形体特征 形体总共有三个面，如图3-49a所示。

1）上、下底面是两个相等而平行的圆形。

2）圆柱面。直母线绕着与它平行的轴线旋转一周，形成圆柱面，故圆柱面可以看成由无数根与圆柱的轴线平行等距而长度相等的素线所围成。

（2）形体的摆放位置 作圆柱的投影时，应使其上、下底面平行于 *H* 面，此时圆柱面上的素线都垂直于 *H* 面，即圆柱面垂直于 *H* 面。

（3）投影图分析 按照各种位置直线、平面的投影特性即可作出该圆柱的三面正投影图。

H 投影：圆柱的底面平行于 *H* 面，其 *H* 投影反映实形；圆柱面的所有素线均垂直于 *H* 面，其 *H* 投影积聚为一个圆，与底面的实形投影重合；圆柱的轴线积聚，为该圆的圆心。

V 投影：为一矩形，由圆柱上、下底面的积聚投影和圆柱面的轮廓素线的投影围成。圆柱的底面是水平面，它们的 *V* 投影均积聚为水平线；圆柱面的最左、最右两条素线为 *V* 投影的轮廓素线，其投影均垂直于 *OX* 轴。

W 投影：为一与 V 投影相同的矩形，但是轮廓素线为圆柱面上最前、最后的两条素线。

（4）作图步骤　圆柱的投影先作出其 H 投影，为一圆形。

按照“长对正”作出其正面投影，此时的轮廓素线是圆柱面上最左和最右的两条素线。

按照“高平齐”“宽相等”作出侧面投影，此时的轮廓素线是圆柱面上最前和最后的两条素线，如图 3-49b 所示。

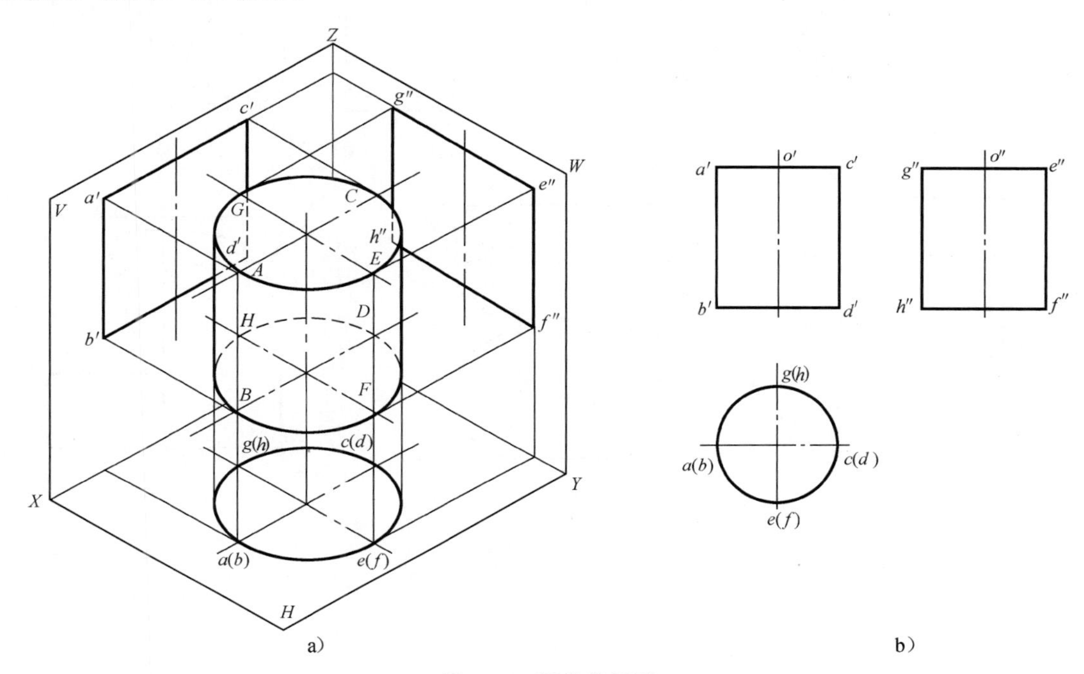

图 3-49　圆柱的投影

注意：画回转体的投影时，应画出其轴线及对称中心线。对于不同的投影面，轮廓素线不同。在投影时，不是轮廓素线的素线不画出。如正面投影中最左、最右两条素线是轮廓素线，但在侧面投影中最前、最后两条素线是轮廓素线。所以，正面投影中只画出最左、最右两条素线的投影，而侧面投影中只画出最前、最后两条素线的投影，其他的素线均不画出。

（5）投影特征　圆柱的投影同样符合柱体投影特征，即“矩矩为柱”。

在建筑工程实际中出现的可能是圆柱（图 3-49），也可能是圆孔（图 3-50a）、圆管（图 3-50b），或只是圆柱（面）的一部分，如圆角（图 3-50c）、圆端（图 3-50d）、圆拱（图 3-50e）等。应灵活运用圆柱的投影特性进行制图和读图，并注意它们的尺寸标注方法。

2. 圆锥

圆锥由圆锥面和底面围成。圆锥面是由直母线 SA 绕与母线相交的轴线旋转一周形成的曲面，如图 3-48b 所示。

（1）分析形体特征　如图 3-51 所示，形体总共有两个面。

1）底面是圆形。

2）圆锥面。直母线绕着与它相交的轴线旋转一周，形成圆锥面。

（2）形体的摆放位置　作圆锥的投影时，应使其底面平行于 H 面，如图 3-51a 所示。

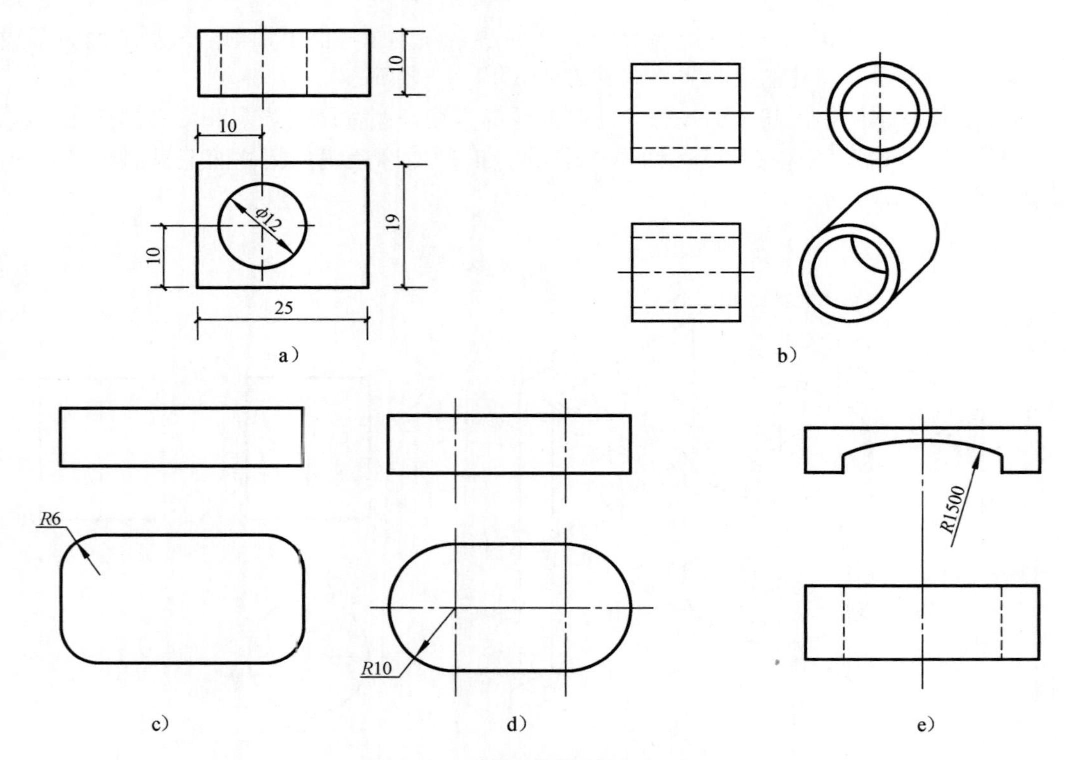

图 3-50 工程中常用的圆柱（面）

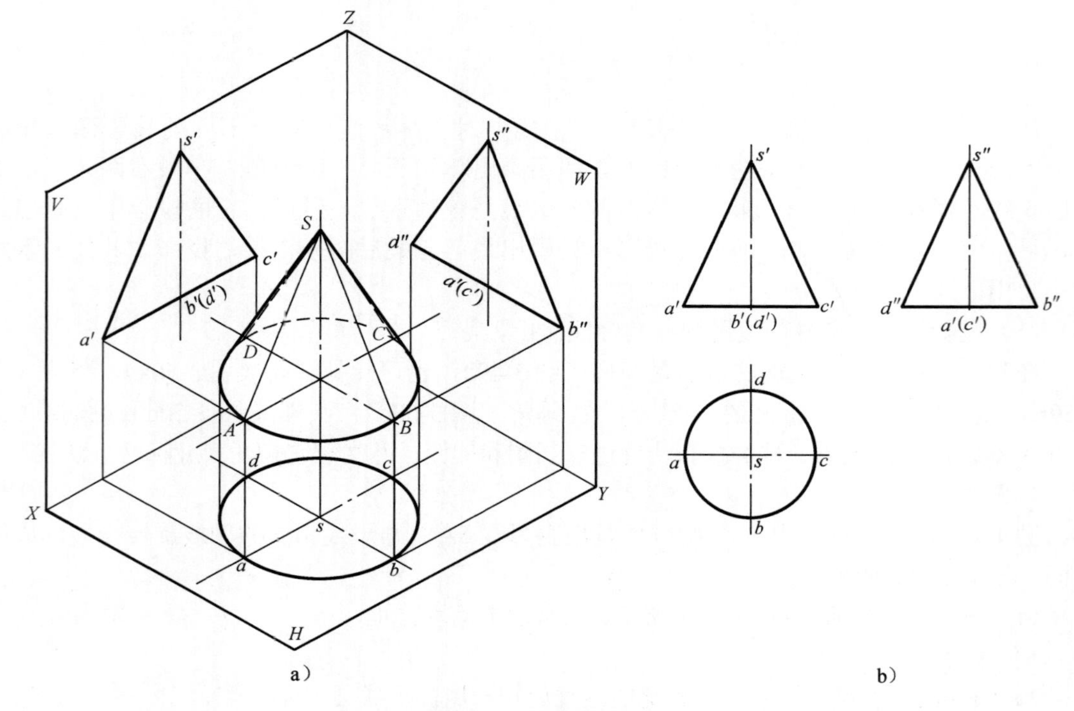

图 3-51 圆锥的投影

（3）投影图分析

1)H投影：圆锥的底面平行于H面，其H投影反映实形；圆锥面的H投影没有积聚性，圆周内的整个区域都是圆锥面的投影，锥顶与底面的圆心投影重合。

2）V投影：等腰三角形。由圆锥底面的积聚投影和圆锥面的轮廓素线的投影围成。圆锥面的最左、最右两条素线为V投影的轮廓素线。

3）W投影：与V投影相同的等腰三角形。但轮廓素线为圆锥面的最前、最后两条素线。

（4）作图步骤　圆锥的投影应先作出其H投影，即一圆形；按照“长对正”及圆锥的高度作出其底面的积聚投影及锥顶的正面投影，连线成等腰三角形，此时的轮廓素线是圆锥面上最左和最右的两条素线；按照“高平齐”“宽相等”作出侧面投影，此时的轮廓素线是圆锥面上最前和最后的两条素线，如图3-51b所示。

（5）投影特征　圆锥的投影同样符合锥体投影特征，即“三三为锥”。

3. 球

球面由圆母线M绕它本身的一根直径旋转一周而形成，球面自身封闭形成球体，简称球，如图3-48c所示。

（1）分析形体特征　如图3-52a所示，形体总共有一个面，即球面。

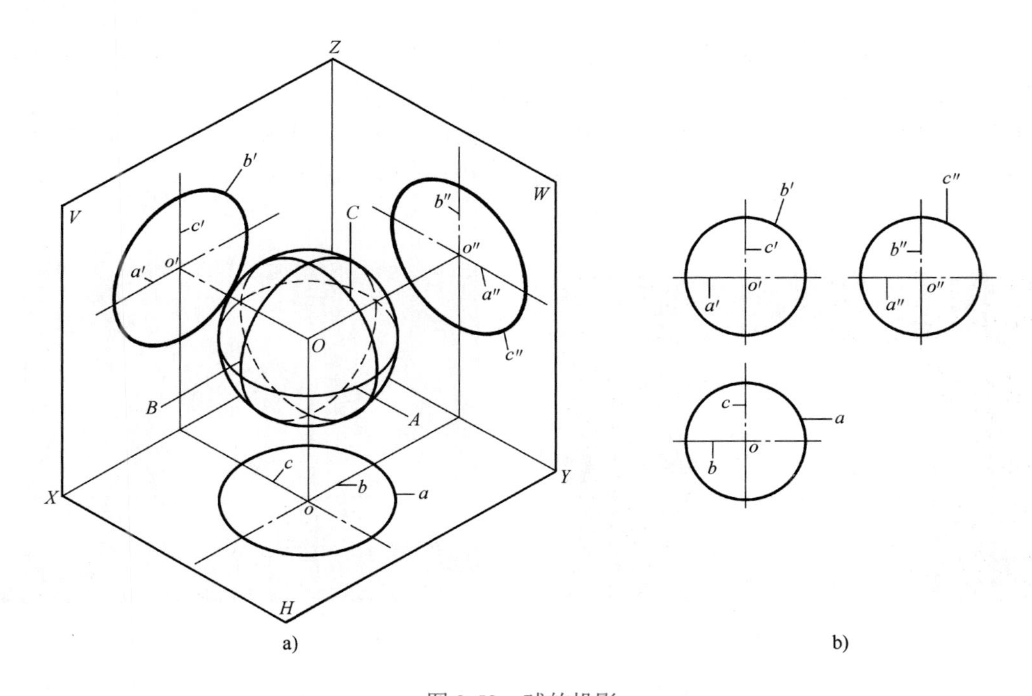

图3-52　球的投影

（2）形体的摆放位置　作球的投影时，因球的特殊性，球的摆放位置不影响投影图。球位置确定之后，球面包含三个特殊位置圆，即最大的水平圆A、最大的正平圆B、最大的侧平圆C，如图3-52a所示。

（3）投影图分析　球的三面投影均为圆，它们大小相同，直径等于球的直径。然而不同投影的轮廓线是球面上不同的圆的投影。

（4）作图步骤　按照三等关系画出对称中心线；以球的直径为直径画出三面投影，均为圆，如图3-52b所示。

（5）投影特征　球的投影特征，即“圆圆为球”。

3.5 建筑形体的投影

拓展阅读

建筑赏析

国家游泳中心又被称为“水立方”（图3-53），位于北京奥林匹克公园内，是北京2008年夏季奥运会的主游泳馆。其设计体现出［H_2O］^{3}（“水立方”）的设计理念，融建筑设计与结构设计于一体，设计新颖，结构独特。这个看似简单的“方盒子”是中国传统文化和现代科技共同“搭建”而成的。在中国传统文化中，“天圆地方”的设计思想催生了“水立方”，它与圆形的“鸟巢”——国家体育场相互呼应，相得益彰。

中央电视台总部大楼（图3-54）建筑外形前卫，由德国人奥雷·舍人和荷兰人库哈斯带领大都会建筑事务所（OMA）设计。总建筑面积约55万平方米，最高建筑234米，工程建安总投资约50亿元人民币。中央电视台总部大楼主楼的两座塔楼双向内倾斜6°，在163米以上由L形悬臂结构连在一起，建筑外表面的玻璃幕墙由强烈的不规则几何图案组成，造型独特、结构新颖、高新技术含量大，在国内外均属“高、难、精、尖”的特大型项目。

图3-53　水立方

图3-54　中央电视台总部大楼

金字塔（图3-55）是古埃及文明的代表作，是埃及国家的象征。金字塔形状像“金”字，是方底尖顶的石砌建筑物，是古代埃及埋葬国王、王后或王室其他成员的陵墓。金字塔一方面体现了古埃及人民的智慧与创造力，另一方面也成为法老专制统治的见证。金字塔工程浩大，结构精细，其建造涉及测量学、天文学、力学、物理学和数学等各领域，被称为人类历史上最伟大的石头建筑，至今还有许多未被揭开的谜。

荷兰坐落在地球的盛行西风带，一年四季盛吹西风。同时它濒临大西洋，又是典型的海洋性气候国家，海陆风长年不息。这就给缺乏水力、动力资源的荷兰提供了利用风力的优厚补偿。风车（图 3-56）利用的是自然风力，没有污染、耗尽之虞，所以它不仅被荷兰人一直沿用至今，而且也成为今日新能源的一种，深深地吸引着人们。

图 3-55　金字塔

图 3-56　荷兰风车

流水别墅（图 3-57）是现代建筑的杰作之一，它位于美国匹兹堡市郊区的熊溪河畔，由建筑大师 F・L・赖特设计。别墅外形强调块体组合，使建筑带有明显的雕塑感。别墅的室内空间处理也堪称典范，室内空间自由延伸，相互穿插；内外空间互相交融，浑然一体。流水别墅在空间的处理、体量的组合及与环境的结合上均取得了极大的成功，为有机建筑理论作了确切的注释，在现代建筑历史上占有重要地位。

洛可可风格（Rococo Style）于 18 世纪 20 年代产生于法国并流行于欧洲，主要表现在室内装饰上。洛可可风格的基本特点是纤弱娇媚、华丽精巧、甜腻温柔、纷繁琐细。洛可可风格以欧洲封建贵族文化的衰败为背景，表现了没落贵族阶层颓丧、浮华的审美理想和思想情绪。他们受不了古典主义的严肃理性和巴洛克的喧嚣放肆，追求华美和闲适。洛可可一词由法语 ro-caille（贝壳工艺）演化而来，原意为建筑装饰中的一种贝壳形图案。洛可可风格常常采用不对称手法，喜欢用弧线和 S 形线，尤其爱用贝壳、旋涡、山石作为装饰题材，卷草舒花，缠绵盘曲，连成一体。洛可可风格最初出现于建筑室内装饰，后来扩展到绘画、雕刻、工艺品、音乐和文学领域。洛可可风格室内装饰如图 3-58 所示。

图 3-57　流水别墅

图 3-58　洛可可风格室内装饰

3.5.1 建筑形体的形成方法

建筑工程形体的形状虽然很复杂，但总可以把它看成是由一些简单的基本几何形体，如棱柱、棱锥、圆柱、圆锥、球等组合而成。这种由基本几何形体组成的立体称为组合形体。

在作组合形体投影图之前，先要对形体进行分析，主要分析组合形体是怎样构成的。组合形体的构成方式大致可归纳为下列三种：

1）叠加型：可以看作是由两个或两个以上的基本形体堆砌或拼合而成。

2）切割型：可以看作是由基本形体被一些平面或曲面切割而成。

3）混合型：可以看作是由上述叠加型和切割型混合构成。

如图3-59a所示的形体，可以将它分析为由图3-59所示的三个形体叠加而成。Ⅱ放在Ⅰ上，且有两面与Ⅰ对齐，Ⅲ放在Ⅰ上且有一面紧靠Ⅱ的中部。经过分析，可以掌握该组合形体的形状特征。

如图3-60所示的组合形体，可以看成是由一个立方体被切去了Ⅰ（1/4圆柱体）和Ⅱ（类似四棱柱）两部分以后形成的。

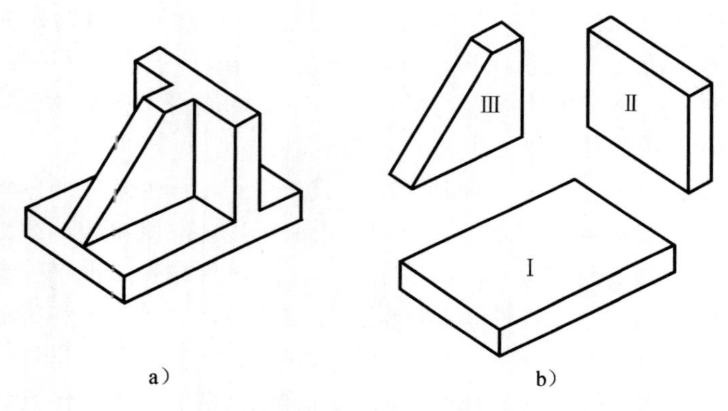

图3-59 形体分析——叠加型

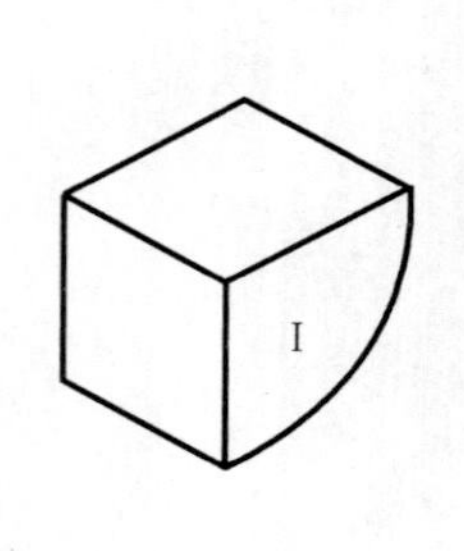

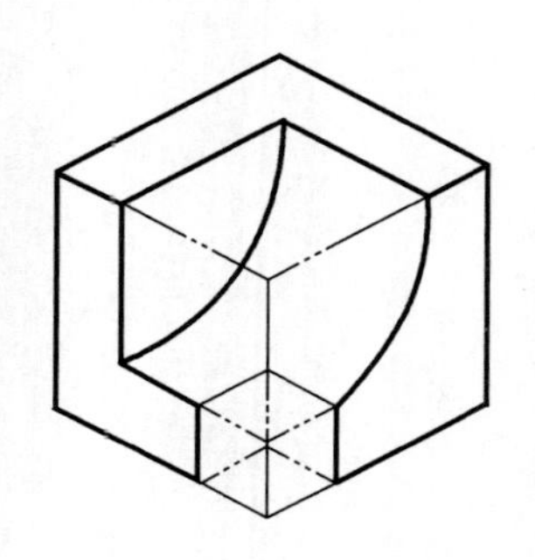
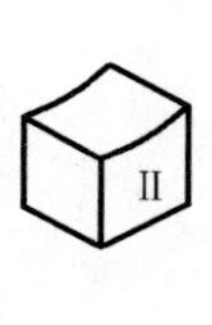

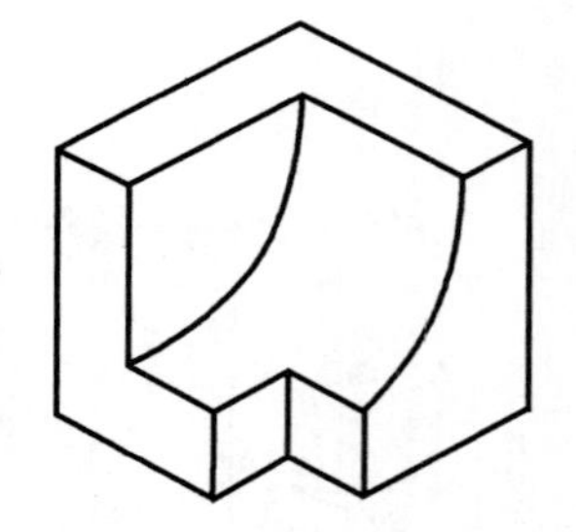

图3-60 形体分析——切割型

上述三种类型的划分，仅在形体分析时采用。事实上某一组合形体究竟属于何种类型并不是唯一的，有的组合形体既可以按叠加型来分析，也可以作为切割型或混合型来分析，这要看以何种类型作分析能使作图简便而定。

3.5.2　建筑形体投影的画图步骤

作组合形体投影图，就是画出构成它的若干几何形体的投影图。作图时，先进行形体分析，然后再动手作图，有时需辅以线面分析。

1. 形体分析

在分析组合形体时，常将组合形体分解为若干个基本形体，并分析各基本形体之间的组成形式和相邻表面间的相互位置，这种为便于画图，把形体人为地分析成若干基本几何形体的分析方法，称为形体分析法。

形体分析的目的，主要是弄清组合形体的形状，为画组合形体投影图打基础。因此，同一个组合形体，允许采用不同的组合形式进行分析，只要分析正确，最后得出组合形体的形状都是相同的。至于画图时采用哪种组合形式进行分析，常与形体的具体形状及个人的想象能力有关，但都应力求准确、简便。

2. 组合处的线面分析

由于组合形体的投影图比较复杂，为了避免组合处的投影出现多线或漏线的错误，对于基本形体在组合处的投影，一般从下列四种情况进行分析：

1）当两部分叠加时，对齐共面组合处表面无线（图 3-61a）。

2）当两部分叠加，虽属对齐但不共面时，组合处表面应该有线（图 3-61b）。

3）当组合处两表面相切时，由于相切是光滑过渡的，所以组合处表面无线（图 3-61c）。

4）两基本形体的相邻表面彼此相交，在相交处产生的交线，均应按投影规律求出（图 3-61d）。

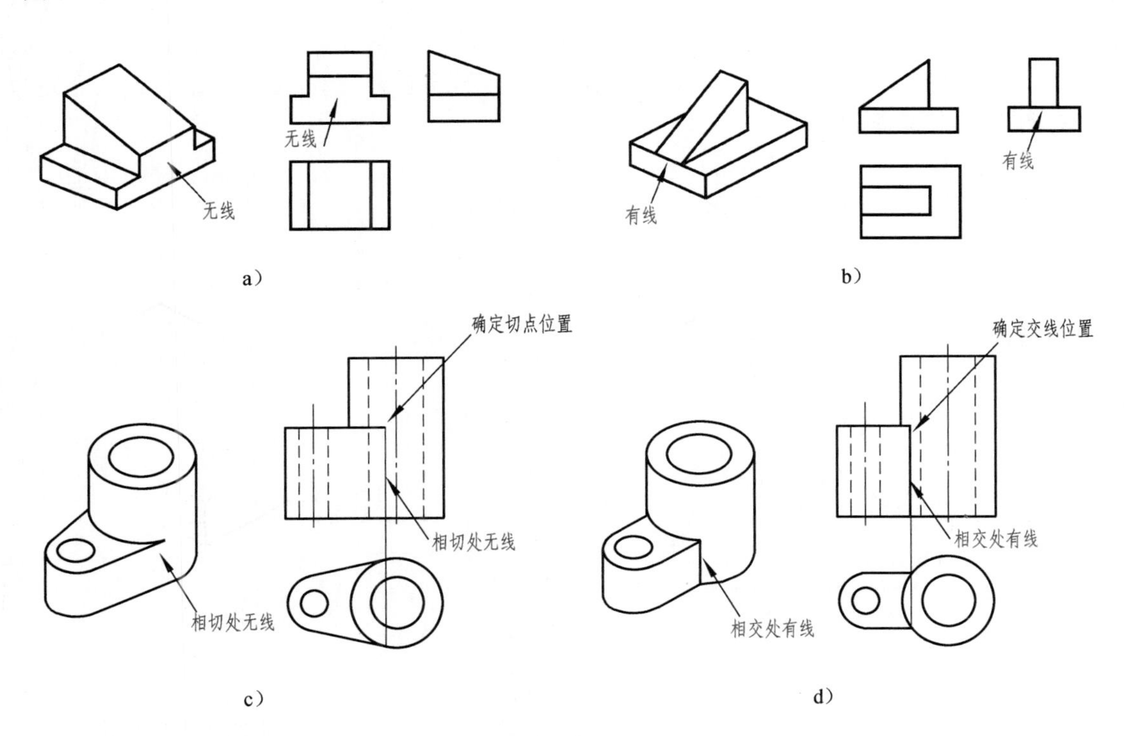

图 3-61　线面分析

3. 投影分析

在组合形体投影图中，形体在三投影面体系中所放的位置及投影方向，对形体形状特征的表达和清晰程度等都有明显的影响，因此，在画图前，除进行形体分析外，还需进行投影分析，以确定较好的投影方案。一般应考虑下述几点：

1）确定摆放位置，选择正面投影。

① 将反映建筑物外貌特征的表面平行于正立投影面。

② 让建筑形体处于工作状态，如梁应水平放置，柱子应竖直放置，台阶应正对识图人员，这样识图人员较易识图。

③ 考虑图面效果，使图面布置紧凑、匀称。

2）尽量减少虚线，过多的虚线不易识图。

当然，由于组合体的形状千变万化，因此在确定投影方案时，往往不能同时满足上述原则，还需根据具体情况，全面分析，权衡主次，进行确定。

4. 投影图画法步骤

1）进行形体分析。分析组合形体的组成，弄清组成该组合形体的基本形体的形状特征及其相对位置。

2）进行投影分析，确定投影方案。确定正面、投影数量等。

3）根据形体的大小和复杂程度，确定图样的比例和图纸的幅面（以下各例省略），并用中心线、对称线或基线定出各投影的位置。

4）画组合形体的三面投影图。根据投影规律，画出三面投影图。一般是按先主（主要形体）后次（次要形体）、先大（形体）后小（形体）、先实（体）后空（挖去的槽、孔等）、先外（外轮廓）后内（里面的细部）的顺序作图。同时，要三个投影联系起来画。

5）对照验证，检查投影图是否正确，是否符合投影规律，用线面分析法检查组合处的投影是否有多线或漏线等现象。

6）区分图线。

【例7】 画出图3-62a所示组合形体的三面投影图。

作图步骤：

1）形体分析。该组合形体由三部分组成：Ⅰ是长方体的底板，Ⅱ是四棱柱的立板，Ⅲ是楔形的支承肋板。三部分以叠加的方式组成组合体，其中Ⅰ与Ⅱ的前、后相邻表面共面，画图时，应注意该处不画线（图3-62a）。

图3-62 组合形体投影图的画法

a）形体及正立面投影方向 b）布图

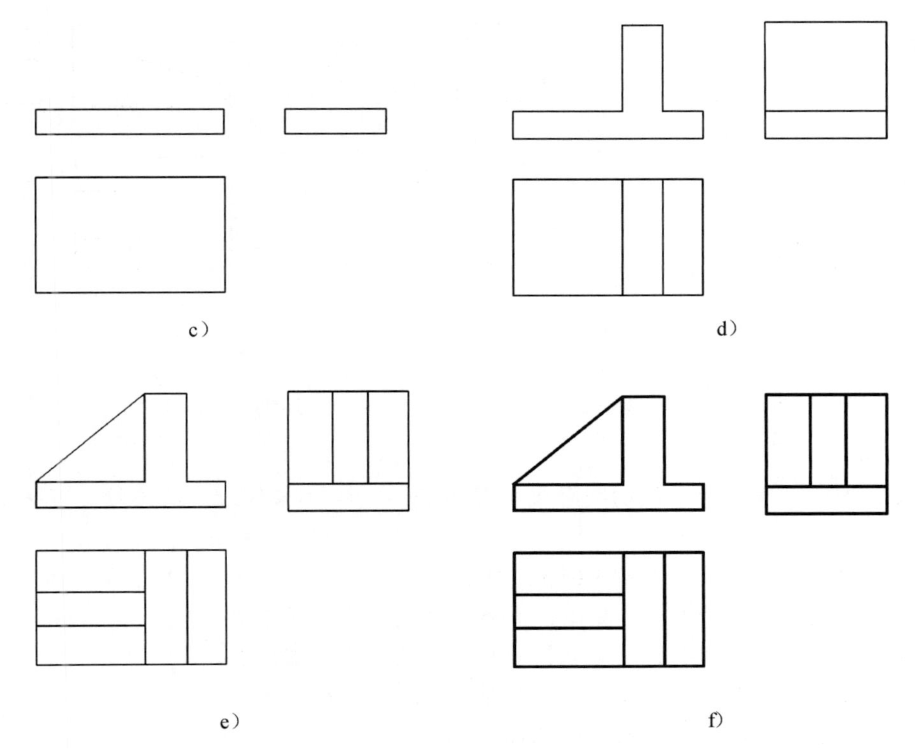

图 3-62　组合形体投影图的画法（续）

c）作底板的三面投影图　d）作立板的三面投影图　e）作肋板的三面投影图　f）检查、区分图线

2）确定投影方案。以 *A* 向作为正面投影，可明显地反映各部分的组合关系，且投影不出现虚线（图 3-62a）。

3）定出各投影基线（图 3-62b）。

4）逐个画出三部分的三面投影（图 3-62c、d、e）。

5）检查投影图是否正确，用线面分析法确定Ⅰ、Ⅱ、Ⅲ组合时产生交线和不产生交线的问题。

6）区分图线（图 3-62f）。

【例 8】 画出图 3-63a 所示形体的三面投影图。

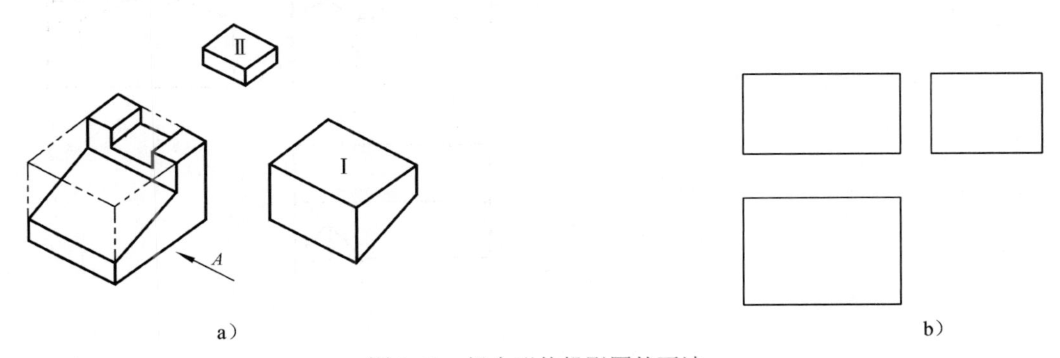

图 3-63　组合形体投影图的画法

a）形体及正面投影方向　b）作长方体的三面投影图

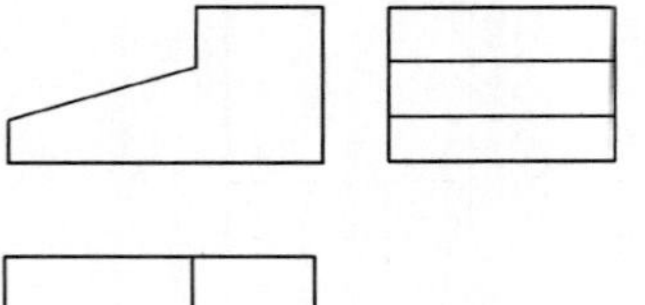
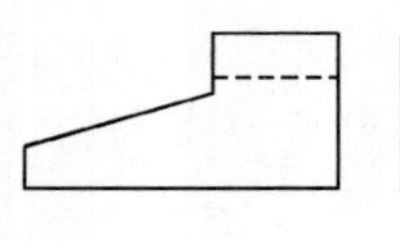
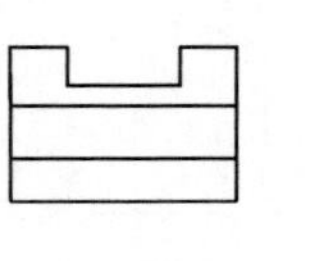
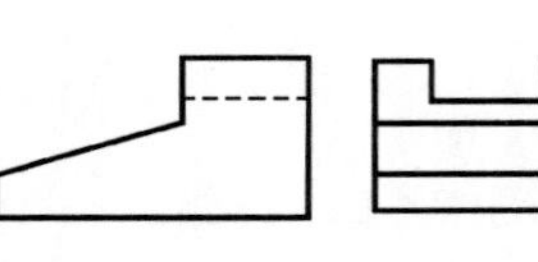
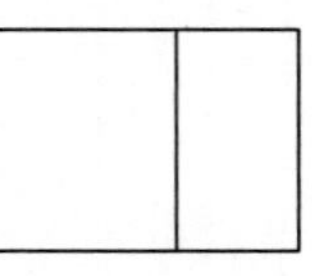
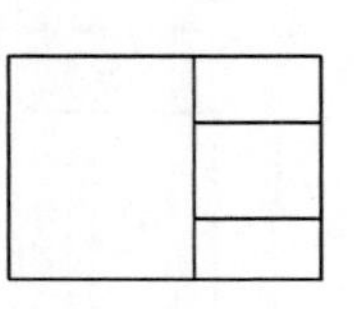
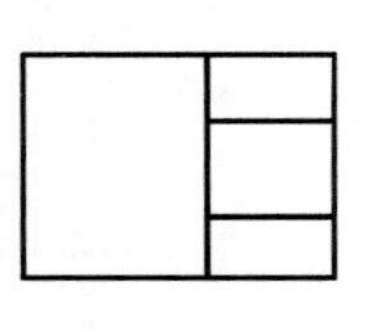

c) d) e)

图 3-63 组合形体投影图的画法（续）

c）切去Ⅰ d）切去Ⅱ e）检查、区分图线

作图步骤：

1）该形体可看作由长方体切割而成（图 3-63a）。以 *A* 向作为正面投影，可明显地反映形状特征。

2）画长方体的三面投影（图 3-63b）。

3）从正面投影开始切去梯形块Ⅰ，并补全另两投影（图 3-63c）。

4）从侧面投影开始切去长方体Ⅱ，并补全另两投影（图 3-63d）。

5）检查投影图是否正确，并按规定加深图线（图 3-63e）。

【例 9】 画出图 3-64a 所示形体的三面投影图。

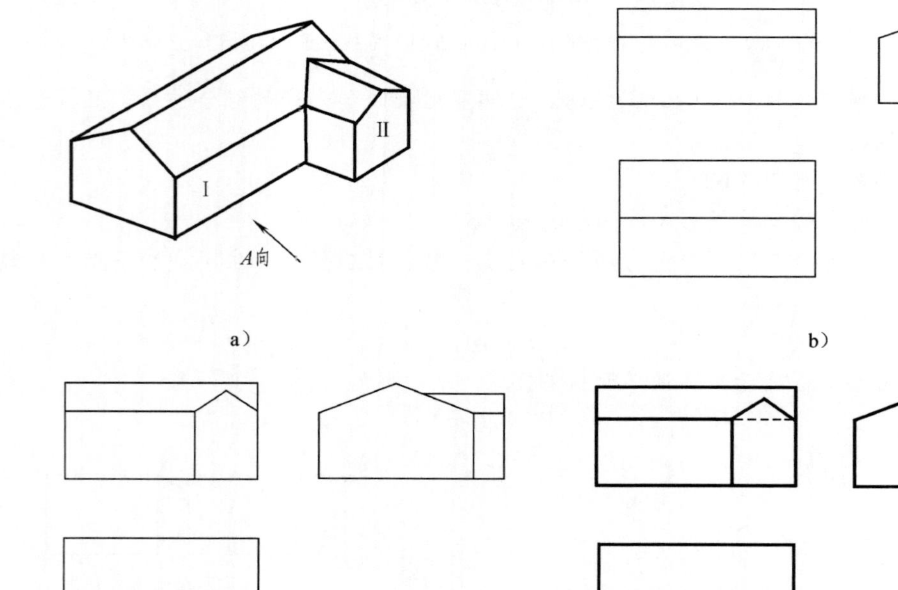

a) b)

c) d)

图 3-64 组合形体投影图的画法

a）形体及正立面投影方向 b）作Ⅰ形体的三面投影图 c）作Ⅱ形体的三面投影图 d）检查、区分图线

作图步骤：

1）形体分析。该形体可分解为一个水平放置的长五棱柱Ⅰ和一个与Ⅰ垂直的短五棱柱Ⅱ（图 3-64a）。

2）确定投影方案。以 *A* 向作为正面投影，可充分反映建筑形体的形状特征（图 3-64a）。

3）逐个画出两部分的三面投影（图 3-64b、c）。

4）检查投影图是否正确，并按规定区分图线（图 3-64d）。

3.5.3　建筑形体投影图的识读

读图就是根据已经作出的投影图，运用投影原理和方法，想象出空间形体的形状。也可以说读图是从平面图形到空间形体的想象过程。读图时，除了要熟练地运用投影规律外，还要掌握一些读图的基本知识和方法，并要经过多画多读，以提高画图和读图能力。

根据建筑形体投影图识读其形状，必须首先掌握下面的基本知识：

- 掌握三面投影图的投影关系，即“长对正、高平齐、宽相等”。
- 掌握在三面投影图中各基本体的相对位置，即上下关系、左右关系和前后关系。
- 掌握基本体的投影特点，即棱柱、棱锥、圆柱、圆锥和球体这些基本体的投影特点。
- 掌握点、线、面在三面投影体系中的投影规律。
- 掌握建筑形体投影图的画法。

读图时，不能孤立地看一个投影，一定要抓住重点投影（一般常以正面投影为主要投影图），同时将几个投影联系起来看。只有这样才能正确地确定该形体的形状。特别是有些情况下，几个形体的空间形状不同，但它们的某个投影完全相同（图 3-65），有的甚至两个投影都相同（图 3-66），这就更应该去看其他投影，去找出异同，从而正确地定出各自的形状。

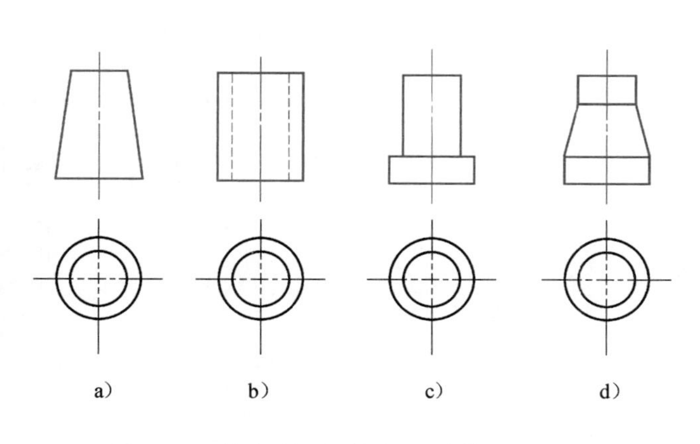

图 3-65　联系两投影读图（注意特征视图）

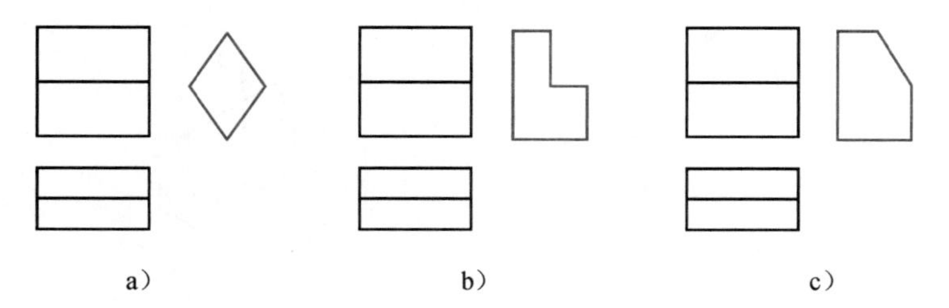

图 3-66　联系三投影读图（注意特征视图）

1. 读图的基本方法

画图是由物到图，读图是由图到物，读图是画图的逆过程。读图的基本方法可概括为形体分析法和线面分析法两种。

（1）形体分析法　在投影图中，根据形状特征比较明显的投影，将其分成若干基本形体，并按它们各自的投影关系，分别想出各个基本形体的形状，最后加以综合，想出整体形状。这种方法称为形体分析法。

为了能顺利地运用形体分析法读图，必须掌握常见基本形体的投影特性“矩矩为柱、三三为锥、梯梯为台、圆圆为球”，同时为了准确地将组合体分解，还必须牢固掌握“长对正、高平齐、宽相等”的投影规律以及各基本形体之间的相对位置关系。

【例10】 根据如图3-67a所示的三面投影图，想象出形体的形状。

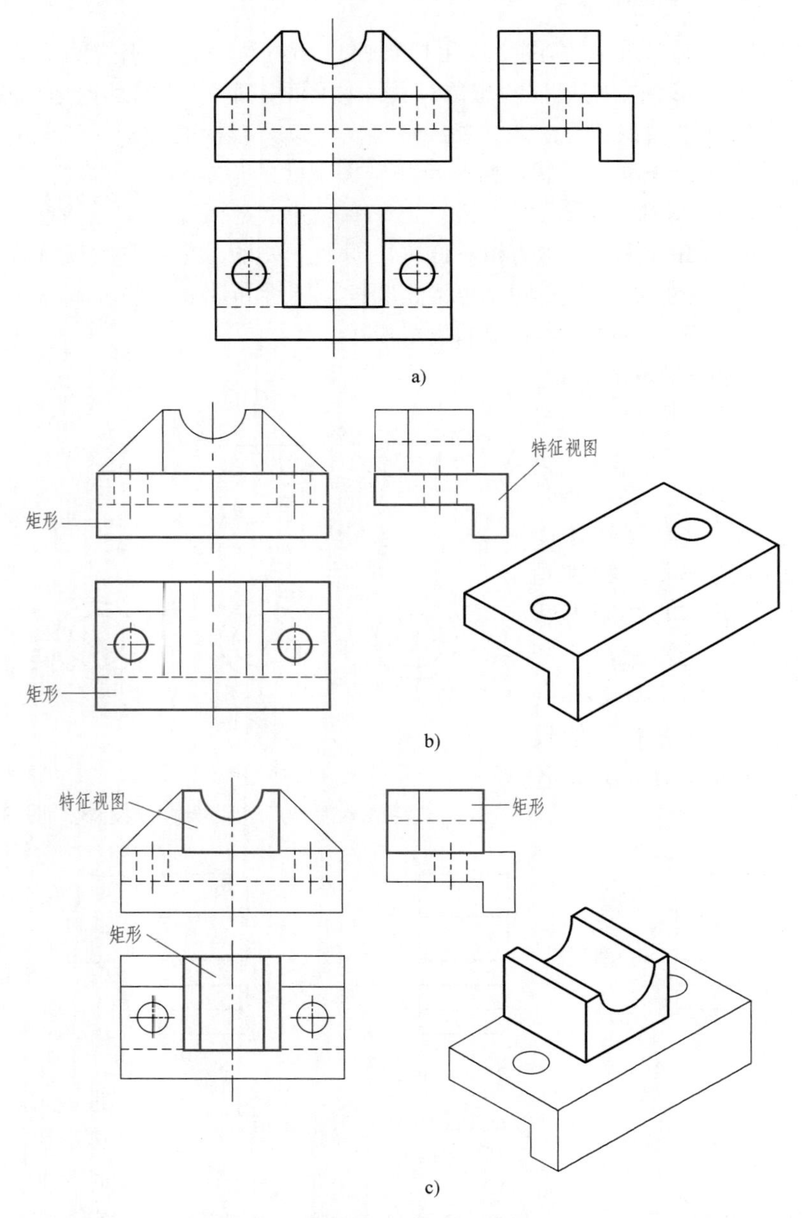

图3-67　形体分析法

a）组合形体投影　b）形体底板投影（粗实线部分）　c）上部中间形体投影（粗实线部分）

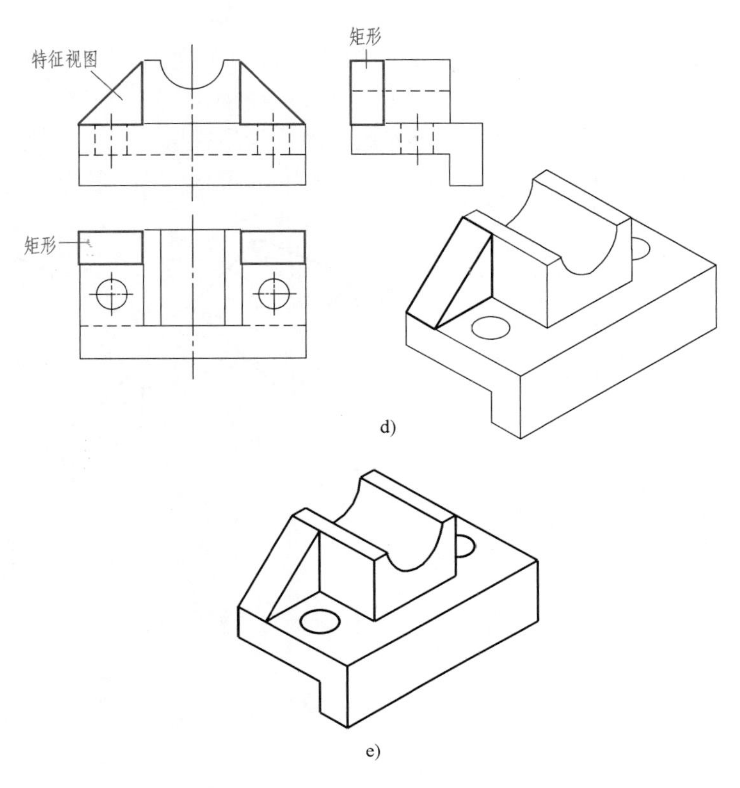

图 3-67　形体分析法（续）
d）上部左右形体投影（粗实线部分）　e）组合形体

读图步骤：

应用形体分析法读图，其步骤可以概括为四个字，即“分、找、想、合”。

1）分——分解投影。按正面投影和水平投影的特征，该组合形体宜分为三大部分，即底部、上部中间、上部左右（图 3-67b、c、d）。

2）找——找出对应投影。按照“长对正、高平齐、宽相等”的投影规律找出被分解的基本形体的三面投影，如图 3-67b 投影图中粗实线部分为下部形体的投影，图 3-67c 粗实线部分为上部中间形体的投影，图 3-67d 粗实线部分为上部左右两侧形体的投影。

3）想——分部分想形状。根据底部形体的三面投影，可看出该部分为一个平放的“L”形板，并且带有两个圆孔，如图 3-67b 所示。同理，上部中间形体为一个长方体挖去半个圆柱体，注意图中的虚线，如图 3-67c 所示。上部左右为两个小三棱柱，如图 3-67d 所示。

4）合——合起来想整体。最后，把几部分形状合在一起，整体形状就清楚了，如图 3-67e 所示。

（2）线面分析法　若形体或形体的一部分是由基本形体经多次切割而成，且切割后其形状与基本形体差异较大，切口处图线常较为复杂，再采用形体分析法读图会非常困难，此时可采用线面分析法。线面分析法是以线和面的投影特点为基础，识读时对投影图中的每条线和由线围成的各个线框进行分析，根据它们的投影特点，明确它们的空间形状和位置，综合起来就能想象出整个形体的形状。

注意：

1）投影图中一个封闭的线框，必代表一个面（或一个孔洞），但它所代表的是什么形状的面，它处在什么位置，还要根据投影规律对照其他投影图才能确定。

2）投影图中的一个线段，可能是特殊位置的面的积聚投影，也可能是两个面的交线。

【例 11】 根据如图 3-68a 所示三面投影图，想象出形体的空间形状。

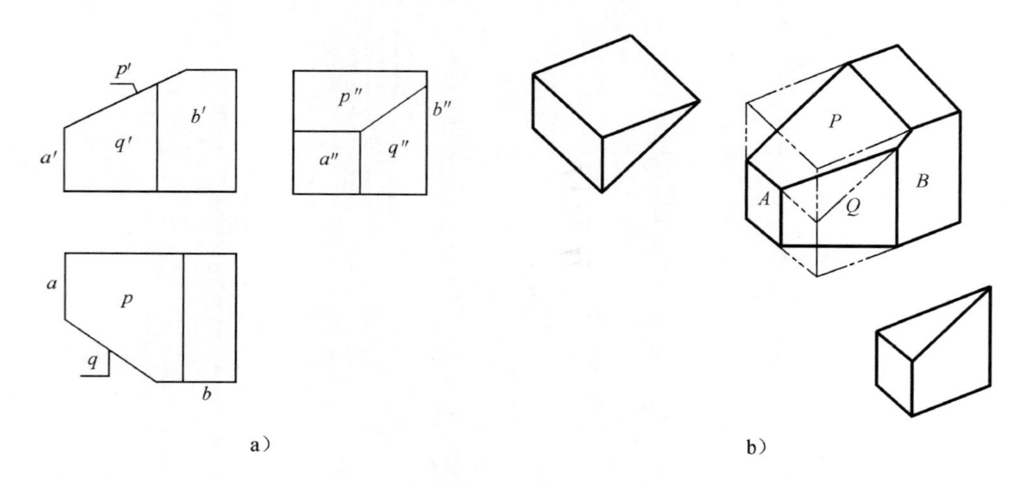

图 3-68 线面分析法

应用线面分析法读图，其步骤也可以概括为四个字，即“分、找、想、合”。

1）分——分线框。投影中的每个线框通常都是形体上的一个表面，线面分析法就要对线框进行分析。为了避免遗漏，通常从线框最多的投影图入手进行线框的划分。如图 3-68a 所示，可将其侧面投影分为 a'' 、p'' 、q'' 。

2）找——找对应投影。根据前面所讲平面的投影特性可知，除非积聚，否则平面各投影均为“类似形”；反之可得到下述规律：“无类似形则必定积聚”。此外，再按照投影规律，可清楚地找到各线框所对应的另外两个投影。对正面投影中出现的 b' 也分别找到其对应的其他两个投影。

3）想——想表面形状、位置。根据各线框的投影想出它们各自的形状和位置：A 为侧平面；B 为正平面；P 为正垂面，为五边形；Q 为铅垂面，为四边形。

4）合——合起来想整体。根据前面的分析综合考虑，想象出形体的整体形状。如图 3-68b 所示，该形体为一个长方体被 P、Q 平面切割后所形成的。

读图时，由于组合形体组合方式的复杂性，也由于人们对事物思维方式的差异，读图不存在一条简单通用的方法。一般来说，要想熟练地读图，一是要熟练掌握投影原理，二是要有足够的相关知识储备。所以，读图的方法和步骤，不是读图的关键，关键是每个人都要尽可能多地记忆一些常见形体的投影，并通过自己反复的读图实践，积累自己的经验。

2. 读图练习——补图

由形体的已知两面投影补绘第三面投影，也称“知二求三”，是训练并提高读图能力的一种方法。作题时应根据两已知投影，先想出形体的空间形状，再按投影规律补画出第三投影。整个过程既包含了由图想物也包含了将想象出的形体画出正确的投影图。因此，补图也是培养与提高空间思维能力和解决空间问题的一种重要方法。

【例 12】 已知两投影，补绘第三投影（图 3-69）。

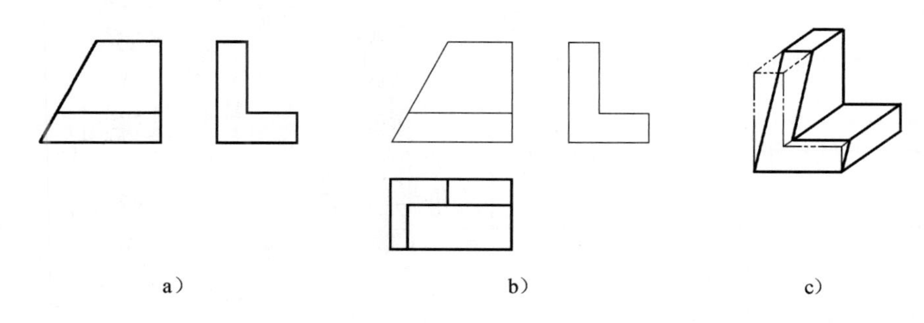

图 3-69　补投影（一）

（1）读图

1）从已知投影对形体的形状作粗略分析。由所给两投影可初步看出所示形体为一 L 形平面立体。

2）用形体分析法与线面分析法确定形体上各部分的形状，从而想出整体。

由所给的 V 投影可知该形体的左侧面为正垂面，右侧面为侧平面，因此可知该形体的空间形状如图 3-69c 所示。

（2）补画第三投影　通过读图，已想出形体的空间形状，按照投影对应关系补出其水平投影，如图 3-69b 所示。

【例 13】 已知两投影，补画第三投影（图 3-70）。

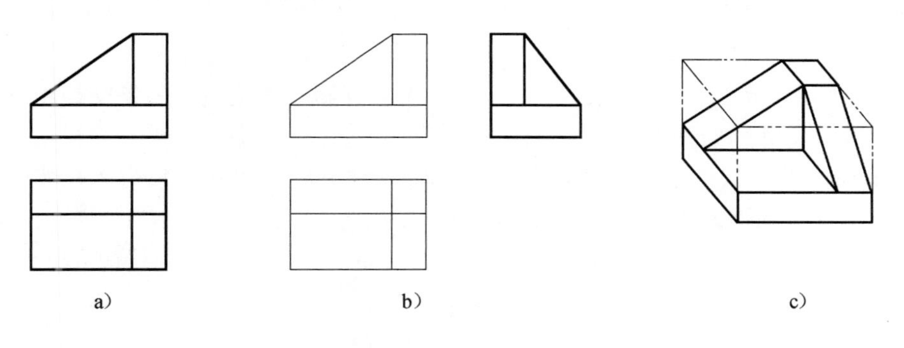

图 3-70　补投影（二）

（1）读图

1）从已知投影对形体的形状作粗略分析。由图 3-70a 所给两投影可初步看出所示形体为一长方体上部叠加了一些形体（也可看作切割型）。

2）用形体分析法与线面分析法确定形体上各部分的形状，从而想出整体。

由所给的两投影可知该形体的各叠加部分分别为一个长方体和两个三棱柱，因此可知该形体的空间形状如图 3-70c 所示。

（2）补画第三投影　通过读图，已想出形体的空间形状，按照投影对应关系补出其侧面投影，如图 3-70b 所示。

3.6* 同坡屋顶的画法

在坡屋顶中，如果各个屋面与水平面的倾角都相等，且檐口线各处同高，则由这种屋面构成的屋顶称为同坡屋顶，如图 3-71 所示。

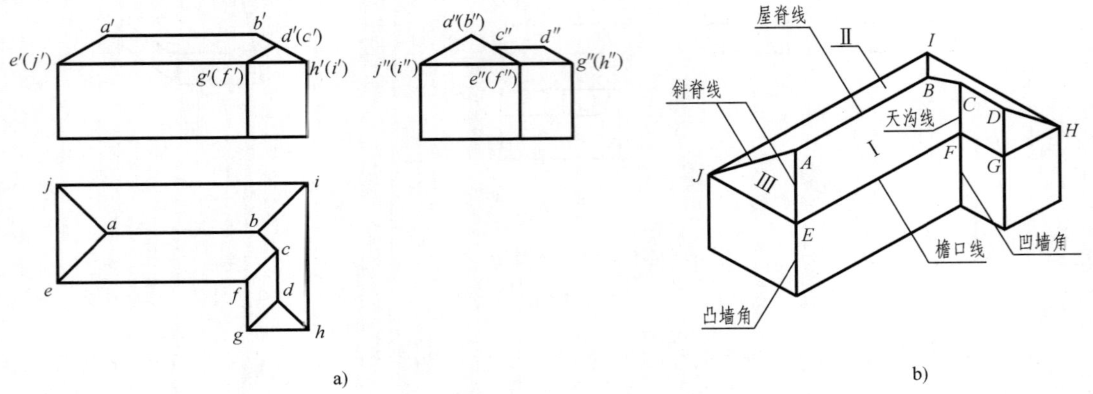

图 3-71 同坡屋顶

1. 同坡屋顶屋面交线的特点

从图 3-71 中可以看出，同坡屋顶的屋面交线具有如下特点：

1）如前后檐口线平行时，前后屋面必相交成水平的屋脊线。屋脊线的 H 投影，必平行于檐口线的 H 投影，且与两檐口线等距。

2）檐口线相交的相邻两个屋面，必相交于倾斜的斜脊线或天沟线。它们的 H 投影为两檐口线 H 投影夹角的平分线。斜脊位于凸墙角上，天沟位于凹墙角上。当两檐口线相交成直角时，两屋面的交线在 H 面上的投影，与檐口线的投影成 45°角。

3）屋顶上过某点当有两条交线时，过该点还必有第三条交线。三条交线中一定有一条是水平屋脊线，另外两条是斜脊线或天沟线。

根据上述同坡屋顶的投影规律，在已知檐口线水平投影和屋面倾角（或坡度）的条件下，可以作出同坡屋顶的各个投影，其作图步骤如图 3-72 所示。

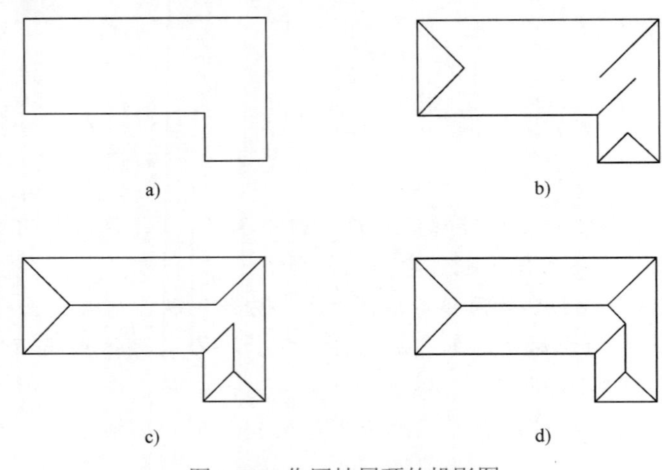

图 3-72 作同坡屋顶的投影图

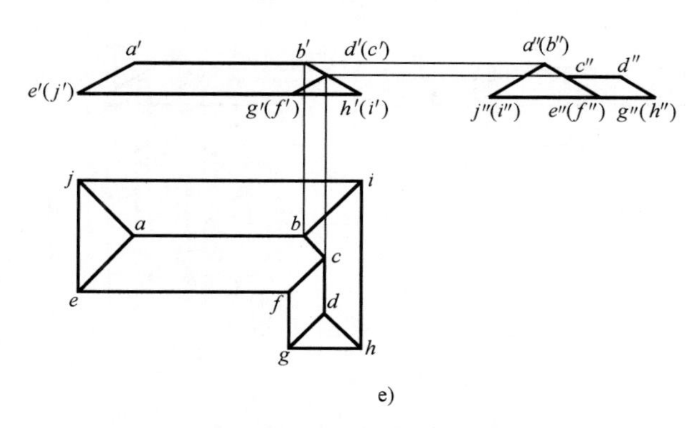

e)

图 3-72 作同坡屋顶的投影图（续）

【例 14】 已知同坡屋顶檐口线的平面形状及屋面倾角 α=30°，如图 3-73a 所示，求屋顶的三面投影。

根据上述同坡屋顶屋面交线的投影特点，作图步骤如下：

1）在屋面水平投影图上经每一屋角作 45°分角线，在凸墙角上作的是斜脊线，在凹墙角上作的是天沟线，其中两对斜脊线分别相交于点 *a* 和点 *f*，如图 3-73b 所示。

2）分别过点 *a*、点 *f* 作檐口线的平行线，即屋脊线，分别交天沟线于点 *b*、点 *e*。作 23、67 檐口线的中线，即屋脊线，分别交斜脊线于点 *c*、点 *d*，如图 3-73c 所示。

3）连接 *bc*、*de*，折线 *abcdef* 即为所求屋面交线的水平投影，如图 3-73d 所示。

4）在 *V* 投影中，屋面 *a*18、*bcd*32、*cde*67、*f*45 均积聚，投影为直线，且反映屋面对 *H* 面倾角的大小，分别作出它们的投影。再作出屋脊线的投影 *a'b'*、*f'e'*，即为同坡屋顶的 *V* 投影。在这里需要注意区分可见性。

5）与 *V* 投影类似，在 *W* 投影中，屋面 *abc*78、*ab*21、*def* 43、*ef* 56 均积聚，投影为直线，且反映屋面对 *H* 面倾角的大小，分别作出它们的投影。再作出屋脊线的投影 *c*″ *d*″，即求出同坡屋顶的 *W* 投影。同样应区分可见性。

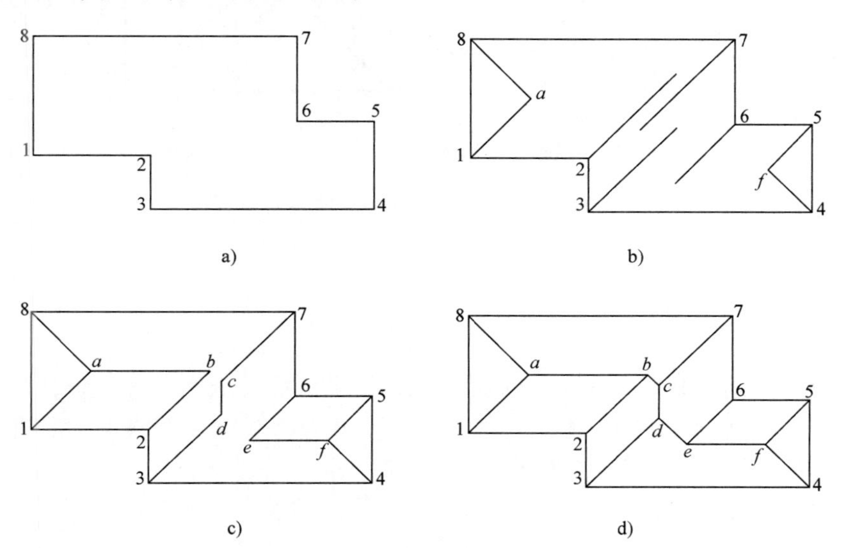

图 3-73 作同坡屋顶的投影图

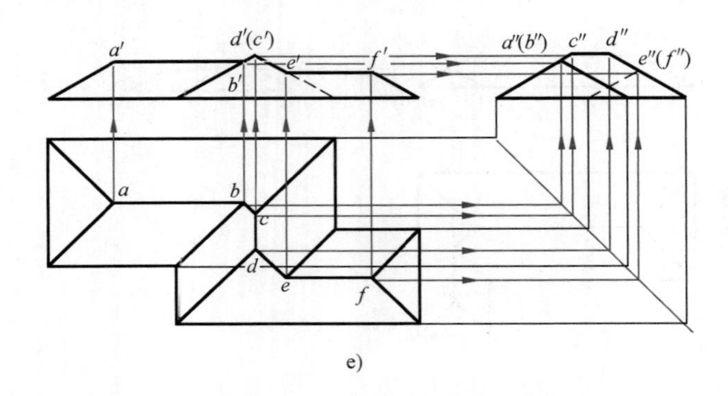

e)

图 3-73　作同坡屋顶的投影图（续）

6）区分图线，完成，如图 3-73e 所示。

2. 四种典型的屋面划分

屋脊线的高度随着两檐口之间的距离而起变化，当平行两檐口屋面的跨度越大，屋脊线的高度就越高。所以可以得到如图 3-74 所示四种典型的屋面划分：

1）*ab*<*ef*（图 3-74a）。

2）*ab*=*ef*（图 3-74b）。

3）*ab*=*ac*（图 3-74c）。

4）*ab*>*ac*（图 3-74d）。

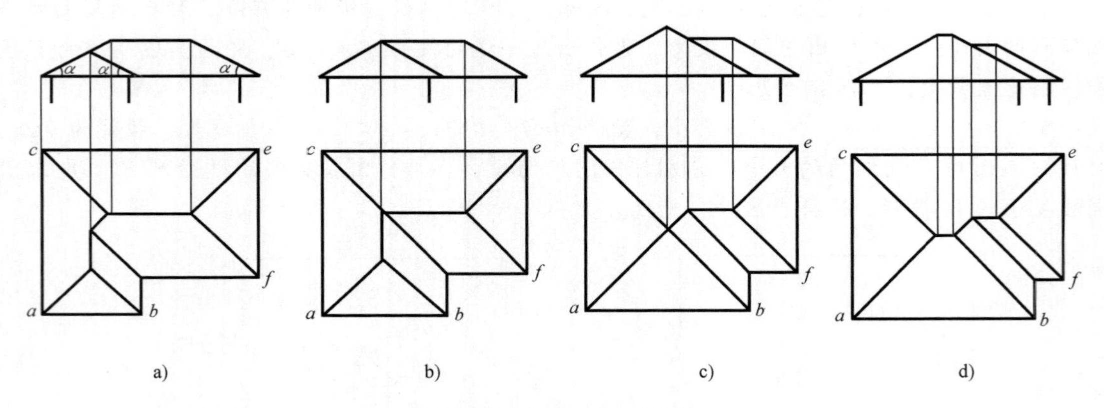

a)　b)　c)　d)

图 3-74　同坡屋顶的几种情况

小　结

本项目内容为建筑制图与识图的基础知识，要求掌握投影的概念、分类及在建筑中的应用，投影的形成及特性，点、直线、平面的投影规律及识读，基本形体的投影绘制及识读，组合形体的组合方式、投影绘制及识读等内容。

1）投影法的分类：投影法分为中心投影法和平行投影法两大类，平行投影法又有斜投影法和正投影法两种。常用投影法的比较见表 3-5。

表 3-5　常用投影法的比较

投影法分类		原理图	实例图	主要用途	优缺点
中心投影法		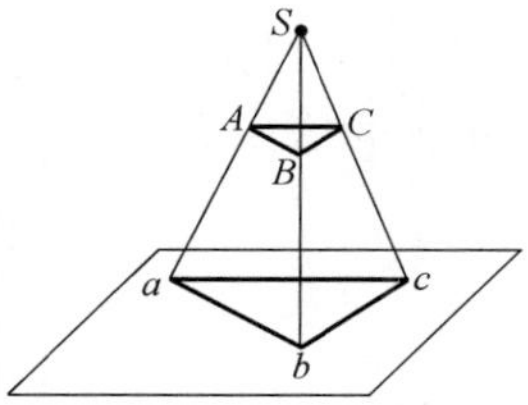	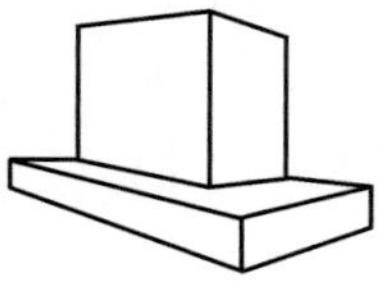	绘制辅助图样，如建筑设计、装饰设计效果图	立体感强，作图困难，度量性差
平行投影法	斜投影法	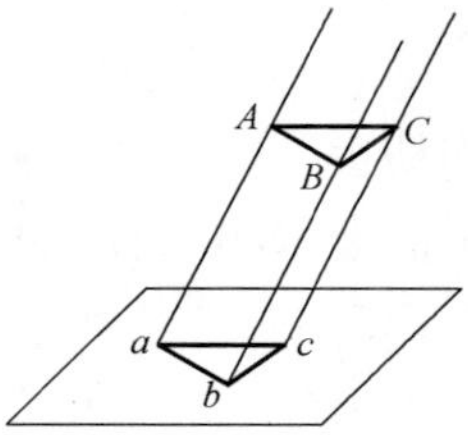	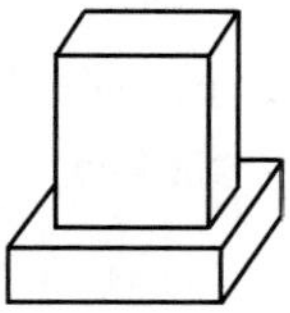	绘制辅助图样，如室内装饰布置图、管道系统图	立体感较强，作图较难，度量性较差
	正投影法	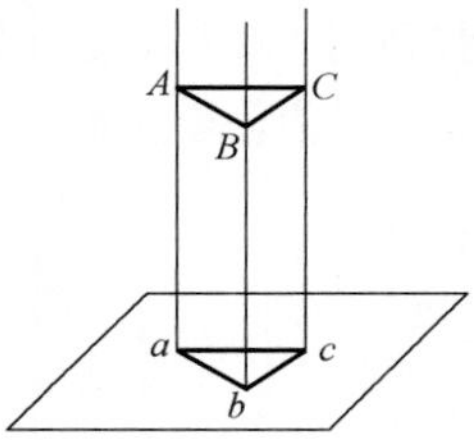	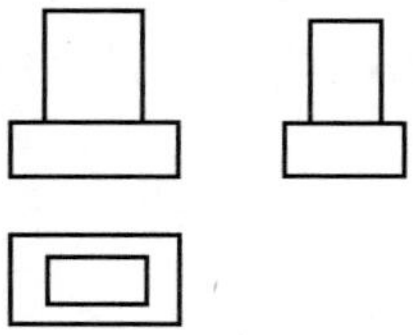	绘制工程图	没有立体感，但度量性好，能够反映物体的真实形状和大小，容易作图

2）平行投影的特性有显实性、积聚性、度量性、类似性、平行性、定比性。

3）在三投影面体系中，通常使 *OX*、*OY*、*OZ* 轴分别平行于形体的三个向度（长、宽、高），以便能更多地作出形体表面的实形投影。

4）形体的三面投影存在“长对正、高平齐、宽相等”的三等关系。

5）形体的前、后、左、右、上、下六个方向能在投影图中反映出来。在投影图上识别形体的方向，对读图是非常有必要的。

6）点的投影的三个规律，根据该规律求作点的第三投影。

7）直线按位置分为投影面垂直线、投影面平行线、一般线。投影面垂直线包括正垂线、铅垂线、侧垂线，投影面平行线包括正平线、水平线、侧平线。应该熟练掌握各种位置直线的空间位置、投影特征及识读。

8）平面按位置分为投影面垂直面、投影面平行面、一般面。投影面垂直面包括正垂面、铅垂面、侧垂面，投影面平行面包括正平面、水平面、侧平面。应该熟练掌握各种位置平面的空间位置、投影特征及识读。

9）基本形体分两类：平面立体和曲面立体。平面立体包括棱柱、棱锥和棱台。曲面立体包括圆柱、圆锥、圆台和球。

10）绘制形体的投影时，需确定形体摆放位置，应注意以下几点：

① 使形体处于稳定状态。

② 考虑物体的工作状况，比如矩形柱和矩形梁外形类似，但按照它们的工作状态，一个竖放，而一个平放。

③ 使形体的表面尽可能多地平行于投影面，以便作出更多实形投影。

一旦形体的摆放位置确定，则绘制其三面投影时不能再把形体动来动去，需按照这一个固定的位置来画三面投影图。

11）基本形体的投影特征：

① 柱体的投影特征“矩矩为柱”。

② 锥体的投影特征“三三为锥”。

③ 台体的投影特征“梯梯为台”。

④ 球的投影特征“圆圆为球”。

12）因为组合形体是由基本形体通过叠加或切割组合而成的，所以，在画组合形体的投影或读组合形体的投影之前，必须熟练掌握点、直线、平面及基本形体的投影绘制和识读。

13）组合形体的形体分析法、线面分析法的读图步骤均可以概括为“分、找、想、合”四个字。应通过反复练习，领会读图方法。

14）画图容易，读图难。为了提高读图能力，必须加强形体分析与线面分析能力。同时，平时应多分析、积累常见形体及其投影，只有熟练掌握，才能运用自如。

思考题

1. 投影法有哪几类？其概念各是什么？
2. 平行投影的特性有哪些？
3. 点、直线、平面的投影的基本规律是什么？
4. 说出三投影面体系和三面投影图中各投影面、投影轴、投影图的名称。
5. 三投影面体系是如何展开的？
6. 投影图的特性有哪些？
7. 形体的三面投影各反映形体的哪个向度？
8. 三等关系和六个方向在投影图中的反映是怎样的？
9. 正投影和正面投影的概念相同吗？它们的区别是什么？
10. 常见的基本形体分哪两类？分别是什么？
11. 什么是平面立体？什么是曲面立体？
12. 作基本形体投影图的一般步骤是什么？
13. 作形体投影图时一般怎样摆放形体？
14. 柱体、锥体、台体、球的投影特征分别是什么？
15. 组合形体通常是怎样组合的？有哪几种组合方式？
16. 画组合形体的投影图一般有哪些画法步骤？
17. 组合形体投影图的读图方法有哪些？

项目 4　建筑形体的图样表达方法

学习目标：通过学习本项目，掌握形体的基本视图和辅助视图以及形体的简化画法，轴测投影图的分类和特性，正等测、正面斜二测的画法，剖面图和断面图的形成、种类、画法、剖切符号，建筑形体尺寸标注的组成和方法等内容。

任务：用项目 3、项目 4 所学知识，把学校教学楼对外出入口处的台阶、门窗洞、雨篷等建筑组成部分完整表达出来，并标注尺寸，画出其立体图。

工程形体的形状和结构是多种多样的。要想把它们表达得既完整、清晰，画图、读图又都很简便，只用前面介绍的三面投影图难以满足要求。因此，国家制图标准规定了一系列的图样表达方法，以供画图时根据形体的具体情况选用。

4.1　基本视图与辅助视图

工程上表达形体形状的投影图也称为视图，视图包括基本视图和辅助视图。

4.1.1　基本视图

三面投影体系由水平投影面、正立投影面和侧立投影面组成，所作形体的投影图分别是水平投影图、正面投影图和侧面投影图，在工程图中分别叫平面图、正立面图和左侧立面图。

对于某些复杂的工程形体，可能其正面和背面不同，左侧面和右侧面也不相同，此时可以作出形体的六视图，即与 V、H、W 相对再增加 V_1、H_1、W_1 三个投影面，形成六投影面体系。分别向上述六个投影面进行投影，就得到了形体的六视图，如图 4-1a 所示。以上六个投影面的展开方法，如图 4-1b 所示。这样即得到展开后的六视图，包括主视图、俯视图、左视图、右视图、仰视图、后视图，如图 4-1c 所示。六视图之间仍然满足“长对正、高平齐、宽相等”的投影规律。

六视图也可按图 4-2 所示布置，这样可以合理利用图纸，但每个视图一般均应标注图名。图名宜标注在视图的下方或一侧，并在图名下用粗实线画一条横线，其长度应以图名所占长度为准，如图 4-2 所示。

4.1.2　辅助视图

在建筑工程施工图中常用的辅助视图主要有局部视图、展开视图和镜像投影图。

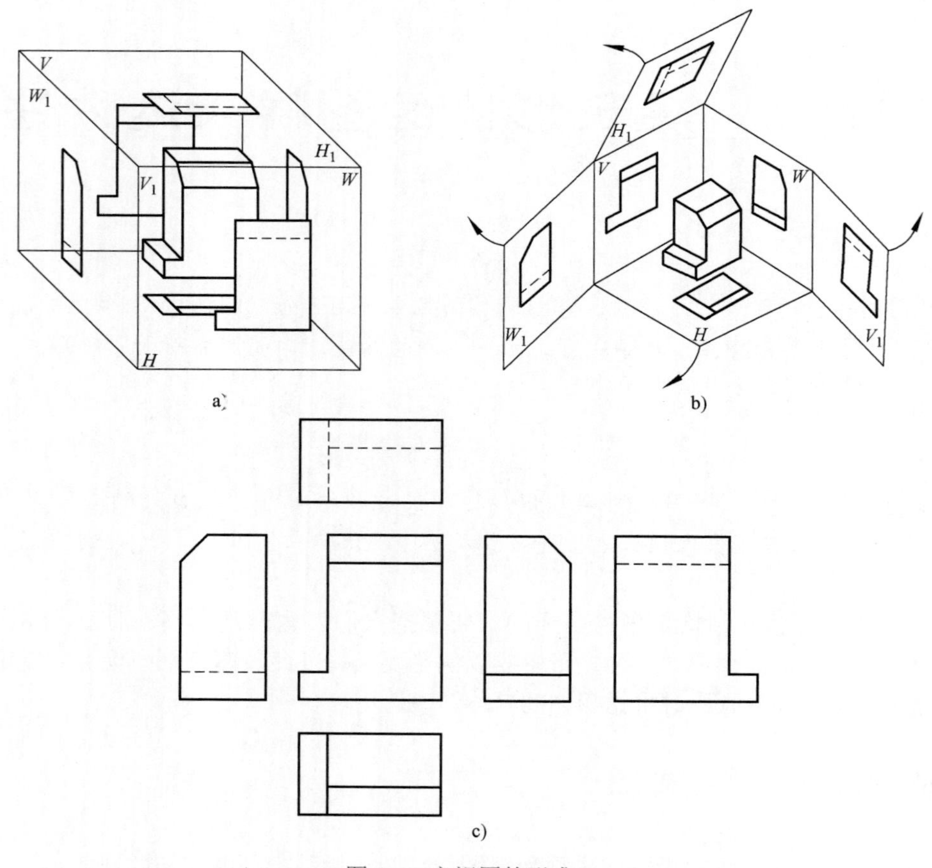

图 4-1 六视图的形成

a）六投影面体系 b）六视图的展开 c）六视图

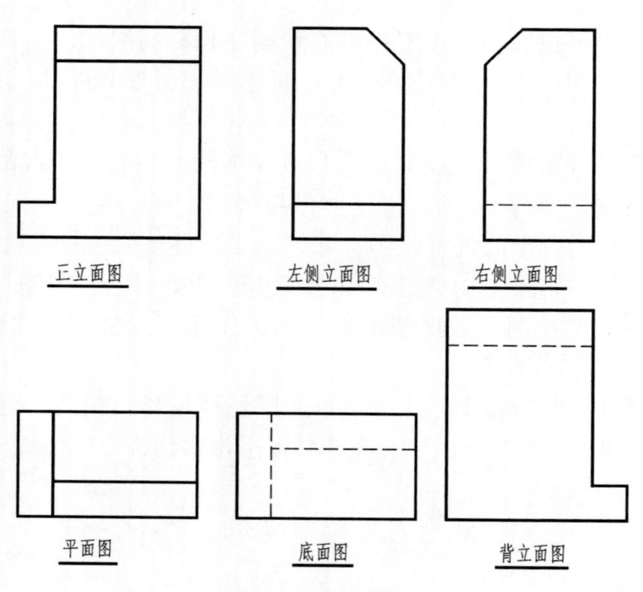

图 4-2 视图布置

1. 局部视图

如图 4-3 所示的 *A* 视图和 *B* 视图。这种只将形体的一部分向基本投影面投影得到的视图称为局部视图。

画图时，局部视图的图名用大写字母表示，注在视图的下方，在相应视图附近用箭头指明投影部位和投射方向，并标注相同的大写字母。

局部视图一般按投射方向配置，如图 4-3 中 *A* 视图；必要时，也可配置在其他适当位置，如图中 *B* 视图。

局部视图的范围应以视图轮廓线和波浪线的组合表示，如图 4-3 中的 *A* 视图；当所表示的局部结构形状完整，且轮廓线封闭时，波浪线可省略，如图 4-3 中的 *B* 视图。

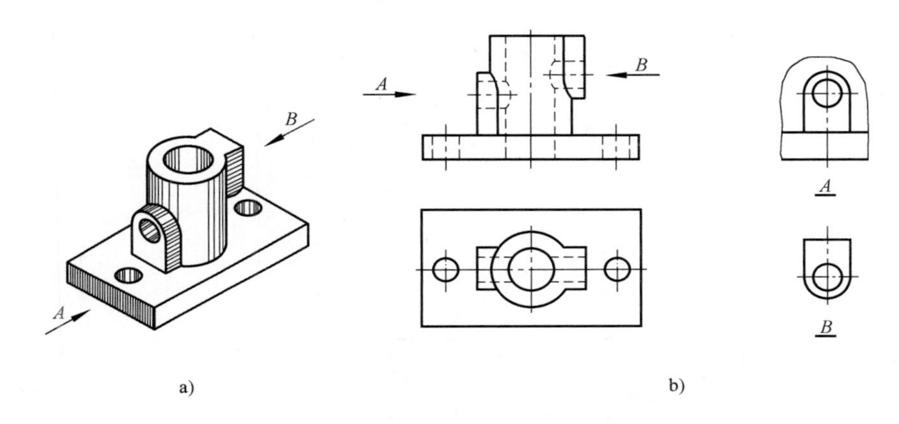

图 4-3 局部视图

2. 展开视图

建筑物的某些部分，如与投影面不平行（如圆形、折线形、曲线形等），在画立面图时，可假想将该部分展至与投影面平行，再以正投影法绘制，所得的视图称为展开视图，应在图名后注写“展开”字样。

如图 4-4 所示房屋，中间部分的墙面平行于正立投影面，在正面上反映实形，而左右两侧面与正立投影面倾斜，其投影图不反映实形。因此，可假想将左右两侧墙面展至和中间墙面在同一平面上，这时再向正立投影面投影，则立面图可以同时反映左右两侧墙面的实形。

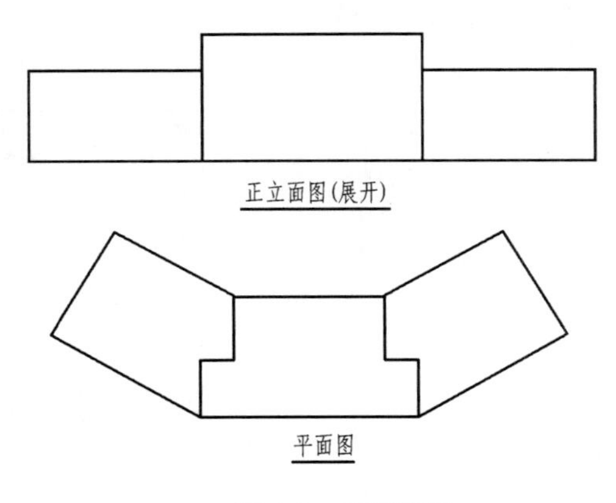

图 4-4 展开视图

3. 镜像投影图

某些工程构造（比如房间的吊顶）的视图，当用直接正投影法绘制不易表达时，可用镜像投影法绘制，如图 4-5a 所示。绘图时，把镜面放在形体下方，代替水平投影面，形体在镜面中反射得到的图像，称为平面图（镜像）。应在图名后注写“（镜像）”，如图 4-5b 所示。如图 4-5c 所示，平面图有虚线，底面图与平面图在方向上正好前后相反，其镜像投影图更符合视觉习惯。如图4-5d所示的顶棚，如采用仰视图（图4-5e）则前后方向相反；如采用俯视图（图4-5f），则出现很多的虚线；而采用镜像视图（图4-5g）则能避免这些问题，有利于工程人员正确识读。

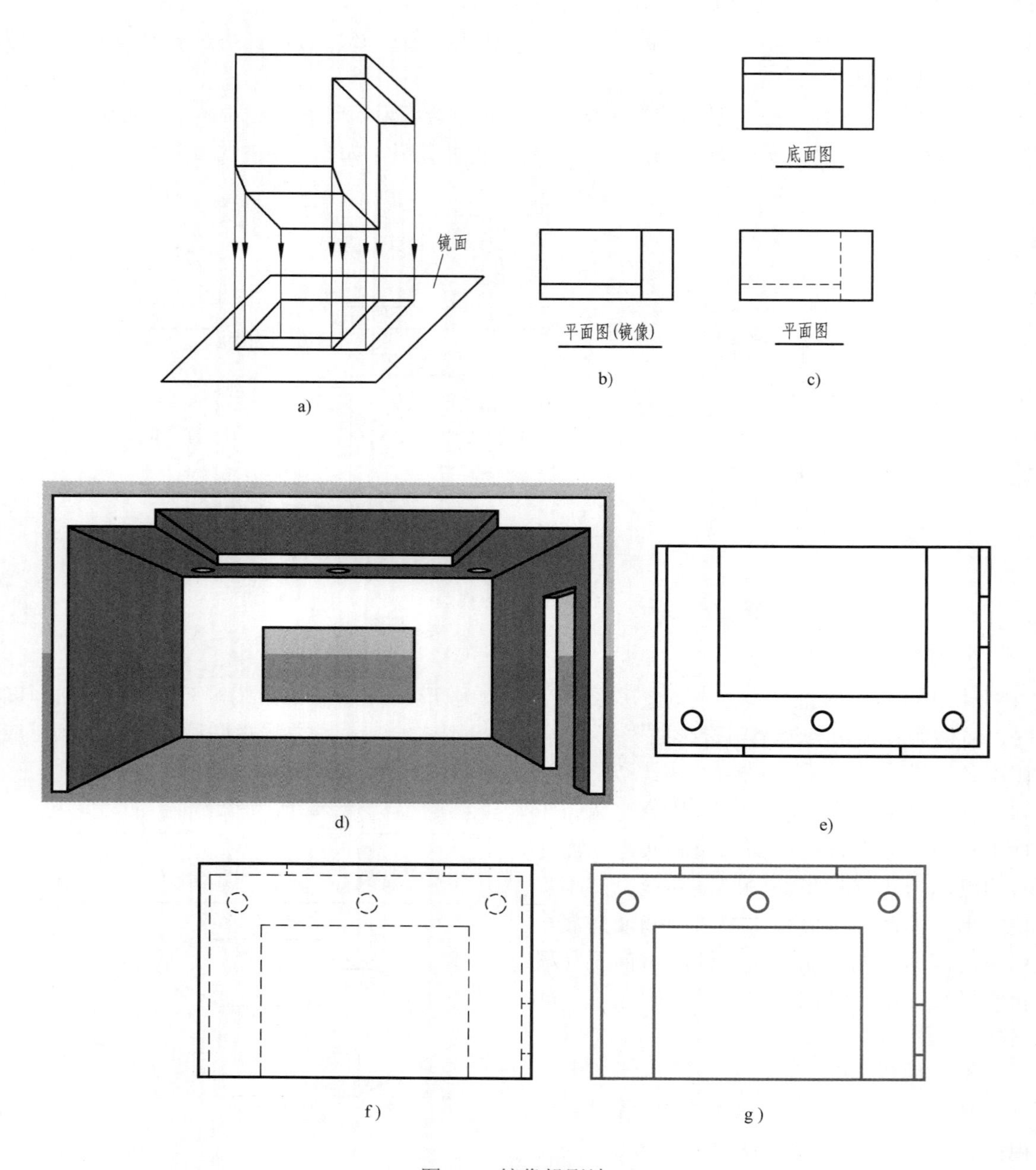

图4-5 镜像投影法

a）镜像投影图的形成 b）镜像图 c）平面图与底面图 d）顶棚透视图
e）仰视图 f）俯视图 g）平面图（镜像）

4.2　简化画法

为了提高制图效率，使图面清晰简明，《房屋建筑制图统一标准》还规定了工程作图中的简化画法。

4.2.1　对称图形简化画法

当形体对称时，可以只画该视图的一半；当形体不仅左右对称，前后也对称时，可以只画该视图的 1/4，并画出对称符号，如图 4-6a 所示。对称符号是在细单点长画线表示的对称中心线的两端，画出的两条与对称中心线垂直的平行细实线，长度为 6~10mm，间距 2~3mm。图形也可稍超出其对称线，此时不画对称符号，如图 4-6b 所示。

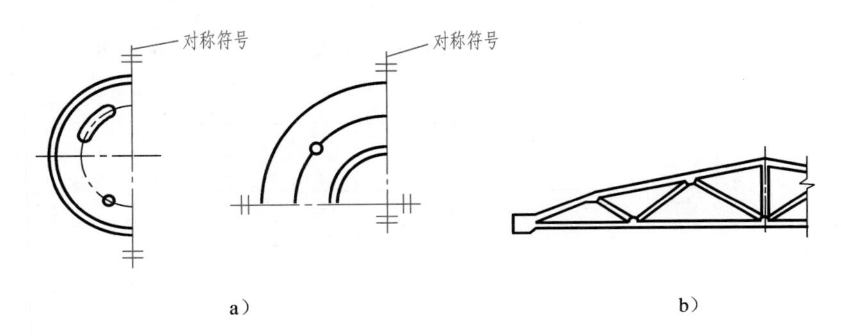

图 4-6　对称图形简化画法
a）画出对称符号　b）不画对称符号

4.2.2　相同要素简化画法

构配件内多个完全相同而连续排列的构造要素，可仅在两端或适当位置画出其完整形状，其余部分以中心线或中心线交点表示，如图 4-7a 所示。当相同构造要素少于中心线交点时，则其余部分应在相同构造要素位置的中心线交点处用小圆点表示，如图 4-7b 所示。

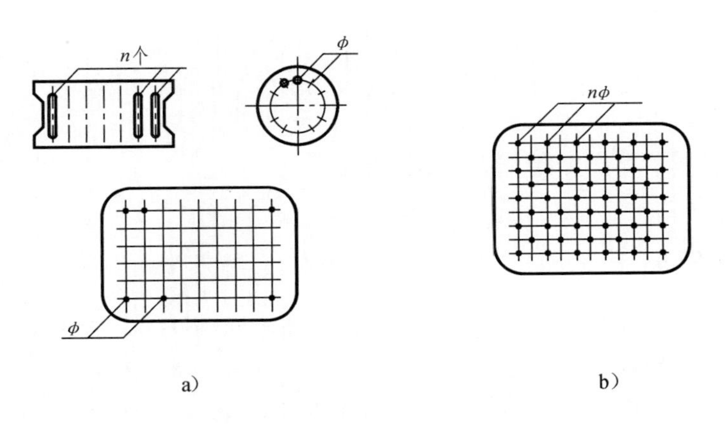

图 4-7　相同要素简化画法

4.2.3 折断简化画法

较长的构件，当沿长度方向的形状相同或按一定规律变化，可断开省略绘制，断开处应以折断线表示，如图4-8所示。

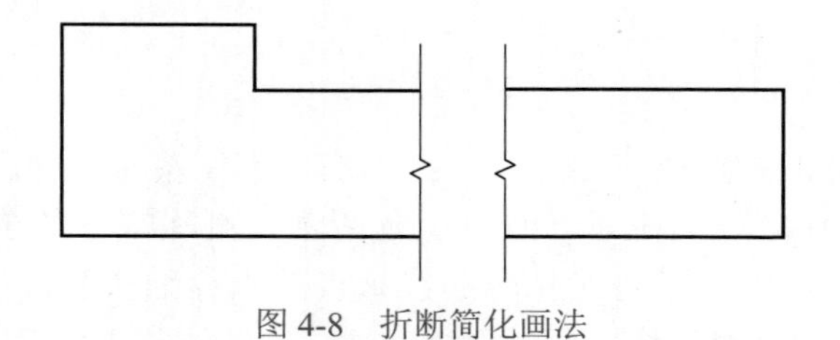

图4-8 折断简化画法

一个构配件如与另一构配件仅部分不相同，该构配件可只画不同部分，但应在两个构配件的相同部分与不同部分的分界线处，分别绘制连接符号，如图4-9所示。

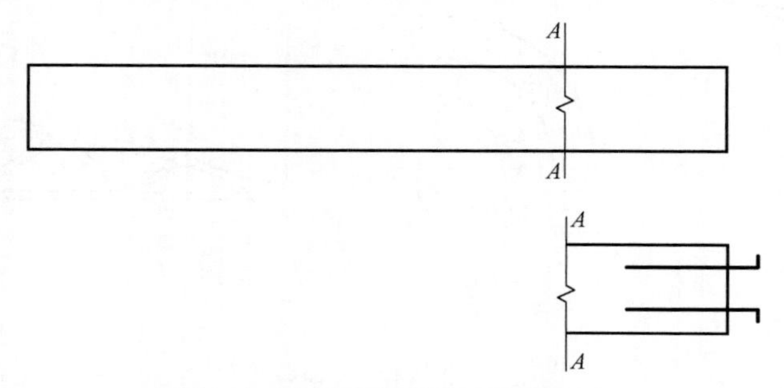

图4-9 构件局部不同的简化画法

4.3 轴测图

如图4-10a所示的多面正投影图能完整、准确地反映形体的形状和大小，且度量性好，作图简便，但缺点是直观性差，只有具备一定读图能力的人才能看懂，所以有时工程上还需采用如图4-10b所示的立体感较强的图。这种能同时反映形体长、宽、高三个方向形状，富有立体感的图，称为轴测投影图。下面主要介绍轴测投影图的基本知识和画法。

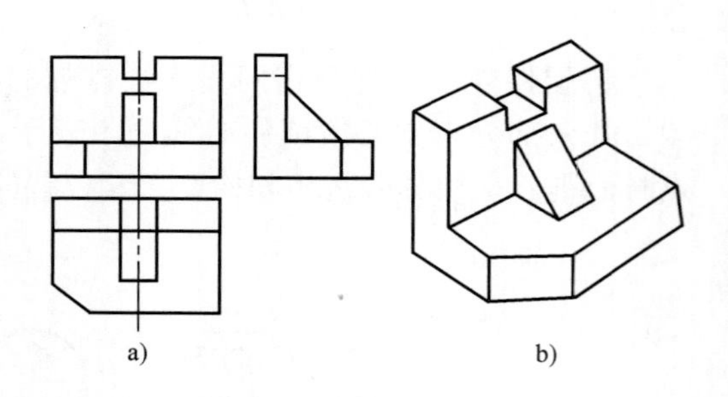

图4-10 三视图与轴测图

a）三视图 b）轴测图

4.3.1 轴测投影的概念

将形体连同确定形体长、宽、高三个向度的直角坐标轴（*OX*、*OY*、*OZ*）用平行投影的方法沿不平行于任一坐标平面的方向投射到某一投影面（如*P*、*R*面）上，所得到的能同时反映形体三个向度的投影，称为轴测投影，如图4-11a所示。用轴测投影方法绘制的图形称为轴测投影图（简称轴测图），如图4-11b、c所示。

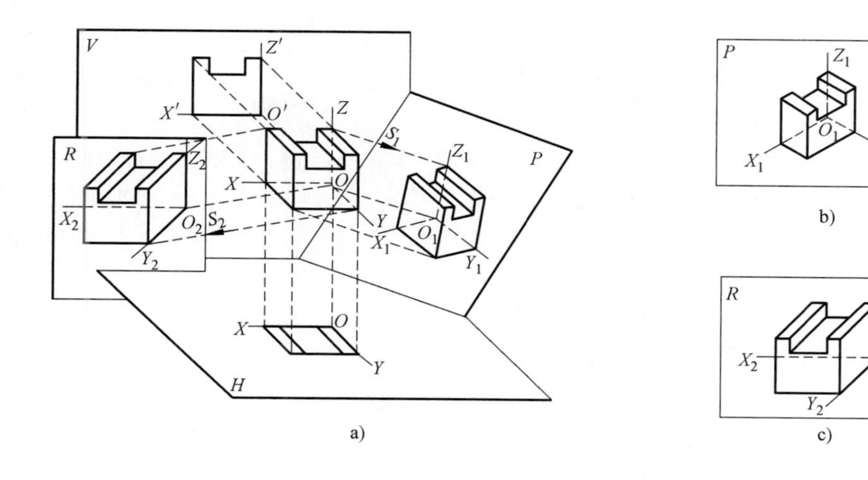

a)

b)

c)

图 4-11　轴测投影

a）轴测投影形成　b）正轴测投影图　c）斜轴测投影图

1. 轴测投影的分类

1）正轴测投影。形体的长、宽、高三个方向的坐标轴与轴测投影面倾斜，投射线垂直于投影面所得到的投影。

2）斜轴测投影。形体两个方向的坐标轴与轴测投影面平行（即形体的一个面与轴测投影面平行），投射线与轴测投影面倾斜所得到的投影。

2. 轴测投影的术语

1）轴测投影面。轴测图所处的平面称为轴测投影面。

2）轴测轴。表示空间形体长、宽、高三个向度的直角坐标轴 OX、OY、OZ 在轴测投影面上的投影 O_1X_1、O_1Y_1、O_1Z_1 称为轴测轴。

3）轴间角。相邻两轴测轴之间的夹角 $\angle X_1O_1Z_1$、$\angle Z_1O_1Y_1$、$\angle Y_1O_1X_1$ 称为轴间角，三个轴间角之和为 360°。

4）轴向伸缩系数。轴测轴上某段长度与它的实长之比称为该轴的轴向伸缩系数。X、Y、Z 轴的轴向伸缩系数分别用 p、q、r 表示，即：

$$p=O_1X_1/OX，q=O_1Y_1/OY，r=O_1Z_1/OZ$$

3. 轴测投影的特性

轴测投影是平行投影，所以具有平行投影的特性。

1）平行性。空间相互平行的直线，它们的轴测投影仍然相互平行。因此，形体上平行于三个坐标轴的线段，在轴测投影中都分别平行于相应的轴测轴。

2）定比性。空间相互平行的两线段长度之比，等于它们轴测投影的长度之比。因此，形体上平行于坐标轴的线段的轴测投影与线段实长之比，等于相应的轴向伸缩系数。

4.3.2　轴测图的画法

1. 正等测的画法

当确定形体空间位置的三个坐标轴与轴测投影面的倾角相等，投射线与轴测投影面垂直时，所得到的轴测投影称为正等轴测投影，简称正等测，如图

4-12a 所示。因为三个坐标面与轴测投影面倾角相同，所以三个轴间角相等，即 $\angle X_1O_1Z_1=\angle Z_1O_1Y_1=\angle Y_1O_1X_1=120°$，如图 4-12b 所示；又因三个坐标轴与轴测投影面倾角相同，所以三个轴向伸缩系数相等，即 $p=q=r$，经过计算，$p=q=r=0.82$，如图4-12b 所示。显然，用这样的数据作图，形体比实际变小了，形体的长、宽、高都缩小了 0.82 倍，如图 4-12c 所示，作图非常不便。因此，实际作图时，取 $p=q=r=1$，此时画出来的轴测图比实际的轴测投影要大些，各轴向长度都放大了 1.22 倍，但形体的形象不变，如图 4-12d 所示。所以通常作图都采用简化的轴向伸缩系数。

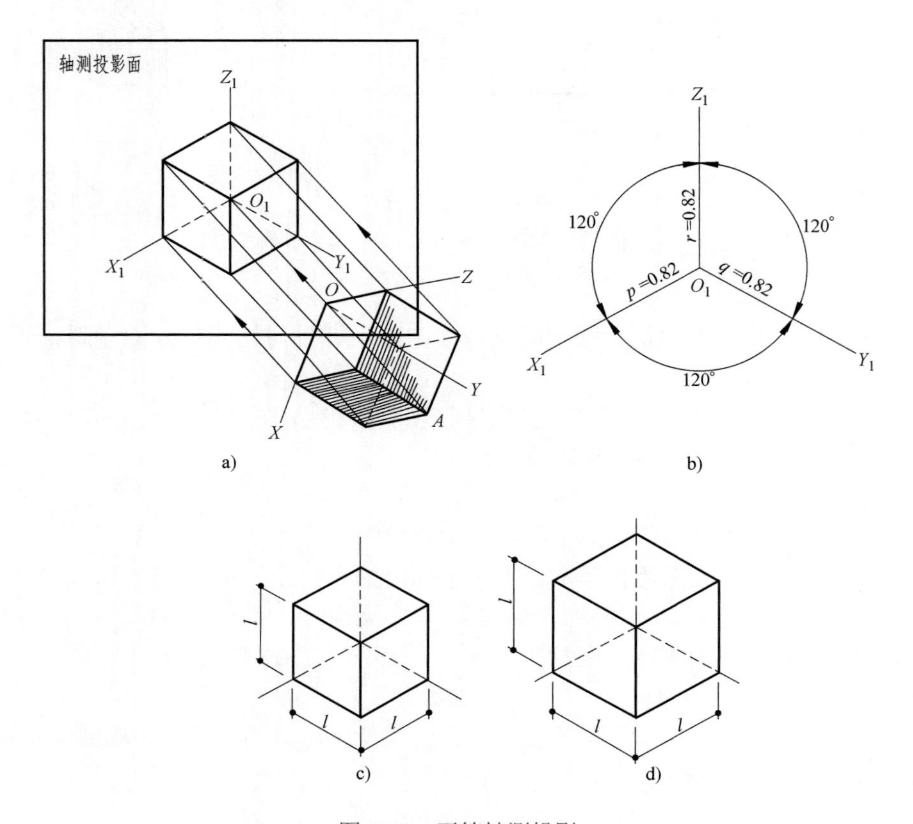

图 4-12 正等轴测投影

a）正等测轴测投影的形成 b）轴间角和轴向伸缩系数 c）$p=q=r=0.82$ d）$p=q=r=1$

正等测是最常用的一种轴测投影，因为 $p=q=r=1$，可以按形体的实际尺寸直接作图，同时 $\angle X_1O_1Z_1=\angle Z_1O_1Y_1=\angle Y_1O_1X_1=120°$，可以用丁字尺和 30° 的三角板直接作图，作图简便，效果也较好。其作图方法有以下几种：

（1）坐标法 坐标法画正等测的步骤主要有以下几点：

1）读懂正投影图，并确定原点和坐标轴的位置。

2）选择轴测图种类，画出轴测轴。

3）作出各顶点的轴测投影。

4）连接各顶点完成轴测图。

画正等测时，首先要确定正等轴测轴，将 O_1Z_1 轴画成铅垂位置，再用丁字尺画一条水平线，在其下方用 30°的三角板作出 O_1X_1 轴和 O_1Y_1 轴，如图 4-13 所示。正等测的三个轴向伸缩系数均是 1，即按实长量取。

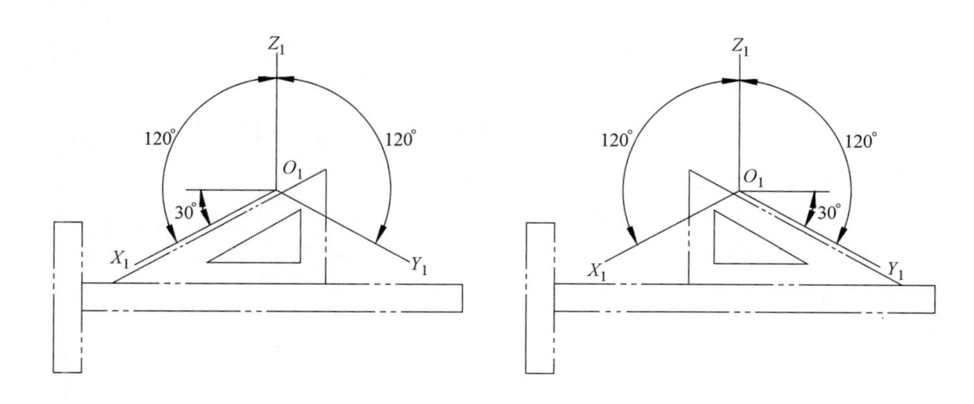

图 4-13　正等轴测轴的画法

【例 1】 根据正投影图（图 4-14a），作出长方体的正等测图。

作图的方法和步骤如图 4-14 所示。

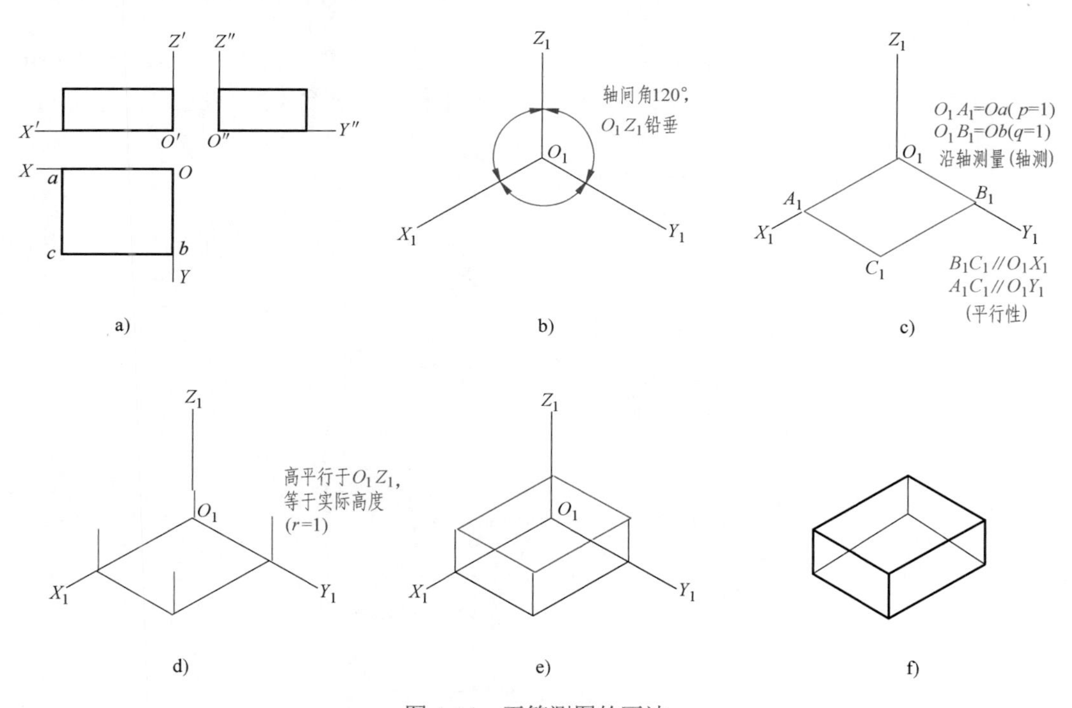

图 4-14　正等测图的画法

a）选长方体的右后下角为坐标原点　b）画轴测轴　c）画底面　d）竖高度　e）画顶面　f）区分线型

1）读图、确定坐标原点和坐标轴，如图 4-14a 所示。为作图简便起见，通常可将坐标原点设在形体的一个顶点上，或设在形体的对称中心。该形体选在底面的右后下角顶点为坐标原点。

2）画出正等测的轴测轴，如图 4-14b 所示。

3）画出底面，如图 4-14c 所示。O 点的轴测投影为 O_1，OA 在 OX 上，它的轴测投影则在 O_1X_1 轴上，轴向伸缩系数为 1，所以沿 O_1X_1 轴测量出 O_1A_1 的长度（即沿轴测量），得 A_1 点。同理可作出点 B 的轴测投影 B_1。根据平行投影的平行性，过 A_1 作 O_1Y_1 轴的平行线，和过 B_1 所作的 O_1X_1 轴的平行线相交，即得点 C_1。

4）竖高度，如图 4-14d 所示。过底面的四个顶点作 O_1Z_1 轴的平行线，轴向伸缩系数为 1，高度不变，可直接量取。

5）画顶面，如图 4-14e 所示。把顶面各点连接起来。

6）区分线型，如图 4-14f 所示。轴测图中可见轮廓线宜用 0.5b 线宽的实线绘制，不可见轮廓线一般不绘出，必要时可用细虚线绘出所需部分。

【例 2】 作出图 4-15a 所示正六棱柱的正等测图。

作图方法和步骤如图 4-15 所示。

1）该正六棱柱前后、左右对称，故选用底面中心点为坐标原点，如图 4-15a 所示。

2）画出轴测轴，按照底面各顶点的位置求出底面轴测投影。注意底面的六条边中有不平行于坐标轴的斜线，它们的轴测投影不平行于轴测轴，应该先求出它们的两个端点然后再连线，如图 4-15b 所示。沿 O_1X_1 轴量出 1_1、4_1 点，沿 O_1Y_1 轴量出 7_1、8_1 点，过 7_1、8_1 点作 O_1X_1 轴的平行线，量出 2_1、3_1、5_1、6_1 点，连线。

3）竖高度。过底面的各顶点作 O_1Z_1 轴的平行线，量出棱柱的高度，如图 4-15c 所示。

4）画顶面，如图 4-15d 所示。把顶面各点连接起来，区分图线。

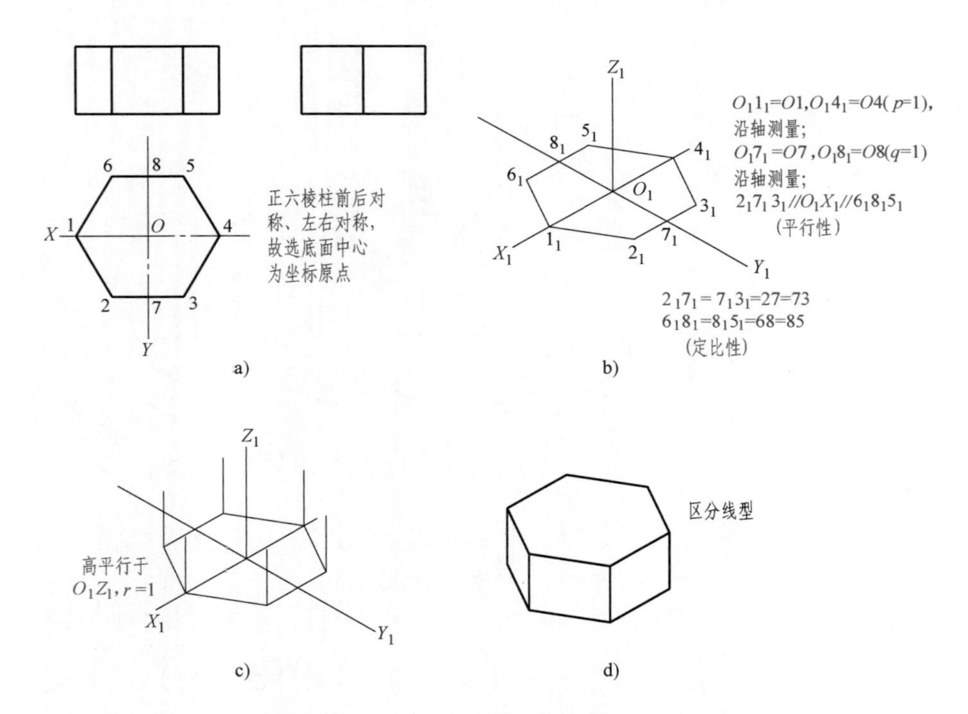

图 4-15 正六棱柱的正等测画法

a）已知投影图确定坐标原点和坐标轴 b）按坐标法画出底面 c）竖高度 d）画顶面、区分线型

（2）切割法　当形体是由基本体切割而成时，可先画出基本体的轴测图，然后再逐步切割而形成切割类形体的轴测图。

【例 3】根据正投影图（图 4-16a），用切割法作出形体的正等测图（图 4-16b ~ d）。

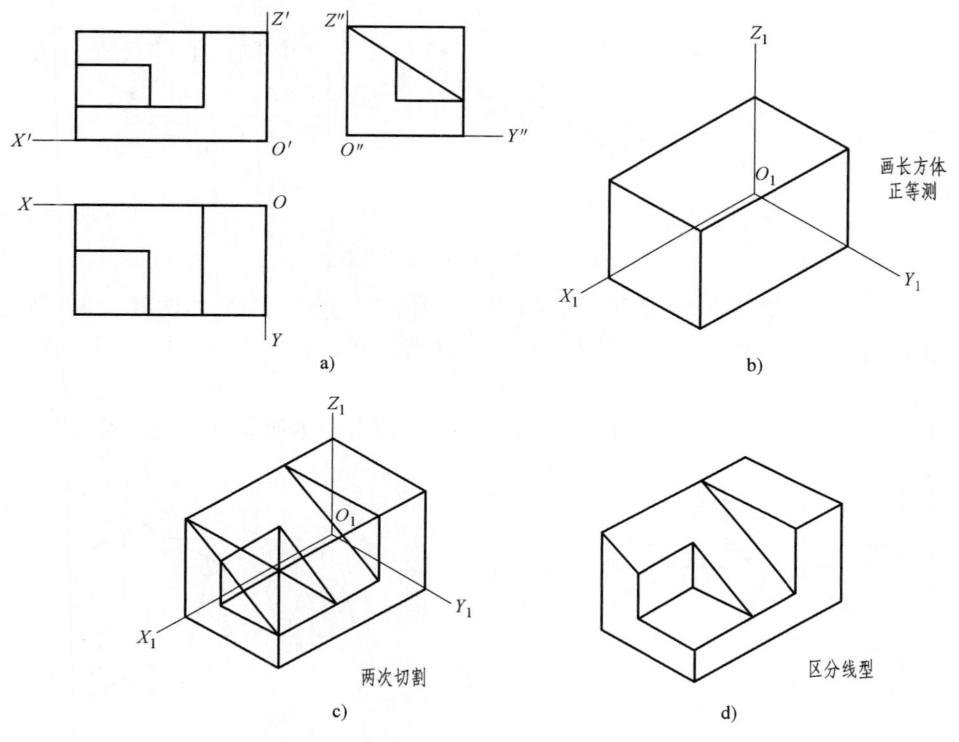

图 4-16　用切割法画正等测图

a）形体的正投影图　b）画长方体的轴测图　c）画切去的两个三棱柱　d）擦去多余图线、加深加粗、完成作业

（3）叠加法　当形体是由几个基本体叠加而成时，可逐一画出各个基本体的轴测图，然后再按基本体之间的相对位置将各部分叠加而形成叠加类形体的轴测图。

【例 4】根据形体的正投影图（图 4-17a），用叠加法作出形体的正等测图（图 4-17b ~ d）。

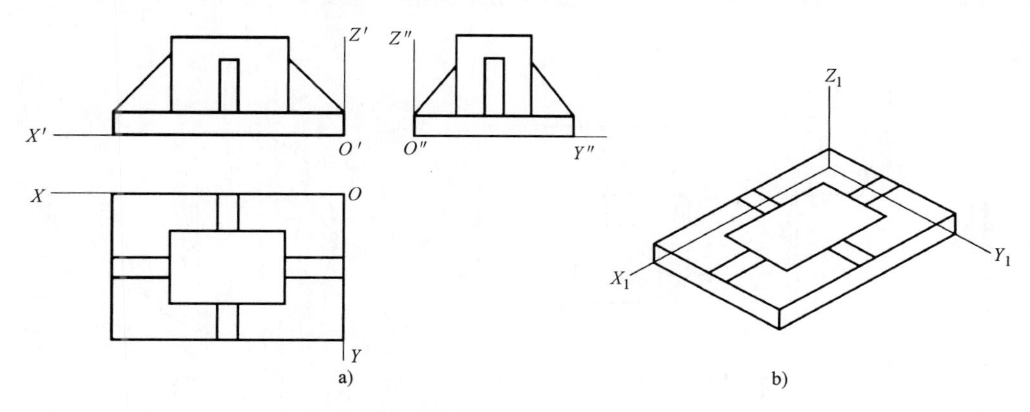

图 4-17　用叠加法画正等测图

a）形体的正投影图　b）画底板（长方体）；在底板顶面画出上部形体的底面

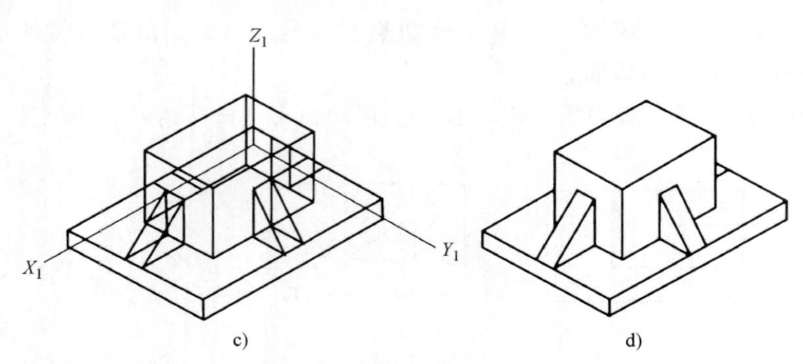

图 4-17 用叠加法画正等测图（续）

c）画出上部形体 d）区分线型

（4）特征面法 这是一种适用于柱体的轴测图绘制方法。当形体的某一端面较为复杂且能够反映形体的形状特征时，可先画出该面的正等测图，然后再“扩展”成立体，这种方法称为特征面法。

【例 5】 根据正投影图（图 4-18a），用特征面法作出形体的正等测图（图 4-18b、c）。

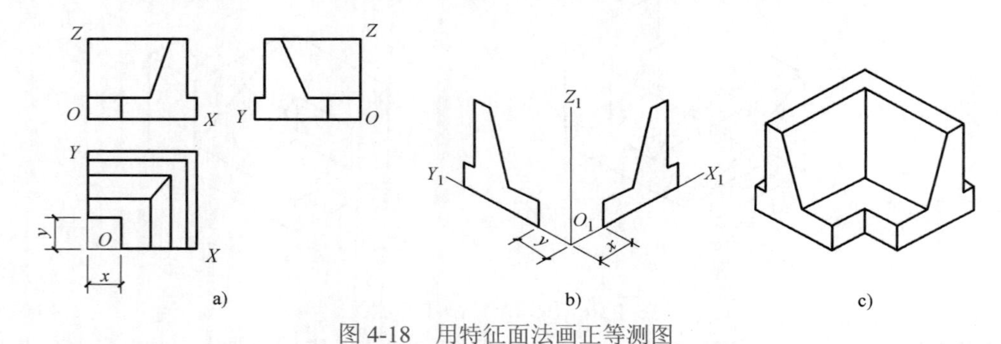

图 4-18 用特征面法画正等测图

a）正投影图 b）画出特征面 c）分别作平行线、区分线型

2. 正面斜二测的画法

当投射方向倾斜于轴测投影面时，所得形体的斜投影称为斜轴测投影。以 V 面（即正平面）作为轴测投影面，所得的斜轴测投影称为正面斜轴测投影，如图 4-19 所示。

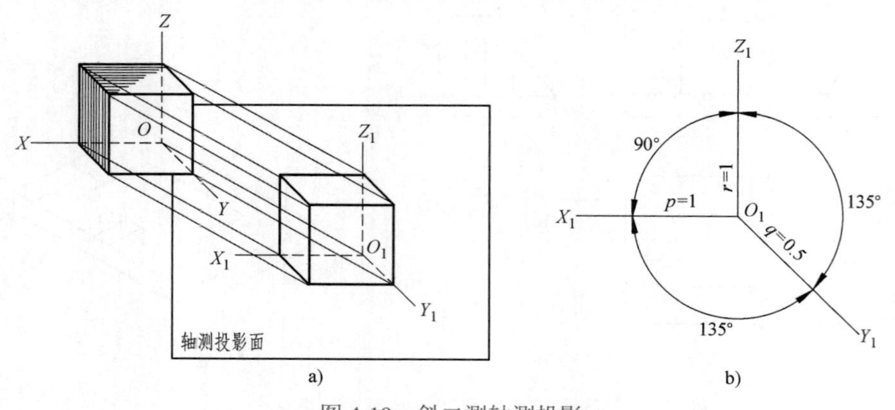

图 4-19 斜二测轴测投影

a）斜二测轴测投影的形成 b）斜二测轴测投影的轴间角和轴向伸缩系数

正面斜轴测投影是平行斜投影，具有平行投影的特性：

1）不管投射方向如何倾斜，平行于轴测投影面的平面图形，它的正面斜轴测图反映实形，正面不变形，即长度和高度方向的轴向伸缩系数 p=r=1，$\angle X_1O_1Z_1$=90°。

这个特性使得斜轴测图的作图较为方便，对具有较复杂的侧面形状的形体，这个优点尤为显著。

2）垂直于投影面的直线，它的轴测投影方向和长度，将随着投射方向的不同而变化。为便于作图，轴间角和轴向伸缩系数一般分别采用 45° 和 0.5。

3）由于 p=r=1，q=0.5，$\angle X_1O_1Z_1$=90°，$\angle X_1O_1Y_1$= $\angle Y_1O_1X_1$==135°，作出的正面斜轴测图又叫正面斜二测。正面斜二测也是工程图中常用的一种轴测图。

【例 6】 作长方体的正面斜二测。

作长方体的正面斜二测可以采用图 4-20a 的作图方法。由于形体的正面不变形，所以也可以采用图 4-20b 所示的简捷作图方法。

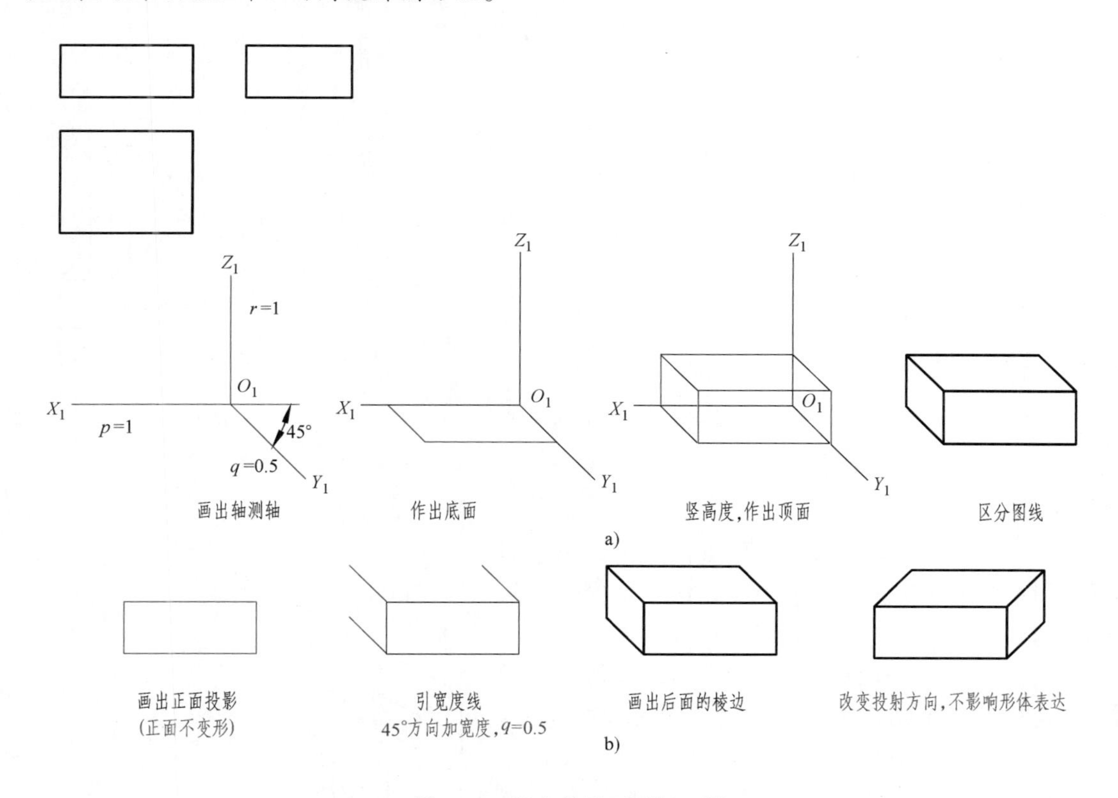

图 4-20　长方体的正面斜二测

a）常规作图法　b）简捷作图法

可以看出，根据形体正面不变形，按照图 4-20b 所示作形体的正面斜二测的步骤，显然比正等测图方便些。

【例 7】 根据台阶的正投影图（图 4-21a），作出它的正面斜二测图（图 4-21b~e）。

【例 8】 作图 4-22a 所示形体的正面斜二测。

作图步骤如图 4-22 所示。此形体的正面斜二测需注意其投射方向。

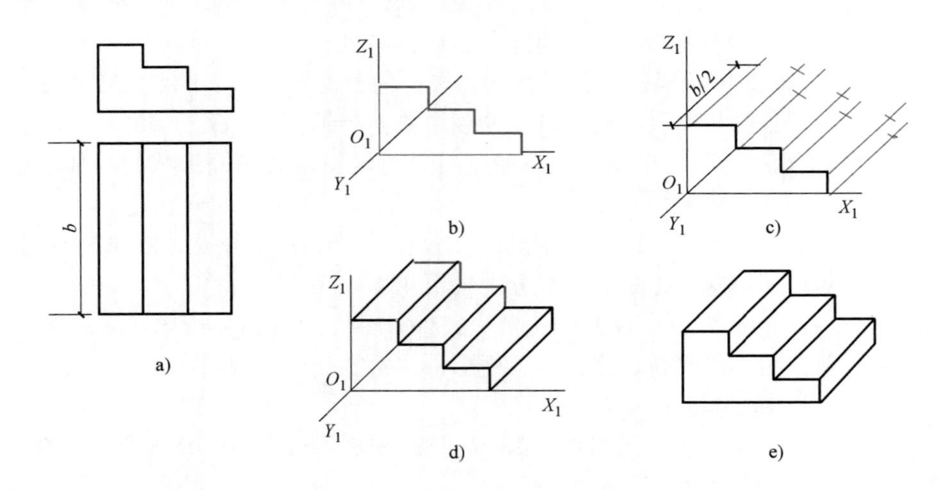

图 4-21 台阶的正面斜二测画法

a）正投影图 b）正面不变形 c）根据形体特点，45°方面加宽度 q=0.5 d）分别平行 e）区分线型

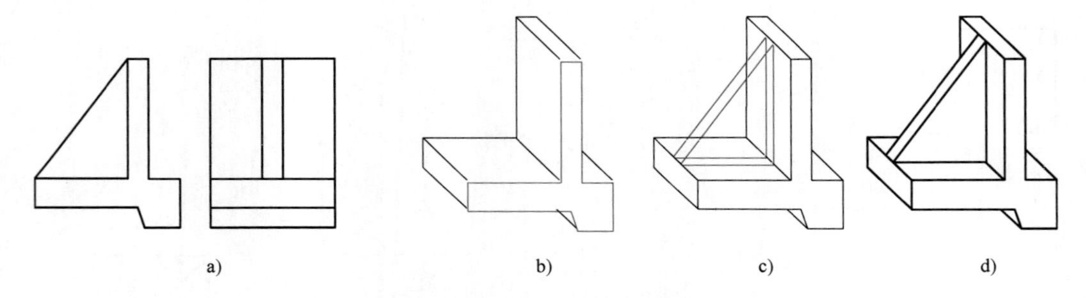

图 4-22 形体的正面斜二测画法

a）已知投影图 b）正面不变形，作出主要形体 c）叠加剩余形体 d）区分线型

3. 水平斜等测的画法

形体仍保持作正投影时的位置，而用倾斜于 H 面的平行光线向 H 面（即水平面）作平行投影，所得即水平斜轴测投影，如图 4-23 所示。

显然，平行于 H 面的平面图形保持实形，水平面不变形，$\angle X_1O_1Y_1=90°$，轴向伸缩系数 $p=q=1$。而垂直于投影面的直线，它的轴测投影方向和长度将随着投影方向的不同而变化。一般分别采用 $\angle Y_1O_1Z_1=150°$，$\angle X_1O_1Z_1=120°$，$r=1$。这样作出的斜轴测图称为水平斜等测，其轴测轴如图 4-24a 所示。画图时，习惯上把 O_1Z_1 轴画成铅直方向，则轴测轴如图 4-24b 所示。

这种轴测图适宜用来绘制一幢房屋的水平剖面或一个区域的总平面，它可以反映出房屋内部布置，或一个区域中各建筑物、道路、设施等的平面位置

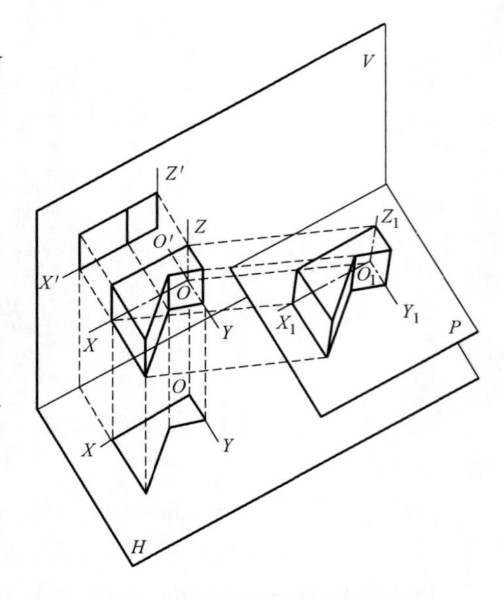

图 4-23 水平斜轴测投影的形成

及相互关系，以及建筑物和设施的实际高度。

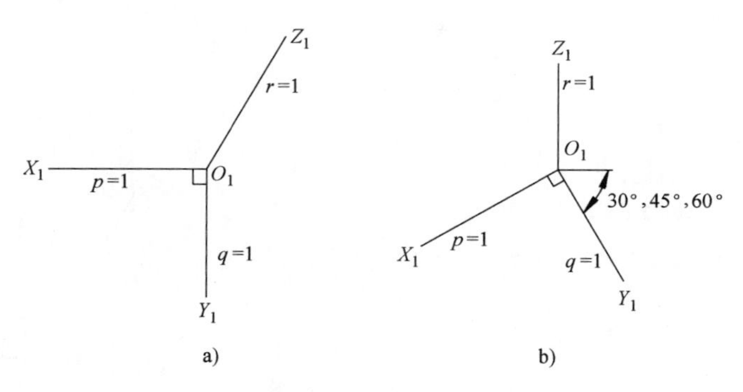

图 4-24　水平斜等测

【例 9】 作建筑群的水平斜等测图。

作图步骤如图 4-25 所示。

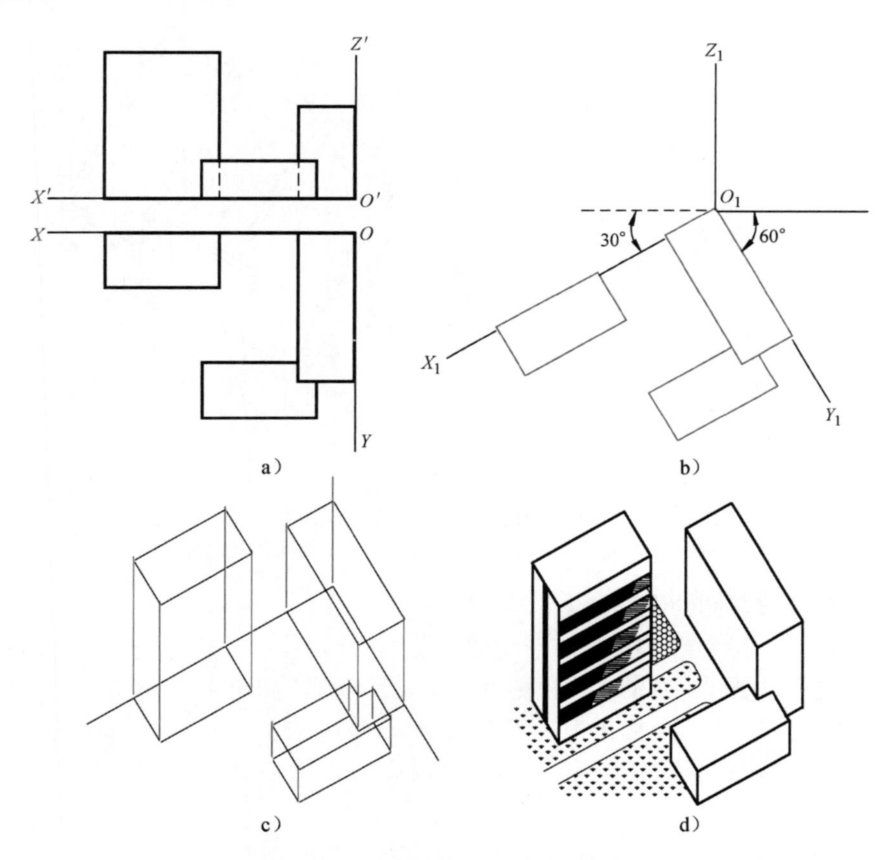

图 4-25　作建筑群的水平斜等测图

a）投影图　b）平面图旋转 30°画出底面，底面反映实形

c）加高度（铅垂）　d）区分线型、画出道路等布置

【例 10】 已知一幢房屋的立面图及平面图（图 4-26a），作其被水平截面剖切后余下部

分的水平斜等测图。

作图步骤如图4-26所示。

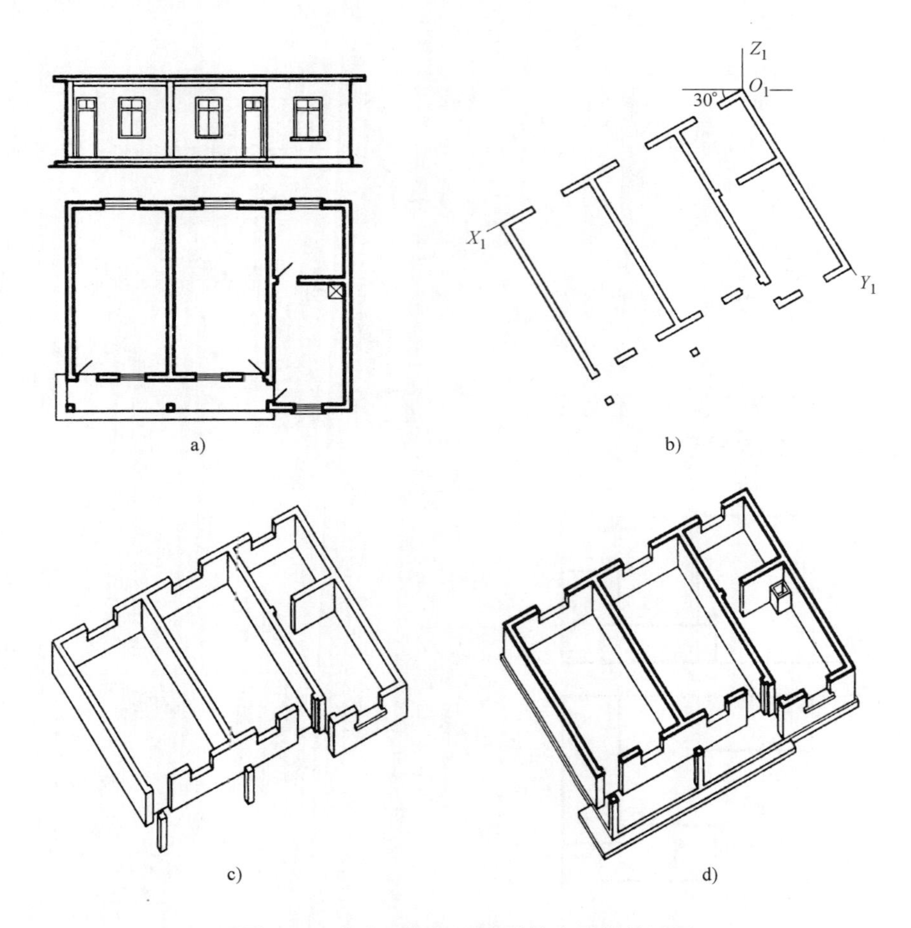

图4-26 作水平剖切后房屋的水平斜等测图

a）房屋立面图与平面图 b）平面图的断面旋转30°后画出

c）画内外墙角、门、窗、柱子 d）画台阶、池等并完成画图

4. 曲面体轴测投影图的画法

在轴测投影中，除斜轴测投影有一个面不发生变形外，一般情况下正方形的轴测投影都成了平行四边形，平面上圆的轴测投影也都变成了椭圆，如图4-27所示。

当圆的轴测投影是一个椭圆时，其作图方法通常是作出圆的外切正方形作为辅助图形，先作圆的外切正方形的轴测图，再用四心圆弧近似法作椭圆或用八点椭圆法作椭圆。

1）当圆的外切正方形在轴测投影中成为菱形时，可用四心圆弧近似法作出椭圆的正等测图，如图4-28所示。

2）当圆的外切正方形在轴测投影中成为一般平行四边形时，可用八点椭圆法作出椭圆的斜二测图，如图4-29所示。

【例11】 根据正投影图（图4-30a），作圆柱体的正等测图（图4-30b ~ d）。

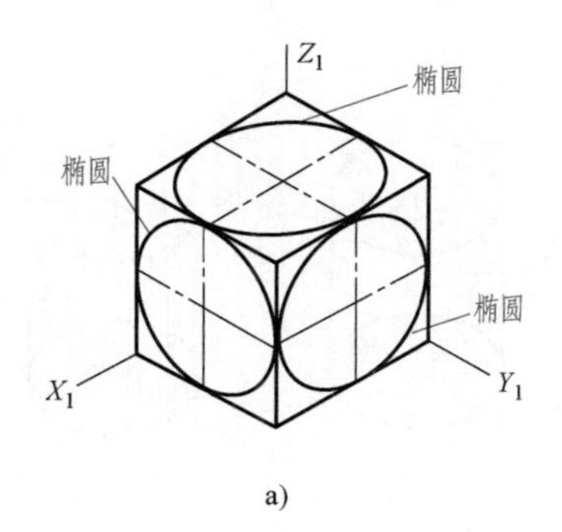

a)

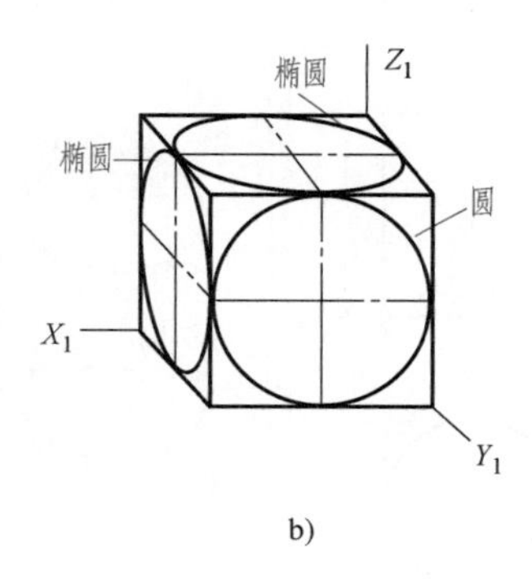

b)

图 4-27　三个方向圆的轴测图

a）正等测　b）正面斜二测

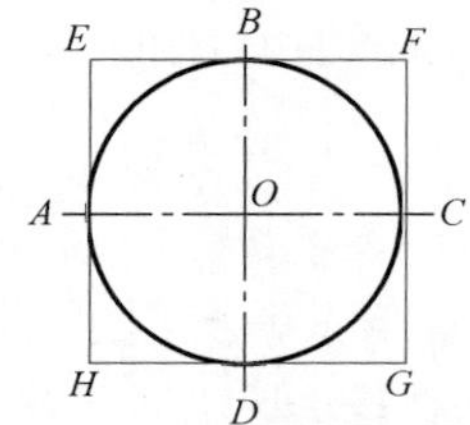

在正投影图上定出原点和坐标轴位置，并作圆的外切正方形EFGH

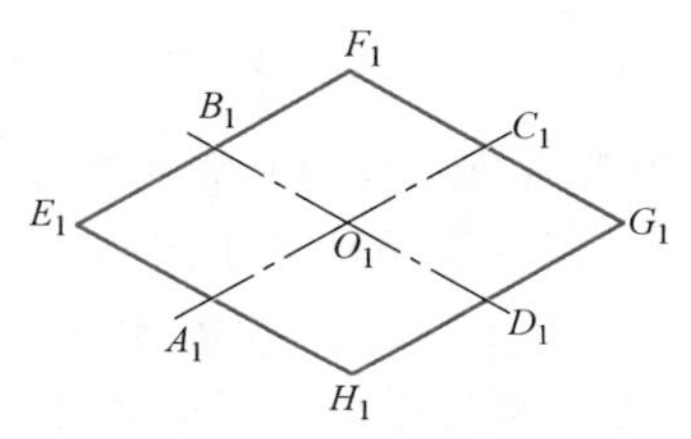

画轴测轴及圆的外切正方形的正等测图

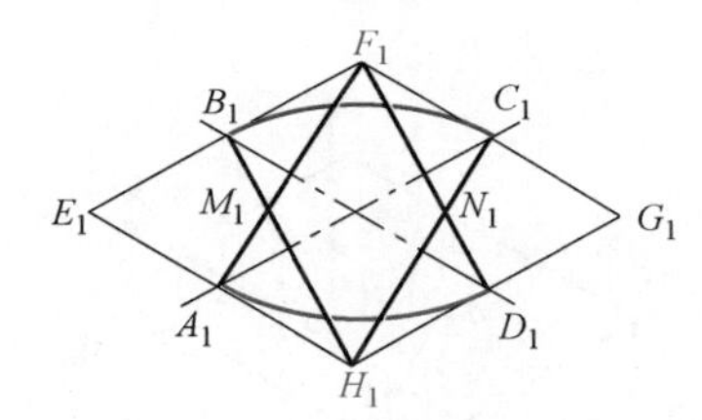

连接F_1A_1、F_1D_1、H_1B_1、H_1C_1，分别交于M_1、N_1，以F_1和H_1为圆心，F_1A_1或H_1C_1为半径分别作大圆弧$\widehat{B_1C_1}$和$\widehat{A_1D_1}$

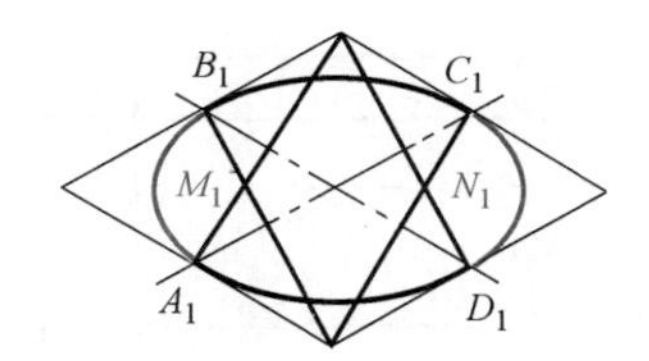

分别以M_1和N_1为圆心，M_1A_1或N_1C_1为半径作小圆弧$\widehat{A_1B_1}$和$\widehat{C_1D_1}$，即得平行于水平面的圆的正等测图

图 4-28　四心法作圆的轴测图

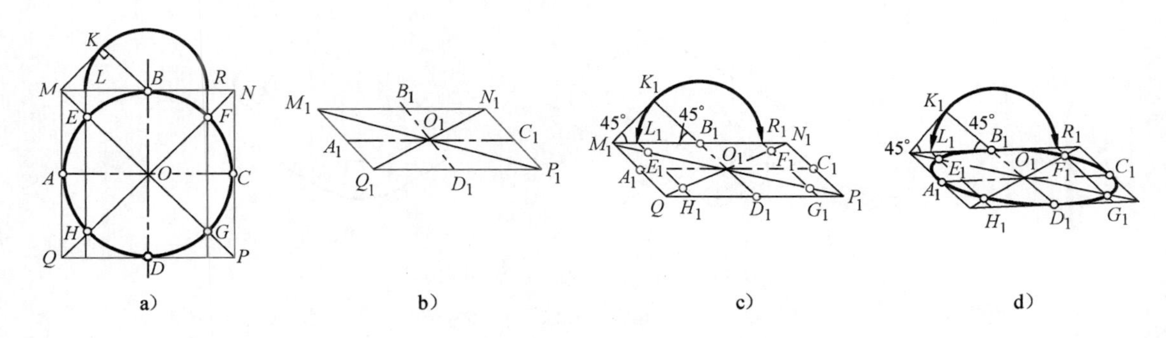

图 4-29　八点法作圆的轴测图

a）平行于 H 面的圆　b）圆外切正方形及中心线的正面斜二测　c）找出 8 个点　d）圆滑地连接 8 个点

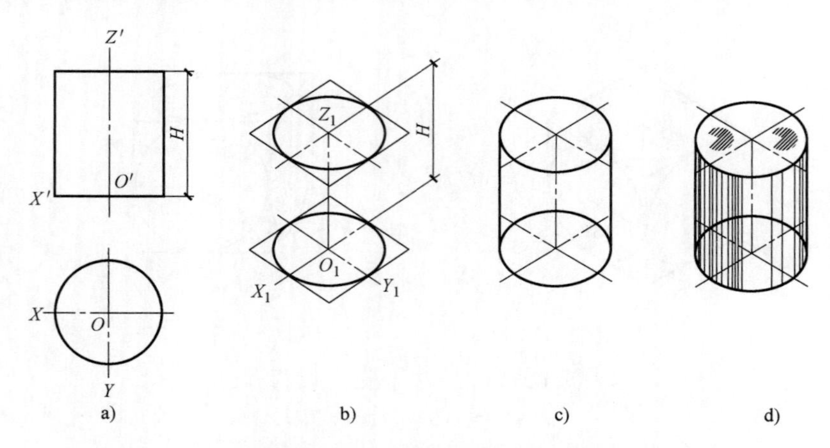

图 4-30 作圆柱体的正等测图

a）正投影 b）作上、下椭圆 c）作椭圆切线 d）绘制阴影

【例 12】 作带圆角平板的正等测图（图 4-31）。

圆角的正等测图画法为切点垂线法。

圆角的正等测图，即把圆形分为四个角，求每个角的正等测。可按四心圆法作椭圆的近似画法，找出每个角的圆心，圆心的作法可采用切点垂线法，具体画法如图 4-31 所示。

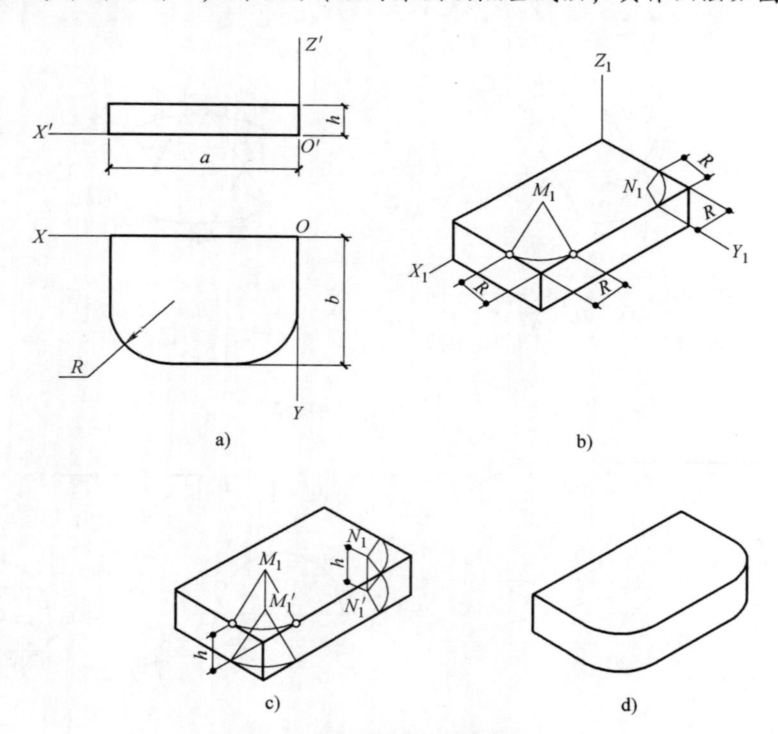

图 4-31 带圆角平板的正等测图画法

a）投影图 b）作长方体正等测，用切点垂线法找圆心 c）圆心向下一个高度，找底面上的圆心 d）作公切线，区分线型

【例 13】 根据正投影图（图 4-32a），作带通孔圆台的斜二测图（图 4-32b ~ d）。

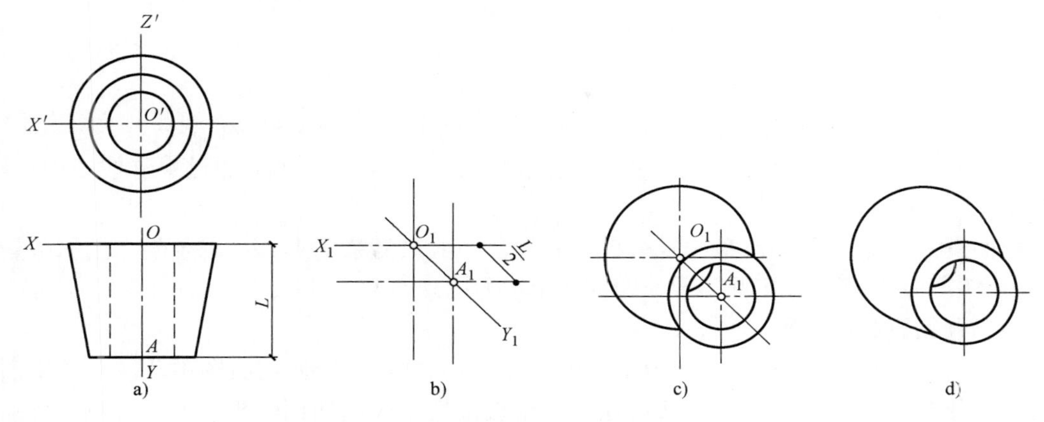

图 4-32　带通孔圆台的斜二测图

a）投影图　b）分别定出前后两端面的圆心　c）画出两端面　d）作公切线，区分线型

4.4　剖面图

利用正投影知识，作形体投影图时，可见轮廓线用实线表示，不可见轮廓线用虚线表示，但是，对于较复杂的形体，如一幢建筑，作其水平投影，除了屋顶是可见轮廓外，其余的，如建筑内部的房间、门窗、楼梯、梁、柱等，都是不可见的部分，都应该用虚线表示。这样在该建筑的平面图中，必然形成虚线与虚线、虚线与实线交错等混淆不清的现象，既不利于标注尺寸，也不容易读图。假想用一个平面将形体切开，让其内部构造显露出来，使形体中不可见的部分变成可见部分，从而使虚线变成实线，这样既利于尺寸标注，又方便识图。

4.4.1　剖面图的形成

用一个假想的剖切平面将形体剖切开，移去位于观察者和剖切平面之间的部分，作出剩余部分的正投影图即剖面图，如图 4-33 所示。

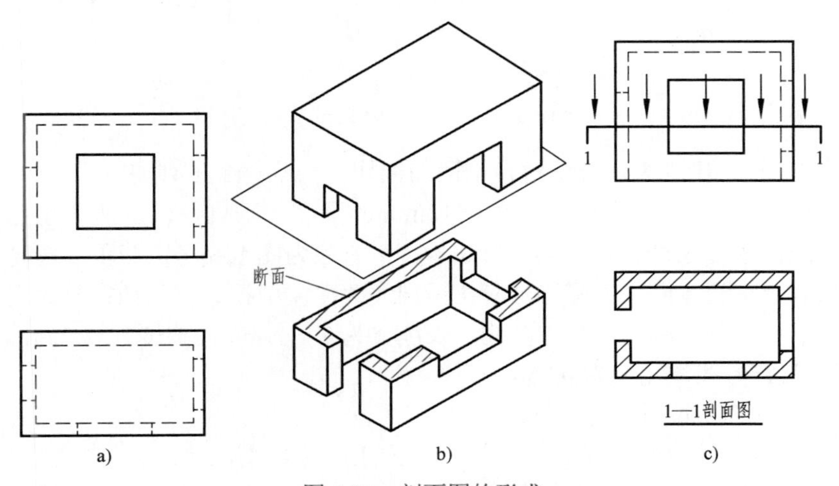

图 4-33　剖面图的形成

a）正投影图　b）直观图　c）剖面图

4.4.2 剖面图的画图步骤

1. 确定剖切平面的位置和数量

1）剖切平面一般应平行于投影面，使断面在投影图中反映真实形状。

2）剖切平面应通过形体要了解部分的孔洞。如孔洞对称，则应通过对称线或中心线，或有代表性的位置。

剖面图的数量与形体自身的复杂程度有关。一般较复杂的形体，需要剖面图的数量也较多，而略简单的形体，则只需要一个或两个剖面图。

2. 剖面图图线的使用

《房屋建筑制图统一标准》（GB/T 50001—2017）规定，形体剖面图中，被剖切平面剖切到的部分轮廓线用 0.7b 线宽的实线绘制，未被剖切平面剖切到但投射方向可见部分的轮廓线用 0.5b 线宽的实线绘制，不可见的部分可以不画。

3. 画材料图例

形体被剖切后，物体内部的构造、材料等均已显露出来，因此，在剖面图中，被剖切面剖到的实体部分（即断面）应画上材料图例，材料图例应符合《房屋建筑制图统一标准》的规定。当不需要表明建筑材料的种类时，可用同方向、等间距的45°细实线表示剖面线。

4. 画剖切符号

剖切符号宜优先选择国际通用方法表示，如图4-34a所示，也可采用常用方法表示，如图4-34b所示。同一套图纸应选用同一种表示方法。

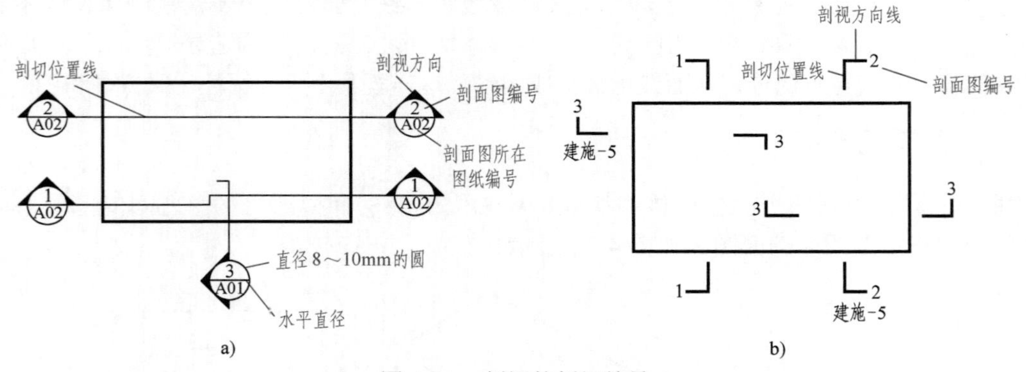

图4-34 剖视的剖切符号

1）采用国际通用剖视表示方法时，剖面的剖切符号应符合下列规定：

① 剖面剖切索引符号应由直径为8～10mm的圆和水平直径以及两条相互垂直且外切于圆的线段组成，水平直径上方应为索引编号，下方应为图纸编号，线段与圆之间应填充黑色并形成箭头表示剖视方向，索引符号应位于剖线两端；剖视详图剖切符号的索引符号应位于平面图外侧一端，另一端为剖视方向线，长度宜为7～9mm，宽度宜为2mm。

② 剖切线与符号线线宽应为0.25b。

③ 需要转折的剖切位置线应连续绘制。

④ 剖面剖切索引号的编号宜由左至右、由下向上连续编排。

2）采用常用方法表示时，剖面的剖切符号应由剖切位置线及剖视方向线组成，均应以粗实线绘制，线宽宜为b。剖面的剖切符号应符合下列规定：

① 剖切位置线的长度宜为 6 ～ 10mm；剖视方向线应垂直于剖切位置线，长度应短于剖切位置线，宜为 4 ～ 6mm。绘制时，剖视剖切符号不应与其他图线相接触。

② 剖视剖切符号的编号宜采用阿拉伯数字，按剖切顺序由左至右、由下向上连续编排，并应注写在剖视方向线的端部，如图 4-34b 所示。

③ 需要转折的剖切位置线，应在转角的外侧加注与该符号相同的编号。

4.4.3　剖面图的类型

由于建筑物的形状变化多样，因此作其剖面图时，剖切平面的位置、剖视方向和剖切的范围也不相同。画剖面图时，针对建筑物的不同特点和要求，常用的剖面图类型有：全剖面图、半剖面图、阶梯剖面图、展开剖面图、局部剖面图与分层剖面图等。

1. 全剖面图

用一个剖切平面将形体完整地剖切开，得到的剖面图称为全剖面图。全剖面图一般应用于不对称的建筑形体，或对称但较简单的建筑构件中，如图 4-35 所示。

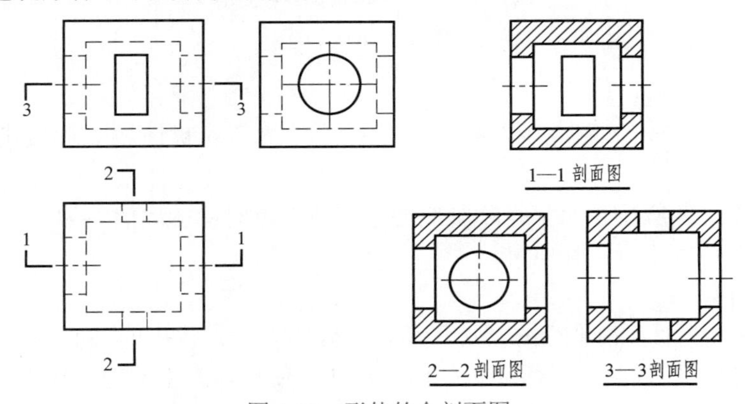

图 4-35　形体的全剖面图

2. 半剖面图

如果形体对称，画图时常把投影图一半画成剖面图，另一半画成外观视图。这样组合而成的投影图称为半剖面图，如图 4-36 中的 2—2 剖面图、图 4-37 中的 1—1、2—2 剖面图。

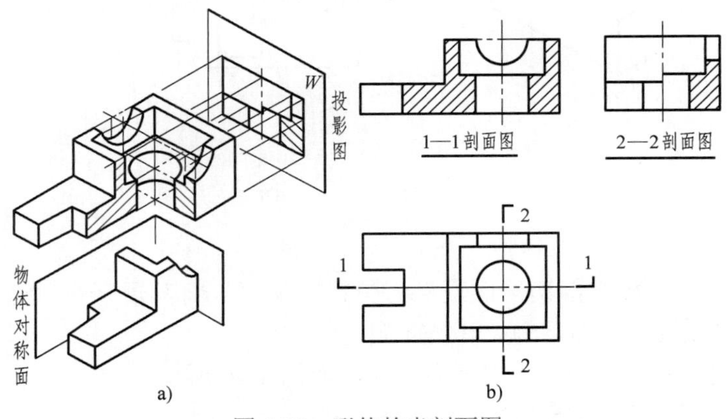

图 4-36　形体的半剖面图

a）形成　b）画法

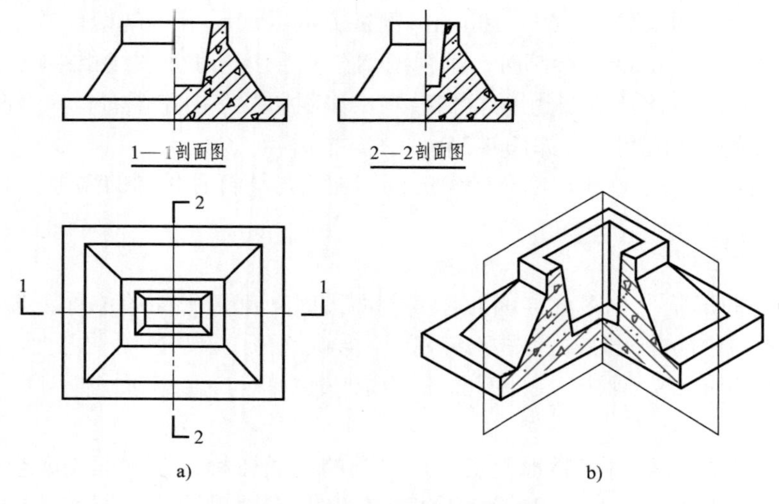

图4-37 杯形基础的半剖面图

a）投影图 b）直观图

画半剖面图时，应注意：

1）半剖面图和半外形图应以对称面或对称线为界，对称面或对称线用细单点长画线表示。

2）半剖面图一般应画在水平对称轴线的下侧或竖直对称轴线的右侧。

3）半剖面图可以不画剖切符号。

3. 阶梯剖面图

用两个或两个以上互相平行的剖切平面将形体剖切开，得到的剖面图称为阶梯剖面图。由于剖切是假想的，所以剖切平面转折处由于剖切而使形体产生的轮廓线不应在剖面图中画出。阶梯剖面图的画法如图4-38、图4-39所示。

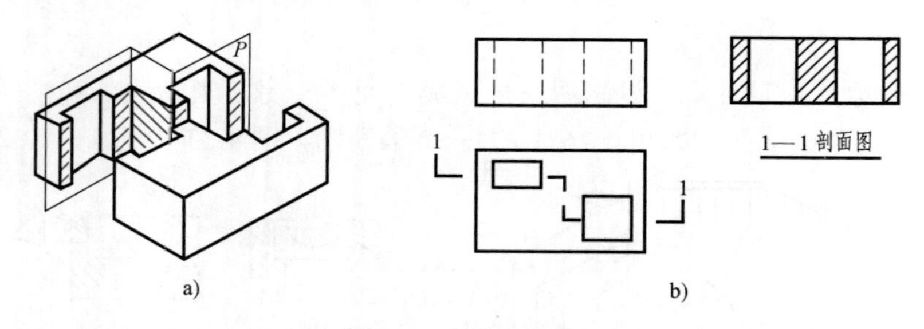

图4-38 阶梯剖面图

a）直观图 b）剖面图

4. 展开剖面图

用两个或两个以上相交剖切平面剖切形体，剖切后，将其展开在同一投影面的平行面上进行投影，所得到的剖面图称为展开剖面图。

展开剖面图的图名后应加注“展开”字样，如图4-40所示。

5. 局部剖面图与分层剖面图

当仅仅需要表达形体的某局部内部构造时，可以只将该局部剖切开，只作该部分的剖面图，称为局部剖面图，如图 4-41 所示。

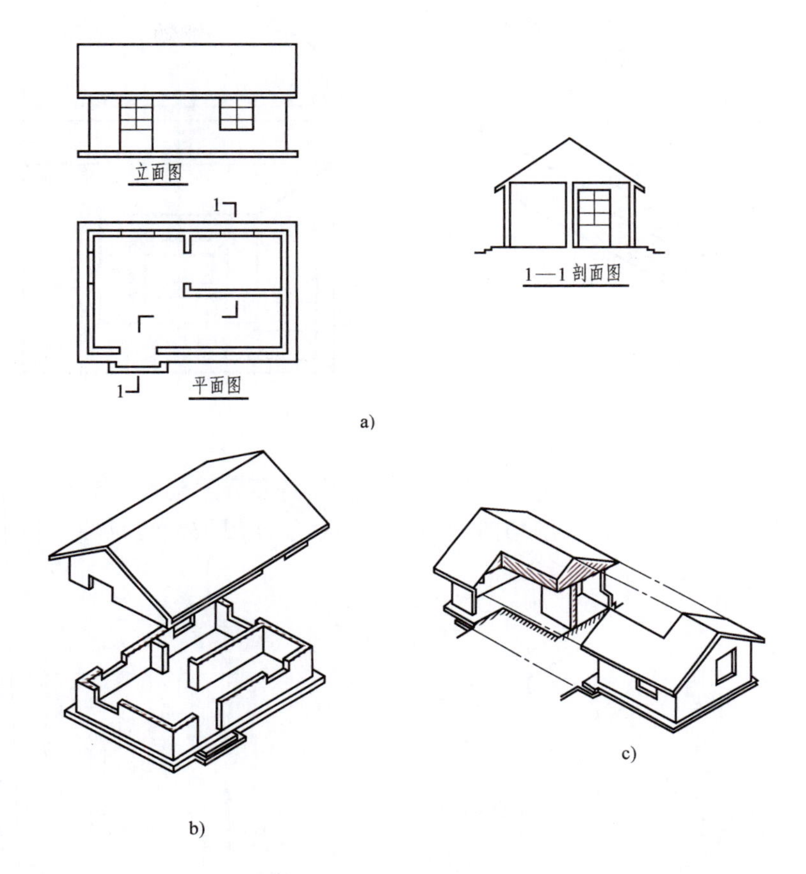

图 4-39 房屋的阶梯剖面图

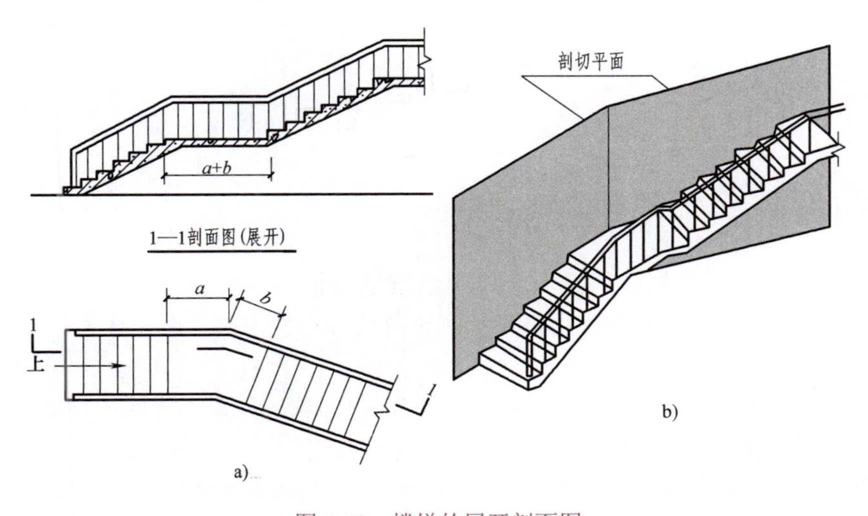

图 4-40 楼梯的展开剖面图

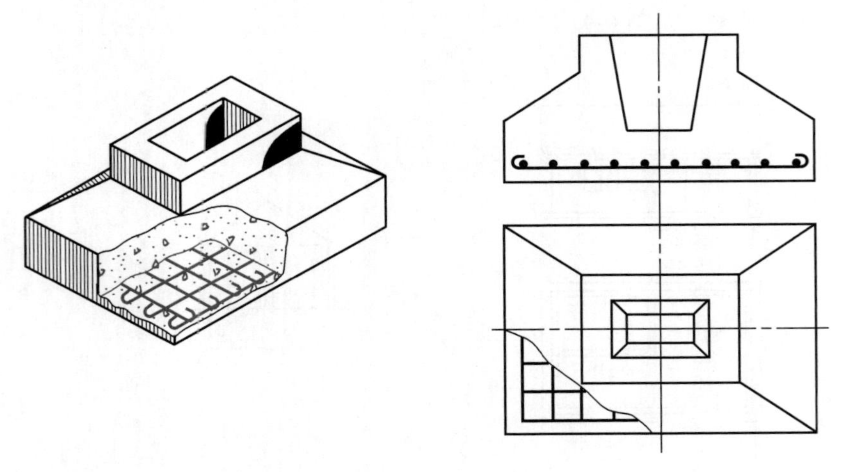

图 4-41　局部剖面图

对一些具有不同层次构造的建筑构件，可按实际需要分层剖切，获得的剖面图称为分层剖面图，如图 4-42 所示。分层剖切的剖面图，应按层次以波浪线将各层隔开，波浪线不应与任何图线重合。

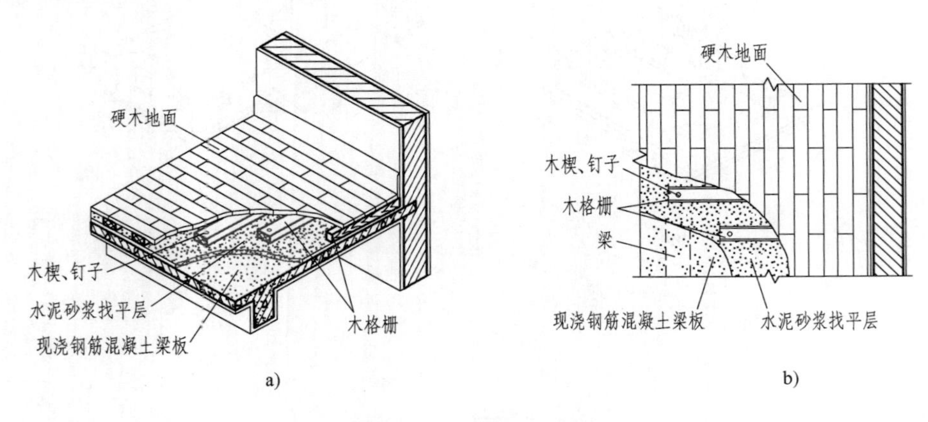

图 4-42　分层剖面图

a）立体图　b）水平分层剖面图

4.5　断面图

假想用一剖切平面把物体剖开后，仅画出剖切平面与物体接触部分即截断面的形状，这样的图形称为断面图。断面图常用来表示建筑及装饰工程中梁、板、柱、造型等某一部位的断面实形。

断面图的断面轮廓线用 0.7*b* 线宽的实线绘制，断面轮廓线范围内绘出材料图例。

断面图的剖切符号由剖切位置线和编号两部分组成，不画投射方向线，而以编号写在剖切位置线的一侧表示投影方向。如图 4-43 所示，断面图剖切符号的编号注写在剖切位置线的下侧，则表示投射方向从上向下。

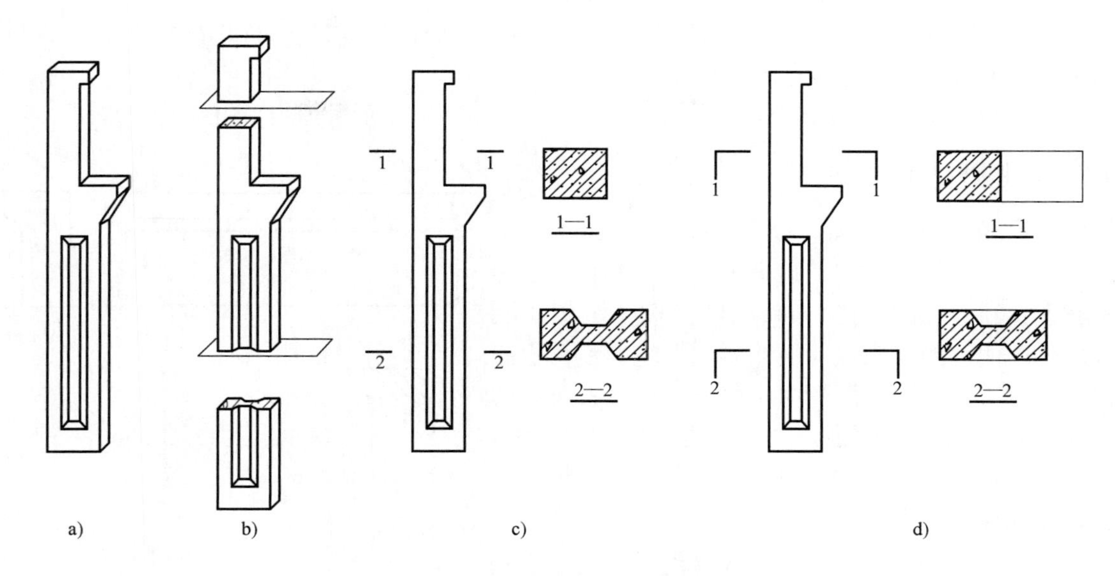

图 4-43　工字柱的剖面图与断面图

a）工字柱　b）剖开后的工字柱　c）断面图　d）剖面图

当断面图与被剖切图样不在同一张图内，应在剖切位置线的另一侧注明其所在图纸的编号，如图 4-44 所示，也可在图上集中说明。

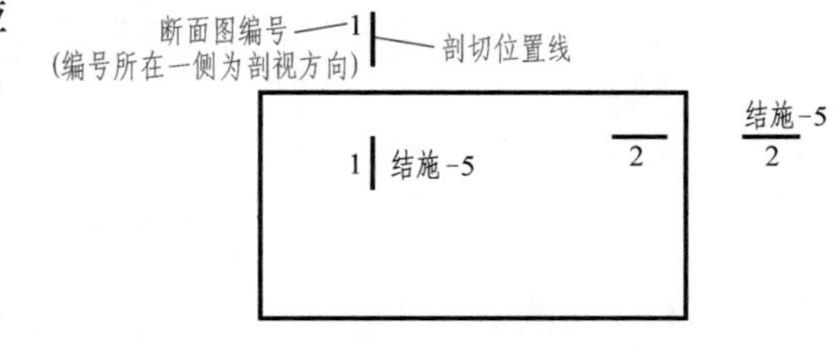

图 4-44　断面图的剖切符号

4.5.1　剖面图与断面图的区别与联系

（1）剖面图与断面图的区别

1）概念不同。断面图只画形体与剖切平面接触的部分，而剖面图画形体被剖切后，剩余部分的全部投影，即剖面图不仅画剖切平面与形体接触的部分，而且还要画出剖切平面后面没有被剖切平面切到的可见部分。剖面图是体的投影，而断面图是面的投影，如图 4-45 所示。

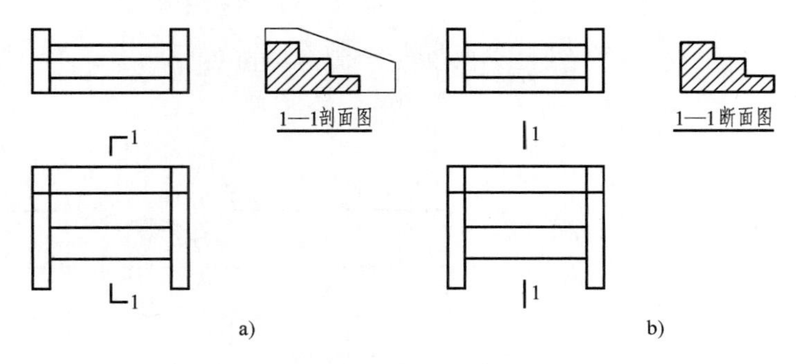

图 4-45　台阶的剖面图与断面图的区别

a）剖面图　b）断面图

2）剖切符号不同。断面图的剖切符号是一条长度为 6 ～ 10mm 的粗实线，没有剖视方向线，剖切符号旁编号所在的一侧是剖视方向。

3）目的不同。剖面图通常是为了表达形体的内部形状、内部空间和结构，而断面图则用来表达形体中某一局部的断面形状。

（2）剖面图与断面图的联系 剖面图包含断面图，而断面图是剖面图的一部分。

4.5.2 断面图的类型

1. 移出断面图

将形体某一部分剖切后所形成的断面移画于原投影图旁边的断面图称为移出断面图，如图4-46所示。断面图的轮廓线应用粗实线，轮廓线内也画相应的材料图例。断面图应尽可能地放在投影图的附近，以便识图。断面图也可以适当地放大比例，以利于标注尺寸和清晰地反映断面形状。

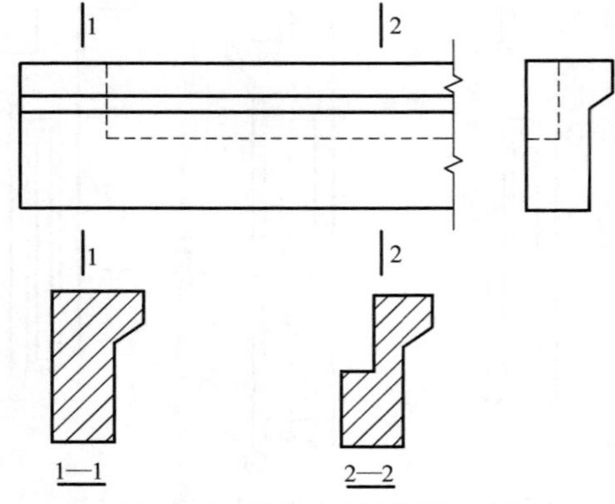

图4-46 梁移出断面图的画法

2. 重合断面图

直接画于投影图中，使其与投影图重合在一起的断面图称为重合断面图。如图4-47所示为角钢和倒T形钢的重合断面图，图4-48所示为墙壁立面上装饰花纹的凹凸起伏状况。

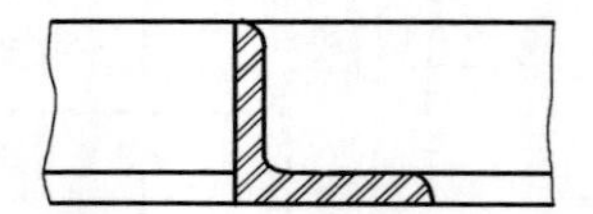

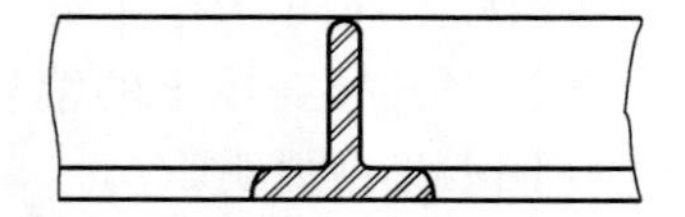

图4-47 重合断面图的画法

重合断面图通常在整个构件的形状基本相同时采用，断面图的比例必须和原投影图的比例一致。

在施工图中的重合断面图，通常把原投影的轮廓线画成中粗实线或细实线，而断面图画成粗实线。

3. 中断断面图

对于单一的长杆件，也可以在杆件投影图的某一处用折断线断开，然后将断面图画于其中，不画剖切符号，如图4-49所示的木材断面图。

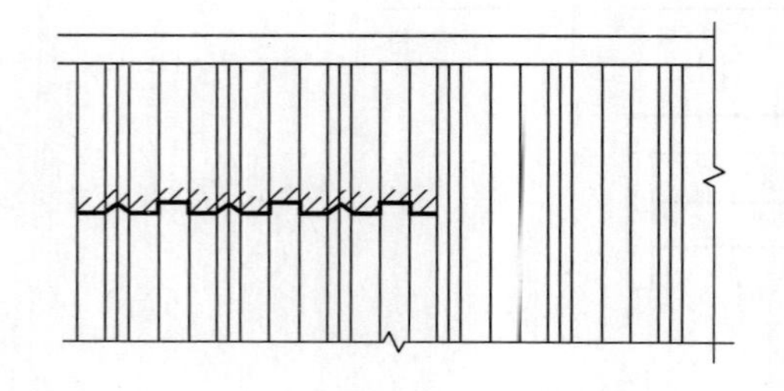

图4-48 墙壁立面装饰的重合断面图

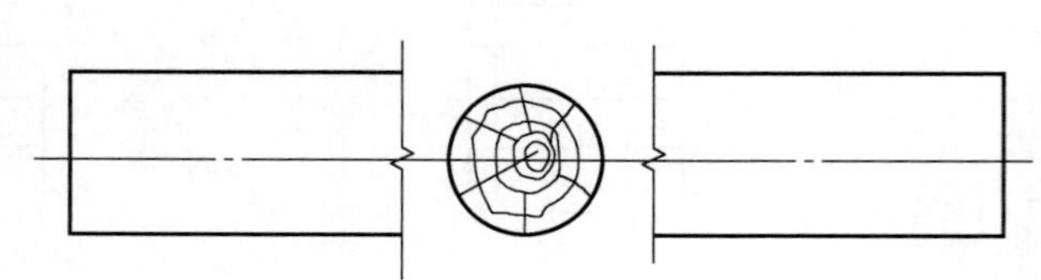

图4-49 木材断面图

如图4-50所示为钢屋架大样图，该图通常采用中断断面图的形式表达各弦杆的形状和规格。

中断断面图的轮廓线为粗实线，图名沿用原图名。

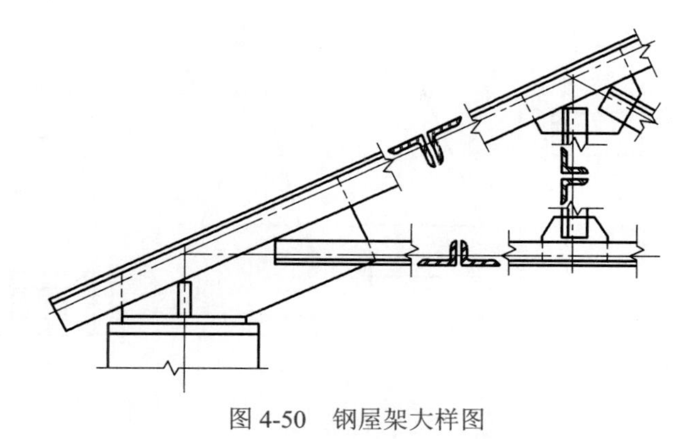

图 4-50 钢屋架大样图

4.6 组合形体的尺寸标注

尺寸是施工的重要依据，是必不可少的组成部分，尺寸不能在图纸上量取，只有依据完整的尺寸标注才能确定形体的大小和位置。

尺寸标注的要求是：准确、完整、排列清晰，符合制图国家标准中关于尺寸标注的基本规定。尺寸标注的准确、完整是指在建筑形体上所标注的尺寸，能唯一确定形体的大小和各部分的相对位置，尤其不要有遗漏尺寸到施工时再去计算和度量；排列清晰是指所标注的尺寸在投影图中应完整明显、排列整齐、有条理性、便于识读。

在标注组合形体的尺寸时，要解决两个方面的问题：一是应标注哪些尺寸，二是尺寸应标注在投影图的什么位置。

4.6.1 尺寸的种类

在组合形体的投影图中，应标注如下三种尺寸：

1. 定形尺寸

定形尺寸是确定组成组合形体的各基本形体大小的尺寸。基本形体是组成组合形体的基础，所以要标注组合形体的尺寸，首先应掌握基本形体尺寸的标注方法。常见的基本形体如棱柱、棱锥、棱台、圆柱、圆锥、圆台、球等，它们的定形尺寸标注如图 4-51 所示。

2. 定位尺寸

定位尺寸是确定各基本形体在组合形体中的相对位置的尺寸。一般先要选择一个或几个标注尺寸的起点，称为尺寸的基准。长度方向一般可选择左侧面或右侧面作为基准，宽度方向一般可选择前侧面或后侧面作为基准，高度方向一般以底面或顶面作为基准；若形体对称，还可选择对称中心线、轴线作为尺寸的基准。组合形体的长、宽、高三个方向上标注尺寸时都应有基准。

下面以图 4-52 为例说明各种定位尺寸的标注方法。各图标注出的定位尺寸应能确定基本形体在组合形体中的位置，即在组合形体中上下、前后、左右的位置。

如图 4-52a 所示形体由两个长方体组合而成，两长方体有共同的底面，高度方向不需要定位，但是两长方体的前后和左右需定位。前后方向定位时按后一长方体的后面为基准，左右方向定位时按后一长方体的左侧面为基准。标注出这两个定位尺寸后，两个基本形体在组合形体中的位置就唯一确定了。

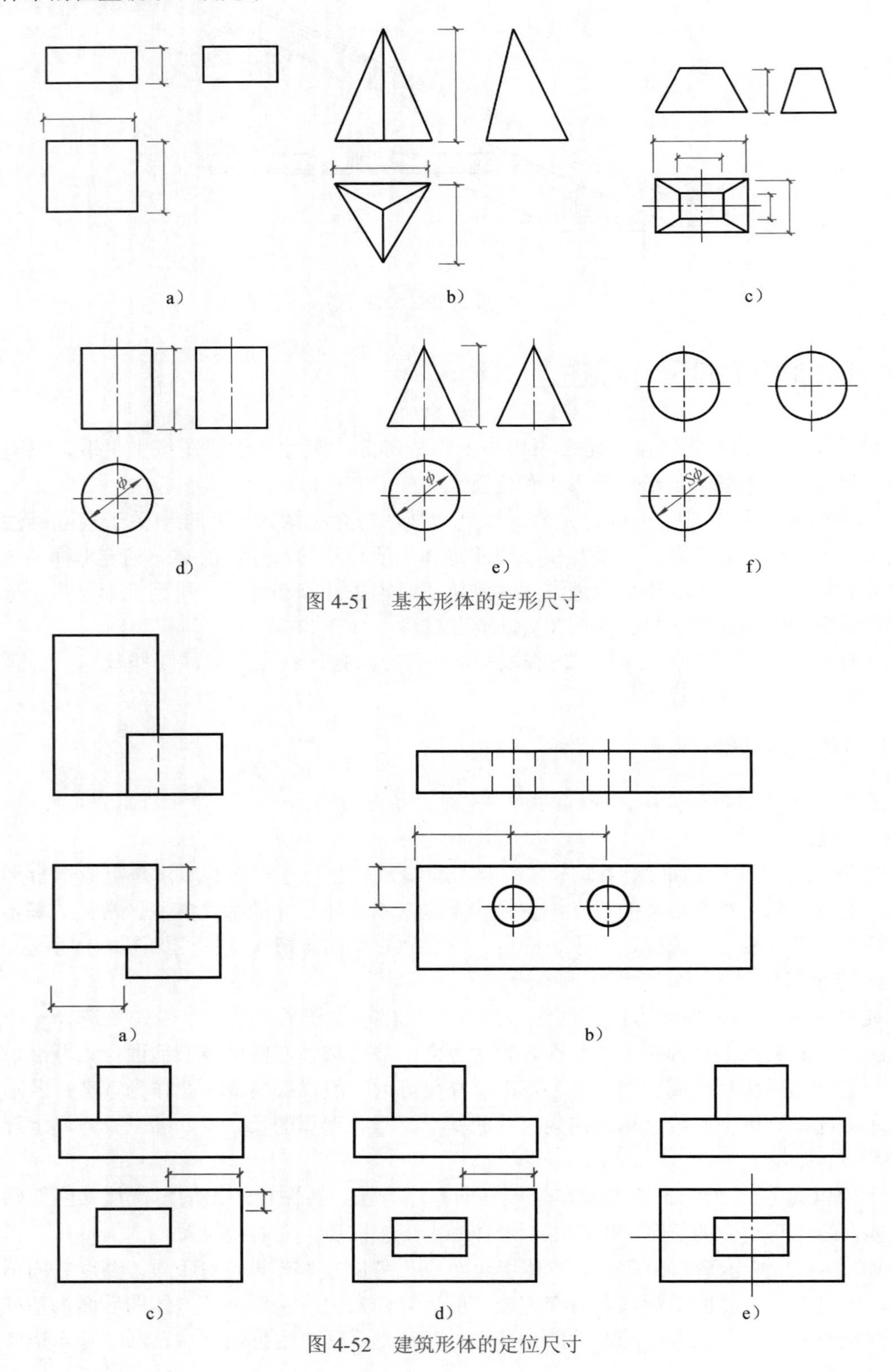

图 4-51　基本形体的定形尺寸

图 4-52　建筑形体的定位尺寸

其他示例请同学们自行分析。

3. 总尺寸

总尺寸是确定组合形体总长、总宽、总高的尺寸。

4.6.2　尺寸配置

确定了标注哪些尺寸后，还应考虑尺寸如何配置，才能达到明显、清晰、整齐、美观等要求。除遵照制图标准的有关规定外，还应注意以下几点：

1）画投影图时，应留出足够的空间来标注尺寸。

2）一般应把尺寸布置在图形轮廓线之外，但又要靠近被标注的形体。对某些细部尺寸，可以注在图形内。

3）对基本形体的定形尺寸、定位尺寸，应尽量标注在反映该形体特征的投影图中，如直立圆柱的直径一般标注在水平投影图中，而不标注在正面投影图中。标注圆形的定位尺寸时，通常应定圆心的位置。

4）当尺寸较多时，可把长、宽、高三个方向的定形尺寸、定位尺寸组合起来，排成几行。几条平行的尺寸线之间的距离，一般为 7 ～ 10mm，并且距离相等。最内一道尺寸线距图形一般为 10 ～ 15mm。

5）注意每一方向细部尺寸的总和应等于该方向的总尺寸，避免出现错误。

4.6.3　尺寸标注的步骤

1）确定出每个基本形体的定形尺寸。

2）确定出各个基本形体相互间的定位尺寸。

3）确定出总尺寸。

4）确定这三类尺寸的标注位置，分别画出尺寸线、尺寸界限、尺寸起止符号。

5）注写尺寸数字。

如图 4-53 所示为台阶的尺寸标注。

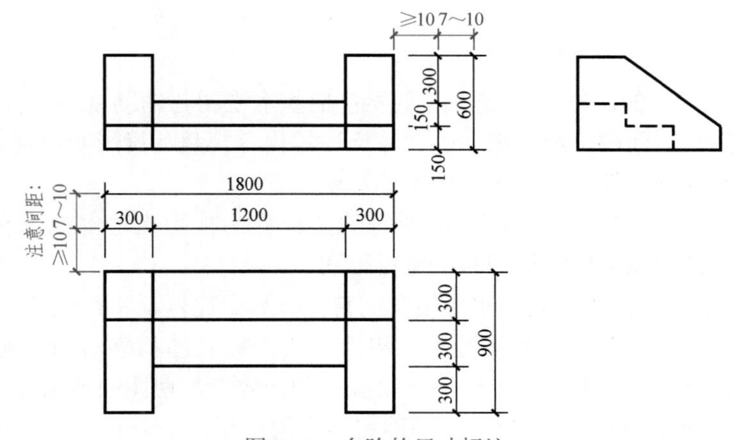

图 4-53　台阶的尺寸标注

注意尺寸标注的排列：

1. 小尺寸在内、大尺寸在外。2. 尺寸线距图样最外轮廓之间的距离不宜小于 10mm。

3. 平行排列的尺寸线的间距宜为 7 ～ 10mm，并保持一致。

课堂练习1：一长方体的大小为50mm×40mm×20mm，作出该长方体的投影并标注尺寸。

课堂练习2：一圆柱的直径为30mm，高为50mm，作出该圆柱的投影并标注尺寸。

课堂练习3：读图4-54，说出图中所注尺寸的种类以及组成组合形体的基本形体的大小。

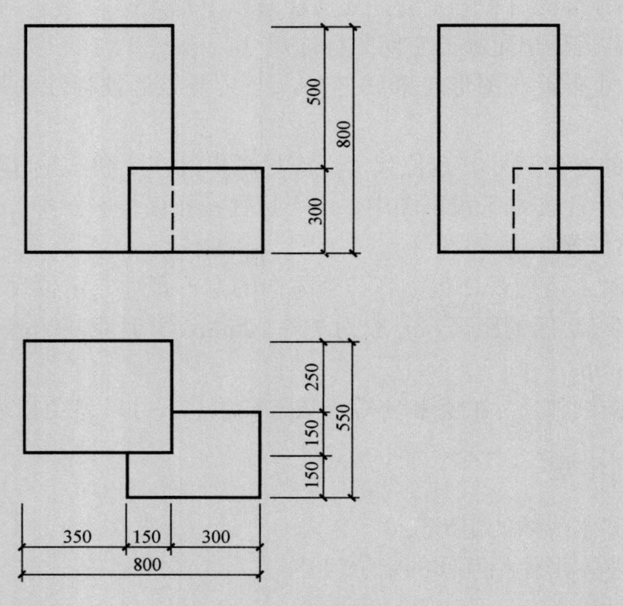

图4-54 尺寸标注的识读

实训练习：作图2-1的水平斜等测图，并画出室内布置陈设等。

小 结

本项目为建筑形体的图样表达方法，主要包括基本视图与辅助视图、图形的简化画法、轴测投影、剖面图与断面图、组合形体的尺寸标注等内容，是从投影知识到建筑工程图的一个衔接，是识读与绘制建筑工程施工图的重要基础。

1）用正投影法将形体向投影面投影所得的图形称为视图。基本视图有三视图和六视图，辅助视图有局部视图、展开视图和镜像投影图。

2）轴测投影是平行投影，具有平行投影的特性，如定比性、平行性等。

3）在工程作图中，当出现对称图形、相同要素、较长的构件等时，可以采用简化画法。简化画法应按照制图标准的规定绘制，以提高制图效率，使图面清晰简明。

4）根据平行投影的原理，把形体连同确定其空间位置的三条直角坐标轴 *OX*、*OY*、*OZ* 一起，沿不平行于这三条坐标轴和由这三条坐标轴组成的坐标面的方向，投影到一个投影面 *P* 上，所得的投影称为轴测投影。当投影方向垂直于投影面时，所得的投影称为正轴测投影；当投影方向倾斜于投影面时，所得的投影称为斜轴测投影。

5）正轴测投影常用的有正等测、正二测，斜轴测投影常用的有正面斜二测和水平斜等测。各种轴测投影的轴间角和轴向伸缩系数不同，但绘制轴测图时应遵守的原则和对形体的处理方法相同。常用轴测投影的类型及轴测轴、轴向伸缩系数见表 4-1。

表 4-1　常用轴测投影的类型及轴测轴、轴向伸缩系数

类　型		画法（以正方体为例）
正轴测投影	正等测	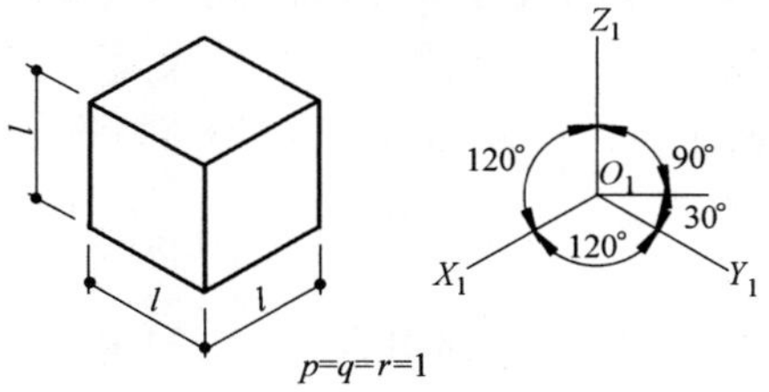 l　l　l　Z_1　O_1　X_1　Y_1　120°　90°　30°　120°　$p=q=r=1$
斜轴测投影	正面斜二测	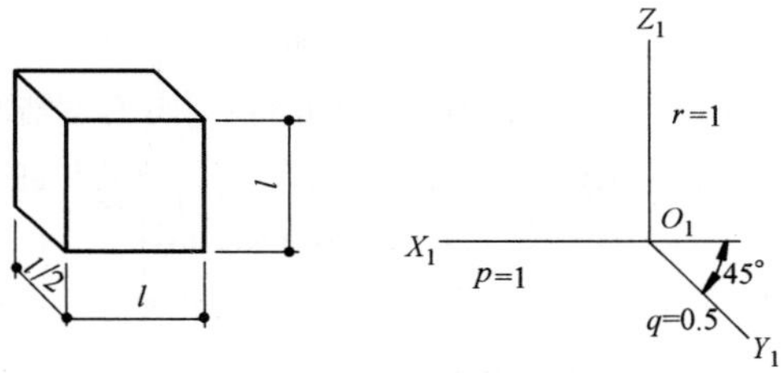 l　$l/2$　l　Z_1　$r=1$　O_1　X_1　$p=1$　45°　$q=0.5$　Y_1
	水平斜等测	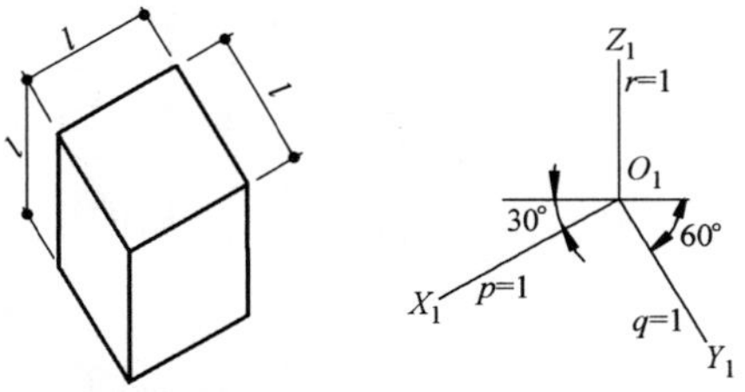 l　l　l　Z_1　$r=1$　O_1　30°　60°　X_1　$p=1$　$q=1$　Y_1

6）轴测投影的作图方法常用的有坐标法、特征面法、叠加法、切割法等。

7）圆的轴测投影按圆与轴测投影面的相对位置有两种情况：圆或椭圆。如果为椭圆，一般可先作出圆外切正方形的轴测投影，然后再采用四心椭圆法（正等测图）作椭圆或采用八点法绘制椭圆。

8）剖面图是用假想剖切面剖开形体，将处在观察者和剖切面之间的部分移去，而将其余部分向投影面作正投影所得到的视图。其目的是表达形体的内部空间和结构。

9）绘制剖面图时，形体的断面上应画材料图例。

10）用剖面图配合其他视图表达物体时，为了明确视图之间的投影关系，便于读图，对所画的剖面图一般应标注剖切符号，注明剖切位置、投射方向和剖面名称。

11）常见的剖面图类型：全剖面图、半剖面图、局部剖面图、分层剖面图、阶梯剖面图和展开剖面图。

12）断面图是用剖切面将物体的某处断开，仅画出该剖切面与物体接触部分的图形。

其目的是表达形体上某一部分的断面形状。

13）断面图有移出断面图、重合断面图、中断断面图三种。

14）断面图的断面轮廓线用粗实线绘制，断面轮廓线范围内也要绘出材料图例。剖切符号由剖切位置线和编号两部分组成，不画投射方向线，而以编号写在剖切位置线的一侧表示投射方向。

15）建筑形体的尺寸标注应准确、完整、排列清晰，符合制图国家标准中关于尺寸标注的基本规定。尺寸标注的种类有总尺寸、定形尺寸、定位尺寸。在标注建筑形体的尺寸时，要解决两个方面的问题：一是应标注哪些尺寸，二是尺寸应标注在投影图的什么位置。

思 考 题

1. 基本视图和辅助视图是指什么？分别是怎样形成的？
2. 工程制图中常用的简化画法有哪些？
3. 轴测投影是怎样形成的？分析轴测投影与正投影各自的优缺点。
4. 正轴测投影和斜轴测投影有什么区别？
5. 常用的轴测投影作图方法有哪些？分别适用于什么情况？
6. 绘制剖面图时，剖切符号、剖切位置、投影方向和剖面名称是如何标注的？
7. 常见的剖面图有哪几种？其用途如何？
8. 剖面图和断面图是如何形成的？它们之间有何区别和联系？
9. 简述断面图的种类和应用。
10. 简述建筑形体尺寸标注的内容、步骤和注意事项。

项目 5　建筑工程施工图认知

学习目标： 通过本项目的学习，了解房屋的组成及各部分的作用、施工图的分类，掌握施工图的图示特点、施工图的常用比例和可用比例，掌握施工图中常用的符号、图例，为识读和绘制建筑工程施工图打下基础。

任务： 识读底层平面图中各符号的名称及含义。

建筑工程施工图是用正投影的方法，将拟建房屋内外形状、大小、结构、构造、装饰、设备等情况，按照制图国家标准的规定详细准确画出的图样，它是用来表达设计思想、指导工程施工的重要技术文件，所以称为建筑工程施工图。建筑工程施工图在房屋施工安装、编制预算、工程监理、房屋质量验收等方面都是必不可少的技术依据。

5.1　建筑物的组成部分及作用

建筑物根据其使用功能和使用对象的不同分为很多种类，一般可分为民用建筑和工业建筑两大类，但其基本的组成内容是相似的，一般都是由以下几部分组成：

1）基础：房屋最下部的承重构件，它承受建筑物的全部荷载，并把荷载传到地基上。

2）墙（或柱）：起着承重、围护、分隔的作用。

3）楼地面：水平方向的承重构件，同时分隔空间。

4）屋顶：起承重、保温、隔热、防水的作用。

5）门窗：起交通、采光、通风的作用。

6）楼梯：起上下交通联系的作用。

以上为房屋的基本组成部分，除此之外还有一些建筑配件，如台阶、雨篷、阳台等。建筑物的组成如图 5-1 所示。

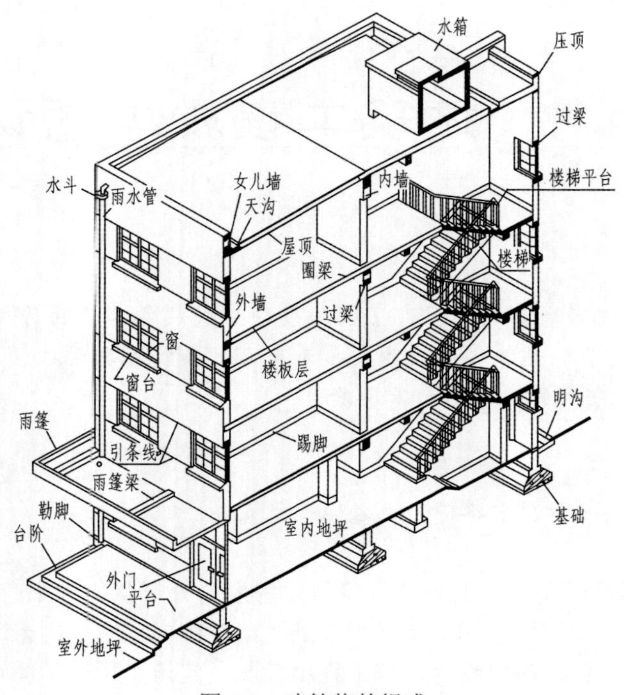

图 5-1 建筑物的组成

5.2 建筑工程图的阶段、施工图分类及编排顺序

5.2.1 建筑工程图的阶段

建筑工程制图深度应根据房屋建筑设计的阶段性要求确定。民用建筑工程一般应分为方案设计、初步设计、施工图设计三个阶段；对于技术要求相对简单的民用建筑工程，可在方案设计审批后直接进入施工图设计。

1. 方案设计阶段

这一阶段主要是根据业主提出的设计任务和要求，进行调查研究，搜集资料，提出设计方案，然后初步绘出草图。复杂一些的可以绘出透视图或制作出建筑模型。此阶段的图纸和有关文件只能供研究和审批使用，不能作为施工依据。

2. 初步设计阶段

这一阶段主要是根据方案设计阶段确定的内容，进一步解决建筑、结构、材料、设备（水、电、暖通）等与相关专业配合的技术问题。

3. 施工图设计阶段

这一阶段主要是为满足工程施工中的各项具体技术要求，通过详细的计算和设计，绘制出完整的工程图样。施工图是施工单位进行施工的依据。

此外，建筑工程图常见的还有变更设计及竣工图。

4. 变更设计

变更设计应包括变更原因、变更位置、变更内容等。变更设计可采取图纸的形式，也可采取文字说明的形式。

5. 竣工图

工程竣工验收后，真实反映建设工程项目施工结果的图样。一份施工图从设计单位生产完成后到交付施工单位实施，在施工过程中难免会遇到因原材料、工期、气候 、使用功能、施工技术等各种因素的制约而发生变更、修改。竣工后其施工图就与建筑实体有不相符之处（图物不符），如果把这样与建筑物实体不相符的施工图草率归档，必将给工程维修、改建、扩建等带来严重隐患。因此工程竣工后，就必须由各专业施工技术人员按有关设计变更文件和工程洽商记录遵循规定的法则进行改绘，使竣工后的建筑实体图和建筑物相符，即竣工图。竣工图的制图深度应与施工图的制图深度一致，其内容应能完整记录施工情况，并应满足工程决算、工程维护以及存档的要求。利用施工图改绘竣工图，必须标明变更修改依据；凡施工图结构、工艺、平面布置等有重大改变，或变更部分超过图面 1/3 的，应当重新绘制竣工图。

5.2.2 施工图分类

按照专业及作用的不同，一套完整的建筑工程施工图通常应包括如下内容：

1. 图纸目录和设计总说明

图纸目录包括图纸编号、图纸内容、图纸规格、备注等内容。

设计总说明内容一般包括：施工图的设计依据（设计条件、设计规范等）；工程概况（工程名称、建筑面积、建筑分类及耐火等级、层数、结构类型、抗震烈度、相对标高与总图绝对标高的对应关系等）；节能与保温设计；工程做法、有特殊要求的做法说明；建筑经济技术指标；装修材料做法表；门窗表等。

设计说明也可分别在各专业图纸上注写。

2. 建筑施工图（简称建施）

表示建筑物总体布局、外部形状、房间布置、内外装修、建筑构造做法等情况的图样，由总平面图、平面图、立面图、剖面图、建筑详图等组成。

3. 结构施工图（简称结施）

表示建筑物的结构形式、结构平面布置、结构构件做法等情况的图样，由基础图、结构布置平面图、构件详图等组成。

4. 设备施工图（简称设施）

包括给水排水施工图（简称水施）、采暖通风施工图（简称暖施）、电气施工图（简称电施）、通信施工图等内容，分别由平面布置图、系统图和详图等组成。

5. 装饰施工图（简称装施）

表示建筑物室内（外）的装饰效果、装饰布置、构造做法等情况的图样，一般由装饰平面图、装饰立面图、装饰详图等组成，有些还包括建筑物室内（外）透视图。

5.2.3 图纸编排顺序

工程图纸应按专业顺序编排。一般应为图纸目录、总图、建筑图、结构图、给水排水图、暖通空调图、电气图等。

各专业的图纸，应该按图纸内容的主次关系、逻辑关系，有序排列。例如基本图在前、详图在后，布置图在前、构件图在后，总图在前、局部图在后，主要部分在前、次要部分在后等。

5.3 制图标准

制图标准是为了统一房屋建筑制图规则，保证制图质量，提高制图效率，做到图面清晰、简明，符合设计、施工、审查、存档的要求，适应工程建设的需要而制定的。各制图标准适用于计算机制图、手工制图方式绘制的图样。

5.3.1 制图标准类别

1. 国家标准

1）《房屋建筑制图统一标准》（GB/T 50001—2017）。如图5-2所示，该标准是房屋建筑制图的基本规定，适用于总图、建筑、结构、给水排水、暖通空调、电气等各专业制图，是在《房屋建筑制图统一标准》（GB/T 50001—2010）的基础上修订而成的，以适应信息化发展与房屋建设的需要，并利于国际交往。

标准共15章和2个附录，主要技术内容包括：总则、术语、图纸幅面规格与图纸编排顺序、图线、字体、比例、符号、定位轴线、常用建筑材料图例、图样画法、尺寸标注、计算机辅助制图文件、计算机辅助制图文件图层、计算机辅助制图规则、协同设计。

2）《总图制图标准》（GB/T 50103—2010）。本标准适用于总图专业的工程制图；新建、改建、扩建工程各阶段的总图制图、场地园林景观设计制图。

3）《建筑制图标准》（GB/T 50104—2010）。本标准适用于建筑专业和室内设计专业的工程制图。

4）《建筑结构制图标准》（GB/T 50105—2010）。本标准适用于建筑结构专业工程制图。

此外，制图标准还有《建筑给水排水制图标准》（GB/T 50106—2010）、《暖通空调制图标准》（GB/T 50114—2010）等。

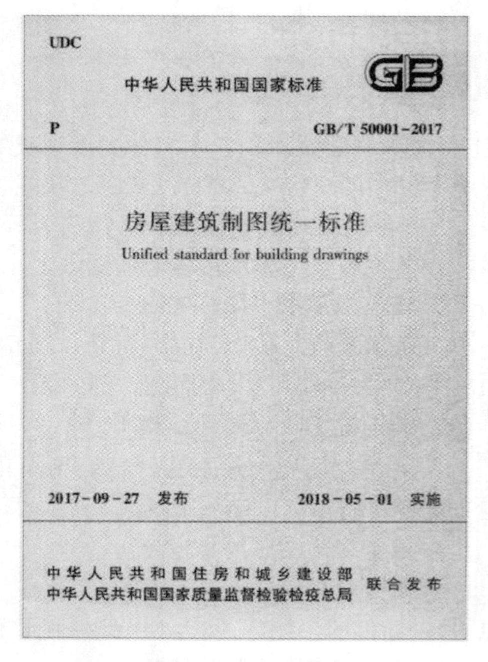

图5-2 房屋建筑制图统一标准

现行《房屋建筑制图统一标准》自2018年5月1日起施行。此外国家还曾在1973年、1986年、2001年、2010年颁布过制图标准。我们在制图时应使用最新的制图标准。

2. 行业标准

《房屋建筑室内装饰装修制图标准》（JGJ/T 244—2011），如图5-3所示。其主要技术内容包括：总则；术语；基本规定；常用房屋建筑室内装饰装修材料和设备图例；图样画法（投影法、平面图、顶棚平面图、立面图、剖面图和断面图、视图布置、其他规定）。

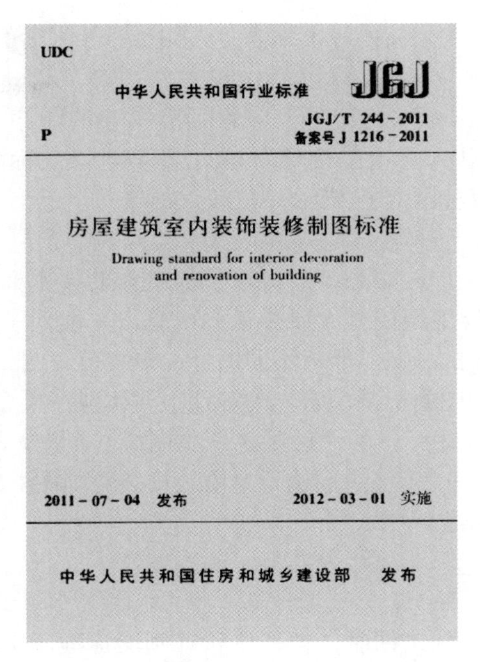

图 5-3　房屋建筑室内装饰装修制图标准

拓展阅读

标准与制图标准

1. 标准

对需要在全国范围内统一的技术要求，应当制定国家标准。国家标准由国务院标准化行政主管部门制定。对没有国家标准而又需要在全国某个行业范围内统一的技术要求，可以制定行业标准。行业标准由国务院有关行政主管部门制定，并报国务院标准化行政主管部门备案，在公布国家标准之后，该项行业标准即行废止。对没有国家标准和行业标准而又需要在省、自治区、直辖市范围内统一的工业产品的安全、卫生要求，可以制定地方标准。地方标准由省、自治区、直辖市标准化行政主管部门制定，并报国务院标准化行政主管部门和国务院有关行政主管部门备案，在公布国家标准或者行业标准之后，该项地方标准即行废止。企业生产的产品没有国家标准和行业标准的，应当制定企业标准，作为组织生产的依据。企业的产品标准须报当地政府标准化行政主管部门和有关行政主管部门备案。已有国家标准或者行业标准的，国家鼓励企业制定严于国家标准或者行业标准的企业标准，在企业内部适用。

国家标准、行业标准分为强制性标准和推荐性标准。保障人体健康，人身、财产安全的标准和法律、行政法规规定强制执行的标准是强制性标准，强制性标准又分为全文强制和条文强制两种形式。其他标准是推荐性标准。

强制性标准，必须执行。推荐性标准，国家鼓励企业自愿采用。

国家标准的年限一般为 5 年，过了年限后，国家标准就要被修订或重新制定。此外，随着社会的发展，国家需要制定新的标准来满足人们生产、生活的需要。因此，标准是一种动态信息。

国家标准的编号由国家标准的代号、国家标准发布的顺序号和国家标准发布的年号（发布年份）构成。强制性国家标准的代号为GB，推荐性国家标准的代号为GB/T，国家标准指导性技术文件（是国家标准的补充）的代号为GB/Z。

2. 制图标准

为了便于交流和指导生产，必须制定大家都能遵守的技术标准，这样才能使得在一定范围内的所有人都能够理解工程图样上所传递的信息，才能使工程图成为工程界共同的语言。对于不同的行业、不同的领域可能有不同的标准与规范。例如建筑行业有建筑行业的制图标准，机械行业有机械制图的标准，它们的差别主要体现在尺寸标注的格式、图形名称的定义和标注的位置等。如前述介绍的《房屋建筑制图统一标准》（GB/T 50001—2017）是建筑各专业应遵照的制图国家标准。《房屋建筑室内装饰装修制图标准》（JGJ/T 244—2011）为建筑装饰装修专业的行业标准。

5.3.2 制图标准相关规定

在识读与绘制建筑工程施工图时，须严格执行制图标准，正确理解与掌握施工图中常用的图例、符号、线型、比例等的意义。以下关于定位轴线、标高、索引符号和详图符号、引出线及其他符号等均选自《房屋建筑制图统一标准》（GB/T 50001—2017）。

1. 定位轴线

（1）定位轴线　在施工图中通常将房屋的基础、墙、柱和屋架等承重构件的轴线画出，并进行编号，以便施工时定位放线和查阅图纸，这些轴线称为定位轴线，如图5-4所示。

定位轴线应用0.25b线宽的单点长画线绘制。定位轴线应编号，编号应注写在轴线端部的圆内。圆应用0.25b线宽的实线绘制，直径宜为8～10mm。定位轴线圆的圆心应在定位轴线的延长线上或延长线的折线上。

除较复杂需采用分区编号或圆形、折线形外，平面上定位轴线的编号，宜标注在图样的下方及左侧。横向编号应用阿拉伯数字，从左至右顺序编写；竖向编号应用大写英文字母，从下至上顺序编写。

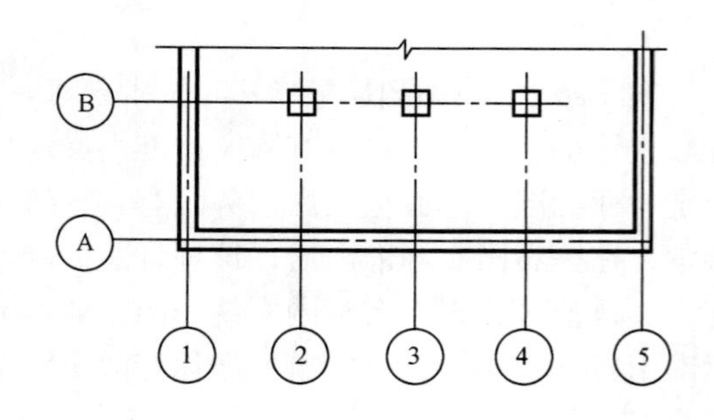

图5-4　定位轴线的编号顺序

英文字母作为轴线号时，应全部采用大写字母，不应用同一个字母的大小写来区分轴线号。英文字母的I、O、Z不得用做轴线编号。当字母数量不够使用时，可增用双字母或单字母加数字注脚。

组合较复杂的平面图中定位轴线可采用分区编号，如图5-5所示。编号的注写形式应为“分区号—该分区定位轴线编号”。分区号宜采用阿拉伯数字或大写英文字母表示。

（2）附加定位轴线　对于一些与主要承重构件相联系的次要构件，其定位轴线一般作为附加定位轴线。附加定位轴线的编号，应以分数形式表示，并应符合下列规定：

1）两根轴线的附加轴线，应以分母表示前一轴线的编号，分子表示附加轴线的编号。

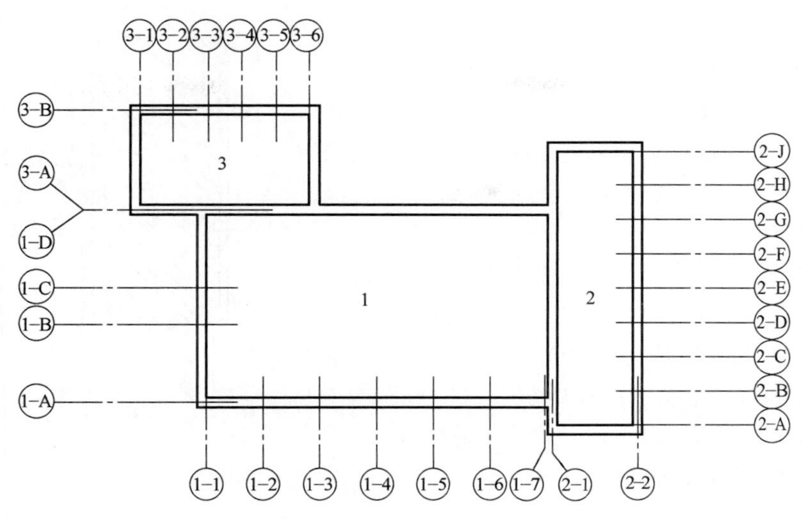

图 5-5　定位轴线的分区编号

编号宜用阿拉伯数字顺序编写。

2）1 号轴线或 A 号轴线之前的附加轴线，分母应以 01 或 0A 表示。

附加定位轴线的标注如图 5-6 所示。

（3）详图的定位轴线　一个详图适用于几根轴线时，应同时注明各有关轴线的编号，如图 5-7 所示。

通用详图中的定位轴线，应只画圆，不注写轴线编号。

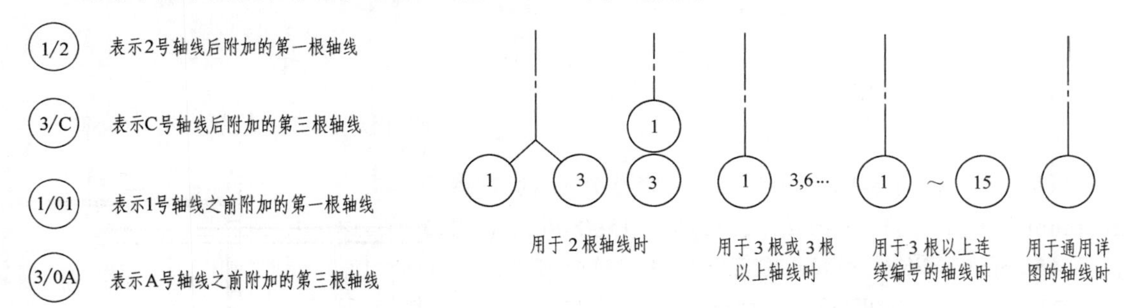

图 5-6　附加定位轴线的标注

图 5-7　详图的轴线编号

2. 标高

在建筑工程施工图上，通常用标高表示建筑物上某一部位的高度。

（1）绝对标高和相对标高　绝对标高是指以我国青岛市外的黄海海平面作为零点而测定的高度尺寸。把室内首层地面作为标高的零点（写作 ±0.000），建筑的其他部位对标高零点的相对高度称为相对标高。

（2）建筑标高和结构标高　建筑标高是指装修完成后的标高，包括粉刷层、装饰层厚度在内；而结构标高则是不包括构件表面粉刷层、装饰层厚度的标高，是构件的安装或施工高度，如图 5-8 所示。

（3）标高表示方法　标高符号应以直角等腰三角形表示，按图 5-9a 所示形式用细实线绘制；如标注位置不够，也可按图 5-9b 所示形式绘制。标高符号的具体画法如图 5-9c、d

所示。

总平面图室外地坪标高符号，宜用涂黑的三角形表示，如图5-10所示。

标高符号的尖端应指至被注高度的位置。尖端宜向下，也可向上。标高数字应注写在标高符号的上侧或下侧，如图5-11所示。

标高数字应以m为单位，注写到小数点以后第三位。在总平面图中，可注写到小数点以后第二位。

零点标高应注写成±0.000，正数标高不注写“+”，负数标高应注“-”，例如3.000、-0.600。

在图样的同一位置需表示几个不同标高时，标高数字可按图5-12的形式注写。

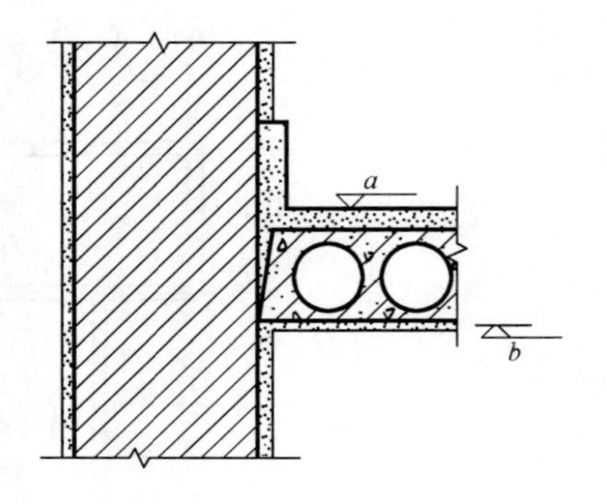

图5-8 建筑标高和结构标高

a—建筑标高 *b*—结构标高

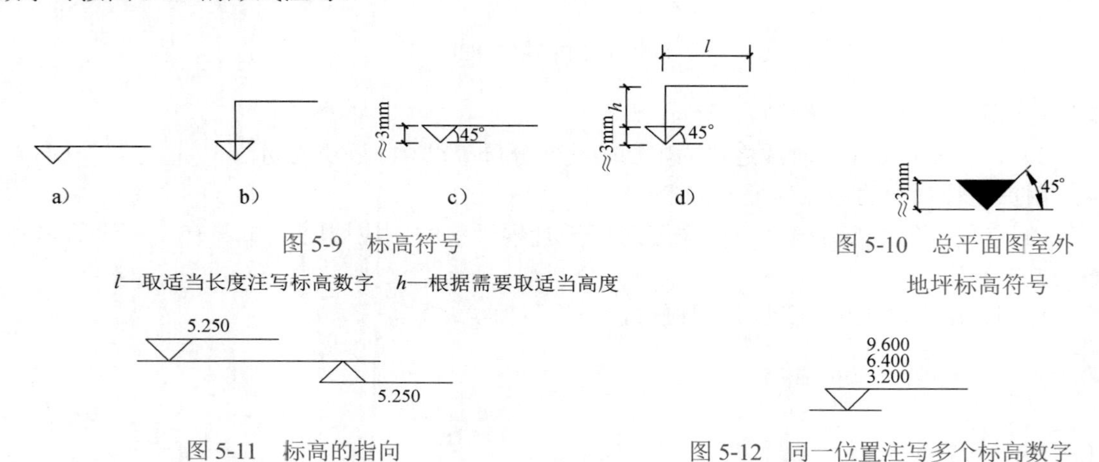

图5-9 标高符号

l—取适当长度注写标高数字 *h*—根据需要取适当高度

图5-10 总平面图室外地坪标高符号

图5-11 标高的指向

图5-12 同一位置注写多个标高数字

【例1】 如图5-13所示，已知某建筑物的层高为2800mm，窗台高为900mm，窗洞高度1500mm，室内外高差450mm，试在墙身剖面图上标注各部位的标高。

3. 索引符号和详图符号

（1）索引符号 图样中的某一局部或构件，如需另见详图，应以索引符号索引，如图5-14a所示。索引符号由直径为8～10mm的圆和水平直径组成，圆及水平直径线宽宜为0.25*b*。索引符号应按下列规定编写：

1）索引出的详图，如与被索引的图样同在一张图纸内，应在索引符号的上半圆中用阿拉伯数字注明该详图的编号，并在下半圆中间画一段水平细实线，如图5-14b所示。

2）索引出的详图，如与被索引的图样不在同一张图纸内，应在索引符号的上半圆中用阿拉伯数字注明该详图的编号，在索引符号的下半圆中用阿拉伯数字注明该详图

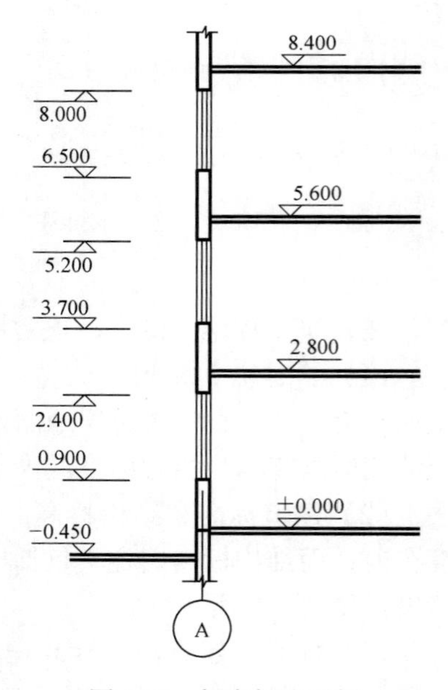

图5-13 标高标注示例

所在图纸的编号，如图 5-14c 所示。数字较多时，可加文字标注。

3）索引出的详图，如采用标准图，应在索引符号水平直径的延长线上加注该标准图集的编号，如图 5-14d 所示。需要标注比例时，文字在索引符号右侧或延长线下方，与符号下对齐。

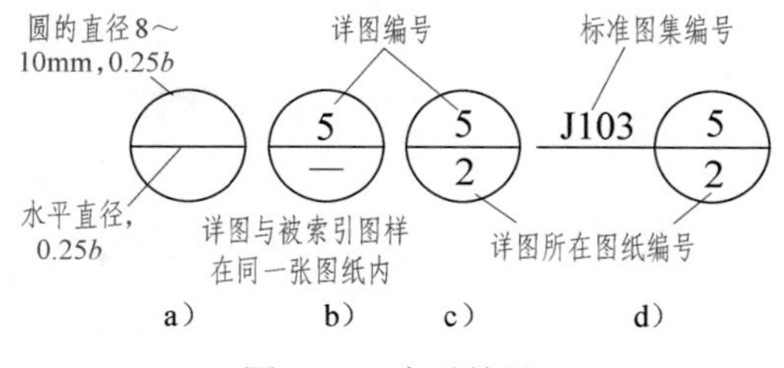

图 5-14　索引符号

索引符号如用于索引剖视详图，应在被剖切的部位绘制剖切位置线，并以引出线引出索引符号，引出线所在的一侧应为剖视方向，如图 5-15 所示。

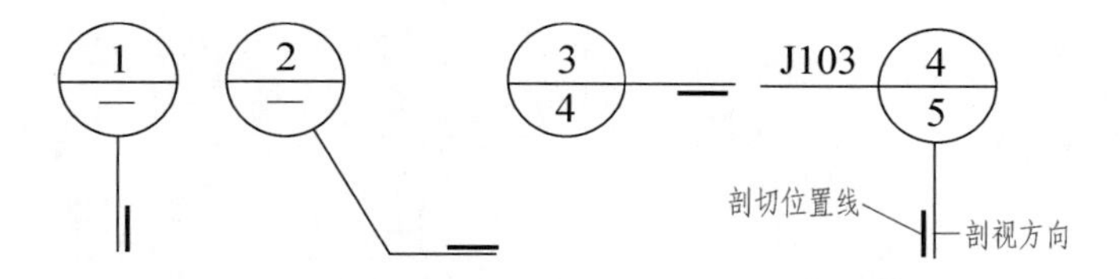

图 5-15　用于索引剖视详图的索引符号

（2）详图符号　详图的位置和编号，应以详图符号表示。详图符号的圆应以直径为 14mm 的粗实线绘制。详图应按下列规定编号：

1）详图与被索引的图样同在一张图纸内时，应在详图符号内用阿拉伯数字注明详图的编号，如图 5-16a 所示。

2）详图与被索引的图样不在同一张图纸内时，应用细实线在详图符号内画一水平直径，在上半圆中注明详图编号，在下半圆中注明被索引的图纸的编号，如图 5-16b 所示。

（3）零件、钢筋、杆件、设备等的编号　零件、钢筋、杆件、设备等的编号以直径为 4 ～ 6mm 的细实线圆表示，同一图样应保持一致，其编号应用阿拉伯数字按顺序编写，如图 5-17 所示。

图 5-16　详图符号

a）详图与被索引图样在同一张图纸内　b）详图与被索引图样不在同一张图纸内

图 5-17　零件、钢筋等的编号

4. 引出线

引出线线宽应为 0.25b，宜采用水平方向的直线，或与水平方向成 30°、45°、60°、90° 的直线，并经上述角度再折为水平线。文字说明宜注写在水平线的上方，也可注写在水平线的端部。索引详图的引出线，应与水平直径线相连接，如图 5-18a 所示。

同时引出几个相同部分的引出线，宜互相平行，也可画成集中于一点的放射线，如图 5-18b 所示。

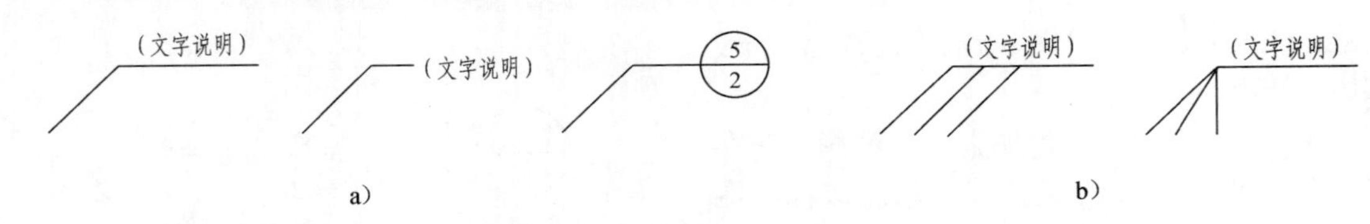

图 5-18　引出线

a）引出线　b）共用引出线

多层构造或多层管道共用引出线，应通过被引出的各层，并用圆点示意对应各层次。文字说明宜注写在水平线的上方，或注写在水平线的端部，说明的顺序应由上至下，并应与被说明的层次对应一致；如层次为横向排序，则由上至下的说明顺序应与由左至右的层次对应一致，如图 5-19 所示。

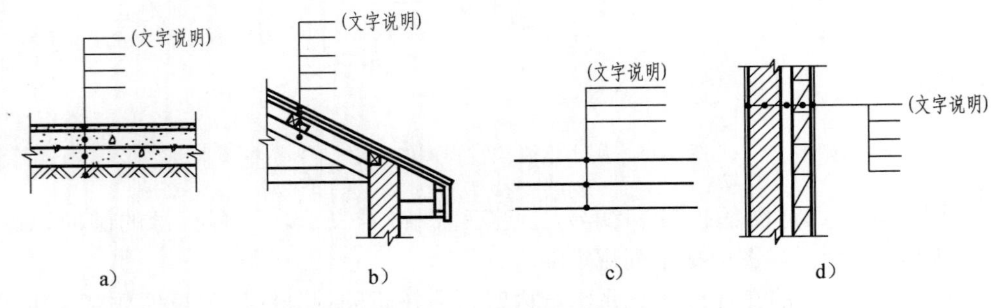

图 5-19　多层共用引出线

5. 其他符号

（1）对称符号　对称符号由对称线和两端的两对平行线组成。对称线用细单点长画线绘制；平行线用实线绘制，其长度宜为 6 ～ 10mm，每对的间距宜为 2 ～ 3mm，线宽宜为 0.5*b*；对称线垂直平分于两对平行线，两端超出平行线宜为 2 ～ 3mm，如图 5-20 所示。

（2）指北针、风玫瑰　指北针的形状如图 5-21 所示，其圆的直径宜为 24mm，用细实线绘制；指针尾部的宽度宜为 3mm，指针头部应注“北”或“N”字。需用较大直径绘制指北针时，指针尾部的宽度宜为直径的 1/8。

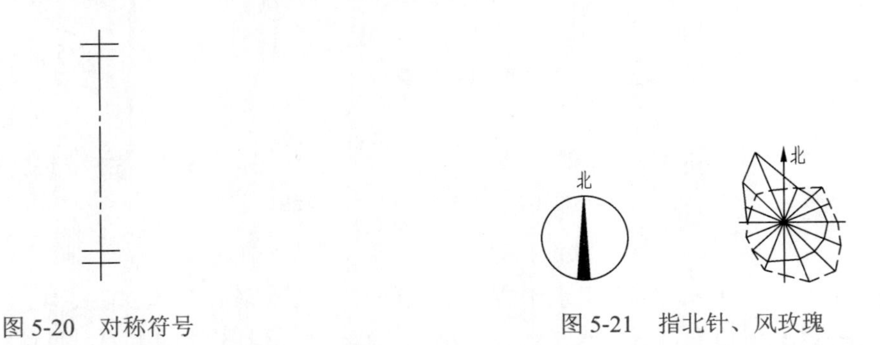

图 5-20　对称符号

图 5-21　指北针、风玫瑰

指北针与风玫瑰结合时宜采用互相垂直的线段，线段两端应超出风玫瑰轮廓线 2 ～ 3mm，垂点宜为风玫瑰中心，北向应注“北”或“N”字，组成风玫瑰的所有线宽均宜为 0.5*b*。

（3）连接符号　连接符号应以折断线表示需连接的部位。两部位相距过远时，折断线两端靠图样一侧应标注大写拉丁字母表示连接编号。两个被连接的图样应用相同的字母编号，如图 5-22 所示。

（4）变更云线　对图纸中局部变更部分宜采用变更云线，并宜注明修改版次，如图 5-23 所示，修改版次符号宜为边长 8mm 的正等边三角形，修改版次应采用数字表示。

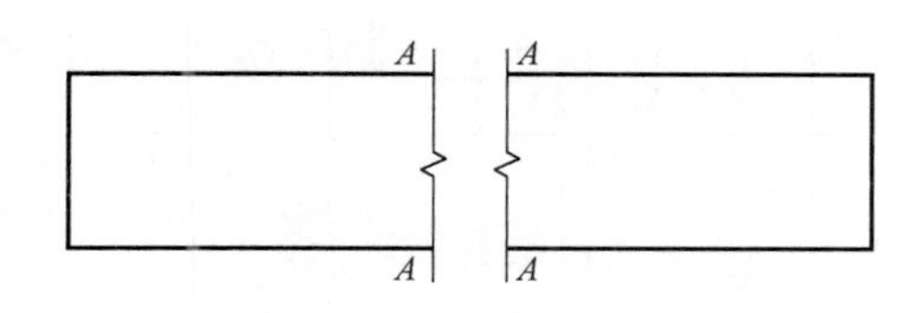

图 5-22　连接符号

图 5-23　变更云线

注：1 为修改次数

6. 常用建筑材料图例

常用建筑材料图例见表 5-1。

表 5-1　常用建筑材料图例

序号	名称	图例	备注	序号	名称	图例	备注
1	自然土壤		包括各种自然土壤	8	耐火砖		包括耐酸砖等砌体
2	夯实土壤		—	9	空心砖、空心砌块		包括空心砖、普通或轻骨料混凝土小型空心砌块等砌体
3	砂、灰土		—	10	加气混凝土		包括加气混凝土砌块砌体、加气混凝土墙板及加气混凝土材料制品等
4	砂砾石、碎砖三合土		—	11	饰面砖		包括铺地砖、玻璃马赛克、陶瓷锦砖、人造大理石等
5	石材		—	12	焦渣、矿渣		包括与水泥、石灰等混合而成的材料
6	毛石		—	13	混凝土		1. 包括各种强度等级、骨料、添加剂的混凝土 2. 在剖面图上绘制表达钢筋时，不需绘制图例线 3. 断面图形较小，不易绘制表达图例线时，可填黑或深灰（灰度宜为 70%）
7	实心砖、多孔砖		包括普通砖、多孔砖、混凝土砖等砌体	14	钢筋混凝土		

（续）

序号	名称	图例	备注	序号	名称	图例	备注
15	多孔材料		包括水泥珍珠岩、沥青珍珠岩、泡沫混凝土、软木、蛭石制品等	22	网状材料		1. 包括金属、塑料网状材料 2. 应注明具体材料名称
16	纤维材料		包括矿棉、岩棉、玻璃棉、麻丝、木丝板、纤维板等	23	液体		应注明具体液体名称
17	泡沫塑料材料		包括聚苯乙烯、聚乙烯、聚氨酯等多聚合物类材料	24	玻璃		包括平板玻璃、磨砂玻璃、夹丝玻璃、钢化玻璃、中空玻璃、夹层玻璃、镀膜玻璃等
18	木材		1. 上图为横断面，左上图为垫木、木砖或木龙骨 2. 下图为纵断面	25	橡胶		—
19	胶合板		应注明为×层胶合板	26	塑料		包括各种软、硬塑料及有机玻璃等
20	石膏板		包括圆孔或方孔石膏板、防水石膏板、硅钙板等	27	防水材料		构造层次多或绘制比例大时，采用上面的图例
21	金属		1. 包括各种金属 2. 图形较小时，可填黑或深灰（灰度宜为70%）	28	粉刷		本图例采用较稀的点

注：1. 本表中所列图例通常在1∶50及以上比例的详图中绘制表达。
2. 如需表达砖、砌块等砌体墙的承重情况时，可通过在原有建筑材料图例上增加填灰等方式进行区分，灰度宜为25%左右。
3. 序号1、2、5、7、8、14、15、21图例中的斜线、短斜线、交叉线等均为45°。

建筑材料的图例画法应注意下列事项：

1）图例线应间隔均匀，疏密适度，做到图例正确，表示清楚。

2）不同品种的同类材料使用同一图例时（如某些特定部位的石膏板必须注明是防水石膏板时），应在图上附加必要的说明。

3）两个相同的图例相接时，图例线宜错开或使倾斜方向相反，如图5-24所示。

4）当一张图纸内的图样只采用一种图例时，或图形较小无法绘制表达建筑材料图例时，可不绘制图例，但应增加文字说明。

5）需画出的建筑材料图例面积过大时，可在断面轮廓线内，沿轮廓线作局部表示，如图5-25所示。

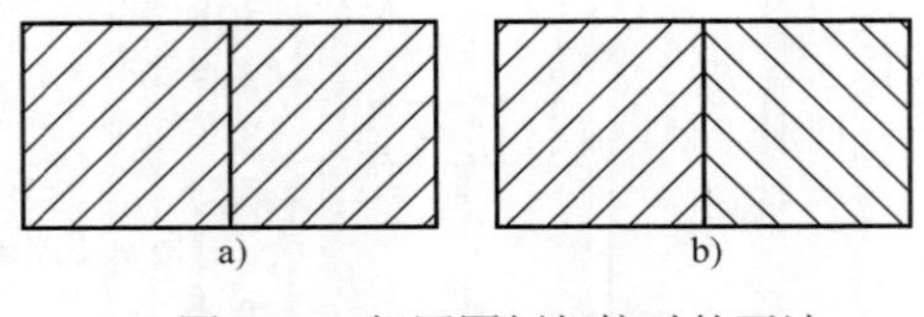

图5-24 相同图例相接时的画法

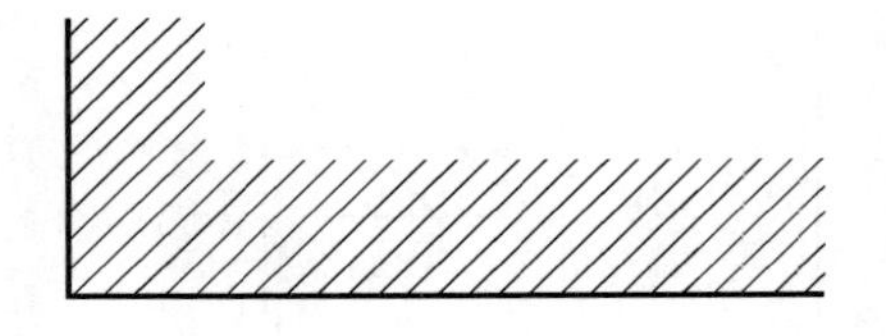

图5-25 局部表示图例

7. 视图配置

1）在同一张图纸上，如绘制几个图样时，图样的顺序宜按主次关系从左至右依次排列。

2）每个图样，一般均应标注图名，图名宜标注在图样的下方或一侧，并在图名下画一条粗横线，其长度应以图名所占长度为准。使用详图符号作为图名时，符号下不画粗横线。

3）同一工程不同专业的总平面图，在图纸上的布图方向均应一致；个体建筑物平面图在图纸上的布图方向，必要时可与其在总平面图上的布图方向不一致，但必须标明方位；不同专业的个体建筑物的平面图，在图纸上的布图方向均应一致。

4）建筑物的某些部分，如与投影面不平行（如圆形、折线形、曲线形等），可将该部分展开至与投影面平行，再以正投影法绘制，并应在图名后注写“展开”字样。

拓展阅读

建筑标准设计图集

国家建筑标准设计图集是中国建筑标准设计研究院受住房城乡建设部委托，为新产品、新技术、新工艺、新材料推广使用，对工程建设构配件与制品、建筑物、构筑物、工程设施、装置的通用设计文件，供建设单位依据工程实际需要自由选用。国家建筑标准设计现有建筑、结构、给水排水、暖通空调、动力、电气、弱电、人防工程及市政等专业数百册图集。这些标准设计质量高、方便使用，据统计，90% 的建筑工程采用标准设计，约占设计工作量的 40% ～ 60%，深受全国设计、施工、监理等单位的欢迎，对提高设计效率、保证工程质量、合理利用资源、推广先进技术、降低工程造价等具有重要作用。

建筑标准图集包括：国家建筑标准设计图集；适应不同区域和地方的建筑标准图集，如区域性建筑标准图集（包括华北标、华东标、华中标、西北标、东北标、中南标、西南标等）；地方建筑标准图集等。

图集适用于民用建筑和一般工业建筑的新建、改建和扩建工程。以建筑专业为例，编制重点为以下四类：

1）通用建筑构造做法图集，如《工程做法》《平屋面建筑构造》《外装修》《内装修》《建筑无障碍设计》《窗井、设备吊装口、排水沟、集水坑》《地沟及盖板》《钢梯》《楼梯　栏杆　栏板》等。

2）为了配合我国建筑行业新政策、新材料、新工艺而编制的图集，如《墙体节能建筑构造》《屋面节能建筑构造》《节能门窗》《建筑外遮阳》《公共建筑节能构造》《既有建筑节能改造》《太阳能热水器选用与安装》《压型钢板、夹芯板屋面与墙体建筑构造》等。

3）根据建筑性质分类编制，具有内容全面、便于查找的特点，如《住宅建筑构造》《钢结构住宅》《汽车库建筑构造》《老年人居住建筑》《体育场地与设施》《医疗建筑》《地方传统建筑》等。

4）设计指导类图集，如《民用建筑工程建筑施工图设计深度图样》《建筑防火设计规范图示》《高层民用建筑设计防火规范图示》《建筑幕墙》《双层幕墙》《玻璃采光顶》等。这些图集虽然不能直接在工程设计图纸中引用，但对工程技术工作起到了重要的指导作用。

如 11J930（图 5-26a）为《住宅建筑构造》、15J403-1（图 5-26b）为《楼梯　栏杆　栏板（一）》等。

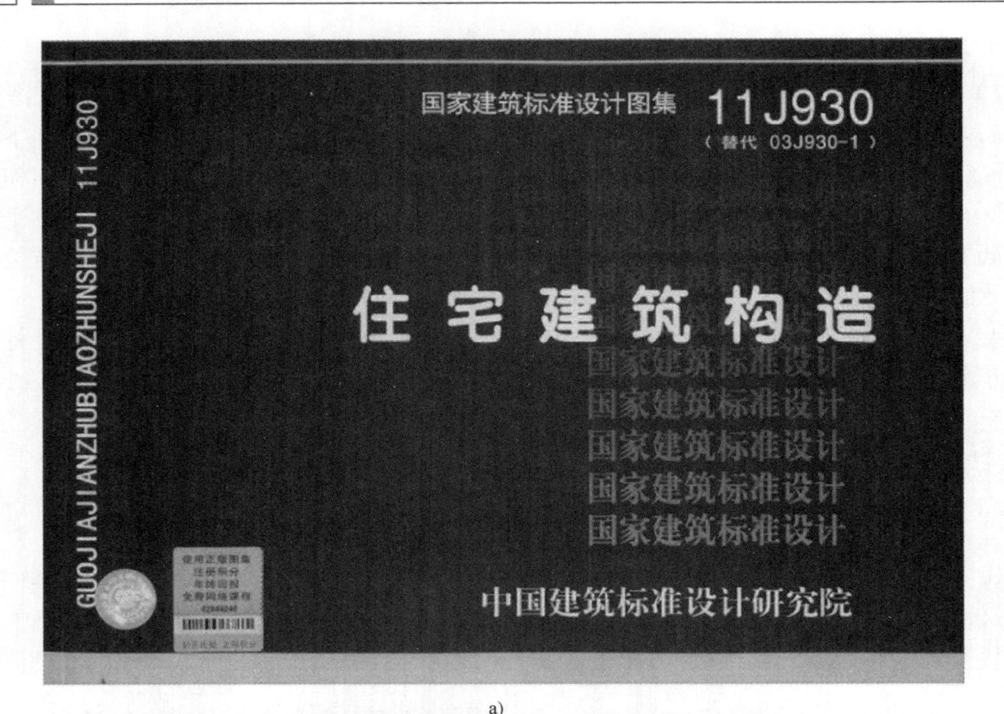

a)

b)

图 5-26 国家建筑标准设计图集

实训练习：浏览一套完整的建筑工程施工图，看懂标题栏内容，了解施工图的分类及主要内容，正确理解和掌握施工图中的常用符号和图例。

小　　结

1）建筑物一般由基础、墙（或柱）、楼地面、屋顶、门窗、楼梯六大部分组成。

2）一套完整的施工图一般包括图纸目录和设计总说明、建施、结施、设施、装施等内容。

3）工程图纸应按专业顺序编排，一般应为图纸目录、总图、建筑图、结构图、给水排水图、暖通空调图、电气图等。各专业的图纸应该按图纸内容的主次关系、逻辑关系有序排列。例如基本图在前、详图在后，布置图在前、构件图在后，总图在前、局部图在后，主要部分在前、次要部分在后等。

4）施工图常用的符号，如定位轴线、标高、索引符号和详图符号、引出线等的画法，应熟练掌握和运用。

5）应熟练掌握和运用常用建筑材料图例的画法。

思　考　题

1. 建筑物由哪几大部分组成？它们的作用分别是什么？

2. 施工图的分类有哪些？

3. 建筑工程施工图纸编排的顺序怎样？各专业图纸编排的原则是什么？

4. 施工图的图示特点有哪些？阅读施工图有哪些要求？

5. 什么是定位轴线、附加定位轴线？如何编号？

6. 什么是绝对标高和相对标高？建筑标高和结构标高各是什么？平面图、立面图、剖面图、总平面图等各种图样的标高符号怎样绘制？

7. 什么是索引符号和详图符号？它们二者的关系是什么？

8. 常用的建筑材料图例如何绘制？

项目 6　建筑施工图识读与绘制

学习目标：通过本项目的学习，要求学生能较熟练地阅读和绘制一般的建筑施工图，并熟练掌握建筑制图标准的相关内容及常用的各种符号和图例。

任务：正确识读本项目住宅的建筑施工图，并绘制下列图样：底层平面图　1∶100；①～⑮立面图　1∶100；1—1 剖面图　1∶100；墙身详图　1∶20；楼梯详图（各层平面图、2—2 剖面图）1∶50。

要求采用 A2 图纸，图面整洁美观，绘制正确，符合制图标准要求。

建筑施工图主要用来表示建筑物的位置、建筑功能布局、房间布置、内部空间、外部造型、内外装饰、建筑构造做法等内容。建筑施工图是建筑工程施工图中的基本图样，也是其他各专业施工图设计的依据。

建筑施工图一般包括封面、首页图（设计说明、图纸目录、门窗表等）、总平面图、建筑平面图、建筑立面图、建筑剖面图、建筑详图等。

本项目以某六层住宅楼为例，说明建筑施工图的图示内容及读图与制图方法。

6.1　设计说明

设计说明一般安排在首页，用文字或表格方式介绍工程概况，如平面形式、位置、层数、建筑面积、结构形式以及各部分构造做法等。如采用标准图集时，应说明所在图集号及页次、编号，以便查阅。

首页除设计说明之外，一般还列出门窗表、图纸目录、图集目录等。

图 6-1 为设计说明示例，图 6-2 为门窗表示例。

设 计 说 明

一、设计依据

1. 建设单位认可的建筑方案图及建设单位提供的相关设计资料。

2. 本图建筑部分执行设计标准有：

《民用建筑设计统一标准》(GB 50352—2019)、《住宅设计规范》(GB 50096—2011)、《建筑设计防火规范》(GB 50016—2014)、《民用建筑热工设计规范》(GB 50176—2016)、《夏热冬冷地区居住建筑节能设计标准》(JGJ 134—2010)。

二、工程概况

1. 本工程为 ×× 学院住宅楼，六层，顶层带阁楼。

2. 本工程建筑高度 22.250m，总建筑面积为 1542.89m^2，阳台面积：141.89m^2。

3. 本工程为砖混结构，6 度抗震设防，耐火等级二级，

图 6-1　设计说明

屋面防水等级二级，耐久年限二级；设计合理使用年限 50 年。

三、本工程室内外高差为 0.750m，室内标高 ±0.000，根据施工现场确定。

四、主要工程做法

1. 墙体工程：本工程墙体除注明外，均为 240mm 厚砖墙。

2. 屋面工程：

平屋面做法详见 14J206 中的 ZW6，其中上人处种植土取消。种植介质采用蛭石蚯蚓土 300mm 厚。

坡屋面做法详见 09J202-1 中的 Pa5。

3. 外墙装修：

（1）做法详见 15ZJ001 外墙 7（面砖）。外墙 11（立邦漆）颜色见立面图。

（2）除注明外，窗套宽 80mm，做法参照 11ZJ901 第 25 页详②。

4. 室内装修：选用 15ZJ001

（1）楼地面选用：厨房、卫生间为地 201 楼 201（300mm×300mm 防滑地砖）。

其余房间地面均为地 101 楼 101（毛糙）。

楼梯间：地 101 楼 101。

（2）内墙面装饰装修：

楼梯间：内墙面选用：内墙 4，涂307；平顶选用：顶 2，涂 307。

厨房、卫生间：内墙 6，顶 3，涂 307。

其他房间：内墙面选用：内墙 4，外用腻子抹平；平顶选用：内墙 4。

分户墙选用：内墙 4。外墙内侧选用：内墙 4。

（3）踢脚、墙裙做法：厨房、卫生间墙裙为裙 11 满贴（面砖尺寸及颜色由甲方定），其余均为踢 1（毛糙）。

（4）内墙护角选用 11ZJ501 第 22 页①。

5. 门窗工程：详见门窗表。窗采用 B 型铝塑复合节能门窗 60 系列平开窗。玻璃均为 6mm+12A+6mm，双层中空玻璃。木门与墙内皮平，窗均居中安装。

6. 油漆工程：

选用 15ZJ001 图集，木门为涂 101，内外均为乳白色。所有外露铁件均除锈后刷防锈漆再做油漆，做法按 15ZJ001 第 102 页涂 205。

7. 排水工程：

平屋面采取有组织排水，女儿墙出水口做法参照 15ZJ201 第 22 页详②。雨水配件均采用 PVC 制品，其组合参见 15ZJ201 第 18 页① DN=110。

五、其他

（1）图中梁、板、柱、楼梯等结构构件均以结施图为准。

（2）用 1 ：2 水泥砂浆在檐口板、雨篷及窗台等部位迎水面抹出 1% 泛水，背水面抹出滴水线，做法按 11ZJ901 第 25 页。

（3）墙体防潮层由地圈梁代替。

（4）黑色铸铁构件样式由甲方选定，预埋件焊接参照 11ZJ411 $\frac{A}{37}$。

（5）厨房排烟道做法参照 2017YJ205 ZRFA−1。

（6）底层需加防盗措施，由甲方定。

（7）外墙颜色由施工现场出样板由甲方定。

（8）空调冷凝水设集中下水管，统一由 100mm 长 $\phi50$ 斜三通或者斜四通接入雨水管，空调穿墙管做法参照 11ZJ901 $\frac{ab}{29}$。

（9）厨房、卫生间洁具布置只示意位置，由用户自理。

（10）阳台晒衣架由甲方自理。

（11）暖气管道井随砌随抹，参照 15ZJ001 内墙 4。

六、建筑节能

（1）本建筑物为条形建筑，其体形系数为 $0.32<0.35$。

（2）本建筑物外墙内侧均粉刷聚氨酯泡沫塑料保温砂浆，总厚度为 12mm。外墙传热系数 1.27W/（m^2·K），外墙热惰性指标为 D=2.7。窗采用中空玻璃铝塑复合，气密性等级为三级，其传热系数为 3.9W/（m^2·K）。

（3）屋面保温层，其传热系数为 0.56W/（m^2·K），热惰性指标为 D=2.7。

（4）窗墙比：南向为 0.31，北向为 0.37，东向为 0.03，西向为 0.03。

七、本图纸及说明未详尽之处应严格遵守国家现行建筑施工安装及验收规范。

图 6-1　设计说明（续）

类别	设计编号	洞口尺寸 宽 /mm× 高 /mm	樘 数	标准图集及编号	备 注
窗	C-1	3100×1800	24	见建施 06	1. C-1 为凸窗，宽为展开尺寸，垂直墙面段为固定扇并加 600mm 高护栏，做法参照 11ZJ401 第 16 页楼梯栏杆做法 2. MC-1 采用 5mm 毛玻璃 3. C-5 为弧形窗，C-7 为弧形窗 4. M-1 为防盗门，M-4 为检修门，其余木门只做门框（除 M-4 外），内门窗属二次装修
	C-2	1500×1500	16	12YJ4-1 PC1-1515	
	C-3	1200×1500	12	12YJ4-1 PC1-1215	
	C-4	900×1500	12	12YJ4-1 PC1-0915	
	C-5	1500×1200	1	12YJ4-1 YC-1512	
	C-6	600×1030	2	固定扇	
	C-7	2700×1350	2	见建施 06	
	C-8	1200×600	2	12YJ4-1 PC1-1206	
门	M-1	1000×2100	12		
	M-1′	1000×2100	2	12YJ4-1 PM-1021	
	M-2	900×2100	36	12YJ4-1 PM-0921	
	M-2′	900×2000	2	参照 12YJ4-1 PM1-0921	
	M-3	800×2100	12	12YJ4-1 PM-0821	
	M-4	600×2000	12	12YJ4-1 PM-0620	
	TLM-1	2700×2620	10	见建施 06	
	TLM-1′	2700×2730	2	见建施 06	
	TLM-2	2100×2100	12	见建施 06	
	TLM1-3	1800×2590	12	见建施 06	
	MC-1	1680×2780	10	见建施 06	
	MC-1′	1680×2830	2	见建施 06	

图 6-2 门窗表

梁思成所绘五台山佛光寺平面略图

佛光寺在南台豆村镇东北约五公里之佛光山中。伽蓝依岩布置，正殿踞于高台之上，俯临庭院，东南北三面峰峦环抱，唯西向朗阔，故寺门正殿均西向。寺门内庭院广阔，大部荒顿，左右两侧，北向者为文殊殿五间，结构奇绝，细查各项手法，则属北宋形制。南向者旧有普贤殿对峙，寺僧已不忆毁于何时，今殿址仅立厩舍数楹而已。山门卑小，称韦陀殿，为近世草率重修。旧有山门相传焚于清光绪年间。文殊普贤两殿间庭院中，残砖茂草，经幢屹立，唐乾符四年物也。两殿之东至正殿台下距离颇远，各为四合小院。小院东房皆为砖砌窑室七券，简陋殊甚，南北为清式小阁殿堂，为今僧舍客堂。

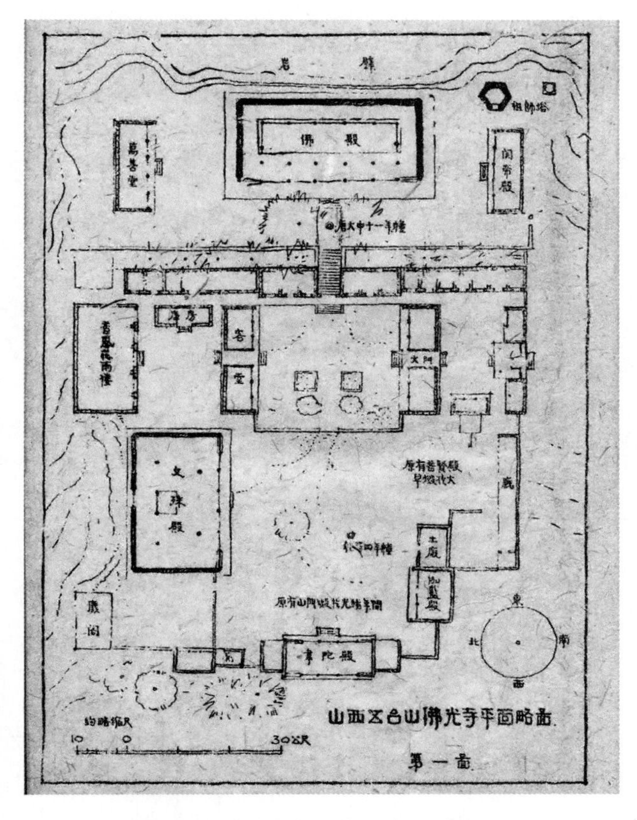

梁思成所绘五台山佛光寺平面略图

6.2　总平面图

将新建工程所在基地一定范围内的新建、原有和拆除的建筑物、构筑物连同其周围的地形状况，用水平投影图的方法和相应的图例所画出的图样，即为总平面图。它反映上述建筑的平面形状、位置、朝向和与周围环境的关系，因此是新建建筑施工定位、放线、土方施工、场地布置及管线设计的重要依据。

6.2.1　总平面图图示内容

1）图名、比例。

2）应用图例来表明新建、扩建或改建区域的总体布局，表明各建筑物及构筑物的位置，道路、广场、室外场地和绿化，河流、池塘等的布置情况以及各建筑物的层数等。在总平面图上一般应画上所采用的主要图例及其名称。对于需要自定的图例，必须在总平面图中绘制清楚，并注明其名称。

3）确定新建或扩建工程的具体位置，一般根据原有房屋或道路来定位，并以 m 为单位标注其定位尺寸。

当新建的成片建筑物、构筑物或其所在场地地形较复杂时，往往用坐标来确定建筑物及道路转折点的位置，此时应画出测量坐标网（坐标代号 X、Y）或施工坐标网（坐标代号 A、

B），并标注新建筑的定位坐标。地形起伏较大的地区，还应画出地形等高线。

4）注明新建建筑物底层室内地面和室外已整平的地面的绝对标高、建筑物层数（常用黑色小圆点表示层数）。

5）用指北针或风向频率玫瑰图来表示建筑物、构筑物等的朝向和该地区的常年风向频率及风速。

6）绿化布置。

6.2.2 规定画法

1）比例：由于总平面图所包括的区域大，所以常采用 1∶500、1∶1000、1∶2000、1∶5000 等较小比例绘制。

2）图例：总平面图的常用图例见表 6-1。

表 6-1 总平面图常用图例

序号	名称	图 例	备 注
1	新建建筑物	X= Y= ① 12F/2D H=59.00m	新建建筑物以粗实线表示与室外地坪相接处 ±0.00 外墙定位轮廓线 建筑物一般以 ±0.00 高度处的外墙定位轴线交叉点坐标定位。轴线用细实线表示，并标明轴线号 根据不同设计阶段标注建筑编号，地上、地下层数，建筑高度，建筑出入口位置（两种表示方法均可，但同一图纸采用一种表示方式） 地下建筑物以粗虚线表示其轮廓 建筑上部（±0.00 以上）外挑建筑用细实线表示 建筑物上部连廊用细虚线表示并标注位置
2	原有建筑物		用细实线表示
3	计划扩建的预留地或建筑物		用中粗虚线表示
4	拆除的建筑物		用细实线表示
5	建筑物下面的通道		—

（续）

序号	名称	图　例	备　注
6	散状材料 露天堆场	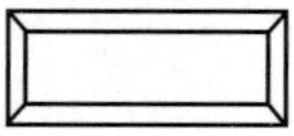	需要时可注明材料名称
7	其他材料 露天堆场或 露天作业场	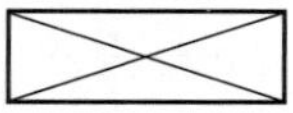	需要时可注明材料名称
8	铺砌场地	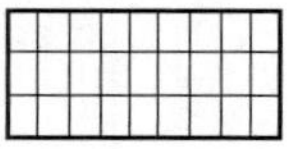	—
9	敞棚或敞廊	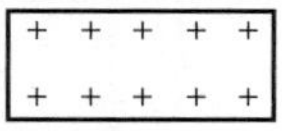	—
10	围墙及大门		—
11	挡土墙	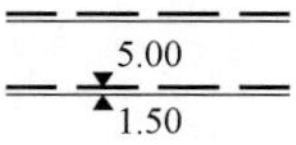 5.00 1.50	挡土墙根据不同设计阶段的需要标注 墙顶标高 墙底标高
12	挡土墙上 设围墙		—
13	台阶及无障碍 坡道	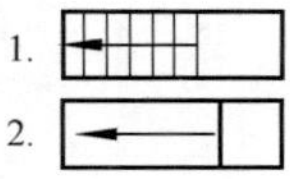 1. 2.	1. 表示台阶（级数仅为示意） 2. 表示无障碍坡道
14	坐标	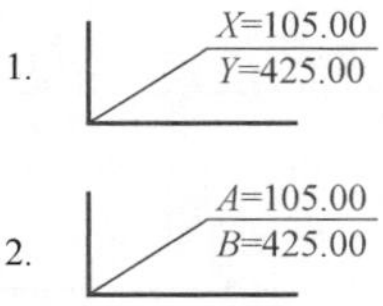 1. X=105.00 Y=425.00 2. A=105.00 B=425.00	1. 表示地形测量坐标系 2. 表示自设坐标系 坐标数字平行于建筑标注
15	方格网 交叉点标高	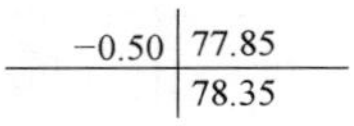 −0.50 | 77.85 78.35	“78.35”为原地面标高 “77.85”为设计标高 “-0.50”为施工高度 “−”表示挖方（“+”表示填方）
16	室内 地坪标高	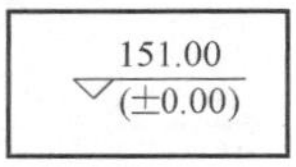 151.00 (±0.00)	数字平行于建筑物书写
17	室外 地坪标高	 143.00	室外标高也可采用等高线

（续）

序号	名称	图　例	备　注
18	盲道		—
19	地下车库入口		机动车停车场
20	地面露天停车场		—
21	露天机械停车场		—
22	新建的道路	R=6.00 0.30% 100.00 107.50	“R=6.00”表示道路转弯半径；“107.50”为道路中心线交叉点设计标高，“.”及“+”两种表示方式均可，同一图纸采用一种方式表示；“100.00”为变坡点之间距离，“0.30%”表示道路坡度，—表示坡向
23	道路断面	1. 2. 3. 4.	1. 为双坡立道牙 2. 为单坡立道牙 3. 为双坡平道牙 4. 为单坡平道牙
24	原有道路		—
25	计划扩建的道路		—
26	拆除的道路		—
27	人行道		—
28	针阔混交林		—

（续）

序号	名称	图 例	备 注
29	落叶灌木林		—
30	整形绿篱		—
31	草坪	1. 2. 3.	1. 草坪 2. 自然草坪 3. 人工草坪
32	植草砖		—
33	土石假山		包括“土包石”“石抱土”及假山
34	独立景石		—
35	自然水体		表示河流，以箭头表示水流方向
36	人工水体		—

（续）

序号	名称	图　例	备　注
37	喷泉		—

3）总平面图的位置确定

① 定向：总平面图应按上北下南方向绘制。根据场地形状或布局，可向左或右偏转，但不宜超过 45°。图中应绘制指北针或风玫瑰图。

② 定位：总平面图中新建建筑物以坐标定位或采用相对尺寸定位。

建筑物、构筑物、道路等应标注下列部位的坐标或定位尺寸：建筑物、构筑物的定位轴线（或外墙面）或其交点；圆形建筑物、构筑物的中心；道路的中线或转折点等。

在一张图上，主要建筑物、构筑物用坐标定位时，较小的建筑物、构筑物也可用相对尺寸定位。

③ 定高：总平面图中标注的标高应为绝对标高。如标注相对标高，则应注明相对标高与绝对标高的换算关系。应标注建筑物室内地坪，即标注建筑图中 ±0.000 处的标高，对不同高度的地坪，分别标注其标高；标注道路路面中心交点及变坡点的标高等。

4）计量单位

总平面图中的坐标、标高、距离宜以 m 为单位，并应至少取至小数点后两位，不足时以“0”补齐。

5）名称和编号

总平面图上的建筑物、构筑物应注写名称，名称宜直接标注在图上。当图样比例小或图面无足够位置时，也可编号列表编注在图内。一个工程中，整套图纸所注写的场地、建筑物、构筑物、道路等的名称应统一，各设计阶段的上述名称和编号应一致。

6.2.3 总平面图图示实例

图 6-3 所示为某居住小区一角的规划总平面图。

从图名可知该总平面图选用比例 1 : 500，图中粗实线表示新建房屋的轮廓线；细实线表示的是原有住宅的平面轮廓、道路和绿化。

各住宅平面图内右上角的小黑圆点数表示了房屋的层数（此处为六层）。右下角的风向频率玫瑰图既表示该地区的风向频率，又表明总平面图内建筑物、构筑物的朝向。从图中可知该地区全年最大风向频率为东北风，夏季为西南风。在小区围墙外南、东、北三个方向均有道路。

新建住宅的定位以小区最南面和最东面原有住宅为基准，新建筑距最东面原建筑物 15.90m，距最南面原建筑物 18.60m。该幢新建住宅东西向总长为 22.64m，南北向总宽为 14.00m，共六层。小区范围较小，地势平坦，室外平整后地面的绝对标高为 36.15m。区内道路注有宽度尺寸。道路与建筑物之间为绿化地带。北面设有与城市道路相通的小区交通出入口。

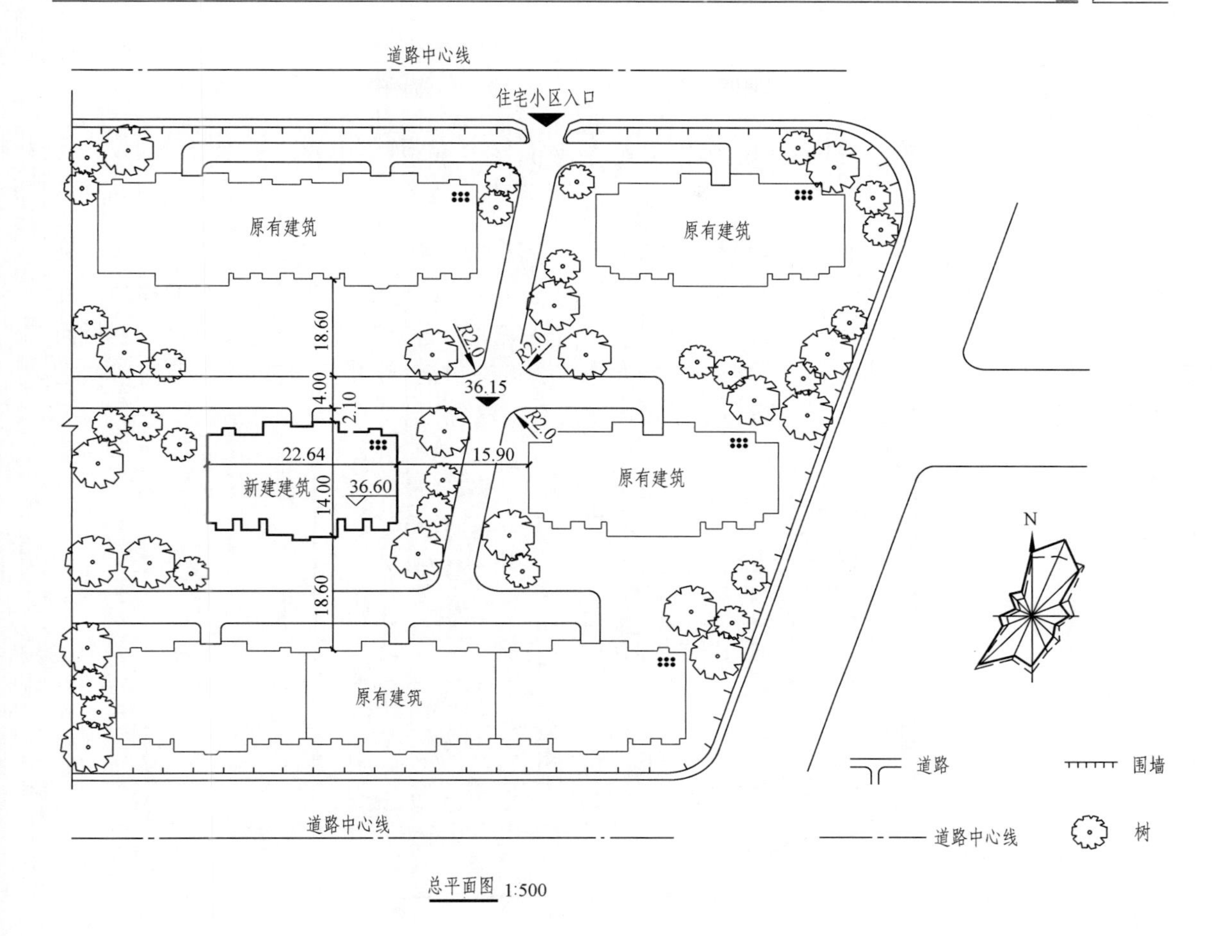

图 6-3 总平面图

从图中所注写的标高还可知该地区的地势高低，雨水排除方向，图 6-3 中拟建房屋底层室内地面标高为 36.60m。即室内 ±0.000 相当于绝对标高 36.60m。房屋底层室内地面标高是根据房屋所在位置附近的标高并估算填挖土方量基本平衡而决定的。

6.3 建筑平面图

假想用一水平的剖切平面沿门窗洞的位置将房屋剖切开，作出剖切面以下部分剩余建筑形体的水平投影，即为建筑平面图，简称平面图。

建筑平面图反映房屋的平面形状、大小和房间的布置及组合关系，墙、柱的位置、厚度和材料，门窗的类型和位置等情况。建筑平面图是放线、砌墙、安装门窗等的重要依据，是建筑工程施工图中最基本的图样之一。

拓展阅读

梁思成所绘五台山佛光寺平面图、仰视平面图

平面

殿平面广七间，深四间，由檐柱一周及内柱一周合成，略如宋《营造法式》，所谓“金箱斗底槽”者。内槽深两间广五间之面积内，更别无立柱。外槽绕内槽周匝，在檐柱与内柱之间，深一间，略如回廊，沿后内柱中线，依六内柱砌“扇面墙”尽五间之长，更左右折而前，三面绕拥如巨屏，其中为巨大佛坛，上立佛菩萨像三十余尊。扇面墙以外，即内槽左右及后面之外槽中，依两山及后檐墙砌台三级，设五百罗汉像焉。

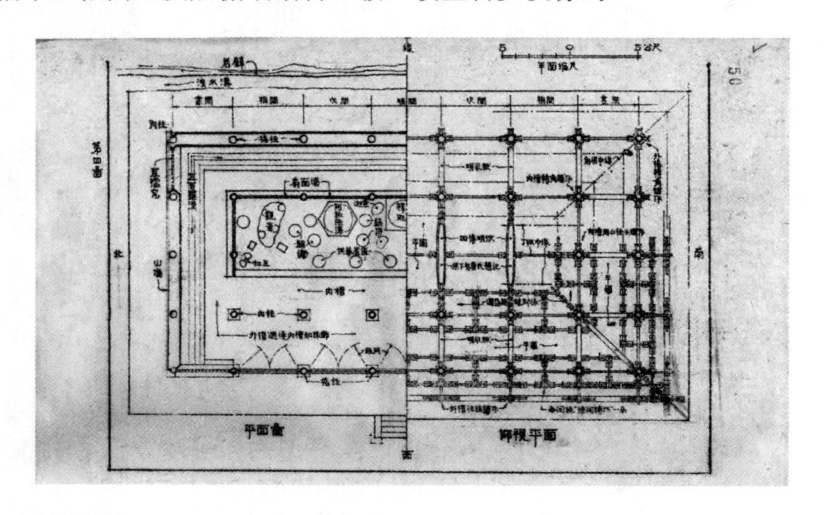

6.3.1 建筑平面图的命名

一般来说，房屋有几层就应画出几个平面图，并分别以楼层命名，如底层平面图、二层平面图、三层平面图、顶层平面图等。如上下各层的房间数量、大小和布置等都相同，则对应楼层可用一个平面图表示，称为标准层平面图。

此外，一般还应画出屋顶平面图，有时还需画出局部平面图。

6.3.2 建筑平面图图示内容

1）图名、比例。

2）墙、柱、门窗位置及编号，房间的名称或编号。

3）纵横定位轴线及其编号。

4）尺寸标注和标高，以及某些坡度及其下坡方向的标注。

5）电梯、楼梯位置及楼梯的上下方向。

6）其他构配件，如阳台、雨篷、管道井、雨水管、散水、花池等的位置、形状和尺寸。

7）卫生器具、水池、工作台等固定设施的布置等。

8）底层平面图中应表明剖面图的剖切符号（剖切位置线和剖视方向线及其编号），表

示房间朝向的指北针。

9）详图索引符号。

10）屋顶平面图主要表示屋顶的平面布置情况，如屋面排水组织形式、雨水管的位置以及水箱、上人孔等设施布置情况等。

6.3.3　建筑平面图规定画法

1）平面图中被剖切到的主要建筑构造采用粗实线，被剖切到的次要建筑构造采用中实线，没有被剖切到但是投影方向可以看到的建筑构造采用细实线或中实线。其他图例或符号的图线详见 GB/T 50001—2017 的相关规定。

2）建筑物的平面图、立面图、剖面图的比例可选用 1∶50、1∶100、1∶150、1∶200、1∶300。

3）图例见表 6-2。

表 6-2　构造及配件图例

序号	名称	图　例	备　注
1	墙体	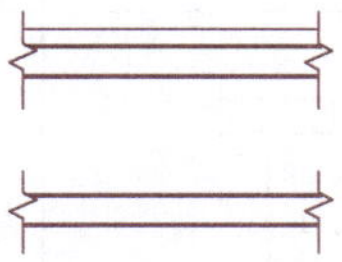	1. 上图为外墙，下图为内墙 2. 外墙细线表示有保温层或有幕墙 3. 应加注文字或涂色或图案填充表示各种材料的墙体 4. 在各层平面图中防火墙宜着重以特殊图案填充表示
2	隔断		1. 加注文字或涂色或图案填充表示各种材料的轻质隔断 2. 适用于到顶与不到顶隔断
3	玻璃幕墙		幕墙龙骨是否表示由项目设计决定
4	栏杆		—
5	楼梯	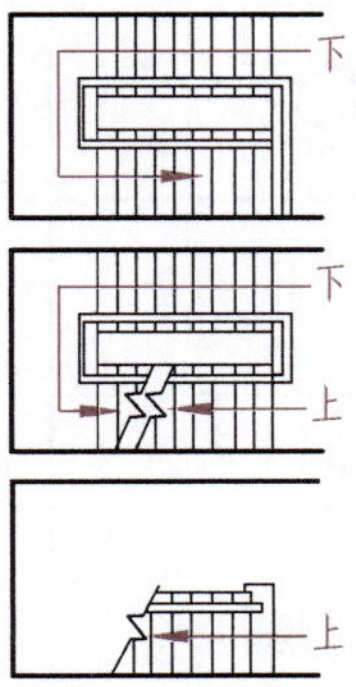 下 下 上 上	1. 上图为顶层楼梯平面，中图为中间层楼梯平面，下图为底层楼梯平面 2. 需设置靠墙扶手或中间扶手时，应在图中表示

（续）

序号	名称	图例	备注
6	坡道	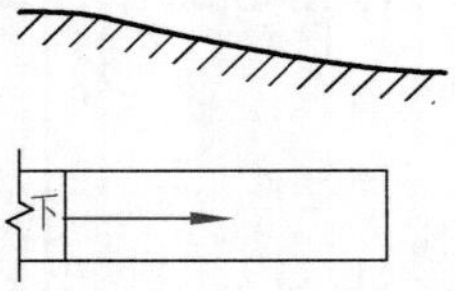 下	长坡道
		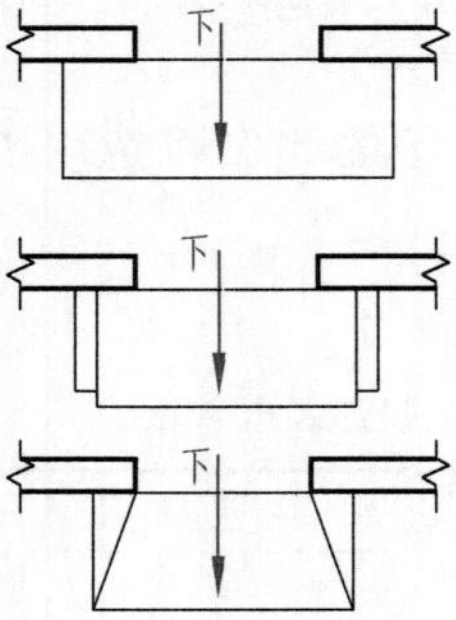 下 下 下	上图为两侧垂直的门口坡道，中图为有挡墙的门口坡道，下图为两侧找坡的门口坡道
7	台阶	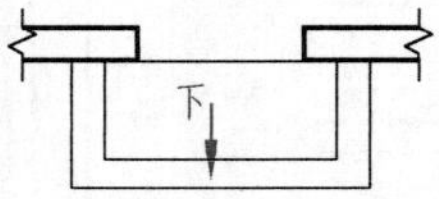 下	—
8	平面高差	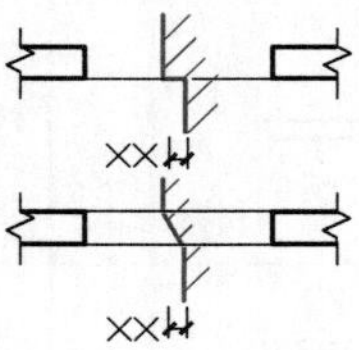 ×× ××	用于高差小的地面或楼面交接处，并应与门的开启方向协调
9	检查口		左图为可见检查口，右图为不可见检查口
10	孔洞		阴影部分可填充灰度或涂色代替
11	坑槽		—
12	墙预留洞、槽	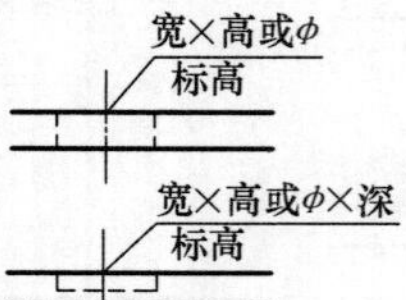 宽×高或ϕ 标高 宽×高或ϕ×深 标高	1. 上图为预留洞，下图为预留槽 2. 平面以洞（槽）中心定位 3. 标高以洞（槽）底或中心定位 4. 宜以涂色区别墙体和预留洞（槽）

（续）

序号	名称	图　例	备　注
13	地沟	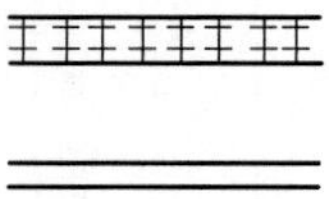	上图为有盖板地沟，下图为无盖板明沟
14	烟道	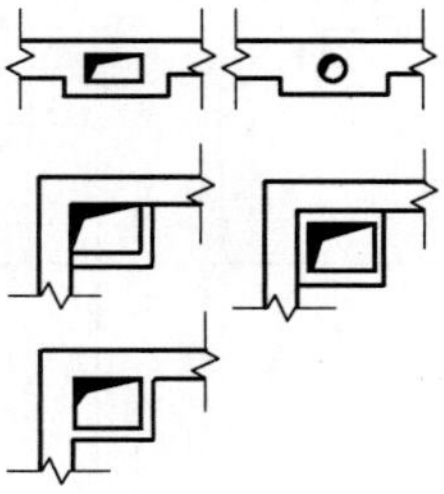	1. 阴影部分可填充灰度或涂色代替 2. 烟道、风道与墙体为相同材料，其相接处墙身线应连通 3. 烟道、风道根据需要增加不同材料的内衬
15	风道	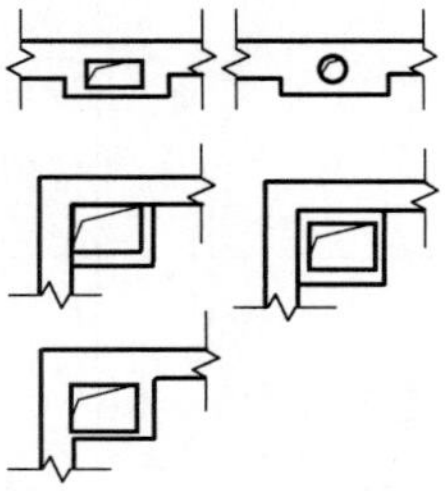	
16	新建的墙和窗	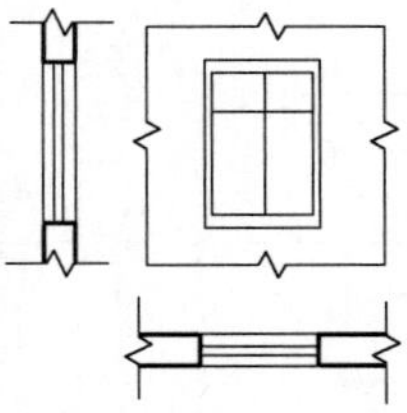	—
17	改建时保留的墙和窗	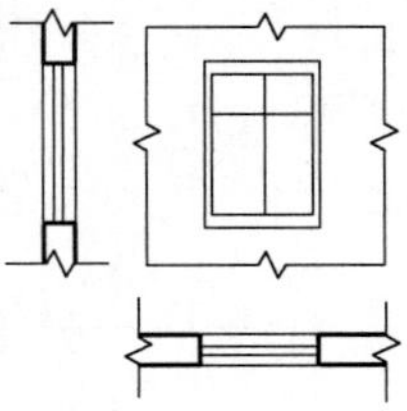	只更换窗，应加粗窗的轮廓线
18	拆除的墙	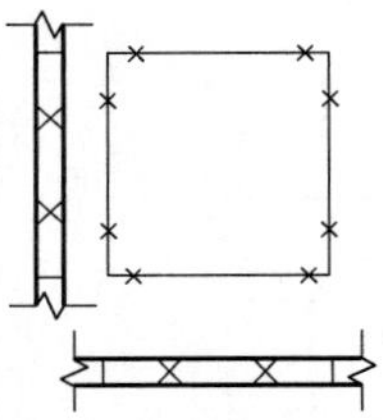	—

（续）

序号	名称	图　例	备　注
19	改建时在原有墙或楼板上新开的洞	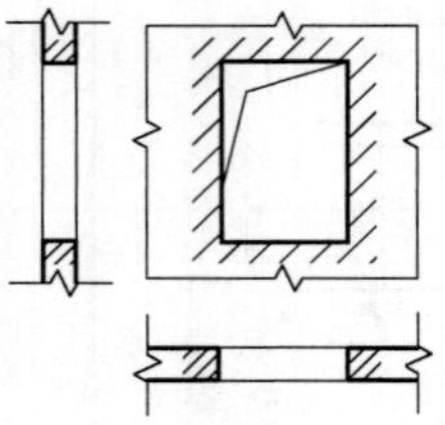	—
20	在原有墙或楼板洞旁扩大的洞	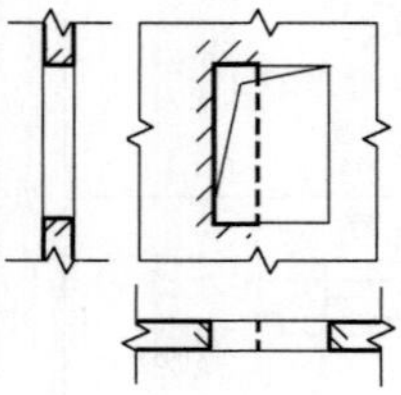	图示为洞口向左边扩大
21	在原有墙或楼板上全部填塞的洞	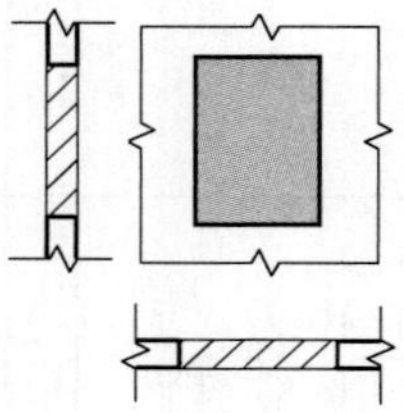	全部填塞的洞 图中立面填充灰度或涂色
22	在原有墙或楼板上局部填塞的洞	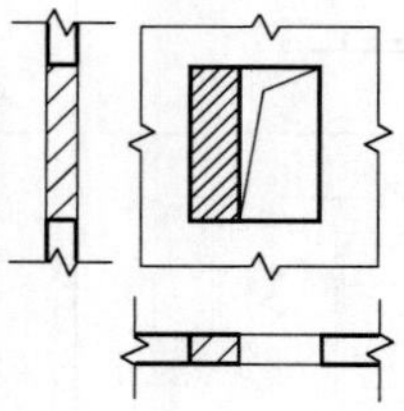	左侧为局部填塞的洞 图中立面填充灰度或涂色
23	空门洞	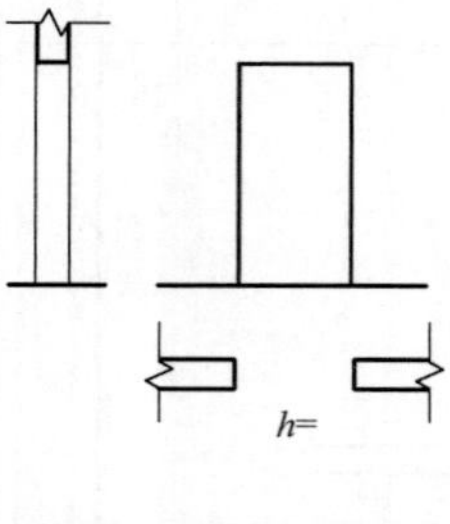 h=	h 为门洞高度

（续）

序号	名称	图　例	备　注
24	单面开启单扇门（包括平开或单面弹簧）	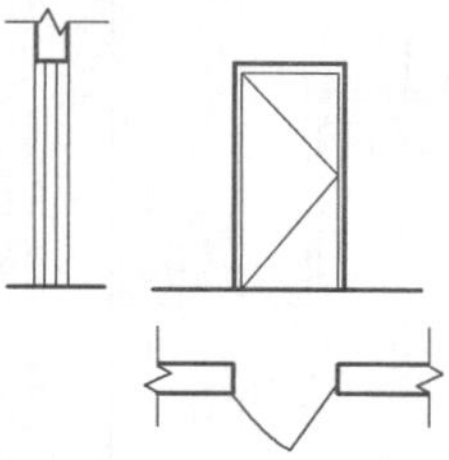	1. 门的名称代号用 M 表示 2. 平面图中，下为外，上为内。门开启线为 90°、60° 或 45°，开启弧线宜绘出 3. 立面图中，开启线实线为外开，虚线为内开，开启线交角的一侧为安装合页一侧。开启线在建筑立面图中可不表示，在立面大样图中可根据需要绘出 4. 剖面图中，左为外，右为内 5. 附加纱扇应以文字说明，在平、立、剖面图中均不表示 6. 立面形式应按实际情况绘制
	双面开启单扇门（包括双面平开或双面弹簧）	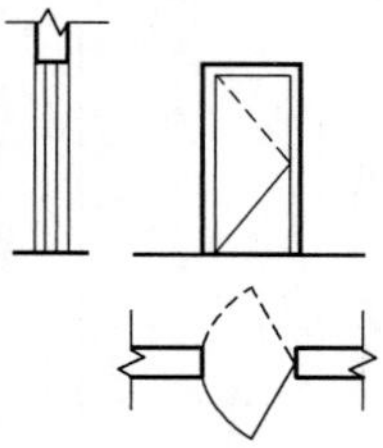	
	双层单扇平开门	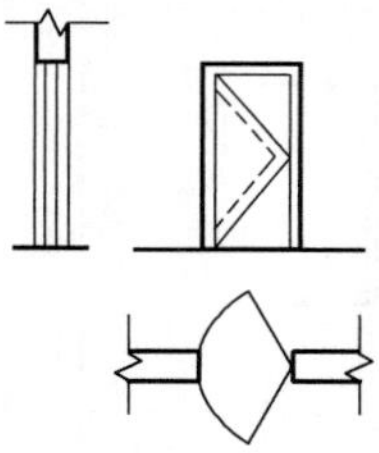	
25	单面开启双扇门（包括平开或单面弹簧）	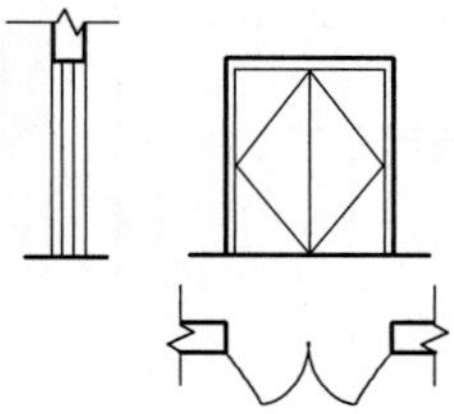	1. 门的名称代号用 M 表示 2. 平面图中，下为外，上为内。门开启线为 90°、60° 或 45°，开启弧线宜绘出 3. 立面图中，开启线实线为外开，虚线为内开。开启线交角的一侧为安装合页一侧。开启线在建筑立面图中可不表示，在立面大样图中可根据需要绘出 4. 剖面图中，左为外，右为内 5. 附加纱扇应以文字说明，在平、立、剖面图中均不表示 6. 立面形式应按实际情况绘制
	双面开启双扇门（包括双面平开或双面弹簧）	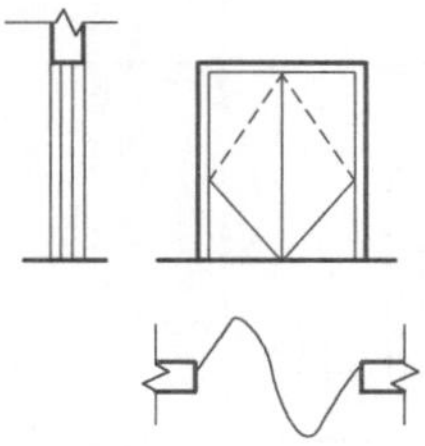	
	双层双扇平开门	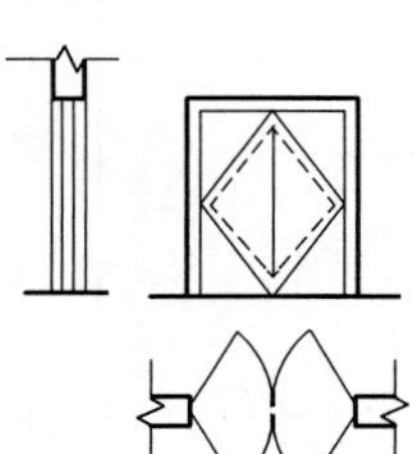	

（续）

序号	名称	图 例	备 注
26	折叠门	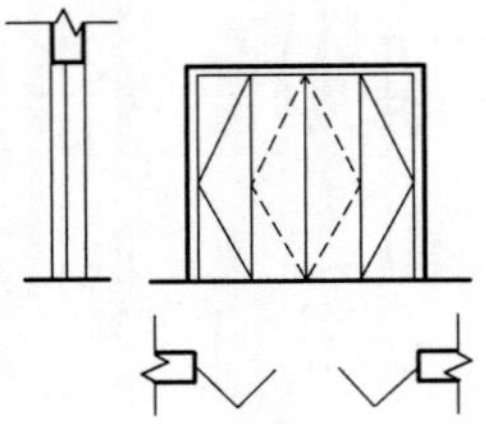	1. 门的名称代号用M表示 2. 平面图中，下为外，上为内 3. 立面图中，开启线实线为外开，虚线为内开。开启线交角的一侧为安装合页一侧 4. 剖面图中，左为外，右为内 5. 立面形式应按实际情况绘制
	推拉折叠门	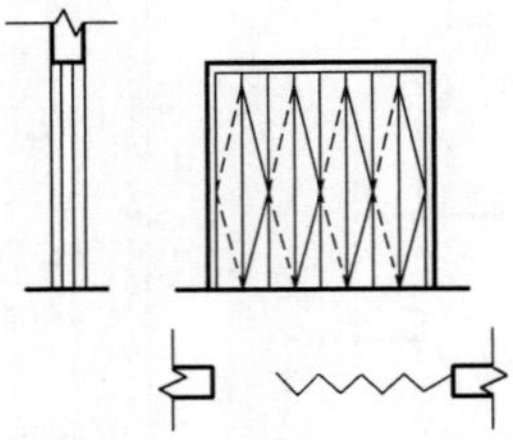	
27	墙洞外单扇推拉门	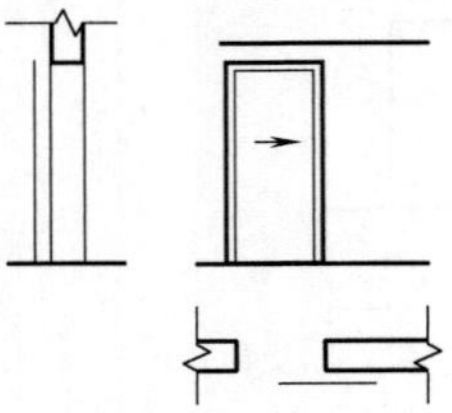	1. 门的名称代号用M表示 2. 平面图中，下为外，上为内 3. 剖面图中，左为外，右为内 4. 立面形式应按实际情况绘制
	墙洞外双扇推拉门	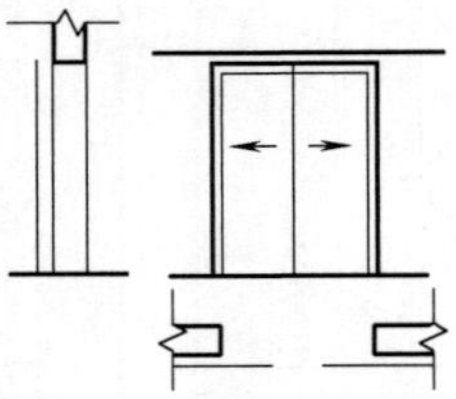	
	墙中单扇推拉门	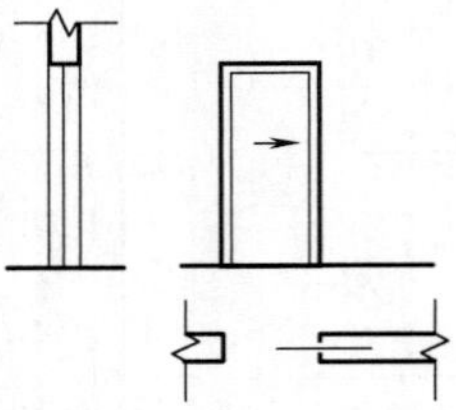	1. 门的名称代号用M表示 2. 立面形式应按实际情况绘制
	墙中双扇推拉门	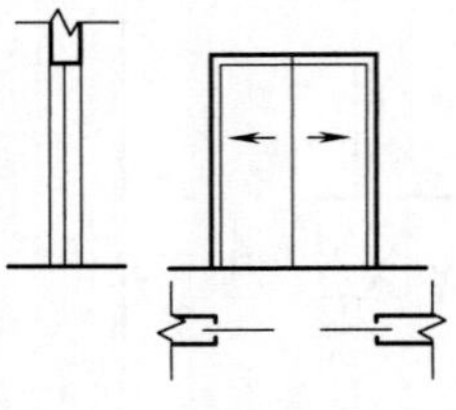	

（续）

序号	名称	图　例	备　注
28	推杠门	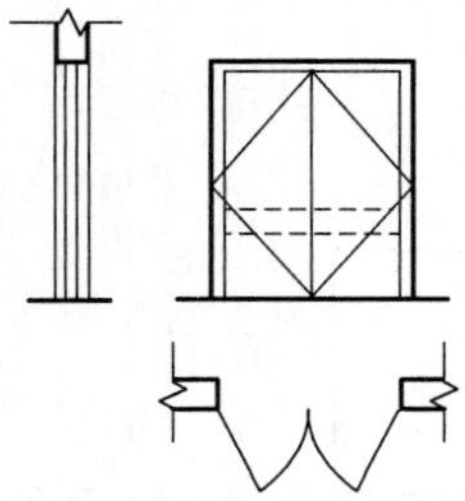	1. 门的名称代号用 M 表示 2. 平面图中，下为外，上为内。门开启线为 90°、60° 或 45° 3. 立面图中，开启线实线为外开，虚线为内开。开启线交角的一侧为安装合页一侧。开启线在建筑立面图中可不表示，在室内设计门窗立面大样图中需绘出 4. 剖面图中，左为外，右为内 5. 立面形式应按实际情况绘制
29	门连窗	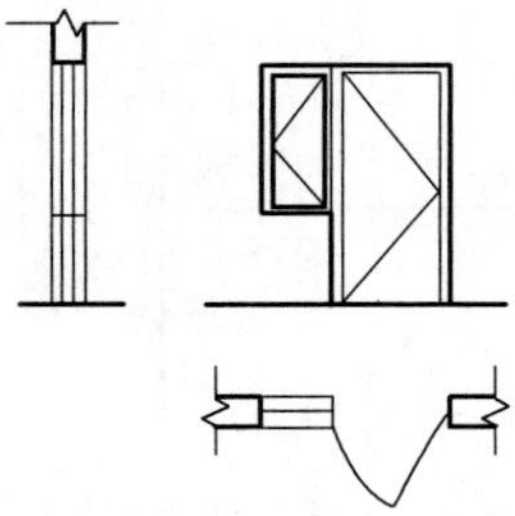	
30	旋转门	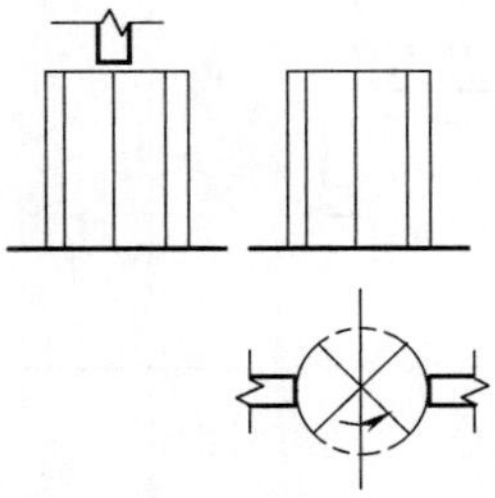	1. 门的名称代号用 M 表示 2. 立面形式应按实际情况绘制
	两翼智能旋转门	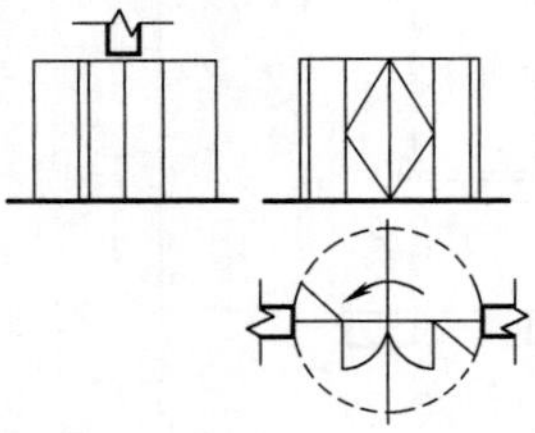	
31	自动门	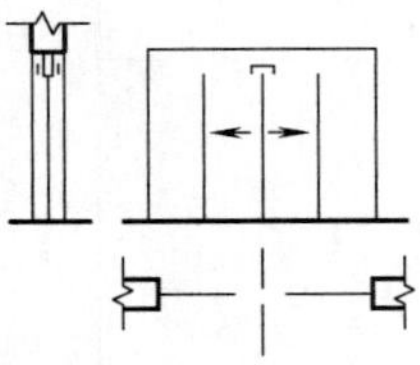	1. 门的名称代号用 M 表示 2. 立面形式应按实际情况绘制
32	折叠上翻门	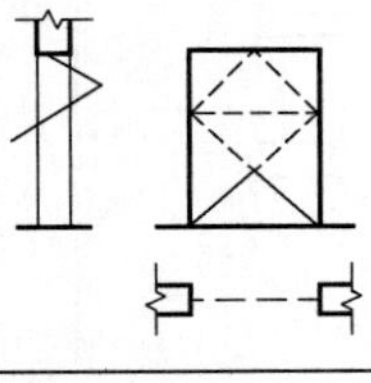	1. 门的名称代号用 M 表示 2. 平面图中，下为外，上为内 3. 剖面图中，左为外，右为内 4. 立面形式应按实际情况绘制

（续）

序号	名称	图　例	备　注
33	提升门	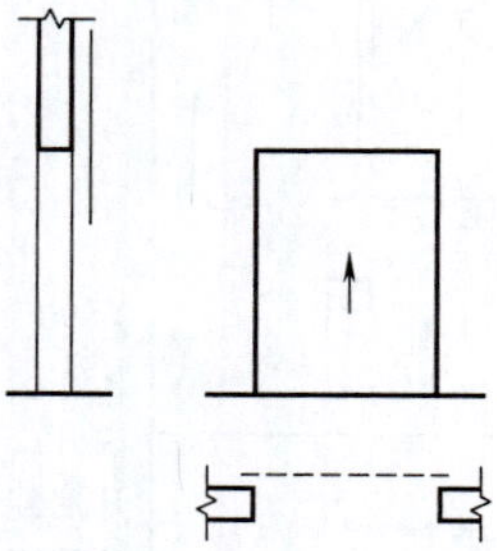	1. 门的名称代号用 M 表示 2. 立面形式应按实际情况绘制
34	分节提升门	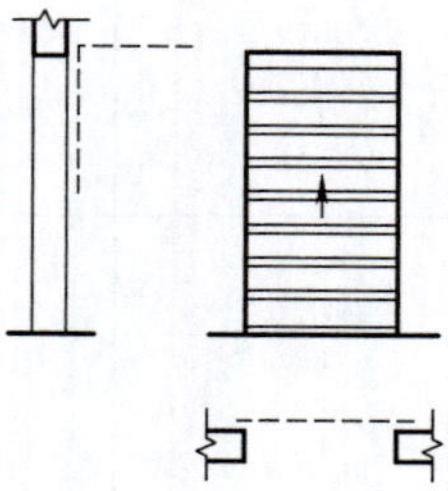	
35	人防单扇防护密闭门	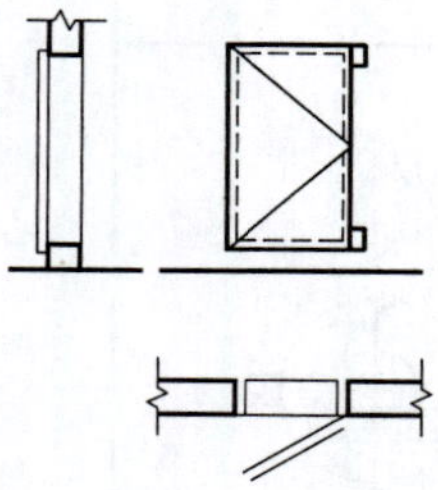	1. 门的名称代号按人防要求表示 2. 立面形式应按实际情况绘制
	人防单扇密闭门	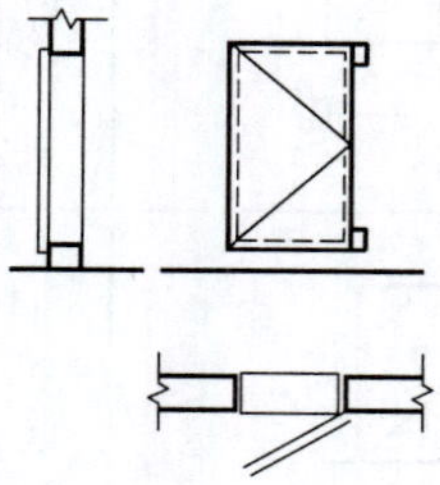	

（续）

序号	名称	图例	备注
36	人防双扇防护密闭门	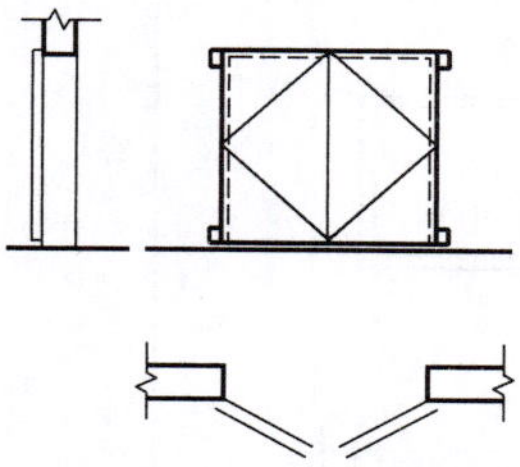	1. 门的名称代号按人防要求表示 2. 立面形式应按实际情况绘制
	人防双扇密闭门	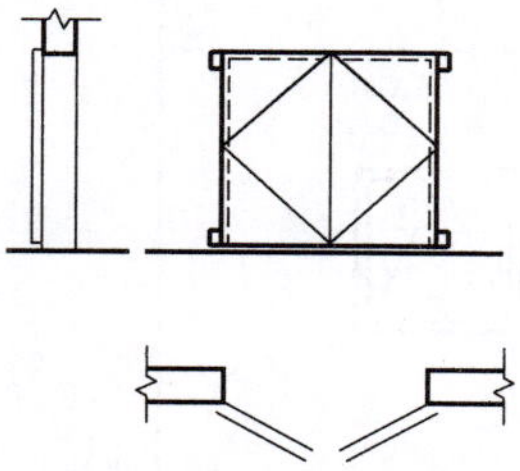	
37	横向卷帘门	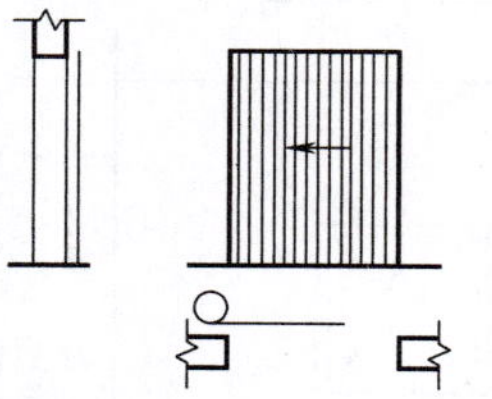	
	竖向卷帘门	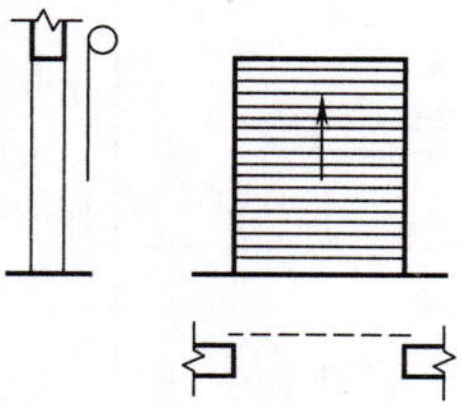	
	单侧双层卷帘门	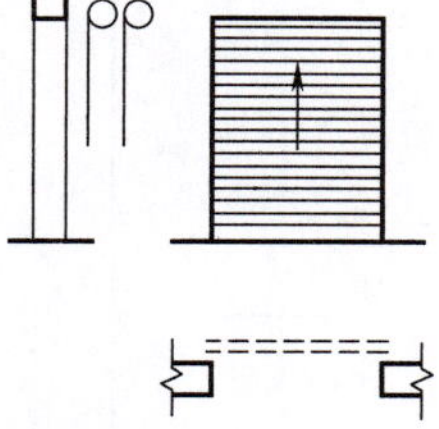	
	双侧单层卷帘门	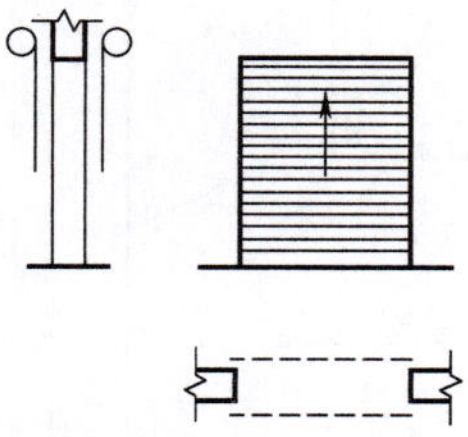	

（续）

序号	名称	图例	备注
38	固定窗	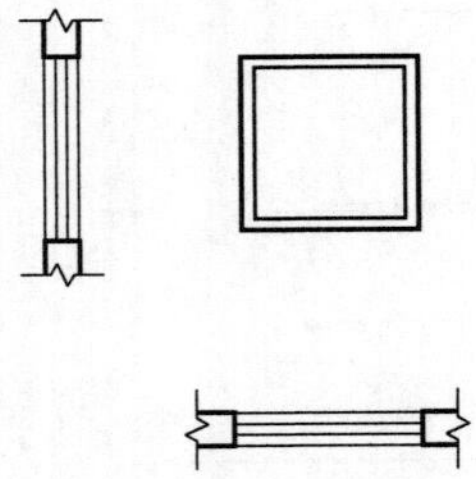	1. 窗的名称代号用C表示 2. 平面图中，下为外，上为内 3. 立面图中，开启线实线为外开，虚线为内开。开启线交角的一侧为安装合页一侧。开启线在建筑立面图中可不表示，在门窗立面大样图中需绘出 4. 剖面图中，左为外，右为内。虚线仅表示开启方向，项目设计不表示 5. 附加纱窗应以文字说明，在平、立、剖面图中均不表示 6. 立面形式应按实际情况绘制
39	上悬窗	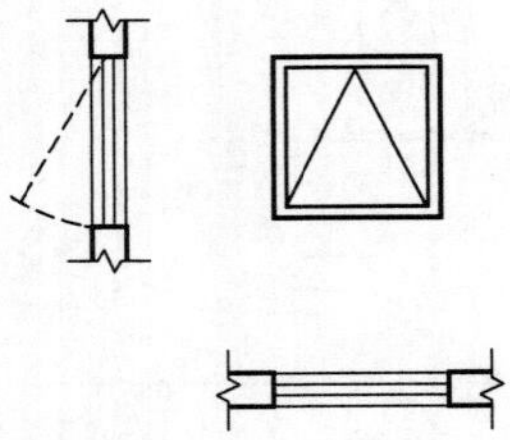	
	中悬窗	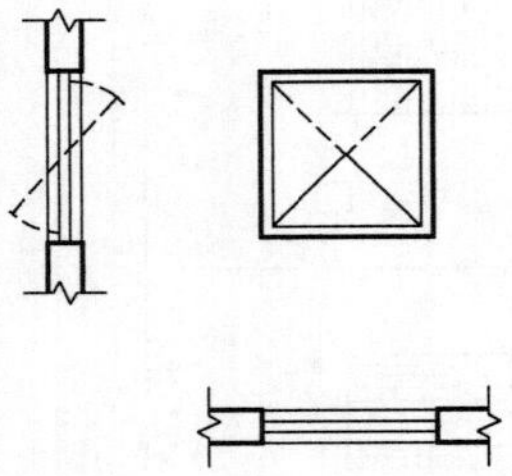	
40	下悬窗	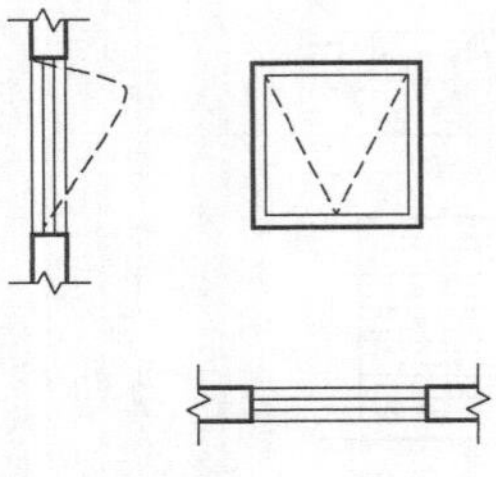	
41	立转窗	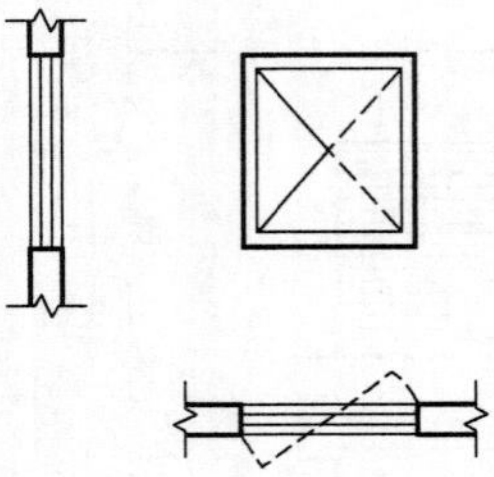	

（续）

序号	名称	图　例	备　注
42	内开平开内倾窗	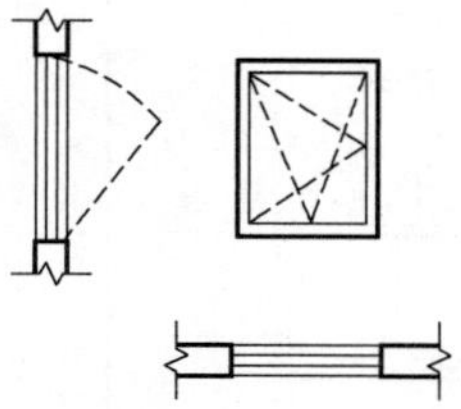	1. 窗的名称代号用 C 表示 2. 平面图中，下为外，上为内 3. 立面图中，开启线实线为外开，虚线为内开。开启线交角的一侧为安装合页一侧。开启线在建筑立面图中可不表示，在门窗立面大样图中需绘出 4. 剖面图中，左为外，右为内。虚线仅表示开启方向，项目设计不表示 5. 附加纱窗应以文字说明，在平、立、剖面图中均不表示 6. 立面形式应按实际情况绘制
43	单层外开平开窗	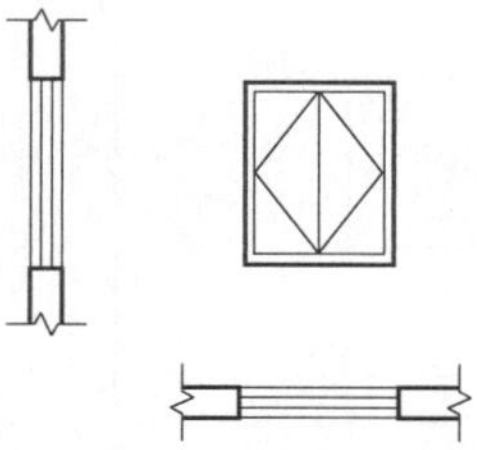	
	单层内开平开窗	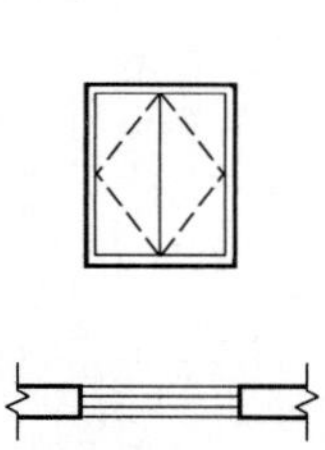	
	双层内外开平开窗	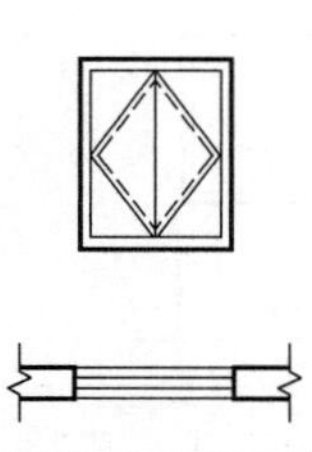	
44	单层推拉窗	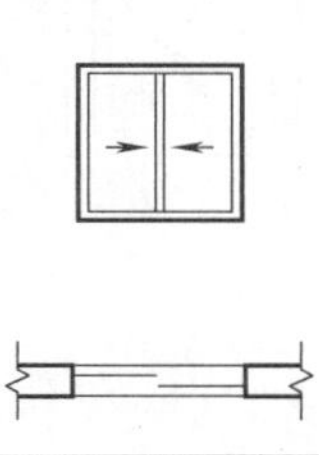	1. 窗的名称代号用 C 表示 2. 立面形式应按实际情况绘制
	双层推拉窗	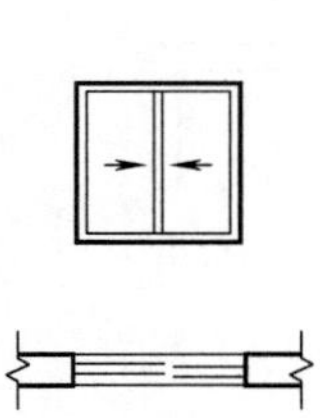	

（续）

序号	名称	图　例	备　注
45	上推窗	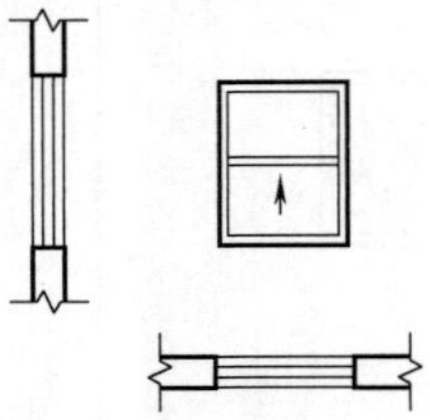	1. 窗的名称代号用C表示 2. 立面形式应按实际情况绘制
46	百叶窗		
47	高窗	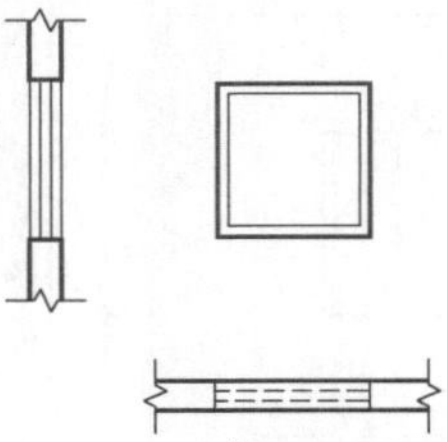 h=	1. 窗的名称代号用C表示 2. 立面图中，开启线实线为外开，虚线为内开。开启线交角的一侧为安装合页一侧。开启线在建筑立面图中可不表示，在门窗立面大样图中需绘出 3. 剖面图中，左为外，右为内 4. 立面形式应按实际情况绘制 5. h表示高窗底距本层地面高度 6. 高窗开启方式参考其他窗型
48	平推窗	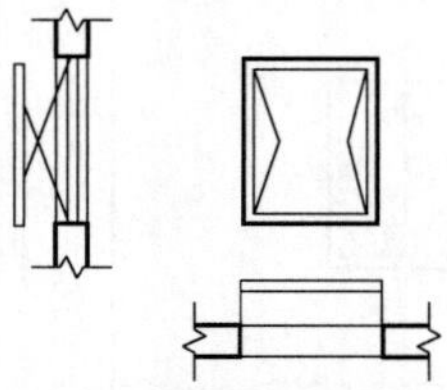	1. 窗的名称代号用C表示 2. 立面形式应按实际情况绘制
49	电梯	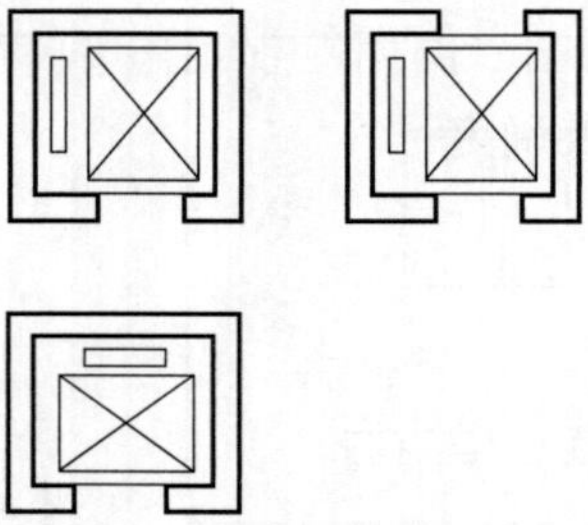	1. 电梯应注明类型，并按实际绘出门和平衡锤或导轨的位置 2. 其他类型电梯应参照本图例按实际情况绘制
50	杂物梯、食梯		

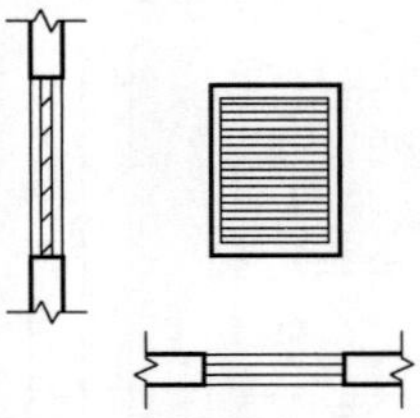

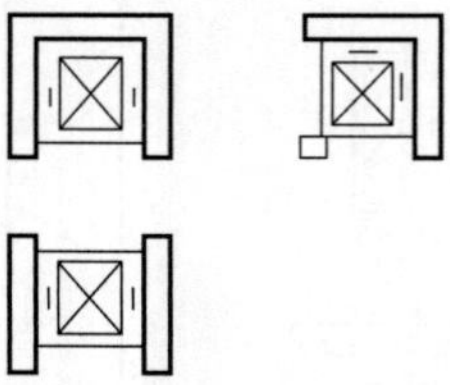

4）平面图的方向宜与总图方向一致。平面图的长边宜与横式幅面图纸的长边一致。

5）在同一张图纸上绘制多于一层的平面图时，各层平面图宜按层数的顺序从左至右或从下至上布置。

6）除顶棚平面图外，各种平面图应按正投影法绘制。顶棚平面图宜用镜像投影法绘制。

7）平面较大的建筑物，可分区绘制平面图，但应绘制组合示意图。各区应分别用大写拉丁字母编号。在组合示意图中要提示的分区，应采用阴影线或填充的方式表示，如图 6-4 所示。

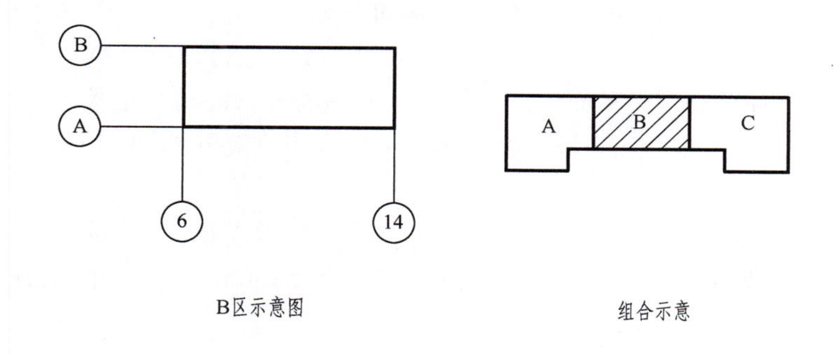

图 6-4　分区绘制建筑平面图

8）建筑物平面图应注写房间的名称或编号。编号应注写在直径为 6mm 的细实线绘制的圆圈内，并应在同张图纸上列出房间名称表。

9）指北针应绘制在建筑物 ±0.000 标高的平面图上，并放在明显位置，所指的方向应与总图一致。

10）不同比例的平面图、剖面图，其抹灰层、楼地面、材料图例的省略画法，应符合下列规定：

① 比例大于 1∶50 的平面图、剖面图，应画出抹灰层、保温隔热层等与楼地面、屋面的面层线，并宜画出材料图例。

② 比例等于 1∶50 的平面图、剖面图，剖面图宜画出楼地面、屋面的面层线，宜画出保温隔热层，抹灰层的面层线应根据需要确定。

③ 比例小于 1∶50 的平面图、剖面图，可不画出抹灰层，但剖面图宜画出楼地面、屋面的面层线。

④ 比例为 1∶200 ～ 1∶100 的平面图、剖面图，可画简化的材料图例，但剖面图宜画出楼地面、屋面的面层线。

⑤ 比例小于 1∶200 的平面图、剖面图，可不画材料图例，剖面图的楼地面、屋面的面层线可不画出。

11）标注建筑平面图各部位的定位尺寸时，宜标注与其最邻近的轴线间的尺寸。

6.3.4　建筑平面图图示实例

如图 6-5 所示为一住宅楼的底层平面图。

1）从图名可以了解该图是哪一层的平面图以及比例是多少。本图为底层平面图，比例为1∶100。

2）从底层平面图中可以看到，在底层平面图外画有一个指北针，说明房屋的朝向。从图中墙的分隔位置及房间的名称可知，该住宅楼为一梯两户，两户的户型相同，为三室两厅一卫，客厅及两个卧室为南向，餐厅、厨房、卫生间及另一个卧室为北向，客厅、餐厅外分别设南、北向阳台。

3）从图中定位轴线的编号及其间距，可了解各承重构件的位置及房间的大小。本图的横向轴线为①～⑮，纵向轴线为Ⓐ～Ⓕ，另在Ⓐ轴线之前有一条附加轴线(1/0A)。

4）通过图中的尺寸标注，可以了解到各房间的开间、进深、门窗等的大小和位置。图中的尺寸标注包括外部尺寸、内部尺寸、标高、坡度。

① 外部尺寸：为便于读图和施工，一般在平面图的外部注写三道尺寸。

第一道尺寸：总尺寸。表示外轮廓的总尺寸，即从一端外墙边到另一端外墙边的总长和总宽尺寸。

第二道尺寸：定位尺寸。即定位轴线之间的尺寸，用以说明承重构件的位置及房间的开间和进深的尺寸。如客厅的开间为4300mm，进深为5100mm；楼梯间的开间为2600mm，进深为5600mm。

第三道尺寸：细部尺寸。标注外墙上门窗洞的宽度和位置、墙柱的大小和位置等。标注这道尺寸时应与定位轴线联系起来，如客厅通向阳台处的门为推拉门，门洞宽为2700mm，距两边的定位轴线均为800mm，居中设置。

标注建筑平面图各部位的定位尺寸时，应注写与其最邻近的轴线间的尺寸。

三道尺寸线之间应留有适当距离，一般为7～10mm，但第三道尺寸线距离图样最外轮廓线不宜小于10mm，以便于注写尺寸数字。

② 内部尺寸：房间的净尺寸、室内的门窗洞、孔洞、墙厚、设备的大小与位置等，均在平面图内部就近标注，如厨房连通餐厅的推拉门，门洞宽为2100mm，距离D轴线600mm。

③ 标高：用相对标高标注地面的标高及高度有变化处的标高，如本层客厅等处地面标高为±0.000，而厨房等地面标高为-0.020m。

④ 坡度：如有坡道时应标注其坡度。在屋顶平面图上，应标注屋面的坡度。

其他各层平面图的尺寸，除标注出轴线间尺寸、总尺寸、标高外，其余与底层平面图相同的细部尺寸可省略。

5）从图中门窗的图例及编号，可了解门窗的类型、数量及其位置。如南向的卧室外设飘窗C-1，北向的卧室设窗C-2；客厅、餐厅、厨房处设推拉门，而其他房间设平开门等，可结合门窗表（图6-2），了解门窗编号、名称、尺寸、数量及所选标准图集编号等内容。至于门窗的具体做法，则要查看门窗的构造详图。

6）其他，如楼梯、隔墙、壁柜、空调板、卫生设备、台阶、花池、散水、雨水管等的配置和位置情况。

7）标注相关的索引符号、文字说明等。在底层平面图中，还应画出剖面图的剖切符号。

其他各层平面图如图6-6～图6-9所示，请同学们自行对照阅读。

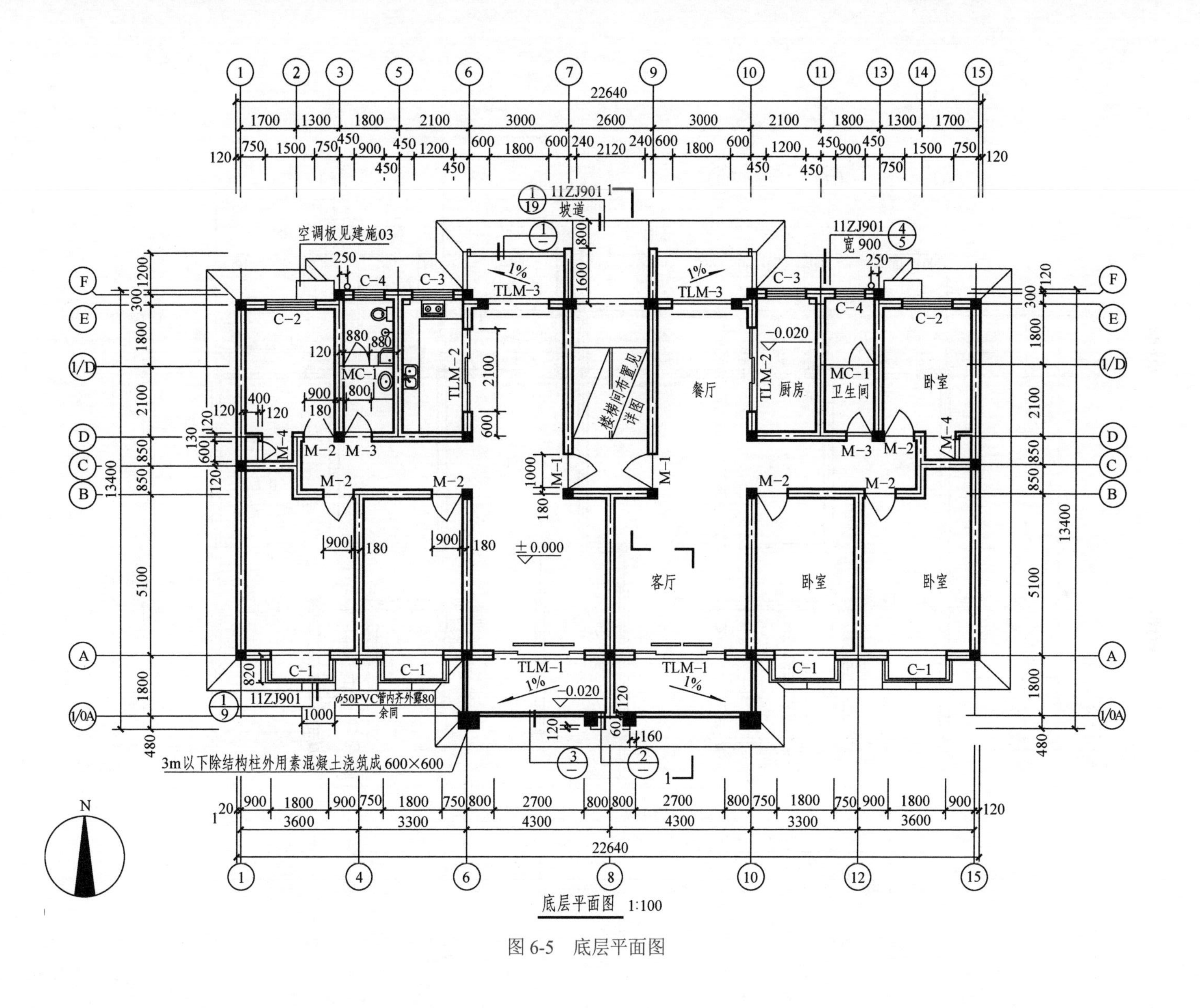
空调板见建施03
11ZJ901
坡道
宽 900
卧室
卫生间
厨房
餐厅
客厅
楼梯间布置见详图
3m以下除结构柱外用素混凝土浇筑成 600×600
底层平面图 1:100

图 6-5　底层平面图

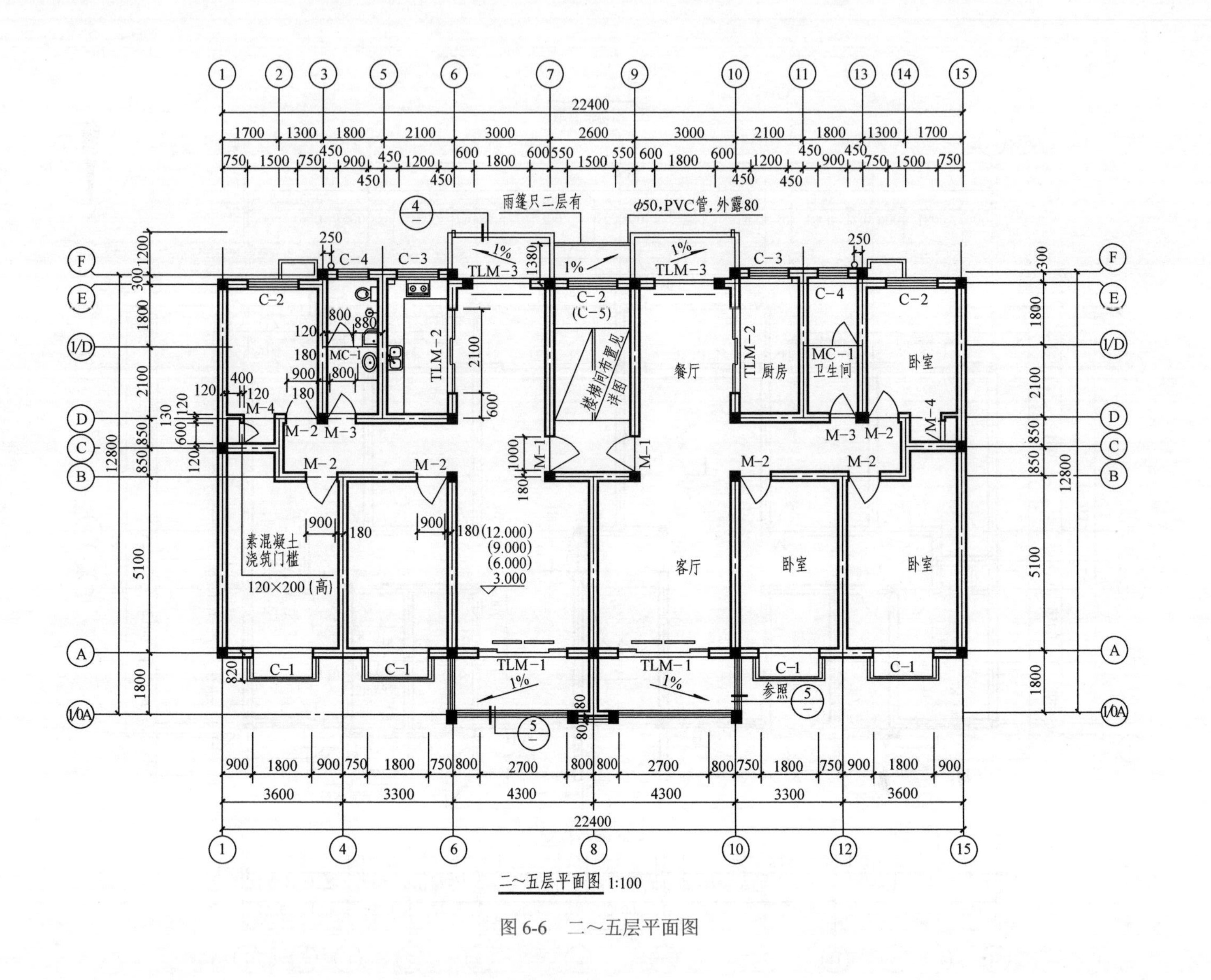
二～五层平面图 1:100
卧室
卧室
卧室
客厅
餐厅
厨房
卫生间
雨篷只二层有
φ50,PVC管，外露80
素混凝土浇筑门槛
120×200（高）
TLM-1
TLM-2
TLM-3
C-1
C-2
C-3
C-4
M-1
M-2
M-3
M-4
MC-1
22400
12800

图 6-6 二～五层平面图

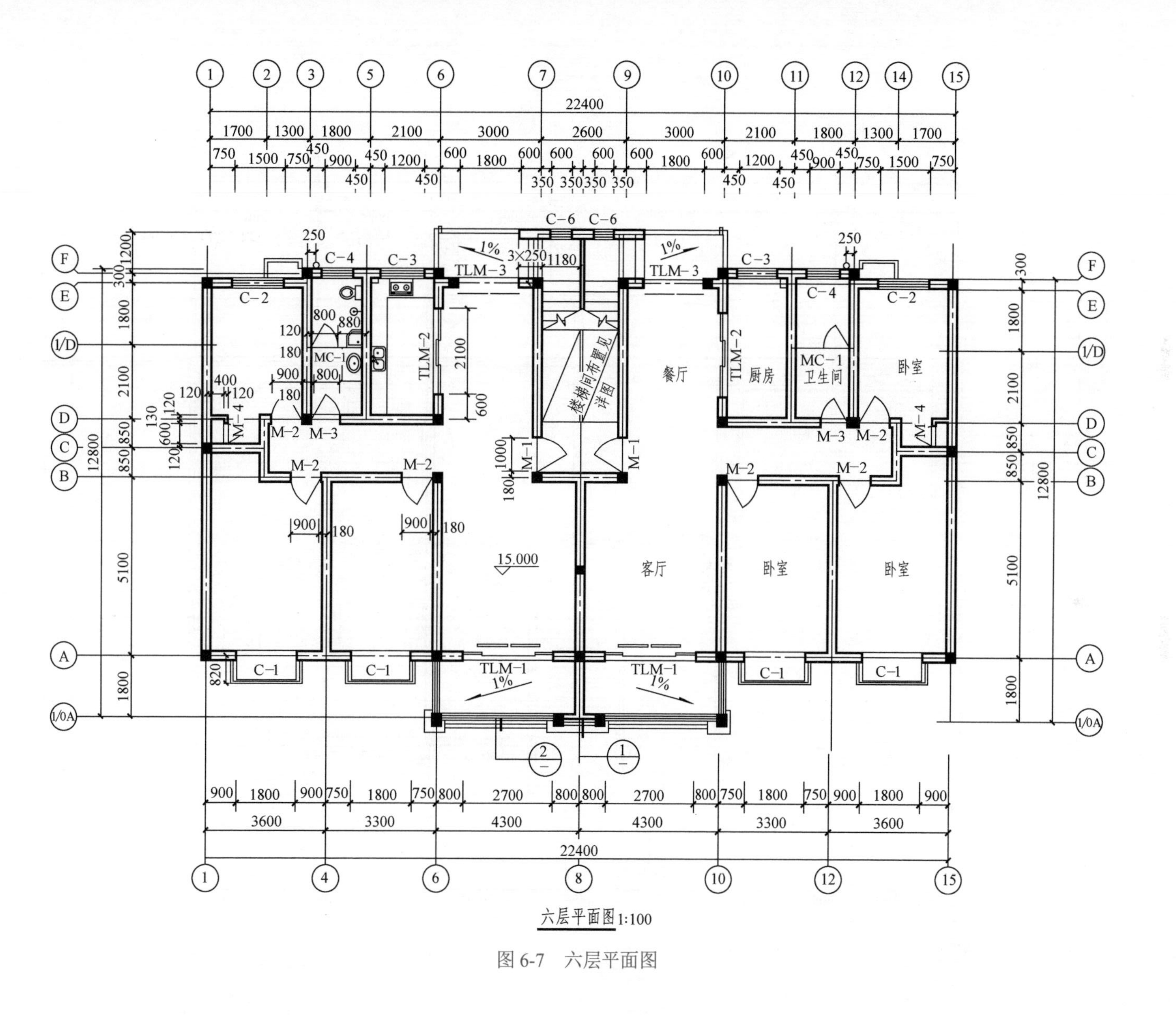
卧室
卫生间
厨房
餐厅
客厅
楼梯间布置见详图
TLM-1
TLM-2
TLM-3
C-1
C-2
C-3
C-4
C-6
M-1
M-2
M-3
M-4
MC-1
15.000
12800
22400
六层平面图 1:100

图 6-7　六层平面图

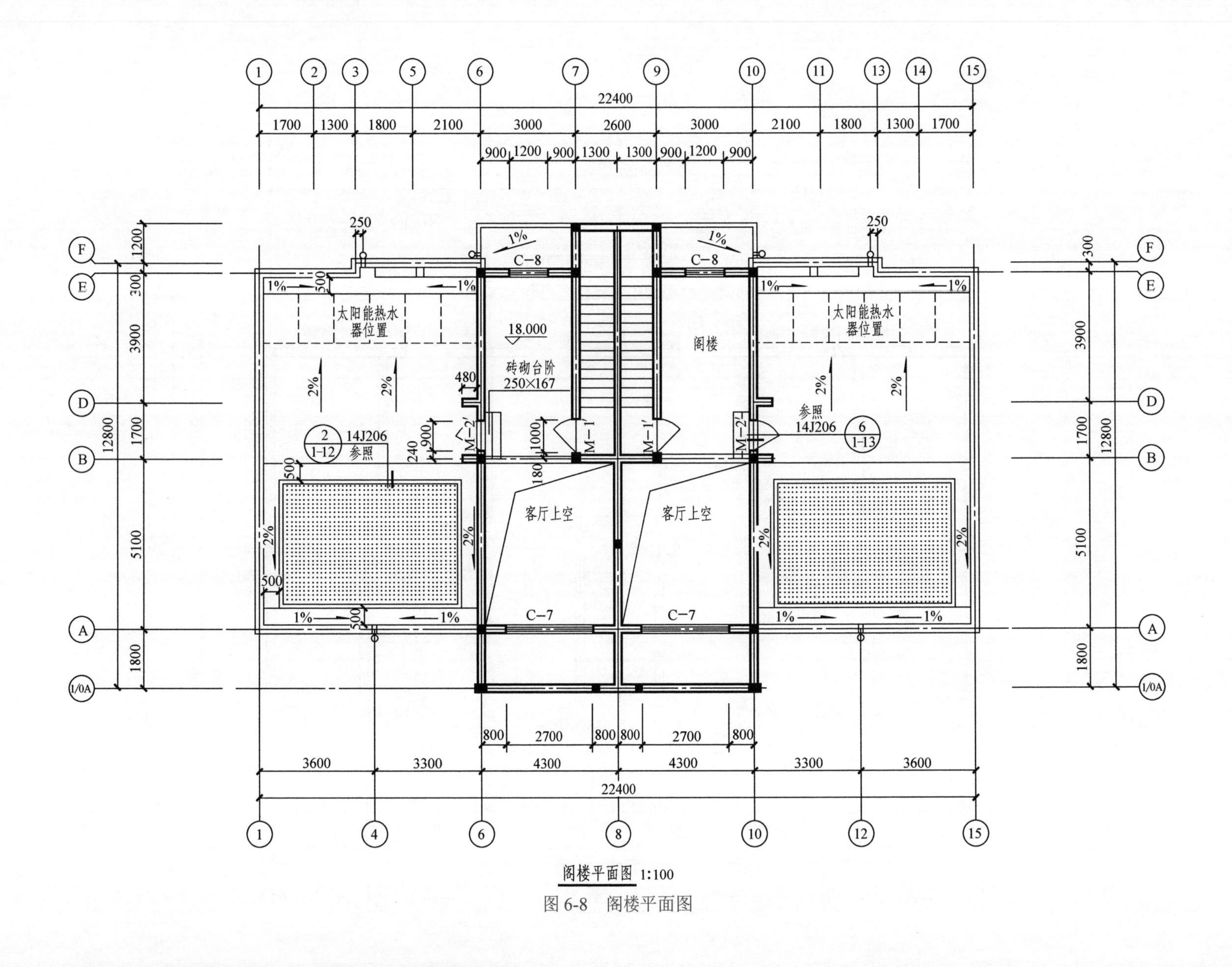

阁楼平面图 1:100

图 6-8 阁楼平面图

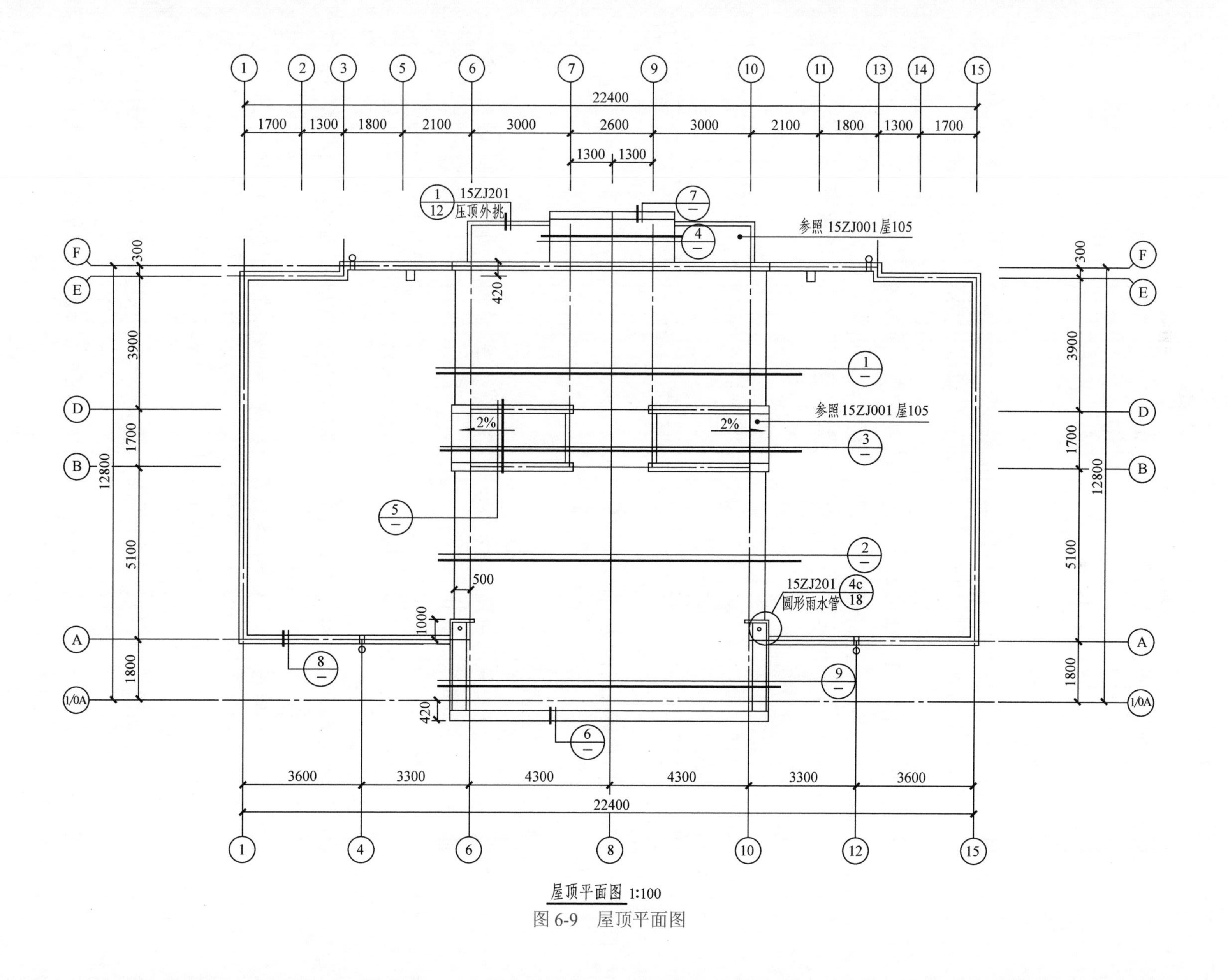

屋顶平面图 1:100

图 6-9　屋顶平面图

6.4 建筑立面图

在与房屋立面平行的投影面上所作房屋的正投影图，称为建筑立面图，简称立面图。

立面图主要反映房屋的造型、外貌、高度和立面装饰装修做法。建筑立面图也是建筑工程施工图中最基本的图样之一。

6.4.1 建筑立面图的命名

建筑立面图的命名通常有以下几种方法：

1）反映主要出入口或反映房屋外貌主要特征的那一面的立面图，称为正立面图；其余的立面图相应称为背立面图和侧立面图。

2）按房屋的朝向来命名，如南立面、北立面、东立面、西立面。

3）按两端定位轴线编号来命名，如①～⑩立面图、Ⓐ～Ⓕ立面图。

一般来说，有定位轴线的建筑物，宜根据两端定位轴线号编注立面图名称。

6.4.2 建筑立面图图示内容

1）室外地坪线、台阶、门窗、雨篷、阳台、室外楼梯、外墙面、柱、檐口、屋顶形状、雨水管、墙面分格线及外墙装饰线脚等。

2）尺寸及标高。室外地面、台阶、阳台、檐口、屋脊、女儿墙等处注写完成面的尺寸及标高，其余部分注写毛面尺寸及标高。

3）注写建筑物两端或分段的轴线及编号。

4）标注索引符号，外墙面的装饰装修做法。

6.4.3 建筑立面图规定画法

1）建筑立面图的外轮廓线采用粗实线，建筑构配件的轮廓线（如门窗洞、阳台、檐口、雨篷、花池等的轮廓线）采用中实线，门窗扇、栏杆、墙面分格线、图例线、引出线等采用细实线，一般室外地坪线采用特粗实线，使立面图层次分明、重点突出、外形清晰。

2）建筑立面图应包括投影方向可见的建筑外轮廓线和墙面线脚、构配件、墙面做法及必要的尺寸标高等。

3）平面形状曲折的建筑物，可绘制展开立面图，圆形或多边形平面的建筑物，可分段展开绘制立面图。图名后应加注“展开”二字。

4）较简单的对称式建筑物或对称的构配件等，在不影响构造处理和施工的情况下，立面图可绘制一半，并在对称轴线处画对称符号。

5）在建筑立面图上，相同的门窗、阳台、外檐装修、构造做法等可在局部重点表示，绘出其完整图形，其余部分只画轮廓线。

6）在建筑物立面图上，外墙表面分格线应表示清楚。应用文字说明各部位所用面材及颜色。

7）有定位轴线的建筑物，宜根据两端定位轴线号编注立面图名称；无定位轴线的建筑物，可按平面图各面的朝向确定名称。

6.4.4　建筑立面图图示实例

如图 6-10 所示，以①～⑮立面图为例，说明立面图的内容及其阅读方法：

1）从图名可知该图为①～⑮立面图，也是南立面图，比例为 1∶100。

2）从图中可以看出该建筑物的整个外貌形状：六层、顶层带阁楼，屋顶中部有山花，还可了解到门窗、阳台、线脚、柱、屋顶、檐部处理、雨水管等细部的形式和位置。

3）从图中所标注的标高及尺寸标注，可知室外地坪比室内首层地面低 0.750m，最高处为山花 21.500m，建筑高度为 22.25m，以及飘窗窗洞的高度为 1800mm，窗台高 600mm 等。

4）从图中的文字说明，可以了解该建筑物的外墙面装饰装修做法，如六层墙面为白色立邦漆，二～五层为橘红色立邦漆，而底层墙面为灰色面砖，将立面处理为竖向三段式。

其他各立面图如图 6-11、图 6-12 所示，请同学们对照阅读。

拓展阅读

立面

殿外表至为简朴，广七间，深四间，单檐四注顶，立于低平阶基之上。柱头施“七铺作双抄双下昂”——即出跳四层，其下两层为“华栱”，上两层为“昂”——斗栱。柱与柱之间，每间用“补间铺作”一朵。殿前面居中五间均装版门，两“尽间”则装直棂窗。

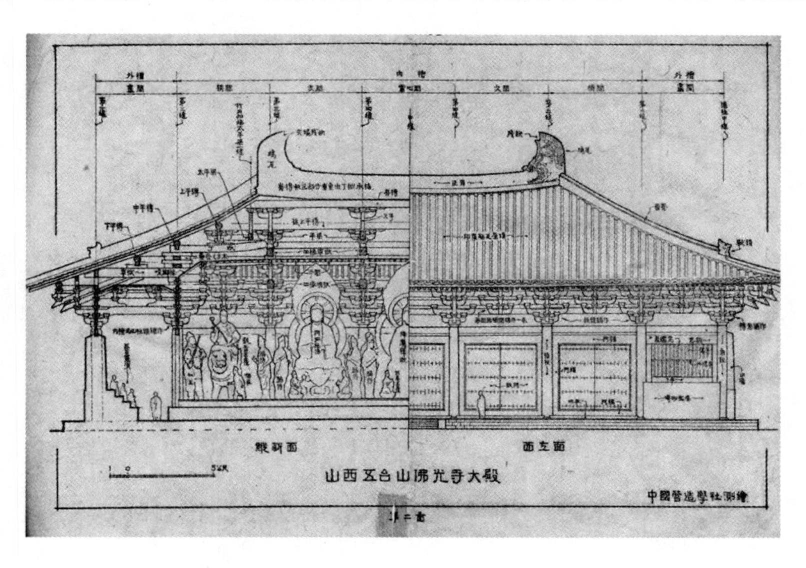

两山均砌雄厚山墙，惟最后一间辟直棂窗，殿内后部之光线由此射入。檐柱柱首微侧向内，角柱增高，故所谓“侧脚”及“生起”均甚显著。

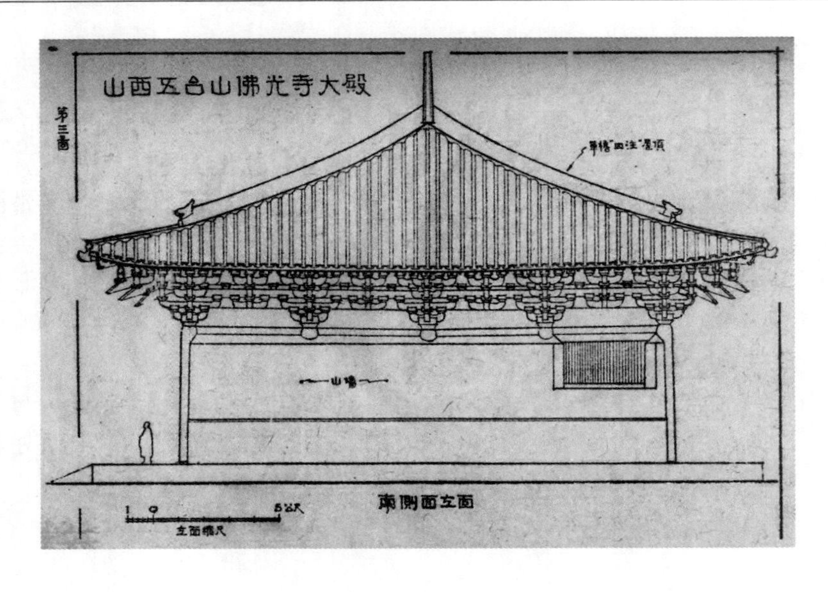

6.5 建筑剖面图

假想用一个或多个垂直于外墙轴线的铅垂剖切面将房屋剖开，所得的正投影图称为建筑剖面图，简称剖面图。

建筑剖面图用以表示房屋内部的结构或构造形式，分层情况和各部位的联系、材料及其内部垂直方向的高度等，是与建筑平面图、立面图相互配合的不可缺少的基本图样之一。

剖面图的数量是根据房屋的具体情况和施工实际需要而决定的。剖切平面一般横向，即平行于侧面，必要时也可纵向，即平行于正面。剖切部位应选择在能反映全貌、内部结构及构造比较复杂、有构造特征以及有代表性的部位，并应通过门窗洞的位置。若为多层房屋，一般选择在楼梯间或层高不同、层数不同的部位。剖面图的命名应与平面图上所标注剖切符号的编号相一致，可用阿拉伯数字、罗马数字或拉丁字母编号。

剖面图中的断面，其材料图例、抹灰层面层线的表示方法与平面图相同。

拓展阅读

横断面

佛殿梁架，就其梁栿斫割之方法论，可分为“明栿”与“草栿”两大类。明栿在“平闇”（即天花板）以下，施于前后各柱斗栱之上，为殿中视线所及，均刻削为“月梁”，轮廓秀美。“草栿”隐于平闇之上，自殿内不见，故用粗木，不施斤斧，由柱头斗栱上之压槽枋承托。宋《营造法式》所谓“明梁只阁平綦，草栿在上承屋盖之重。……以方木及矮柱敦㯉，随且枝樘固济”，其法盖自唐已用之矣。

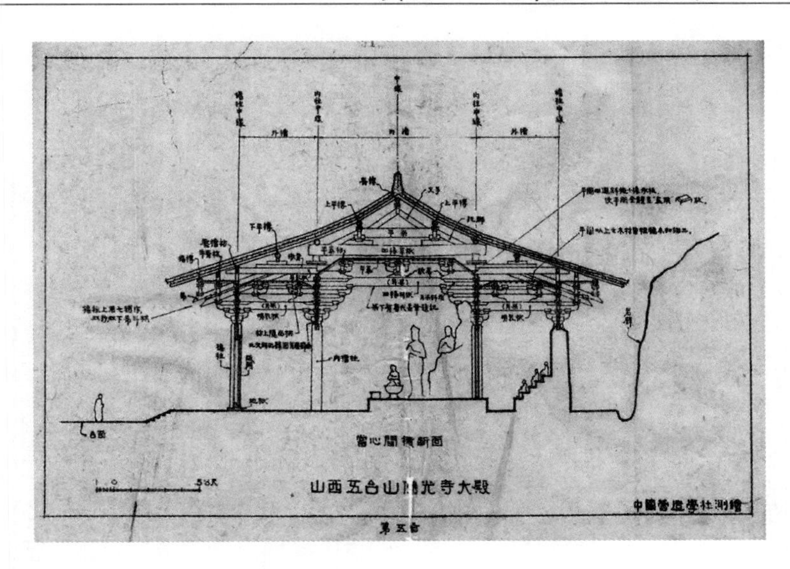

6.5.1　建筑剖面图图示内容

1）墙、柱及其定位轴线、间距尺寸。

2）楼地面、屋顶、门窗、楼梯、阳台、雨篷、防潮层、室外地面、散水及其他装饰装修等剖切到或未剖切到但能看到的建筑构造、构配件等内容。

3）标高和高度方向的尺寸。

① 外部尺寸：门窗洞口高度，层间高度，总高度。

② 内部尺寸：室内门窗的高度等。标注建筑剖面各部位的定位尺寸时，应注写其所在层次内的尺寸。

③ 标高：室内外地面、各层楼面与楼梯平台、门窗、雨篷、台阶、檐口或女儿墙顶面等处的标高。

4）详图索引符号。

5）某些用料注释。

6.5.2　建筑剖面图规定画法

1）剖面图中被剖切的主要建筑构造的轮廓线采用粗实线，被剖切到的次要建筑构造的轮廓线采用中实线，没有剖切到但投影方向可看到的建筑构造的轮廓线采用中实线，次要的图形线、门窗图例、引出线等采用细实线。

2）相邻的立面图或剖面图宜绘制在同一水平线上，图内相互有关的尺寸及标高，宜标注在同一竖线上。

6.5.3　建筑剖面图图示实例

如图 6-13 所示，以 1—1 剖面图为例，说明剖面图的内容及阅读方法：

1）将图 6-13 图名及轴线编号与图 6-5 底层平面图上的剖切符号相对照，可知 1—1 剖面图是一个阶梯剖面，剖切平面分别通过楼梯间、客厅及客厅阳台，剖切后向左进行投影所得的横向剖面图。

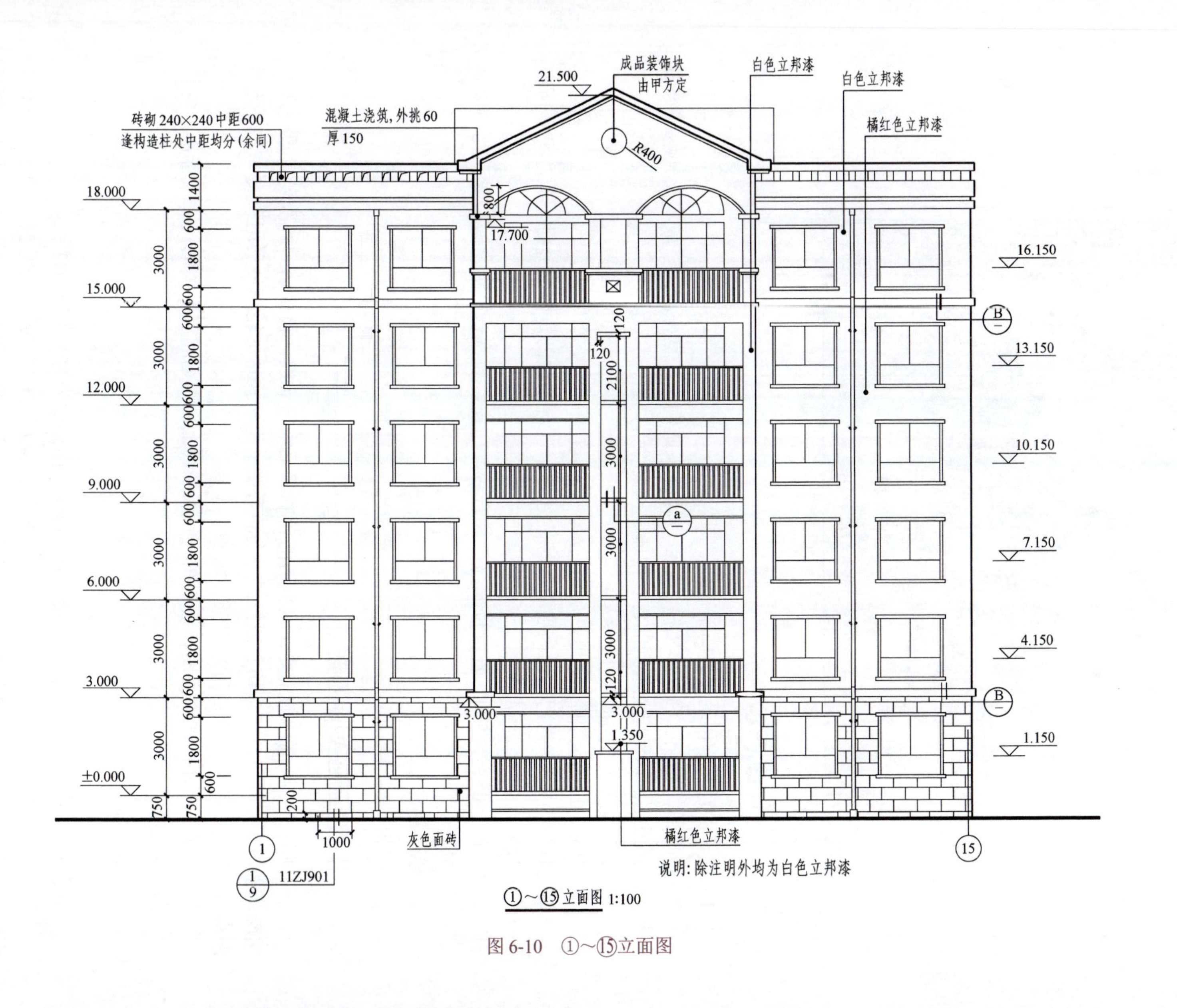
21.500
成品装饰块
由甲方定
白色立邦漆
白色立邦漆
橘红色立邦漆
砖砌 240×240 中距600
逢构造柱处中距均分（余同）
混凝土浇筑，外挑60
厚150
R400
17.700
18.000
15.000
12.000
9.000
6.000
3.000
±0.000
16.150
13.150
10.150
7.150
4.150
1.150
3.000
1.350
灰色面砖
橘红色立邦漆
11ZJ901
说明：除注明外均为白色立邦漆
①～⑮立面图 1:100

图6-10 ①～⑮立面图

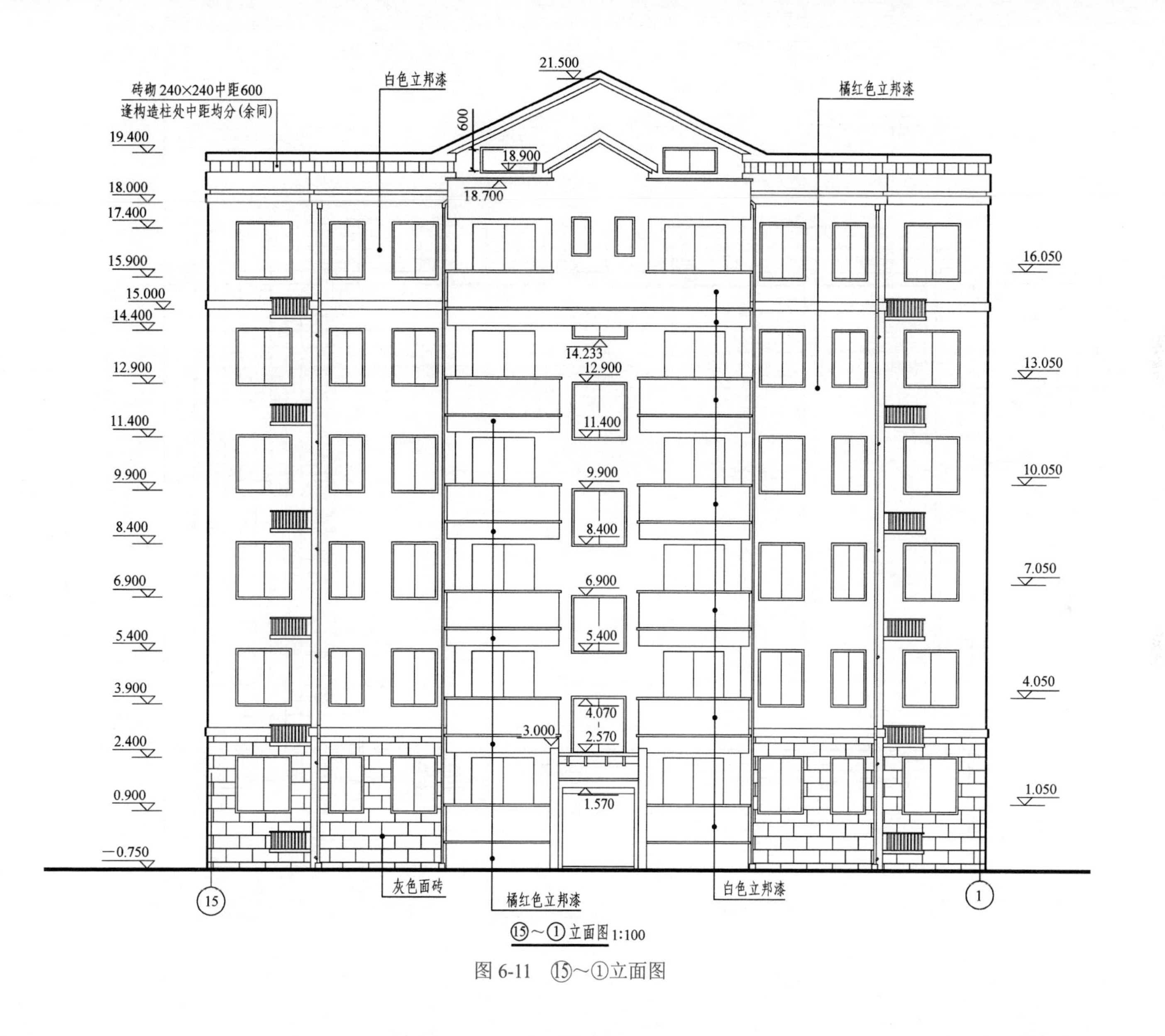
砖砌 240×240中距600
逢构造柱处中距均分(余同)
白色立邦漆
21.500
橘红色立邦漆
600
18.900
18.700
19.400
18.000
17.400
15.900
15.000
14.400
12.900
11.400
9.900
8.400
6.900
5.400
3.900
2.400
0.900
−0.750
14.233
12.900
11.400
9.900
8.400
6.900
5.400
4.070
2.570
3.000
1.570
16.050
13.050
10.050
7.050
4.050
1.050
15
灰色面砖
橘红色立邦漆
白色立邦漆
1
⑮~①立面图 1:100

图 6-11　⑮~①立面图

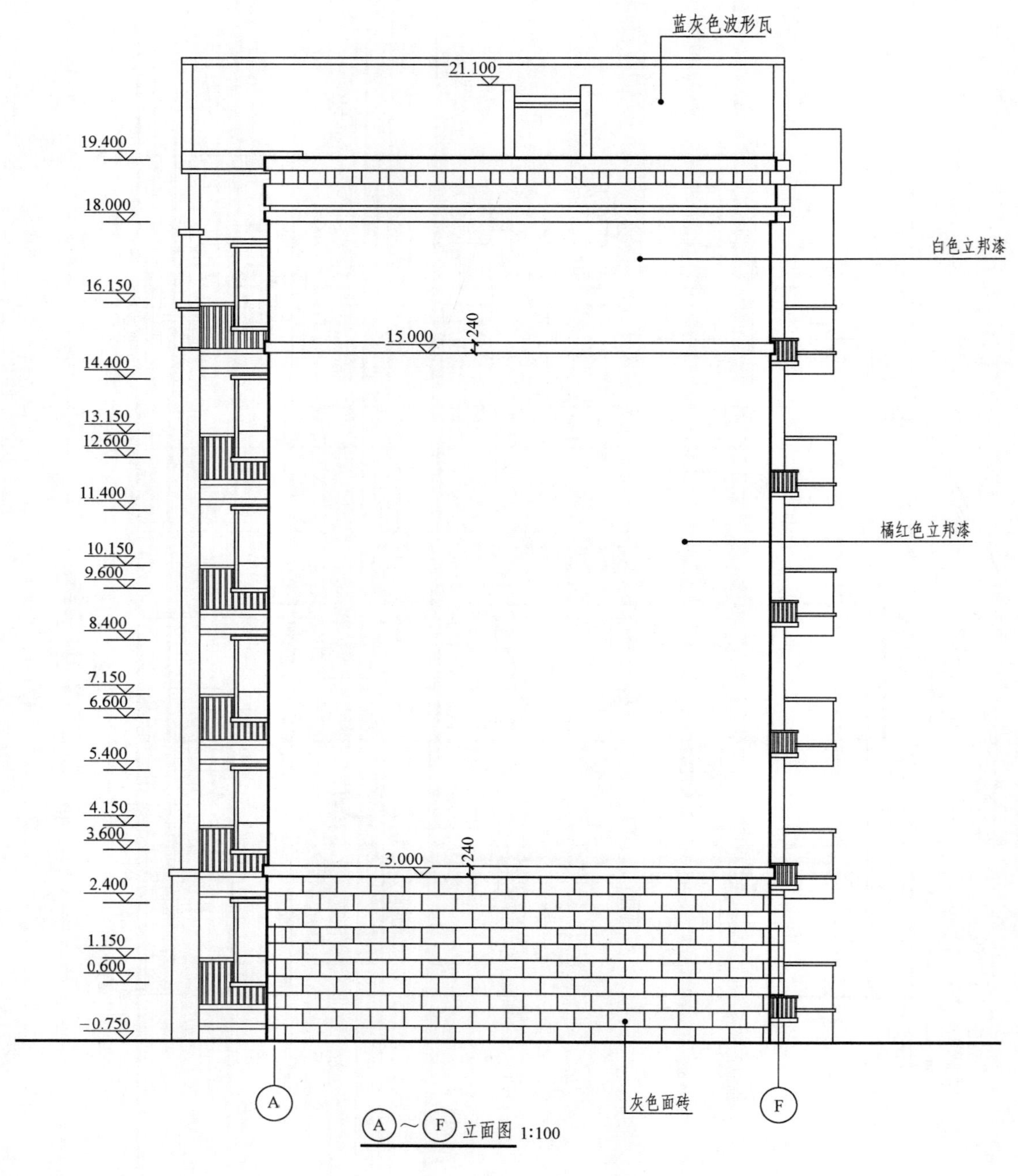
蓝灰色波形瓦
21.100
19.400
18.000
白色立邦漆
16.150
15.000
240
14.400
13.150
12.600
11.400
橘红色立邦漆
10.150
9.600
8.400
7.150
6.600
5.400
4.150
3.600
3.000
240
2.400
1.150
0.600
−0.750
A
灰色面砖
F
Ⓐ～Ⓕ立面图 1:100

图 6-12 Ⓐ～Ⓕ立面图

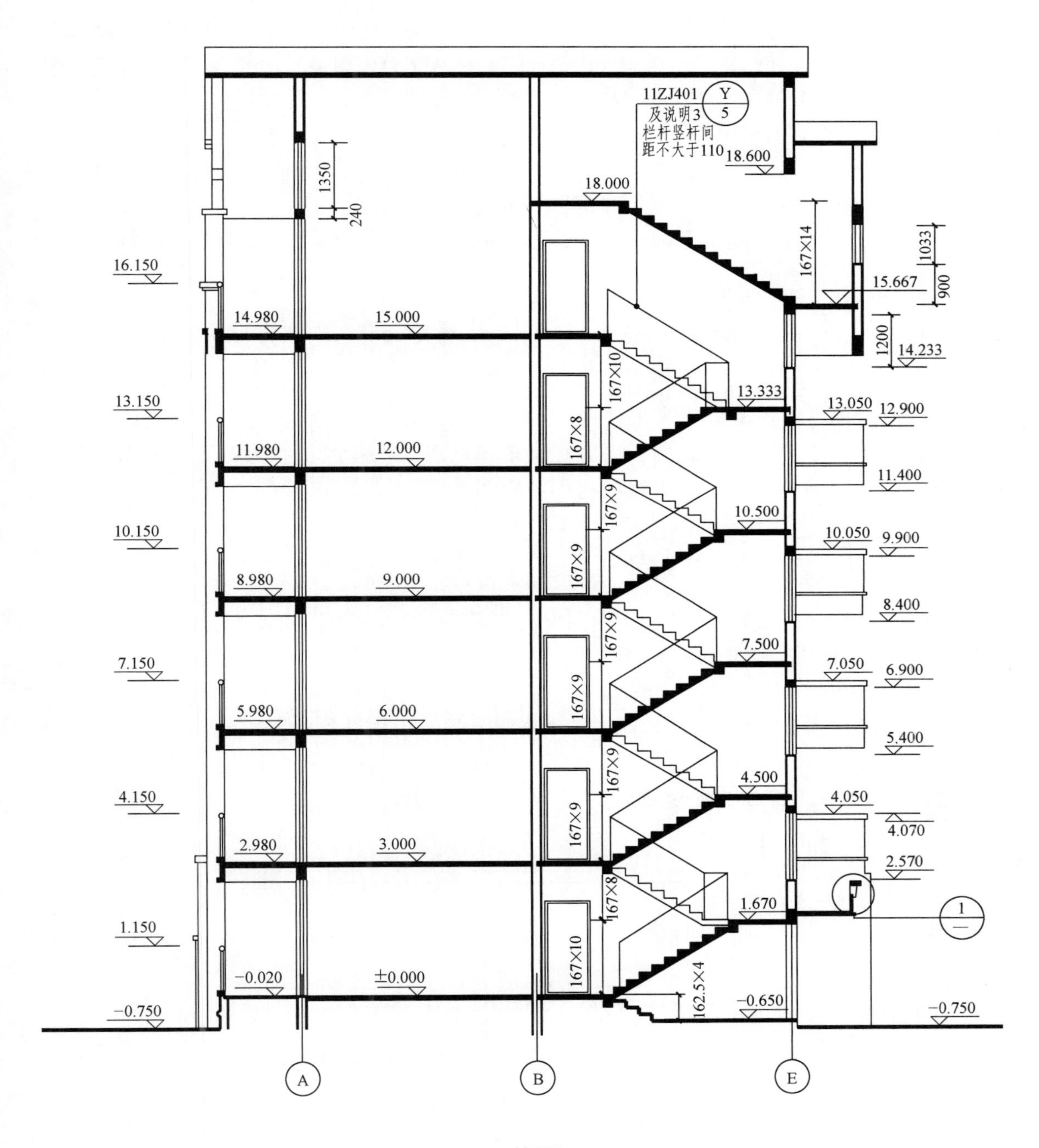

1—1剖面图 1:100

图 6-13　1—1 剖面图

2）结合图6-5～图6-9，从图6-13中可知，该住宅楼为六层、顶层局部为挑空两层高度。

3）结合图6-5，从图6-13中可以看出该剖面图的剖切情况。该剖面图剖到A、B、E轴线，其中A轴线墙包含门的图例，B轴线为砖墙，E轴线墙包含底层门洞及上部窗的图例。剖切面剖到室内外地面、楼梯、各层楼板、屋顶、休息平台、雨篷。楼梯为两跑楼梯，其中每层向上的第一跑为剖切到的，第二跑为看到的。剖面图中除画出剖切到的建筑构造、构配件外，还画出了看到的餐厅处阳台、楼梯平台处分户门、楼梯栏杆扶手等。

4）了解各部位的尺寸标注及标高。图6-13中主要标注各层楼地面、楼梯平台处标高，阳台处标高，楼梯及台阶的步数及高度等。

5）索引符号，如雨篷的详细构造做法见本页图第一号详图，楼梯栏杆扶手见标准图集11ZJ401。

6.6　建筑施工图的绘制

通过前面的学习，基本上掌握了建筑施工图的内容、图示原理与方法，但还必须学会绘制施工图，才能把设计意图和内容正确地表达出来，并进一步认识建筑构造、提高读图能力。在绘图过程中，要求投影正确、表达清楚、尺寸齐全、字体工整、图面整洁美观。

6.6.1　建筑平面图的画法步骤

如图6-14所示，以图6-5底层平面图为例说明一般建筑平面图的画法步骤：

1）首先画出定位轴线。

2）画墙身和柱。

3）定门窗位置，画细部，如门窗洞、楼梯、台阶、卫生设备、散水等。

4）经过检查无误后，擦去多余的作图线，按施工图的要求区分图线，标注轴线、尺寸、门窗编号、相关符号，注写文字说明、房间名称、图名、比例等。

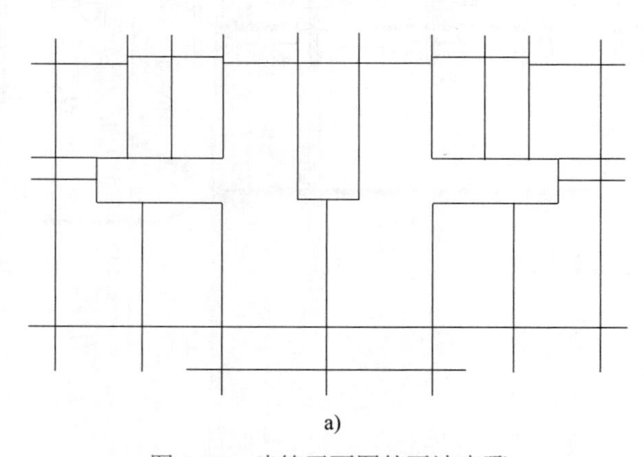

a)

图6-14　建筑平面图的画法步骤

a）根据轴线尺寸，按比例画出各定位轴线位置

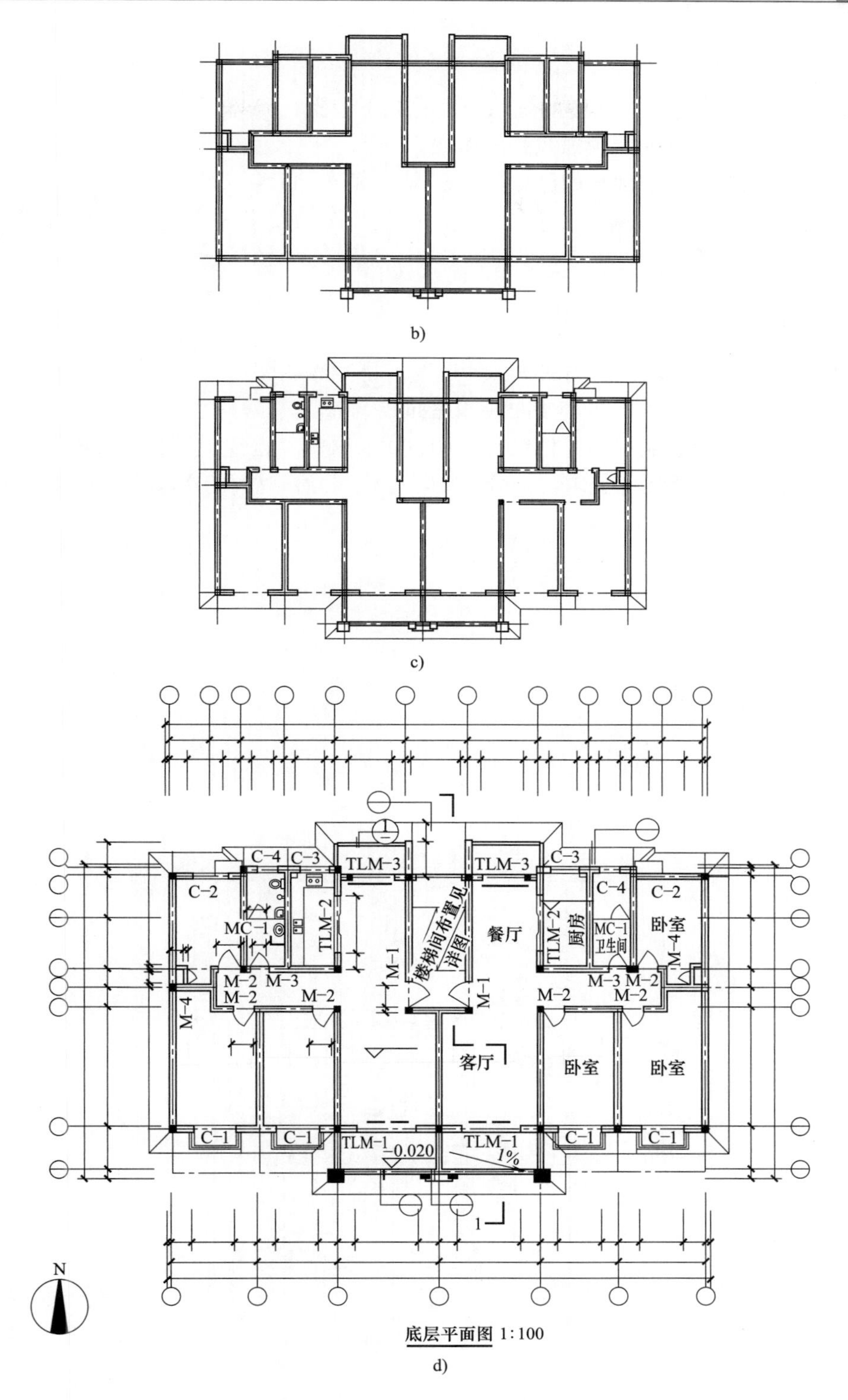

图 6-14　建筑平面图的画法步骤（续）

b）按尺寸画出墙身厚度及柱子大小　c）根据门窗洞的大小和位置尺寸画出门窗位置及其他细部

d）尺寸标注、文字说明、符号标注、区分线型

6.6.2 建筑立面图的画法步骤

如图 6-15 所示，建筑立面图的画法一般有如下步骤：

1）定室外地坪线、外墙轮廓线和屋面线。

2）定门窗位置，画细部，如檐口、门窗洞、窗台、雨篷、阳台等。

3）经过检查无误后，擦去多余作图线，按施工图的要求区分图线。标注标高，注写文字说明、图名、比例等。

6.6.3 建筑剖面图的画法步骤

如图 6-16 所示，建筑剖面图的画法一般有如下步骤。

1）定轴线、室内外地坪线、楼面线和屋面线。

2）画墙身，定门窗洞口及其他细部，如台阶、楼梯、雨篷、屋顶、梁板等。

3）按建筑工程施工图的要求，区分图线，标注尺寸，注写有关文字说明、图名、比例。

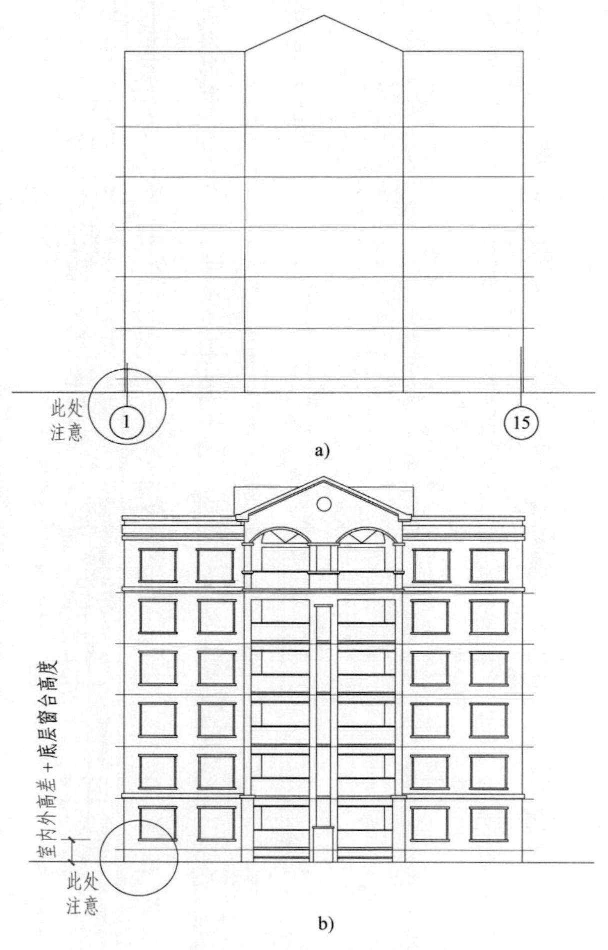

图 6-15 建筑立面图的画法步骤

a）根据总长、总高及各主要尺寸，按比例画出室外地坪线、外墙轮廓线、主要轮廓线、屋顶线位置，画各楼层层高线
b）定门窗位置、画细部（檐口、门窗洞、窗台、阳台等）

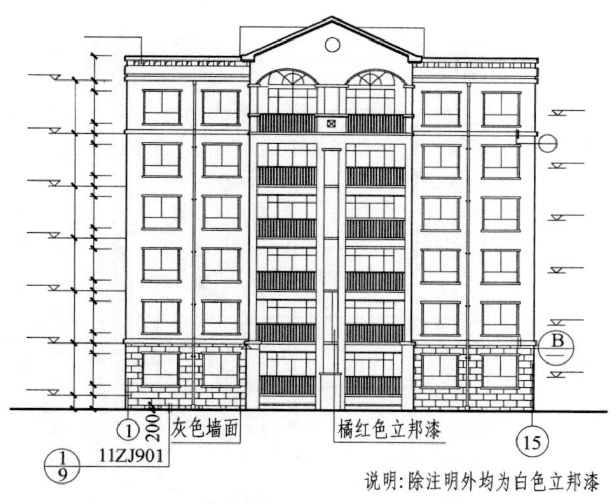

c)

图 6-15　建筑立面图的画法步骤（续）

c）画窗扇、装饰、墙面分格线，区分图线，标注

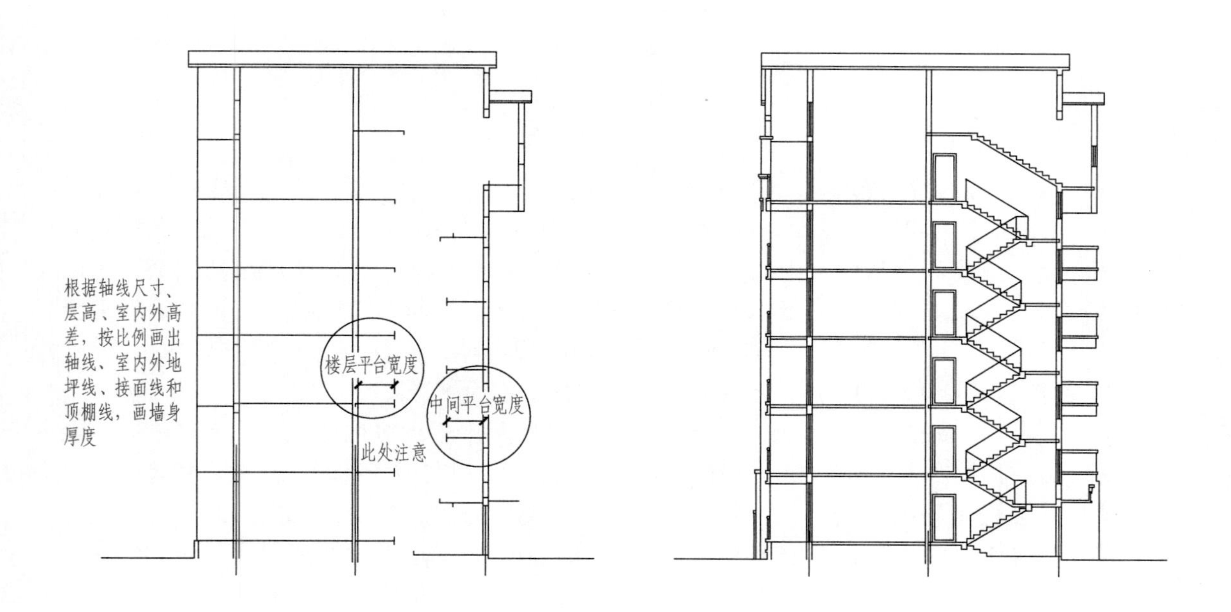

a)　　b)

图 6-16　建筑剖面图的画法步骤

a）定轴线、室内外地坪线、楼面线（平台线）和屋面线，并画墙身　b）画门窗、楼梯等

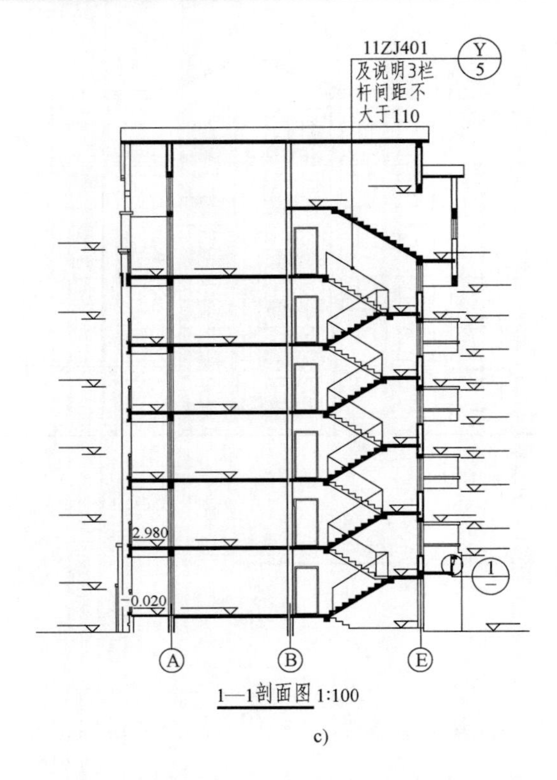

c)

图 6-16 建筑剖面图的画法步骤（续）
c）区分图线，标注

6.6.4 注意事项

1）进行合理的图面布置。图面包括图样、图名、尺寸标注、文字说明及表格等。图面布置应主次分明、排列均匀紧凑、表达清晰。在图纸大小许可的情况下，尽量保持各图之间的投影关系，或将同类型的、内容关系密切的图样，集中在一张或顺序连续的图纸上，以便对照查阅。当画在同一张图纸内时，平面图、立面图、剖面图应按照“三等关系”进行布图。

2）绘制建筑施工图的顺序，一般是平面→立面→剖面→详图。

3）为保证图面的整洁，绘图时，应先用较硬的铅笔轻轻地画出底稿线。底稿画完，经检查无误后，再按要求区分图线、标注尺寸、注写图名等。在画底稿时，注意将相等的尺寸一次量出，以提高画图的效率。区分图线时，同一类型的图线尽量一次完成。一般习惯的顺序是：先画水平线（各条水平线应按从上到下的顺序），后画铅垂线或斜线（从左到右）；先画图，后注写尺寸和文字说明。

6.7 建筑详图

建筑平面图、立面图、剖面图反映了房屋的全貌，但由于所用比例较小，对细部构造或构配件不能表达清楚，所以通常对房屋的细部构造或构配件用较大的比例将其形状、大小、材料和做法，按正投影图的画法，详细地表示出来。这样的图样称为建筑详图，简称详图。

详图数量的选择，与房屋的复杂程度及平面图、立面图、剖面图的内容及比例有关。需要绘制的详图一般有外墙身、楼梯、厨房、卫生间、阳台、门窗等。详图的图示方法，按细部构造和构配件的具体特征和复杂程度而定。有时，只需一个剖面详图就能表达清楚（如墙身），有时还需另加平面详图（如楼梯间、卫生间等）或立面详图（如门窗等），有时还要另加轴测图作为辅助表达。

有些细部构造或构配件的做法选用标准图，则可不在施工图中绘制，而是画出索引符号，注明所选用的标准图集号和图集页数、详图编号。

详图应具备如下的特点：

• 比例较大。一般建筑详图可取以下的比例：1∶1、1∶2、1∶5、1∶10、1∶15、1∶20、1∶25、1∶30、1∶50。

• 图示详尽清楚。

• 尺寸标注齐全。

下面仅对常见的墙身节点详图及楼梯详图进行介绍。

拓展阅读

正脊两端施庞大鸱尾，虽尾尖已损坏，尚高达 3.07 公尺。鸱尾轮廓颇为简洁，自龙鼻额以上，紧张陡起，迥异于清代作风，其背侧线则垂直上升，然后向内弯曲，颇似山西大同华严寺及河北蓟县独乐寺山门辽代遗例。鸱尾隐起花纹，除龙嘴眼角及尾上小龙外，其尾鳍及嘴翅隐起均微，呈现极秀致之现象。

6.7.1 墙身节点详图

墙身节点详图是表达外墙身重点部位构造做法的详图，它表达了与外墙身相接处屋面、楼层、地面和檐口的构造、楼板与墙的连接、门窗顶、窗台、勒脚、散水等处构造情况，是墙身施工的重要依据。

墙身详图通常用1∶20的比例画出，多层房屋中，当各层的情况一样时，可只画底层、顶层或加一个中间层来表示。画图时，往往在窗洞中间处断开，成为几个节点详图的组合。也可不画整个墙身的详图，而是把各个节点的详图分别单独绘制。详图的线型要求与剖面图一样。

现以本章实例某住宅楼施工图中的墙身节点详图为例说明墙身节点详图的内容，具体如图6-17所示。

1）墙身节点详图中应表明墙身与轴线的关系。根据墙身节点详图中的定位轴线编号可知该详图适用于E轴线的墙身。

2）图6-17由3个节点组成，分别表示了墙身的构造做法，与该墙身相接处的室内外地面、楼面、屋面的构造及其与墙身的关系。

3）从勒脚、明沟详图中可以看到外墙装饰装修做法，墙身的防潮，勒脚、明沟、室内地面的做法。勒脚高度自室外整平地面算起为450mm。勒脚应选用防水和耐久性较好的粉刷材料粉成。离室内地面下60mm的墙身中设有60mm厚的钢筋混凝土防潮层，以防止土壤中的水分从基础墙上升而侵蚀上面的墙身。此外，在勒脚、明沟详图中还表明了室内地面层和踢脚的做法。

4）从窗台节点详图中可知窗台、楼面构造做法、楼板层与墙身的关系。窗台节点详图表明了窗顶钢筋混凝土过梁的做法。在过梁底的外侧应粉出滴水槽（或滴水斜口），使外墙面上的雨水直接滴到做有斜坡的窗台上。在窗台节点详图中还表明了楼面层的做法及其分层情况的说明，表明了砖砌窗台的做法。除了窗台底面也同样做出滴水槽口（或滴水斜口）外，窗台面的外侧还应向外粉成一定的斜坡，以利排水。

5）从檐口节点详图中可知外墙檐部的做法、屋面的构造做法。从檐口节点详图中可知，该屋顶先铺设120mm厚的预应力钢筋混凝土空心板，然后在板上做保温层、防水层等各屋面层次，该屋面为上人种植屋面（详见屋面图集）。屋面防水层的“收头”嵌固在女儿墙内60mm×60mm的凹槽（即泛水做法）。

6）墙身采用外墙外保温的构造做法，以满足国家的相关节能要求。外墙外侧有60厚挤塑聚苯乙烯泡沫塑料板（简称挤塑聚苯板）作为保温材料。

外墙剖面节点详图中还应说明内、外墙各部位墙面粉刷的用料、做法和颜色。

墙身节点详图中所标注的尺寸主要是墙身与轴线的关系、明沟的宽度及做法、窗洞的标高和高度、室内外地坪的标高等。

如图6-18所示为凸窗详图，请同学们对照阅读。

6.7.2 楼梯详图

楼梯是房屋中上下交通的设施，是房屋的重要组成部分之一。楼梯一般由楼梯段（简称梯段）、休息平台和栏杆（栏板）、扶手组成。图6-19为住宅楼楼梯示意图。

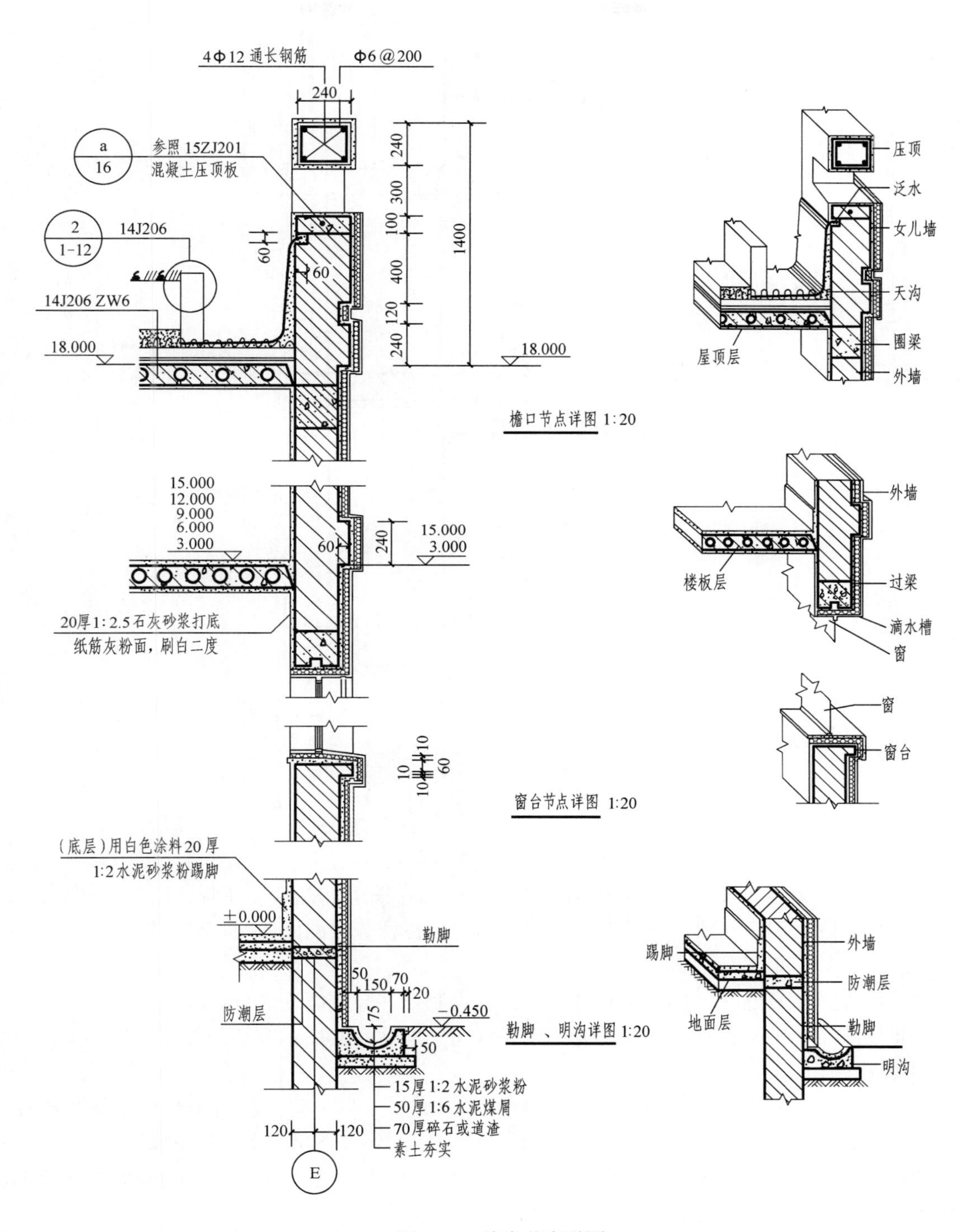

4Φ12 通长钢筋
Φ6@200
240
参照 15ZJ201
混凝土压顶板
a
16
2
1-12
14J206
14J206 ZW6
18.000
60
60
240
300
100
400
120
240
1400
18.000
压顶
泛水
女儿墙
天沟
圈梁
屋顶层
外墙
檐口节点详图 1:20
15.000
12.000
9.000
6.000
3.000
60
240
15.000
3.000
20厚1:2.5石灰砂浆打底
纸筋灰粉面，刷白二度
外墙
楼板层
过梁
滴水槽
窗
窗
窗台
窗台节点详图 1:20
（底层）用白色涂料20厚
1:2水泥砂浆粉踢脚
±0.000
勒脚
防潮层
50
150
70
20
75
−0.450
50
15厚1:2水泥砂浆粉
50厚1:6水泥煤屑
70厚碎石或道渣
素土夯实
120
120
E
勒脚、明沟详图 1:20
踢脚
外墙
防潮层
地面层
勒脚
明沟

图 6-17　墙身节点详图

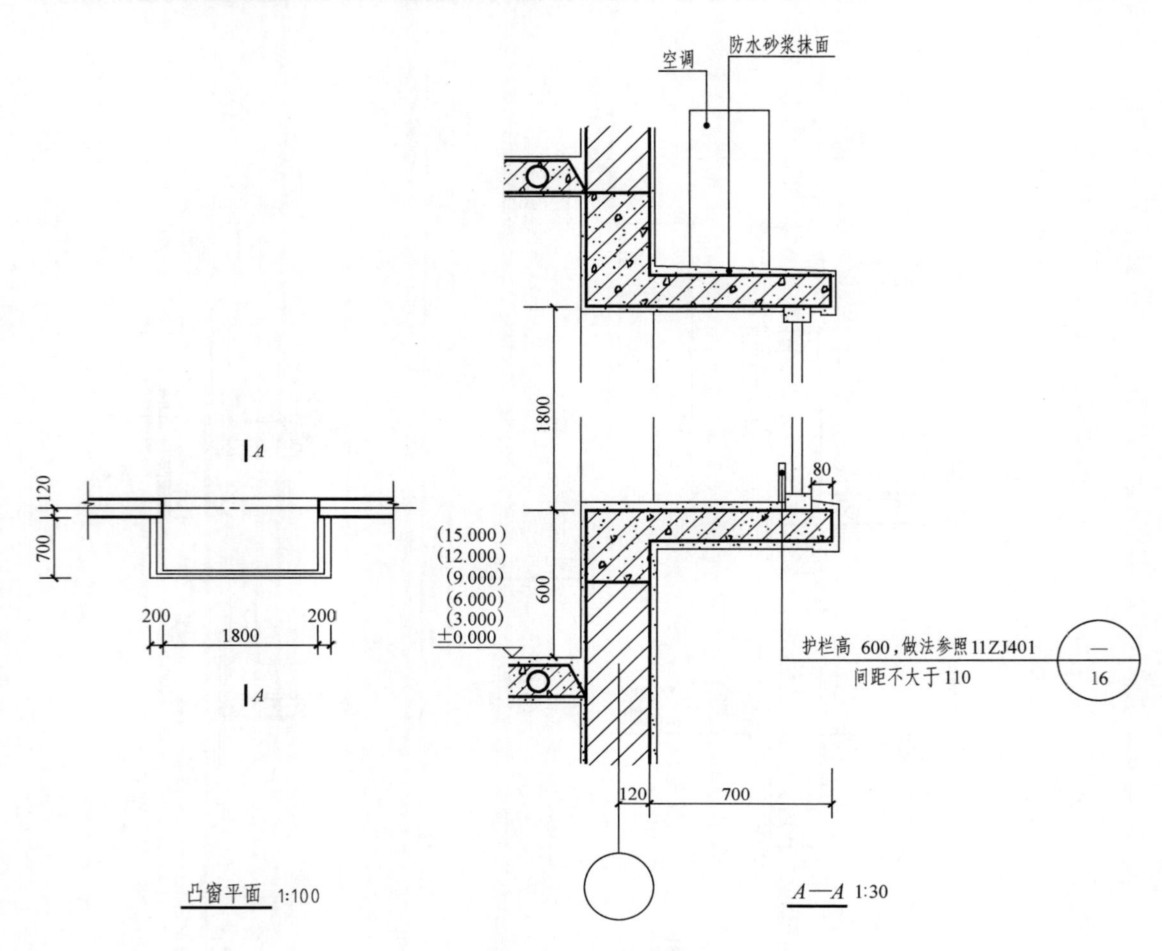

图 6-18 凸窗详图

楼梯的构造一般较复杂，需要画详图表示。楼梯详图主要表示楼梯的类型、结构形式、各部位的尺寸及装饰装修做法等，是楼梯施工的主要依据。

楼梯详图一般包括平面图、剖面图及踏步、栏杆详图等，并尽可能画在同一张图纸内。平面图、剖面图比例宜一致，以便对照阅读，踏步、栏杆等详图比例要大些，以便表达清楚其构造。

楼梯详图一般分建筑详图与结构详图，分别绘制，并分别编入建施和结施中。

这里以最常用的双跑楼梯为例，介绍楼梯详图的内容及其图示方法，如图 6-20 所示。

1. 楼梯平面图

一般每一层楼都要画楼梯平面图。三层以上的房屋，当中间各层的楼梯位置及其梯段数、踏步数和大小都完全相同时，通常只画出底层、中间层、顶层三个楼梯平面图就可以了。

楼梯平面图是在该层往上的第一个梯段（休息平台下）的任一位置处用水平的剖切平面剖切向下进行投影所得到的，如图 6-21 所示。

首先表示楼梯间，标注出其墙（或柱）的定位轴线，以方便查询该楼梯在房屋中的位置。

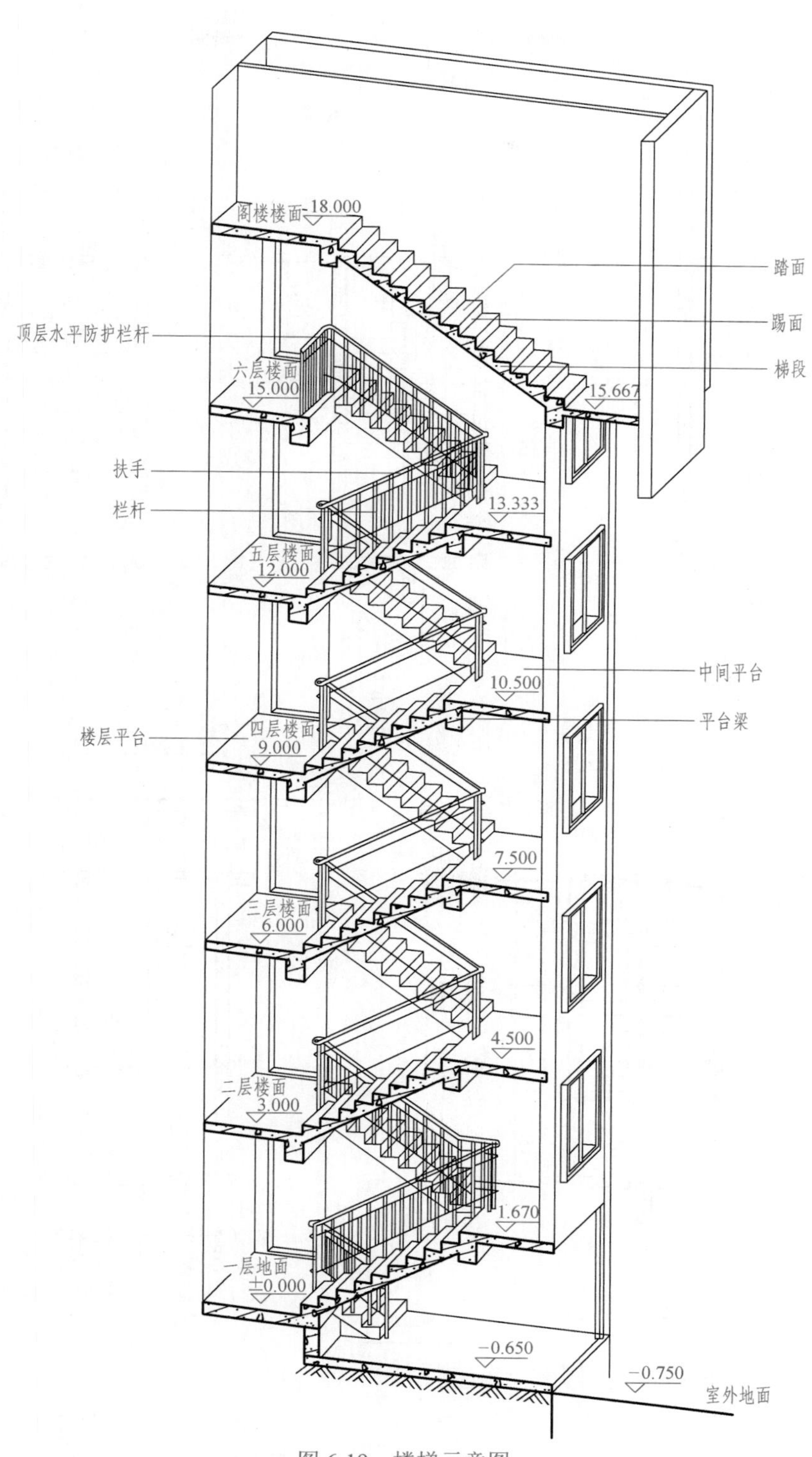
阁楼楼面
18.000
踏面
踢面
顶层水平防护栏杆
梯段
六层楼面
15.000
15.667
扶手
栏杆
13.333
五层楼面
12.000
中间平台
10.500
楼层平台
四层楼面
9.000
平台梁
7.500
三层楼面
6.000
4.500
二层楼面
3.000
1.670
一层地面
±0.000
−0.650
−0.750
室外地面

图 6-19 楼梯示意图

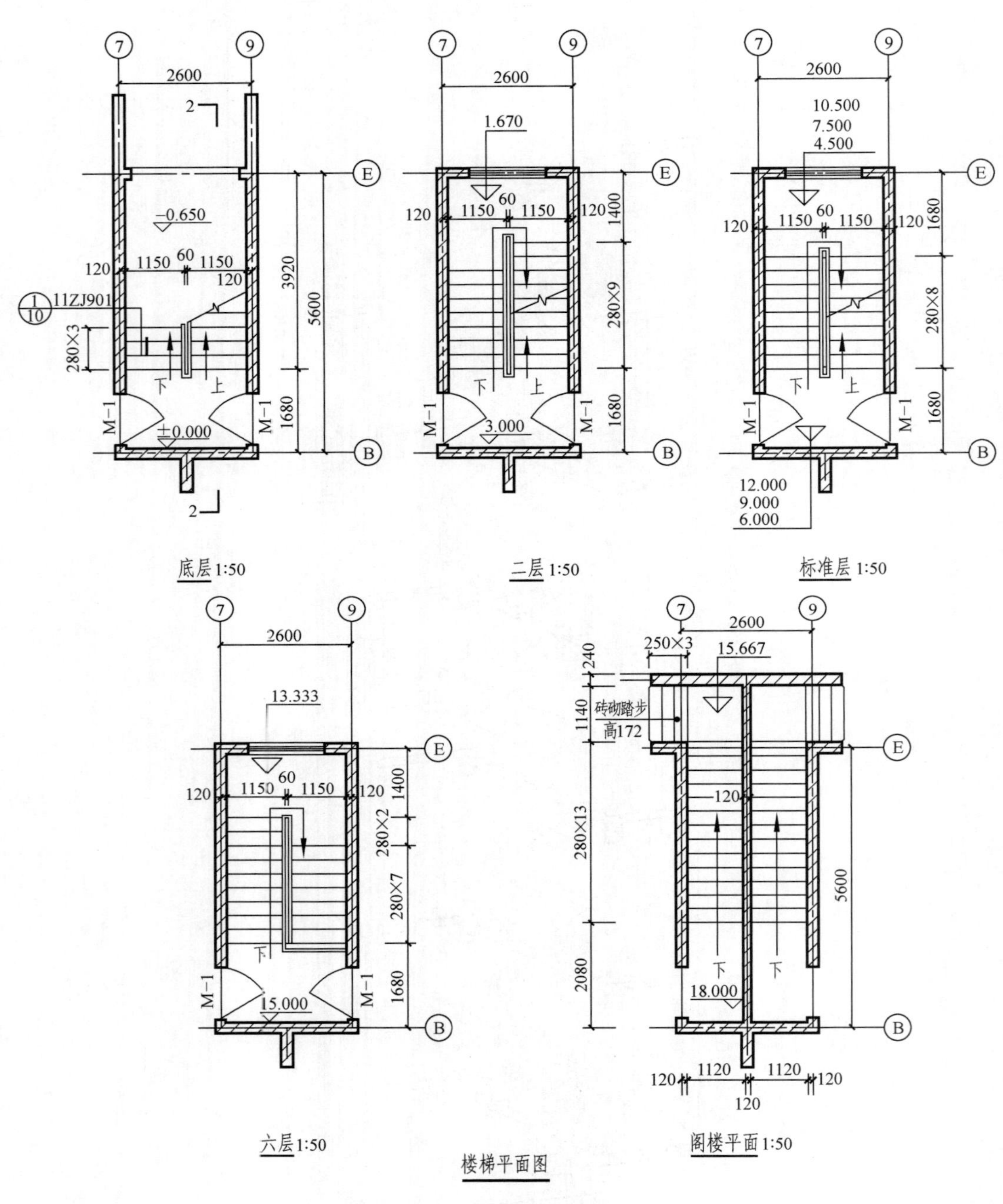
底层 1:50
二层 1:50
标准层 1:50
六层 1:50
阁楼平面 1:50
楼梯平面图
2600
1150
60
120
280×3
3920
5600
1680
M-1
±0.000
−0.650
11ZJ901
1.670
3.000
280×9
1400
10.500
7.500
4.500
12.000
9.000
6.000
280×8
13.333
15.000
280×2
280×7
250×3
15.667
砖砌踏步
高172
240
1140
280×13
2080
18.000
1120
下
上

图 6-20 楼梯平面图

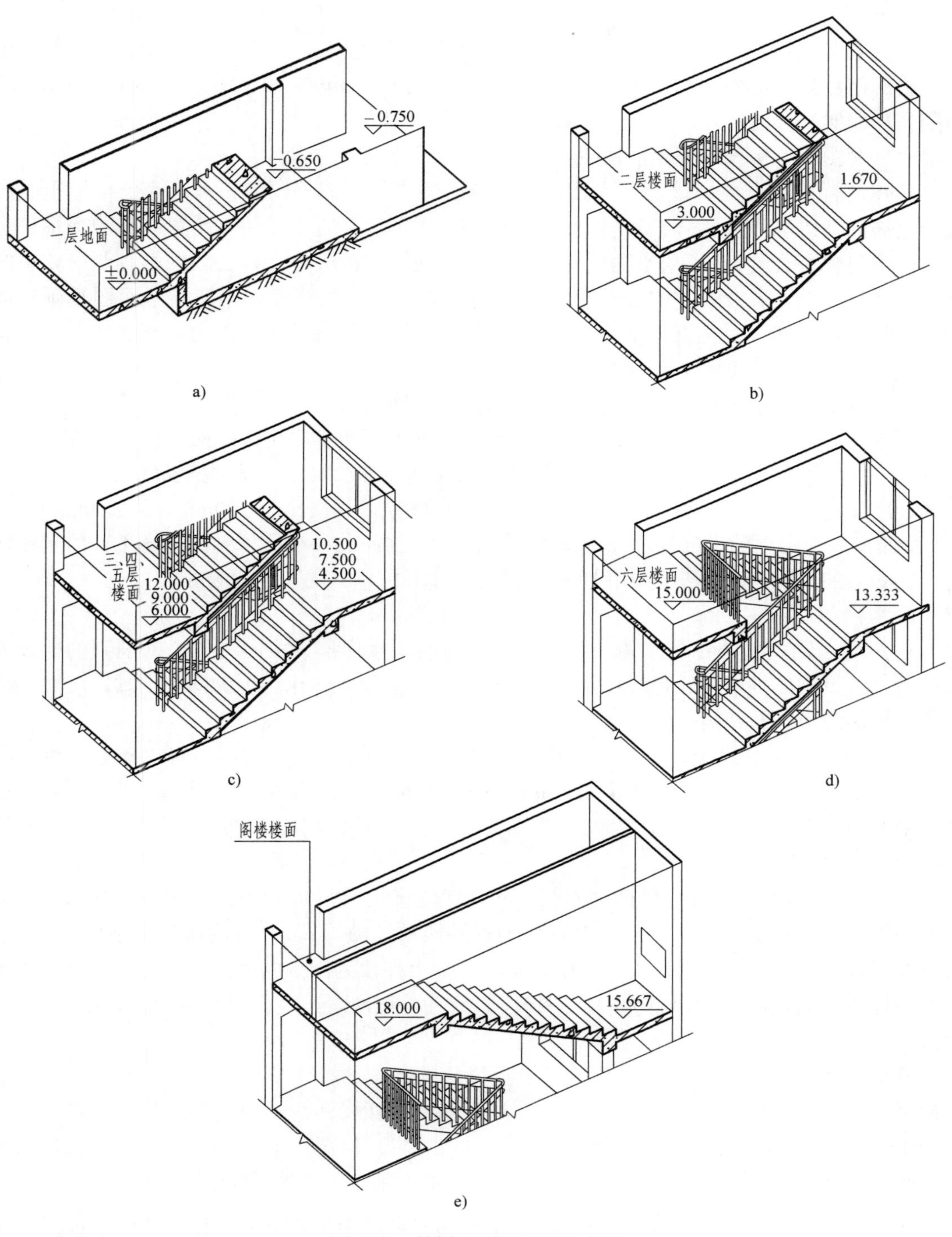

图 6-21 楼梯平面图形成示意图

a）底层 b）二层 c）标准层 d）六层 e）阁楼

各层被剖切到的梯段处，按建筑制图标准规定，均在平面图中以一根45° 折断线表示。在梯段上画出箭头，表示从该层的楼层平台上（下）到上一层（下一层）所需要的踏步数，并标明“上”或者“下”字样。表示从该层楼层平台的上下方向及上（下）到上（下）一层所需要的踏步数。楼梯平面图上，梯段上的每一分格表示梯段的一个踏面。因梯段最高一级的踏面与楼梯平台面重合，所以平面图中每一梯段的踏面数，总是比踏步数少一个。如标准层楼梯平面图中各梯段均为8个踏面，则实际各梯段均有9个踏步。

读图时，要区分各层楼梯平面图，掌握各层楼梯平面图不同的特点。底层楼梯平面图有一个被剖切的梯段及栏杆，还有分别注有“上”“下”字的长箭头（注意：有的楼梯底层平面图中包含有台阶）；顶层平面图由于剖切平面在安全栏板之上，在图中画有两段完整的梯段和楼梯平台，在楼层平台处只有一个注有“下”字的长箭头；中间层平面图既画出被剖切的往上走的梯段（画有“上”字的长箭头），又画出从该层往下走的完整的梯段（画有“下”字的长箭头）、楼梯平台以及平台往下的梯段。

在楼梯底层平面图中还应画出楼梯剖面图的剖切符号。

楼梯平面图中还应标注如下尺寸：楼梯间的开间和进深尺寸、楼梯平台的宽度、梯段的宽度、梯井的宽度、楼地面和平台的标高，以及其他细部尺寸。通常把梯段长度尺寸与踏面数、踏面宽的尺寸合并写在一起。如标准层平面图中的梯段，长280mm×8=2240mm，有8个踏面，每个踏面的宽度为280mm，梯段总长为2240mm；楼层平台和中间平台的宽度均为（1680–120）mm=1560mm；梯段的宽度为1150mm；梯井的宽度为60mm。

2. 楼梯剖面图

假想用一铅垂面通过各层的一个梯段和门窗洞将楼梯剖开，向另一个未剖到的梯段方向投影，所得到的剖面图就是楼梯剖面图。楼梯剖面图能表达出房屋的层数、梯段段数、踏步数、楼梯的形式及结构。

在多层或高层建筑中，当中间各层的楼梯构造相同时，相同的部分可以省略，可只画出底层、标准层和顶层剖面，中间用折断线分开。当楼梯间的屋面没有特殊之处，一般不在楼梯剖面图中表示，可用折断线省略，如有特殊需要，可按实际情况表达。楼梯剖面图中的图线用法同建筑剖面图。

图6-22所示为住宅楼的楼梯剖面图，其剖切位置从图6-20中查出。该住宅共六层，中间相同的楼层采用折断线省略。一至六层为双跑楼梯（10个梯段），阁楼为直跑楼梯（1个梯段），所以楼梯共有11个梯段。其中每层的第一个梯段为剖到的梯段，第二个梯段为投影可见的梯段，通往阁楼的梯段为剖到的梯段。此外，还应画出投影可见的内容，如入户门、阳台、栏杆及扶手等。

剖面图中一般应标注出各梯段的步数及每步的高度、楼梯平台的标高。如通往二层的楼梯第一个梯段10步、第二个梯段8步，通往三层的楼梯两个梯段均为9步，每步的高度均为167mm。梯段高度尺寸应同楼梯平面图中相对应，但需注意在高度尺寸中注的是踏步数，而不是踏面数（两者相差为1）。其他尺寸标注及标高请同学们自行阅读。

该剖面图中的索引符号$\frac{\text{11ZJ401}}{\text{及说明3}}\left(\frac{Y}{5}\right)$，表示楼梯栏杆扶手的详细构造做法见中南地区工程建设标准设计建筑图集《楼梯栏杆》11ZJ401的第5页Ⓨ做法，如图6-23所示。Ⓨ做法为有梯裙。楼梯栏杆为钢筋栏杆，造型见楼梯栏杆立面，扶手高900，顶层水平防护扶手高

1050。栏杆与梯段连接做法见本页ⓎY详图，栏杆与扶手连接做法见本页①详图。说明 3 中扶手选用 37 页②详图，如图 6-24 所示，为木扶手，断面形状及尺寸见图示。扶手起步做法如图 6-25 所示。防滑选用 39 页①详图，如图 6-26 所示，为 1∶1 水泥金刚砂或铁屑水泥，断面形状、尺寸及位置见图示。

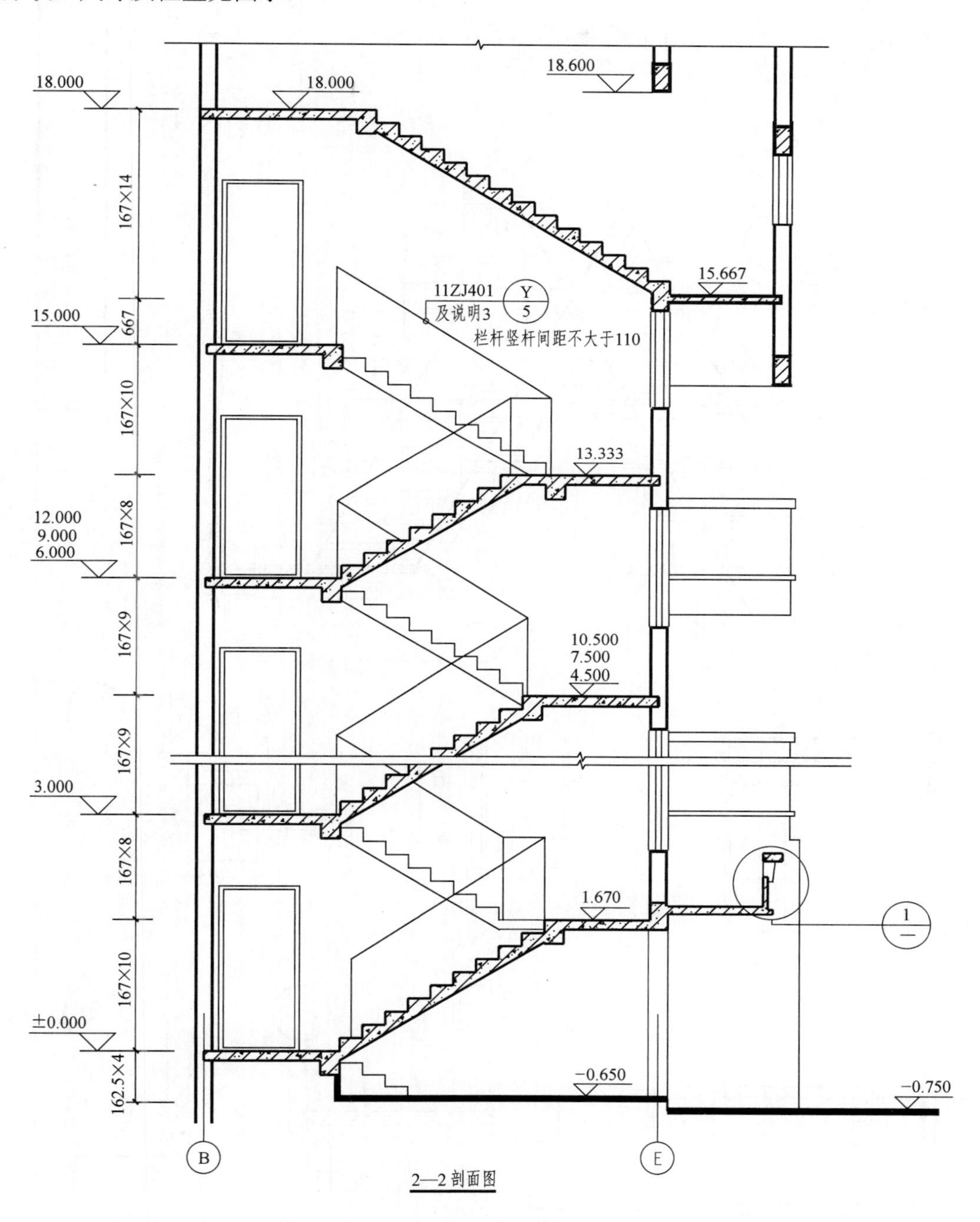

图 6-22　楼梯剖面图

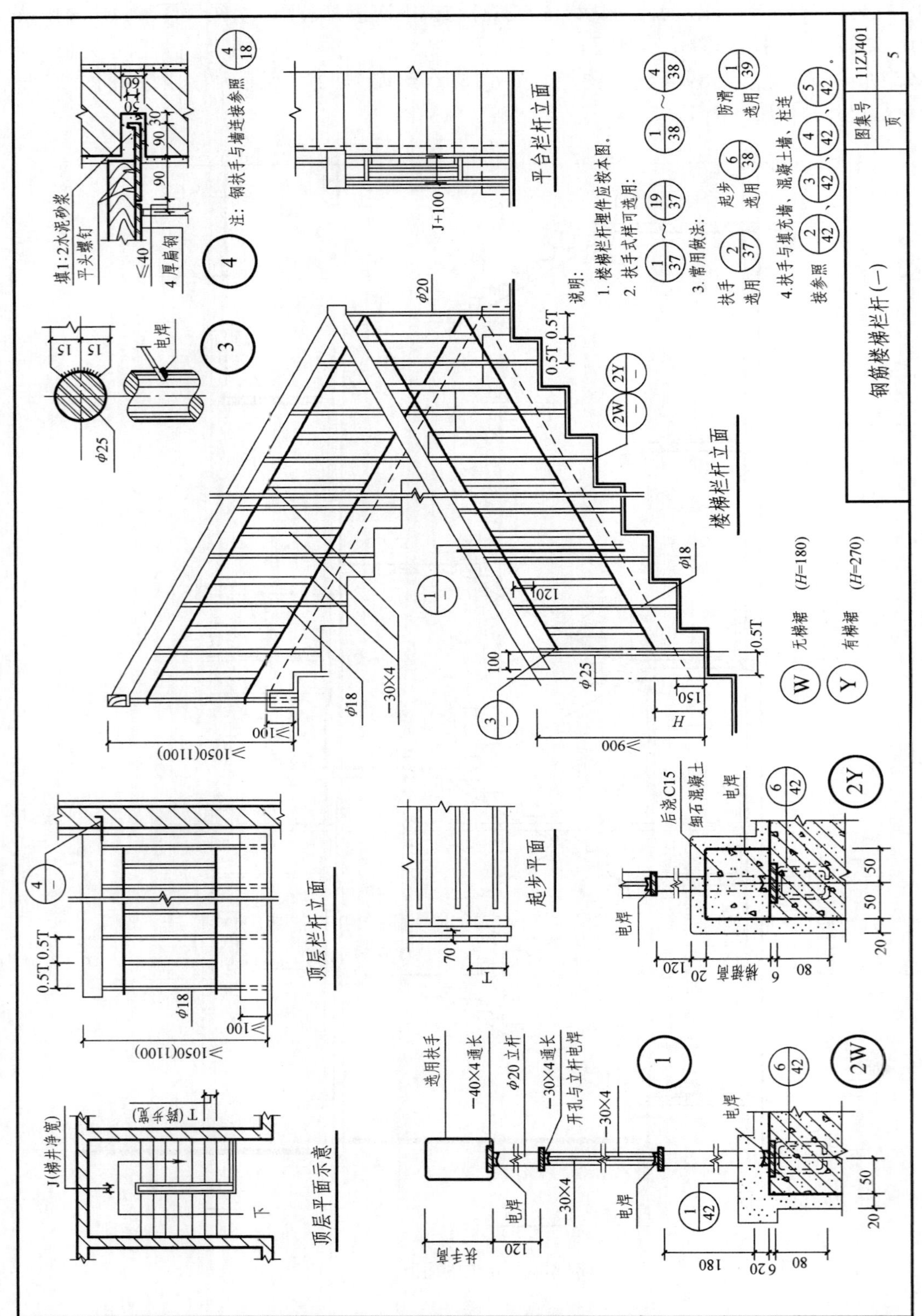
钢筋楼梯栏杆(一)
图集号 11ZJ401
页 5
说明:
1. 楼梯栏杆埋件应按本图。
2. 扶手式样可选用:
3. 常用做法:
扶手选用
起步选用
防滑选用
4.扶手与填充墙、混凝土墙、柱连接参照
楼梯栏杆立面
平台栏杆立面
顶层栏杆立面
起步平面
顶层平面示意
注: 钢扶手与墙连接参照
填1:2水泥砂浆
平头螺钉
4厚扁钢
无梯裙 (H=180)
有梯裙 (H=270)
选用扶手
−40×4通长
φ20立杆
−30×4通长
开孔与立杆电焊
电焊
后浇C15
细石混凝土
J(梯井净宽)

图 6-23 钢筋楼梯栏杆

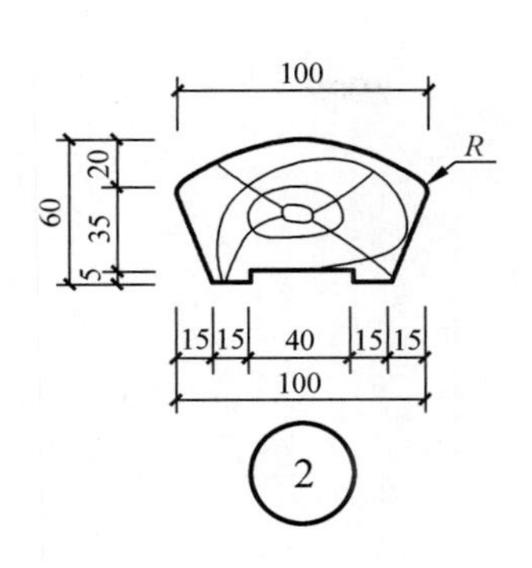

图 6-24　木扶手

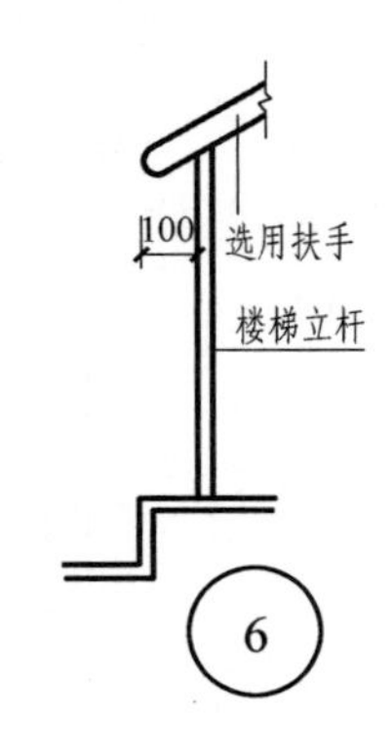

图 6-25　扶手起步做法

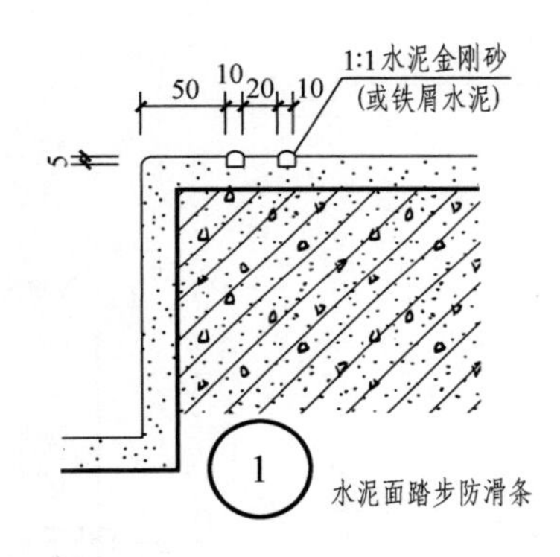

图 6-26　楼梯踏步防滑条

6.7.3　楼梯详图的画法

1. 楼梯平面图的画法

以楼梯标准层平面图为例，其画法如图 6-27 所示，步骤如下：

楼梯间轴线→墙（或柱）、门窗洞→平台宽度、梯段长和宽→踏步→ 栏杆、箭头、尺寸标注、区分图线。

1）根据楼梯间的开间、进深，画出楼梯间的轴线；画出墙（或柱）、门窗洞。

2）确定平台宽度、梯段长度及宽度。

3）画踏步。

4）画栏杆、箭头，区分线型，标注尺寸，注明上下。

2. 楼梯剖面图的画法

如图 6-28 所示，楼梯剖面图的画法步骤如下：

楼梯间轴线→墙（或柱）、门窗洞→楼地面、楼梯平台高度、宽度→踏步→梁板、栏杆、尺寸标注、区分图线。

1）按比例画出楼梯间的轴线；画出墙（或柱）。

2）确定楼地面、楼层平台和中间平台的位置（注意其高度及宽度）。

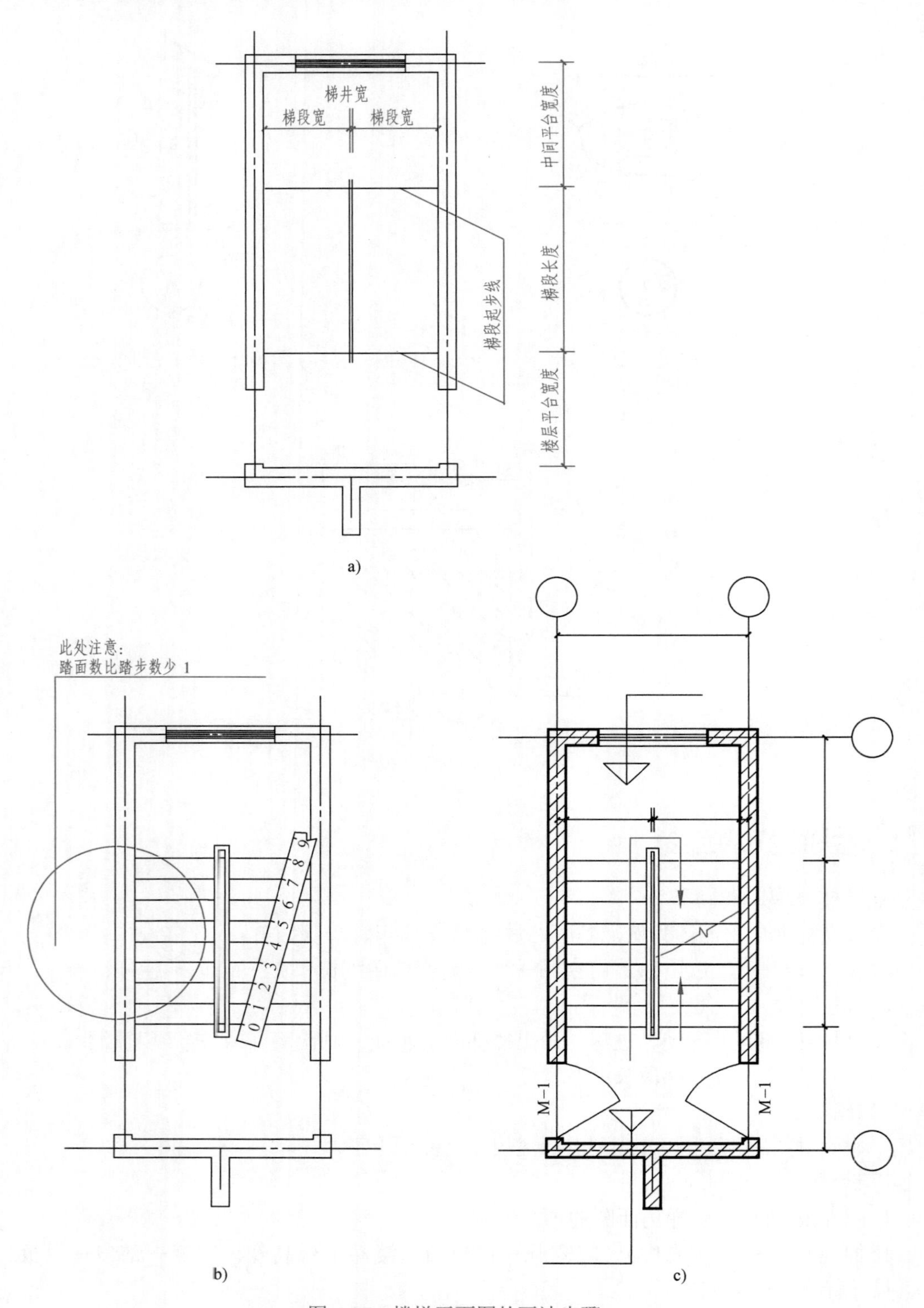

图 6-27 楼梯平面图的画法步骤

a）画楼梯间轴线，画墙厚；定门窗洞位置；定平台宽度、梯段长度；定梯段宽度、梯井宽度

b）定踏步、栏杆 c）区分图线，标注

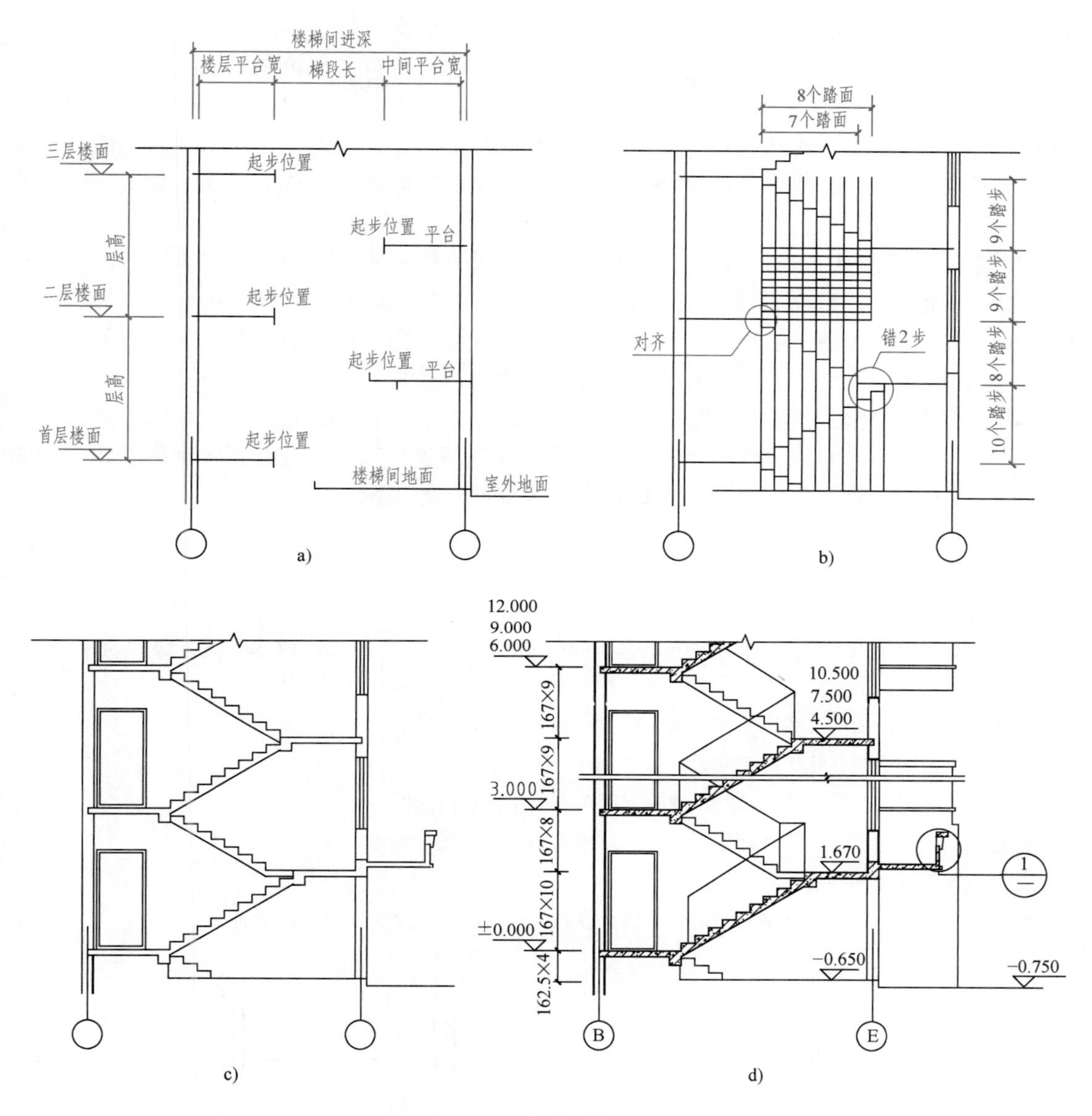

图 6-28 楼梯剖面图的画法步骤

a）定轴线，画墙厚；定室内外地面线、楼层平台、中间平台线 b）画踏步位置 c）画梁、板 d）画可见构配件（门窗、阳台、栏杆），区分图线，画材料图例，标注

3）画踏步（宜采用等分平行线的方法绘制）。

4）画梁、板、栏杆、门窗等。

5）区分图线，标注尺寸、标高等。

小 结

1）建筑施工图是学习建筑制图课程的实际运用，实践性较强。要求能较熟练地阅读简单的建筑施工图，并能绘制其建筑平面图、立面图、剖面图及建筑详图，要求熟练掌握常用的各种符号和图例。学习过程中，结合施工图，要多注意观察，理论联系实际。

2）建筑施工图是采用正投影的原理绘制的，与前面各章所讲内容是一致的，只不过这里研究的对象大到了一幢建筑物。虽然该建筑物体量庞大、构造复杂，但依然适用前几章所讲的正投影的原理、读图方法、尺寸标注的方法、剖面断面图的形成与画法、建筑制图标准等，不要割裂看待。

3）建筑施工图中的各种图样，都是从各个不同的角度来反映同一幢建筑物的，因此各图样之间一定有其内在的联系。这种联系就是用定位轴线反映出来的。从定位轴线的标注中，可看出建筑物各部分的相对位置，也可判断出投影方向。在学习建筑施工图时，一定要抓住定位轴线这一关键，养成将有关图纸对照阅读的习惯。

4）建筑施工图的学习只能为制图、读图能力的培养打下一定的基础，在以后的各门专业课程、生产实习、课程设计中还应进一步认识和理解建筑工程。只有正确理解了建筑物的结构、构造、施工等相关内容，才能真正完全读懂建筑施工图。

思 考 题

1. 建筑施工图通常包含哪些图样？

2. 建筑总平面图主要表达什么内容？在总平面图中，新建建筑物怎么表示？如何确定新建建筑物的位置？

3. 说明建筑平面图的形成以及建筑平面图的主要图示内容。

4. 建筑平面图中应标注哪些尺寸？

5. 建筑立面图的命名方法有哪些？建筑立面图有哪些图示内容？

6. 建筑剖面图通常选择什么部位剖切？建筑剖面图有哪些图示内容？

7. 建筑详图具有哪些特点？

8. 建筑平面图、立面图、剖面图之间有什么联系？在阅读建筑施工图时应注意什么？

项目 7　结构施工图与装饰施工图认知

学习目标：了解结构施工图与装饰施工图的组成、图示内容、图示方法、常用结构构件代号、常用符号与图例等，并能够识读一般的结构施工图与室内装饰施工图。

任务：识读图 7-8 楼层结构平面布置图与图 7-13 梁平法施工图平面注写方式示例所表达的内容，识读图中各构件代号的名称及含义。

7.1　结构施工图

结构设计是根据建筑各方面的要求，进行结构选型和构件布置，经过结构计算，确定建筑物各承重构件的形状、尺寸、材料以及内部构造和施工要求等。将结构设计的结果绘制成图即为结构施工图，简称"结施"，结构施工图是施工放线、基槽开挖、构件制作安装和指导施工的依据。它包括结构设计说明、结构平面图、各承重构件（梁、板、墙、柱及基础）详图。

承重构件的材料有钢筋混凝土、钢、木和砖、石，建筑结构按其主要承重构件所采用材料的不同，一般可分为钢筋混凝土结构、钢结构、木结构、砖石结构、混合结构等。

7.1.1　结构施工图的内容

（1）结构设计说明　结构设计说明包括地基情况；选用结构构件材料的类型、规格、强度等级；选用标准图集；施工要求和注意事项等。

（2）结构平面图

1）基础平面图，工业建筑还要有设备基础布置图。

2）楼层结构平面图，工业建筑还包括柱网、吊车梁、柱间支撑、连系梁布置等。

3）屋面结构平面布置图，工业建筑还包括屋面板、天沟板、屋架、天窗架及屋面支撑系统布置等。

（3）构件详图

1）梁、板、柱及基础断面详图。基础断面详图应尽可能与基础平面图布置在同一张图纸上，以便对照施工。

2）楼梯结构详图。

3）屋面结构详图。

4）其他详图，如天沟、雨篷等。

7.1.2 结构施工图的图示特点

1. 构件代号

结构构件种类繁多，为便于绘图、读图，在结构施工图中常用代号来表示构件的名称。常用构件代号系用该构件名称的汉语拼音的第一个字母大写表示。《建筑结构制图标准》规定见表7-1。

表7-1 常用构件代号（GB/T 50105—2010）

序号	名称	代号	序号	名称	代号	序号	名称	代号
1	板	B	19	圈梁	QL	37	承台	CT
2	屋面板	WB	20	过梁	GL	38	设备基础	SJ
3	空心板	KB	21	连系梁	LL	39	桩	ZH
4	槽形板	CB	22	基础梁	JL	40	挡土墙	DQ
5	折板	ZB	23	楼梯梁	TL	41	地沟	DG
6	密肋板	MB	24	框架梁	KL	42	柱间支撑	ZC
7	楼梯板	TB	25	框支梁	KZL	43	垂直支撑	CC
8	盖板或沟盖板	GB	26	屋面框架梁	WKL	44	水平支撑	SC
9	挡雨板或檐口板	YB	27	檩条	LT	45	梯	T
10	吊车安全走道板	DB	28	屋架	WJ	46	雨篷	YP
11	墙板	QB	29	托架	TJ	47	阳台	YT
12	天沟板	TGB	30	天窗架	CJ	48	梁垫	LD
13	梁	L	31	框架	KJ	49	预埋件	M—
14	屋面梁	WL	32	刚架	GJ	50	天窗端壁	TD
15	吊车梁	DL	33	支架	ZJ	51	钢筋网	W
16	单轨吊车梁	DDL	34	柱	Z	52	钢筋骨架	G
17	轨道连接	DGL	35	框架柱	KZ	53	基础	J
18	车挡	CD	36	构造柱	GZ	54	暗柱	AZ

注：1. 预制钢筋混凝土构件、现浇钢筋混凝土构件、钢构件和木构件，一般可直接采用本表中的构件代号。在绘图中，当需要区别上述构件的材料种类时，可在构件代号前加注材料代号，并在图纸中加以说明。
2. 预应力钢筋混凝土构件的代号，应在构件代号前加注“Y-”，如Y-DL表示预应力钢筋混凝土吊车梁。

2. 图线

结构施工图的图线应按表7-2的规定选用。

3. 比例

根据结构施工图图样的用途及复杂程度，选用表7-3的常用比例，必要时也可选用可用比例。

一般情况下，一个图样应选用一种比例，但根据需要也可用双比例法绘制构件详图。在绘图时，构件轴线按一种比例绘制，而其上零件则按比轴向比例较大的比例来绘制，以便更清晰地表达节点构造。

表 7-2 图线

名称		线型	线宽	一般用途
实线	粗		b	螺栓、主钢筋线、结构平面图的单线结构构件、钢木支撑及系杆线，图名下横线、剖切线
	中		$0.5b$	结构平面图及详图中剖到或可见的墙身轮廓线，基础轮廓线、钢、木结构轮廓线、箍筋、板筋线
	细		$0.25b$	可见的钢筋混凝土构件的轮廓线、尺寸线、标注引出线，标高符号、索引符号
虚线	粗		b	不可见的钢筋、螺栓线，结构平面图中的不可见的单线结构构件线及钢、木支撑线
	中		$0.5b$	结构平面图中的不可见构件、墙身轮廓线及钢木构件轮廓线
	细		$0.25b$	基础平面图中的管沟轮廓线、不可见的钢筋混凝土构件轮廓线
单点长画线	粗		b	柱间支撑、垂直支撑、设备基础轴线图中的中心线
	细		$0.25b$	定位轴线、对称中心线、中心线
双点长画线	粗		b	预应力钢筋线
	细		$0.25b$	原有结构轮廓线
折断线			$0.25b$	断开界线
波浪线			$0.25b$	断开界线

表 7-3 比例

图名	常用比例	可用比例
结构平面图、基础平面图	1∶50、1∶100、1∶150、1∶200	1∶60
圈梁平面图、总图中管沟、地下设施等	1∶200、1∶500	1∶300
详图	1∶10、1∶20	1∶5、1∶25、1∶4

7.1.3 钢筋混凝土结构基本知识

混凝土是由胶凝材料，水和粗、细骨料按适当比例配合、拌制成拌合物，经一定时间硬化而成的人造石材。混凝土受压性能好，但承受拉力的能力差，容易因受拉而断裂。图 7-1 是梁的受力示意图。图 7-1a 表示素混凝土梁（全部由混凝土制成），在荷载 F 的作用下，上部受压，下部受拉。由于混凝土的抗拉强度很低，当荷载很小时，其下部受拉区受到的拉应力就会超过该部分混凝土的抗拉强度极限，梁就要断裂。为了解决这一问题，充分发挥混凝土的受压能力，常在混凝土受拉区域内或相应部位加入一定数量的钢筋（钢材的抗压和抗拉强度都很高），使钢筋承受拉力，混凝土则只承受压力，两种材料粘结成一个整体，共同承受外力。这种配有钢筋的混凝土，称为钢筋混凝土。图 7-1b 表示在受拉区配适当钢筋的梁，在荷载作用下，受拉区混凝土达到其抗拉极限时，钢筋继续承担拉力，保证梁正常工作。

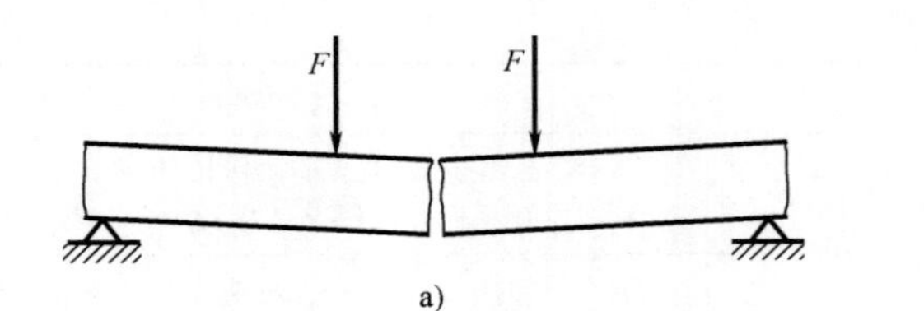

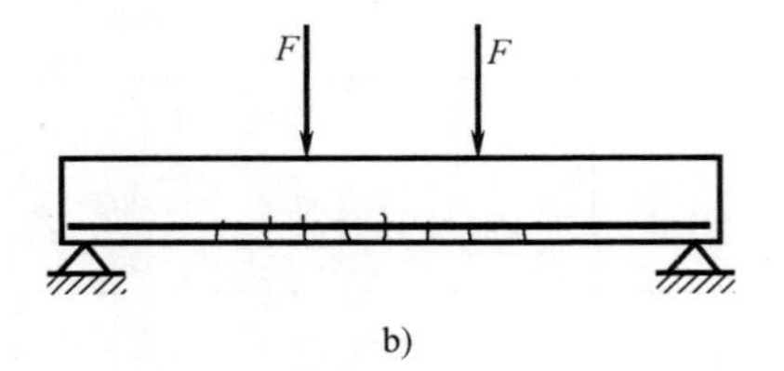

图 7-1 梁受力示意图

a）素混凝土梁 b）钢筋混凝土梁

由此可见，钢筋在构件中的位置和数量是极其重要的，若钢筋配置不当或数量不足，梁都不能正常工作。钢筋混凝土结构图的主要内容之一就是表达钢筋在构件中的情况。

用钢筋混凝土制成的梁、板、柱、基础等构件，称为钢筋混凝土构件。钢筋混凝土构件的制作，既有在工程现场各构件所在位置直接浇筑的，也有在工程现场以外的工厂预先制作好，然后运输吊装的，前者称为现浇钢筋混凝土构件，后者称为预制钢筋混凝土构件。另外有的构件在制作时通过对钢筋的张拉，预先加给混凝土一定的压力，以提高构件的抗裂性能（常用于梁、板中）。这样的构件称为预应力钢筋混凝土构件。

1. 钢筋的分类和作用

钢筋种类及符号见表 7-4 和表 7-5。

表 7-4 普通钢筋强度标准值 （单位：N/mm^2）

种类		符号	d/mm	f_{yk}
热轧钢筋	HPB235（Q235）	Φ	8~20	235
	HRB335（20MnSi）	Φ	6~50	335
	HRB400（20MnSiV、20MnSiNb、20MnTi）	Φ	6~50	400
	RRB400（K20MnSi）	Φ^{R}	8~40	400

表 7-5 预应力钢筋强度标准值 （单位：N/mm^2）

种类		符号	d/mm	f_{ptk}
钢绞线	1×3	Φ^{S}	8.6、10.8	1860、1720、1570
			12.9	1720、1570
	1×7		9.5、11.1、12.7	1860
			15.2	1860、1720
消除应力钢丝	光面螺旋肋	Φ^{P} Φ^{H}	4、5	1770、1670、1570
			6	1670、1570
			7、8、9	1570
	刻痕	Φ^{I}	5、7	1570
热处理钢筋	40Si2Mn	Φ^{HT}	6	1470
	48Si2Mn		8.2	
	45Si2Cr		10	

钢筋按其作用分下列几种（图 7-2a、b）。

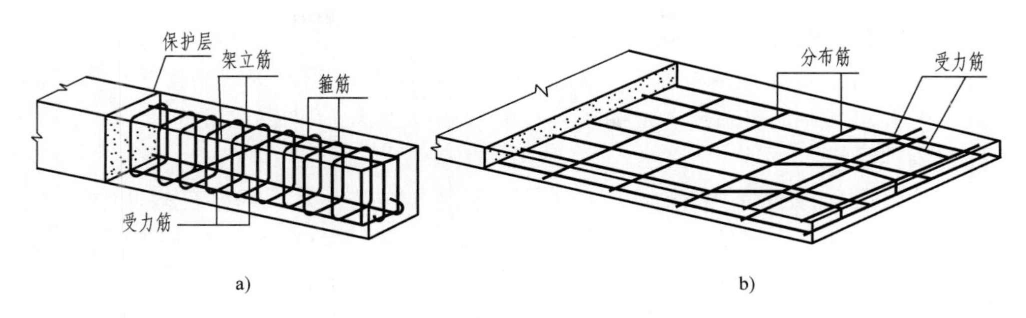

图 7-2 钢筋混凝土梁、板配筋

a）梁 b）板

（1）受力筋 受力筋主要承受拉力，有时也用它来协助混凝土承受压力或温度应力等。钢筋的直径和根数根据构件受力大小由计算而定。受力筋又分为直筋和弯筋（在接近梁端斜向弯起的弯起部分承受剪力）。

（2）箍筋 箍筋也称钢箍，固定各钢筋的位置并承受剪力，一般沿着构件的纵向或横向每隔一定距离均匀布置。

（3）架立筋 架立筋用于固定梁内箍筋的位置，构成梁内骨架，一般位于梁的上部起架立作用。

（4）分布筋 分布筋用于板内，与板的受力筋垂直布置，将承受的力均匀地传给受力筋并固定受力筋的位置。

（5）其他 因构件构造要求或施工安装需要而配置的构造筋，如腰筋、预埋锚固筋等。

2. 钢筋的弯钩

为加强钢筋和混凝土的粘结力，避免钢筋在受拉时滑动，如果受力筋是光面圆钢筋时两端要做弯钩，带螺纹钢筋与混凝土的粘结力强，两端不必做弯钩。钢筋端部的弯钩常用两种形式（图 7-3a）。

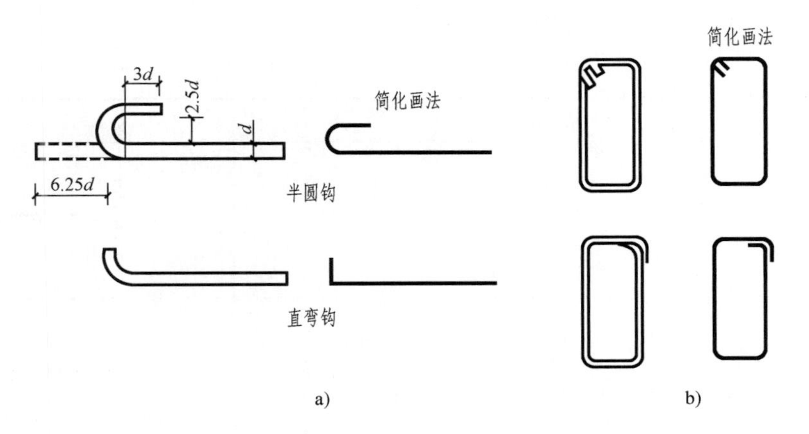

图 7-3 钢筋和箍筋的弯钩

a）钢筋的弯钩 b）钢箍的弯钩

1）带有平直部分的半圆弯钩。

2）直弯钩。

常用箍筋的弯钩形式如图 7-3b 所示。

钢筋接长时可用焊接或绑扎搭接，优先采用焊接接头，受力钢筋的接头位置按相关规范规定应互相错开，并且应满足一定的搭接长度（如取 30*d*，*d* 为钢筋直径）。

3. 钢筋的保护层

为了防火、保护钢筋不被锈蚀以及加强与混凝土的握裹力，钢筋在构件中不能裸露，要有一定厚度的混凝土作为保护层。《混凝土结构设计规范》（GB 50010—2010）规定，梁、柱的保护层最小厚度为 25mm，板和墙的保护层厚度为 10~15mm。

4. 钢筋的图例

在结构图中，通常用单根的粗实线表示钢筋的立面，用黑圆点表示钢筋的横断面。但构件中的钢筋，有直的、弯的、带弯钩的、不带弯钩的等，这些都需要在图中表达清楚。表 7-6 列出了一般钢筋的常用图例。

表 7-6 一般钢筋的常用图例

序 号	名 称	图 例	说 明
1	钢筋横断面		
2	无弯钩的钢筋端部		下图表示长短钢筋投影重叠时可在短钢筋端部用 45° 短划线表示
3	带半圆形弯钩的钢筋端部		
4	带直钩的钢筋端部		
5	无弯钩的钢筋搭接		
6	带半圆弯钩的钢筋搭接		
7	带直钩的钢筋搭接		

5. 钢筋的画法

在钢筋混凝土结构图中，钢筋的画法见表 7-7。

表 7-7 钢筋画法

序 号	说 明	图 例
1	在平面图中配置双层钢筋时，底层钢筋弯钩应向上或向左，顶层钢筋应向下或向右	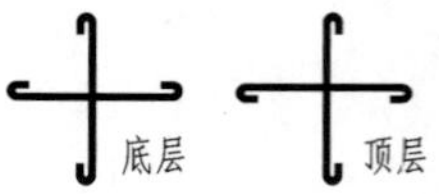
2	配双层钢筋的墙体，在配筋立面图中，远面钢筋的弯钩应向上或向左，而近面钢筋则向下或向右 （JM：近面；YM：远面）	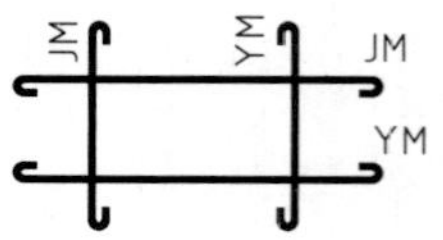

（续）

序　号	说　明	图　例
3	如在断面图中不能表示清楚钢筋布置，应在断面图外面增加钢筋大样图	
4	图中所表示的箍筋、环筋，如布置复杂，可加画钢筋大样及说明	或
5	每组相同的钢筋、箍筋或环筋，可以用粗实线画出其中一根来表示，同时用一横穿的细线表示其余的钢筋、箍筋与环筋，横线的两端带斜短画表示该号钢筋的起止范围	

7.1.4　结构施工图的读图方法

一般的读图步骤是：先看文字说明后看图样；看图样时，按图纸顺序先粗略翻看一遍，再细看每一张内容。对于构件详图，读图时先看图名，再看图形，后看钢筋表。当然这些步骤不是孤立的，而是要经常互相联系，经过反复多次阅读才能看懂。特别是读构件详图时，应熟练运用投影关系、图例符号、尺寸标注及比例，读懂空间形状并了解该构件在房屋中的部位和作用，结合尺寸和详图索引最终了解该构件的形状大小和钢筋配置、材料施工等有关内容。

7.1.5　基础施工图

基础是承受建筑物全部荷载的构件。基础把荷载传给地基，基础是建筑物的一个重要组成部分。地基是基础下面的土（岩）层，承受由基础传来的整个建筑物的重量。基础的组成如图 7-4 所示。基坑是为基础施工而开挖的土坑，坑底即基础的底面。基坑边线就是施工时测量放线的灰线（用石灰在地面上按 1∶1 画的线也称灰线）。埋入地下的墙叫基础墙。基础墙下阶梯形的砌体叫大放脚。大放脚以下最宽部分的一层叫垫层。从室外地坪到基础底面的高度称为基础的埋置深度。

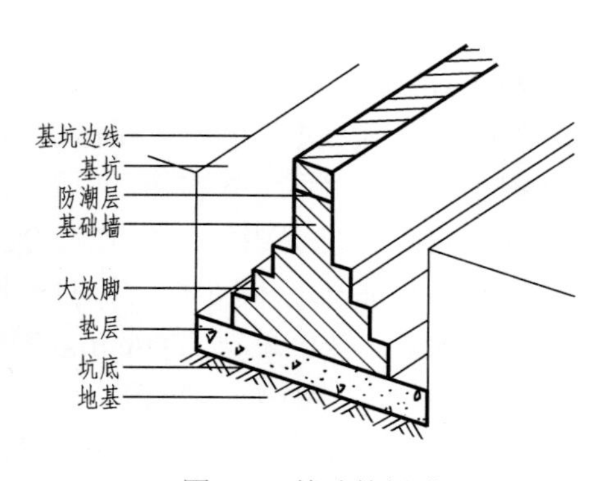

图 7-4　基础的组成

基础可采用不同的构造形式，选用不同的材料，常见的基础形式有条形基础和独立基础，如图7-5所示。按其材料的不同可分为砖石基础、混凝土基础、毛石混凝土基础和钢筋混凝土基础。

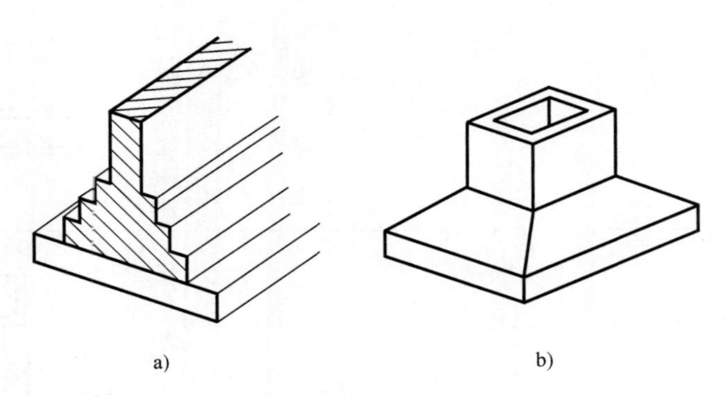

图7-5 基础的形式

a）条形基础 b）独立基础（杯形基础）

基础施工图是表示建筑物室内地面以下基础部分的平面布置和详细构造的图样，它是基础施工时放灰线、开挖基坑和砌筑基础的依据。基础施工图一般包括基础平面图、基础断面详图和文字说明三部分。现以墙下条形基础为例，说明基础施工图的内容和特点。

1. 基础平面图

基础平面图是假想用一水平剖切平面，沿房屋的地面与基础之间将房屋剖开后，移去剖切平面以上的房屋和泥土后所作的水平投影。

基础平面图的比例通常与建筑平面图相同，采用1∶50、1∶100等。在基础平面图上只绘出垫层边线和基础墙、柱的投影线，大放脚投影则省略不绘。

基础平面图的主要内容有：

1）图名、比例、纵横定位轴线及其编号。

2）基础的平面布置，即基础墙、柱以及基础底面的形状、大小及其与轴线的关系。

3）基础梁的位置和代号。

4）断面图的剖切位置线及编号。

5）轴线尺寸、基础大小尺寸和定位尺寸。

6）施工要求及注意事项。

7）当基础底面标高有变化时，应在基础平面图对应部位附近画出其局部横断面图来表示基础坑底标高的变化情况，并标出基底的标高。

图7-6所示为项目6实例的基础平面图，该建筑基础是条形基础。图中细实线表示基坑的水平投影，粗实线表示基础墙的投影，基础平面图中应注上轴线尺寸、轴线总和尺寸以及墙厚、基坑宽度等尺寸。同时应注上轴线编号以备施工时测量放线之用。图中④、⑥、⑩、⑫轴线处，基坑总宽2200mm，轴线至各坑边1100mm宽，墙厚240mm，轴线至各墙边120mm。

图中涂黑小方块表示钢筋混凝土构造柱断面，其断面大小为240mm×240mm。

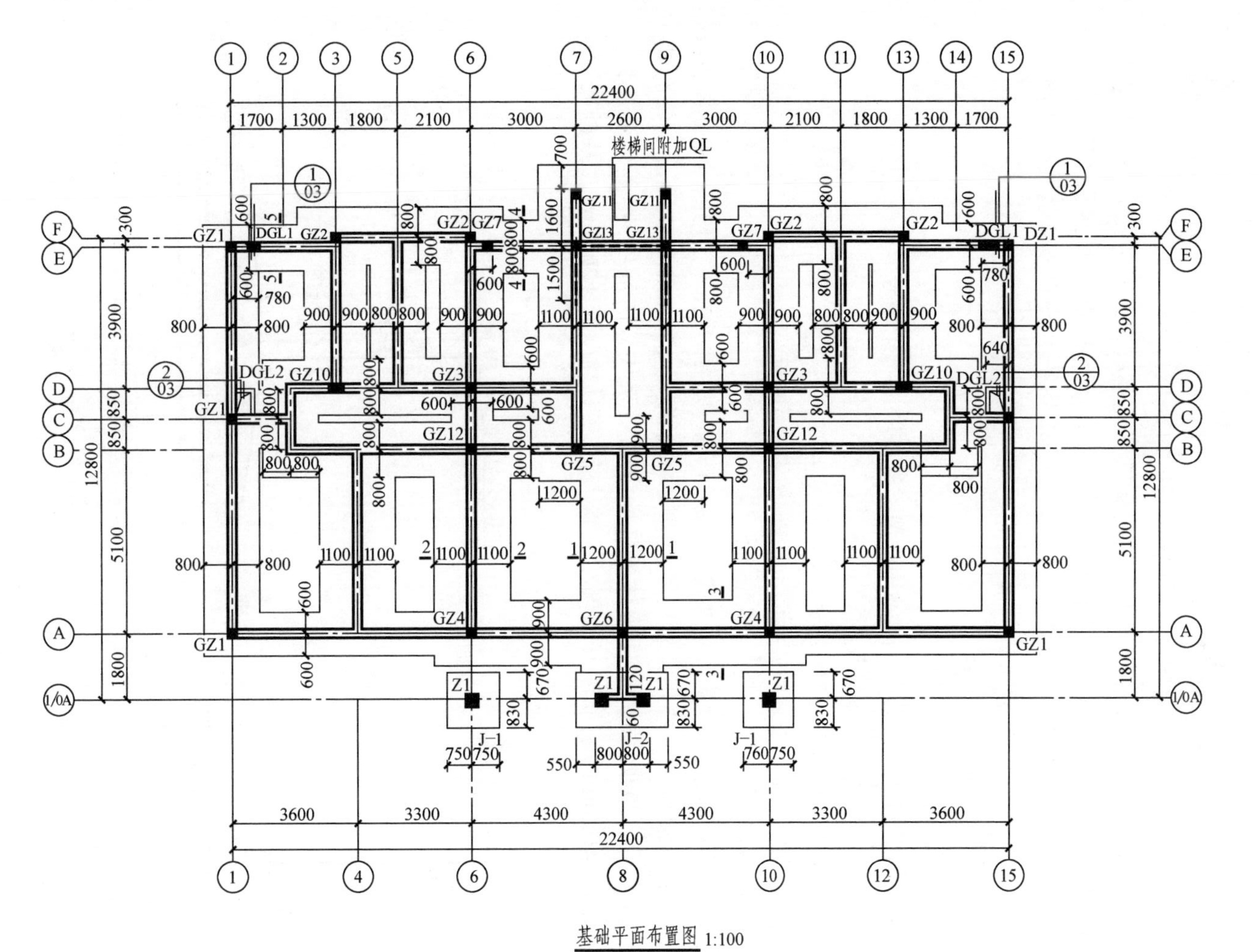

图 7-6 基础平面图

2. 条形基础断面详图

基础平面图只表明基础的平面布置，而基础各部分的具体构造没有表达出来，这就需要画出各部分的基础详图。

在基础的某一处假想用一铅垂剖切平面剖切后所得到的断面图称为基础断面详图。基础断面详图主要表示基础的断面形状、尺寸、材料和构造，常用 1∶20 等较大的比例绘出，应尽可能与基础平面图画在同一张图纸上，以便对照施工。

基础的断面形状与埋置深度要根据上部的荷载以及地基承载力而定。同一幢房屋，由于不同的荷载和不同的地基承载力，下面就有不同的基础。对每一种不同的基础，都要画出它的断面图，并在基础平面图上用 1—1、2—2 等剖切符号表明该断面的位置及名称编号。

基础详图的主要内容有：

1）图名、比例。

2）基础断面图中的轴线及编号（对通用断面，轴线圆圈不予编号）。

3）基础断面形状、大小、材料及配筋。

4）基础梁（或圈梁）的高、宽度及配筋。

5）基础断面的详细尺寸和室内外地面、基础垫层底面的标高。

6）施工要求及说明。

图 7-7a 是图 7-6 墙下条形基础中的 2—2 断面图。从图 7-7a 中可知：2—2 断面垫层为 300mm 厚的素混凝土，垫层上面是大放脚，每层高为 120mm 和 60mm 交错布置，缩进 60mm，共 3 级。为加强房屋的整体性（此处也用来代替防潮层），基础墙上做一圈断面 240mm×240mm 的钢筋混凝土圈梁，该基础底面宽度为 1200mm，基础底面标高 -1.500m。

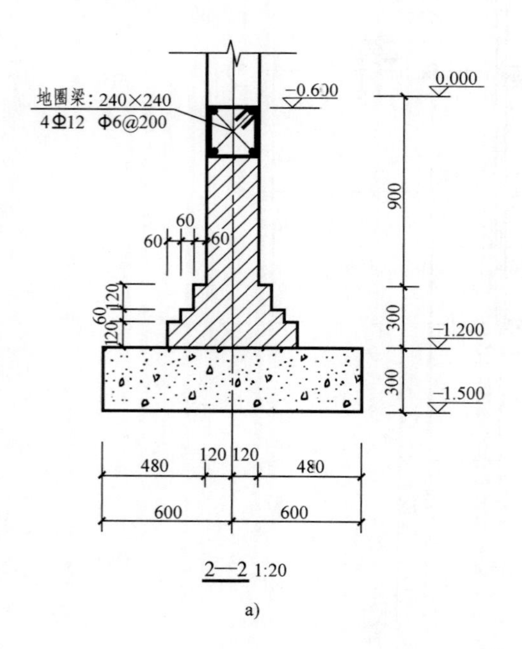

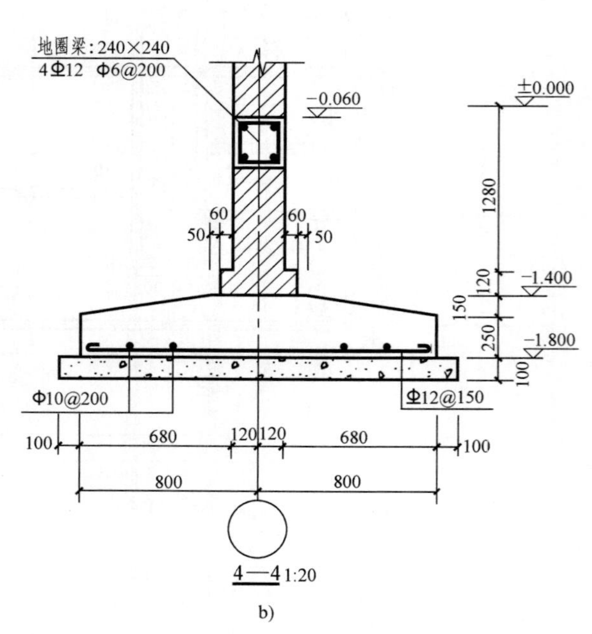

图 7-7 基础断面图

图 7-7b 是图 7-6 基础平面图中的 4—4 断面图。从图 7-7b 中可知：4—4 断面表明了该基础为墙下钢筋混凝土条形基础。该基础底板顶面为锥形，最低处厚度 250mm，最高处厚度 400mm，底板内配受力钢筋（横向钢筋 Φ12@150，二级钢筋；纵向钢筋 Φ10@200，一级钢筋），底板顶部为 240mm 厚砖砌基础墙（基座处即标高 –1.400m 处 120mm 高范围内，基础墙厚为 360mm。）为了施工方便，钢筋混凝土底板顶部两边比基础墙各宽出 50mm。基础墙上做一圈断面 240mm×240mm 的钢筋混凝土圈梁，圈梁顶标高为 –0.060m，圈梁内配纵筋 4 Φ12，箍筋 Φ6@200，用以加强房屋的整体性（此处也用来代替防潮层）。该基础底面宽度为 1600mm，基础底面标高 –1.800m，在基础底板下做一层 100mm 厚的素混凝土垫层，垫层每边比底板宽 100mm。

7.1.6　楼层结构布置图

楼层结构布置图主要表示每层楼面梁、板、柱、墙及楼面下层的门窗过梁、梁、圈梁的布置，以及现浇板的构造与配筋等情况。它是楼层结构现场安装构件，或制作构件的施工依据。其内容有：楼层（屋面）结构平面布置图、构件详图、构件统计表和文字说明等。

1. 楼层结构平面布置图

楼层结构平面布置图是假想用一水平面沿楼板面将房屋水平剖开后所作的水平投影。楼层上各种梁、板构件在图上都用《建筑结构制图标准》规定的代号和编号标记，板下不可见的墙、梁用中虚线表示。对于多层建筑，一般应分层绘制，但如果各层构件的类型、大小、数量、布置均相同时，可只画一标准层结构平面图。如平面对称时，可采用对称画法。楼梯间或电梯间因另有详图，可在结构平面图上只用一相交对角线表示。

如图 7-8 所示，从图名得知此图为二层结构平面布置图，从图中可看出，这幢房屋属于混合结构，砖墙承重。图中沿外墙上有门窗过梁，用粗虚线表示，编号有 SGLA24152、SGLA24093 等，过梁的代号各地不同，本图中其代号意义如下：

过梁的代号（选自 02YG301）：

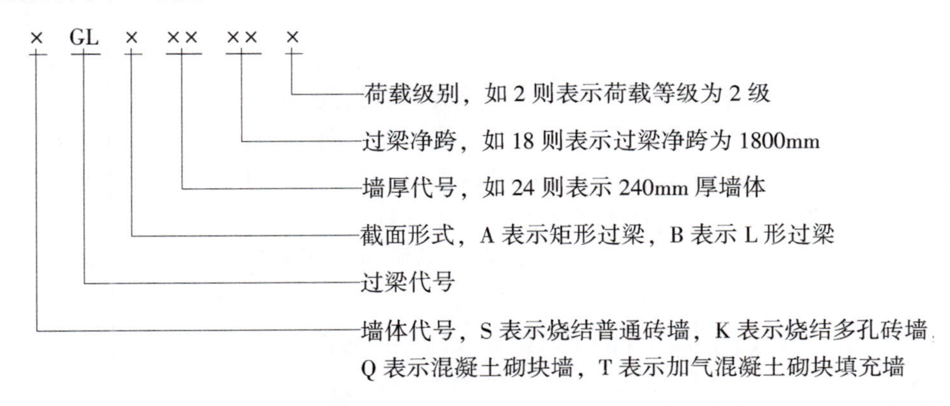

如 SGLA24182 表示烧结普通砖墙上过梁为矩形过梁，过梁宽度 240mm，净跨 1.8m，2 级荷载。

图 7-8 中，在Ⓐ轴线至Ⓑ轴线之间，从①轴线至⑥轴线，以及从⑩至⑮轴线间的房间均铺设了预应力钢筋混凝土空心板，预制板的平面布置有两种方法表示：一种是以细实线画出板的实际布置情况，直接表示板的铺设方向，并注明板的数量、代号和编号；另一种是

在预制板布置的范围内，用细实线画一对角线，该对角线是结构单元铺板外围轮廓线的对角线。在对角线的一侧（或两侧）注写铺板的数量、代号和编号。铺板相同的结构单元可用同一代号标明，如甲、乙……或A、B……不再一一标注，以减少绘图工作量。

空心板的代号，各地不同，本图用的是河南地区标注法，板的代号意义如下：

预应力空心板的代号（选自02YG201）：

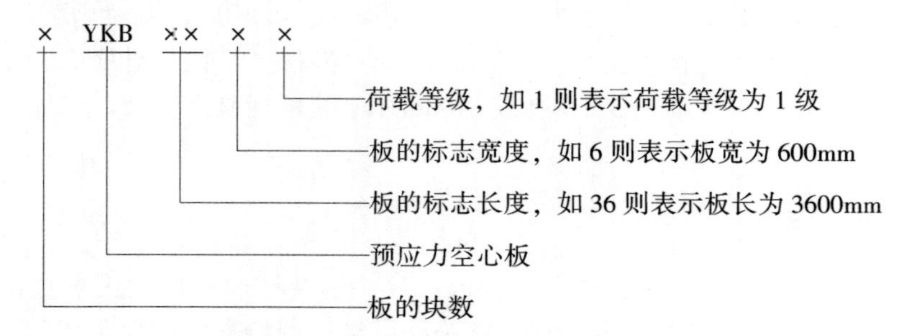

如5YKB3662表示5块预应力空心板，该板板跨3600mm，板宽600mm，2级荷载。

如图7-8所示，从③至⑥轴线部分，即厨房、卫生间部分，还有客厅部分为现浇部分，现浇钢筋混凝土板厚100mm（120mm），板内画有钢筋的平面布置、形状及编号，每一种都宜标注出其编号。例如Φ8@200的钢筋表示直径为8mm的Ⅰ级钢筋，相邻钢筋的中心距200mm。

配筋相同的现浇板，只需将其中一块的配筋画出，其余可在该板范围内画一对角线，注明相同板的代号，如图7-8中的XB-2。

楼层结构平面布置图的比例通常与建筑平面图相同，一般采用1∶100的比例绘制，绘制步骤基本上与建筑平面图相同。用中实线表示剖到或可见的构件轮廓线，用中虚线表示不可见构件的轮廓线，用粗点画线表示梁的中心位置，门窗洞口一般可不画出。图中应标注与建筑平面图相一致的轴间尺寸及总尺寸。

2. 钢筋混凝土构件详图

钢筋混凝土构件详图一般包括模板图、配筋图、预埋件详图及钢筋表。配筋图有立面图、断面图和钢筋详图，它们主要表示构件内部的钢筋配置情况，是主要图样。立面图和断面图，主要表示钢筋的配置状况，轮廓线用细实线，在立面图上用粗实线表示钢筋，在断面图中用黑圆点表示钢筋的断面。箍筋均用中粗线表示，轮廓内不再画上材料图例。模板图用于外形及构造较复杂的构件，以便于模板的制作和安装。

画构件详图时，假想混凝土是透明的，在立面图中主要表示钢筋的立面形状及其上下排列的位置。箍筋只投影成一条线（侧面投影），当钢筋的类型、直径、间距均相同时，可只画出其中一部分。断面图是构件的横向剖切投影图，它能表示钢筋的上下和前后的排列、箍筋的形状以及与其他钢筋的连接关系。一般在构件断面形状或钢筋数量和位置有变化之处，都需画一断面图（但不宜在斜筋段内截取断面），通常位于支座、跨中进行剖切，并在立面图上画出剖切位置线。立面图和断面图上都应注出一致的钢筋编号、直径、数量、间距等（图7-9），此外还应留出规定的保护层厚度。

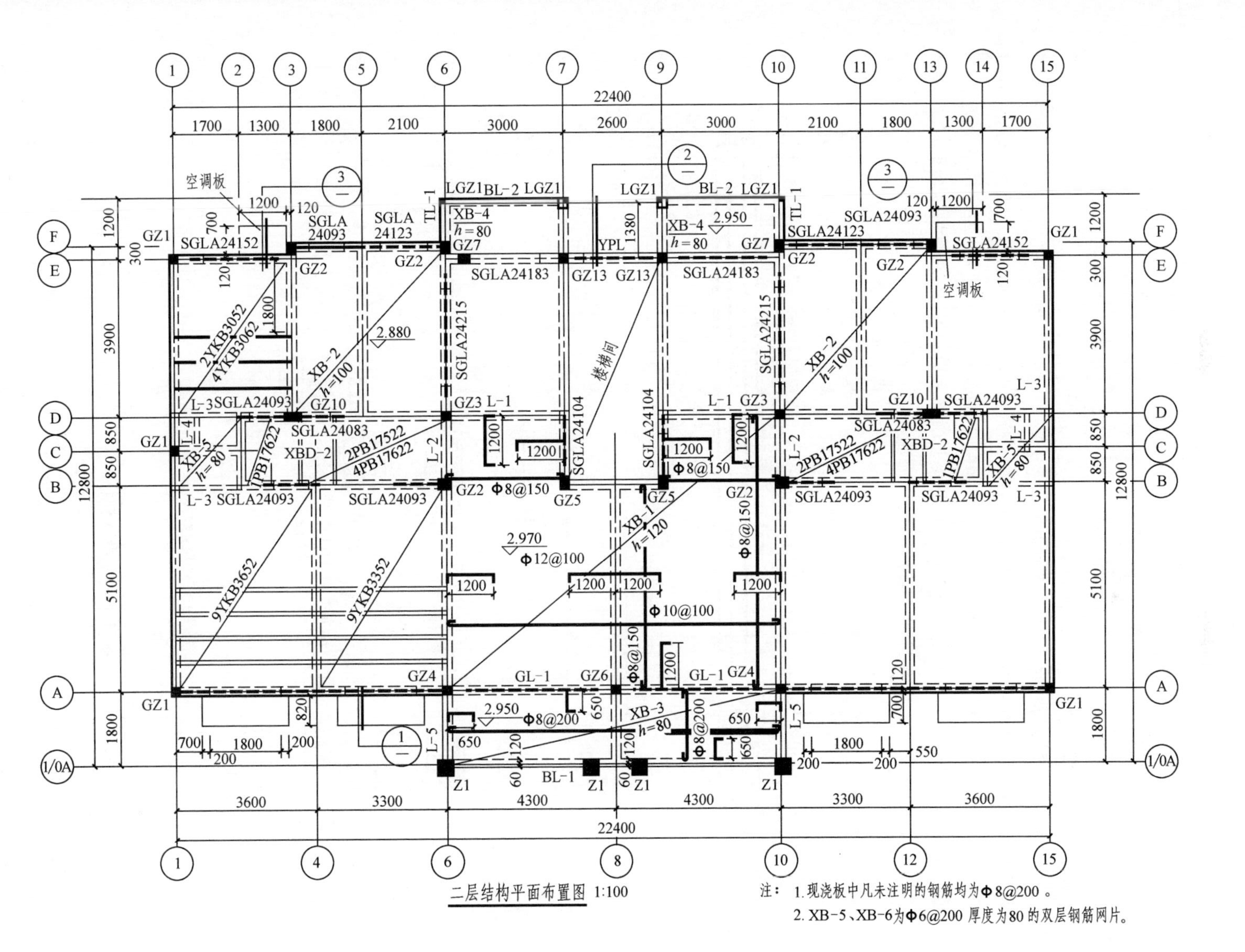

图 7-8　楼层结构平面布置图

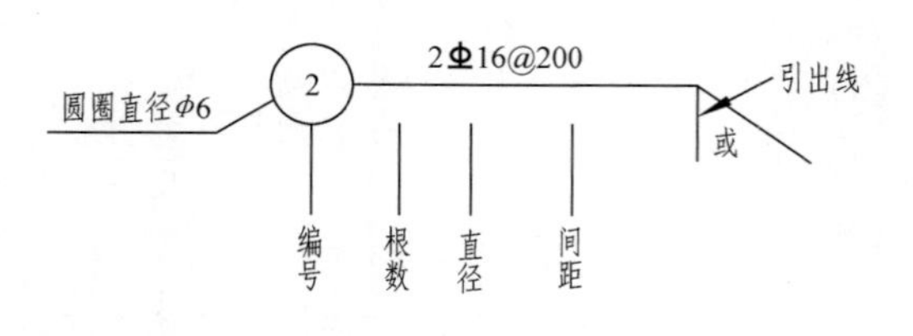

图 7-9 钢筋标注方法

图 7-10 为某一钢筋混凝土梁的结构详图。从图 7-10 图名得知构件名称是梁 L—1。立面图表示了梁的立面轮廓、长度尺寸为 8340mm（1800mm+6300mm+120mm+120mm=8340mm），该梁分外挑和跨间两部分，结合断面图可知梁高分别为 400mm 和 550mm。外挑部分：长 1800mm，架立筋是 2 Φ14，受力筋是 4 Φ20 而且伸过支座 2100mm，箍筋是φ6@100。因是悬挑结构，所以在靠近支座处分别附加 2 Φ18 的弯起钢筋。跨间部分：长 6540mm，架立筋是 2 Φ20，受力筋是 4 Φ22，箍筋靠近支座 850mm 范围内为 φ6@100，其余为φ6@200。该段梁中在梁高范围内又加了两排腰筋，详见图中所示。L—1 是配筋不太复杂的梁，梁内钢筋不需编号。

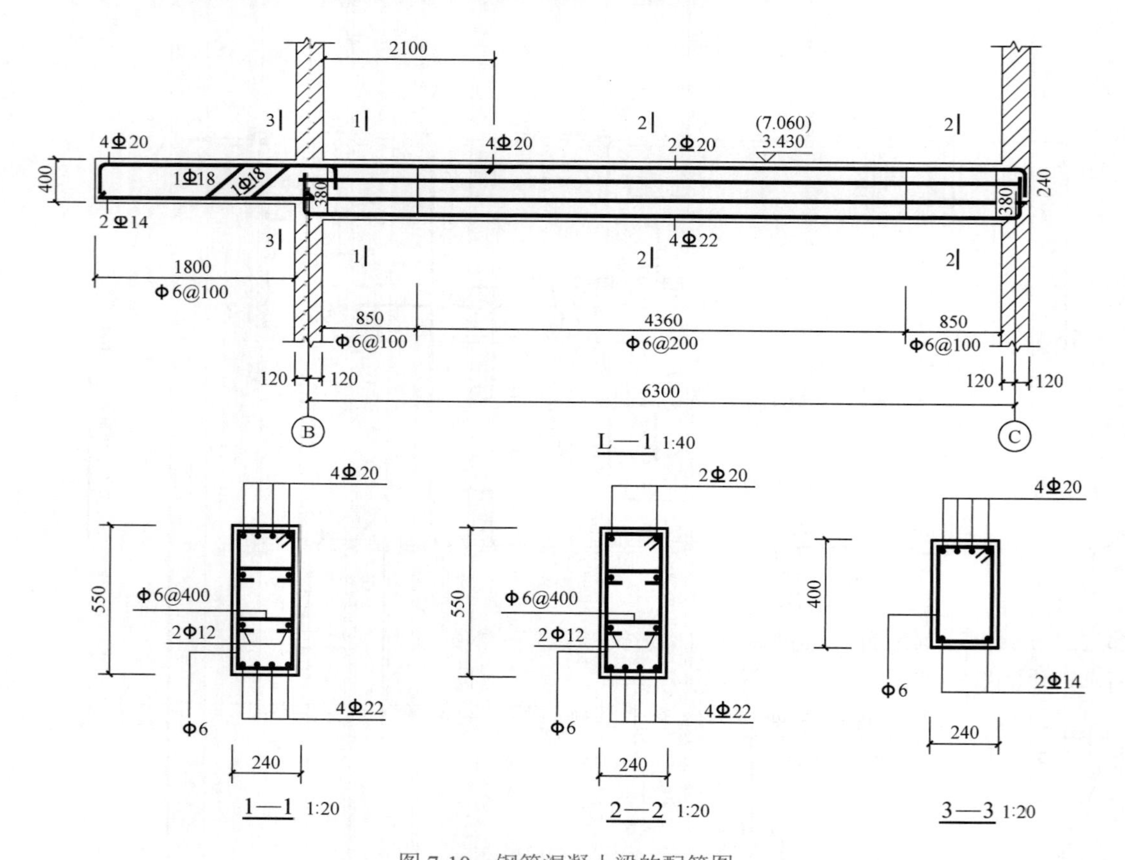

图 7-10 钢筋混凝土梁的配筋图

7.1.7 钢筋混凝土结构施工图平面整体表示法

1. 概述

钢筋混凝土结构施工图平面整体设计方法（简称平法）产生于 1991 年。平法的表达形式，概括来讲，是把结构构件的尺寸和配筋等，按照平面整体表示方法制图规则，整体直接表达在各类构件的结构平面布置图上，再与标准构造详图相配合，即构成一套新型完整的结构设计。该法改变了传统的那种将构件从结构平面布置图中索引出来，再逐个绘制配筋详图的繁琐方法，使结构设计方便，表达准确、全面、数值唯一，易随机修正，提高设计效率，方便施工看图、记忆和查找，表达顺序与施工一致，利于施工质量和检查。

平法对我国目前混凝土结构施工图的设计表达方法作了重大改革，被国家科委列为《"九五"国家级科技成果重点推广计划》项目（项目编号：97070209A），被建设部列为1996年科技成果重点推广项目（项目编号：96008）。

2. 梁平法施工图制图规则

梁平法施工图系在梁平面布置图上采用平面注写方式或截面注写方式表达。梁平面布置图，应分别按梁的不同结构层（标准层），将全部梁和与其相关联的柱、墙、板一起采用适当比例绘制。在梁平法施工图中，应当用表格或其他方式注明包括地下和地上各层的结构层楼地面标高、结构层高及相应的结构层号。

（1）平面注写方式　平面注写方式，系在梁平面布置图上，分别在不同编号的梁中各选一根梁，在其上注写截面尺寸和配筋具体数值的方式来表达梁平法施工图。平面注写包括集中标注与原位标注，集中标注表达梁的通用数值，原位标注表达梁的特殊数值。当集中标注中的某项数值不适用于梁的某部位时，则将该项数值原位标注，如图 7-11 所示。

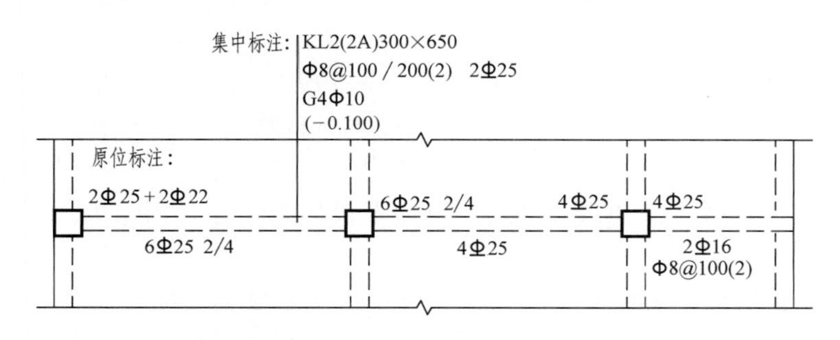

图 7-11　平面注写方式

梁集中标注时，梁编号、梁截面尺寸（断面宽 × 断面高用 $b \times h$ 表示）、梁箍筋、梁上部通长筋或架立筋配置、梁侧面纵向构造钢筋或受扭钢筋配置，此五项为必注值，梁顶面标高高差值为选注值。

注写时，当梁上部或下部受力筋多于一排时，各排筋值从上往下用"/"线分开，如图 7-11 所示，6Φ25，4/2 表示上一排为 4Φ25，下一排为 2Φ25；同排钢筋为两种直径时，用"/"号相连。箍筋加密区与非加密区的不同间距及肢数需用斜线"/"分隔，箍筋肢数应注写在括号内，如图 7-11 所示Φ8@100/200（2）表示箍筋为 I 级钢筋，直径Φ8，加密区间距为 100，非加密区间距为 200，均为两肢箍，梁侧面纵向构造钢筋注写值以大写字母 G 打头，接续注写设置在梁两个侧面的总配筋值，且对称配置，如图 7-11 所示中 G4Φ10，表示梁的两个侧面共配置 4Φ10 的纵向构造钢筋，每侧各配置 2Φ10。当梁侧面需配置受扭纵向钢筋时，注写值以大写字母 N 打头，且不再重复配置纵向构造钢筋，例如 N6Φ22 表示梁的两个侧面共配置 6Φ22 的受扭纵向钢筋，每侧各配置 3Φ22。

（2）截面注写方式　截面注写方式，系在分标准层绘制的梁平面布置图上，分别在不同编号的梁中各选择一根梁用剖面号引出配筋图，并在其上注写截面尺寸和配筋具体数值的方式来表达梁平法施工图。截面注写方式既可以单独使用，也可与平面注写方式结合使用。

（3）线引注总配筋值　主次梁相交处的加密箍筋或附加吊筋直接画在平面图中的主梁上，用线引注总配筋值（附加箍筋的肢数注在括号内），如图7-12所示，"╲_╱"的形状，上注2⌀18表示在此处加两根⌀18"╲_╱"形钢筋。主次梁交接处注写8Φ8（2）表示在此处箍筋附加8根Φ8的两肢箍，每侧4根。

图7-13为一梁平法施工图平面注写方式示例。

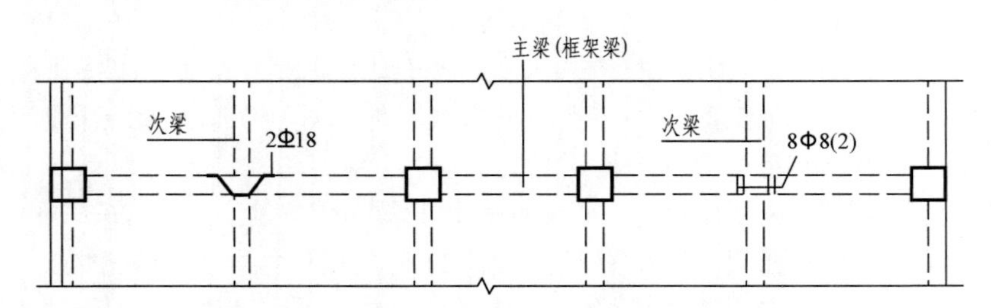

图7-12　附加箍筋和吊筋的画法

3. 柱平法施工图制图规则

柱平法施工图系在柱平面布置图上采用列表注写方式或截面注写方式表达。

（1）列表注写方式　列表注写方式，系在柱平面布置图上，分别在同一编号的柱中选择一个（有时需要选择几个）截面标注几何参数代号；在柱表中注写柱号、柱段起止标高、几何尺寸与配筋的具体数值，并配以各种柱截面形状及其箍筋类型图的方式，来表达柱平法施工图。

（2）截面注写方式　截面注写方式，系在分标准层绘制的柱平面布置图的柱截面上，分别在同一编号的柱中选择一个截面，以直接注写截面尺寸和配筋具体数值的方式来表达柱平法施工图。图中可用双比例法画柱平面配筋图。各柱断面在柱所在平面位置经放大后，在两个方向上注明同轴线的关系。

柱箍筋加密区与非加密区间距值用"/"线分开。多层框架柱的柱断面尺寸和配筋值变化不大时，可将断面尺寸和配筋值直接注在断面上。

如图7-14所示为截面注写方式表达的柱平法施工图。

4. 剪力墙平法施工图制图规则

剪力墙平法施工图的表示方法同柱平法一样，采用列表注写方式或截面注写方式表达。

5. 板的画法

平法中板的画法与传统画法相同。

6. 有关规定

按平法设计绘制结构施工图时，应将所有柱、墙、梁构件进行编号，经编号后，不同类型的梁柱构造可与通用标准图中的各类构造做法建立对应关系。

通用标准图中所有构造规定和节点构造做法必须符合现行国家规范、规程。图中未包括的特殊构造和特殊节点构造应由设计者自行设计绘制。

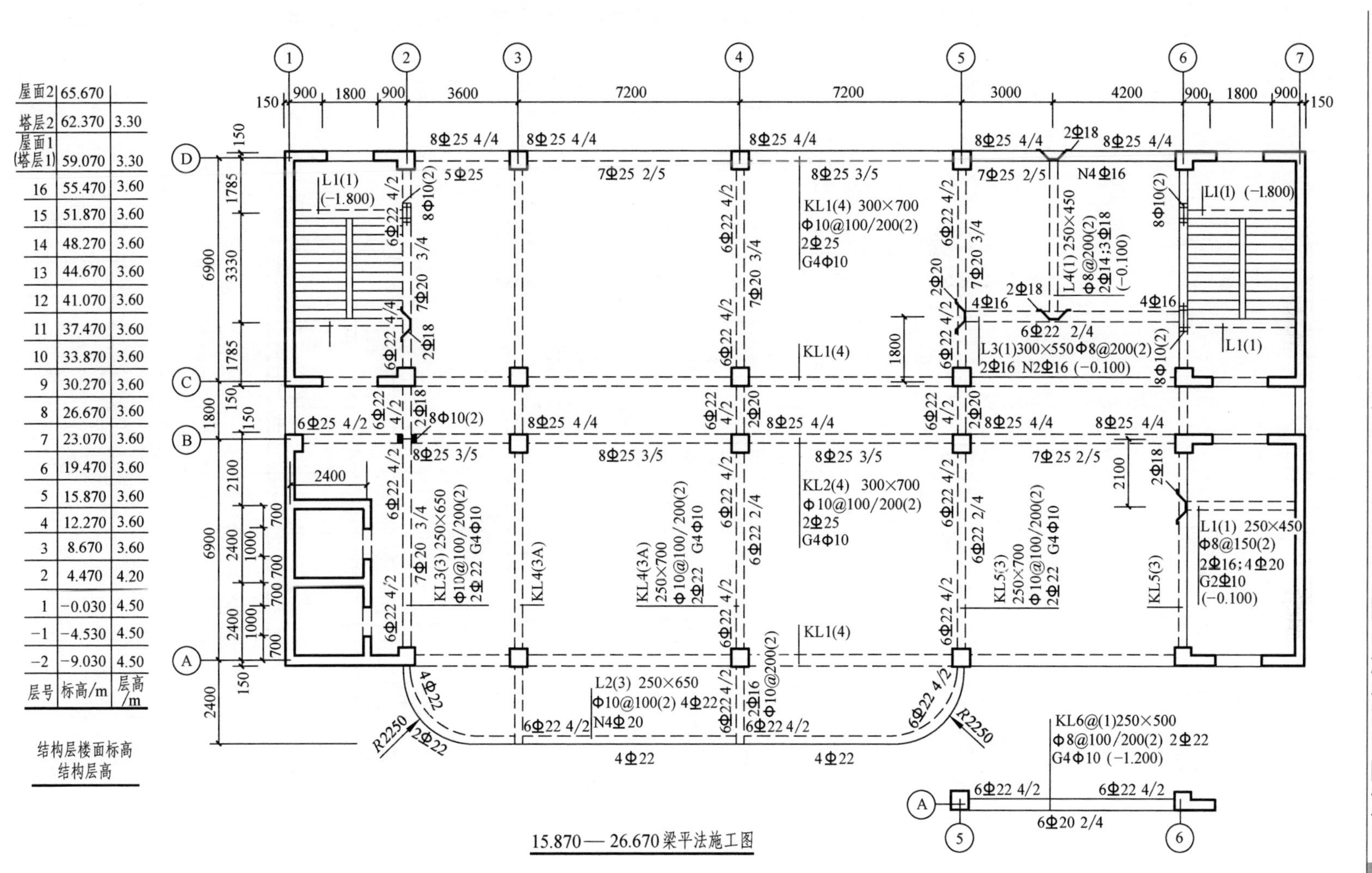

层号	标高/m	层高/m
屋面2	65.670	
塔层2	62.370	3.30
屋面1(塔层1)	59.070	3.30
16	55.470	3.60
15	51.870	3.60
14	48.270	3.60
13	44.670	3.60
12	41.070	3.60
11	37.470	3.60
10	33.870	3.60
9	30.270	3.60
8	26.670	3.60
7	23.070	3.60
6	19.470	3.60
5	15.870	3.60
4	12.270	3.60
3	8.670	3.60
2	4.470	4.20
1	−0.030	4.50
−1	−4.530	4.50
−2	−9.030	4.50

图 7-13　梁平法施工图平面注写方式示例

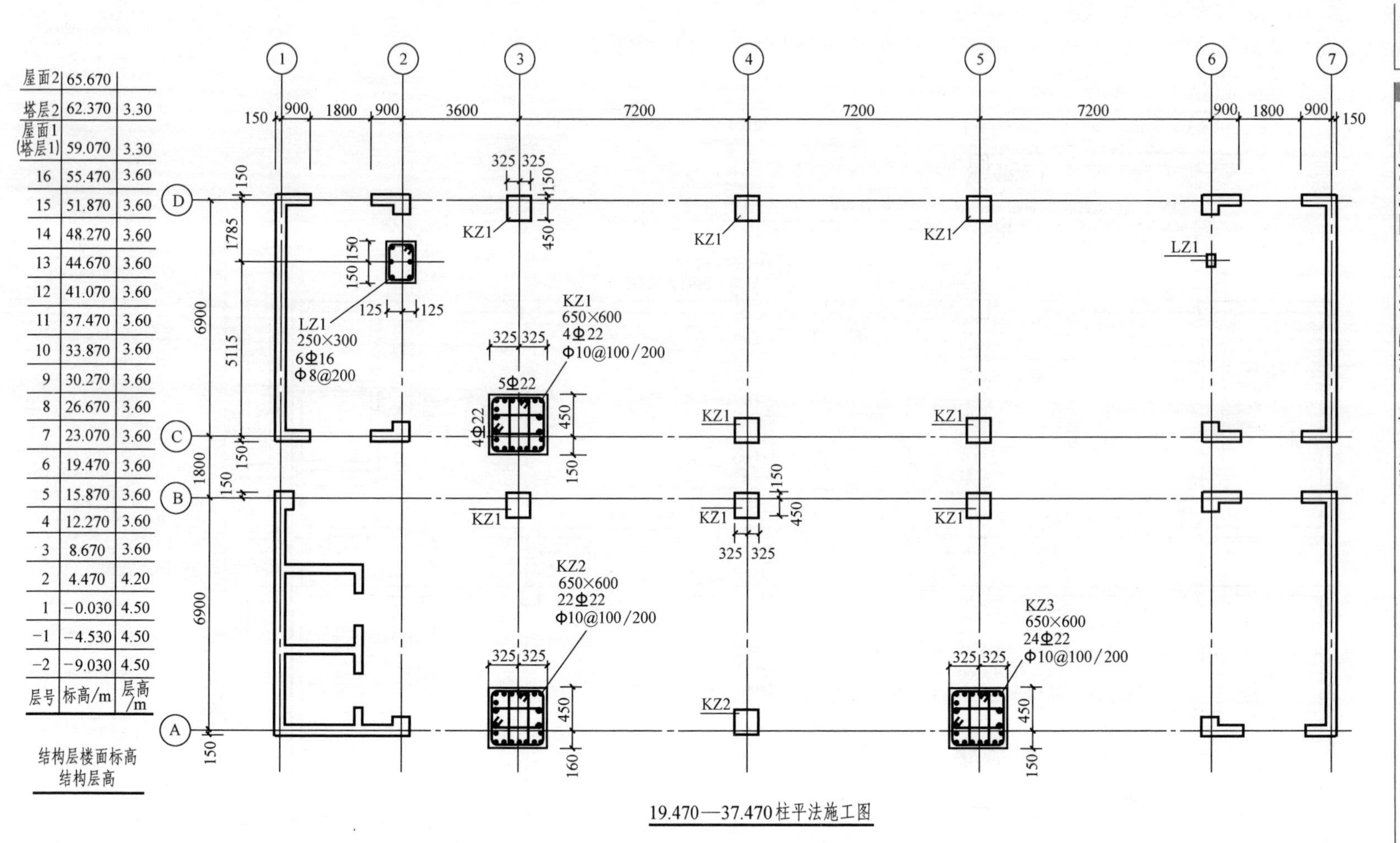

屋面2	65.670	
塔层2	62.370	3.30
屋面1(塔层1)	59.070	3.30
16	55.470	3.60
15	51.870	3.60
14	48.270	3.60
13	44.670	3.60
12	41.070	3.60
11	37.470	3.60
10	33.870	3.60
9	30.270	3.60
8	26.670	3.60
7	23.070	3.60
6	19.470	3.60
5	15.870	3.60
4	12.270	3.60
3	8.670	3.60
2	4.470	4.20
1	-0.030	4.50
-1	-4.530	4.50
-2	-9.030	4.50
层号	标高/m	层高/m

结构层楼面标高
结构层高

图 7-14　柱平法施工图截面注写方式示例

1）图中关于梁的规定应有：梁箍筋加密区范围，上部受力筋长度与净跨比值，不同类型的梁的纵筋在端支座的锚长和构造、梁中间支座两旁梁顶不一平、梁顶梁底均不一平和两边配筋值不同时配筋构造、梁侧纵向构造筋与拉筋构造等。

2）图中有关柱的规定应有：柱箍筋加密区范围，变截面处纵筋构造，搭接构造、角柱、中柱柱根与柱头构造等。

3）图中有关剪力墙规定应有：水平、竖向筋的搭接、锚固构造，墙体 L 形、T 形及斜交型配筋构造，连梁构造等。

7.2　装饰施工图

为了满足建筑物的使用与美观要求，在结构主体工程完成之后还要进行装饰装修处理。建筑装饰装修是指为保护建筑物的主体结构、完善建筑物的使用功能和美化建筑物，运用装饰装修材料、家具、陈设等，对建筑物的内外表面及空间进行的各种处理过程。它是建筑物不可缺少的组成部分，具有使用功能和装饰性能两重性。装饰施工图是表示装饰设计、构造做法、材料选用、施工工艺等，并遵照建筑及装饰设计规范的要求编制的用于表现装饰效果和指导装饰施工的图样，简称装施。装饰施工图是装饰施工和验收的依据，同时也是进行造价管理、工程监理等工作的必备技术文件。

装饰施工图按施工范围分室外装饰施工图和室内装饰施工图。室外装饰施工图主要包括檐口、外墙、幕墙、主要出入口部分（雨篷、外门、台阶、花池、橱窗等）、阳台、栏杆等的装饰装修做法，室内装饰施工图主要包括室内空间布置及楼地面、顶棚、内墙面、门窗套、隔墙（断）等的装饰装修做法，即人们常说的外装修与内装修。这里主要介绍室内装饰施工图。

7.2.1　装饰施工图的特点

装饰施工图的图示原理和方法与前述建筑工程施工图的图示原理相同，是按正投影原理绘制的，同时应符合《房屋建筑制图统一标准》（GB/T 50001—2017）、《房屋建筑室内装饰装修制图标准》（JGJ/T 244—2011）等制图标准的要求。

房屋建筑室内装饰装修的视图，应采用位于建筑内部的视点按正投影法并用第一角画法绘制，且自 A 的投影镜像图应为顶棚平面图，自 B 的投影应为平面图，自 C、D、E、F 的投影应为立面图，如图 7-15 所示。

顶棚平面图应采用镜像投影法绘制，其图像中纵横轴线排列应与平面图完全一致，如图 7-16 所示。

装饰装修界面与投影面不平行时，可用展开图表示。

装饰施工图所反映的内容繁多、形式复杂、构造细致、尺度变化大。装饰施工图与建筑施工图密切相关，因为装饰工程必须依附于建筑工程，所以装饰施工图和建筑施工图有相同之处，但侧重点又不同。为了突出装饰装修，在装饰施工图中一般都采用简化建筑结构、突出装饰做法的图示方法。在制图和识图上，装饰施工图有其自身的特点和规律，如图样的组成、表达对象、投影方向、施工工艺及细部做法的表达等都与建筑施工图有所不同。必要时还可绘制透视图、轴测图等进行辅助表达。

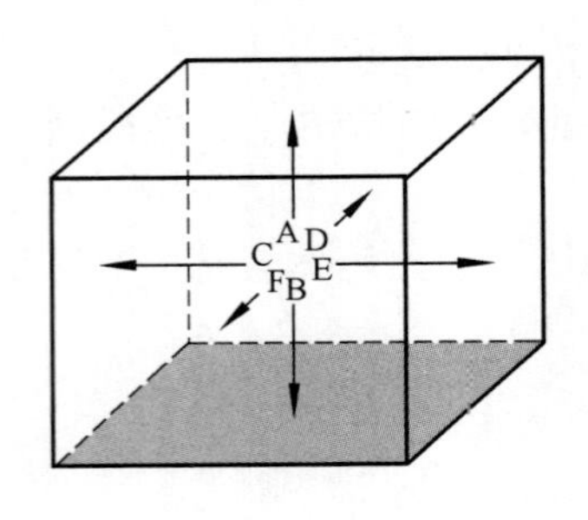

图 7-15 第一角画法

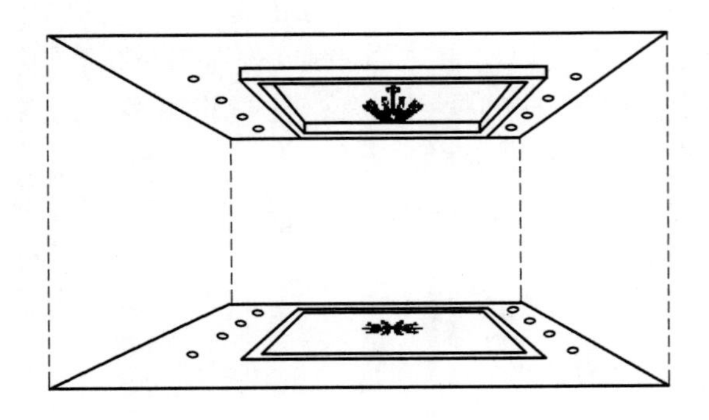

图 7-16 镜像投影法

7.2.2 装饰施工图的组成

装饰施工图一般由装饰设计说明、目录、材料表、装饰平面图（包括平面布置图、地面铺装图、顶棚平面图、隔墙平面图等）、装饰立面图、装饰详图、效果图、配套专业设备工程图等相关文件和工程图样组成。图纸的编排一般也按上述顺序进行。

7.2.3 装饰施工图的要素

为了避免装饰工程的设计方、施工方与用户的分歧，必须有一套完备的装饰施工图，该装饰施工图应包括以下必要的要素：

1）图纸的比例：图样必须按照严格的比例绘制，以避免图面与实际装饰效果不符而导致与业主的纠纷。

2）详细的尺寸：图样应标注详细的尺寸，特别是一些关键尺寸。如果在设计图样中缺少尺寸标注，有可能发生设计与施工脱节的现象。

3）项目选择的材料：工程的做法以及所使用的材料对装饰工程来说是非常重要的，所以，在设计图纸上应该标注出主要材料的名称以及材料的品牌，这对于施工人员依照图纸施工很有必要。

4）必要的制作工艺：在施工图纸中标注必要的制作工艺能更好地保证装饰工程的质量。

7.2.4 装饰施工图的有关规定

1. 装饰施工图的图线、字体、比例

装饰施工图的图线、字体、比例均按照《房屋建筑制图统一标准》《房屋建筑室内装饰装修制图标准》的相关规定进行选用。

（1）图线　图线的绘制方法和宽度见表 7-8。

（2）字体　字体的选择、字高及书写规则应符合《房屋建筑制图统一标准》的规定。

（3）比例　图样的比例表示及要求应符合《房屋建筑制图统一标准》的规定。

表 7-8　房屋建筑室内装饰装修制图常用线型

名称		线型	线宽	一般用途
实线	粗		b	1. 平、剖面图中被剖切的房屋建筑和装饰装修构造的主要轮廓线 2. 房屋建筑室内装饰装修立面图的外轮廓线 3. 房屋建筑室内装饰装修构造详图、节点图中被剖切部分的主要轮廓线 4. 平、立、剖面图的部切符号
	中粗		$0.7b$	1. 平、剖面图中被剖切的房屋建筑和装饰装修构造的次要轮廓线 2. 房屋建筑室内装饰装修详图中的外轮廓线
	中		$0.5b$	1. 房屋建筑室内装饰装修构造详图中的一般轮廓线 2. 小于 $0.7b$ 的图形线、家具线、尺寸线、尺寸界线、索引符号、标高符号、引出线、地面、墙面的高差分界线等
	细		$0.25b$	图形和图例的填充线
虚线	中粗		$0.7b$	1. 表示被遮挡部分的轮廓线 2. 表示被索引图样的范围 3. 拟建、扩建房屋建筑室内装饰装修部分轮廓线
	中		$0.5b$	1. 表示平面中上部的投影轮廓线 2. 预想放置的房屋建筑或构件
	细		$0.25b$	表示内容与中虚线相同，适合小于 $0.5b$ 的不可见轮廓线
单点长画线	中粗		$0.7b$	运动轨迹线
	细		$0.25b$	中心线、对称线、定位轴线
折断线	细		$0.25b$	不需要画全的断开界线
波浪线	细		$0.25b$	1. 不需要画全的断开界线 2. 构造层次的断开界线 3. 曲线形构件断开界限
点线	细		$0.25b$	制图需要的辅助线
样条曲线	细		$0.25b$	1. 不需要画全的断开界线 2. 制图需要的引出线
云线	中		$0.5b$	1. 圈出被索引的图样范围 2. 标注材料的范围 3. 标注需要强调、变更或改动的区域

2. 装饰施工图常用符号

（1）剖切符号 剖视的剖切符号、断面的剖切符号应符合《房屋建筑制图统一标准》的规定。

（2）索引符号 索引符号根据用途的不同，可分为立面索引符号、剖切索引符号、详图索引符号、设备索引符号。

1）立面索引符号。要表示室内立面在平面上的位置及立面图所在图纸编号，应在平面图上使用立面索引符号，如图7-17所示。

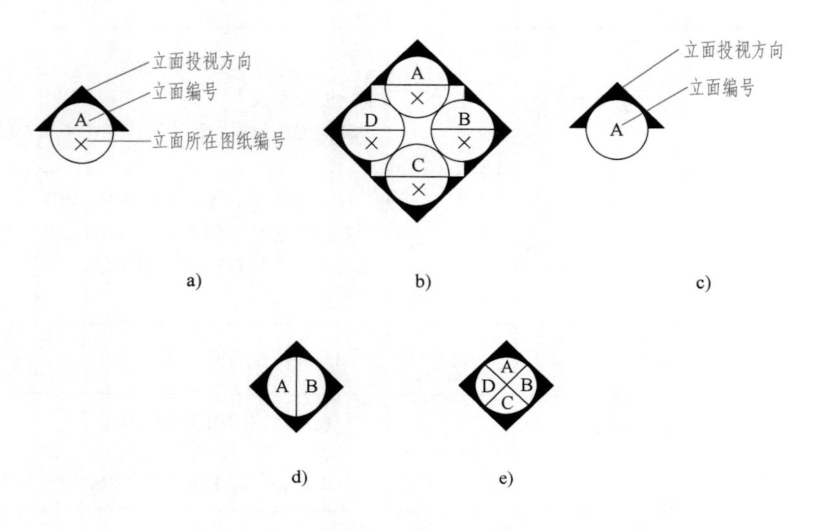

图7-17 立面索引符号

2）剖切索引符号。要表示剖切面的剖切位置及图样所在图纸编号，应在被索引的图样上使用剖切索引符号，如图7-18所示。

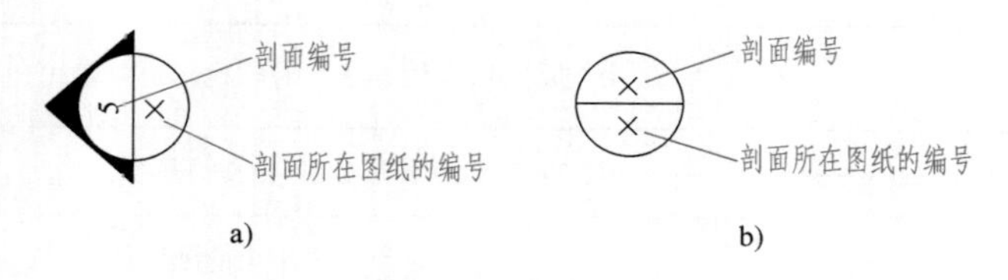

图7-18 剖切索引符号

3）详图索引符号。要表示局部放大图样在原图上的位置及本图样所在页码，应在被索引图样上使用详图索引符号，如图7-19所示。

4）设备索引符号。要表示各类设备（含设备、设施、家具、灯具等）的品种及对应的编号，应在图样上使用设备索引符号，如图7-20所示。

5）索引符号的规定。

① 立面索引符号应由圆圈、水平直径组成，且圆圈及水平直径应以细实线绘制。根据

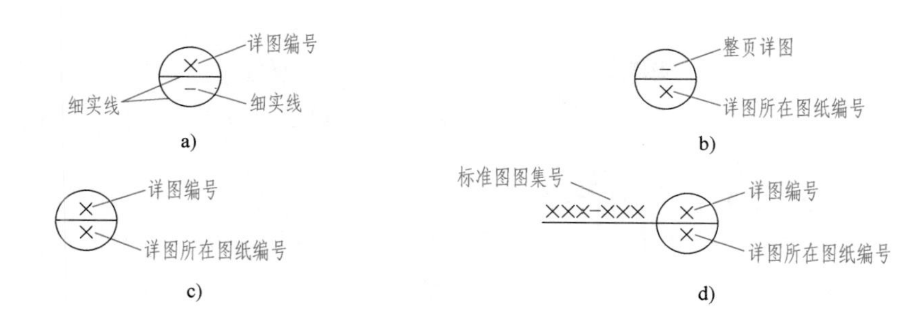

图 7-19 详图索引符号

a）本页索引符号 b）整页索引符号 c）不同页索引符号 d）标准图索引符号

图面比例，圆圈直径可选择 8 ～ 10mm。圆圈内应注明编号及索引图所在页码。立面索引符号应附以三角形箭头，且三角形箭头方向应与投射方向一致，圆圈中水平直径、数字及字母（垂直）的方向应保持不变，如图 7-21 所示。

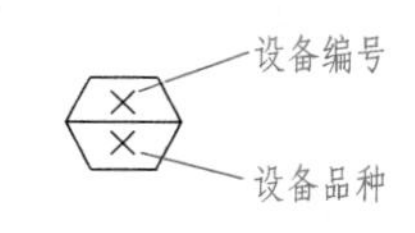

图 7-20 设备索引符号

② 剖切索引符号和详图索引符号均应由圆圈、直径组成，圆及直径应以细实线绘制。根据图面比例，圆圈的直径可选择 8 ～ 10mm。圆圈内应注明编号及索引图所在页码。剖切索引符号应附三角形箭头，且三角形箭头方向应与圆圈中直径、数字及字母（垂直于直径）的方向保持一致，并应随投射方向而变，如图 7-22 所示。

图 7-21 立面索引符号的水平直径、数字及字母方向保持不变

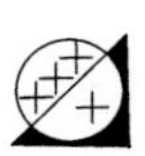

图 7-22 剖切索引符号的方向随投射方向而变

③ 索引图样时，应以引出圈将被放大的图样范围完整圈出，并应由引出线连接引出圈和详图索引符号。图样范围较小的引出圈，应以圆形中粗虚线绘制；范围较大的引出圈，宜以有弧角的矩形中粗虚线绘制，也可以云线绘制，如图 7-23 所示。

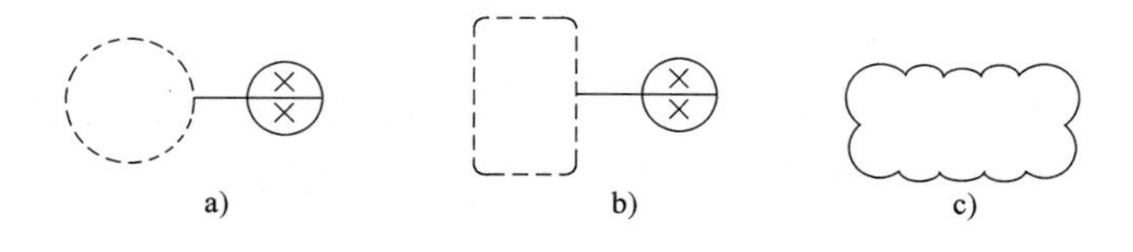

图 7-23 索引符号

a）范围较小的索引符号 b）、c）范围较大的索引符号

④ 设备索引符号应由正六边形、水平内径线组成，正六边形、水平内径线应以细实线绘制。根据图面比例，正六边形长轴可选择 8 ～ 12mm。正六边形内应注明设备编号及设备

品种代号，如图 7-20 所示。

（3）图名编号

1）图名编号应由圆、水平直径、图名和比例组成。圆及水平直径均应由细实线绘制，圆直径根据图面比例，可选择 8 ～ 12mm。

2）图名编号的绘制应符合下列规定：

① 用来表示被索引出的图样时，应在图号圆圈内画一水平直径，上半圆应用阿拉伯数字或字母注明该图样编号，下半圆中应用阿拉伯数字或字母注明该图索引符号所在图纸编号，如图 7-24 所示。

② 当索引出的详图图样与索引图同在一张图纸内时，圆内可用阿拉伯数字或字母注明详图编号，也可在圆圈内划一水平直径，且上半圆应用阿拉伯数字或字母注明编号，下半圆中间应画一段水平细实线，如图 7-25 所示。

图 7-24 被索引出的图样的图名编写　图 7-25 索引图与被索引出的图样同在一张图纸内的图名编写

（4）引出线　引出线起止符号可采用圆点绘制（图 7-26a），也可采用箭头绘制（图 7-26b）。起止符号的大小应与本图样尺寸的比例相协调。共同引出线与《房屋建筑制图统一标准》的规定相同。

（5）对称符号　对称符号应由对称线和分中符号组成。对称线应用细单点长画线绘制，分中符号应用细实线绘制。分中符号可采用两对平行线（图 7-27，并符合《房屋建筑制图统一标准》的规定）。

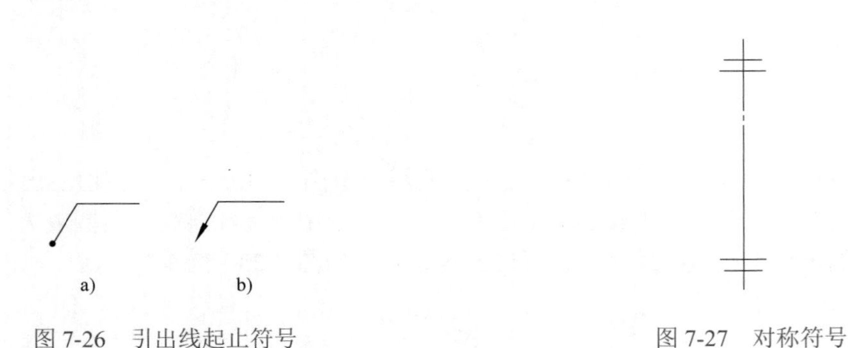

图 7-26 引出线起止符号　图 7-27 对称符号

（6）连接符号　连接符号应以折断线或波浪线表示需连接的部位。两部位相距过远时，折断线或波浪线两端图样一侧应标注大写拉丁字母表示连接编号。两个被连接的图样应用相同的字母编号，如图 7-28 所示。

（7）转角符号　立面的转折应用转角符号表示，且转角符号应以垂直线连接两端交叉线并加注角度符号表示，如图 7-29 所示。

（8）标高符号　房屋建筑室内装饰装修中，设计空间应标注标高，标高符号可采用直角等腰三角形，也可采用涂黑的三角形或 90° 对顶角的圆；标注顶棚标高时，也可采用 CH 符号表示，如图 7-30 所示。

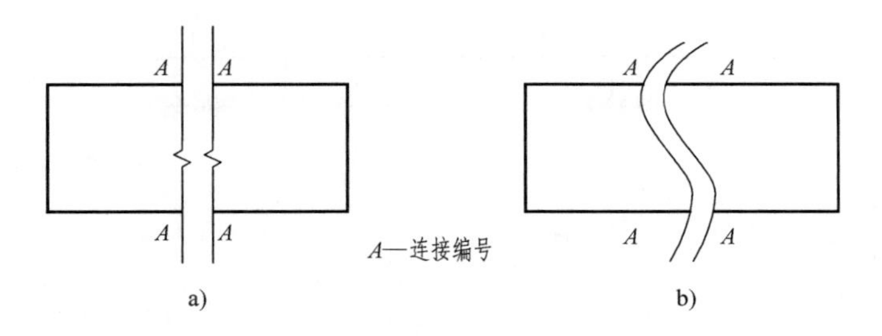

图 7-28　连接符号

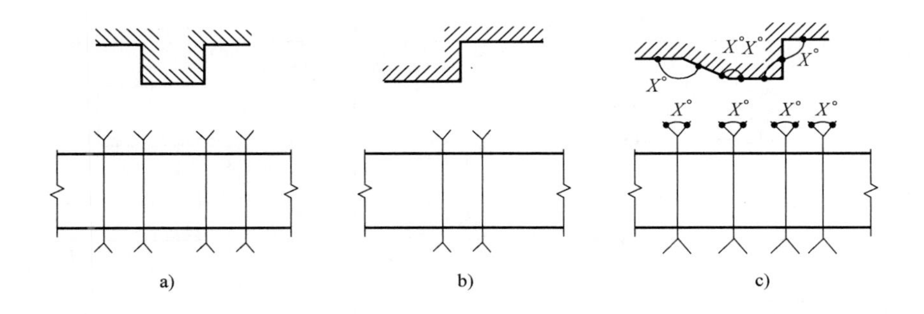

图 7-29　转角符号

a）表示成 90° 外凸立面　b）表示成 90° 内转折立面　c）表示不同角度转折外凸立面

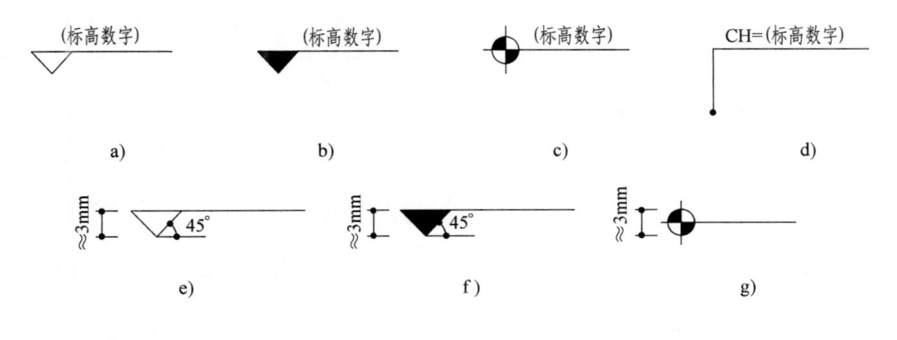

图 7-30　标高符号

房屋建筑室内装饰装修的标高指以本层室内地坪装饰装修完成面为基准点 ±0.000，至该空间各装饰装修完成面之间的垂直高度。

3. 常用房屋建筑室内装饰装修材料和设备图例

图例是为表示材料、灯具、设备设施等品种和构造而设定的标准图样，常用房屋建筑室内装饰装修材料和设备图例见表 7-9 ～表 7-18。图例是识读和绘制装饰施工图应该掌握的内容。

（1）常用房屋建筑室内装饰装修材料图例　常用房屋建筑室内装饰装修材料图例见表 7-9。

表 7-9　常用房屋建筑室内装饰装修材料图例

名称	图例	名称	图例
液体	（断面） （平面） 注明具体液体名称	夹层（夹绢、夹纸）玻璃	（立面） 注明材质、厚度
玻璃砖	注明厚度	镜面	（立面） 注明材质、厚度
普通玻璃	(断面) (立面) 注明材质、厚度	窗帘	断面 (立面) 箭头所示为开启方向
磨砂玻璃	(立面) 注明材质、厚度	地毯	注明种类
轻质砌块砖	指非承重砌体	轻钢龙骨板材隔墙	注明材料品种
木工板	注明厚度	多层板	注明厚度或层数

注：与《房屋建筑制图统一标准》重复的材料图例，本表省略。

（2）常用家具图例 常用家具图例见表 7-10。

表 7-10 常用家具图例

<table>
<tr><th>序号</th><th colspan="2">名称</th><th>图例</th><th>备注</th></tr>
<tr><td rowspan="3">1</td><td rowspan="3">沙发</td><td>单人沙发</td><td>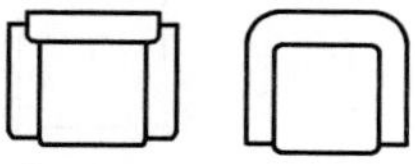</td><td rowspan="7">1. 立面样式根据设计自定
2. 其他家具图例根据设计自定</td></tr>
<tr><td>双人沙发</td><td></td></tr>
<tr><td>三人沙发</td><td></td></tr>
<tr><td>2</td><td colspan="2">办公桌</td><td></td></tr>
<tr><td rowspan="3">3</td><td rowspan="3">椅</td><td>办公椅</td><td></td></tr>
<tr><td>休闲椅</td><td></td></tr>
<tr><td>躺椅</td><td></td></tr>
</table>

（续）

序号	名称		图例	备注
4	床	单人床	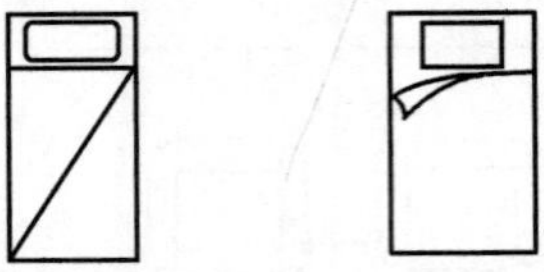	1. 立面样式根据设计自定 2. 其他家具图例根据设计自定
		双人床	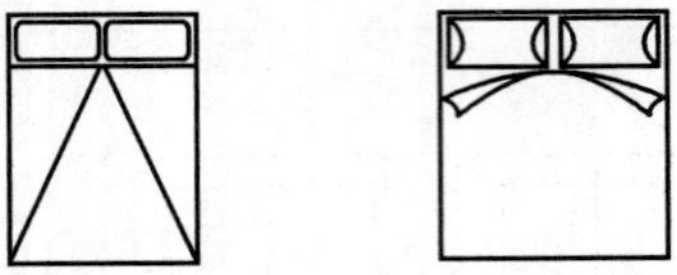	
5	橱柜	衣柜		1. 柜体的长度及立面样式根据设计自定 2. 其他家具图例根据设计自定
		低柜	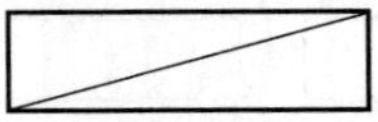	
		高柜	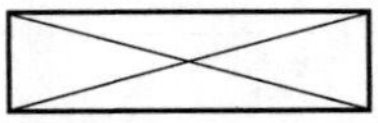	

（3）常用电器图例　常用电器图例见表7-11。

表7-11　常用电器图例

序号	名称	图例	备注
1	电视	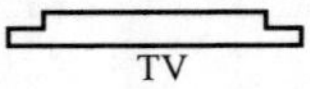 TV	1. 立面样式根据设计自定 2. 其他电器图例根据设计自定
2	冰箱	 REF	
3	空调	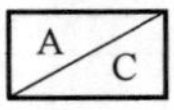 A C	
4	洗衣机	 W M	
5	饮水机	 WD	
6	电脑	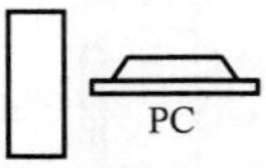 PC	
7	电话	 TEL	

（4）常用厨具图例　常用厨具图例见表 7-12。

表 7-12　常用厨具图例

序号	名称		图例	备注
1	灶具	双头灶	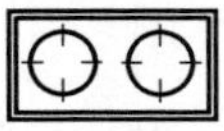	—
		三头灶	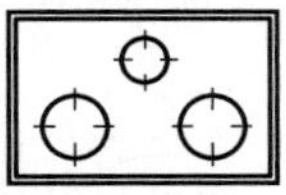	
2	水槽	单盆	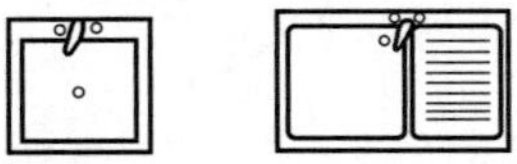	—
		双盆	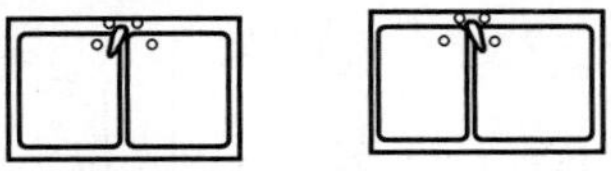	

（5）常用洁具图例　常用洁具图例见表 7-13。

表 7-13　常用洁具图例

序号	名称		图例	备注
1	大便器	坐式	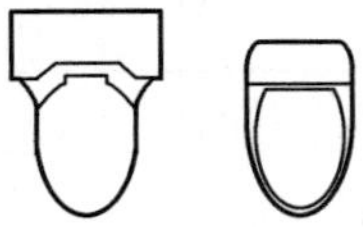	1. 立面样式根据设计自定 2. 其他洁具图例根据设计自定
		蹲式	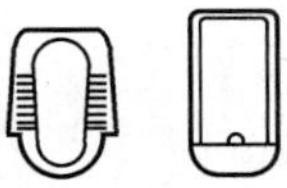	
2	小便器			
3	台盆	立式	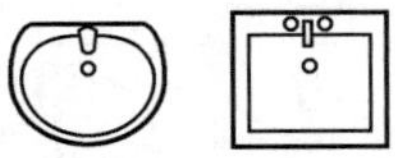	
		台式	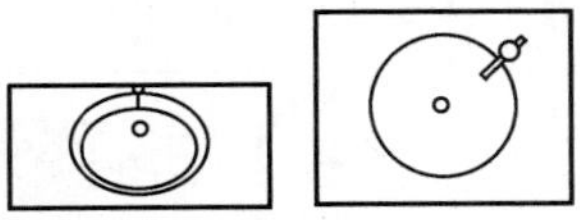	
		挂式		
4	污水池		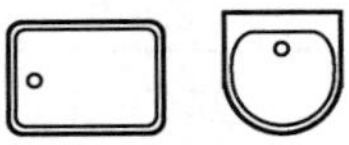	

（续）

序号	名称		图例	备注
5	浴缸	长方形	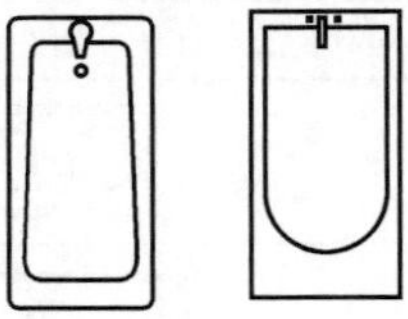	1. 立面样式根据设计自定 2. 其他洁具图例根据设计自定
		三角形	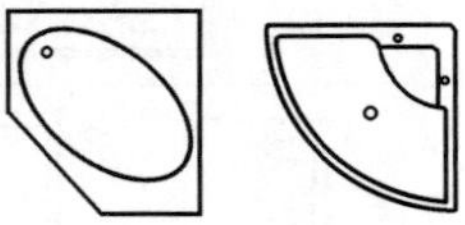	
		圆形	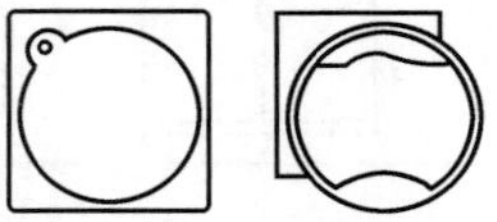	
6	淋浴房		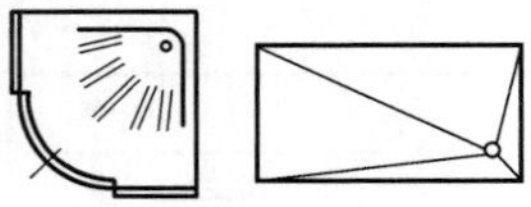	

（6）常用景观配饰图例　常用景观配饰图例见表7-14。

表7-14　常用景观配饰图例

序号	名称		图例	备注
1	阔叶植物		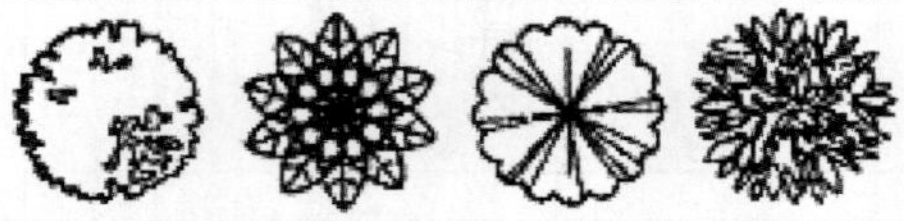	1. 立面样式根据设计自定 2. 其他景观配饰图例根据设计自定
2	针叶植物		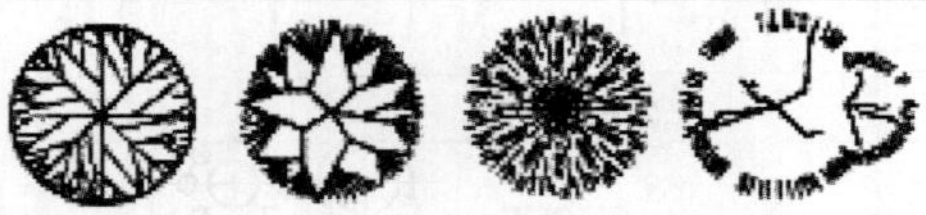	
3	落叶植物		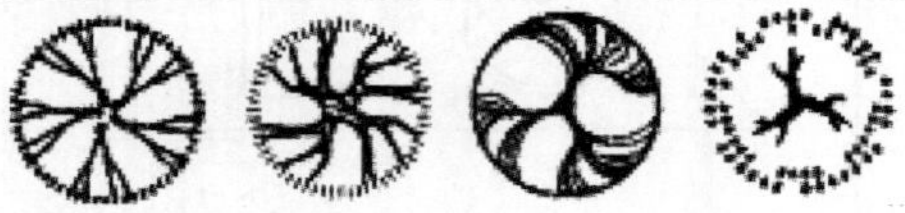	
4	盆景类	树桩类		
		观花类		
		观叶类	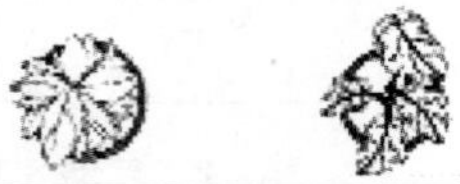	
		山水类		

（续）

序号	名称		图例	备注
5	插花类			1. 立面样式根据设计自定 2. 其他景观配饰图例根据设计自定
6	吊挂类			
7	棕榈植物			
8	水生植物			
9	假山石			
10	草坪			
11	铺地	卵石类		
		条石类		
		碎石类	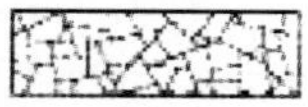	

（7）常用灯具照明图例　常用灯具照明图例见表 7-15。

表 7-15　常用灯具照明图例

序号	名称	图　例
1	艺术吊灯	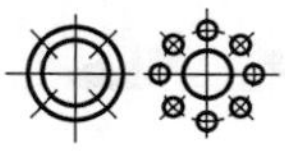
2	吸顶灯	
3	筒灯	
4	射灯	
5	轨道射灯	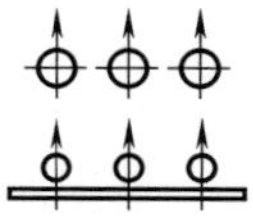

（续）

序号	名称	图 例
6	格栅射灯	 (单头)
		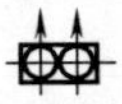 (双头)
		 (三头)
7	格栅荧光灯	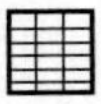 (正方形)
		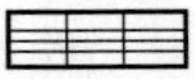 (长方形)
8	暗藏灯带	
9	壁灯	
10	台灯	
11	落地灯	
12	水下灯	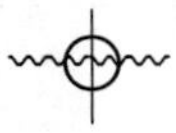
13	踏步灯	
14	荧光灯	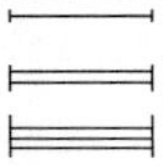
15	投光灯	
16	泛光灯	
17	聚光灯	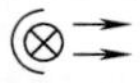

（8）常用设备图例　常用设备图例见表7-16。

表7-16　常用设备图例

序号	名称	图 例
1	送风口	 (条形)
		 (方形)
2	回风口	 (条形)
		 (方形)
3	侧送风、侧回风	
4	排气扇	

（续）

序号	名称	图　例
5	风机盘管	 （立式明装）
		 （卧式明装）
6	安全出口	EXIT
7	防火卷帘	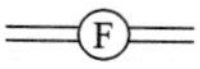 F
8	消防自动喷淋头	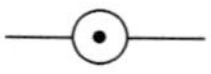
9	感温探测器	
10	感烟探测器	S
11	室内消火栓	（单口）
		 （双口）
12	扬声器	

（9）常用开关、插座立面图例　常用开关、插座立面图例见表 7-17。

表 7-17　常用开关、插座立面图例

序号	名称	图　例
1	单相二极电源插座	
2	单相三极电源插座	
3	单相二、三极电源插座	
4	电话、信息插座	（单孔）
		（双孔）
5	电视插座	（单孔）
		（双孔）
6	地插座	
7	连接盒、接线盒	
8	音响出线盒	M
9	单联开关	
10	双联开关	
11	三联开关	

（续）

序号	名称	图例
12	四联开关	
13	锁匙开关	
14	请勿打扰开关	
15	可调节开关	
16	紧急呼叫按钮	

（10）常用开关、插座平面图例　常用开关、插座平面图例见表7-18。

表7-18　常用开关、插座平面图例

序号	名称	图例
1	（电源）插座	
2	三个插座	
3	带保护极的（电源）插座	
4	单相二、三极电源插座	
5	带单极开关的（电源）插座	
6	带保护极的单极开关的（电源）插座	
7	信息插座	C
8	电接线箱	J
9	公用电话插座	
10	直线电话插座	
11	传真机插座	F
12	网络插座	C
13	有线电视插座	TV
14	单联单控开关	
15	双联单控开关	
16	三联单控开关	
17	单极限时开关	t
18	双极开关	
19	多位单极开关	
20	双控单极开关	
21	按钮	
22	配电箱	AP

课堂练习： 徒手绘制常用家具的立体图与投影图，如课桌、凳子、沙发、床、电脑桌、饭桌、柜子等，并标注其尺寸。要求了解常见家具的尺度。

下面以某住宅的装饰施工图为例说明装饰施工图的图纸内容及其识读方法。

7.2.5　本套装饰施工图的有关说明

1. 工程概况

本项目为某花园简约型样板房。其所在住宅楼为地上 19 层、地下 1 层的高层住宅楼。

2. 结构体系

住宅楼结构体系为现浇钢筋混凝土剪力墙结构。平面图中涂黑部分为剪力墙，其余墙体为砌体填充墙。注意装修时不能改动剪力墙。

3. 装饰风格

装饰风格为简约主义风格。欧洲现代主义建筑大师 Mies Vander Rohe 的名言“Less is more”代表着简约主义的核心思想。简约主义风格的特色是将设计的元素、色彩、照明、原材料简化到最少，摆脱繁琐、复杂，追求简单和自然，空间设计含蓄，以简洁和纯净来调节转换精神空间的效果。简约风格的主要特点：

1）室内空间开敞、内外通透，在空间平面设计中追求不受承重墙限制的自由。

2）室内墙面、地面、顶棚以及家具陈设乃至灯具器皿等均以简洁的造型、纯洁的质地、精细的工艺为其特征。

3）尽可能不用装饰多余的东西，认为任何复杂的设计，没有实用价值的特殊部件及任何装饰都会增加建筑造价，强调形式应更多地服务于功能。

4）室内常选用简洁的工业产品，家具和日用品多采用直线，玻璃、金属也多被使用。

该套住宅的装饰效果图见彩图 2。

4. 图纸目录

图纸目录见表 7-19。通过图纸目录可以了解图纸的编号与内容，方便查阅。

表 7-19　图纸目录

序号	图纸编号	图纸内容	备注	序号	图纸编号	图纸内容	备注
01	装施 0-0-1	图纸目录		13	装施 1-L-6	书房立面图	
02	装施 0-1-1	材料目录		14	装施 1-L-7	主人房立面图 1	
03	装施 1-P-1	平面布置图		15	装施 1-L-8	主人房立面图 2	
04	装施 1-P-2	顶棚平面图		16	装施 1-L-9	主人房卫生间立面图	
05	装施 1-P-3	地面布置图		17	装施 1-L-10	次卧室立面图 1	
06	装施 1-P-4	隔墙平面图		18	装施 1-L-11	次卧室立面图 2	
07	装施 1-P-5	插座布置图		19	装施 1-L-12	客厅卫生间立面图	
08	装施 1-L-1	入口花园立面图		20	装施 1-D-1	大样图 1	
09	装施 1-L-2	走廊立面图		21	装施 1-D-2	大样图 2	
10	装施 1-L-3	客厅立面图		22	装施 1-D-3	大样图 3	
11	装施 1-L-4	饭厅立面图		23	装施 1-D-4	大样图 4	
12	装施 1-L-5	厨房立面图		24	装施 1-D-5	大样图 5	

5. 材料选用

材料编号说明表见表7-20。

表7-20 材料编号说明表

装施主材料编号说明表								
序号	编号	品名	规格	型号	牌子	区域	生产厂家	联系电话
一、石材（S）								
1	S1	中国黑			××	详见详图	××	××
2	S2	汉白玉	400×400（卫生间）		××	详见详图	××	××
3	S3	米黄石	400×400（卫生间）		××	详见详图	××	××
二、砖材（T）								
1	T1	800×800地砖	800×800		××	客厅		
2	T2	150×600(600×600）地砖			××	入口花园		
3	T3	马赛克		TMS-071	××	主人房卫生间		
4	T4	马赛克		TMS-306	××	客厅卫生间		
5	T5	马赛克		TMS-320	××	厨房		
6	T6	马赛克		A19	××	入口花园		
三、木材（W）								
1	W1	染色梨木	2.44×1.22×0.03					
四、玻璃（G）								
1	G1	12厘钢化玻璃	12厘			详见详图		
2	G2	6厘清玻璃	6厘			详见详图		
五、玻璃镜（M）								
1	M1	8厘灰镜	8厘			详见详图		
2	M2	6厘灰镜	6厘			详见详图		
六、复合板（CP）								
1	CP1	复合木地板		PD8215/EO	××	卧室、书房		
七、油漆、涂料（C）								
1	C1	白色乳胶漆			××	顶棚及墙身		
八、洁具（BR）								
1	BR1	坐便器	745×410×618			主人房卫生间		
2	BR2	洗手盆	610×435×160			卫生间		
3	BR3	淋浴器				卫生间		
4	BR4	水龙头				卫生间		
5	BR5	浴缸	1500×750×800			主人房卫生间		
九、墙纸（WP）								
1	WP1	墙纸		××	××	客厅	××	××
2	WP2	墙纸		××	××	书房	××	××
3	WP3	墙纸		××	××	主人房	××	××
4	WP4	墙纸		××	××	卧室	××	××

（续）

装施主材料编号说明表								
序号	编号	品名	规格	型号	牌子	区域	生产厂家	联系电话
十、灯具（L）								
1	L1	走珠灯						
2	L2	光管						
3	L3	单头斗胆灯						
4	L4	射灯						
5	L5	造型吊灯						
6	L6	壁灯						
7	L7	双头斗胆灯						
8	L8	LED 灯						
十一、装施五金、金属（MT）								
1	MT1	香槟色铝扣板				厨房、卫生间		

7.2.6 装饰平面图

装饰平面图是装饰施工图的主要图样，它是根据装饰设计原理、人体工程学以及用户的要求等画出的用于反映建筑平面布局、装饰空间及功能区域的划分、家具的布置、绿化植物及陈设的布局等内容的图样。它是确定装饰空间平面尺度及装饰形体定位的主要依据。

装饰平面图与建筑平面图的投影原理相同，只是所表达的内容不完全一样。建筑平面图主要表示房屋的平面形状、大小和房间布置、功能、门窗规格、墙、柱的位置等；而装饰平面图，一般简化不属于装饰范围内的建筑部分，主要图示建筑平面布局、装饰空间及功能区域的划分、楼地面装饰做法、家具陈设、设备、绿化植物等的布局，以及必要的尺寸标注和施工说明等。

装饰平面图一般包括平面布置图、顶棚平面图等。也有复杂一些的装饰工程，为了方便施工过程中各施工阶段、各施工内容、以及各专业供应方读图的需求，将装饰平面图细分为各项分平面图，如平面布置图，顶棚平面图，隔墙布置图，地面布置图，陈设品布置图，平面开关、插座布置图等。当设计对象较为简单时，视具体情况也可将上述某几项内容合并在同一张平面图上来表达，或是省略某项内容。

1. 平面布置图

（1）图示内容　平面布置图包含以下主要内容：

1）通过定位轴线及编号，标明装饰工程在建筑工程中的位置（当对象为实测而对原房屋轴线编号、标高、材料等资料不甚了解时，这些内容可省略）。

2）标明装饰工程的结构形式、平面形状和尺寸。

3）标明门窗位置及开启方式，墙、柱的形状及尺寸。

4）家具、设施（电器设备、卫生设备等）、陈设、织物、绿化植物、地面铺设材料等。

5）楼地面饰面材料、尺寸、标高和工艺要求。

6）与室内立面图有关的内视符号。

7）标注各房间的名称。

8）索引符号及必要的文字说明等。

（2）图示实例 下面以某住宅的装饰平面布置图为例进行说明。

1）如图7-31所示，先了解该平面的图名和比例。本图为平面布置图，比例1 ： 75。

2）平面布置图中各房间的功能布局。图中所示为一套住宅，三室两厅两卫，其中主卧室、客厅、书房为南向，其余北向，此外还有一个小入口花园，设一部电梯。

3）各功能区域的平面尺寸、地面标高与家具、陈设、设备等的布局。如客厅是住宅中的主要空间，布置有柜子、沙发、茶几等家具。与客厅相连的为走廊，走廊北侧为餐厅，餐厅布置有餐桌椅，餐厅与北向阳台及开敞式厨房相连，在厨房与餐厅之间布置有小吧台。另外客厅与书房之间为玻璃吊珠帘隔断。整个空间通透流畅，视野开阔。

4）标明卧室、客厅、书房、餐厅等功能区，以及装饰材料、品牌、颜色要求、施工工艺和要求等内容（图7-17因图面所限未标注）。

5）内视符号。根据图面情况，内视符号可画在平面内或引到平面外就近布置。如与客厅相连的走廊内的内视符号表示走廊立面图，分别向北、南两个方向投影，图名编号分别为A、B，图纸编号为1-L-2。从客厅内引出的内视符号，画在其附近，表示客厅的东、南、西立面，图名编号分别为A、B、C，图纸编号为1-L-4。

6）位置在剖切平面之上但需表达出来的内容可以用虚线来表示，如本图中厨房吊柜位置较高，此处则用虚线表达出来。

2. 顶棚平面图

顶棚平面图一般采用镜像投影法绘制。反映顶棚造型平面形状、灯具位置、材料选用、尺寸、标高及构造做法等内容，是装饰施工图的主要图样之一。

（1）图示内容

1）建筑平面图、轴线编号、轴线尺寸等基本内容。

2）顶棚装饰造型的平面形状和尺寸，有时可画出顶棚的重合断面并标注标高。

3）顶棚装饰所用材料及规格。

4）灯具的种类、规格、安装位置。

5）顶棚的净空高度。

6）与顶棚相接的家具、设备的位置及尺寸。

7）窗帘、窗帘盒、窗帘帷幕板等。

8）空调送风口的位置、消防自动报警系统、与吊顶有关的音响设施的布置及安装位置（视具体情况而定）。

9）表达出需连成一体的光源设置，以弧形细虚线绘制。

10）索引符号、图例、图名及必要的文字说明等。

（2）图示实例（图7-32）

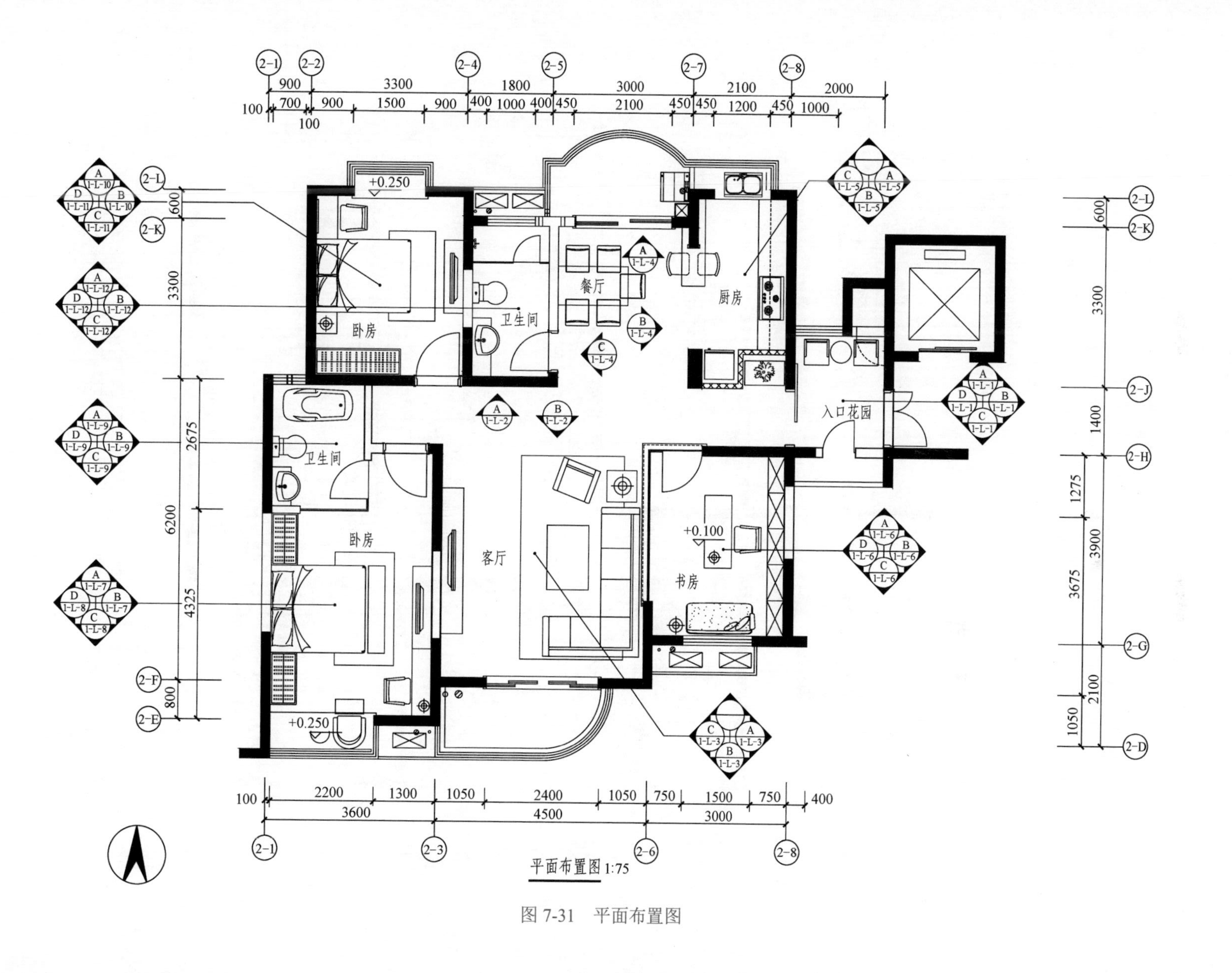

图 7-31　平面布置图

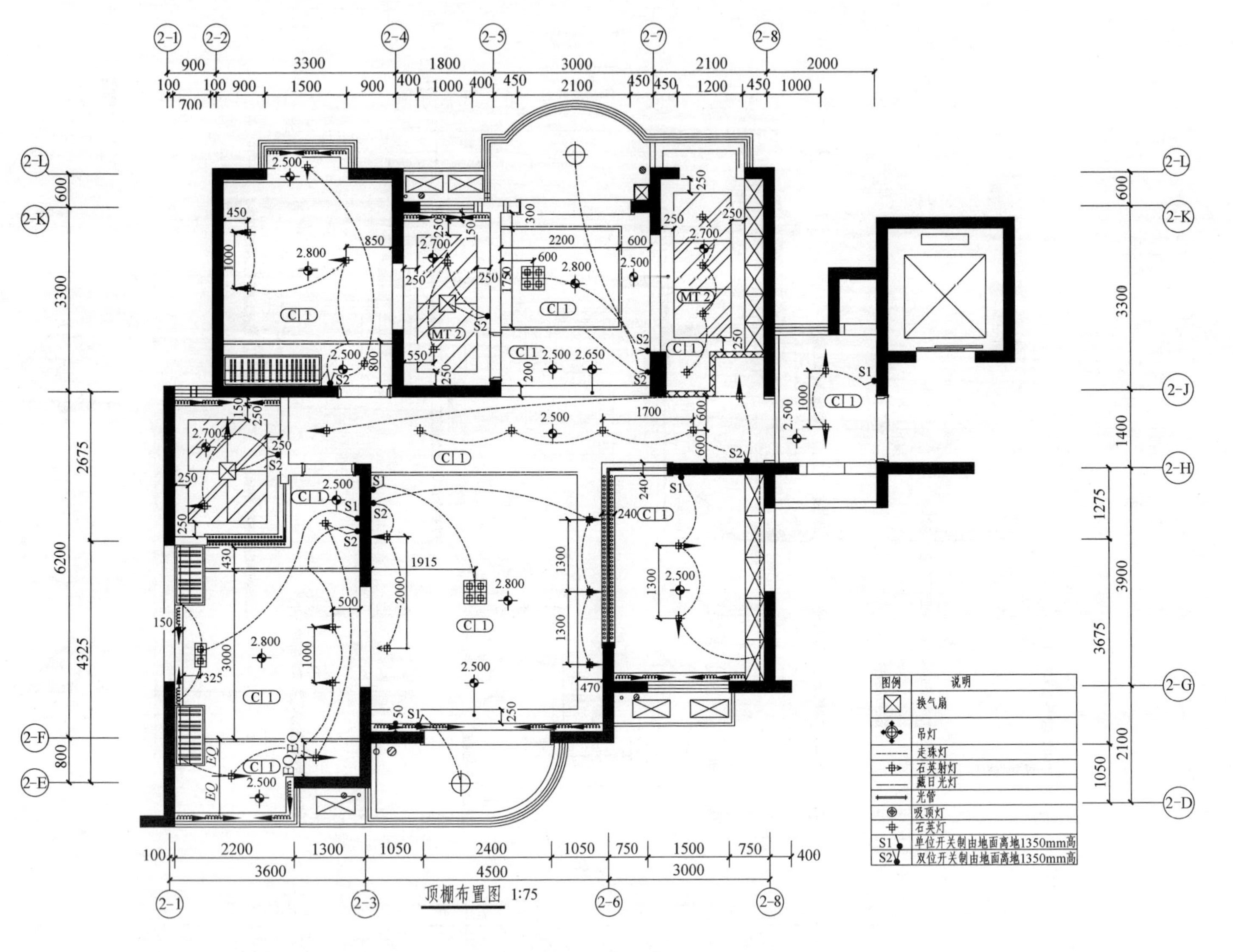
顶棚布置图 1:75
图例
说明
换气扇
吊灯
走珠灯
石英射灯
藏日光灯
光管
吸顶灯
石英灯
S1 单位开关制由地面离地1350mm高
S2 双位开关制由地面离地1350mm高

图 7-32　顶棚平面图

1）在识读顶棚平面图前，应首先了解顶棚所在房间的平面布置图的基本情况，因为顶棚设计与平面的功能分区、尺度、平面布置等密切相关。

2）识读顶棚造型、灯具布置及其底面标高。顶棚造型及灯具布置是顶棚设计中的重要内容。顶棚底面标高是指顶棚装饰完成后的表面高度，一般习惯上以所在楼地面的完成面为起点进行标注。以客厅为例，其中心区域标高 2.800m，北、东、南三面标高 2.500m，可知其顶棚造型为中间高、三周低 300mm 的局部吊顶。吊顶为木龙骨纸面石膏板做法，吊顶的宽度为 470mm，涂白色乳胶漆。此外，在顶棚中心布置石英灯，在靠两侧墙体的顶棚上设置射灯，在靠走廊处的顶棚内设置藏光。

3）图中与顶棚相接的吊柜、壁柜等家具。如厨房内有吊柜，书房内有书柜，卧室里有壁柜。

3. 地面布置图

在原有的楼地面上，选用合适的装饰材料，进行再次施工构成新的地面，用于指导施工的平面图即为地面布置图。地面布置图主要用于表达地面分格造型、材料名称、尺寸和做法要求等。

（1）图示内容

1）建筑平面图、轴线编号、轴线尺寸等基本内容。

2）地面选用材料的规格、材料编号、施工排版图。

3）地面拼花或大样索引符号。

4）表达出埋地式内容，如埋地灯、暗藏光源、地插座等。

5）表达出地面相接材料的装修节点及地面落差的节点索引符号。

6）注明地面标高关系。

7）索引符号、图名及必要的文字说明等。

（2）图示实例　在入口小花园采用 150mm×600mm、450mm×600mm 地砖拼图、马赛克走边，客厅、餐厅、厨房、走廊采用 800mm×800mm 地砖，卫生间采用 400mm×400mm 汉白玉石材，卧室及书房采用复合木地板，其分格造型如图 7-33 所示。

4. 隔墙布置图

（1）图示内容

1）表达出按室内设计要求重新布置的隔墙位置，以及被保留的原建筑隔墙位置，承重墙与非承重墙的位置。

2）原墙拆除以虚线表示。

3）新设置隔墙的位置、详细定位尺寸、材料图例。

（2）图示实例　客厅与书房之间、主卧室与主卧室卫生间之间的非承重隔墙拆除，改用玻璃隔墙加吊珠帘进行分隔，使空间有延伸、朦胧的感觉，如图 7-34 所示。

7.2.7　装饰立面图

立面装饰主要是在原墙面上再进行装饰，如贴面、喷涂、裱糊、造型等。装饰立面图是指将室内墙面向与之平行的投影面做正投影所得的投影图，主要表达出墙面的立面造型、装修做法和陈设品的布置等。装饰立面图是装饰施工图的主要图样之一，是确定墙面做法的主要依据。

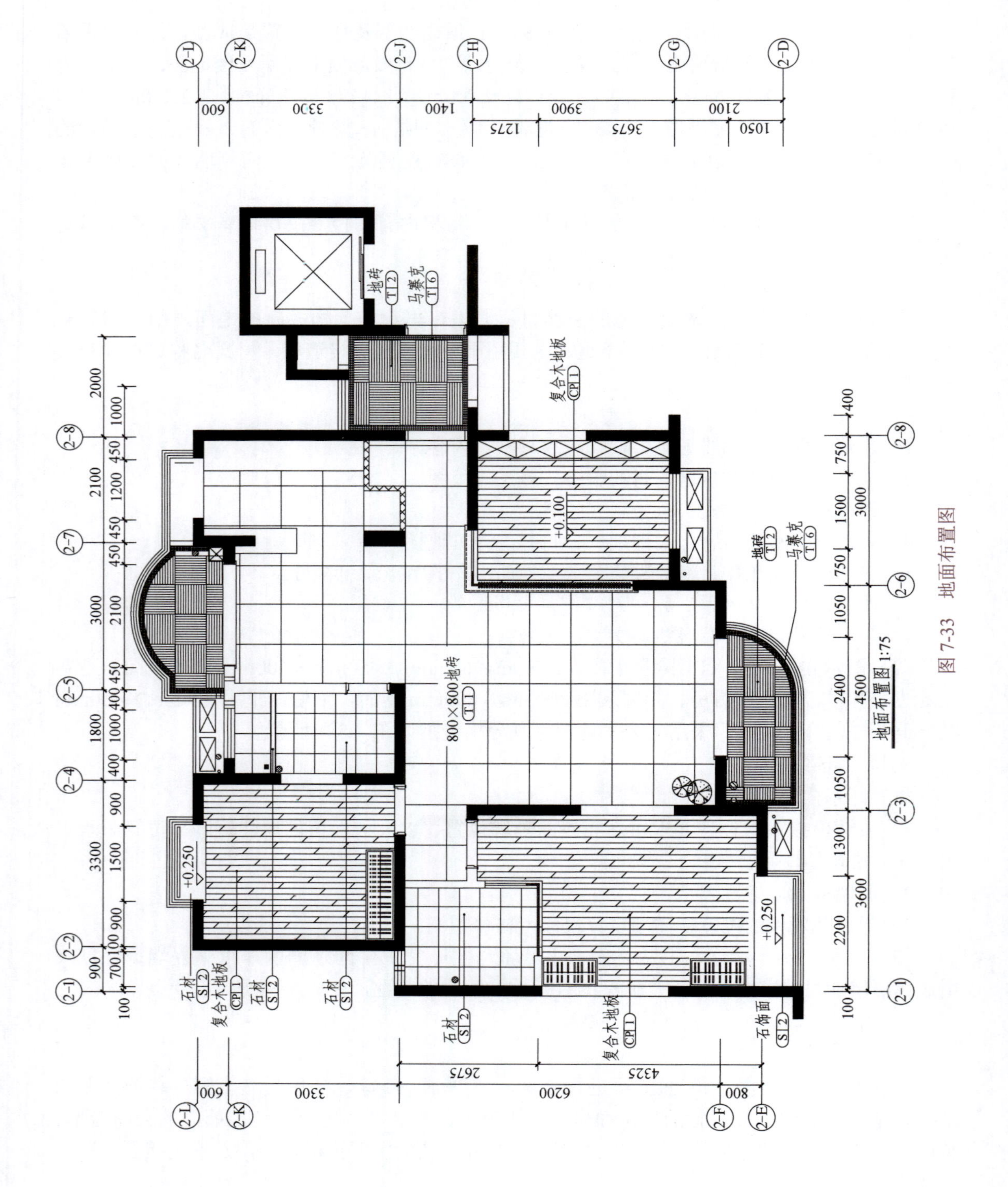

2-L
2-K
2-J
2-H
2-G
2-D
600
3300
1400
3900
2100
1275
3675
1050
地砖
T2
马赛克
T6
复合木地板
CP1
+0.100
800×800地砖
T1
+0.250
石材
S2
石饰面
2-1
2-2
2-3
2-4
2-5
2-6
2-7
2-8
2-F
2-E
2675
6200
4325
800
地面布置图 1:75

图 7-33 地面布置图

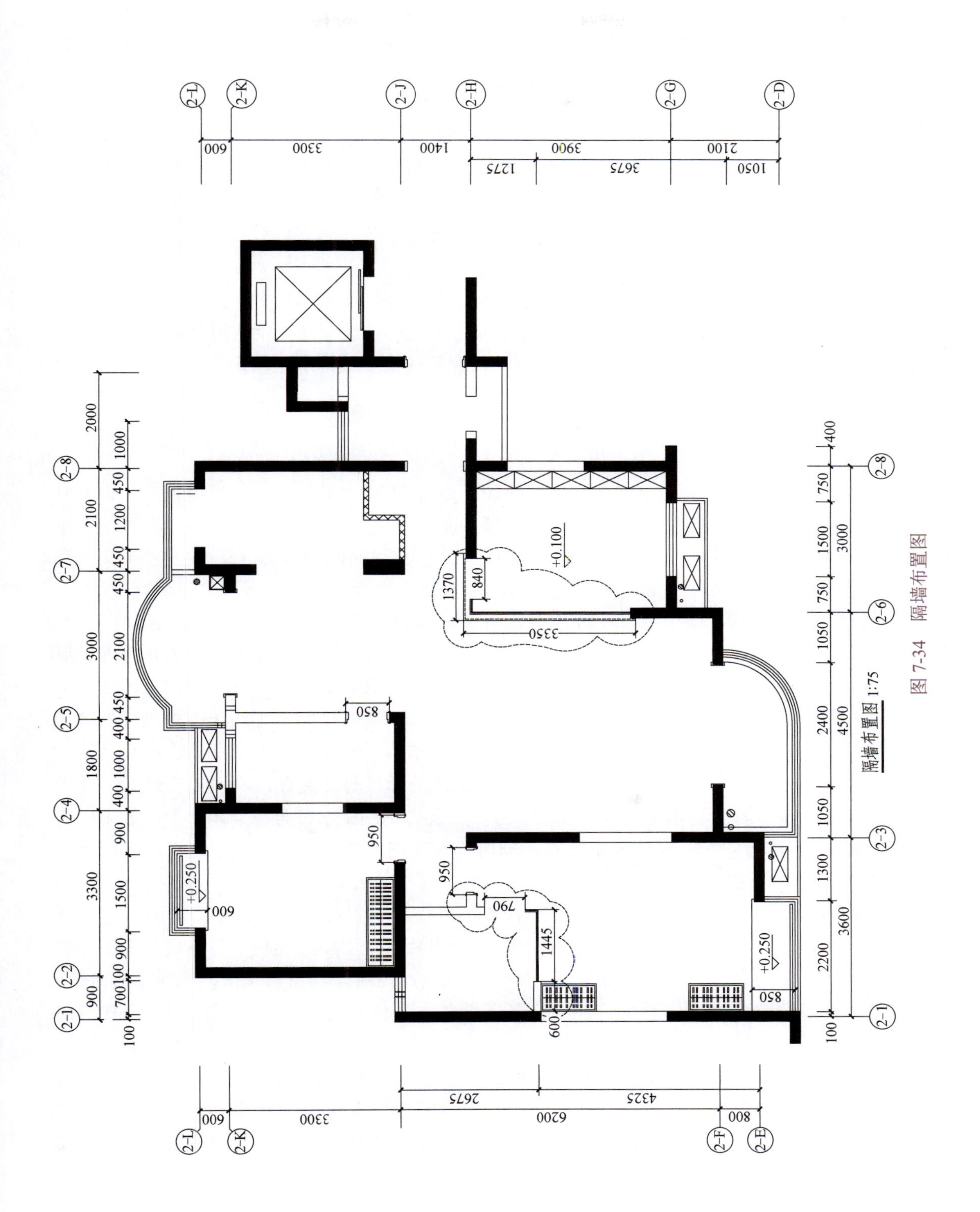
2-L
2-K
2-J
2-H
2-G
2-D
600
3300
1400
3900
2100
1275
3675
1050
2-F
2-E
2675
4325
6200
800
2-1
2-2
2-3
2-4
2-5
2-6
2-7
2-8
+0.100
+0.250
1370
840
3350
950
790
1445
850
隔墙布置图 1:75

图 7-34　隔墙布置图

室内装饰立面图一般采用剖立面图表示，即假设有一个与所表达墙面平行的剖切平面将房间从顶棚至地面剖开然后投影所得的正投影图，表现出整个房间装修后室内空间的布置与装饰效果。

1. 图示内容

1）被剖切到的建筑及装修的断面形式（如墙体、顶棚、门窗洞、地坪等）；顶棚有吊顶时可画出吊顶、迭级、灯槽等剖切轮廓线，墙面与吊顶的收口形式等。

2）未被剖切到但投影方向可见的内容，如墙面装饰造型、固定家具（如影视墙、壁柜等）、灯具、陈设（如壁挂、工艺品等）、门窗造型及分格等。

3）活动家具（以虚线绘制主要可见轮廓线）。

4）墙面所用设备（如墙面灯具、暖气罩等）及其位置尺寸和规格尺寸。

5）装饰选材，立面的尺寸、标高及做法说明。图外一般标注一至两道竖向及水平向尺寸，以及楼地面、顶棚等的装饰标高；图内一般应标注主要装饰造型的定形、定位尺寸。做法采用细实线引出进行文字标注。

6）索引符号、图名、比例、文字说明等。

2. 图示实例

如图7-35所示，走廊有A、B两个立面图。结合图7-31平面布置图及内视符号，A立面图由走廊向餐厅方向投影，依次（在立面图中从右向左）反映了入口花园、厨房、卫生间、次卧室在走廊处的墙面装修形式。其中入口玄关处为8mm灰镜墙面，虚线表示家具及家具之上的陈设；厨房处为墙纸；卫生间与次卧室处为木饰面造型。餐厅与走廊处无墙面，画一孔洞的符号表示。图中尺寸标注反映了各装修部位立面的尺寸。水平方向标注两道尺寸，外边一道为走廊立面的总长尺寸，里边一道为走廊立面的细部尺寸。如200为墙垛厚度，900、1200分别为玄关处凹、凸墙面的宽度，2800为餐厅宽度等。高度方向也标注两道尺寸，外边一道为走廊的总高度2500（与餐厅相接处局部高2650），里边一道为走廊外墙面高度的细部尺寸。如50为踢脚板高度，2450为其上贴墙纸等高度。这里所标注的尺寸，应结合图7-31平面布置图的尺寸及图7-18顶棚平面图的标高对照阅读，不能孤立理解。此外该立面图还反映了墙面装修材料说明及其编号，以及详图的索引符号等。B立面由走廊向客厅方向投影，（从右向左）反映了主卧室、书房、入口花园在走廊处的墙面装修情况；客厅处无墙面，具体立面情况请同学们自行分析。

如图7-36所示，客厅有A、B、C三个立面（另有一个立面与走廊立面重复，故在此处省略）。结合图7-31平面布置图可以看出，A立面为剖立面图，反映了与书房共用墙面的装修形式：书房与客厅之间一部分采用12mm钢化玻璃隔断，两面吊珠帘，空间通透流动；一部分为墙纸装饰，上面陈设装饰画。剖到了墙体、顶棚，可以看到顶棚的剖面形式，门洞、窗帘轨道、与吊顶的关系等。客厅顶棚最高处为2.800m，局部吊顶处高2.500m。活动家具沙发用虚线画出。此外还标注出装修材料的编号及说明。B立面主要反映了门洞位置，窗帘形式，与书房共用隔墙、顶棚的剖面形式等。C立面为影视墙，造型为木饰面留坑，墙的一侧为8mm灰镜饰面，最右侧为墙纸饰面。此外还反映出了顶棚的剖面形式、门洞、窗帘轨道的剖面形式等。

该套住宅的其他立面图此处省略。

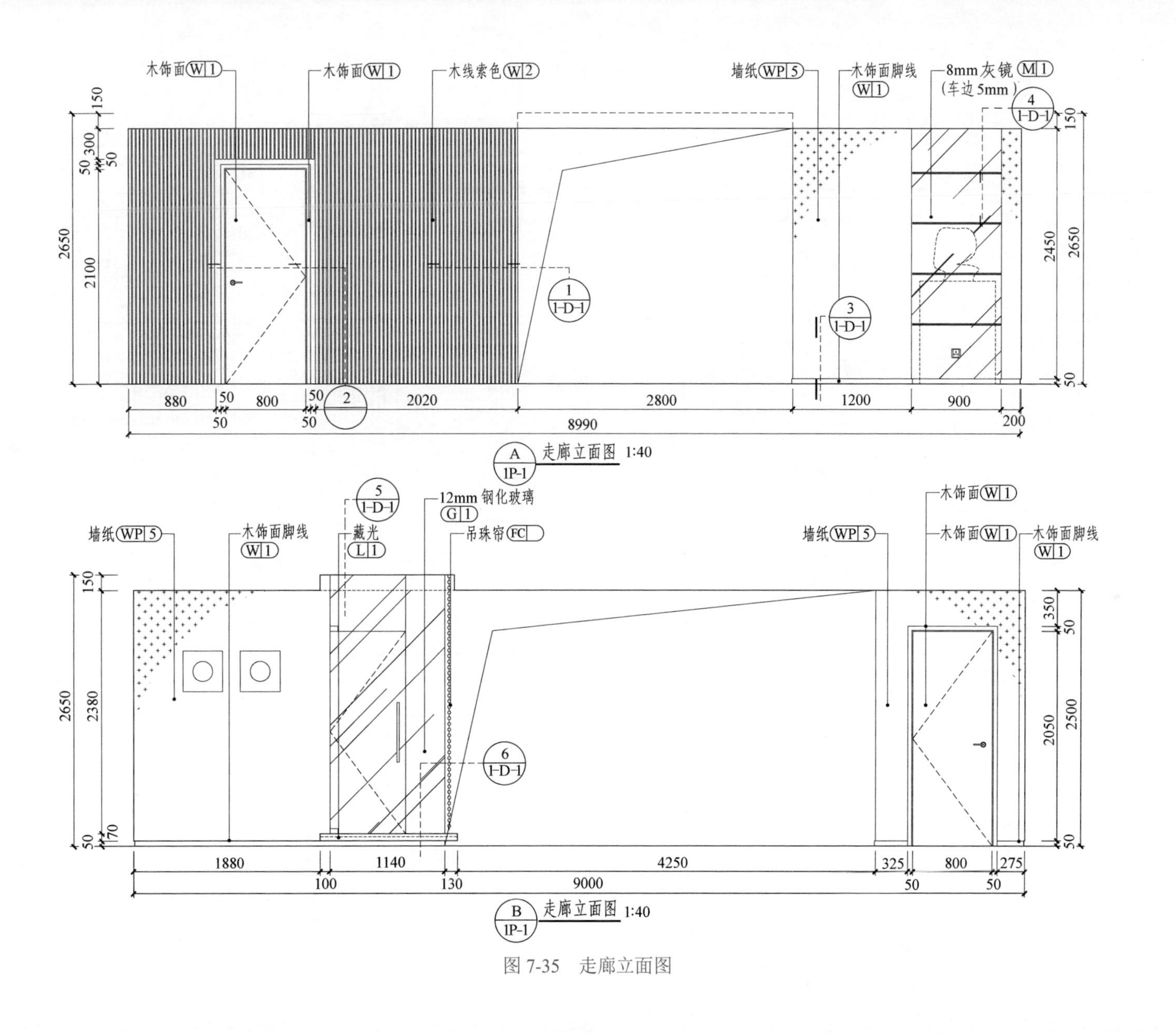
木饰面 W1
木饰面 W1
木线索色 W2
墙纸 WP5
木饰面脚线 W1
8mm灰镜 M1
(车边5mm)
走廊立面图 1:40
12mm钢化玻璃 G1
墙纸 WP5
木饰面脚线 W1
藏光 L1
吊珠帘 FC
墙纸 WP5
木饰面 W1
木饰面 W1
木饰面脚线 W1
走廊立面图 1:40

图 7-35　走廊立面图

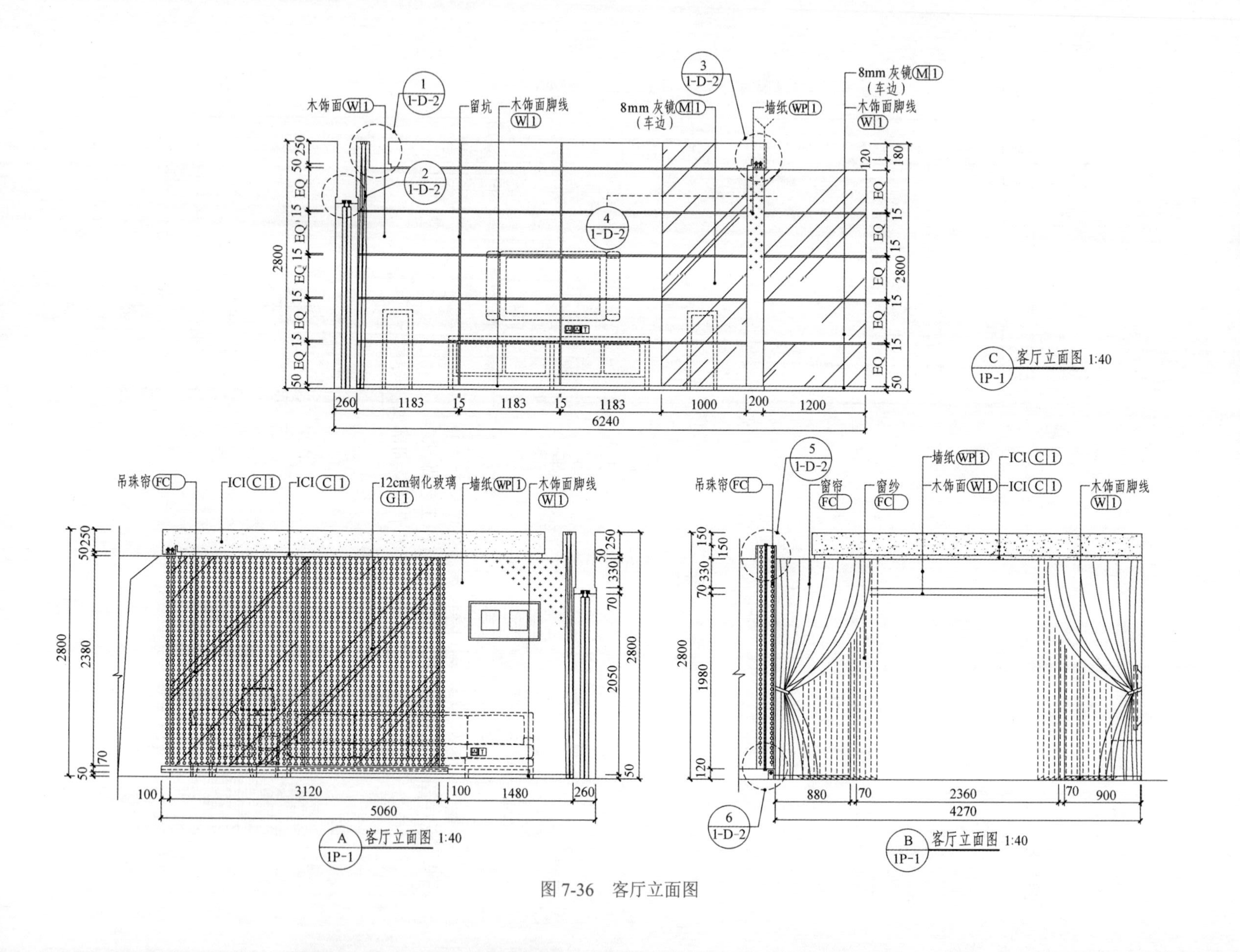
C
IP-1
客厅立面图 1:40
8mm 灰镜 M1
（车边）
木饰面脚线 W1
墙纸 WP1
留坑
木饰面 W1
2800
6240
1200
200
1000
1183
260
B
IP-1
客厅立面图 1:40
窗纱 FC
窗帘 FC
吊珠帘 FC
ICI C1
4270
2360
900
880
1980
A
IP-1
客厅立面图 1:40
12cm钢化玻璃 G1
5060
3120
1480
2380
2050

图 7-36 客厅立面图

3. 识读要点

1）装饰立面图应结合装饰平面图进行识读。首先通过看装饰平面图，了解室内布局、装饰设施、家具等的平面布置位置。由于一项装饰工程往往需要多幅立面图，故装饰立面图识读时需结合平面图内的内视符号查看立面图的编号和图名。

2）明确地面标高、楼面标高、楼梯平台等与装饰工程有关的标高尺寸。

3）墙面装饰造型、装饰面的尺寸、范围、选材、颜色及相应做法。清楚了解每个立面有几种不同的装饰面，这些装饰面所选用的材料及施工要求。

4）立面上各装饰面之间的衔接收口较多，应注意收口的方式、工艺和材料。一般由索引符号引出，注意查看其详图做法。

5）注意装饰设施在墙体上的安装位置，如电源开关、插座的安装位置和安装方式等；如需留位者，应明确所留位置及尺寸。

7.2.8　装饰详图

装饰平面图、立面图的比例一般较小，对于在平面图、立面图中无法表达清楚的细部做法，则用装饰详图来表示。装饰详图一般采用 1 ∶ 1 到 1 ∶ 20 的比例绘制。装饰详图是对装饰平面图、装饰立面图的深化和补充，是装饰施工以及细部施工的重要依据。

1. 组成

根据装饰对象不同，装饰详图一般包括下列全部或部分图样：

1）墙、柱面装饰详图：主要用于表达墙、柱面在造型、做法、选材、颜色上的要求。

2）顶棚详图：主要用于表达吊顶构造、做法的平面图、剖面图或断面图。

3）装饰造型详图：独立的或依附于墙、柱的装饰造型，表达装饰的艺术氛围和情趣的构造体，如影视墙、花台、屏风、隔断、壁龛、栏杆造型等的平面图、立面图、剖面图及线脚详图。

4）家具详图：主要指需要现场加工制作的固定式家具，如储藏柜、壁柜等。有时也包括可移动家具，如床、展示台等。

5）装饰门窗及门窗套详图：装饰门窗形式多样，其图样有门窗及门窗套立面图、剖面图和节点详图，用来表达其样式、选材和工艺做法等。

6）楼地面详图：表达楼地面的艺术造型及细部做法等内容。

7）小品及饰物详图：包括雕塑、水景、指示牌、织物等内容。

2. 图示内容

因为装饰详图所要表达的对象不同，而且千差万别，所以装饰详图的图示内容也会有变化。装饰详图图示内容一般有：

1）装饰形体的造型样式、材料选用、尺寸标高。

2）所依附的建筑结构材料、连接做法，如钢筋混凝土与木龙骨、轻钢及型钢龙骨等内部骨架的连接图示（剖面或断面图）。

3）装饰体基层板材的图示（剖面或断面图），如石膏板、木工板等用于找平的构造层次（通常固定在骨架上）。

4）装饰面层、胶缝及线脚的图示。

5）颜色及做法说明、工艺要求等。

6）索引符号、图名、比例等。

当装饰详图所表达的形体的体量和面积较大以及造型编号较多时，通常先画出平面图、立面图、剖面图来反映装饰造型的基本内容，如准确的形状、与基层的连接方式、标高、尺寸等。选用比例一般为1：50～1：10，最好平面图、立面图、剖面图画在同一张图纸上。当该形体按上述比例还无法清晰表达时，可选择1：10～1：1的大比例绘制。当装饰详图较简单时，可只画出其平面图、立面图、剖面图中的部分图样。

3. 图示实例

如图7-37所示，详图1表示吊顶的断面形式，其所在位置为客厅窗洞顶附近，参见立面图的索引符号。吊顶为木龙骨纸面石膏板做法，用木龙骨做骨架，外面覆以纸面石膏板，白色乳胶漆罩面。此外还反映吊顶与窗帘的关系，窗帘盒隐蔽在顶棚内。

详图2表示门套做法和线脚形式。该图为门的水平剖面图，它反映了门洞、门扇、两边门套的详细做法和线脚形式及尺寸。注意门的开启方向。有些门窗详图还绘制出门窗立面图及剖面图。

详图5表示玻璃隔墙、吊珠帘的构造做法。客厅与书房之间采用12mm厚钢化玻璃和两面吊珠帘进行分隔。此处表示玻璃隔墙顶部安装做法以及吊珠帘与顶棚的关系和尺寸。玻璃隔墙用角钢固定位置，角钢固定于吊顶的木龙骨架上。

详图4表示影视背景墙的构造做法。在木龙骨架上铺钉9mm夹板为基层，面层从左到右分别采用三种材料，依次为木饰面、8mm灰镜和墙纸，其尺寸见图中标注。

其他相关装饰详图此处省略。

4. 识读要点

识读装饰详图应结合装饰平面图和装饰立面图，按照详图符号和索引符号来确定装饰详图在装饰工程中所在的位置，通过读图应明确装饰形式、用料、做法、尺寸等内容。

由于装饰工程的特殊性，即构造往往比较复杂，做法比较多样，细部变化多端，故采用标准图集较少。装饰详图种类较多，且与装饰构造、施工工艺有着紧密联系，其中必然涉及到一些专业上的问题，所以装饰详图是装饰施工图识图的重点、难点，应在本课程及相关专业课程的学习中予以重视。在识读装饰详图时应注意与实际相结合，并需充分运用相关的专业知识。

此外还要说明一点：本套住宅装饰施工图，并非一套完整的图，限于篇幅有部分图样省略，还有许多节点的做法没有表明，且由于目前缺乏装饰制图国家标准，各地、各公司、各设计人员在图样的表达上尚存在一定的随意性，所以该套图纸只作为读图之用。

7.2.9 装饰施工图的画法

装饰施工图所表达的对象与建筑工程施工图一样，都是建筑物，所以装饰施工图的画法和建筑工程施工图的画法与步骤基本相同，所不同的是装饰施工图的表达侧重点不同以及在表达上的细化和做法的多样性。如装饰平面布置图是在建筑平面图的基础上进行家具布置、地面分格、陈设布置等，它必须以建筑平面图为条件进行设计、制图，而对不影响装饰施工的建筑及结构的构造、尺寸在装饰施工图中则可以忽略，以重点突出装饰设计的内容。

1. 绘图前的准备工作

1）绘图顺序。装饰施工图一般先绘制平面布置图，然后是顶棚平面图、室内立面图、装饰详图等。

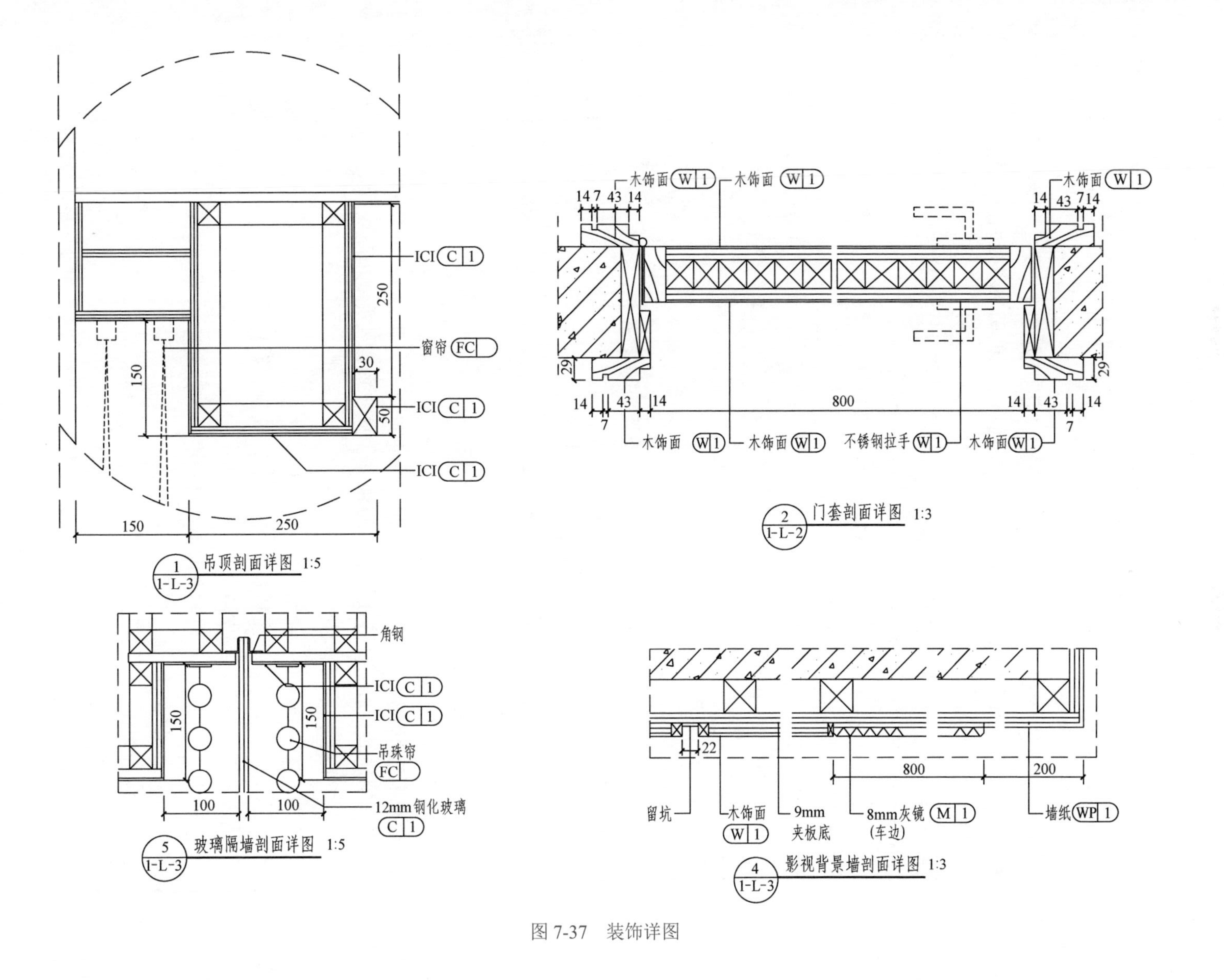
ICI C 1
窗帘 FC
30
ICI C 1
50
ICI C 1
250
150
150
250
1
1-L-3
吊顶剖面详图 1:5
角钢
ICI C 1
ICI C 1
吊珠帘 FC
12mm钢化玻璃 C 1
150
150
100
100
5
1-L-3
玻璃隔墙剖面详图 1:5
木饰面 W 1
木饰面 W 1
14 7 43 14
14 43 7 14
29
29
14 43 14
7
800
14 43 14
7
木饰面 W 1
木饰面 W 1
不锈钢拉手 W 1
木饰面 W 1
2
1-L-2
门套剖面详图 1:3
22
800
200
留坑
木饰面 W 1
9mm
夹板底
8mm灰镜 M 1
(车边)
墙纸 WP 1
4
1-L-3
影视背景墙剖面详图 1:3

图 7-37 装饰详图

2）确定比例、选择图幅。了解所绘工程对象的空间尺度和体量大小，根据要求和所绘图样内容选择比例，并由此确定图幅。

3）读懂所绘图样。

4）注意布图均衡以及图样之间的对应关系。

5）选择合适的绘图工具和仪器。

2. 平面布置图的画法

平面布置图中建筑平面图的画法和建筑工程施工图中的建筑平面图画法一致，在画出建筑平面图的基础上再绘制家具、陈设等即可。平面布置图的画法步骤如下（图 7-38）：

1）确定比例、图幅。

2）画出建筑平面图，标注其开间、进深、门窗洞口等的尺寸及楼地面标高。

3）画出家具、陈设、隔断、绿化植物等的形状和位置。

4）标注装饰尺寸，如隔断、固定家具、装饰造型等的定形、定位尺寸。

5）绘制内视符号、索引符号等。

6）检查。

7）经检查无误后，区分图线，注写文字说明，图名、比例等。

8）完成作图。

3. 顶棚平面图的画法

1）选比例、定图幅。

2）画出建筑平面图，标注其开间、进深、门窗洞口等尺寸。

3）画出顶棚的造型轮廓线、灯饰、空调风口等设施。

4）标注尺寸，标注相对于本层楼地面的顶棚底面标高。

5）检查无误后区分图线。其中墙、柱轮廓线用粗实线，顶棚及灯饰等造型轮廓用中实线，顶棚装饰及分格线用细实线表示。

6）索引符号、图名、比例，标注文字说明。

7）完成作图。

4. 地面布置图的画法

地面布置图主要表示地面分格形式、材料及做法。面层分格线用细实线画出，用于表示地面施工时的外观形式和铺装方向。

1）选比例、定图幅。

2）画出建筑平面图，并标注其开间、进深、门窗洞口等尺寸。

3）画出地面面层分格线和分格形式。

4）标注地面分格尺寸，材料不同时用图例区分，并用文字说明。

5）索引符号、图名、比例。

6）检查并区分图线。

7）完成作图。

5. 室内立面图的画法

1）选比例。

2）画出楼地面，顶棚，墙、柱面的轮廓线，如图 7-39a 所示。

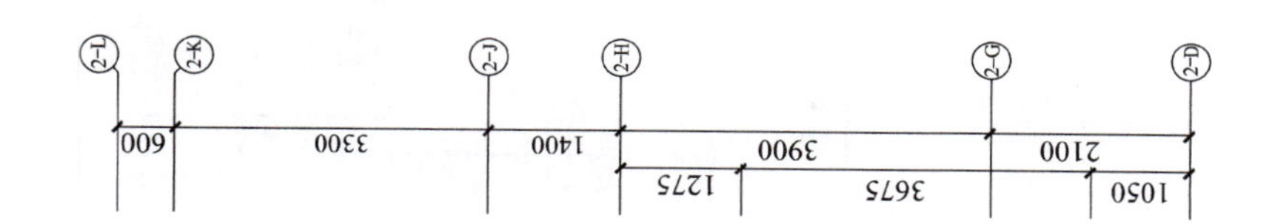

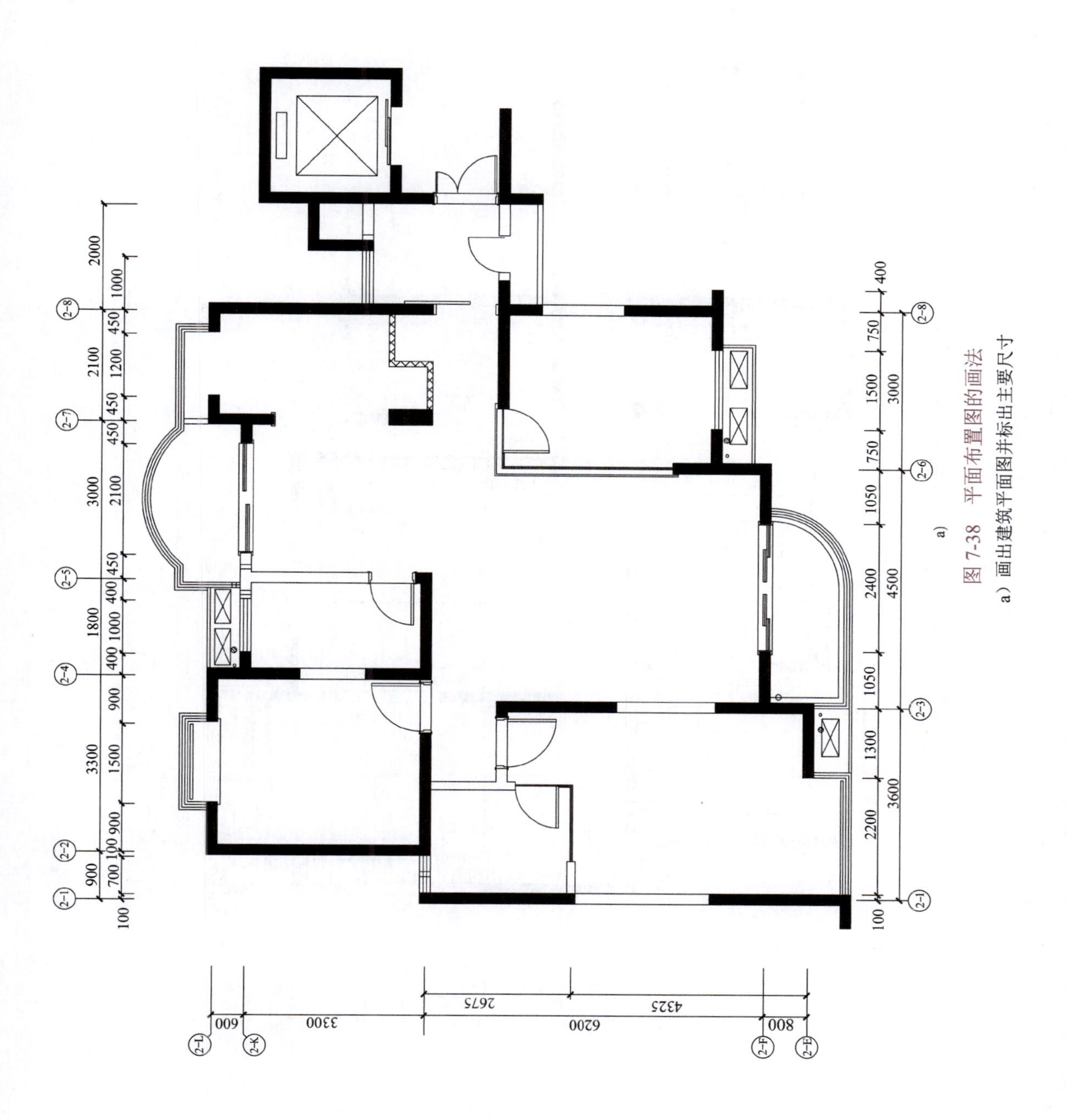

a)

图 7-38　平面布置图的画法

a）画出建筑平面图并标出主要尺寸

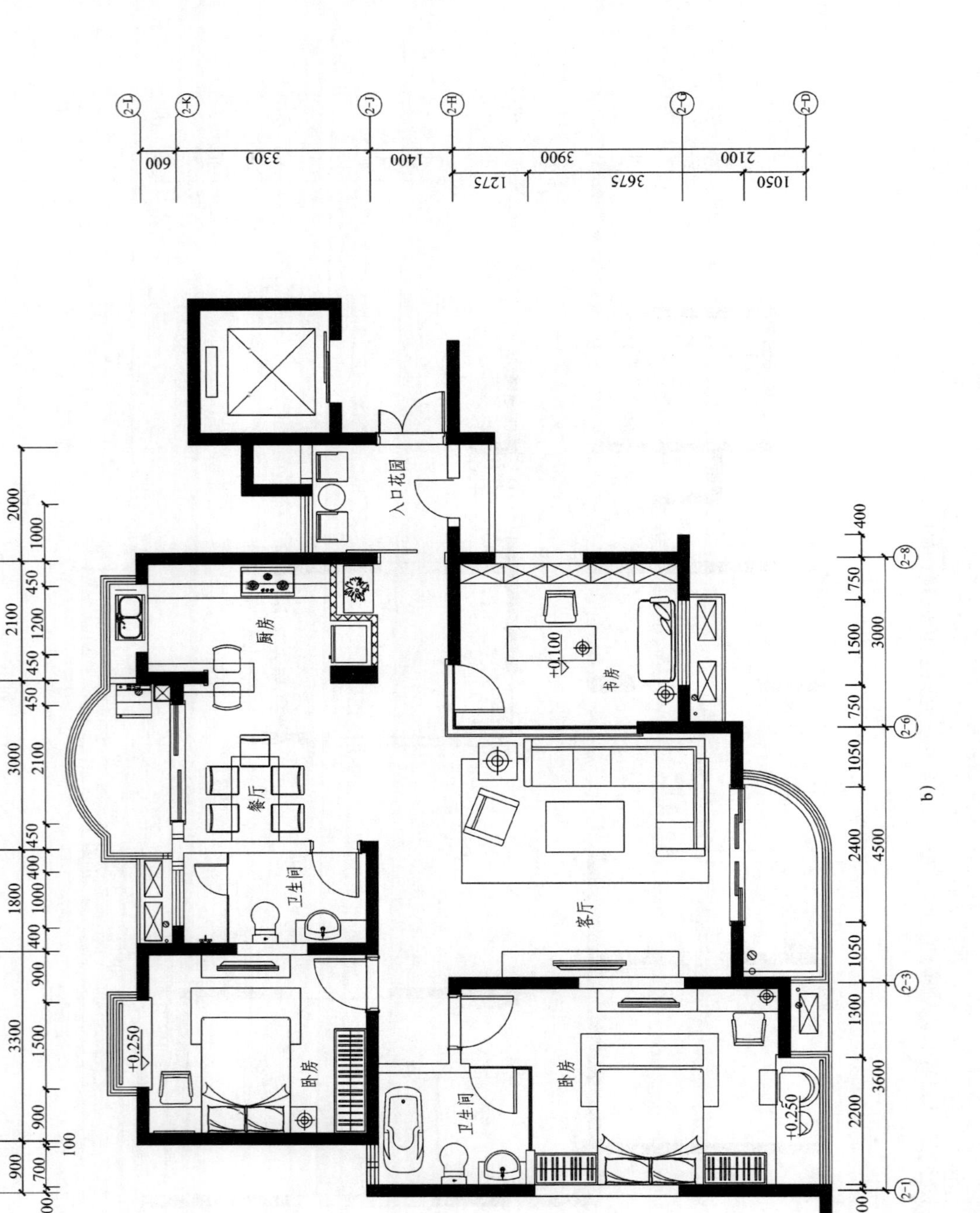
入口花园
厨房
餐厅
卫生间
卧房
书房
客厅
卫生间
卧房
+0.100
+0.250
+0.250

b)

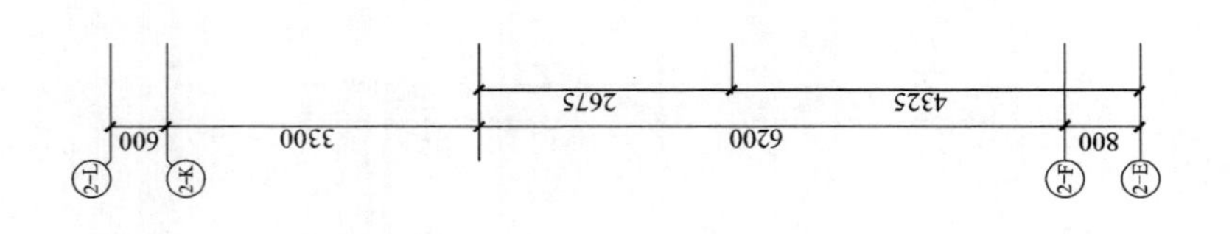
2675
4325
600
3300
6200
800

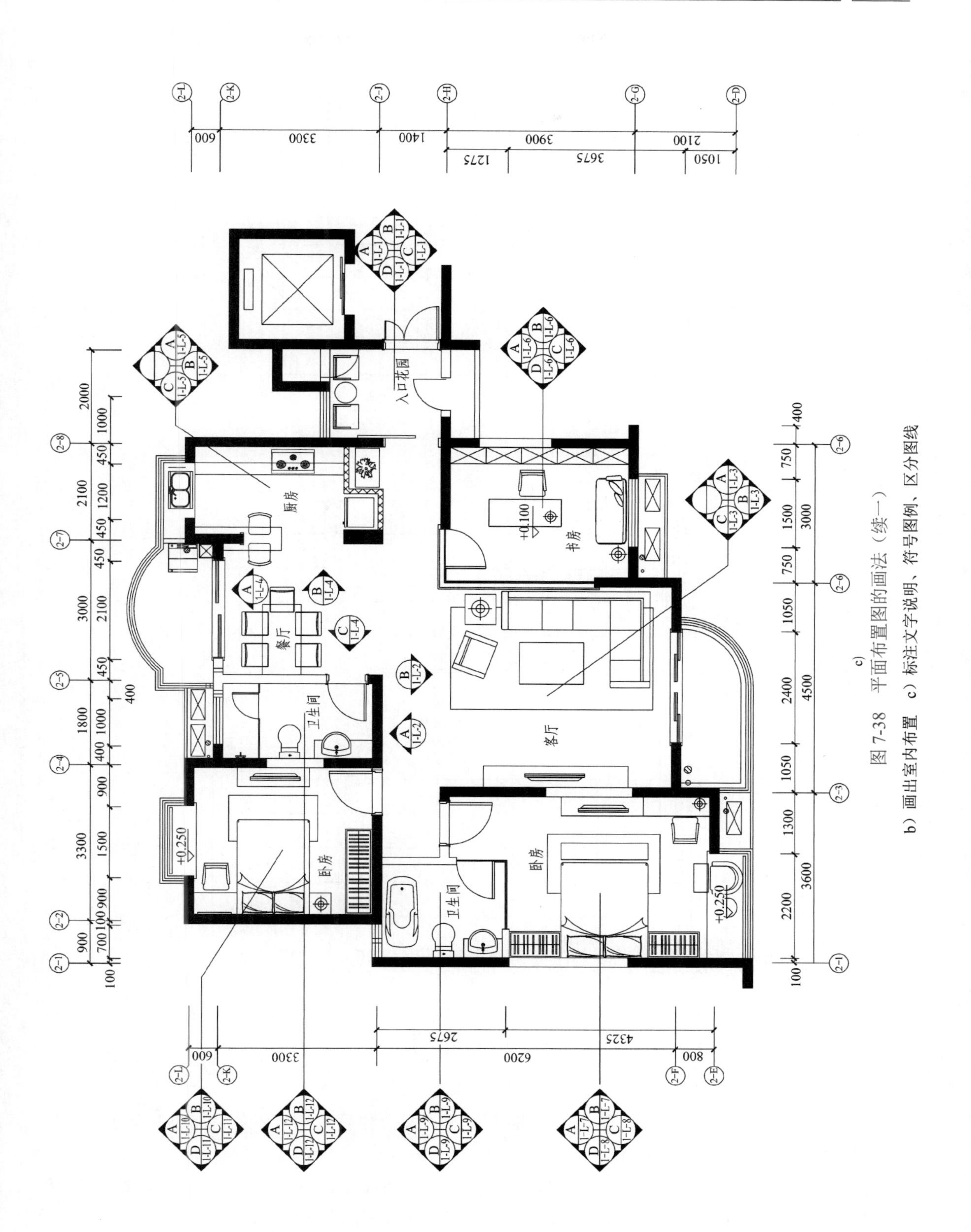

c)

图 7-38　平面布置图的画法（续一）

b）画出室内布置　c）标注文字说明、符号图例、区分图线

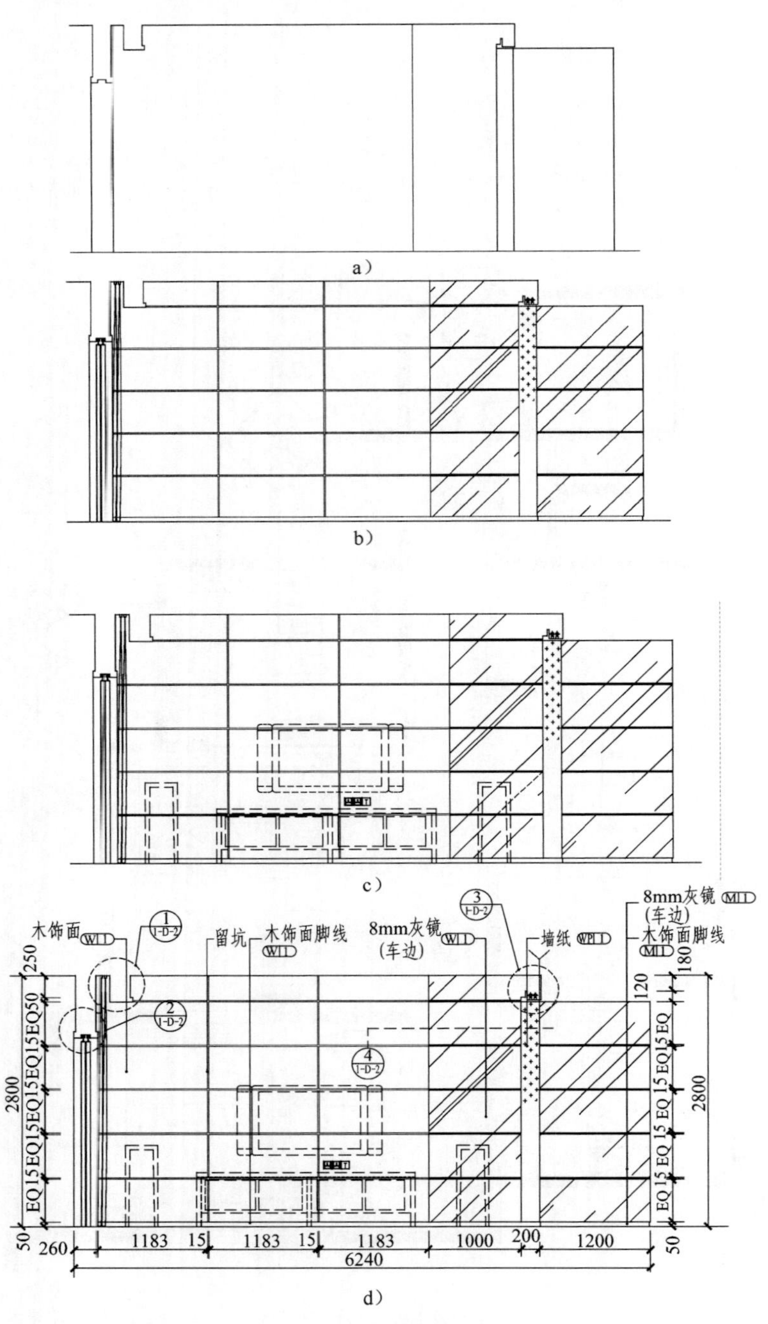

图 7-39 室内立面图的画法

a）画出楼地面、墙柱面、顶棚、门窗等的轮廓线 b）画出墙柱面的造型、墙脚线和其他可见轮廓 c）画出家具立面，检查并区分图线 d）标注尺寸、标高、索引符号、说明等

3）画出墙、柱面的主要造型轮廓。画出顶棚的剖面和可见轮廓，如图 7-39b 所示。

4）画出家具、陈设的立面。

5）室内周边墙、柱、楼板等结构轮廓用粗实线，顶棚剖面线用粗实线，墙、柱面造型轮廓线用中实线，装饰及分格线、其他可见线用细实线，如图 7-39c 所示。

6）标注尺寸，相对于本层楼地面的各造型位置及顶棚底面标高等。

7）索引符号、剖切符号、说明文字、图名、比例。

8）完成作图，如图 7-39d 所示。

6. 装饰详图的画法

装饰详图的类型较丰富，这里仅以门的装饰详图为例，说明装饰详图作图的一般步骤，如图 7-40 所示。

1）选比例。

2）画墙、柱的结构轮廓（图 7-40a）。

3）画出门套、门扇等装饰形体轮廓（图 7-40b）。

4）详细画出各部位的构造层次及材料图例（图 7-40c）。

5）检查、区分图线。

6）标注尺寸、做法及文字说明（图 7-40d）。

7）完成作图。

7.2.10　轴测图、透视图在装饰施工图中的应用

轴测图、透视图能较直观地表达出建筑形象或建筑构造做法，使人对装饰工程有感性的认识，更有利于让人们了解设计所要表达的思想。所以在装饰施工图中经常会以轴测图或透视图来进行辅助表达。

1. 轴测图在装饰施工图中的应用

如图 7-41 所示为从国家建筑标准设计图集《内装修（室内吊顶）》（12J502—2）中选取的某一轻钢龙骨纸面石膏板吊顶构造做法（节选），该图包括吊顶平面图、详图及吊顶轴测示意图。轴测图表达了吊顶构造情况，清晰明了，具有一定的立体感和真实感。平面图中主要表示内容有主、次龙骨的平面布置方向和间距，主、次龙骨的型号，边龙骨的型号，吊点的位置和间距，吊顶面板的品种、规格、平面布置形式，索引符号等。该图的平面图及详图请同学们结合轴测图进行阅读。

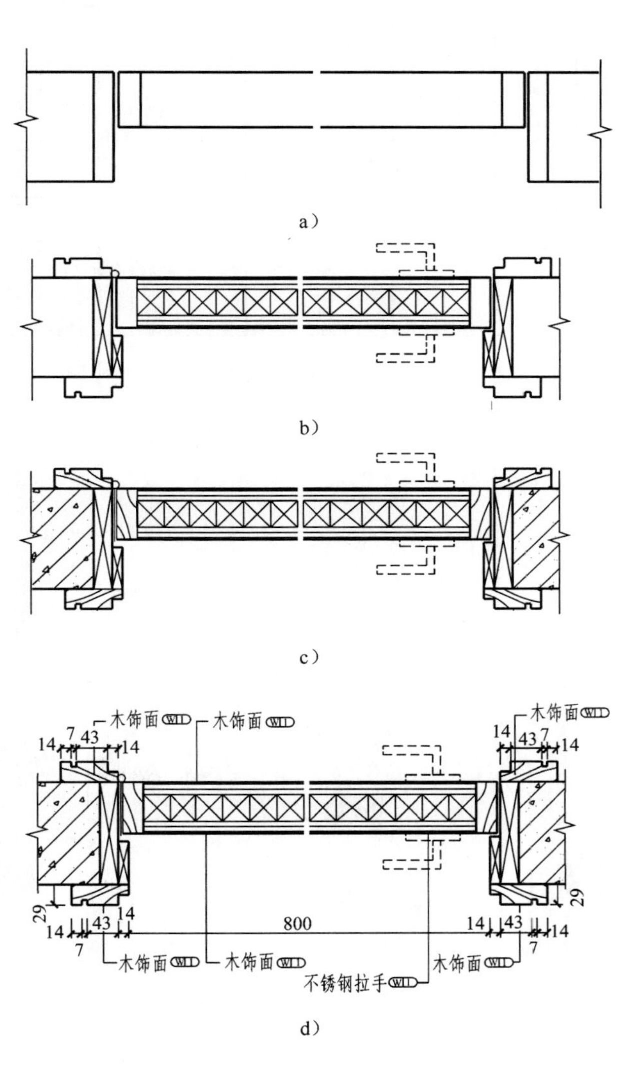

图 7-40　装饰详图的一般画法

a）画出门洞处墙体结构轮廓　b）画出门套、门扇装饰形体轮廓
c）画出构造层次及材料图例　d）标注尺寸及文字说明，区分图线

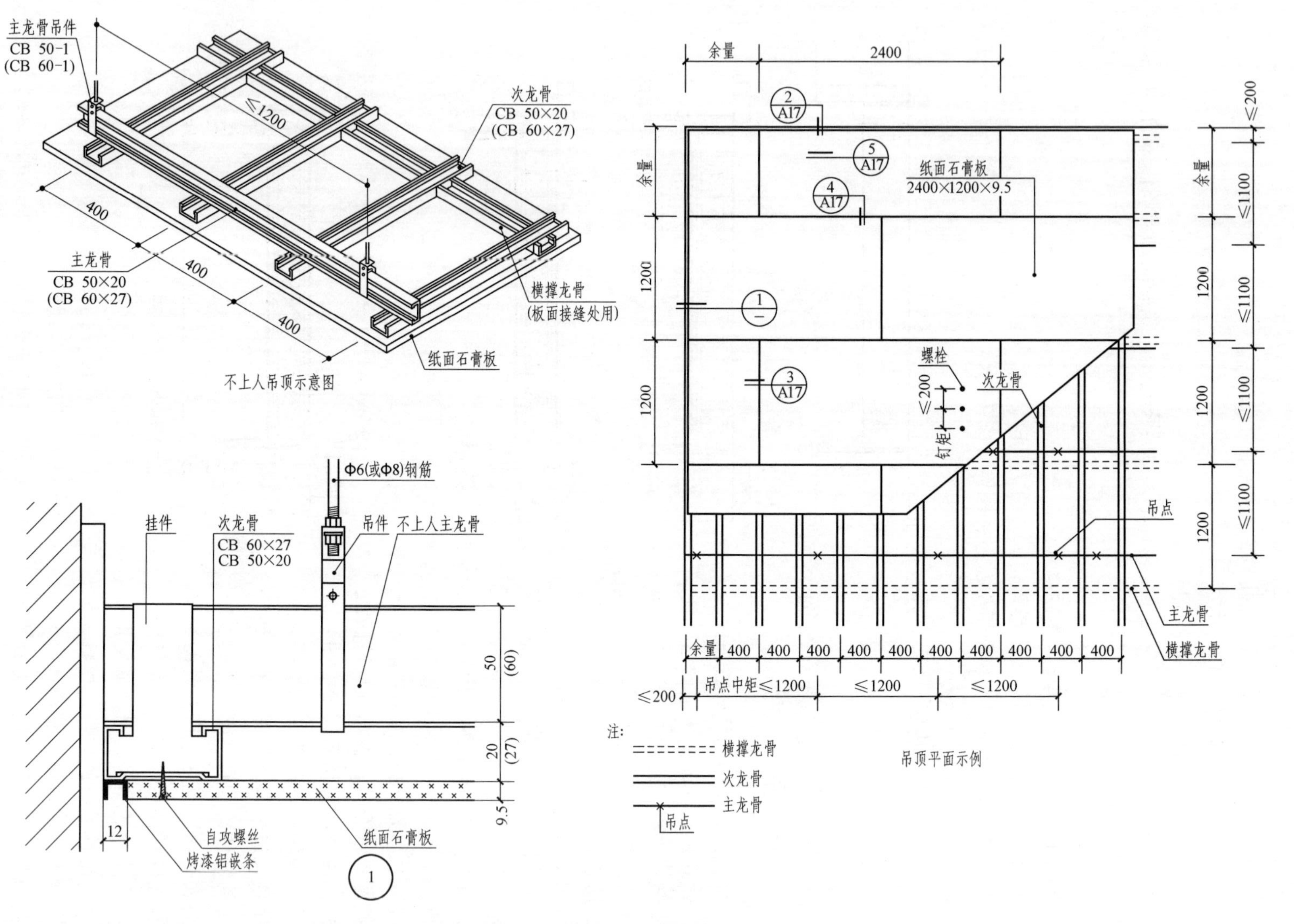

图 7-41 轴测图在装饰施工图中的应用

2. 透视图在装饰施工图中的应用

在装饰设计中，透视效果图是一项十分重要的内容。一般用户并不能理解装饰施工图所表达的内容，比如空间概念、构造做法、装饰造型、颜色搭配等，但用户可借助于透视图，对设计者的设计思想有所理解。因此正确画好透视图（或效果图），在装饰施工图中是十分必要的。图 7-42 为某儿童卧室的透视图，能很好地表达室内设计的家具布置、装饰造型及完成后的空间效果。

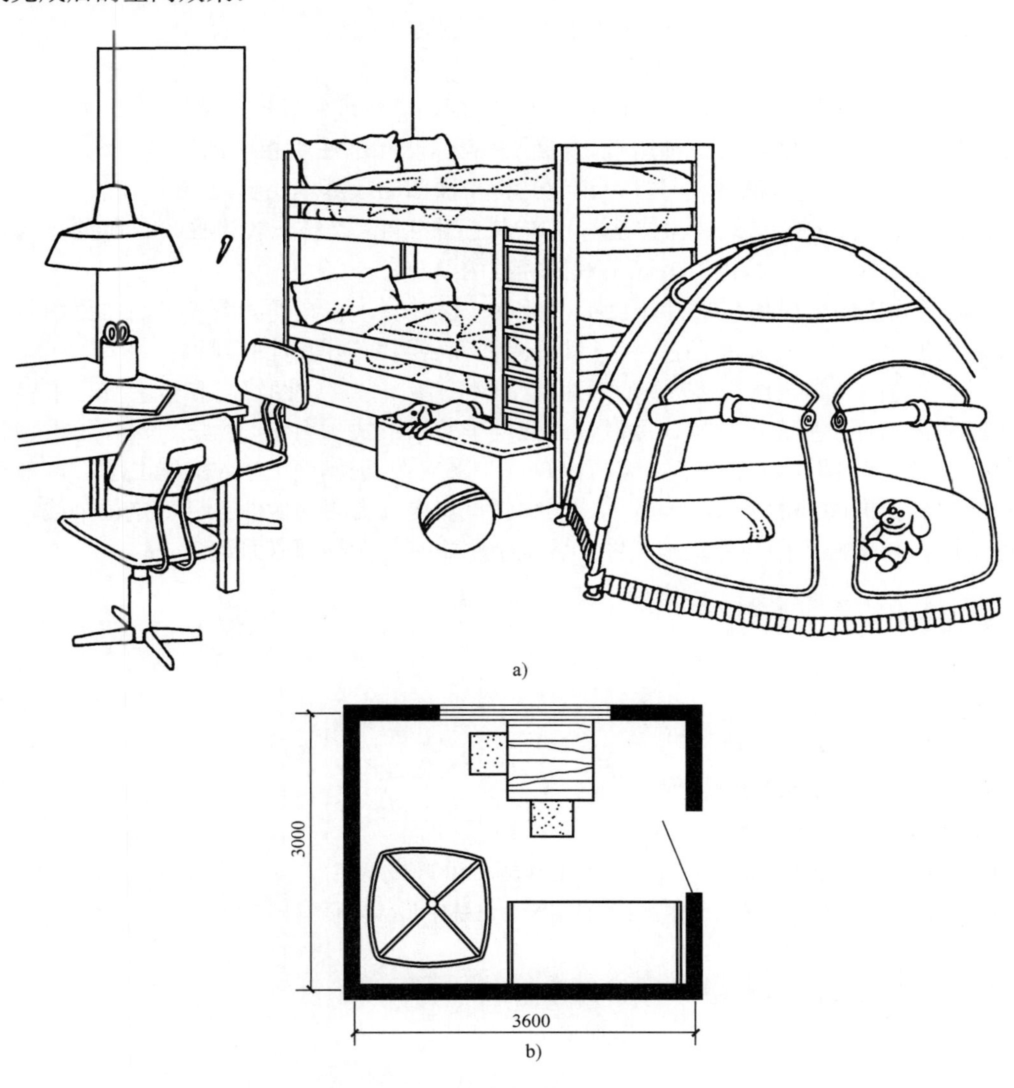

图 7-42　透视图在装饰施工图中的应用

a）室内透视图　b）平面图

小　　结

1）结构施工图是表达建筑物的结构形式及构件布置等的图样，是建筑结构施工的依据。

2）结构施工图一般包括基础平面图、楼层结构平面图、构件详图等。基础平面图、结构平面图，都是从整体上反映承重构件的平面布置情况，是结构施工图的基本图样。构件详图，表达了各构件的形状、尺寸、配筋及与其他构件的关系。

3）基础施工图是用来反映建筑物基础形式、基础构件布置及构件详图的图样。在识读基础施工图时，应重点了解基础形式、布置位置、基础底面宽度、基础埋置深度等。

4）楼层结构平面图中，在识读楼层结构平面图时，应重点了解墙、柱、梁、板等承重构件的型号、布置位置、现浇或预制装配等情况。

5）构件详图应重点了解构件的形状、尺寸、配筋、预埋件设置等情况。

6）在结构平面图中，构件都用规定图线来表示，并都注明相应的代号及编号。因此，熟悉并掌握构件的规定画法及代号，是识读结构平面图的最基本要求。

7）装饰施工图的图示原理和方法与建筑施工图相同，是按正投影原理绘制的，同时应符合《房屋建筑制图统一标准》等相关制图标准的要求。

8）装饰施工图一般由装饰设计说明、目录、材料表、装饰平面图（平面布置图、地面布置图、顶棚平面图、隔墙平面图等）、装饰立面图、装饰详图等图样组成。

9）识读装饰详图应结合装饰平面图和装饰立面图，按照详图符号和索引符号来确定装饰详图在装饰工程中所在的位置，通过读图应明确装饰形式、用料、做法、尺寸等内容。

10）结构施工图、装饰施工图应与建筑施工图对照阅读，因为结构施工图、装饰施工图是在建筑施工图的基础上进行设计的，与建筑施工图存在内在的联系，如定位轴线，即把结构施工图、装饰施工图与建筑施工图、各施工图中有关图样都联系起来。

思 考 题

1. 结构施工图的主要作用是什么？结构施工图一般包括哪些内容？
2. 说出常用构件的代号。
3. 说出常用的钢筋种类及代号。
4. 常用钢筋的图例及画法是怎样的？
5. 基础平面图主要反映哪些内容？
6. 楼层结构平面布置图主要反映哪些内容？它在施工中有什么作用？
7. 钢筋混凝土结构施工图平面整体表示法的主要特点是什么？其制图规则有哪些？
8. 装饰施工图通常由哪些图样组成？
9. 平面布置图的图示内容有哪些？
10. 装饰详图通常包括哪些图样？需要反映哪些图示内容？
11. 内视符号的画法是怎样的？

项目 8* 建筑测绘

学习目标：本项目为建筑制图的实训内容，通过对某一建筑工程的实地测量并绘制其施工图，进一步了解和认识建筑，进一步提高学生综合运用本课程所学各种知识在图纸上表达建筑的能力，从感性和理性上加深对建筑、空间、装饰、构造的理解和掌握，提高学生的图纸表达能力。

学生平时应多观察建筑，勤思考各种类型建筑的组成部分以及如何利用所学的各种图示方法、图样正确、完整地在图纸上表达它们，把课堂所学知识与实际建筑物紧密联系起来。

一个测绘项目的完成需要多人的配合，在测绘的过程中，相互协作、各司其职，将会对培养学生的团队精神起到积极的作用，从而提高学生分析问题、解决问题的能力，培养团结协作的团队精神，提高学生的综合素质。

任务：建筑测绘实训。

1. 由教师指定测绘对象，可选两种建筑工程分组测绘，以测绘教室所在楼层平面（或局部）、传达室等为佳。

2. 以铅笔线的形式完成图样绘制，要求达到建筑施工图的深度。

8.1 建筑测绘概述

建筑测绘是指对某一建筑物及其装饰工程进行详细观察分析，并准确地测绘其施工图，是学习建筑技术与艺术处理手法的一项工作。

建筑测绘是综合运用本学期所学各种知识的实践环节。通过测绘来体验建筑，培养专业实践技能，为后续专业课程的学习奠定坚实的基础。同时，学生可进一步体验图样与实物的相互关系，提高识图能力。

本项目所指的测绘不同于精密测绘，而是通过简单的铅垂线、皮尺、钢卷尺、竹竿等获取建筑物、建筑构件的尺寸及装饰做法，然后以图样表达出来。本项目要求按施工图的深度进行绘制。在图样绘制过程中，应根据建筑的建造规律对实际测量数据进行简化和归纳，绘制出由现状得出的建筑施工图。

8.2 建筑测绘的内容

建筑测绘可利用学校的教学楼或者附近的住宅、宾馆等工程（或某一局部）等进行。

建筑测绘一般包括以下几方面的内容：

1. 建筑平面图

对于大部分的建筑工程而言，一般只需钢卷尺、皮卷尺等即可测绘出建筑平面图。测绘平面图时，先确定轴线尺寸，再依次确定墙体、门窗、台阶、阳台等的尺寸。

2. 建筑立面图

建筑立面图须借助辅助工具进行测量，如借助竹竿、皮卷尺、铅垂球等测量高度。测出各点高度后，各个立面图就可以确定了。

3. 建筑详图

建筑详图包括墙身、楼梯、卫生间等。

8.3 测绘的步骤

1. 分组

每班学生以3～4人为一组，每组准备皮卷尺和钢卷尺各一把。1人为组长，组长负责本组人员分工，至少应包含以下几个工种：跑尺和记数（记数兼绘制草图，可2人分别绘制以便相互对照和补充）。

2. 熟悉即将绘制的建筑工程

了解建筑的外观造型、立面、内部房间组成及大体尺寸、构造、与周围的环境协调等，获得对即将测绘建筑的观感认识。了解建筑风格、建筑造型、构造做法等。

3. 画草图

在草图纸或速写本上将测绘对象的平、立、详图逐一绘出，注意各图样的比例关系。

1）建筑平面图：确定建筑平面图数量。

纵、横轴线→放墙线→开门窗→区分线型→各种固定家具、设备等→加尺寸线。

2）建筑立面图：确定立面图数量。

地面、层高、顶面→开间→门窗→墙面、柱面造型→标高、尺寸等。

3）建筑详图：确定详图位置与数量。

4. 初测尺寸

按照分工，将各图样所需要的数据同时测出，并标注在草图上。

5. 尺寸调整

1）所测建筑物的尺寸，由于误差及粉刷层的原因，测量得到的尺寸并不是那样的理想，这就需要对测得的尺寸进行处理和调整。调整的原则是尺寸就近取整，如1541就应调整为1500。

2）检查尺寸是否前后矛盾，误差是否较大。检查各分部尺寸之和是否与轴线尺寸相符，各轴线尺寸之和是否与总轴线尺寸相等。如果不相等，则需要返回上一步检查，看是否有尺寸调整得过大或过小。

3）检查是否有漏测的尺寸。

6. 补测尺寸

在初次的测绘过程中不可避免地会有一些尺寸没有测到，在这一阶段中将其补充完整；另外，有些细部尺寸由于考虑欠周而没有测量的，也应该在这次的补测中加以测量，并绘制相关的测绘草图。在上一步的调整过程中，过于矛盾的某些尺寸也可以在这一次的补测中加以复核，以便找出问题。

7. 画正图

要求按照施工图的要求和深度进行绘制。各个图样的画法及步骤如上一个项目所述，此处不再赘述。

测绘的步骤总结起来就是：人员分工→观察对象→勾勒草图→实测对象→记录数据→分析整理→绘制成图。

项目 9* 施工图识读实务模拟——图纸会审

学习目标： 本项目为建筑制图课程的实训内容，了解并模拟施工企业的图纸会审程序，通过对项目 8 所测绘的建筑施工图进行图纸会审的实务模拟，发现项目 8 测绘施工图中所存在的问题，并进行解决，从而进一步理解和认识建筑施工图，体验图纸会审程序。可邀请企业人员及高年级学生参与。

通过图纸会审的实务模拟训练，提高学生发现问题、解决问题的能力，能够对一般的问题提出修改建议，能够编制图纸会审纪要，培养协调能力，提高学生的综合素质，同时为就业后的专业工作打下良好的基础。

任务： 图纸会审实务模拟

1. 由教师指定人员组成，分别模拟设计方、施工方、监理方。
2. 图纸采用项目 8 测绘的建筑施工图。
3. 施工方应进行图纸自审，对自审发现的问题进行内部讨论，形成统一的意见，并作出自审的书面记录。
4. 由施工方对会审中的问题进行归纳整理，设计方、监理方进行会签，形成正式的会审记录。

9.1 图纸会审认知

9.1.1 图纸会审目的

图纸会审是指工程各参建单位（建设单位、监理单位、施工单位）在收到设计院施工图设计文件后，对图纸进行全面细致的熟悉，审查出施工图中存在的问题及不合理情况并提交设计院进行处理的一项重要活动。通过图纸会审可以使各参建单位，特别是施工单位熟悉设计图纸、领会设计意图、掌握工程特点及难点，找出需要解决的技术难题并拟定解决方案，从而将因设计缺陷而存在的问题消灭在施工之前。因此，图纸会审的深度和全面性将在一定程度上影响工程施工的质量、进度、成本、安全和难易程度。只要认真做好此项工作，图纸中存在的问题一般都可以在图纸会审时被发现并尽早得到处理，从而可以提高施工质量、节约施工成本、缩短施工工期，提高效益。因此，图纸会审是工程施工前的一项必不可少的重要工作。

图纸会审记录对于施工单位而言很重要，是竣工决算凭据和存档资料之一。从《建筑工程施工质量验收统一标准》（GB 50300—2013）附录 H，表 H.0.1-2 单位工程质量控制资料核查记录可知，图纸会审记录资料放在质量控制资料当中的第一项，由此可见，图纸会审是非常重要的一项施工活动。

拓展阅读

图 纸 自 审

工程设计施工图纸，虽然经过设计单位和图审机构的层层把关，也难免出现错、漏、碰现象。为了保证施工的顺利进行，实现质量目标，作为施工单位，在图纸会审之前，首先应形成自己的图纸自审意见，做好图纸自审，形成自审记录，报建设（监理）单位并由其转交设计单位进行设计交底准备。

1. 图纸自审的要求

1）图纸自审由单位技术负责人主持。

2）单位技术负责人应组织项目部技术人员及有关职能部门的人员，以及主要工种班组长等进行图纸的自审，并作出自审的书面记录。

3）对自审后发现的问题必须进行内部讨论，务必全面弄清设计意图和工程特点及特殊要求。

2. 图纸自审的内容

（1）浏览　检查图纸有没有设计审查；注册章、单位出图章、发图章、签名等是否齐全；有没有版本混乱，字体特大、特小，文字乱码，断号少图等状况。

（2）熟悉拟建工程的功能　首先了解工程的功能是什么，是住宅还是办公楼，或是商场、饭店。了解功能之后，识读建筑说明，熟悉工程装修情况。掌握一些基本尺寸和装修，例如卫生间、阳台地面标高一般会低几厘米；饭店的尺寸一定满足生产的需要，特别是满足设备安装的需要等。

（3）熟悉、审查工程尺寸标注　检查各分部尺寸之和是否与相应的总尺寸相符，并留意边轴线是否是墙中心线。识图时，先识读各建筑平面图，再识读各立面图、详图，检查它们是否一致。

总之，按照“熟悉拟建工程的功能；熟悉、审查工程平面尺寸；熟悉、审查工程的立面尺寸；检查施工图中容易出错的部位有无出错；检查有无需改进的地方”的程序和思路，有计划、全面地展开识图、审图工作。

图纸自审完成后，由项目部负责整理并汇总，在图纸会审前交由建设（监理）单位送交设计单位，目的是让设计人员提早熟悉图纸存在的一些问题，做好设计交底准备，以节省时间，提高会审的质量。

9.1.2 图纸会审程序

图纸会审由建设单位召集进行，并由建设单位分别通知设计、监理、施工单位（分包施工单位）等参加。

图纸会审的一般程序：业主或监理方主持人发言→设计方图纸交底→施工方、监理方代表提问题→逐条研究→形成会审记录文件→签字、盖章后生效。

9.1.3 图纸会审内容

1）各专业图纸之间、平立剖面图之间有无矛盾，标注有无遗漏。

2）各图的尺寸、标高等是否一致。

3）防火、消防是否满足规范要求。

4）装饰装修与建筑结构、设备是否有差错及矛盾。

5）细部构造做法是否表示清楚。

6）材料来源有无保证，新材料、新技术的应用是否有问题。

7）构造是否存在不便于施工的技术问题，或容易导致质量、安全、工程费用增加等方面的问题等。

图纸会审后，由施工单位对会审中的问题进行归纳整理，建设、设计、监理及其他与会单位进行会签，形成正式会审记录，作为施工文件的组成部分。

9.1.4 图纸会审记录的内容

1）工程项目名称。

2）参加会审的单位（要全称）及其人员名字。

3）会审地点（地点要具体），会审时间（年、月、日）。

4）会审记录的内容：

① 建设单位、监理单位、施工单位对设计图纸提出的问题，已得到的设计单位的解答或修改（要注明图别、图号，必要时要附图说明）。

② 施工单位为便于施工、施工安全或因建筑材料等问题要求设计单位修改部分设计的会商结果与解决方法（要注明图别、图号，必要时附图说明）。

③ 会审中尚未得到解决或需要进一步商讨的问题。

④ 列出参加会审单位的全称，盖章后生效。

图纸会审记录由施工单位按建筑、结构、安装等顺序整理、汇总，各单位技术负责人会签并加盖公章形成正式文件。

图纸会审记录是正式文件，不得在其上涂改或变更。

对图纸会审提出的问题，凡涉及设计变更的均应由设计单位按规定程序发出设计变更单（图），重要设计变更应由原施工图审查机构审核后方可实施。

图纸会审记录表（参考示例）见表9-1。

9.1.5 图纸会审记录的发送

1）盖章生效的图纸会审记录由施工单位的项目资料员负责发送。

2）图纸会审记录发送单位：

① 建设单位。

② 设计单位。

③ 监理单位。

④ 施工单位。

表 9-1 图纸会审记录表（参考示例）

<table>
<tr><td colspan="2">工程名称</td><td>×× 指挥中心大楼</td><td colspan="2">时间</td><td>2019 年 10 月 16 日</td></tr>
<tr><td colspan="2">地　点</td><td>施工现场二楼会议室</td><td colspan="2">专业名称</td><td>土建</td></tr>
<tr><td>序号</td><td>图号</td><td>图纸问题</td><td colspan="3">会审意见</td></tr>
<tr><td>1</td><td>建施 16</td><td>地下室建筑图 5-6 轴 /A-B 轴处房间是否增加两扇进户门？</td><td colspan="3">补充设计图纸（P02）</td></tr>
<tr><td>2</td><td>建施 23</td><td>1 轴 /A 轴厕所门无标号</td><td colspan="3">M7</td></tr>
<tr><td>3</td><td>结施 26</td><td>Q 轴 /12-13 轴处剪力墙缺一连梁编号，是否修改为 BLL1?</td><td colspan="3">补充设计图纸（P05）</td></tr>
<tr><td>4</td><td>结施 27</td><td>LT21 处北侧增加一结构预留洞</td><td colspan="3">补充设计图纸（P07）</td></tr>
<tr><td>施工单位</td><td>项目（专业）技术负责人：

项目负责人：

（公章）</td><td>监理单位</td><td>专业技术人员：
（监理工程师）

项目负责人：
（总监理工程师）

（公章）</td><td>设计单位</td><td>专业设计人员：

项目负责人：

（公章）</td></tr>
</table>

9.2 图纸会审实务模拟

针对项目 8 所测绘的建筑施工图纸进行图纸会审实务模拟。

图纸会审实务模拟的步骤：

1. 人员组成

分别模拟图纸会审时的各种角色。绘制图纸的一组学生模拟设计方，另外一组学生模拟施工方，邀请高年级学生或企业人员模拟监理方，老师模拟建设方。

2. 图纸自审

设计方把施工图纸交给施工方与监理方，施工方与监理方对图纸进行自审，对图纸进行全面细致的熟悉，审查出施工图中存在的问题及不合理情况，并提交设计方进行处理。

3. 图纸会审

监理方主持人发言→设计方图纸交底→施工方、监理方代表提问题→逐条研究→形成会审记录文件→签字、盖章后生效。

4. 会审记录

图纸会审后，由施工方对会审中的问题进行归纳整理，设计方、监理方进行会签，形成正式会审记录。

项目 10　建筑阴影

学习目标：通过本项目学习，掌握阴影的基本知识，如习用光线、点的影、直线的落影规律、特殊位置直线及特殊位置平面的影的求法。掌握形体阴影的求作步骤、常见建筑形体的阴影的求法。

任务：请在项目 6 绘制的住宅楼建筑施工图的南立面图中加绘阴影。

10.1　阴影的基本知识

10.1.1　阴影的概念

不透光的物体在光线照射下，被直接照亮的表面称为阳面，光线照射不到的背光表面称为阴面，简称阴。阳面与阴面的分界线称为阴线。

由于物体通常是不透光的，所以照射在阳面上的光线受到阻挡，以致该物体自身或其他物体原来迎光的表面上出现了阴暗部分，这称为影或落影。影的轮廓线称为影线。影所在的平面称为承影面。阴与影合并称为阴影。

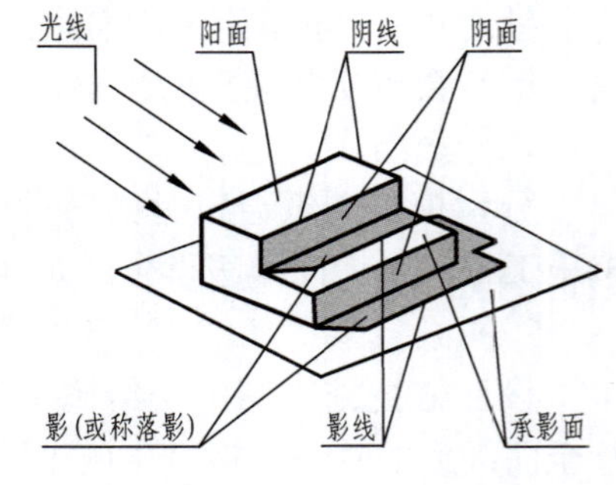

图 10-1　阴和影的概念

如图 10-1 所示为一台阶模型在平行光线照射下产生的阴影。影是由于光线被物体的阳面遮挡才产生的，因此，阳面与阴面的分界线的影，就是影的轮廓线，即影线就是阴线的影。

凭借物体在光线照射下产生的阴影，人们可以更清晰地看出周围各种物体的形状和空间组合关系。因此，在建筑图样中，如对所描绘的建筑物加绘阴影，同样会大大增强图形的立体感和真实感。这种效果对正投影图尤为明显。如图 10-2a 所示，它们的正面投影图完全相同。如果不看水平投影图，就不能加以辨别。而在图 10-2b 中加绘了阴影，就能看出它们的区别。因此，在形体的投影图中加绘阴影，即使仅有一个投影，也较容易想象出形体的空间形象。

在建筑立面图上画出阴影，可以明显地反映出房屋的凹凸、深浅、明暗，使图面生动逼真，富有立体感，加强并丰富了立面图的表现能力，对研究建筑物造型是否优美、立面是否美观、比例是否恰当等有很大的帮助，如图 10-3 所示。

本项目所述阴影的内容是以投影原理为基础，来阐明各种形体的阴和影产生的规律，以及在正投影图中绘制阴影的方法。在作图中，应着重绘出阴影的几何轮廓，而不去表现它们的明暗强弱变化。

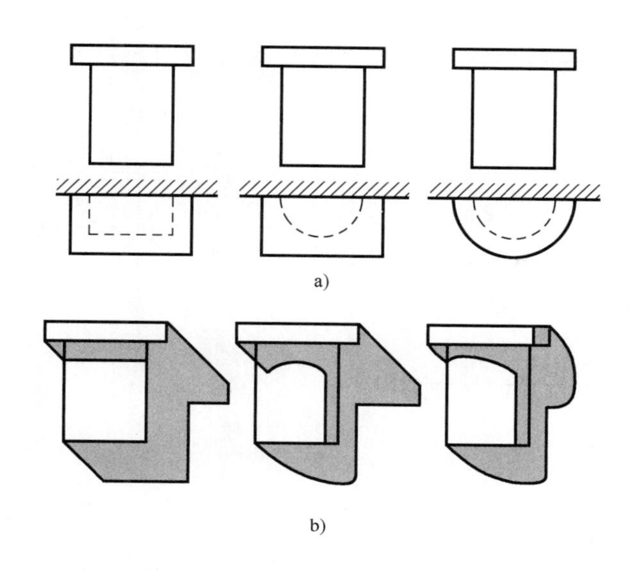

图 10-2　正投影图中加绘阴影的作用

a）未绘阴影的正投影图　b）绘制了阴影的正投影图

图 10-3　立面图中绘制阴影的效果

在正投影图中加绘形体的阴影，实际上是画出阴和影的正投影。一般简称画出形体的阴和影。

10.1.2　习用光线

产生阴影的光线有放射光线（如灯光）和平行光线（如阳光）两种。在画建筑立面图的阴影时，为了便于作图，习惯采用一种固定方向的平行光线。以正方体的体对角线方向（从左前上到右后下方），作为光线的方向，如图 10-4 所示。

这时，光线的 V、H、W 投影与相应的投影轴的夹角均为 45°。平行于这一方向的光线，称为习用光线。选用习用光线，使得在画建筑物的阴影时，可用45°的三角板直接作图，简捷方便。

思考：请同学们思考习用光线与投影面的倾角。（习用光线与任一投影面的倾角为35°15′53″）

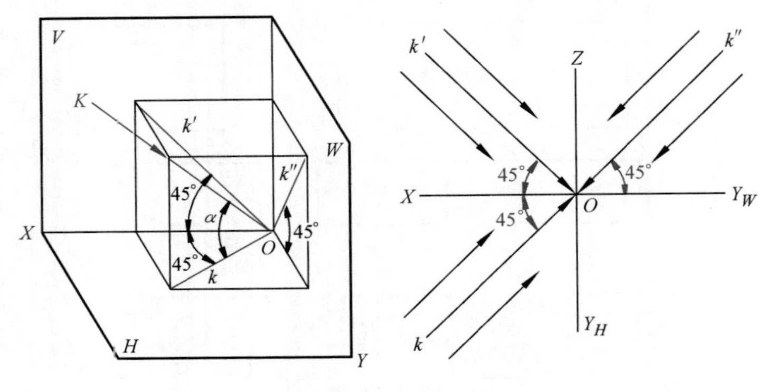

图10-4 习用光线

10.2 求阴影的基本方法

在建筑立面图上画阴影时，墙面是主要的承影面，其次是窗扇和门扇等。落影的形体主要是凸出墙面的挑檐、雨篷、阳台等，还有门窗洞的边框等。这些细部的形体多数是长方体，这些长方体主要包含各种投影面平行面和投影面垂直线。所以掌握这些特殊位置的面和线的影的求法，即能掌握求阴影的基本方法。形体是由面围成的，而面是由线围成的，求形体的影，实质上就是求阴线（线段）的影。线段的影，是由线段的两个端点的影来决定的，所以应该先掌握点的影的求法。

10.2.1 点的影

点的影，就是通过该点的习用光线与承影面的交点。如图10-5所示，要作出点A在承影面P上的落影，可通过点A作光线K，则光线K与P面的交点A_P，就是点A在P面上的落影。（本书中，点的落影在空间用相同于该点的字母加脚注来标记，脚注则为相应于承影面的大写字母，如A_P，表示点A落在P面上的影，它的投影则分别为a_P和a'_P。如承影面不是以一个字母表示的，则脚注以0等标记。）如点位于承影面上，则它的影与自身重合。

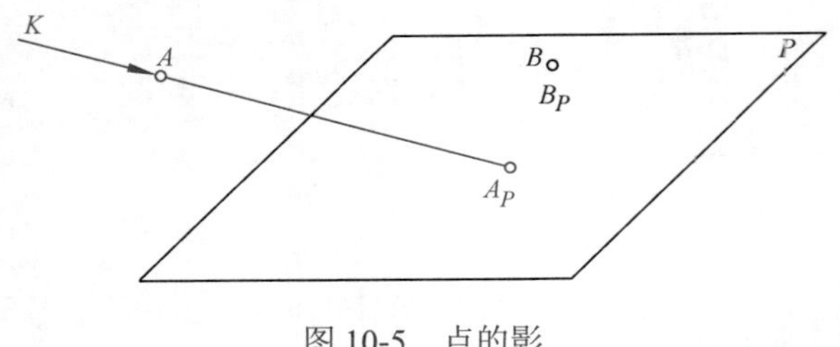

图10-5 点的影

求点的影，实质上就是求过该点的习用光线（直线）与承影面的交点。如图10-6所示，墙面P平行于V面，它在H面的积聚投影为P_H；点A的影在P面上，则点A的影的H投影一定在P_H上，同时点A的影一定在过点A的习用光线上。所以，习用光线的H投影先与P_H相交于a_P，a_P即为点A在墙面P上的影A_P的H投影；a'_P则为所求点A在墙面上的影。

这种求影的方法称为交点法。

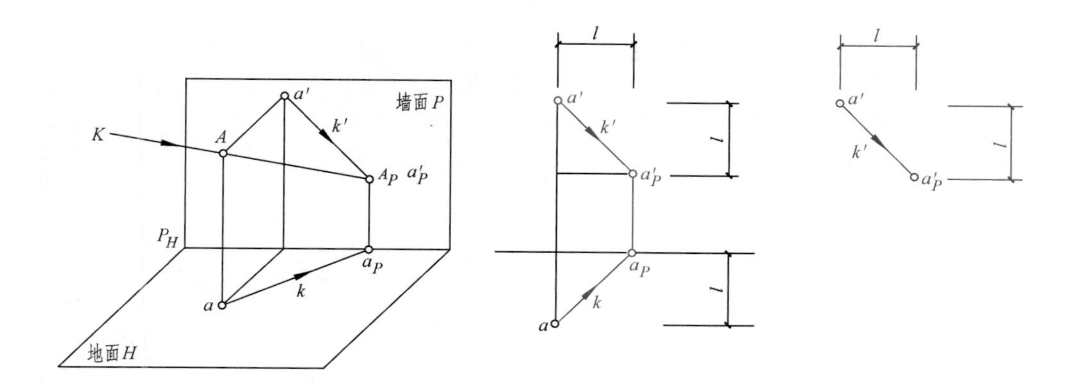

图 10-6　点落在墙面上的影

当点 A 距墙面的距离为 L 时，由习用光线的定义可知，a' 与 a'_P 形成的三角形直角边均为 l。因此，求点在 P 面上的影的投影，也可直接在 V 面投影上量出。这种求影的方法称为度量法。如图 10-7 求点在 H 面上的影也符合这个道理。因此，空间点在某投影面上的落影，与其同面投影间的水平距离和垂直距离，都等于空间点对该投影面的距离。

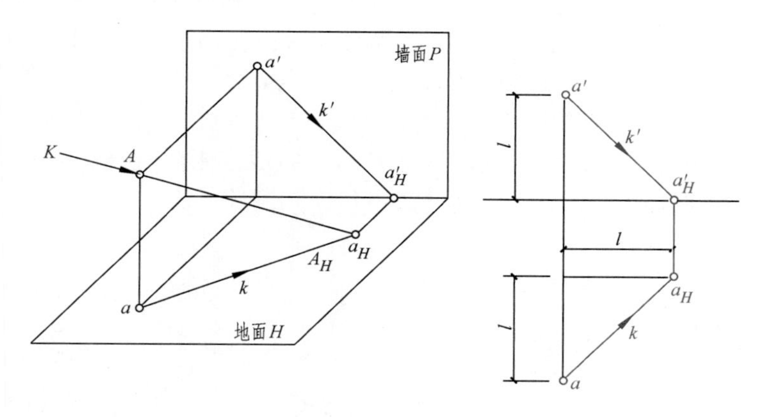

图 10-7　点落在地面上的影

显然，只有点 A 距离墙面比距离地面近时，点 A 的影才落在墙面上；如果点 A 距离墙面比地面远，点 A 的影就落在地面上。

点的影落在任意铅垂面上时的影，可用前述交点法求出，如图 10-8 所示。

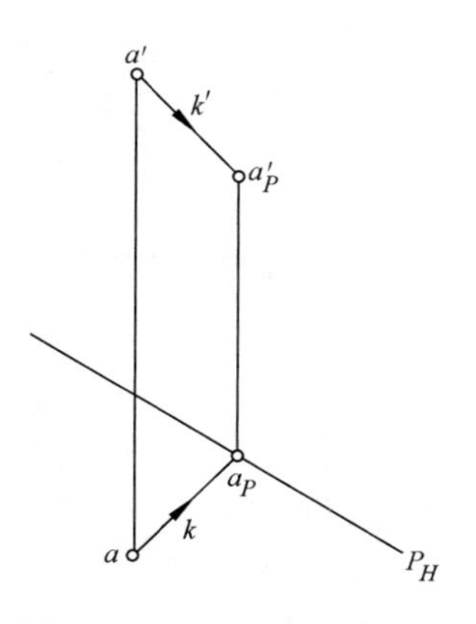

图 10-8　点在铅垂面上的影

10.2.2　直线的影

直线的影为线上所有点的影集合，为通过该线段的光线平面与承影面的交线。因此，线段在某一平面上的影一般仍为直线，只有当直线平行于光线时，直线在承影面上的影才是一个点，如图 10-9 所示。

1. 直线的影的求法

直线的影可能落在一个承影面上，也可能落在两个承影面上或多个承影面上。

（1）直线落影在一个承影面上　当直线落影在一个承影面上时，直线的影一般仍为直线，只要求出直线上两个端点（或任意两点）的影，然后连线，即为直线的落影，如图 10-10 所示正平线 *AB* 的影。

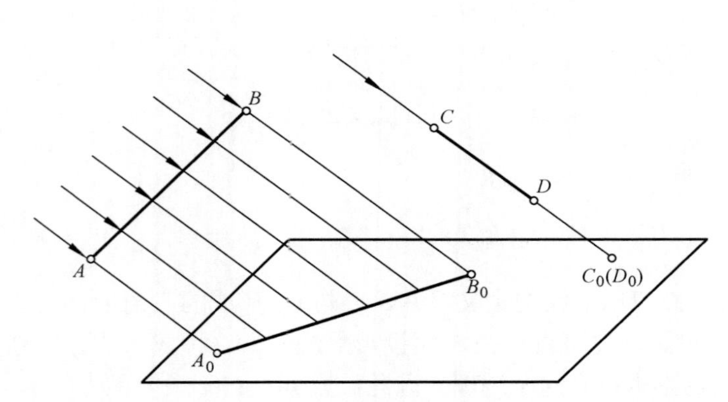

图 10-9　直线的影

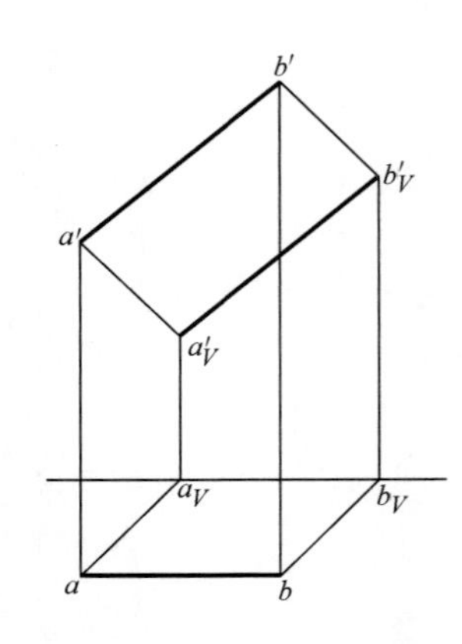

图 10-10　直线落影在一个承影面上

（2）直线落影在两个及以上承影面上　当直线落影在两个及两个以上承影面上时，如图 10-11 所示，直线 *AB* 中，点 *A* 落影在 *H* 面上，而点 *B* 落影在 *V* 面上，直线的落影为一条折线，此时不能直接将两端点的影连线，可以在 *AB* 上任意找一点 *C*，求出点 *C* 的影 C_V，连 B_V、C_V 并延长交于轴上即为折影点 *K*，再连 KA_H 即完成落影的求作。如图 10-12 所示，直线 *AB* 落影在六个承影面上，其影本身为一段折线。

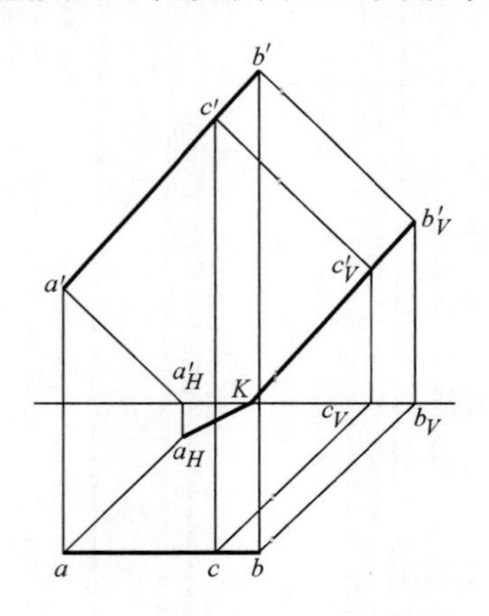

图 10-11　直线落影在两个承影面上

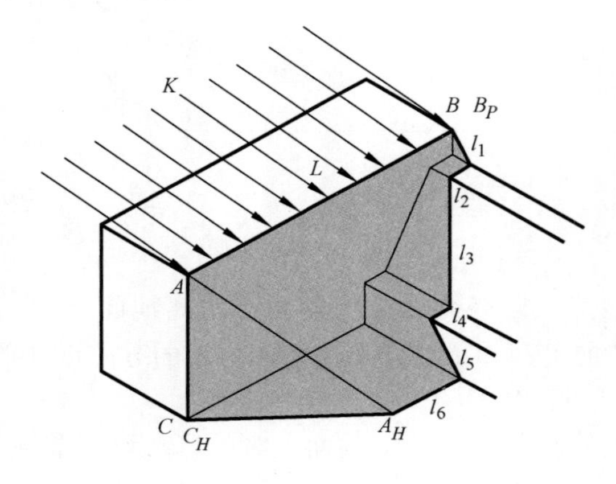

图 10-12　直线落影在多个承影面上

2. 直线落影的平行、相交规律

从图 10-10、图 10-11、图 10-12 可以得出直线的影具有如下的规律：

（1）平行规律

①直线平行于承影面，则直线的落影与空间直线平行且等长。

② 空间两平行直线在同一承影面上的落影仍平行。

③ 一直线在互相平行的各承影面上的落影互相平行。

（2）相交规律

① 直线与承影面相交，直线的落影必通过直线与承影面的交点。

② 一直线在两相交承影面上的两段落影必然相交，落影的交点（称为折影点）必位于两承影面的交线上。

③ 两相交直线在同一承影面上的落影必然相交，落影的交点就是两直线交点的落影。

3. 投影面垂直线的落影规律

下面主要研究投影面垂直线（即正垂线、侧垂线、铅垂线）的影，因为一般建筑物的阴线，主要是这三种位置的直线。

（1）正垂线的影　正垂线落在它所垂直的正平面上的影，是一段通过该线段的积聚投影，并与光线在该面上的投影方向一致的直线，即从左上到右下的一段45°斜线，如图 10-13 所示。

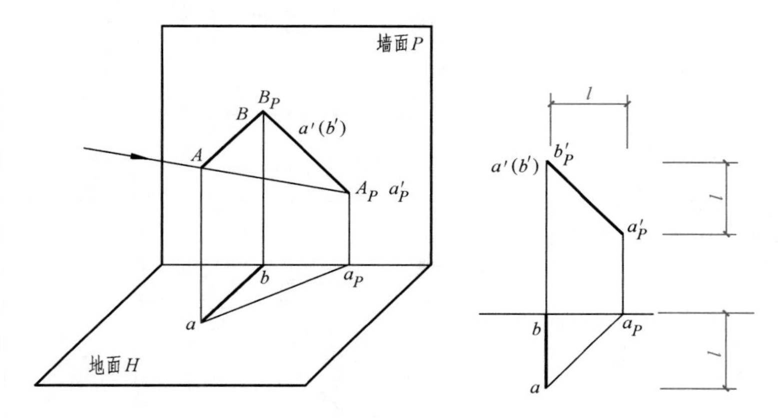

图 10-13　正垂线落影在正平面上

正垂线落在正平面及水平面上的影，是一段折线，其在正平面上的影是一段从左上到右下的 45°斜线，在水平面上的影与其本身平行，如图 10-14 所示。

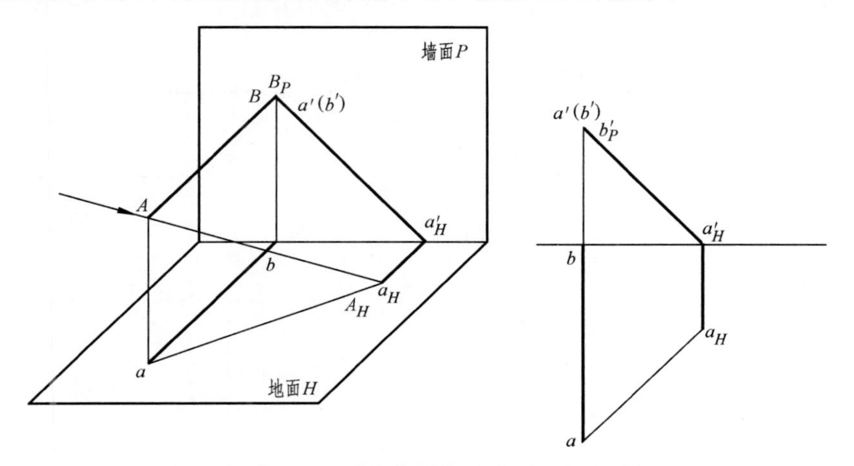

图 10-14　正垂线落影在正平面、水平面上

正垂线落在与它所平行的水平面上的影与其本身平行且等长，它们的水平投影之间的距离等于正垂线到水平面的距离，故在求作正垂线落在水平面上的影时也可采用度量法，如图 10-15 所示。

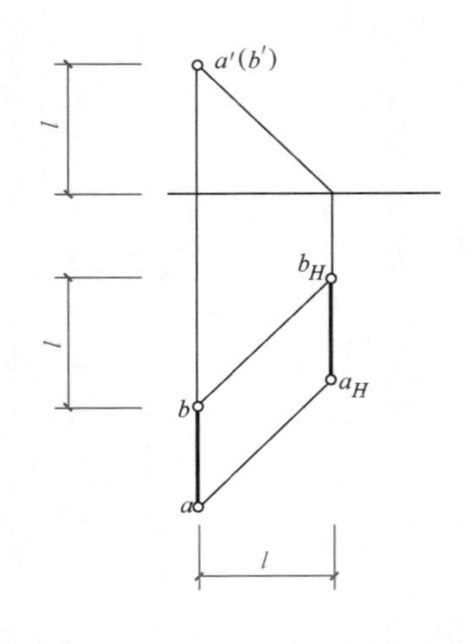

图 10-15 正垂线落影在水平面上

正垂线落在起伏不平的承影面上的影，本身是一条起伏变化的线，但由于过该正垂线的习用光线平面是一个正垂面，该正垂面的 V 投影积聚为一段 45°斜线，而正垂线的影一定在习用光线平面上，所以该正垂线的影的 V 投影一定是一段 45°斜线，如图 10-16 所示。即正垂线的影，不论落在平面上还是落在起伏不平的承影面上，它的 V 投影都是一段 45°斜线，并且通过正垂线的积聚投影，其 H 投影的形状与承影面的 W 投影形状相对称。

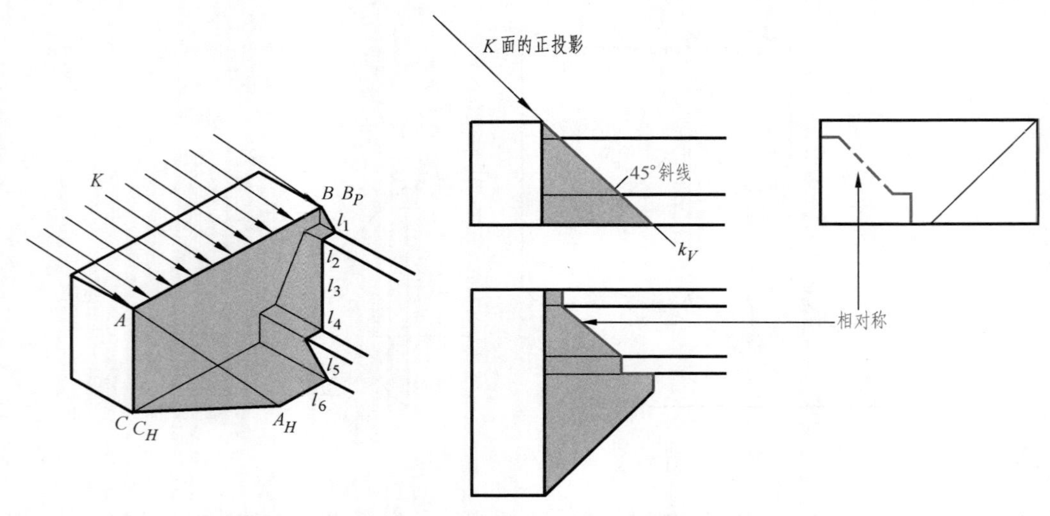

图 10-16 正垂线落影在起伏不平的承影面上

（2）侧垂线的影 侧垂线落在它所平行的正平面上的影，与其本身平行且等长，如图 10-17 所示。

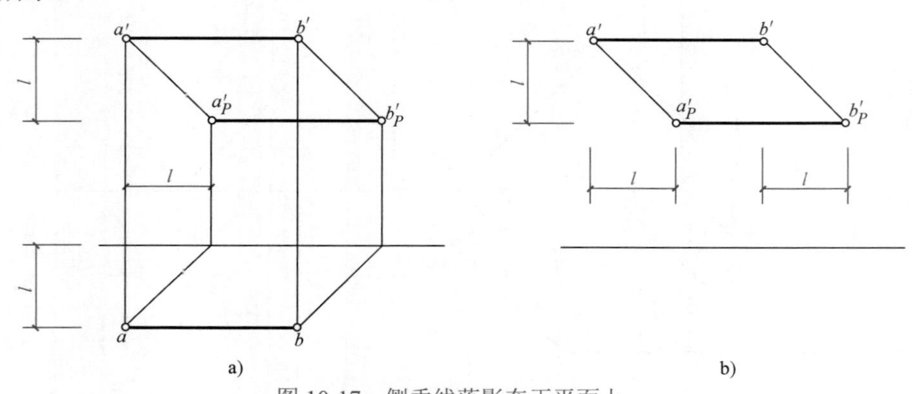

图 10-17 侧垂线落影在正平面上

a）交点法 b）度量法

侧垂线落在起伏不平的铅垂承影面上的影，其 V 投影的形状和承影面的 H 投影相对称。如图 10-18 所示，由于过侧垂线的习用光线形成一个侧垂面 K_W，对 V 面和 H 面的倾角相等，均等于 45°，因此 K_W 面与起伏不平的铅垂承影面的交线在 V 面投影与 H 面投影形状相同但方向相反。

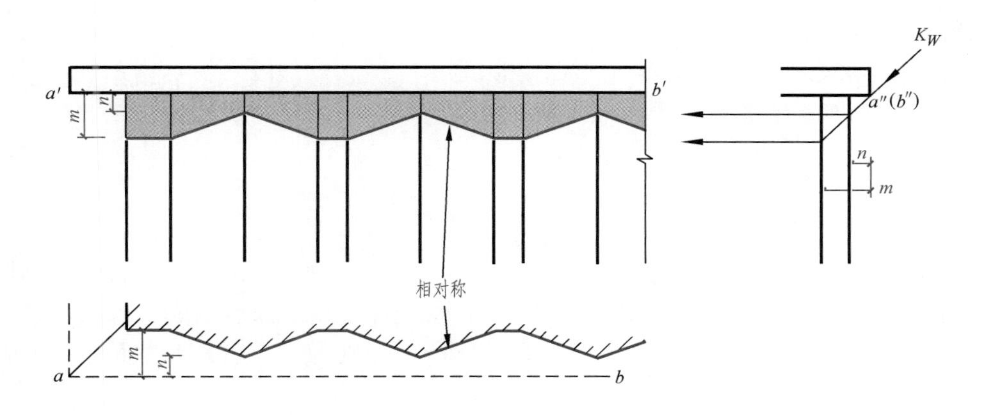

图 10-18　侧垂线落影在起伏不平的墙面上

（3）铅垂线的影　铅垂线在正平面上的影，是一条与该线的 V 投影平行的直线，两者之间的距离等于铅垂线与正平面之间的距离，如图 10-19 所示。而铅垂线落在水平面上的影是一段 45°斜线。

铅垂线在凹凸不平的侧垂承影面上的影，其 V 投影和侧垂承影面的侧面投影相对称。如图 10-20 所示，由于过铅垂线所作的习用光线平面 K_H 对 V 面和 W 面的倾角相等，均等于 45°，因此 K_H 面与侧垂承影面的交线的 V 投影与 W 投影对称。

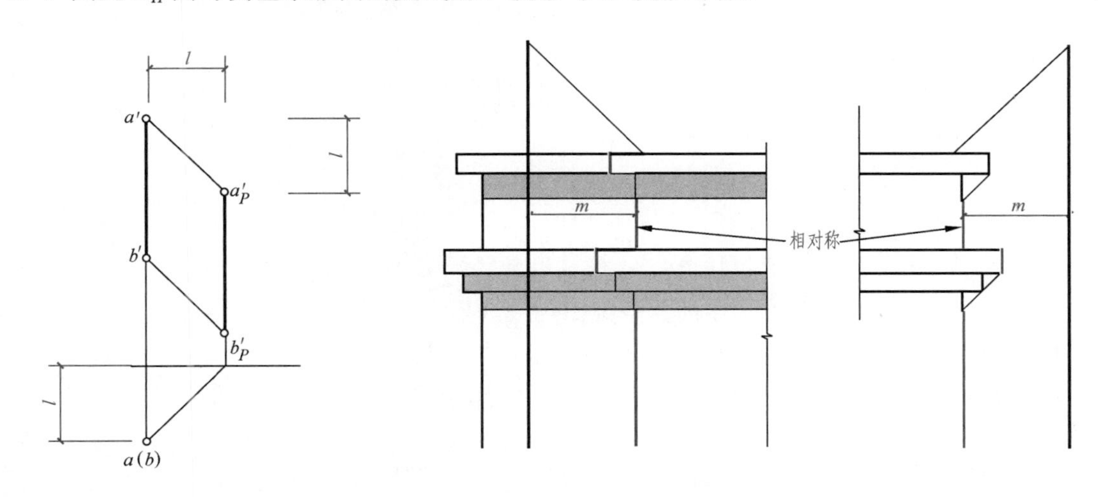

图 10-19　铅垂线落影在正平面上

图 10-20　铅垂线落影在起伏不平的侧垂承影面上

课堂练习：见图 10-21，求铅垂线 AB 的影。

由上述内容，可得出投影面垂直线的落影规律：

1）某投影面垂直线在任何承影面上的落影，在该投影面上的投影是与光线投影方向一致的45°直线（45°线）。

2）某投影面垂直线在另一投影面上的落影与直线平行，且落影与投影的距离等于该直线到承影面的距离（平行性）。

3）投影面垂直线落影于另一投影面垂直面所组成的承影面上时，落影在第三投影面上的投影，与该承影面的积聚投影相对称（对称性）。

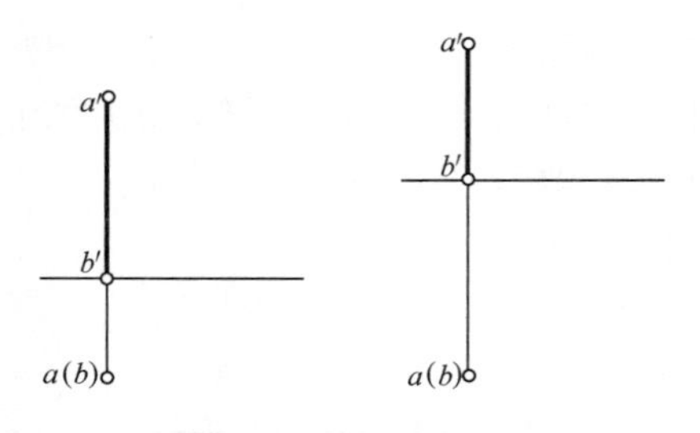

图 10-21 求铅垂线的影

10.2.3 平面图形的影

求作一个平面图形在承影面上的落影，实际上是求作它的轮廓线在承影面上的落影。

建筑立面上各细部的形体主要是由正平面、水平面、侧平面所围成，所以这里主要介绍这些特殊位置平面的落影。如图 10-22a、b、c 所示分别为正平面、水平面、侧平面在正平面上的落影。

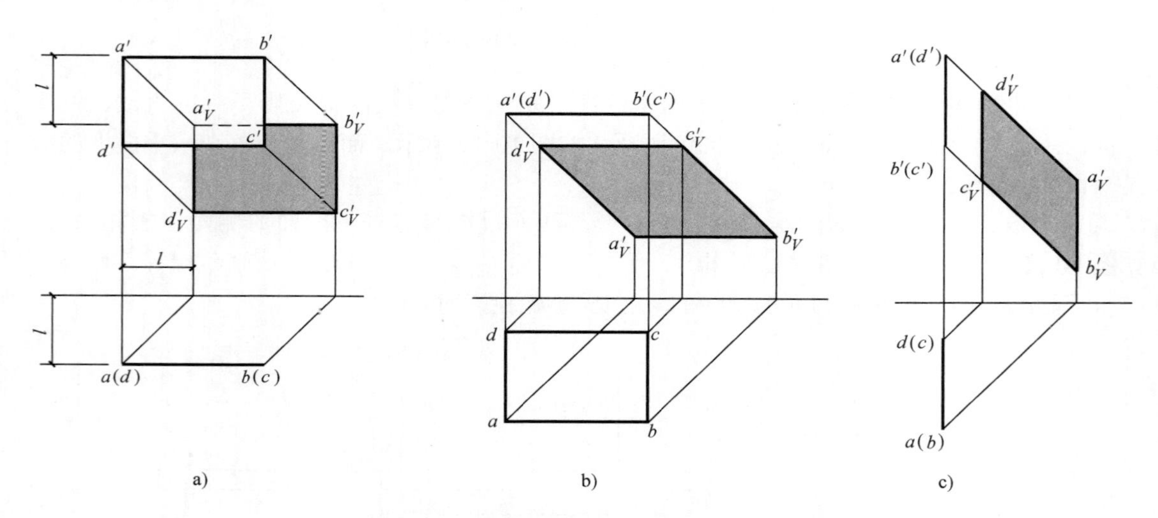

图 10-22 投影面平行面在正平面上的落影

a）正平面 b）水平面 c）侧平面

可以看出，平面图形具有如下的落影规律：

1）平面图形的落影轮廓线即影线，就是平面图形各边线的落影。

2）若平面图形平行于承影面，其落影与该平面图形的大小、形状完全相同，它们的同面投影也相同。

3）平面图形如平行于某投影面，则在该投影面上的落影与在该投影面上的投影，形状完全相同，均反映该平面图形的实形。

课堂练习： 如图 10-23 所示，作出平面图形的影。

如平面图形落影在两个相交的承影面上，则应注意解决影线在两承影面的交线上的折影点。如图 10-24 所示为五边形落影于两相交承影面 P 和 Q 上，运用反回光线确定影线上的折影点 J_1 和 K_1，从而完成作图。

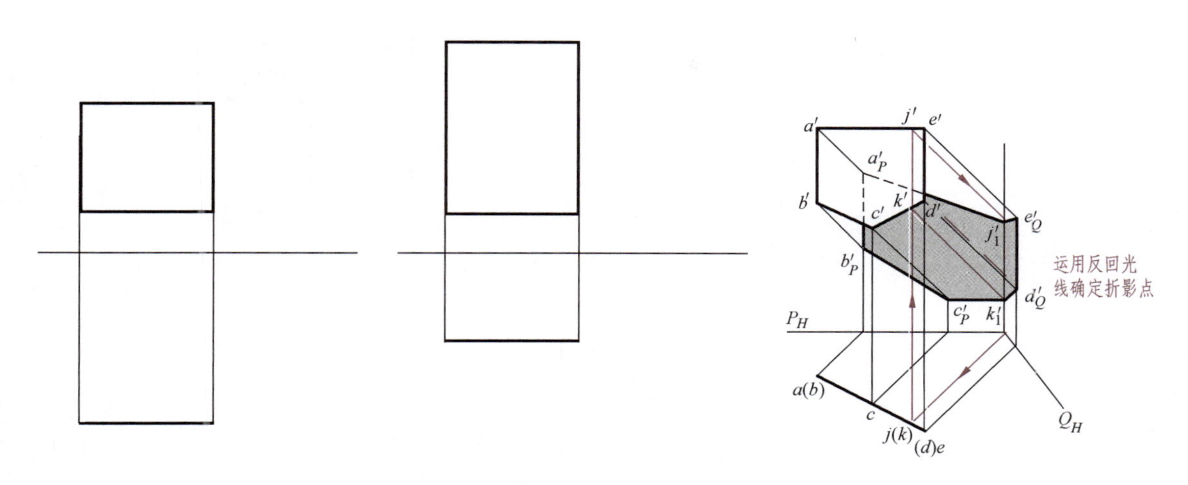

图 10-23 求作平面图形的落影　　图 10-24 平面落影于两相交承影面上

10.3 平面立体与建筑形体的阴影

10.3.1 平面立体的阴影

平面立体是由面围成，而面又是由线围成，影的轮廓线就是阴线的影，即影线就是阴线的影。所以求平面立体的阴影，实质上就是求平面立体上阴线的落影。

1. 求平面立体的阴影的方法和步骤

（1）读投影　首先识读投影图，将形体及其各个组成部分的形状、大小、相对位置分析清楚。

（2）定阴线　逐一判明形体的各个棱面是阴面还是阳面，以确定形体的阴线。阳面与阴面交成的凸角棱线才是阴线。

（3）求影线　分析各段阴线将落影于哪个承影面，并根据各段阴线与承影面之间的相对关系以及与投影面之间的相对关系，充分运用前述的落影规律和作图方法，逐段求出阴线的落影——影线。

（4）涂颜色　在阴面和影线所包围的轮廓内均匀涂上颜色，以示这部分是阴暗的。

2. 阴线的确定

确定形体的阴线是求阴影的根本，应当熟练地掌握。

（1）根据积聚投影确定阴线　若构成形体的表面是投影面平行面或垂直面，可直接在投影图中用作图法确定。如图 10-25a 所示，作习用光线的 V、H、W 投影与形体的同面投影相切，切点即阴线的积聚投影，长方体的阴线是一条封闭的空间折线 BC-CD-DH-HE-EF-FB。

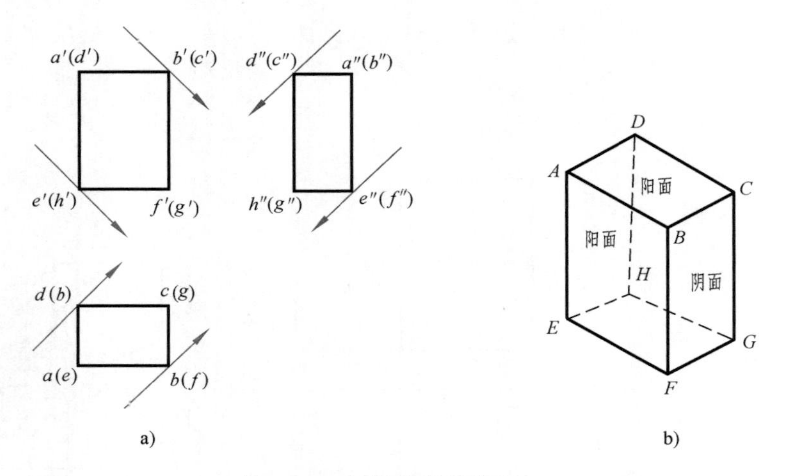

图 10-25 形体阴线的确定

a）根据积聚投影确定阴线 b）根据立体图确定阴线

（2）立体图中确定阴线 画出形体的立体图，按照形体的摆放位置，确定形体的阴面和阳面，阴面与阳面的交线即为阴线，如图 10-25b 所示。

（3）根据落影包络图确定阴线

3. 棱柱的阴影

如图 10-26 所示，长方体在习用光线照射下，表面 *ABCD*、*ADHE*、*ABFE* 为阳面，其余面为阴面，所以长方体的阴线为 *BC*、*CD*、*DH*、*HE*、*EF*、*FB*。而求这些阴线的影，只需求出 *B*、*C*、*D*、*H*、*E*、*F* 六个点的影，然后依次连线即可。在可见的阴面内涂上颜色，即为阴；在影线所包围的轮廓内涂上颜色，即为影。

如图 10-27 所示，即为长方体在 *H* 面上的落影的求法。

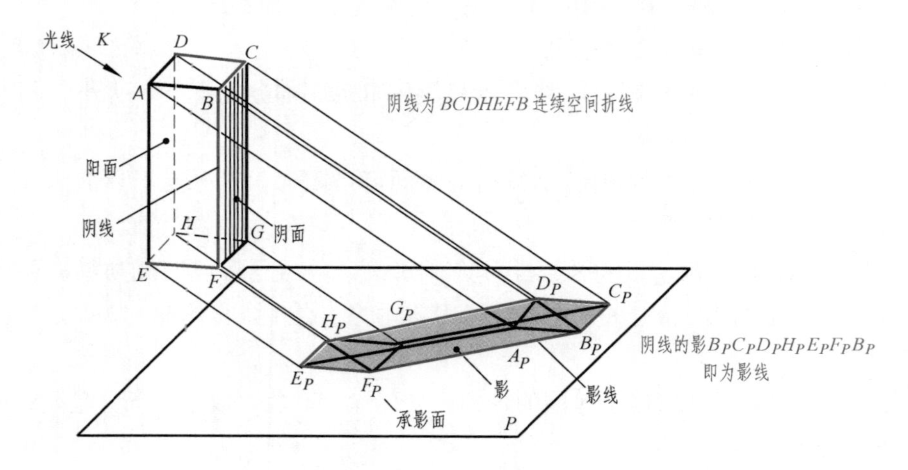

图 10-26 平面立体的阴影

图 10-28 为长方体落影在 *V* 面上；图 10-29a 为放置于 *H* 面上的长方体落影在 *H* 面上，图 10-29b 为放置于 *H* 面上的长方体落影在 *V*、*H* 两个承影面上；图 10-29c 为放置于 *H* 面上且背靠 *V* 面的长方体落影在 *V*、*H* 两个承影面上。图 10-28、图 10-29 中形体的阴线及影线

已经标出，请同学们自行分析对照阅读。

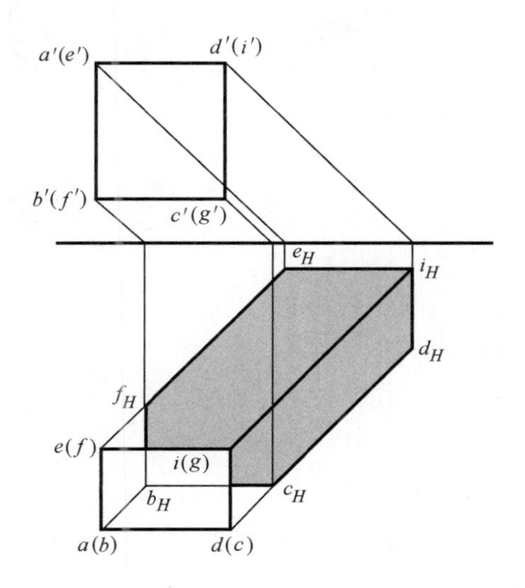

图 10-27　长方体落影在 H 面上

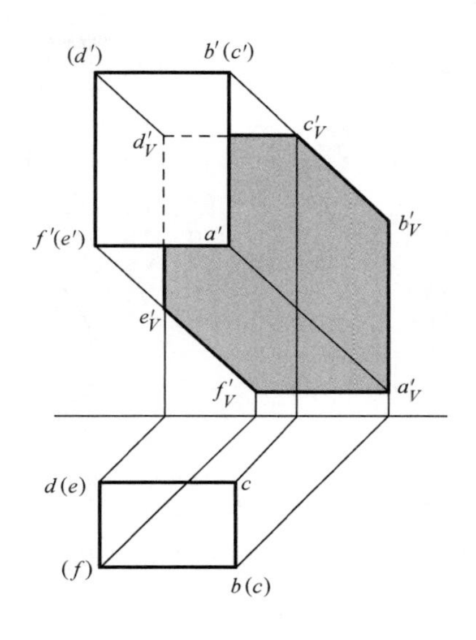

图 10-28　长方体落影在 V 面上

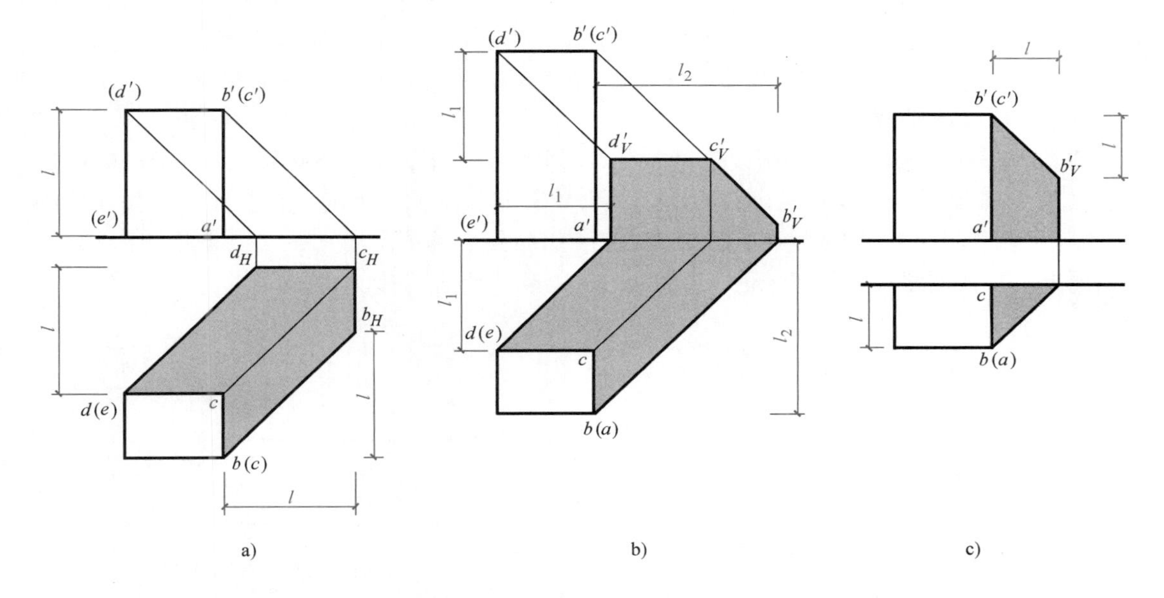

图 10-29　长方体的阴影

图 10-30 所示为求五棱柱的阴影。图 10-30a 中，$ABCDE$、$ABGF$、$BCHG$ 为阳面，$FGHIJ$、$CDIH$、$DEJI$ 为阴面，所以阴线是一条空间折线 $FGHCDE$，点 F、E 在 V 面上，其影是它们本身，故只需要求出点 G、H、C、D 的落影，连线涂色即可。注意 $CDIH$ 为阴面，其 V 投影可见，也应涂色。而图 10-30b 中，$ABCDE$、$ABGF$、$BCHG$、$CDIH$ 为阳面，$DEJI$、$FGHIJ$ 为阴面，所以阴线是 $FGHIDE$。

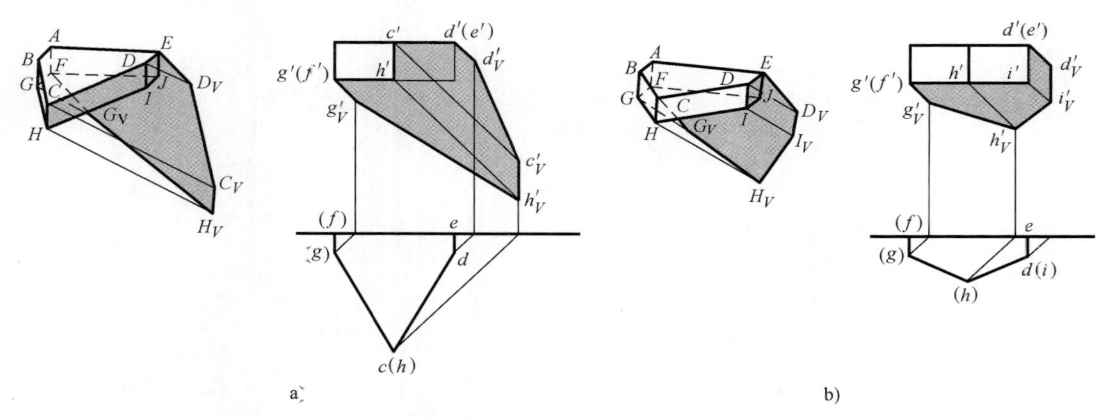

图 10-30 五棱柱的阴影

4. 棱锥的阴影

如果形体的各个棱面在投影图中没有积聚性，那么直接根据其正投影图是难以判断形体的哪些面是阴面和阳面的，也就不能确定哪些棱线是阴线。这时，就只能首先作出形体上各条棱线的落影，再根据影线来确定阴线，从而判别各个棱面是阴面还是阳面。

由如图 10-31 所示的正三棱锥，容易知道 *SAB* 为阳面，*SCA*、*ABC* 为阴面，但难以判断 *SBC* 是阴面还是阳面。可先作出顶点 *S* 的影，进而作出各条棱线的影，构成落影的外包络线为影线，可得影线为 s_Ha_H、s_Hb_H。而影线是阴线的影，所以可确定阴线为 *SA*、*SB*，据此可以判断出棱面 *SBC* 为阴面。在影线和阴面之内涂颜色，即作出该三棱锥的阴影。

5. 组合形体的阴影

对组合形体来说，形体的阴线也可能有一部分落影于形体自身的阳面上。如图 10-32 所示的 L 形形体，可以看成是两个长方体的组合体。它的顶面、前面、左面的一些棱面为阳面，其余为阴面，确定阴线是 *ABC*、*DEFGH* 两组折线，其中阴线 *AB*、*BC* 落影在形体自身的阳面上，其他阴线都落影在地面上，如图 10-32 作出组合形体的阴影。

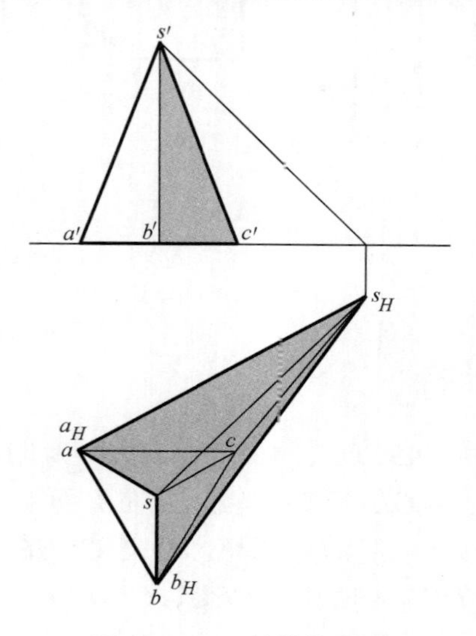

图 10-31 三棱锥的阴影

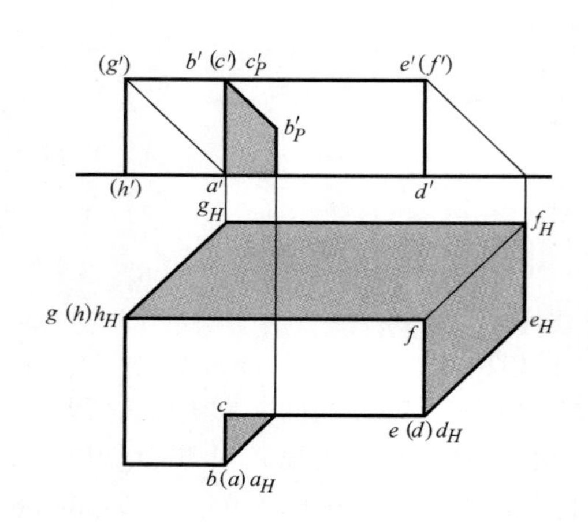

图 10-32 组合形体的阴影

如图 10-33 所示为两个长方体左右组合，左侧形体高于、前于右侧形体，则左侧形体在右侧形体表面有落影。作图时，可先求出 D 点的影，D 点的影可能落在右侧长方体的顶面上或前表面上。为了判断，可以利用形体的 W 投影，作过点 D 的习用光线的侧面投影，与右侧形体的顶面相交，则 D 点的影落在右侧形体的顶面上。正垂线 DE 落影在 V 面上、顶面上，在 V 面上的影是 45°线，在顶面上的影平行于自身。铅垂线 DF 落影在地面上、墙面上、顶面上，在地面、顶面上的影是 45°线，在墙面上的影平行于自身。

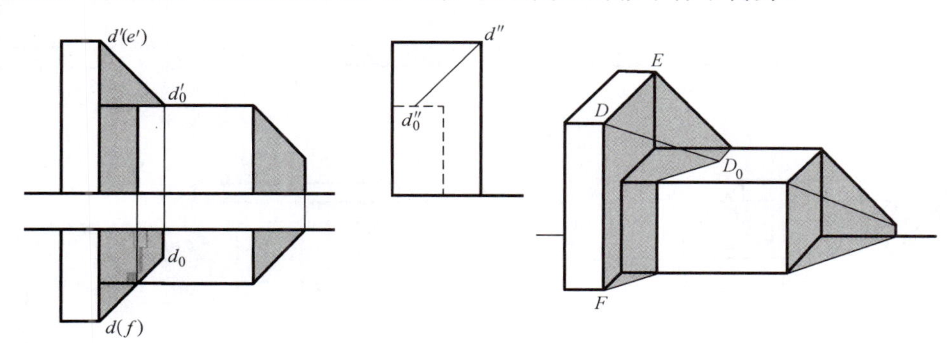

图 10-33　左右组合形体的阴影

如图 10-34 所示为上下组合的长方体的落影，即求方帽在方柱上的落影以及它们在墙面上的落影。由于 a、b、c 分图的三个形体中上下两部分的相对位置不同，它们的落影也有一些变化，请同学们对照分析。

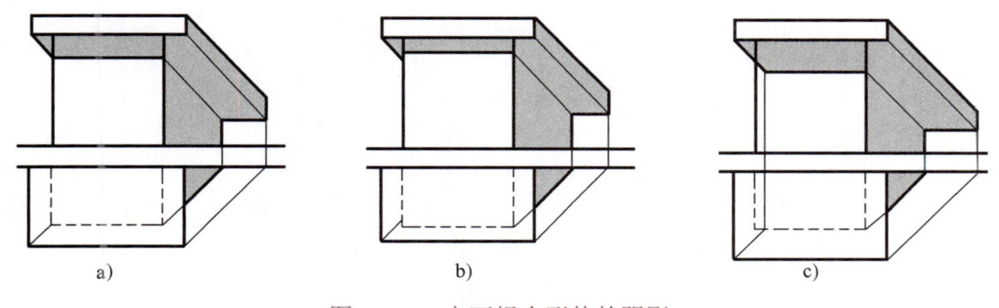

图 10-34　上下组合形体的阴影

10.3.2　建筑形体的阴影

建筑物由一些建筑构配件构成，如门窗洞、阳台、雨篷、挑檐、台阶等，运用上述知识，在建筑立面图上求作建筑细部的阴影。以下所举各例，作图步骤和方法和前述形体阴影求法相同，不作详述，仅提示其落影特征。

1. 窗洞、窗台的阴影

图 10-35 所示为几种窗洞、窗台的阴影。

2. 雨篷和门洞的阴影

如图 10-36a 所示为带雨篷和台阶的门洞。图 10-36b 中还有一个窗洞，此为最常见的一种门洞形式。其阴影画法与窗洞相似，也应先确定门洞及雨篷上的阴线，然后按点、直线的落影规律画出阴影。台阶的阴影也是类似的画法。

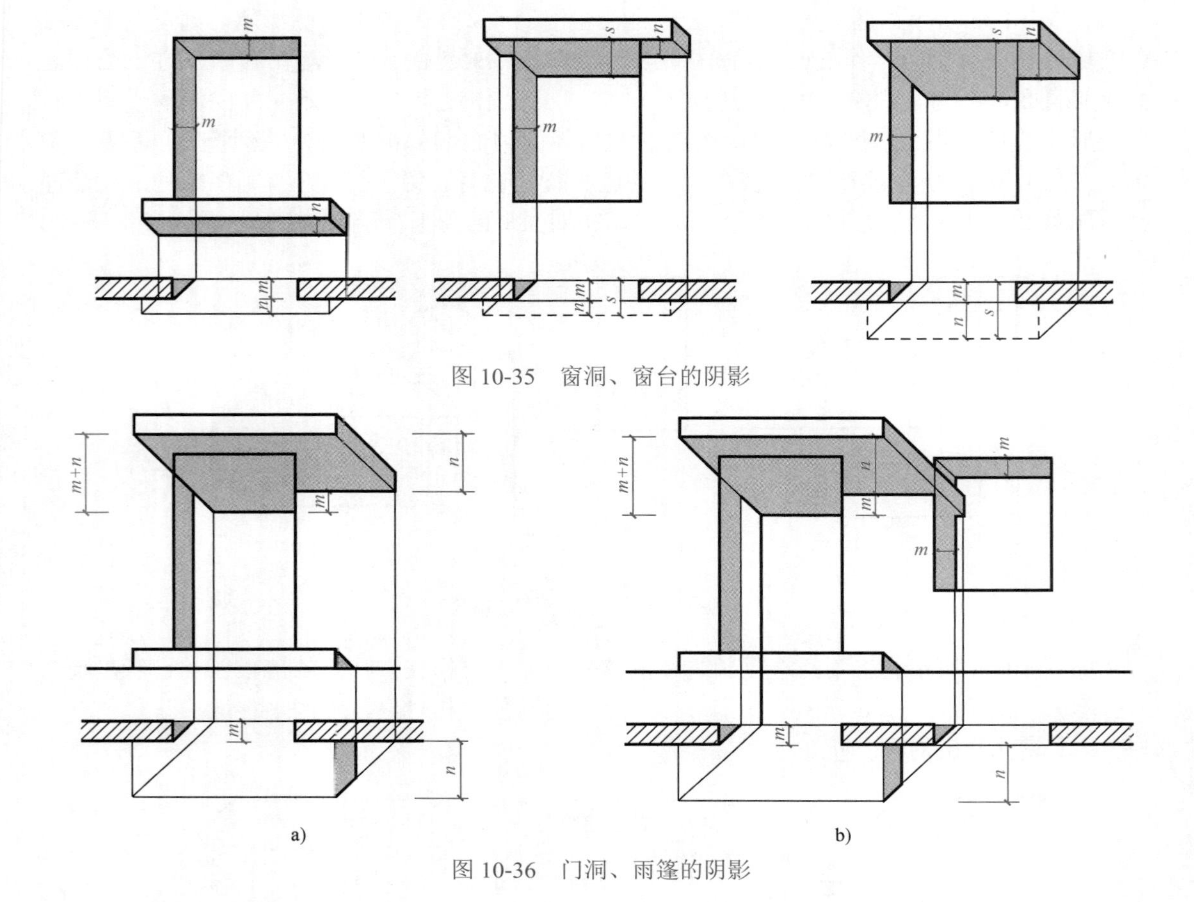

图 10-35　窗洞、窗台的阴影

图 10-36　门洞、雨篷的阴影

3. 阳台的阴影

如图 10-37 所示，阳台在墙面上的阴影可根据阳台凸出墙面的尺寸 m、n，直接在立面图上作出。至于阳台的挑檐在阳台本身的落影，也可直接用度量法作出。

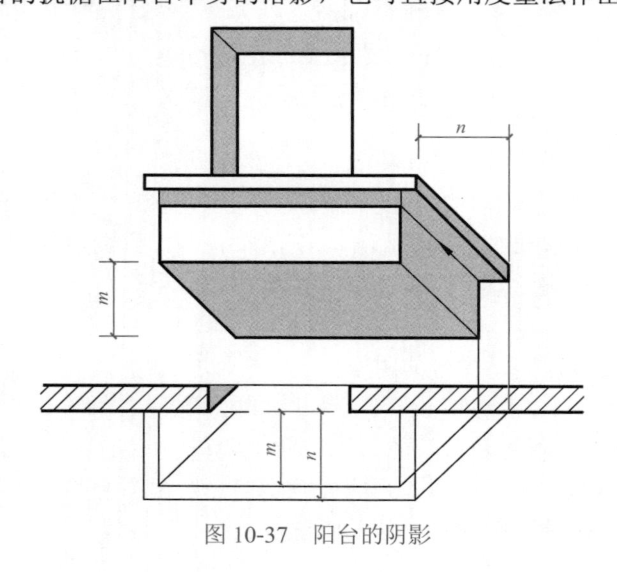

图 10-37　阳台的阴影

4. 台阶的阴影

如图 10-38 所示，台阶左、右栏板的影落在地面、踏面、踢面和墙面上。阴线是 *AB*、*AC* 和 *DE*、*DF*，其作图步骤如下：

1）从 *W* 投影可知点 *A* 的影落在第一级踏面上，求出 a''_0。

2）在 *V* 投影上，过 a' 作 45°斜线并求出 a'_0，该 45°斜线就是阴线 *AB* 的影的 *V* 投影。

3）在 *H* 投影上，过 *a* 作 45°斜线求出 a_0，该 45°斜线就是阴线 *AC* 的影的 *H* 投影。

4）阴线 *AB* 的影 12、34、$5A_0$ 平行于 *AB*，并反映 *AB* 对第三、二、一级踏面的距离。其 *V* 投影积聚，再按“长对正”作出其 *H* 投影。

5）阴线 *AC* 的影 67 平行于 *AC*，其 *H* 投影积聚，按“长对正”作出其 *V* 投影。

6）阴线 *DE* 的影落在墙面及地面上，而阴线 *DF* 的影落在地面上，分别求出。

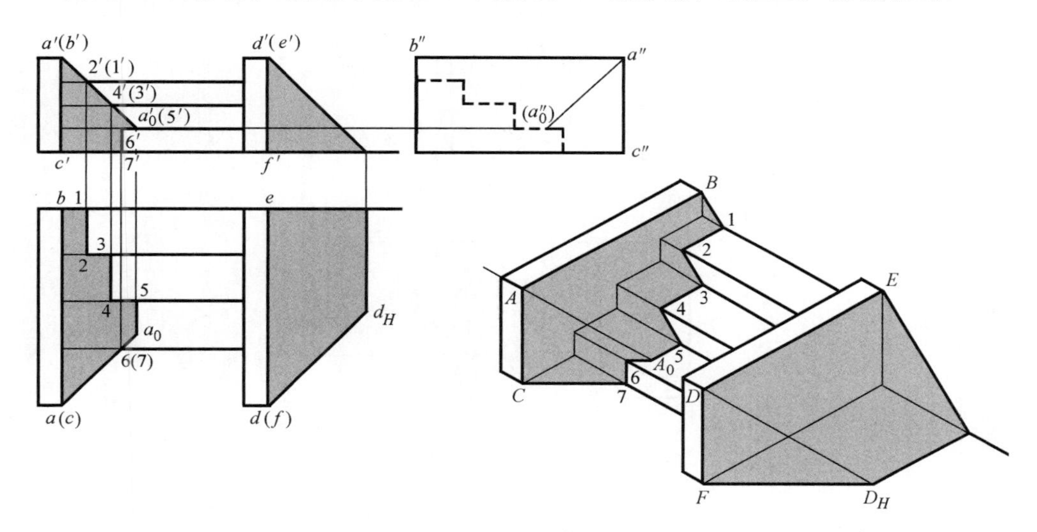

图 10-38　台阶的阴影（一）

图 10-39 所示的台阶与图 10-38 类似，请同学们自行分析。

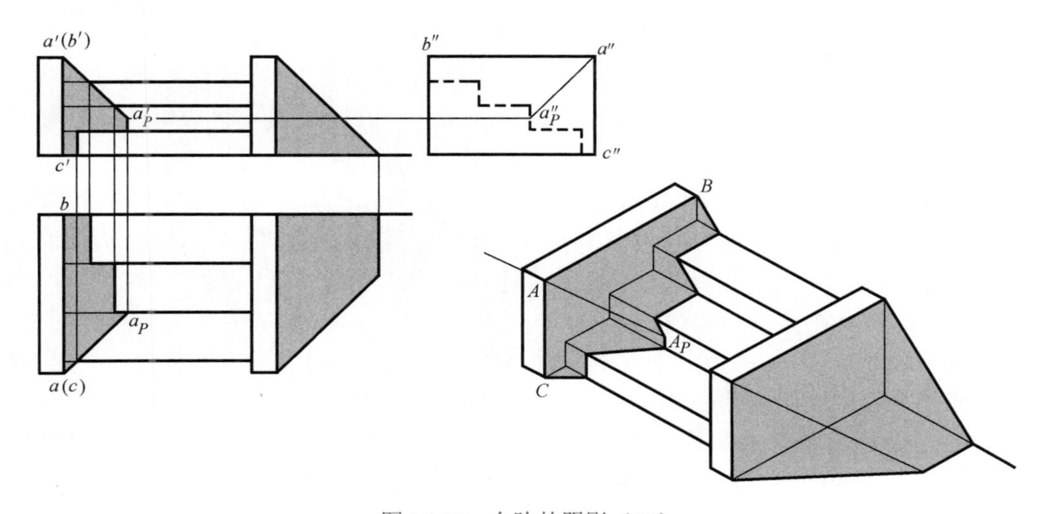

图 10-39　台阶的阴影（二）

5. 双坡顶房屋的阴影

如图10-40所示，作双坡顶房屋的阴影。首先作点B在山墙面P上的落影b'_P，过b'_P作$a'b'$、$b'c'$的平行线，即为阴线AB、BC在山墙上的落影。再作点C在右方墙面Q上的落影c'_Q，过c'_Q作$b'c'$的平行线，影线$b'_Pf'_P$与$f'_Qc'_Q$是BC落于两平行墙面P、Q上的影，互相平行（见直线的落影规律）。点f'_P、f'_Q是过渡点。在墙面上的其他落影，可按度量法直接求出。

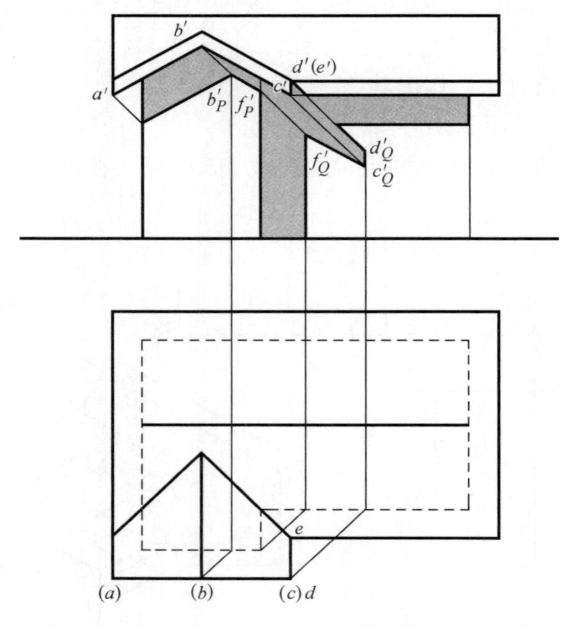

图10-40 双坡顶房屋的阴影

10.4 曲面立体的阴影

1. 圆面的影

圆面平行于承影面时，它的影反映圆面实形，即仍为圆形。只要求出圆心的影，即可求出圆面的影，如图10-41a所示。如圆面不平行于承影面，则圆的影不反映实形，为一个椭圆，此时可采用八点法作椭圆，如图10-41b所示。

2. 圆柱的阴影

圆柱的阴线的确定如图10-42a所示，与光线平面相切的两根素线AB、CD就是圆柱面上的阴线，这两条阴线将柱面分成大小相等的两部分，阴面与阳面各占一半。圆柱体的上底面为阳面，下底面为阴面，所以圆柱体还有两个半圆阴线AC、BD。这样，整体圆柱的阴线是由两条素线阴线和两条半圆阴线组成的封闭线。

在图10-42b中，首先在H投影上作两条45°斜线与圆周相切，切点即素线阴线的积聚投影，并求得素线阴线的V投影$a'b'$、$c'd'$。由H投影可直接看出，柱面的左前方一半为阳面，右后方一半为阴面。在V投影中，$a'b'$右侧部分为可见的阴面。圆柱上底面圆的影落在H面上，仍为圆，下底面圆的影与其自身重合，柱面的两个素线阴线在H面上的落影为45°斜

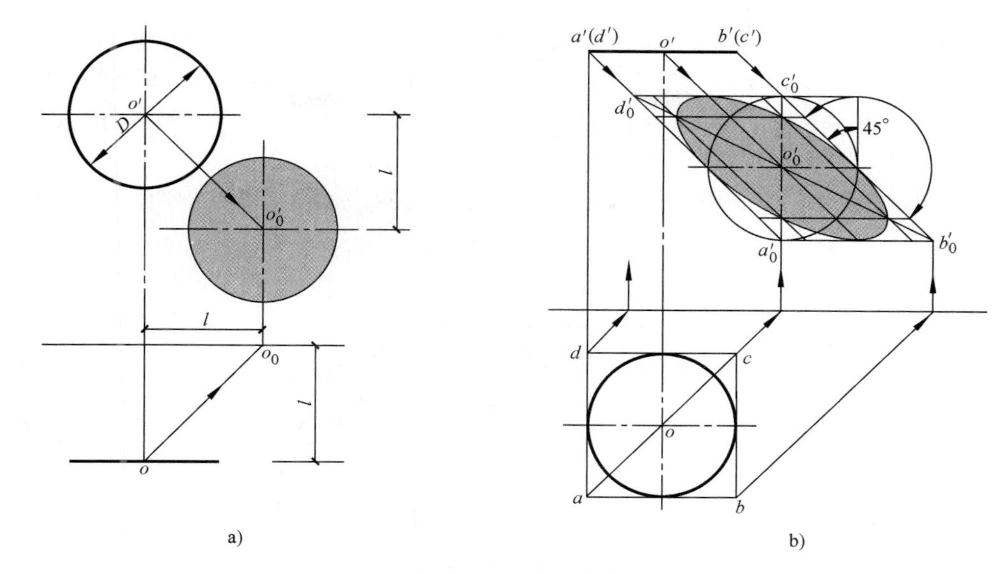

图 10-41 圆面的落影

a）正平面上的圆在 V 面上的落影 b）水平面上的圆在 V 面上的落影

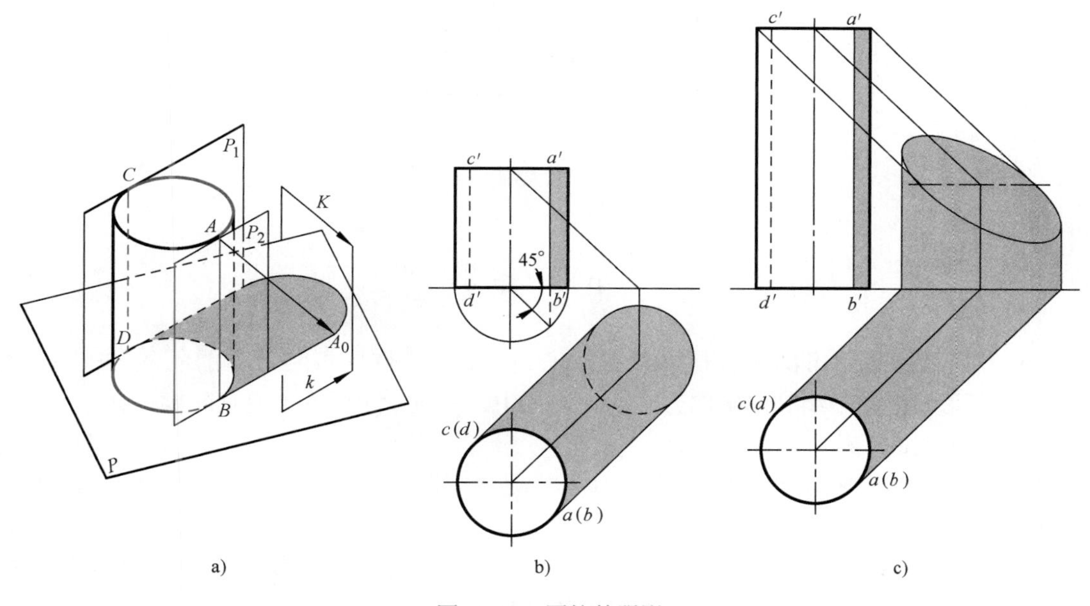

图 10-42 圆柱的阴影

线，与上、下底圆的落影相切，这样就得到圆柱在 H 面上的落影。

3. 带方盖圆柱的阴影

如图 10-43 所示，带方盖圆柱的阴影由两部分组成，一是方盖落在圆柱面上的影，二是圆柱面自身的阴影。其作图步骤如下：

（1）方盖的阴影 方盖上的阴线为 $ABCDE$，其中侧垂线 BC 有一部分落影在柱面上。根据直线的落影规律，这部分影线的 V 投影与承影面即柱面的 H 投影相对称，即为一段圆弧，其半径与圆柱的半径相等。圆弧的中心 o 与 $b'c'$ 的距离等于该阴线 BC 到圆柱轴线间的距离，所以，在 V 投影中，从 $b'c'$ 向下在中心线上量取距离 m，得点 o'。以 o' 为圆心，以圆柱的半径为半径画圆弧，弧线上的一段就是 BC 在圆柱面上的落影。方盖的影的其余作图，不再赘述。

（2）圆柱的阴影 包括圆柱在墙面上的落影及圆柱面本身可见的阴面，如图 10-43 所示。

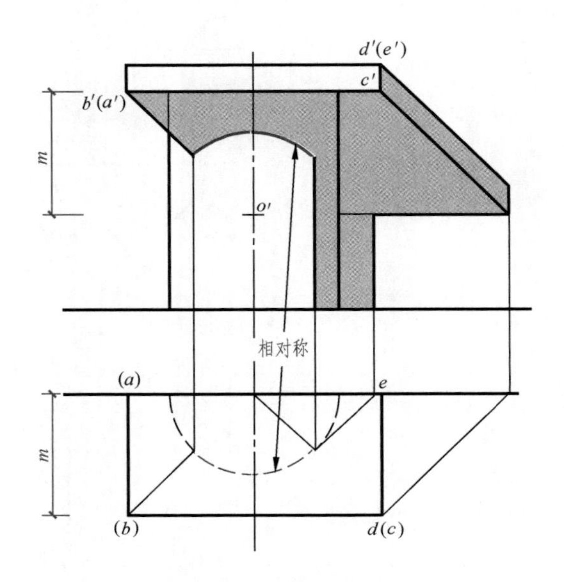

图 10-43 带方盖圆柱的阴影

小 结

1）本项目所述阴影的内容是以投影原理为基础，来阐明各种形体的阴和影产生的规律，以及在正投影图中绘制阴影的方法。在作图中，着重绘出阴影的几何轮廓，而不去表现它们的明暗强弱的变化。

2）在正投影图中加绘形体的阴影，实际上是画出阴和影的正投影。一般简称画出形体的阴和影。

3）在建筑设计的表现图中画出阴影，不仅可以丰富图形的表现力，增加画面的美感，而且可以增强立体感，更好地反映建筑物的形体组合。

4）在光线的照射下，形体表面上直接受光的部分，称为形体的阳面，背光的部分称为形体的阴面，阳面和阴面的分界线称为阴线。由于光线受到阻挡，而在该形体自身或其他形体原来迎光的表面出现阴暗的部分，称为影或落影。影的轮廓线称为影线。影所在的面称为承影面，阴和影合并称为阴影。

5）影线即是阴线的影。

6）形体都是由面围成的，而面都是由线围成的，所以直线的落影对求形体的影有直接的影响，而直线的影又是由其两个端点决定的，所以应当熟练地掌握点、直线的影的求法和落影规律。

7）确定平面立体的阴线是求阴影的根本，应当熟练地掌握。平面立体阴线的确定通常有三种方法：若构成形体的表面是投影面平行面和垂直面，可直接在投影图中根据积聚投影确定阴线；立体图中确定阴线；若形体的各个棱面在投影图中都没有积聚性，则根据落影包络图确定阴线。

8）求建筑形体的阴影及下一项目求建筑形体的透视，前提是需要熟练掌握各种位置直线、平面的投影规律，能正确识读形体的投影，只有这样才能进行阴影透视的学习。

思考题

1. 什么是阴影？建筑图中加画阴影有何意义？
2. 什么是习用光线？它的投影有什么特点？
3. 什么是阴面、阳面、阴线、影线？它们之间有何关系？
4. 直线落影的平行规律和相交规律分别是什么？
5. 各种位置投影面垂直线和投影面平行面的落影规律分别有哪些？
6. 求形体的阴影的步骤是什么？
7. 如何确定形体的阴线？
8. 回顾所学各种形体及建筑细部的阴影的求作方法。

项目 11 透视投影

学习目标：通过本项目的学习，掌握透视投影的基本规律、透视术语，掌握一种常用透视投影的作图方法，掌握常用的透视简捷画法，能绘制一般建筑物的一点和两点透视图。

任务：

1. 根据项目 6 中住宅建筑施工图的平、立、剖面图等相关图样，求出该住宅的外观透视图，并绘制合适的配景，可辅助马克笔或彩色铅笔表现，采用 A2 图纸幅面。

2. 根据项目 7 中装饰施工图的客厅（或卧室）的平面布置图、地面铺设图、吊顶平面图、室内立面图等相关图样，求出房间的室内透视图，并绘制合适的家具、陈设等，可辅助马克笔或彩色铅笔表现，采用 A3 图纸幅面。

11.1 概述

如图 11-1 所示为一张建筑物的照片，它能逼真地反映出建筑物的外貌。通过观察我们会发现，建筑物上等宽的墙面，在照片中却变得近宽远窄；相同的窗户，在照片中却变得近大远小；互相平行的线条，在照片中却变得越远越靠拢，延长后则会相交于一点。照片与建筑实物相比发生了变形，但我们并不感到畸形、别扭，这是因为照片的拍摄过程，与人眼观看物体时在视网膜上成像的变化是相似的，所以人看照片就如同亲临其境、目睹实物一样自然、真实。

图 11-1　南京颐和路某民国时期建筑物

在建筑设计过程，特别是在初步设计阶段，往往需要绘出所设计的建筑物的效果图，如图 11-2 所示，以显示将来建成后的建筑物外貌，用以研究建筑物的空间造型和立面处理，进行各方案的比较，确定出造型优美的方案。另外，在建筑、装饰工程的投标中，用来表达建筑物或室内的空间、造型、色彩等处理的效果图，对中标与否也起到关键作用。效果图也称表现图，是以透视投影为基础绘制而成的，这种图是建筑、装饰工程图样的重要组成之一。基于上述原因，对建筑装饰和建筑设计专业的人员来说，透视图的绘制是基本功，应该掌握其基本的绘制原理和常用的方法。

图 11-2 某学校建筑透视效果图

过去的画家为了能够准确地画出这种具有明显的空间立体感和真实感的图像，往往透过透明的画面来观察物体，将所见到的物体轮廓直接描绘在透明的画面上，如图 11-3 所示。因此，习惯上将这种具有近大远小特征的图像，称为透视图或透视投影，简称透视。从投影法来说，透视图就是以人眼为投影中心的中心投影。

图 11-3 透视的由来

拓展阅读

正殿七间，总面阔为三十四公尺有余，西向俯瞰全寺及寺前山谷。广台甚高，殿之立面，惟在台上可得全貌。台以上，殿后近接山岩，几无隙地，殿前距台沿约十公尺，仿佛如小庭院。殿之阶基，仅高出台上地面踏道数级而已。殿斗栱雄大，屋顶坡度缓和，广檐翼出，全部庞大豪迈之象，与敦煌壁画净土变相中殿宇极为相似，一望而知为唐末五代时物也。柱额，斗栱，门窗，墙壁，均土朱刷饰，无彩画。

佛殿前面透視

透视图

就梁栿与柱之关系论，则有内槽与外槽两组。内槽大梁（“四椽明栿”）为前后内柱间之联络。此种配合，即《营造法式》所谓“八架椽屋前后乳栿用四柱”者也。内柱与外柱同高，其上均施“七铺作”斗栱（即四跳的斗栱）。檐柱上斗栱出四跳，“双抄双下昂”，以承檐槫及檐部全部结构。内柱上斗栱四抄（无下昂），承檐内四椽明栿。此内外斗栱后尾相向，自第二跳后出为“明乳栿”，即内柱与檐柱间之主要联络材也。

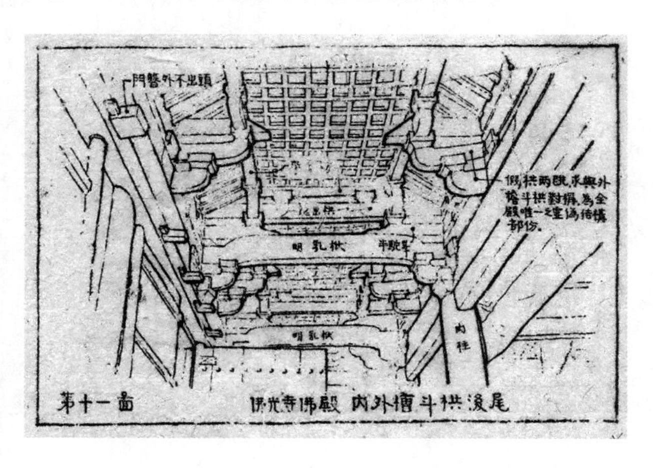

第十一圖 佛光寺佛殿 內外檐斗栱後尾

透视图

外檐柱头铺作

施于外檐柱头上之斗栱，七铺作双抄双下昂。自栌斗出华栱两跳，第一跳“偷心”无横出之栱；第二跳跳头施瓜子栱，慢栱，以承罗汉枋。第三、第四跳为下昂，第三跳偷心，第四跳跳头施令栱，与翼形耍头相交，令栱上施替木，以承橑檐槫。

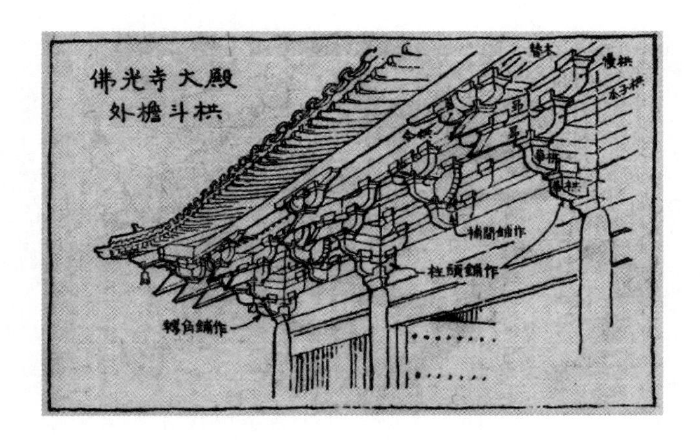

11.1.1　透视图的形成

透视投影的形成过程如图 11-4 所示，从投射中心向立体引投射线，投射线与投影面交点所组成的图形，即为立体的透视投影；透视投影正是归纳了人的单眼观看物体时，在视网膜上成像的过程。透视投影是利用中心投影法将物体投射在单一投影面上所得到的图形。

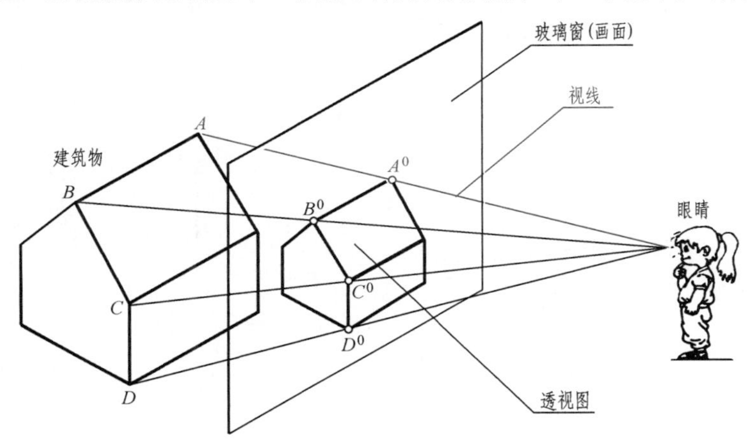

图 11-4　透视图的形成

11.1.2　透视图的特点

通过图 11-1 建筑物照片及图 11-2 效果图，可概括出透视图的特点如下：

1）近大远小：即形体距离观察者越近，所得的透视投影越大；反之，距离越远则投影越小。

2）近高远低：房屋上本来同高的铅垂线，在透视图中，近的显得高，越远则显得越低。

3）近宽远窄：建筑上等宽的墙面、窗洞，在透视图中却变得近宽远窄。

4）相互平行的直线延长后相交于一点，该点称为灭点。原来在长度方向相互平行的水平线，在透视图中不再平行，而是越远越靠拢，直至相交于一点。

11.1.3　透视投影的特点

与正投影相比较，透视投影有如下特点：

（1）使用中心投影　透视图是用中心投影法所得的投影图，投射线集中交于一点（投射中心），而且一般不垂直于投影面；正投影图则使用平行投影，各投影线互相平行且垂直于投影面。

（2）使用单面投影 透视投影是单面投影图，形体的三维同时反映在一个画面上；正投影是一种多面投影图，必须有两个或两个以上的投影图，才能完整地反映出形体的三维。

（3）不反映实形 透视图有近大远小等透视变形，一般不反映形体的真实尺度，不便于标注尺寸，故这种图样不作为正式施工的依据；而正投影图却能准确反映形体的三维尺度，作为施工图使用的平面图、立面图、剖面图，通常都是正投影图。

透视图和轴测图一样，都是一种单面投影，不同之处在于轴测图是用平行投影法画出的，而透视图是用中心投影法画出的。故而透视图更直观真实，既符合人们的视觉印象，又能将设计师构思的方案比较真实地体现出来，一直是建筑设计人员用来表达设计思想、推敲设计构思的重要手段。

11.1.4 透视中的基本术语及符号

在绘制透视图时，常用到一些专门的术语。必须弄清楚它们的确切含义，这有助于理解透视的形成过程和掌握透视的作图方法。

现结合图 11-5 介绍透视作图中的几个基本术语。

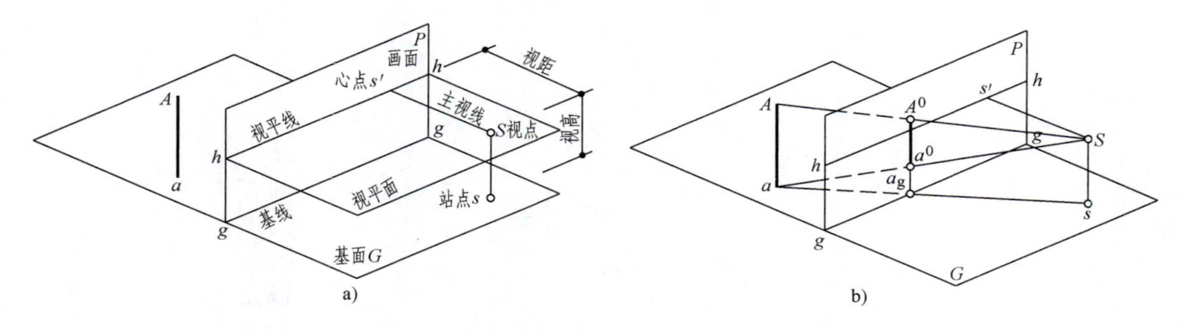

图 11-5 透视作图中的基本术语

基面——放置建筑物的水平面，以字母 G 表示。也可将绘有建筑平面图的投影面 H 理解为基面。

画面——在人与建筑物之间设立一个铅垂面作为投影面，即透视图所在的平面，以字母 P 表示。

基线——基面与画面的交线，以字母 gg 表示。

视点——人眼所在的位置，即投影中心，用字母 S 表示。

站点——视点 S 在基面上的正投影 s。

视高——视点到基面的垂直距离，即 Ss。

视平面——通过视点 S 所作的水平面。

视平线——视平面与画面的交线，以 hh 表示。视平线与基线之间的距离等于视高。

心点——视点 S 在画面 P 上的正投影 s'。

视距——视点 S 到画面的距离，即 Ss'。

主视线——通过视点 S 并且垂直于画面的视线，即视点 S 和心点 s' 的连线。

视线——点 A 是空间任意一点，自视点 S 引向点 A 的直线 SA，就是通过点 A 的视线。

点的透视——视线 SA 与画面 P 的交点 A^0，就是空间点 A 的透视。

基点——空间点在基面上的投影，如点 a 是空间点 A 在基面上的正投影，称为点 A 的基点。

基透视——基点的透视 a^0，称为点 A 的基透视。

11.2 点和直线的透视规律

11.2.1 点的透视与基透视

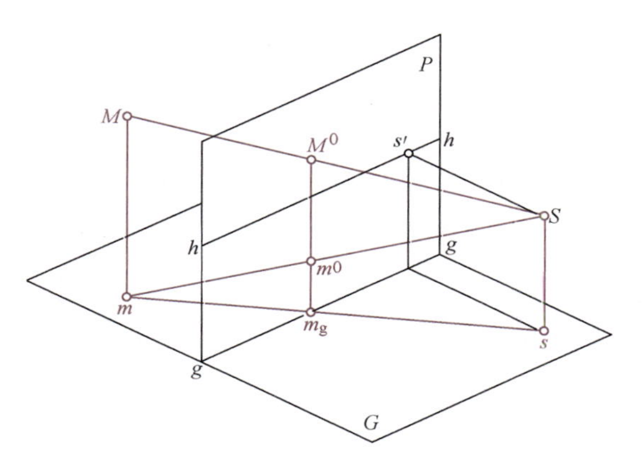

图 11-6 点的透视与基透视

点的透视就是通过该点的视线与画面的交点，同样，其基透视就是通过该点的基点所引的视线与画面的交点。

如图 11-6 所示，点 M 的透视 M^0 就是视线 SM 与画面 P 的交点，其基透视 m^0 则是视线 Sm 与画面 P 的交点。由图 11-6 不难看出：点 M 的透视 M^0 与基透视 m^0 的连线垂直于基线 gg。因为 Mm 线垂直于基面 G，由视点 S 引向 Mm 线上所有点的视线，形成了一个垂直于基面的视线平面 SMm，它与画面的交线 M^0m^0 必然垂直于基面，也垂直于基线。所以说：一点的透视与基透视，位于同一条铅垂线上。

11.2.2 直线的透视

1. 直线的灭点

直线上距画面无限远的点的透视，称为直线的灭点。下面以水平线 AB 为例，求作该水平线的灭点。

如图 11-7 所示，要求直线 AB 上无限远点 F_∞ 的透视，则自视点 S 向无限远点 F_∞ 引视线 SF_∞，视线 SF_∞ 与原直线 AB 必然是互相平行的。SF_∞ 与画面的交点 F 就是直线 AB 的灭点。直线 AB 的透视 A^0B^0 延长就一定通过灭点 F。水平线 AB 的灭点一定位于视平线上，因为平行于 AB 的视线只能是水平线，它与画面只能相交于视平线上。同理，直线 ab 的灭点也是 F。

2. 直线的透视

直线的透视，一般情况下仍为直线，只有当直线通过视点时，其透视才会成一点。当直线在画面上时，透视即为其本身。

如图 11-7 所示，求作直线 AB 的透视。

直线与画面的交点称为直线的画面交点，也称迹点，如 AB 延长交画面于 T。画面交点的透视即其本身，直线的透视必然通过直线的画面交点。因为直线的透视延长一定通过灭点 F，所以连接直线的画面交点和直线的灭点，即是直线的透视方向，AB 的透视方向即为 TF。直线的透视方向也称直线的全长透视或全线透视。只需在 TF 上求出端点 A、B 的透视 A^0、B^0 即可。A^0 又在 SA 上，所以 SA 与 TF 的交点即 A^0。同理求出 B^0，即求出 AB 的透视。ab 透视的求法与此类似，请同学们自行思考。

3. 直线的透视规律

直线的透视规律是求作透视的基础，请一定熟练掌握。

1）一点的透视仍为一点，画面上的点的透视即为自身。

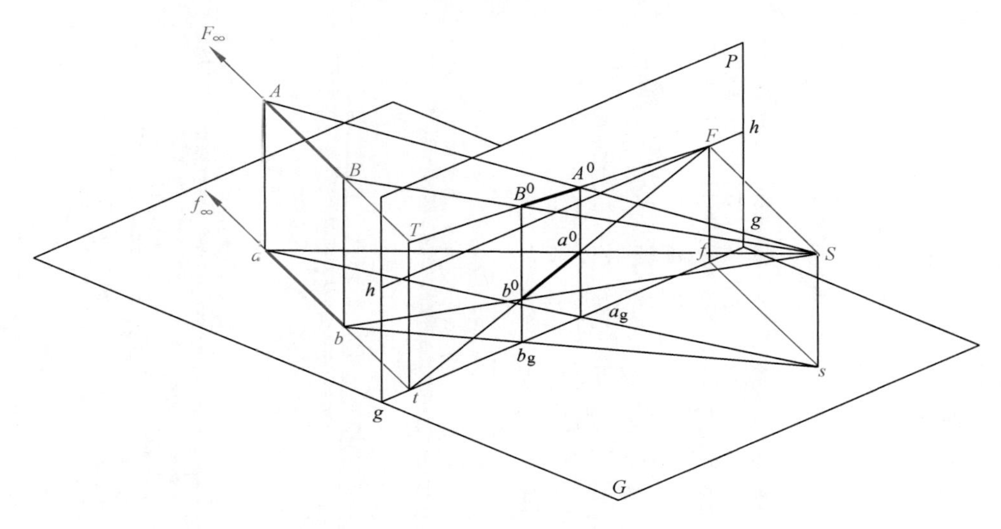

图 11-7 直线的灭点

2）直线的透视一般仍为直线，直线通过视点其透视为一点。画面上的直线透视为自身，即反映实长。

3）画面上的平面，透视为自身，即画面上的平面透视反映实形。

4）一点的透视与基透视，位于同一条铅直线上。

5）水平线的灭点一定位于视平线上。

6）与画面相交的一组平行直线有一个共同的灭点，所以一组平行线的透视必相交于其灭点。

7）直线的画面交点与灭点的连线，就是该直线的透视方向。

8）与画面平行的直线没有灭点，也没有画面交点，其透视平行于直线本身。

9）铅直线的透视仍是铅直线。

10）垂直于画面的直线的灭点就是心点。

11）铅直线若位于画面上，则其透视即该直线本身，能反映该直线的实长，因此我们把画面上的铅直线，称为透视图中的真高线。

11.3 建筑透视图的分类

建筑物由于与画面间相对位置和角度的变化，它的长、宽、高三组主要方向的轮廓线，与画面可能平行，也可能不平行。与画面不平行的轮廓线，在透视图中就会形成灭点；而与画面平行的轮廓线，在透视图中就没有灭点。透视图一般按照灭点的多少，分为三种。

11.3.1 一点透视

当画面垂直于基面，且建筑物有两个主向轮廓线平行于画面时，所作透视图中，这两组轮廓线不会有灭点，第三个主向轮廓线必与画面垂直，其灭点是心点 s'，如图 11-8a 所示，这样的透视图称一点透视。由于这一透视位置中，建筑物有一主要立面平行于画面，故又称平行透视。一点透视的图像平衡、稳定，适合表现一些气氛庄严、横向场面宽广、能显示纵向深度的建筑群，如政府大楼、图书馆、纪念堂等，如图 11-8b 所示。此外，一些小空间的室内透视，多灭点易造成透视变形过大，为了显示室内家具或庭院的正确比例关系，一般也适合用一点透视。

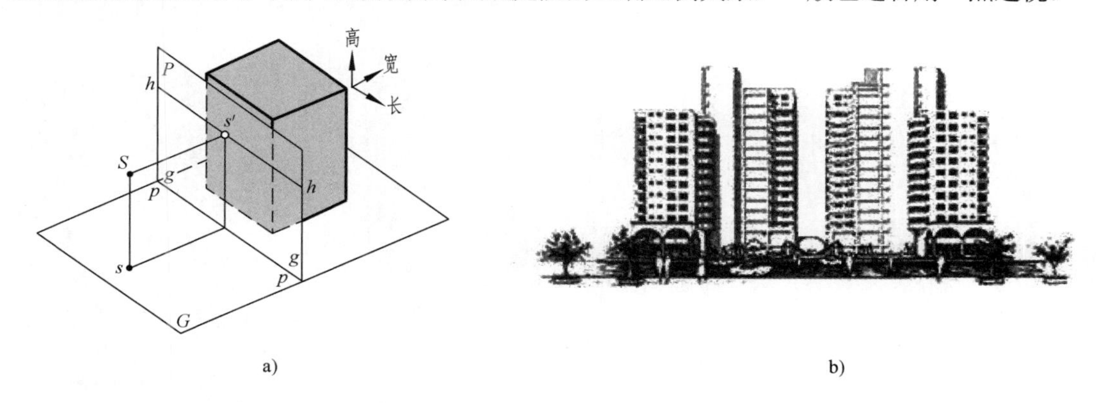

图 11-8　一点透视

a）一点透视的形成　b）一点透视实例

11.3.2　两点透视

当画面垂直于基面，建筑物只有一主向轮廓线与画面平行（一般是建筑物高度方向），其余两主向轮廓线均与画面相交，则有两个灭点 F_1 和 F_2，如图 11-9a 所示，这样产生的透视图称两点透视，由于建筑物的各主立面均与画面成一倾角，故又称成角透视。两点透视的效果真实自然，易于变化，如图 11-9b 所示，适合表达各种环境和气氛的建筑物，是运用最普遍的一种透视图形式。

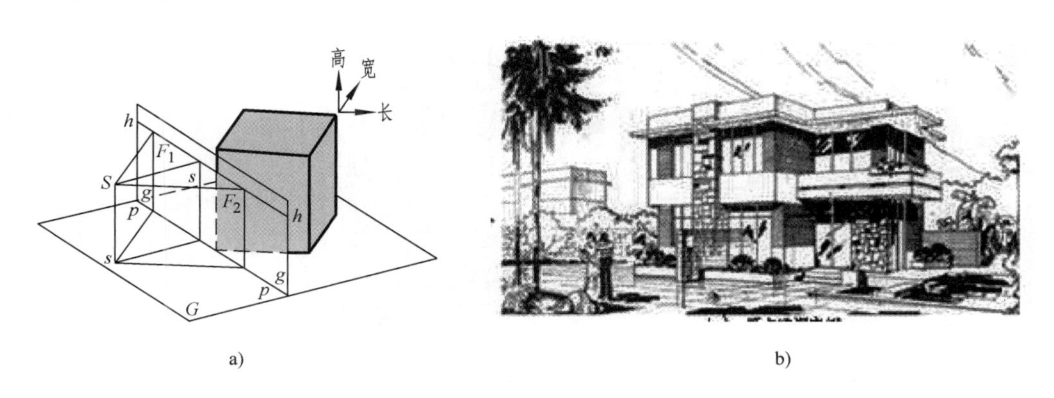

图 11-9　两点透视

a）两点透视的形成　b）两点透视实例

11.3.3　三点透视

如画面倾斜于基面，建筑物三个主向轮廓线与画面均相交，这样，在画面上就会形成三个灭点，这样画出的透视图，称为三点透视，如图 11-10 所示。三点透视常用于高层建筑和特殊视点位置，失真较大，绘制也较为繁琐，一般较少采用。

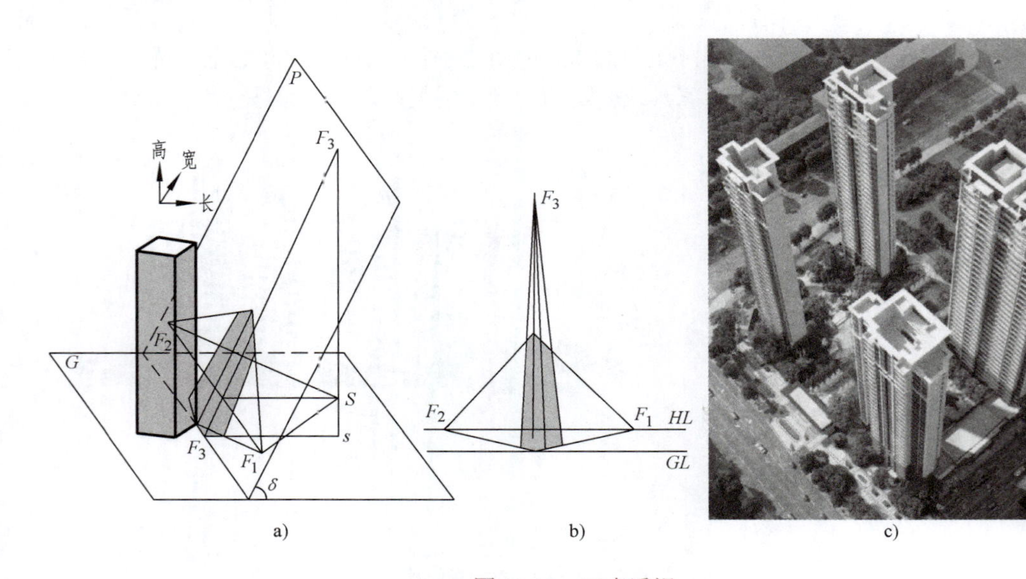

图 11-10 三点透视

a）三点透视的形成 b）倾斜画面上的图像 c）三点透视的实例

11.4 求水平线 *AB*、*ab* 透视的步骤

在建筑物中，水平线是最常见的线，应掌握其透视画法，如图 11-11 所示。

由前面所述知识可知求水平线透视的作图步骤为：求灭点→求透视方向（画面交点与灭点的连线）→求端点的透视（视线交点法）。

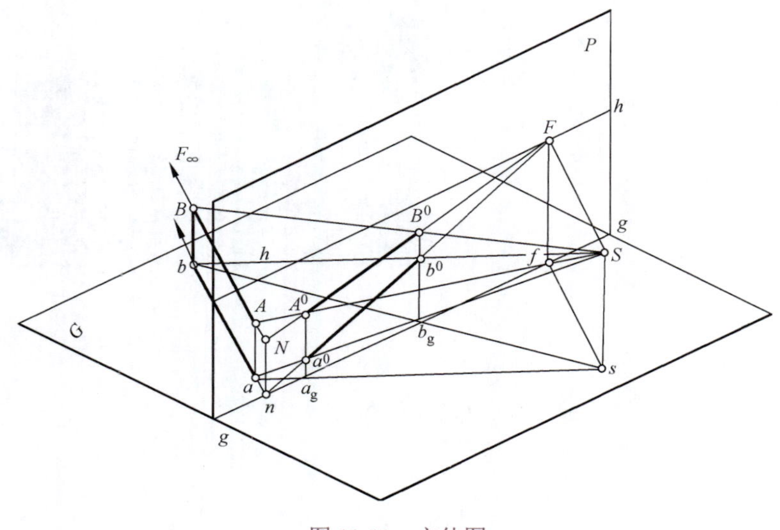

图 11-11 立体图

1. 作透视图的布局

将基面、画面展开，长对正放置，如图 11-12 所示，透视图将画在 *P* 面上。

作视平线 *hh*；作视点 *S*、直线 *AB* 及 *P* 面在基面 *G* 上的投影 *s*、*ab*、*pp*。

由于画面及基面的大小对透视图没有影响，故可略去它们的大小轮廓。剩余的 *hh*、*gg* 为视平线、基线，表明画面及视高；*pp* 为画面在基面上的积聚投影，表明画面与建筑形体（此处为直线 *AB*）的相对位置关系；*s* 表明站点位置，称为三线一点，如图 11-13 所示。

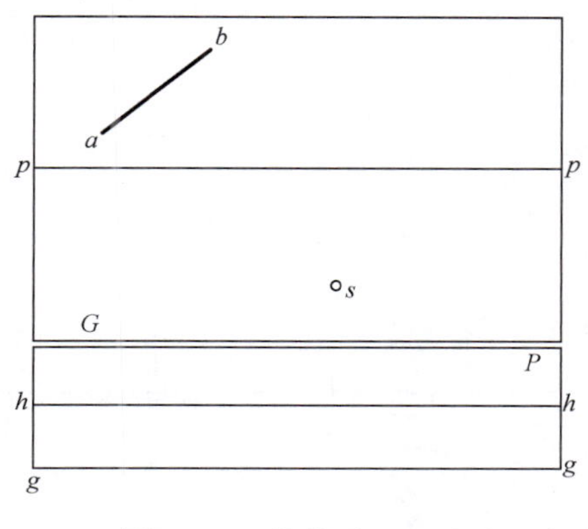

图 11-12 将基面 *G*、画面 *P* 展开

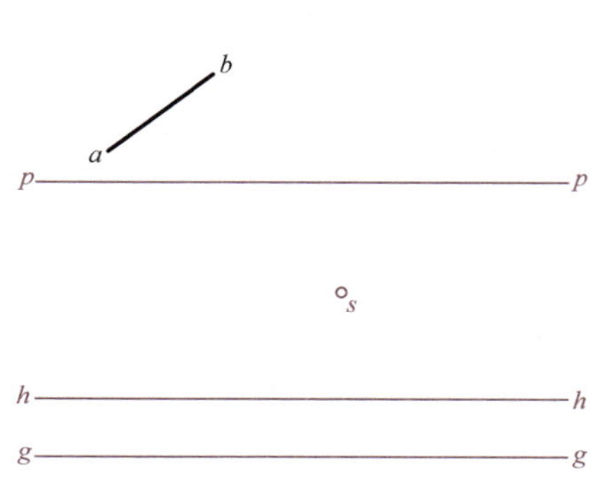

图 11-13 三线一点

2. 求水平线 *AB* 的灭点

如图 11-11 所示，过视点 *S* 引一条与 *AB* 平行的直线，它与画面的交点 *F* 就是所求的灭点。由于长度方向是水平的，所以 *SF* 也必然是水平线，它与画面的交点必位于视平线上。

作图时，图面上只有基面和画面，所以不能直接作出 *SF*。可先过站点 *s* 引直线平行于 *ab*，与 *pp* 相交于 *f*，*f* 与 *F* 必位于同一条铅直线上，即 *f* 是 *F* 的水平投影。过 *f* 引铅直线与视平线相交，即得灭点 *F*，如图 11-14 所示。

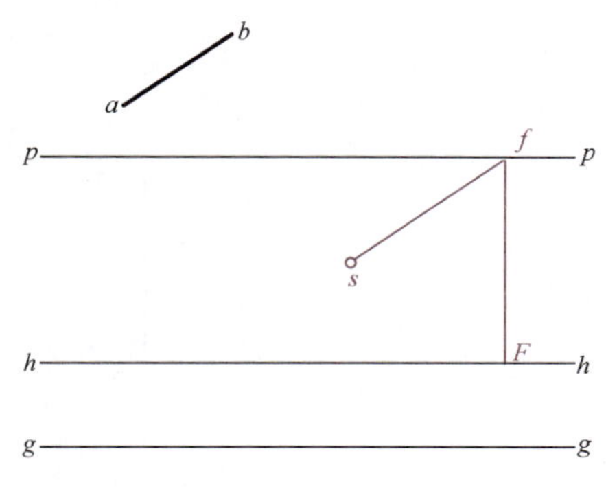

图 11-14 求灭点

3. 求 *AB* 的透视方向

透视方向是直线的画面交点和灭点的连线。画面交点为 N^0，灭点为 *F*，连接如图 11-15 所示。

4. 求端点 *A*、*B* 的透视

在直线的透视方向 N^0F 上求直线的两个端点的透视。用视线交点法求 *A* 点的透视。连 *SA*，与 N^0F 相交即 A^0，但 *SA* 不在画面、基面上，作图时，可先连 *sa*，与 *pp* 相交于 a_g，a_g 一定在 A^0 的正上方，即 a_g 是 A^0 的水平投影；过 a_g 引铅直线与 N^0F 相交，即是 A^0。同理可求出 B^0，加粗 A^0B^0 即为直线 *AB* 的透视，如图 11-16 所示。同理可求出 *ab* 的透视。

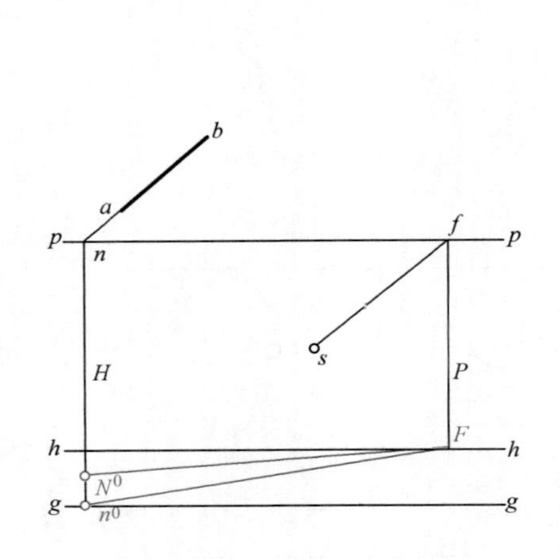

图 11-15 求透视方向

（直线的画面交点与灭点的连线）

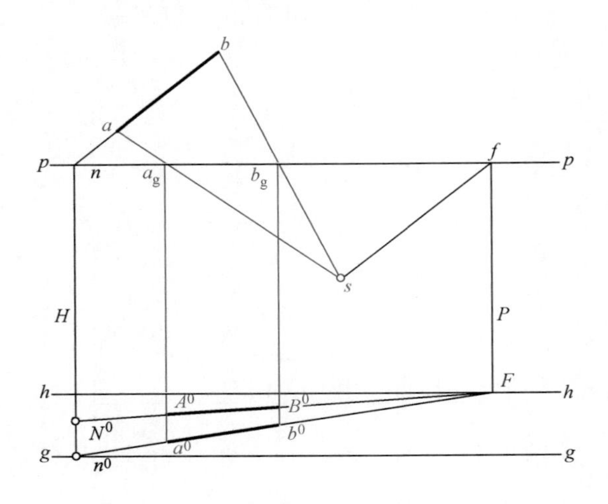

图 11-16 求端点的透视（视线交点法）

11.5 两点透视的画法

现以下列建筑物的透视作图为例，说明两点透视的画法。

【例 1】 如图 11-17 所示，作长方体建筑物的两点透视。

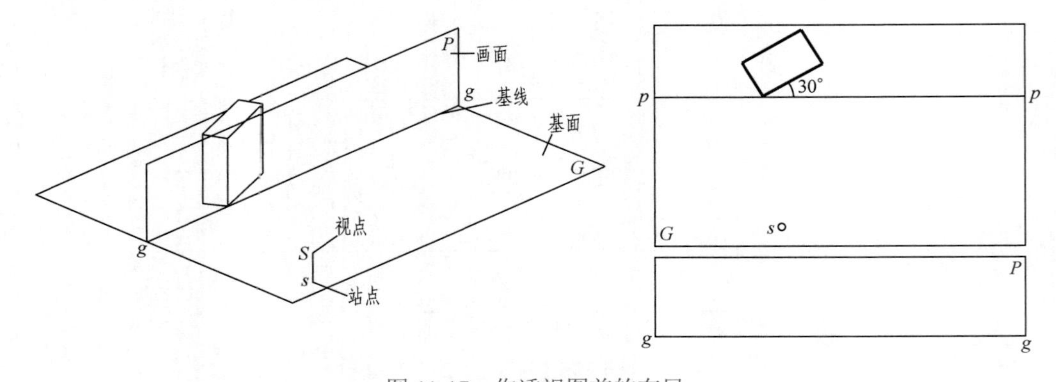

图 11-17 作透视图前的布局

1. 确定画面和建筑物的位置（图 11-17）

1）将一个长方体建筑放在基面 *G* 上，观察者站在建筑物的前方，那么观察者眼睛的位置称之为视点。一般情况下，视点与被观察物体之间距离越远，被观察物体的失真越小，但

是其在画面 P 上成的像越小。

2）在人与建筑物之间放一个铅垂的画面 P，与建筑物的一个墙角线（长方体的一根侧棱）接触，并且与建筑物的正立面成 30° 左右的夹角。

3）画图时，需要将画面与基面拆开、摊平。画面 P 不动，将基面（连同画面、建筑物、视点在基面上的投影 pp、s 等）移动到画面的正上方，长对正。透视图将画在画面 P 上。

2. 选择合适的视点，确定视平线和视角（图 11-18）

1）通过视点作一个水平面，所有水平的视线都在水平面上。视平面与画面的交线为视平线，视平线平行于基线，它们之间的距离等于视高。

2）在画面上，用与建筑物平面图相同的比例，取距离等于视点的高度，画直线平行于基线 gg，就是视平线 hh。

3）由于画面及基面的大小对透视图没有影响，故可略去它们的大小轮廓。剩余的 hh、gg、pp 及 s 分别表明画面、基面及视点，即三线一点。

4）在基面上从站点 s 引两条直线分别与建筑物的最左最右两侧墙角相接触，所形成的夹角称为视角。视角一般要求在 30°～40° 之间。主视线大致是视角的角平分线。当视角过大时，容易引起透视投影失真。

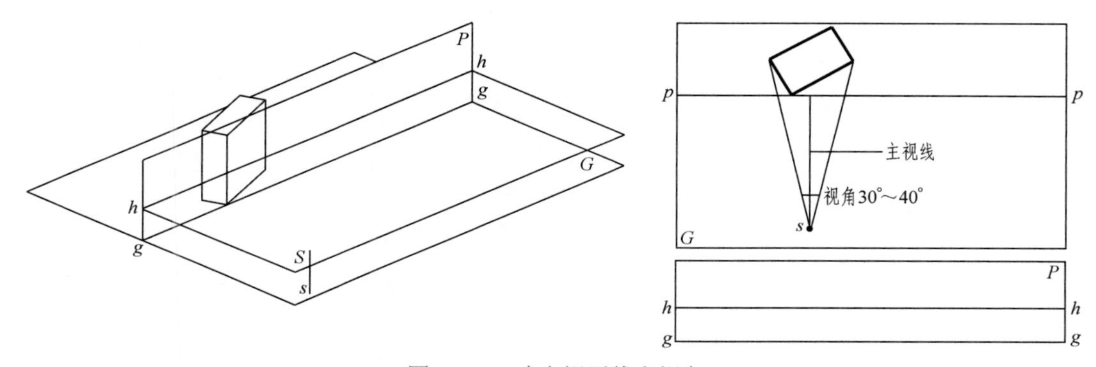

图 11-18 确定视平线和视角

3. 求水平线 ab 的灭点（图 11-19）

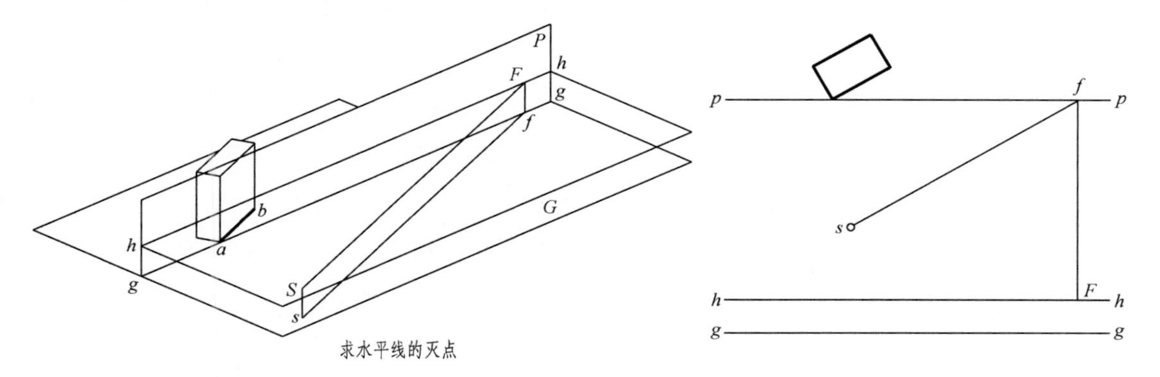

图 11-19 求灭点

1）过视点 S 引一条与 ab 平行的直线，它与画面的交点 F 就是所求的灭点。由于长度方向是水平的，所以 SF 也必然是水平线，它与画面的交点必位于视平线上。

2）作图时，图面上只有基面和画面，所以不能直接作出 SF。可先过站点 s 引直线平行于 ab，与 pp 相交于 f，f 与 F 必位于同一条铅垂线上，即 f 是 F 的水平投影。过 f 引铅垂线与视平线相交，即得灭点 F。

4. 求基面线 *ab* 的透视（图 11-20）

1）先求直线的透视方向：透视方向是直线的画面交点和灭点的连线。然后在直线的透视方向上求直线的两个端点的透视。

2）由于点 a 在画面上，其透视就是它本身。点 a 又在基线上，所以作图时，要把点 a 引到画面当中的基线上。过点 a 引铅垂线与基线相交，即得 a^0。

3）连 a^0F，就是直线 ab 的透视方向，点 b 的透视肯定在 a^0F 上。

4）用视线交点法求点 b 的透视。连 Sb，与画面相交即 b^0，b^0 肯定就在 a^0F 上。但 Sb 不在画面、基面上，作图时，可先连 sb，与 gg 相交于 b_g，b_g 一定在 b^0 的正下方，即 b_g 是 b^0 的水平投影。

5）过 b_g 引铅垂线与 a^0F 相交，即是 b^0，则 a^0b^0 即是 ab 的透视。

由此可知：求一直线段的透视，可以先求出它的透视方向，然后用视线交点法，在透视方向上求出其端点的透视。

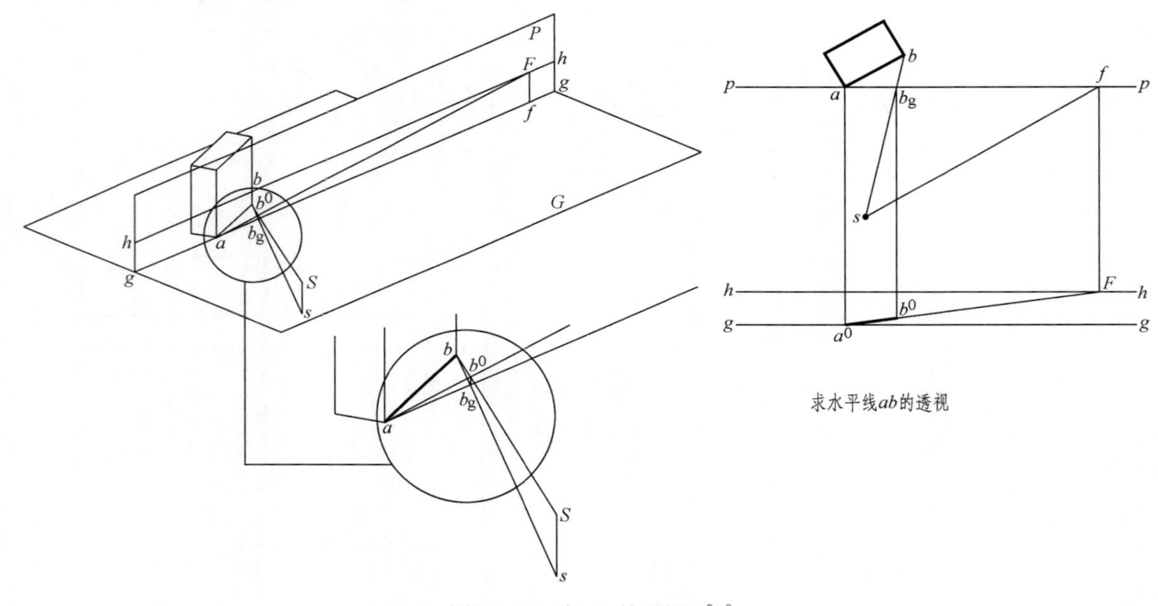

图 11-20 求 ab 的透视 a^0b^0

5. 求建筑物底面的透视（图 11-21）

1）用同样的方法求出 ac 的透视。

2）分别连 c^0F_1 和 b^0F_2，交点即是 d^0。即求出建筑物底面的透视。

6. 竖高度（图 11-22）

1）由于建筑物的四条高都是铅垂线，与画面没有交点，所以它们的透视仍是铅垂线。

2）Aa 在画面上，它的透视反映实长，即真高线。作图时，从已作出的底面透视图各顶点引铅垂线，量取 a^0A^0 等于其实际高度；然后分别连 A^0F_1 和 A^0F_2，与过 b^0 和 c^0 所竖的高度线相交，即得 B^0C^0。由于侧棱 b^0B^0、c^0C^0 都在画面之后，它们的透视高度都比实长短。

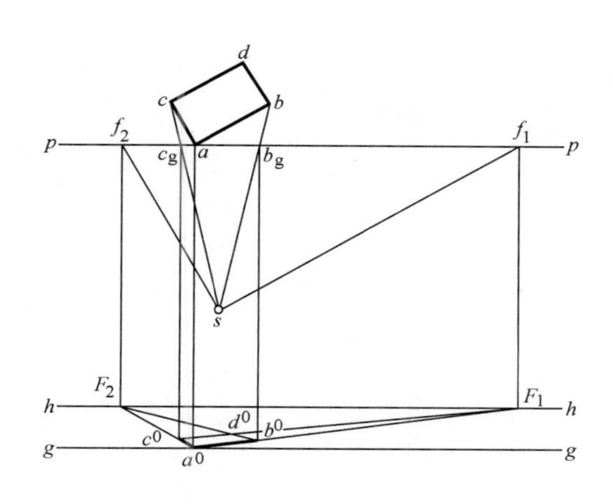

图 11-21　求底面的透视

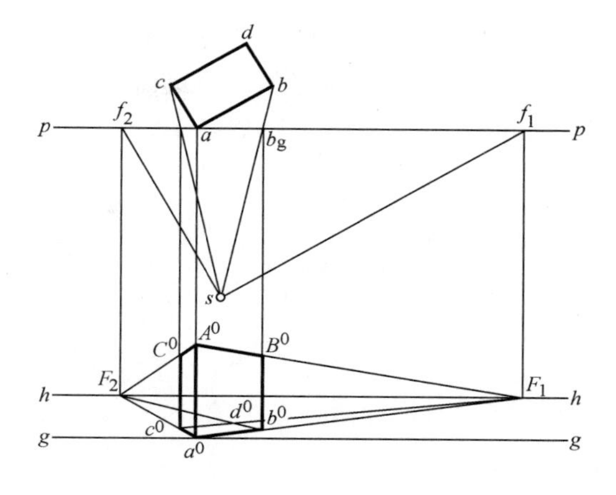

图 11-22　竖高度，完成作图并区分图线

7. 区分图线

透视作图较复杂，图线繁多，故一定要区分图线，才能使建筑物的透视图形象鲜明突出。一般辅助线采用细实线，透视图采用粗实线，透视图中不可见线一般不画出。

作建筑物的透视图，一般分为两步进行：首先作建筑物的基透视，即建筑平面图的透视，得到透视平面图；然后再根据真高线画出形体的透视高度。这里透视平面图是利用直线的画面交点和灭点来确定直线的透视方向，然后再借助视线与画面的交点（视线交点）在基面上的水平投影，求作直线线段的透视长度的作图方法得到的，故这种方法称为视线交点法。由上述知识，可总结为透视口诀：平行线组共灭点，透视方向是关键；视线交点求端点，画面上定真高线。

课堂练习：

1. 求水平线的透视（图 11-23）：

（1）基面上的水平线 *ab* 的透视。

（2）水平线 *AB* 距基面 20mm，求其透视。

2. 求基面上的长方形 *abcd* 的透视（图 11-24）。

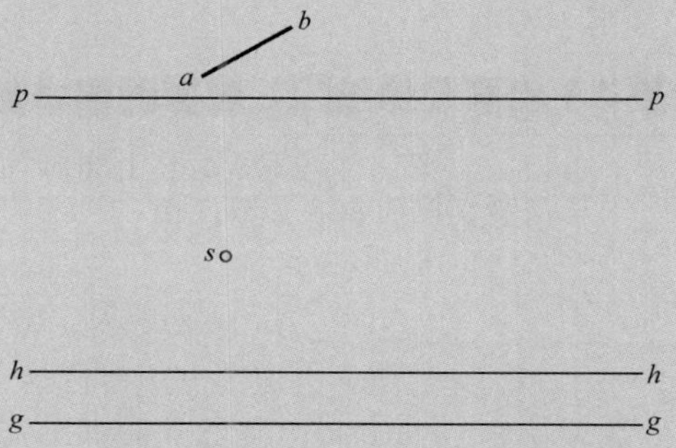

b
a
p　　p
s
h　　h
g　　g

图 11-23　求水平线的透视

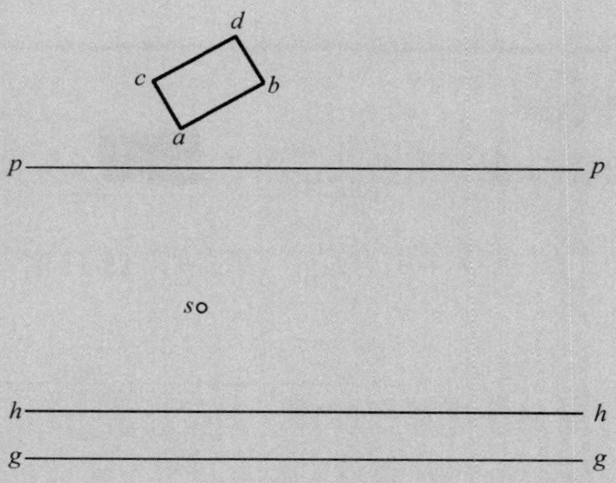

d
c
b
a
p　　p
s
h　　h
g　　g

图 11-24　求平面的透视

3. 求图 11-25 所示形体的透视图。

4. 求图 11-26 所示形体的透视图。

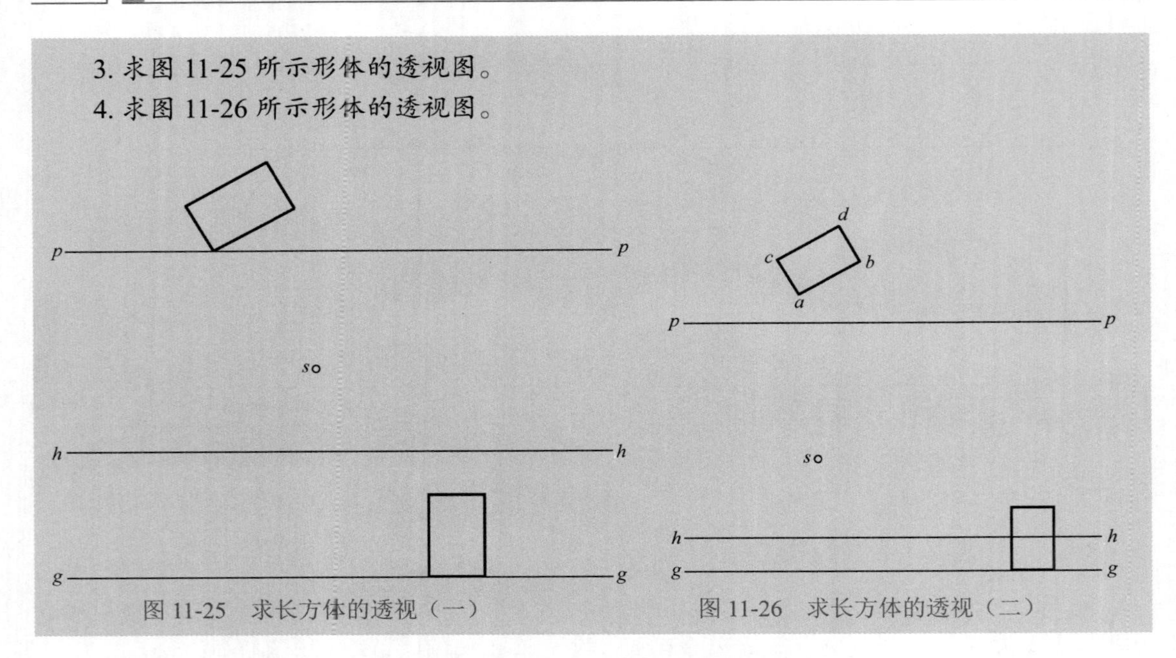

图 11-25 求长方体的透视（一） 图 11-26 求长方体的透视（二）

【例 2】 如图 11-27 所示，作出基面内的方形网格的两点透视。

1）求灭点 F_1、F_2。

2）延长各直线与画面相交得画面交点，连接画面交点与灭点 F_2，求出透视方向，如图 11-27a 所示。

3）求端点的透视，如图 11-27b 所示。

4）连接 F_1，求另一组直线的透视方向。

5）加粗网格透视图图线，区分线型，完成作图，如图 11-27b 所示。

【例 3】 作出带挑檐的建筑物的透视图。

此图为在【例 1】的基础上求作带挑檐屋顶的透视。建筑物与画面的相对位置已确定，

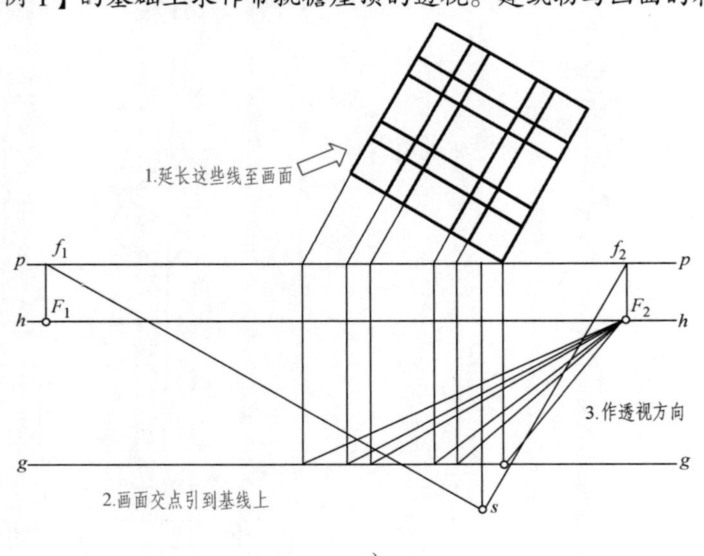

图 11-27 求基面内的方形网格的两点透视

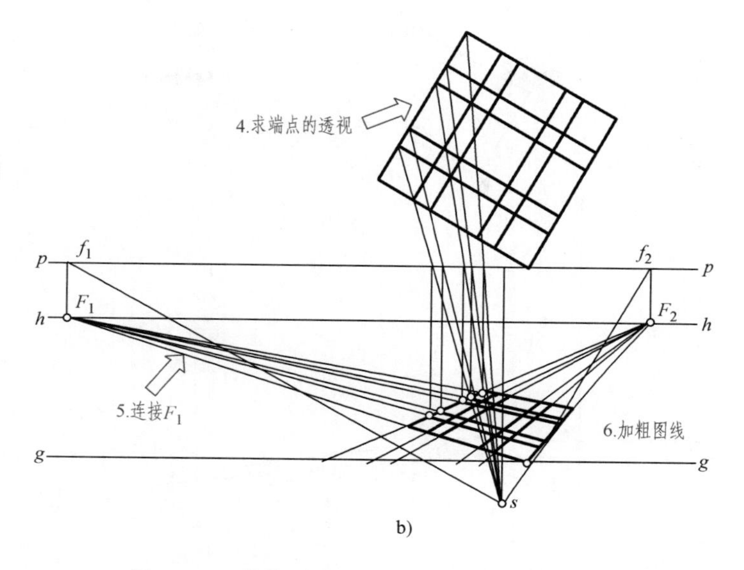

b)

图 11-27 求基面内的方形网格的两点透视（续）

而此时屋檐有一部分凸出于画面。如图 11-28 所示，现利用檐口线的画面交点 m、n 来作出它们的透视。

1）由于檐口线的画面交点 m 在画面上，所以它的透视是其本身，透视反映它自身的位置及高度。过 m 作铅垂线，同时把高度引过来，这两条线交于一点即为 m^0。同理可求出 n^0。

2）连接 m^0F_1 及 n^0F_2，求出檐口线的透视方向，再求出各端点的透视。

3）在檐口真高线上截取 m^0M^0 等于屋顶的高度，得 M^0。连 M^0F_1 并延长。同理即可完成屋顶的透视。

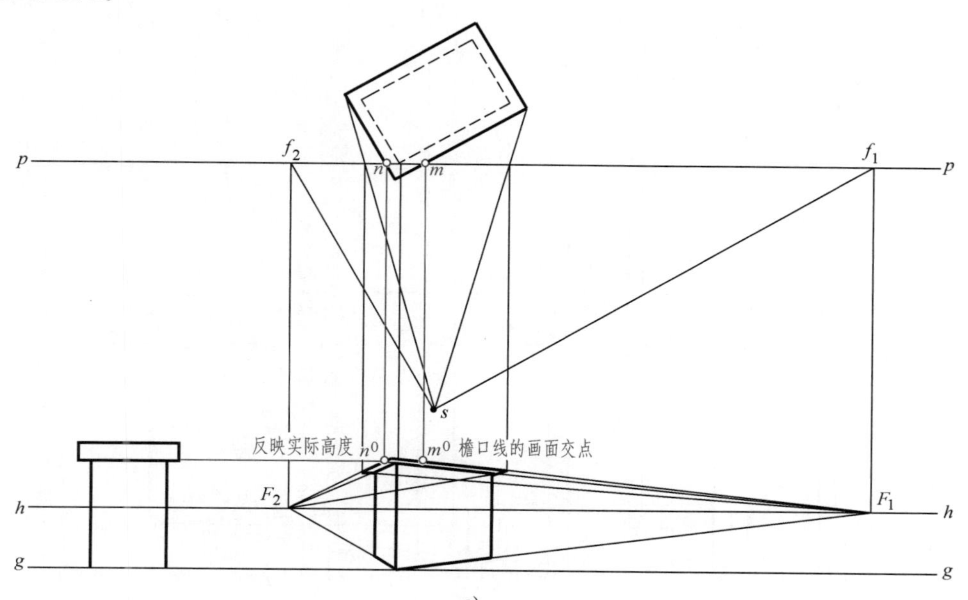

a)

图 11-28 求建筑物的透视

a）作檐口底面的透视

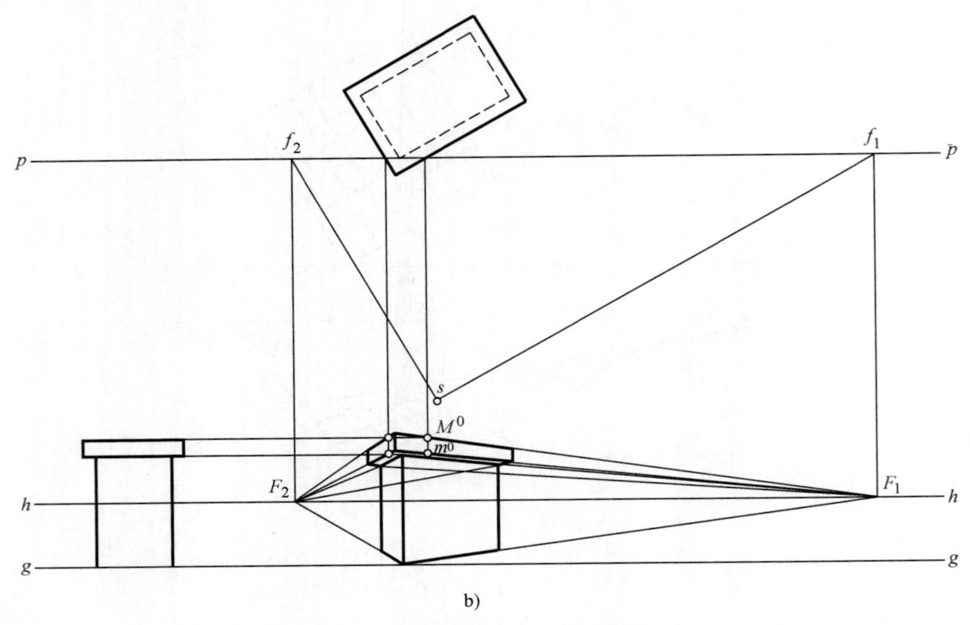

图 11-28 求建筑物的透视（续）

b）作屋顶的透视

【例 4】 如图 11-29 所示，已知建筑形体的两面投影，求作其透视图。

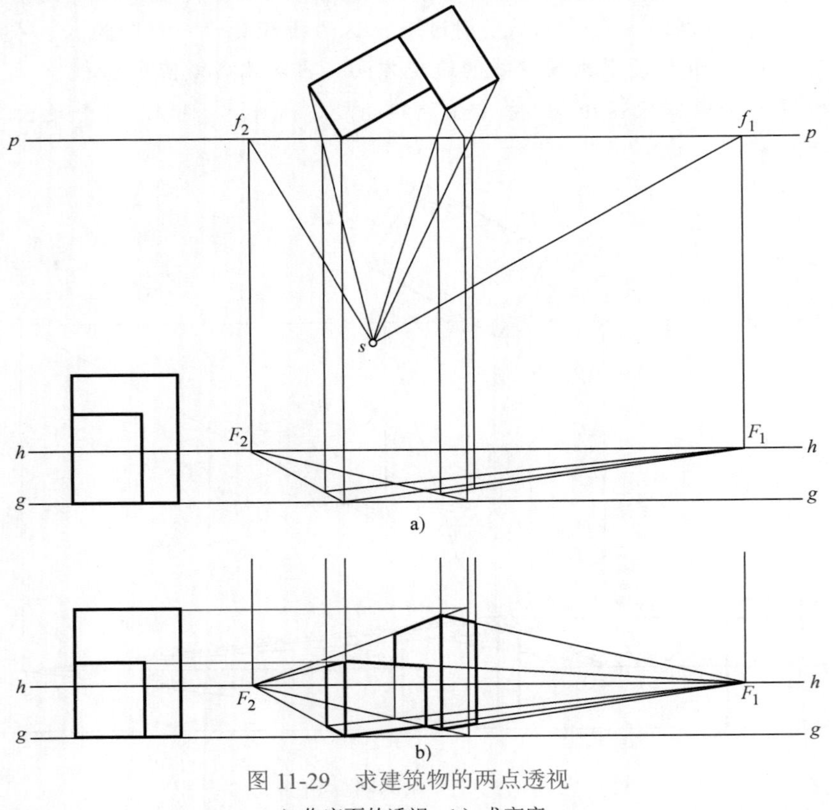

图 11-29 求建筑物的两点透视

a）作底面的透视 b）求高度

1）求作建筑形体的底面透视。
2）找出真高，求透视高度。

课堂练习：如图 11-30 所示，求下列建筑形体的两点透视。

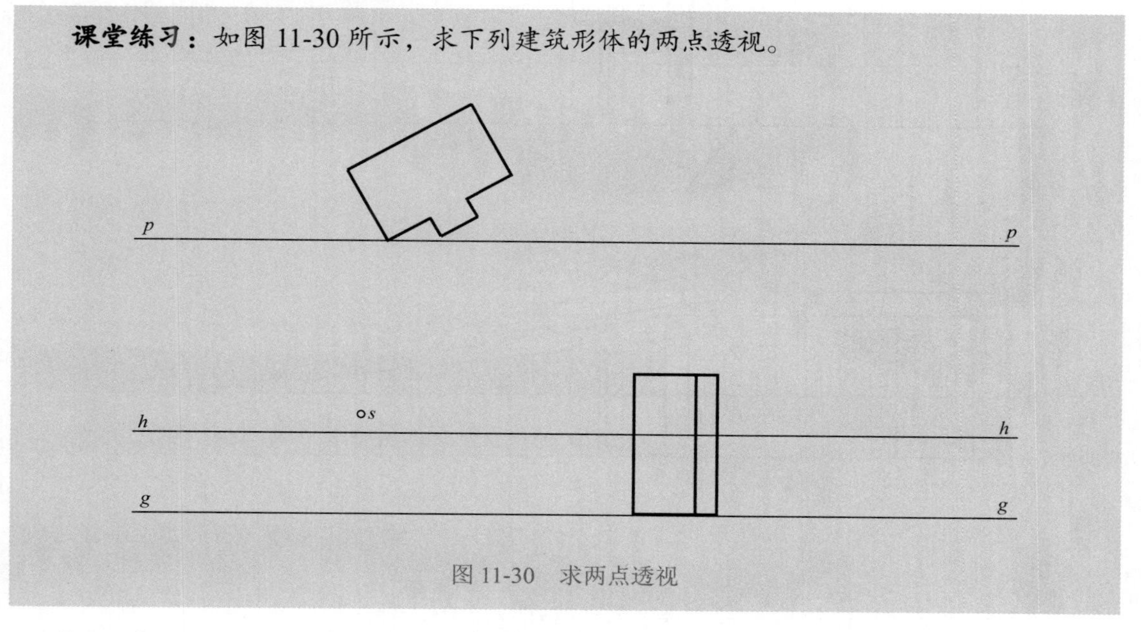

图 11-30　求两点透视

【例 5】 如图 11-31 所示，已知建筑形体的两面投影，求作其透视图。
1）求作底面的透视图。
2）求高度。
3）作屋顶的透视。

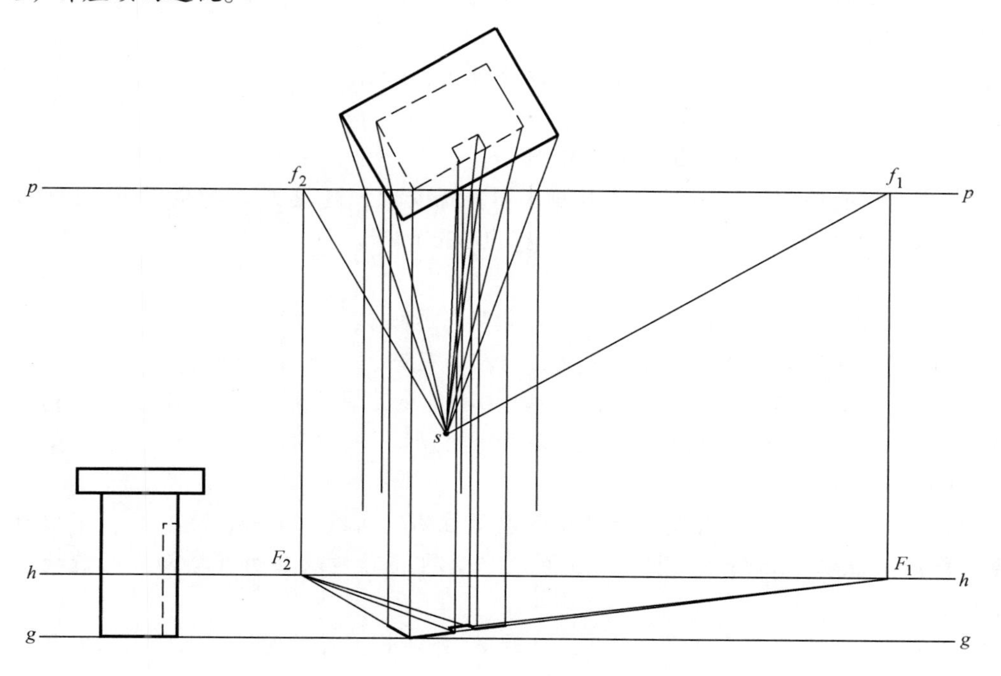

图 11-31　建筑形体的两点透视

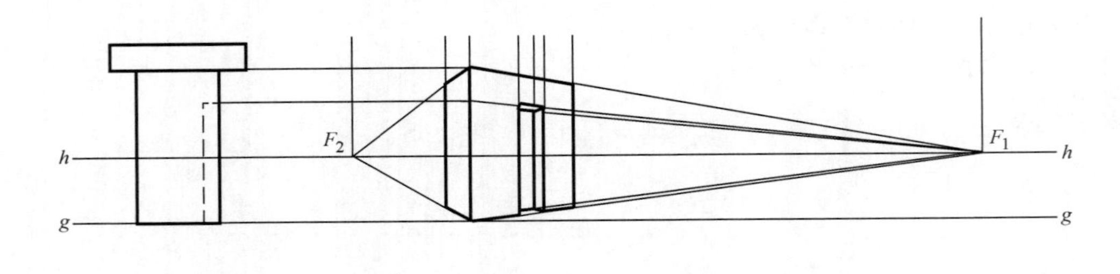

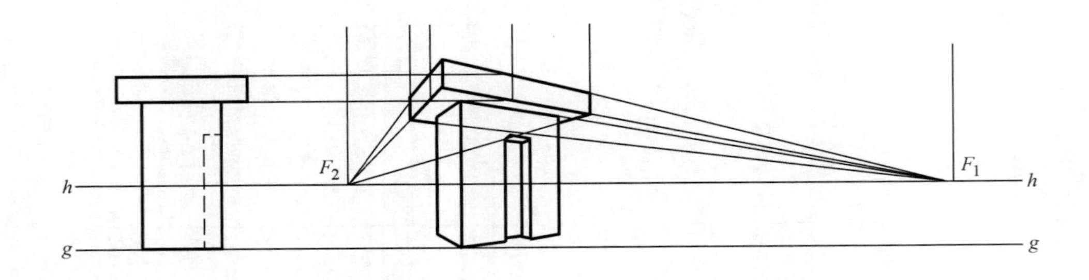

图 11-31　建筑形体的两点透视（续）

【例6】 如图 11-32 所示，求作台阶的透视图。

1）作两侧栏板的透视。先画出两个长方体，再利用切割法作图，得栏板的透视。

2）作踏步端面的透视。把右侧栏板左侧面延伸到与画面相交，作铅垂线。在此铅垂线上量取各踏步的高度，并利用视线交点法定出各踏面的位置。

3）从踏步端面透视各角点连接其长度方向的灭点，画出踏步透视。区分图线，完成台阶透视图。

【例7】 如图 11-33 所示，求作建筑形体的两点透视图。

1）求底面的透视，如图 11-33a 所示。

2）求下部长方体的高度，如图 11-33b 所示。

3）求屋脊线的透视。延长屋脊线到画面得画面交点，连接 F_1，即屋脊线的透视方向；再利用视线交点法求屋脊线端点的透视，如图 11-33c 所示。

4）区分图线。

【例8】 如图 11-34 所示，求建筑入口处的两点透视图。

1）该建筑入口处主要包括台阶、雨篷、门洞、窗洞、凸窗台几个部分。

2）布局，使画面与右边的墙角接触，则此墙角线为真高线。画面与墙面成 30° 夹角。定站点 s，使视角约为 40°。画出基线 gg 与视平线 hh。求出灭点 F_1、F_2（本例 F_1 在书页外），如图 11-34a 所示。

3）画台阶的透视，首先将踏步及栏板的真高在右墙角线上量出，连接 F_1，求出透视方向；再用视线交点法求出踏步、栏板端点的透视，即得踏步及栏板在墙面上的透视，如图 11-34a 所示。

4）过踏步、栏板在墙面上透视的各点，连 F_2 并延长，再用视线交点法求出它们前端的透视，完成整个台阶的透视，如图 11-34b 所示。

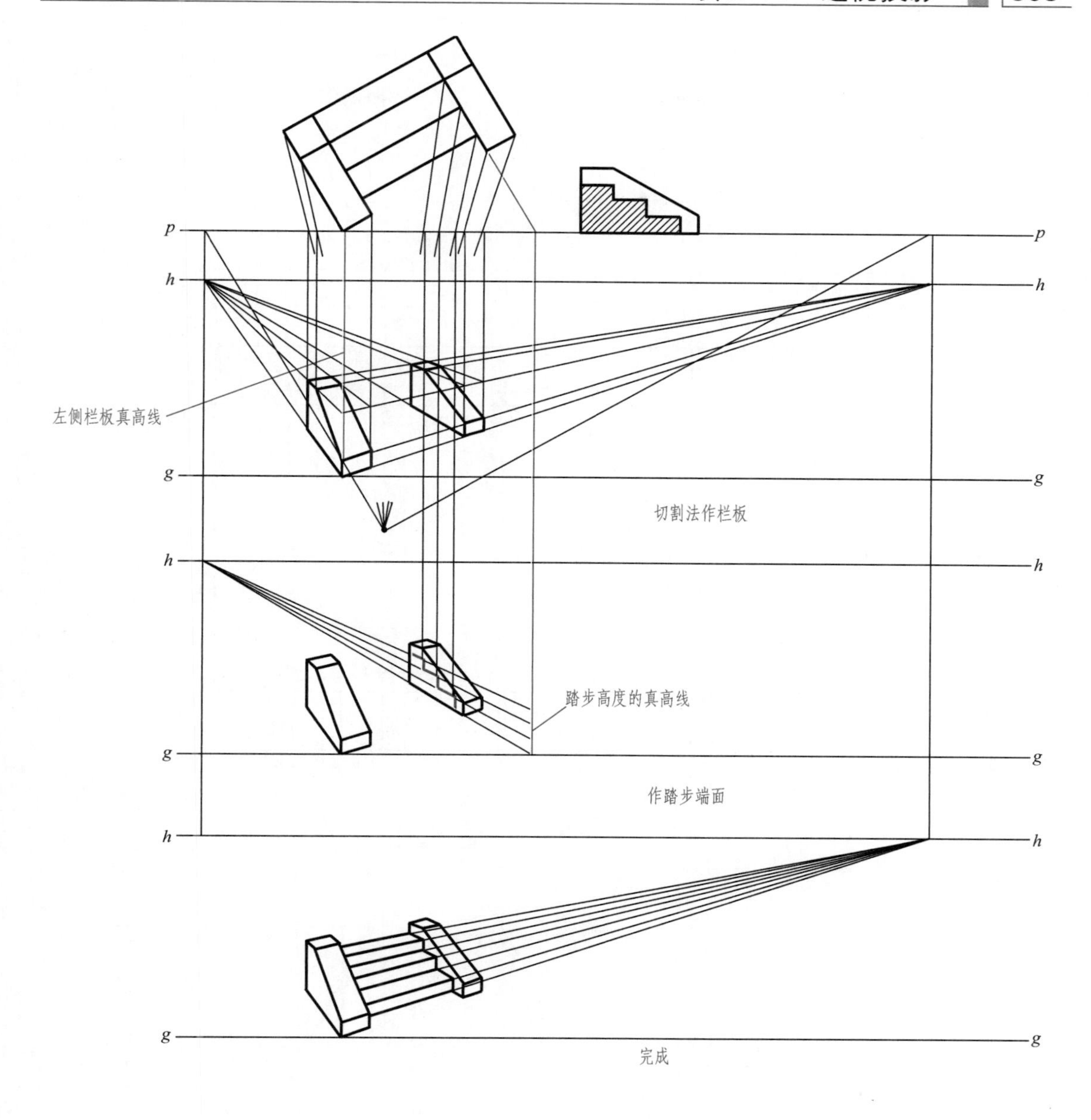

图 11-32 台阶的透视

5）用同样的方法求出雨篷、门窗洞、凸窗台在墙面上的透视，然后过各点连 F_2，如图 11-34b 所示。

6）完成作图，如图 11-34c 所示。

【例 9】 如图 11-35 所示，求作室内的两点透视图。

1）布局时，在给出的平面图上，过墙角 a 作画面线 pp，与墙面成 30° 夹角。定站点 s，使视角约为 45°。作室内透视时视平线可适当提高（本例为 1.8m），画出基线 gg 与视平线 hh。求出灭点 F_1、F_2（本例 F_1 在书页外），如图 11-35a 所示。

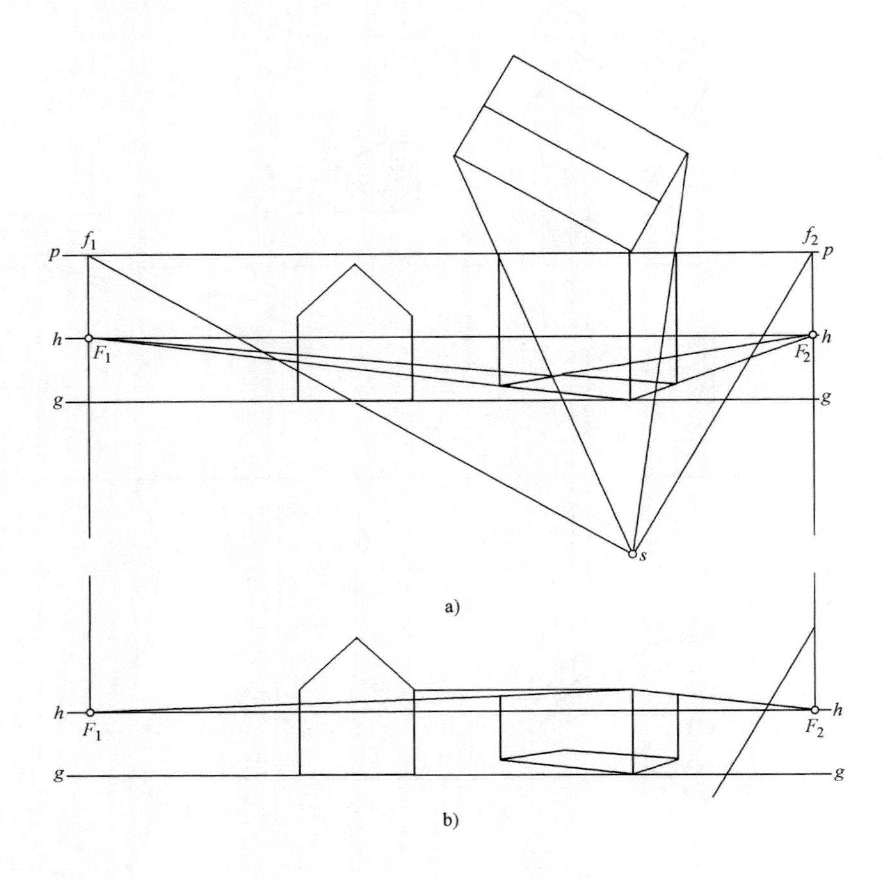

a)

b)

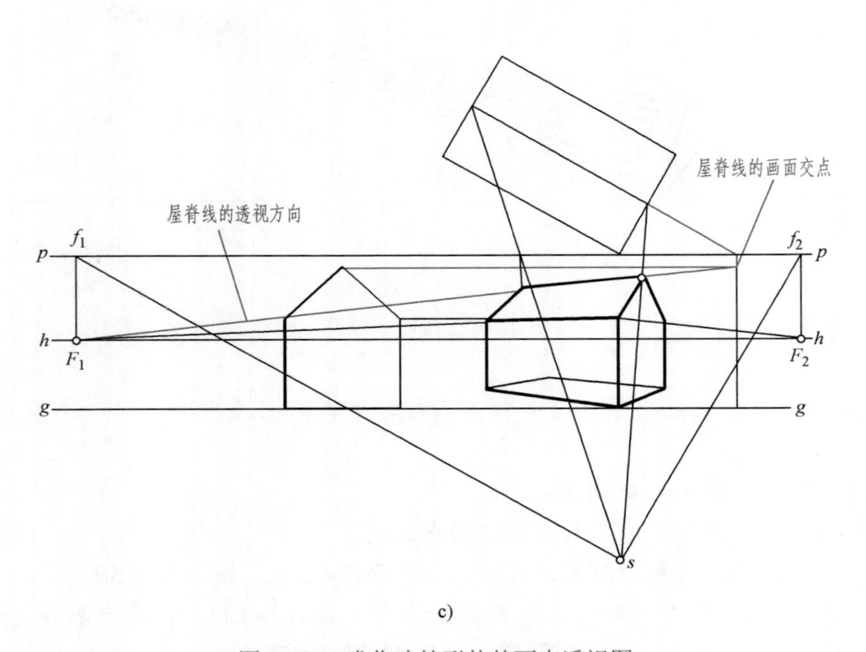

c)

图 11-33 求作建筑形体的两点透视图

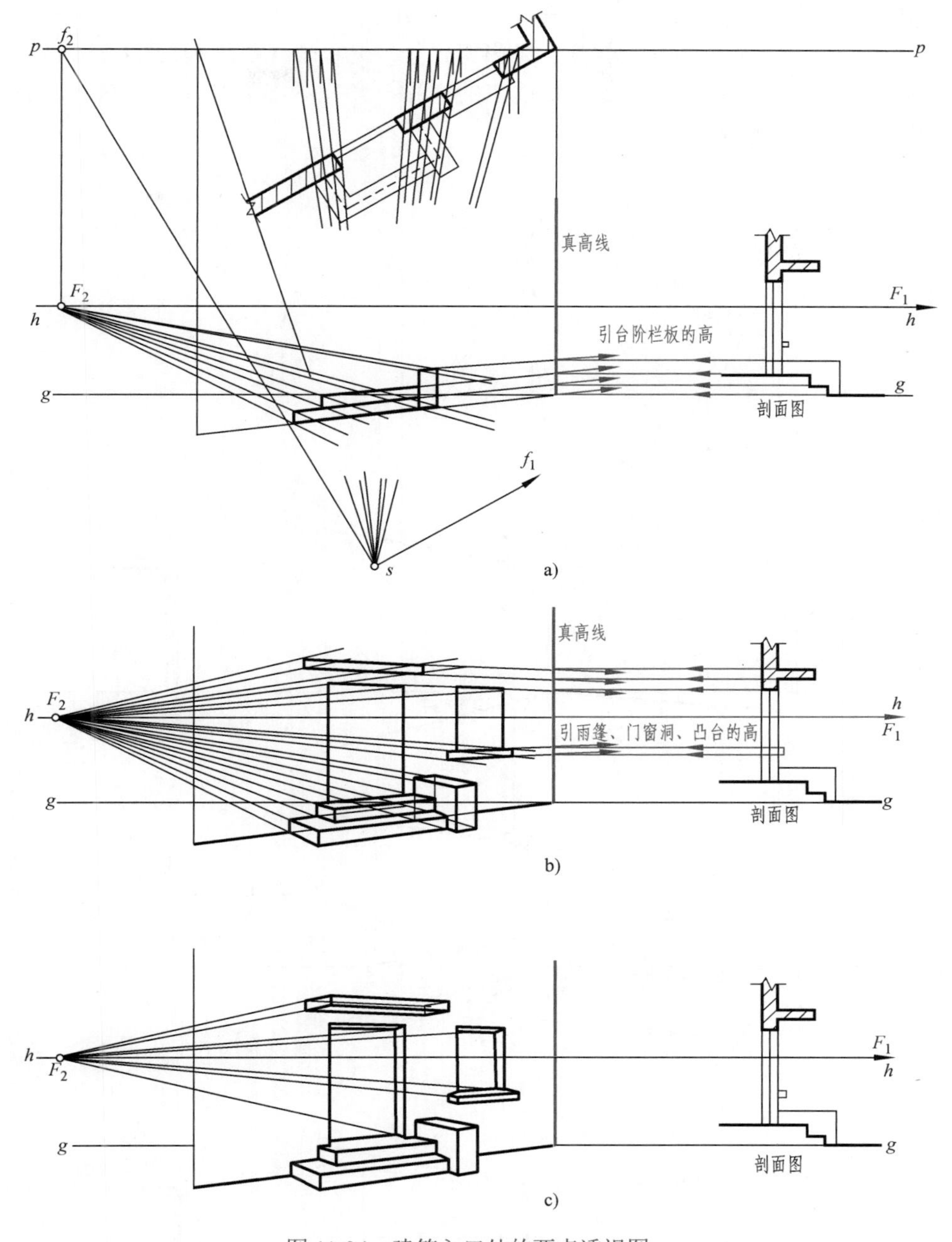

图 11-34　建筑入口处的两点透视图

2）作墙角线的透视，过平面图中墙角 a 引铅垂线到基线上，截取房间的净高 a^0A^0，再分别连接 F_1、F_2 并延长，即得房间地面与顶棚的透视，如图 11-35a 所示。

3）画地面分格线，如图 11-35b 所示。可采用透视的简捷作图法作图，参见本项目中透视的简捷作图。

4）作窗的透视。在真高线（即墙角线）上量取窗的高度，然后连 F_2 并延长，求得窗的高，再用视线交点法求窗的宽度，如图 11-35b 所示。

5）作沙发及茶几的透视轮廓，如图 11-35c 所示。

6）画细部，如家具、陈设、灯具、光影变化等，完成透视图，如图 11-35d 所示。

本例的室内两点透视主要表现了某住宅的客厅一角室内布置情况，该表现方法具有轻快、活泼、随意的透视效果。

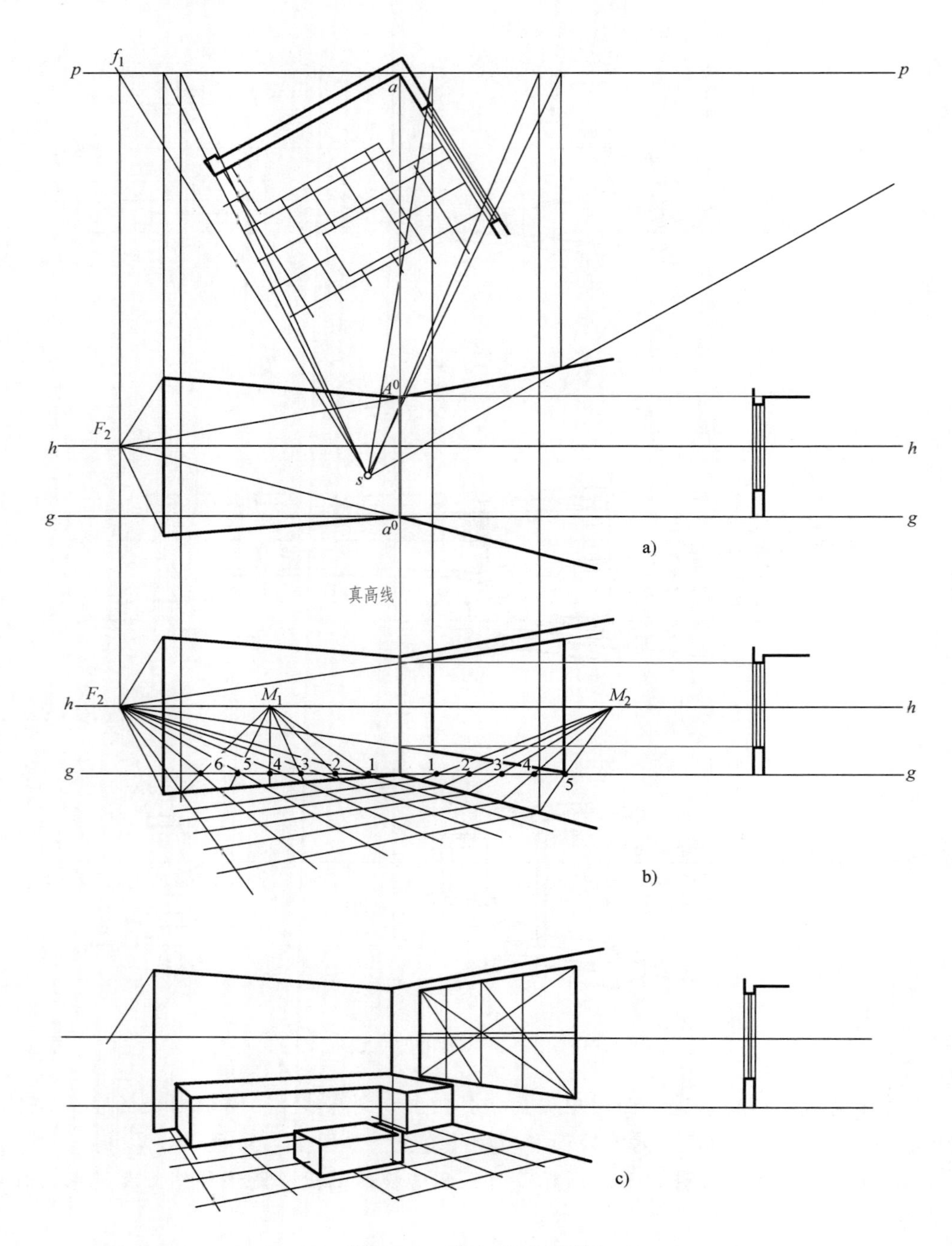

图 11-35 室内的两点透视

a）布局，作墙角线的透视 b）画地面分格线，作窗洞透视 c）作沙发及茶几的透视轮廓

d)

图 11-35　室内的两点透视（续）

d）画细部，完成透视图

11.6　一点透视的画法

当画面同时平行于建筑物的高度方向和长度方向时，平行于这两个方向的直线的透视都没有灭点，只有宽度方向有一个灭点，这种透视称为一点透视，它的作图原理和方法与两点透视基本相同。

如图 11-36 所示为一条边在画面上的长方形。*AB* 在画面上，其透视是其本身；*CD* 平行于画面，其透视与自身平行；*AD*、*BC* 垂直于画面，其透视灭点即心点 s'。按直线的透视规律即可求出其一点透视，作图步骤如下：

1）过 *S* 点做画面 *P* 的垂线，在视平线 *hh* 上求得心点 s'。

2）*AB* 在画面上，则透视即其本身。

3）画出 *AD*、BC 的全长透视。

4）用视线交点法求 *C* 点透视。

5）过透视点 C^0 作 *AB* 透视的平行线，与 As' 交于点 D^0。

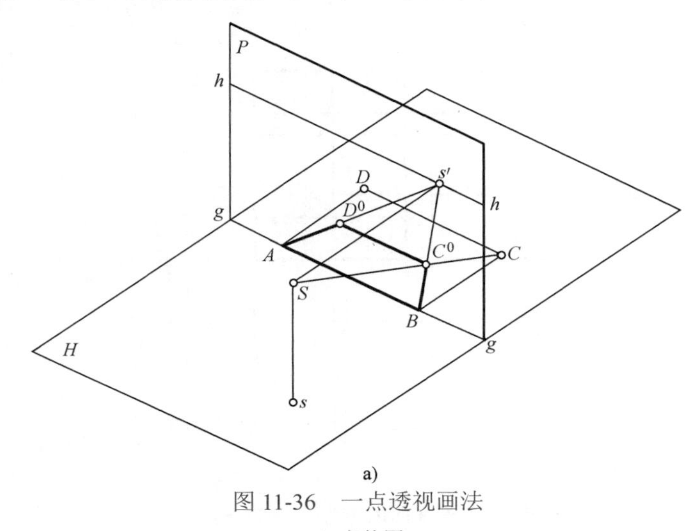

a)

图 11-36　一点透视画法

a）立体图

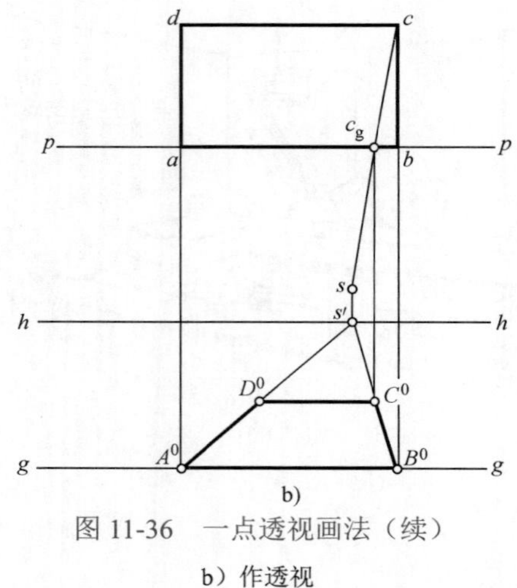

图 11-36 一点透视画法（续）

b）作透视

【例 10】 作出基面内的方形网格的一点透视（图 11-37a）。

1）作出画面上的点的透视，如图 11-37b 所示。

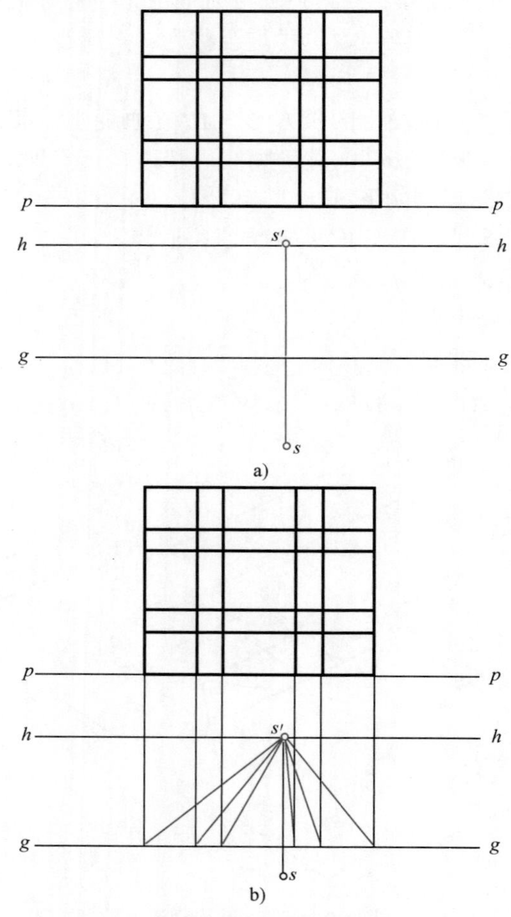

图 11-37 求基面内方形网格的一点透视

a）求心点 b）连接画面交点与心点，求出透视方向

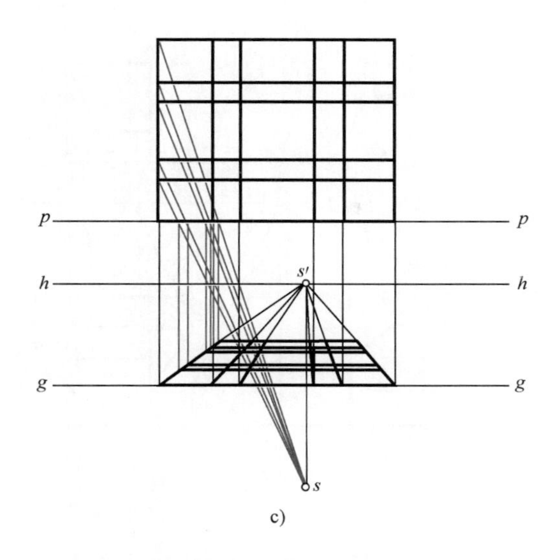

图 11-37　求基面内方形网格的一点透视（续）

c) 求出端点透视，作平行线，区分线型

2）作出竖直线的透视方向，如图 11-37b 所示。

3）求端点，作出各水平线的透视，如图 11-37c 所示。

4）加粗透视图，如图 11-37c 所示。

【例 11】 如图 11-38 所示，求形体的一点透视。

1）读投影，如图 11-38a 所示。

2）求灭点，如图 11-38a 所示。

3）垂直于画面的直线，其画面交点亦即它们的正面投影。连接心点，求各线的透视方向，如图 11-38b 所示。

4）求端点的透视，如图 11-38b、c 所示。

5）连轮廓线，加粗图线。

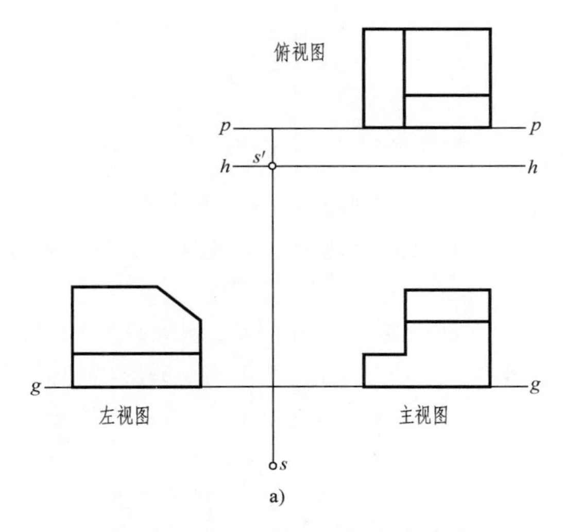

图 11-38　求形体的一点透视

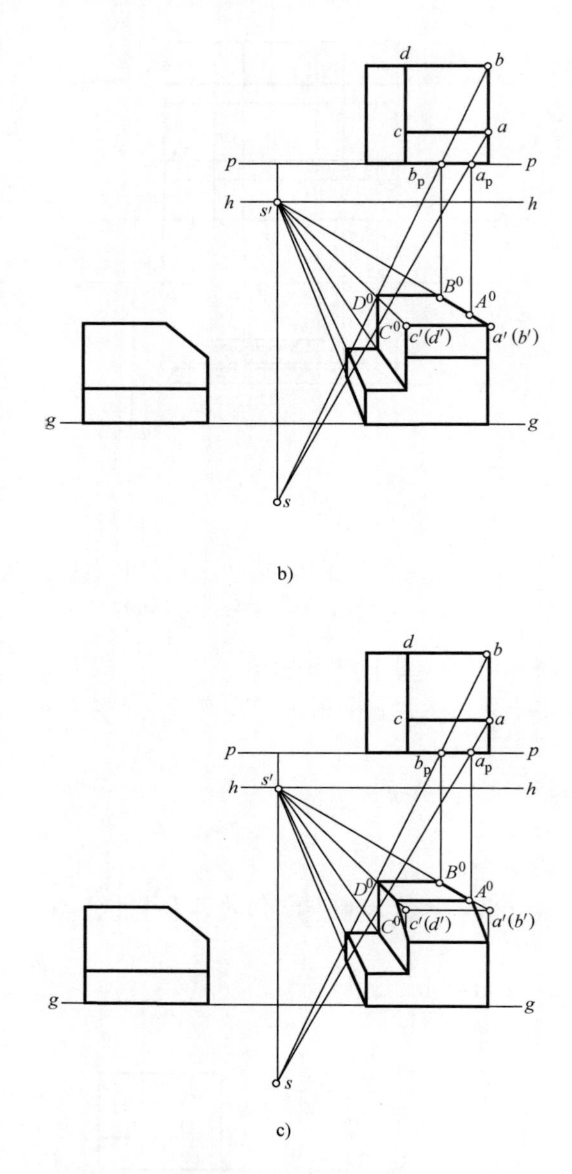

图 11-38　求形体的一点透视（续）

【例 12】 如图 11-39 所示，求建筑形体的一点透视图。

1）宽度方向垂直于画面，其灭点即是心点。过站点 s 引铅垂线与视平线相交，即为心点 s'。

2）作左侧长方体的透视。由于其前表面 $abBA$ 位于画面上，透视是其本身，可直接作图，即 $a^0b^0B^0A^0$，然后再连接 b^0s'、B^0s'，求出其宽度，如图 11-39a 所示。

3）作右侧长方体的透视。求出真高线 c^0C^0，然后求出其他各点的透视，如图 11-39b 所示。

4）求中间长方体的透视。在 b^0B^0 上截取 b^0D^0 等于中间形体的实际高度，再求出其他各点的透视，完成全图，如图 11-39c 所示。

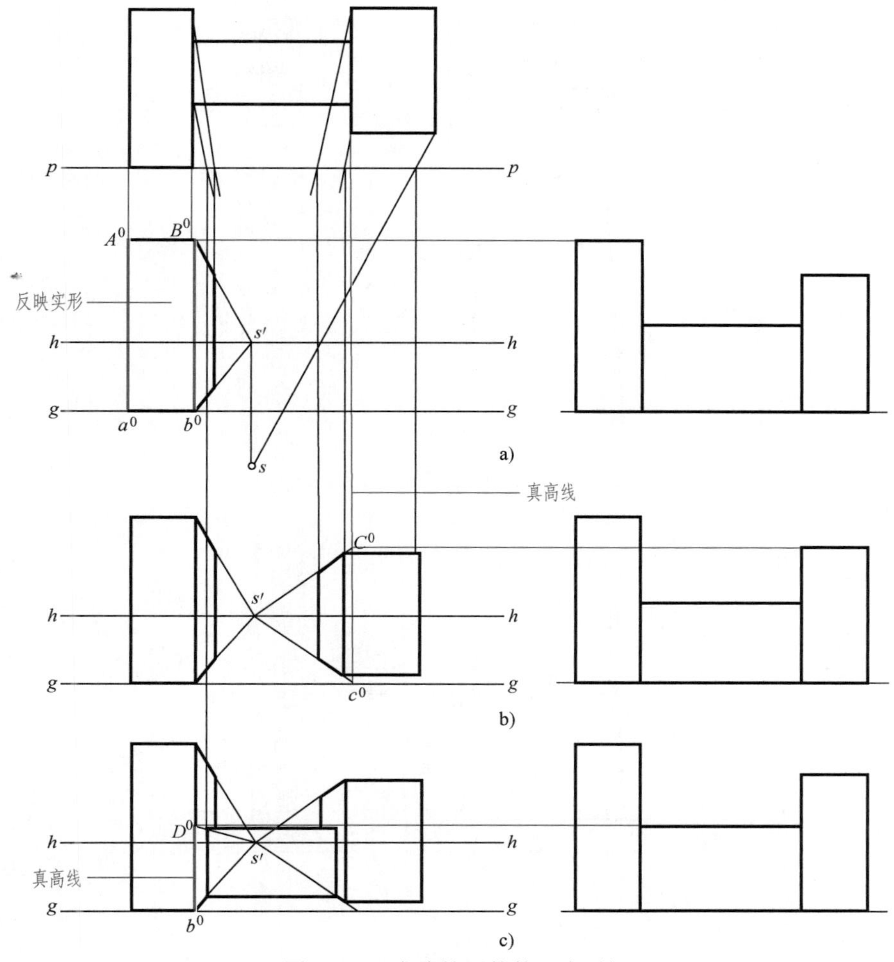

图 11-39 求建筑形体的一点透视

【例 13】 如图 11-40 所示，作纪念碑的透视图。

1）纪念碑的长方体底座，其前侧面就在画面上，透视为其自身。连接各顶点与心点 s'，求长方体宽度的透视方向，如图 11-40b 所示。

2）上部楔形体垂直于画面的直线，其画面交点即其正面投影，连接楔形体正面投影上各点与心点 s'，得楔形体宽度的透视方向，如图 11-40b 所示。

3）求出长方体、楔形体上各端点的透视，连接，即得纪念碑的透视图，如图 11-40c 所示。

【例 14】 如图 11-41 所示，求室内大厅的一点透视。

1）如图 11-41a 所示，在平面图中定出画面的位置 pp，使大厅一部分在画面之前（成为放大的透视），一部分在画面之后（成为缩小的透视），且一个柱面在画面 P 上。在剖面图中，定出基线 gg 与视平线 hh，使其通过门窗洞处。

2）与画面垂直的墙线、顶棚线、吊顶线，其画面交点的位置均为剖面图中它们的投影处，连接画面交点与心点 s'，得与画面垂直的墙线、顶棚线、吊顶线的透视方向，并利用视线交点法求出它们端点的透视，如图 11-41b 所示。

3）求门窗洞的透视，如图 11-41c 所示。

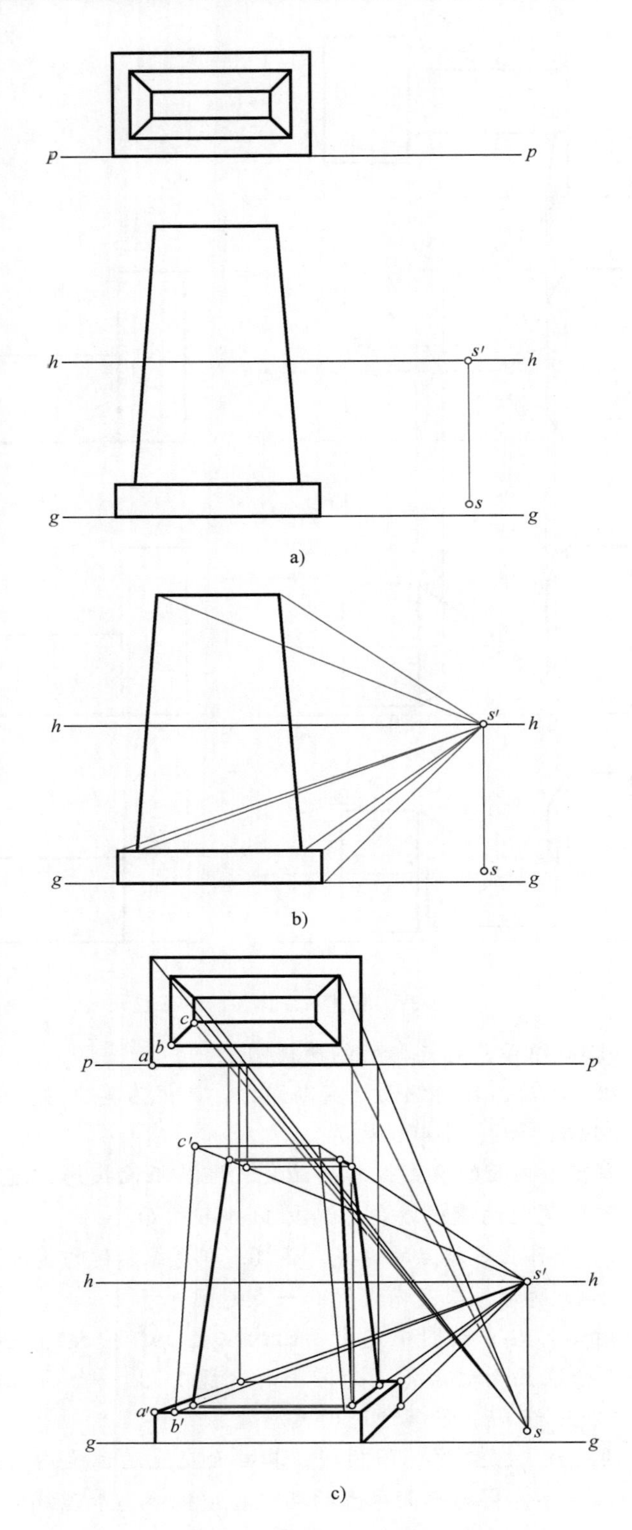

图 11-40　作纪念碑的一点透视

a）求心点　b）求宽度的透视方向　c）求端点的透视

4）求柱列的透视，如图 11-41d 所示。

5）加粗、加深图线，完成全图，如图 11-41e 所示。

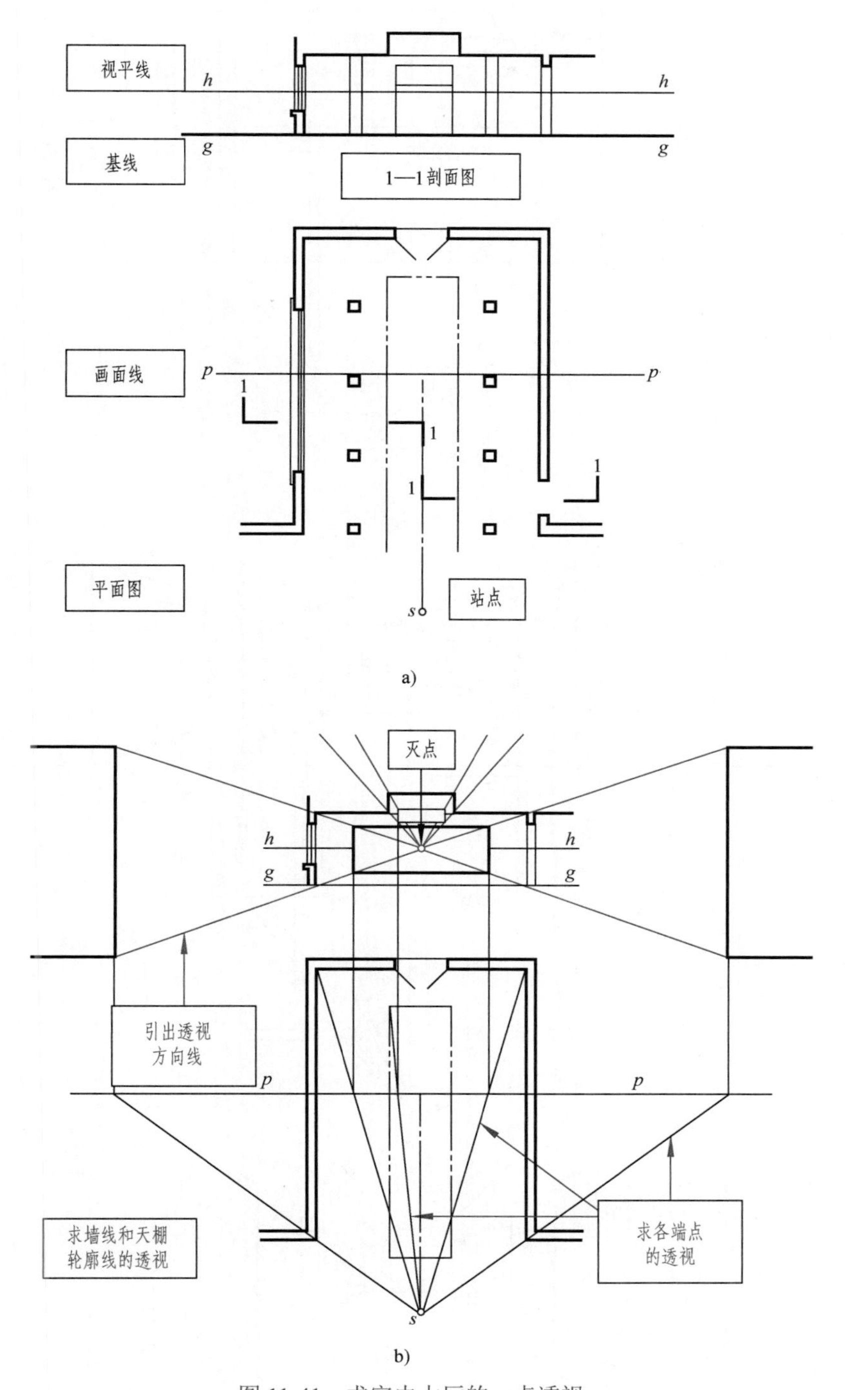

图 11-41　求室内大厅的一点透视

a）已知平面、剖面图　b）求室内主要轮廓的透视

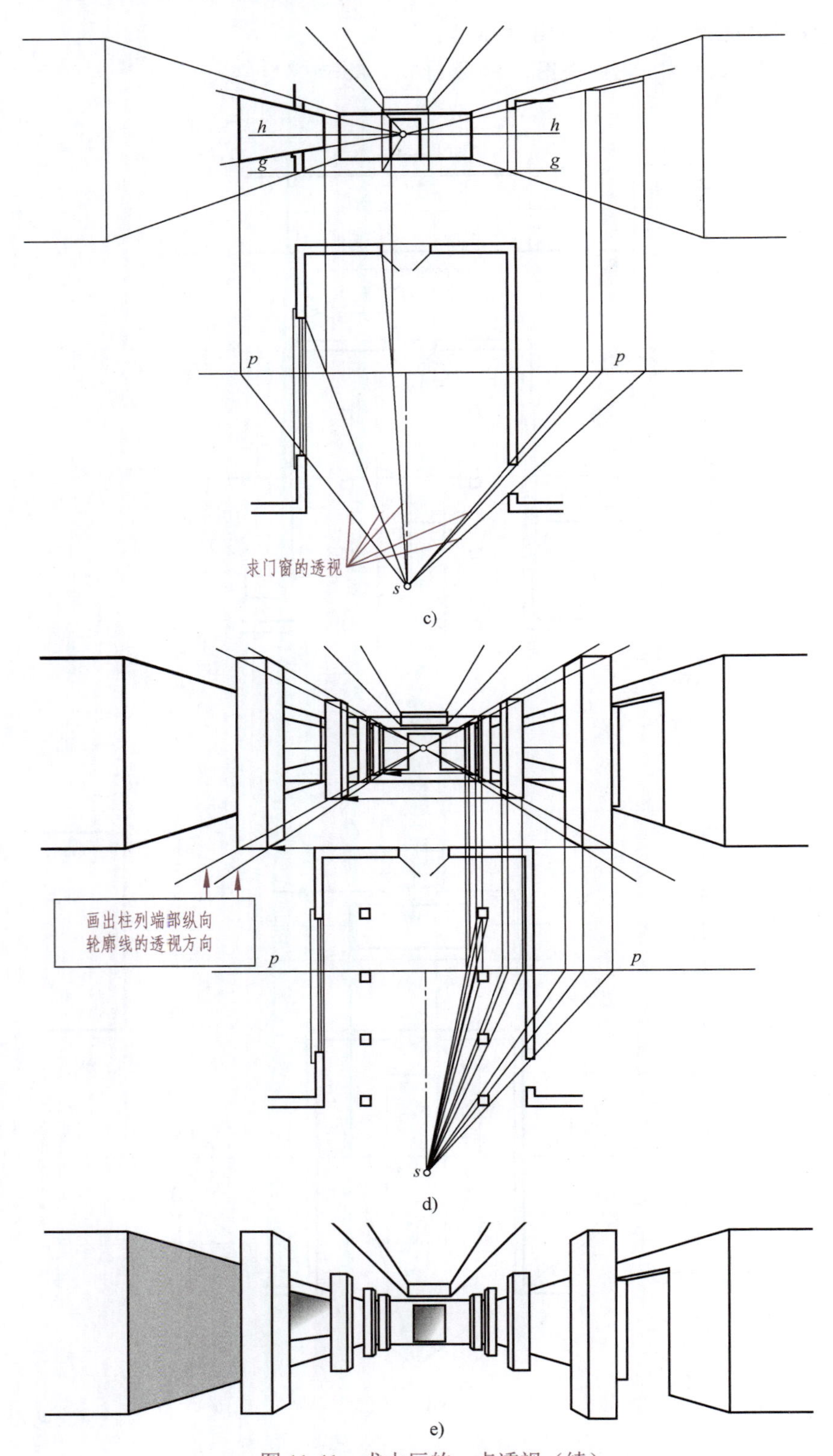

图 11-41 求大厅的一点透视（续）

c）求门窗的透视 d）求柱列的透视 e）透视效果图

【例 15】 如图 11-42 所示，求建筑室内的一点透视图。

1）布局时，画面平行于正面，视角一般取 40° ~ 50°。站点可稍偏一些，以免构图太呆板。按比例取视高（本例为 1.7m），画出基线 *gg* 与视平线 *hh*。求出宽度方向的灭点 *s′*，作出室内墙体、地面、顶棚和窗洞的透视（作法叙述省略），如图 11-42a 所示。

2）作吊顶的透视，如图 11-42b 所示。

3）作沙发、茶几、矮柜的透视轮廓，如图 11-42c 所示。

4）画细部，如家具、陈设、灯具、光影变化等，完成透视图，如图 11-42d 所示。

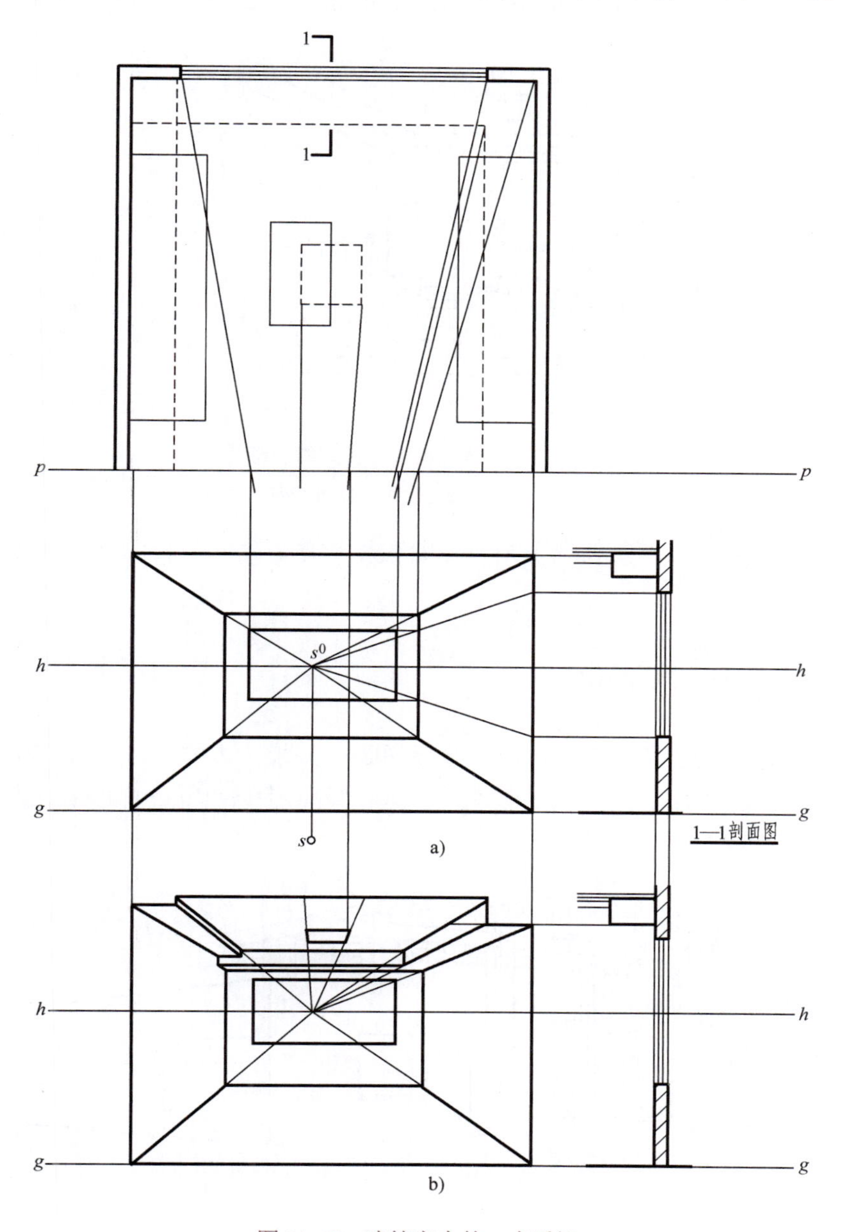

图 11-42　建筑室内的一点透视

a）布局，作墙角线及窗洞的透视　b）作吊顶的透视

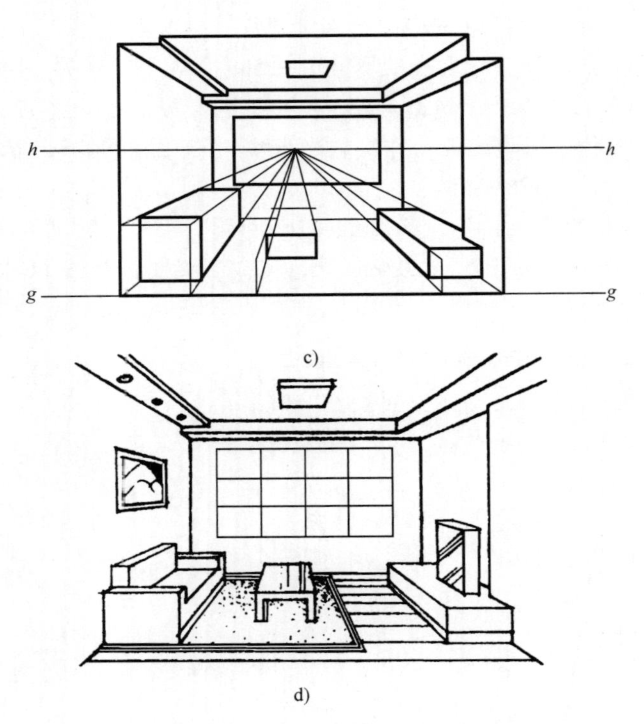

c)

d)

图 11-42 建筑室内的一点透视（续）

c）作沙发、茶几、矮柜的透视轮廓 d）画细部，完成透视图

本例的室内一点透视主要表现了某住宅的客厅布置情况，该表现方法具有稳重、全面的透视效果。

11.7 效果图中的配景绘制

如果只画出建筑物的透视图，图面会显得单调、呆板。事实上，建筑是存在于环境中的，透视图中画出其周围的道路、绿化、车辆、人物等，会使透视图更加逼真、生动，如图11-43所示。

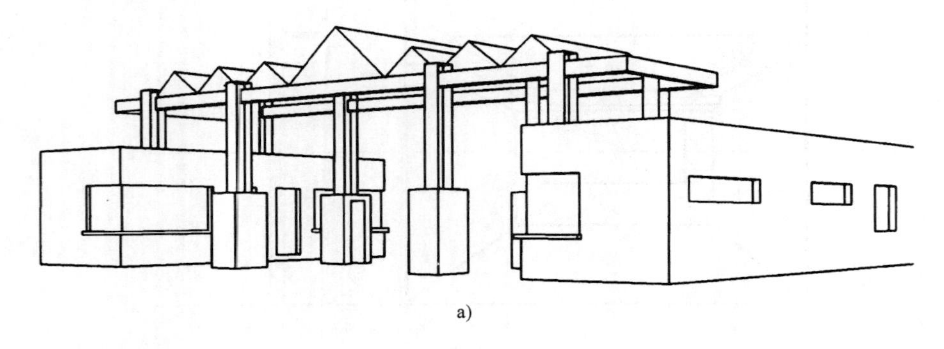

a)

图 11-43 透视图中画出配景

a）透视图

b)

图 11-43　透视图中画出配景（续）

b）在透视图中画出道路、绿化、人物等配景，并画出材质，区分明暗

【例 16】 如图 11-44 所示，已知 AB 的高度为 3 人高，请在 E 点处作出 1 人高直线的透视图。

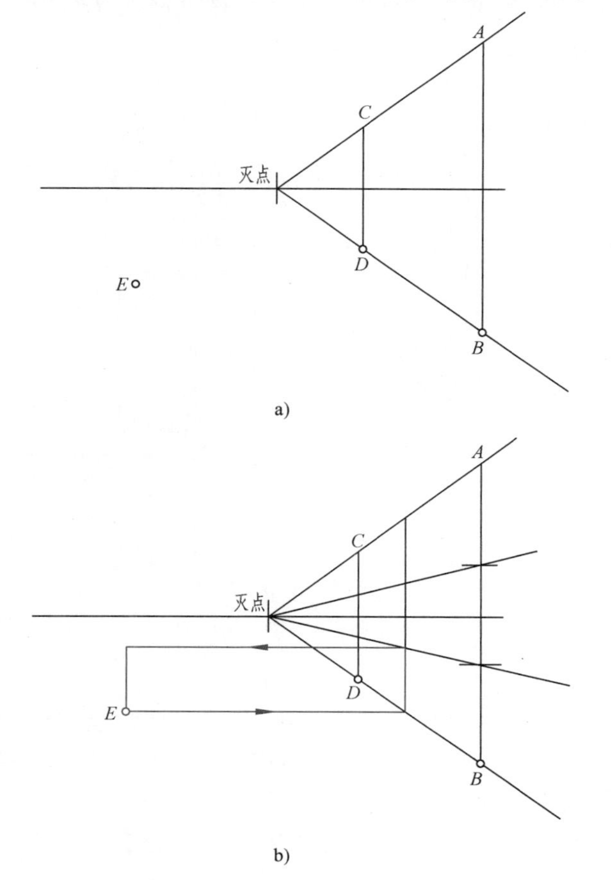

a)

b)

图 11-44　在透视图中求人物高度

注意：在透视图中，人物就像一把尺子，一定注意人物高度应当正确，否则可能会使建筑物失真、扭曲。

11.8 量点法作透视图

量点法是利用辅助灭点 M，求作透视图的一种方法。对于有些建筑形体用量点法求作透视图更为方便。

11.8.1 量点法的概念

1. 量点概念

如图 11-45a 所示，求基面上 AB 线的透视，首先求 AB 的透视方向，方法同前，即求得 AB 的画面交点与 AB 的灭点，连线 FT 即为 AB 的透视方向。

透视长度可用量点法求得。在基面上作辅助线 AA_1，使 $AT=A_1T$，并与基线交于 A_1，求出辅助线 AA_1 的辅助灭点为 M，连 MA_1 为辅助线 AA_1 的透视方向，AA_1 的透视必在该透视方向线上。A^0 在 TF 上，又在 MA_1 上，所以两条透视方向线的交点即为点 A 的透视 A^0。图中点 M 称为量点，这种利用量点求透视长度的方法称为量点法。同样，如求点 B 的透视，在基线上量取 $TB_1=TB$，BB_1 辅助线灭点仍为 M，连接 B_1M 与 TF 相交，交点即为点 B 的透视 B^0。量点只是用于确定辅助线的透视方向。

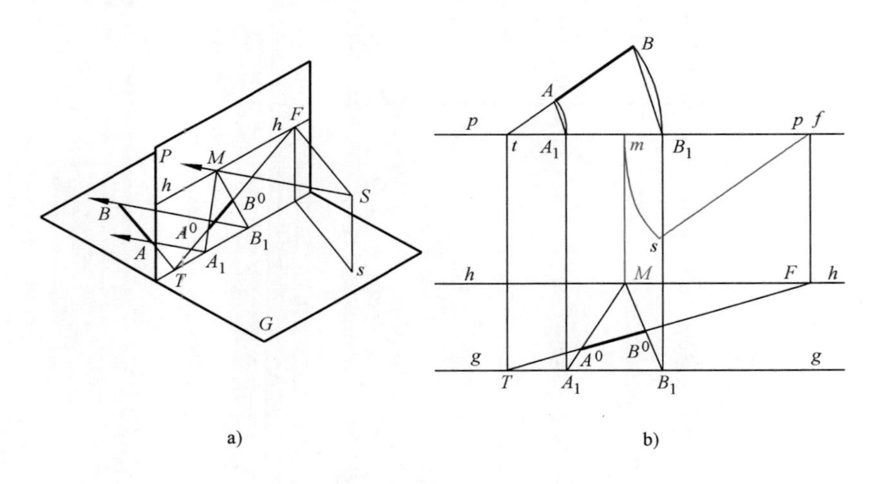

图 11-45 量点法的概念

a）量点的概念 b）作图方法

2. 量点求法

从图 11-45a 可知，三角形 ATA_1 是等腰三角形，辅助线 AA_1 是三角形的底边。三角形 SFM 与三角形 ATA_1 相似（$SF//TA$，$SM//AA_1$，$FM//TA_1$），所以三角形 SFM 也是等腰三角形，SM 是底边，两腰相等，即 $SF=MF$。

所以，量点 M 到灭点 F 的距离等于灭点 F 到视点 S 的距离。要想求 M，在视平线上过 F 量取长度为 SF 处即为量点 M。

3. 直线透视作法

如图 11-45b 所示为展开后透视图作法。首先在平面图上求出直线的画面交点与灭点的投影，根据 $FM=FS$ 求出量点 M 的投影 m；然后在画面上按相对位置确定 T、F、M，连接 TF 为 AB 的透视方向。

在平面图上量取 TA 并在画面基线上作 $TA_1=TA$，连接 A_1M 与 TF 相交，交点即为 A 点的透视 A^0。同理可求 B 点的透视 B^0，连 A^0B^0 即为直线 AB 的透视。

11.8.2　量点法作透视图

【例 17】 如图 11-46 所示，用量点法作基面上的矩形平面 $abcd$ 的两点透视。

1）求出 F_1、F_2。

2）求出 M_1、M_2，即先以 f_1 为圆心，f_1s 为半径作弧与 pp 交于 m_1，过 m_1 引铅垂线与 hh 交于 M_1。再以 f_2 为圆心，f_2s 为半径作弧与 pp 交于 m_2，过 m_2 引铅垂线与 hh 交于 M_2。

3）过 a 引铅垂线与 gg 交于 a^0，自 a^0 量取 $a^0b_1=B$，$a^0d_1=L$。

4）连 a^0F_1 得 ad 的透视方向，连 a^0F_2 得 ab 的透视方向。

5）连 M_2b_1 与 a^0F_2 相交于 b^0，连 M_1d_1 与 a^0F_1 相交于 d^0。

6）连 b_0F_1、d^0F_2 相交于 c^0。

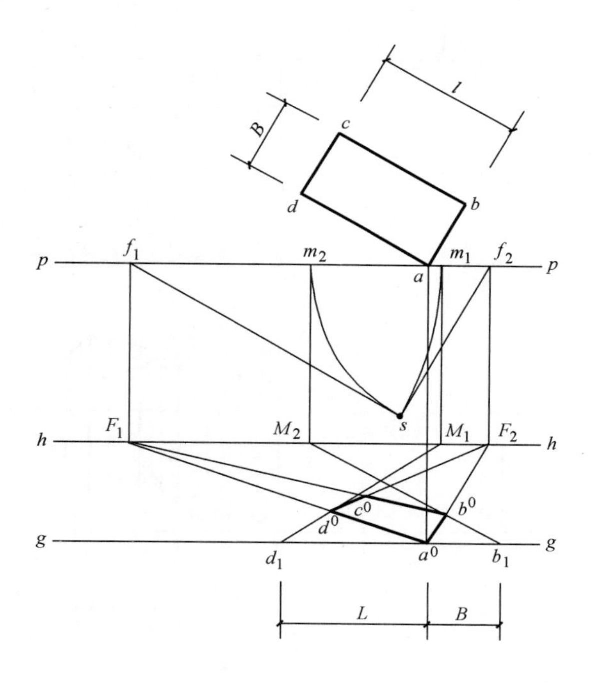

图 11-46　量点法求矩形平面的透视

【例 18】 如图 11-47 所示，用量点法作建筑形体的两点透视。

1）求灭点及量点。在平面图上，求得灭点、量点的水平投影 f_1、f_2、m_1、m_2。把 f_1、f_2、m_1、m_2 引到视平线 hh 上，即得灭点 F_1、F_2 及量点 M_1、M_2。

2）把点 a 引到 gg 线上即 a^0，连接 a^0F_1、a^0F_2。

3）将平面图上的尺寸 x_1、x_2、x_3、y_1、y_2 量到 gg 线上，自 a^0 向右量得 ny_1、ny_2，向左量得 nx_3、nx_2、nx_1（如需放大透视图可按 n 倍放大量出，本例 n=1）。

4）把在 gg 线上量出的点分别连接 M_1、M_2，与 a^0F_1、a^0F_2 分别相交，求出点 1、4、b、d 的透视，再求出点 2、3 的透视，即完成平面形状的透视。

5）求高度，完成建筑形体的透视。

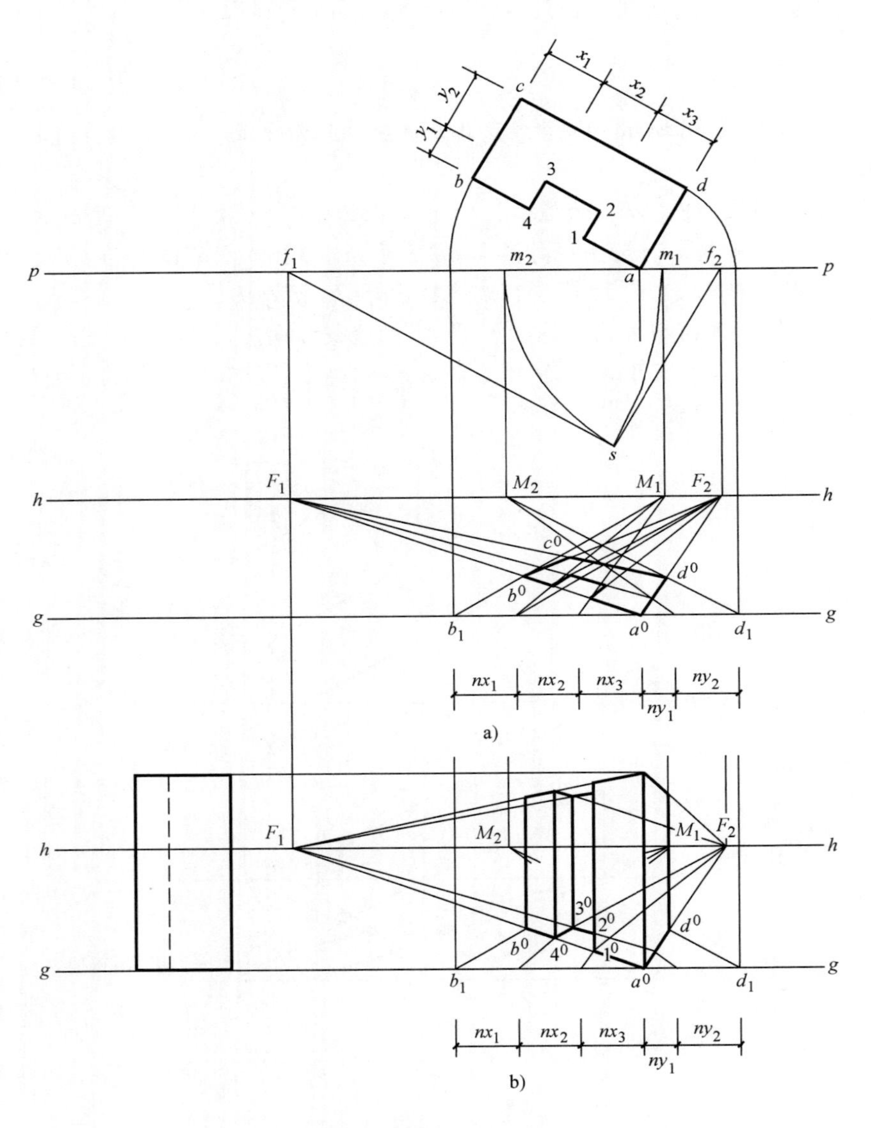

图 11-47 用量点法作透视图

同视线交点法相比，如图 11-48 所示直接用量点法作建筑形体的两点透视，一般可以不用平面图和立面图，直接把建筑物的尺寸标在 gg 线上，并把长、宽方向的尺寸与各自的辅助灭点相连，具体作法与图 11-47 的作图步骤相同，仅把从站点 s 按两个主向水平线的透视方向引出视线的投影，让它反向画在视平线上，并作出两个辅助灭点，即可按比例作图。

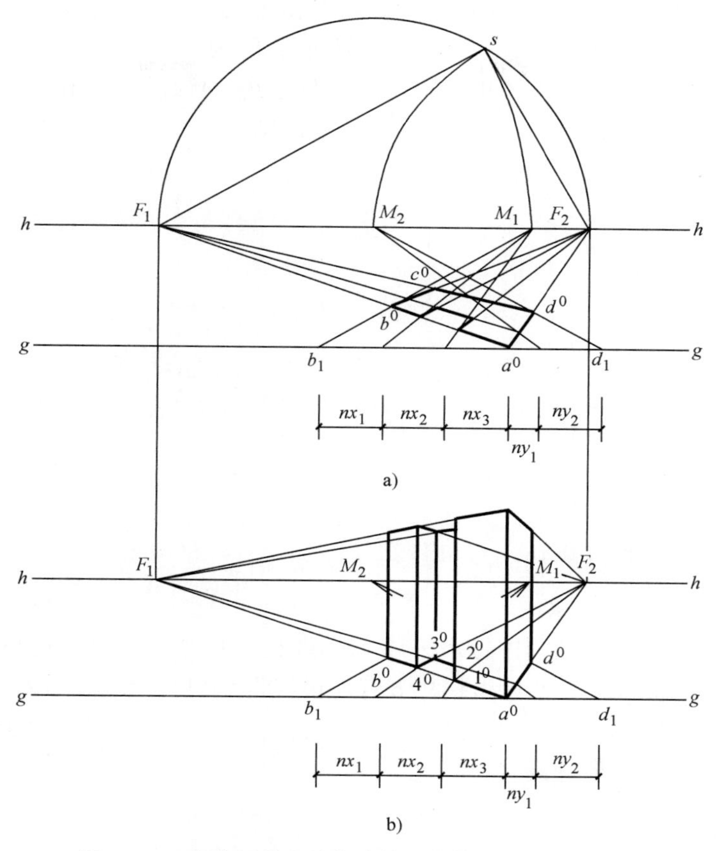

图 11-48 直接用量点法作建筑形体的两点透视（n=1）

11.9 透视图的简捷作图法

在画透视图时，往往只用前述方法作出房屋和某些细部轮廓的透视后，就直接在透视图上用简捷作图方法把房屋和细部的其他部分画上。透视图的简捷作图方法是利用初等几何的知识进行作图，能简化作图、提高效率。

11.9.1 利用线段比作图

利用线段比作图可以画开间、门窗洞等铅垂线，也可以画层高和门窗洞横线。

1. 等分线段

在一条透视直线上，截取等长线段（或不等长但成一定比例的线段），可以利用平面几何的理论（即一组平行线可将任意两直线分成比例相等的线段）等分线段，如图 11-49a 中Ⅰ 1、Ⅱ 2、…、Ⅵ 6 把直线 ab 及 a Ⅵ进行了 6 等分。

在透视图中，只有画面平行线被其上的点划分线段之比，其透视仍能保持原来比例；而画面相交线则不然，直线上各线段长度之比，其透视将产生变形，不等于实际分段之比，但可以利用前者的透视特性，来解决后者的作图问题。

如图 11-49b 所示，在透视图中把水平线 ab 分成 6 等份。首先，自 a^0b^0 的任一端如 a^0，作一水平线，在其上截得Ⅰ、Ⅱ、…、Ⅵ，使其分 a^0 Ⅵ为 6 等份。连接Ⅵ b^0 并延长，使其与 hh 相交于 M，则 M 必为直线Ⅵ b 的灭点，同时 M 也必为直线Ⅰ1、Ⅱ2,…Ⅴ5 的灭点（相互平行的直线必有一个共同的灭点）。连接 M Ⅰ、M Ⅱ、…、M Ⅴ与 a^0b^0 相交，得点 1^0、2^0、…、5^0 即把 a^0b^0 的透视 6 等分。

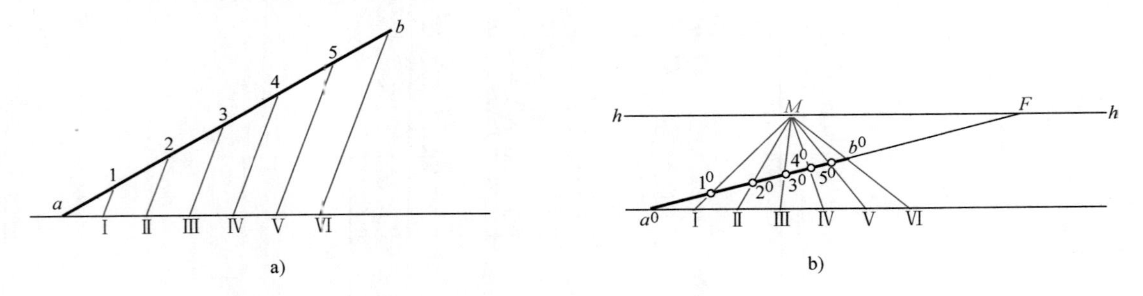

图 11-49 等分线段

注：平行直线Ⅰ1、Ⅱ2、Ⅲ3、…、Ⅵ6 有一个共同灭点 M。

2. 分线段 *ab* 成一定的比例

如图 11-50 所示，在透视图中把水平线 mn 分成 3∶1∶2 的比例。在与画面平行的直线上分别量取 3∶1∶2 的线段，连接该线段 c 点与透视直线的一个端点与视平线相交于一点，分别连接该点与 a、b 点，与透视直线的交点即把透视直线分成了 3∶1∶2 三段。同理可求任意透视直线的任意比例的分割。

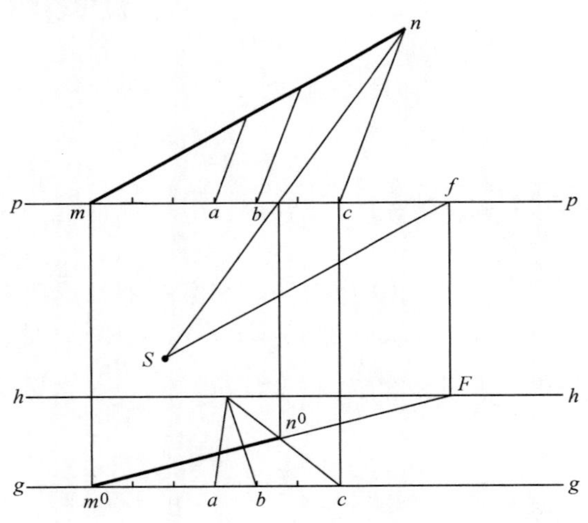

图 11-50 分线段 ab 成一定的比例

3. 在建筑轮廓透视图中画开间、门窗洞等铅垂线

如图 11-51 所示，按分线段成一定比例的方法在墙脚线上求出各分点，再引铅垂线即可。从墙角顶点引水平线进行作图，结果一样。

4. 在建筑轮廓透视图中画层高和门窗洞横线

如图 11-52 所示，如果布局时使墙角与画面接触，则该墙角的透视反映墙角线的实际高

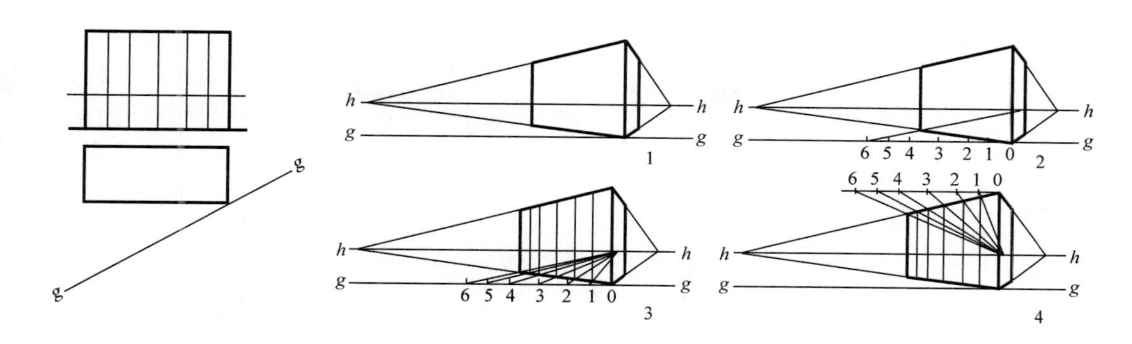

图 11-51　分画竖线

度。直接在墙角线上作出各横向分点，然后与相应的灭点相连，即得正立面上各横向分格的透视。

如果墙角不与画面接触，则可先在任一墙角的透视上进行按比例分格，因为在平行于画面的直线上各分点的比例，等于该直线的透视上各分点的比例。

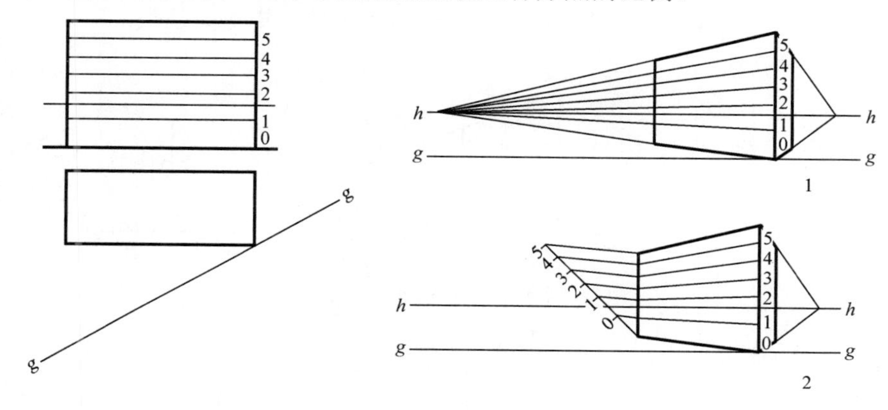

图 11-52　分画横线

如图 11-53 所示为在建筑物透视轮廓中画出门窗洞透视应用实例。

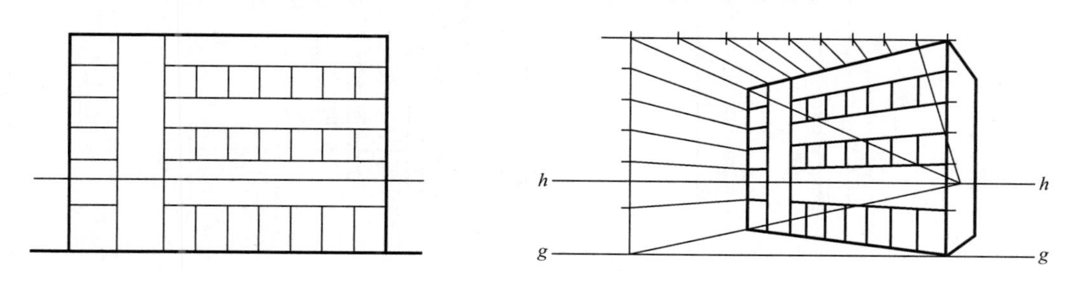

图 11-53　门窗洞的透视应用实例

11.9.2　利用矩形对角线作图

利用矩形的透视对角线，可以进行矩形等分，作连续矩形和对称图形等。

1. 求矩形的中线

矩形对角线的交点，就是矩形的中点，矩形的中线必通过该中点。作图时，连接矩形的两条对角线交点即中点，过中点即可作铅垂中线和水平中线的透视，如图 11-54 所示。同样道理，也可将矩形四等分。

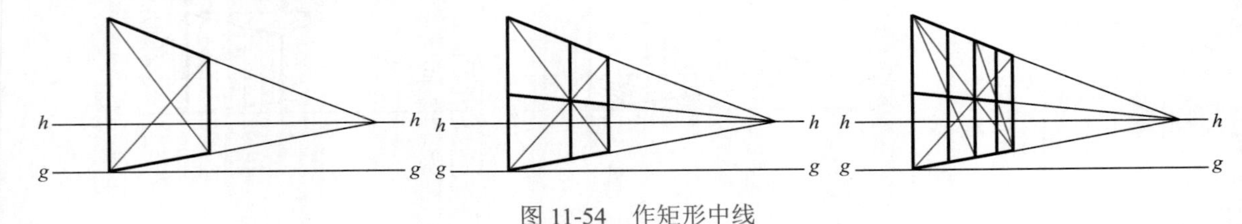

图 11-54 作矩形中线

2. 矩形的连续

有四个连续且等大的矩形，如果已作出第一个矩形的透视，即可在透视图上直接作出其余三个矩形的透视，如图 11-55 所示。作铅垂边 C^0D^0 的中点 O^0，连 O^0 与灭点，得矩形的水平中线的透视；把 C^0D^0 的中点 O^0 看成是 $A^0B^0G^0E^0$ 的中点，连 B^0O^0 并延长，交 A^0F 于 E^0。过 E^0 引铅垂线，即求出第二个矩形。同理，可求一系列矩形的延续。

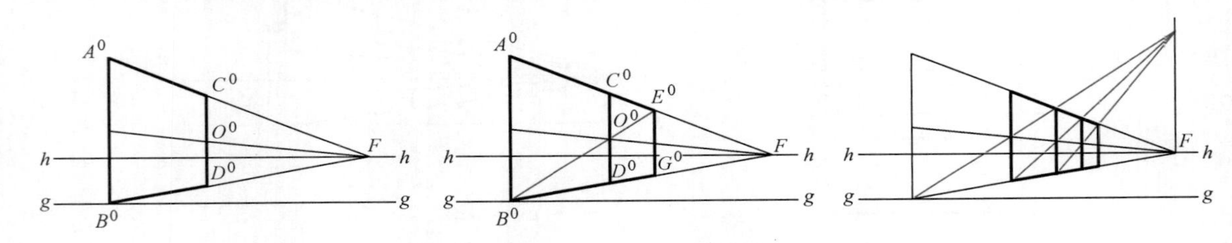

图 11-55 作连续等大的矩形

3. 宽窄相间对称矩形

在建筑中，有一系列大小相等间距相同的柱子，如果已作出了第一个柱子和间隔的透视，也可用同样的方法作出其余柱子的透视，如图 11-56 所示。

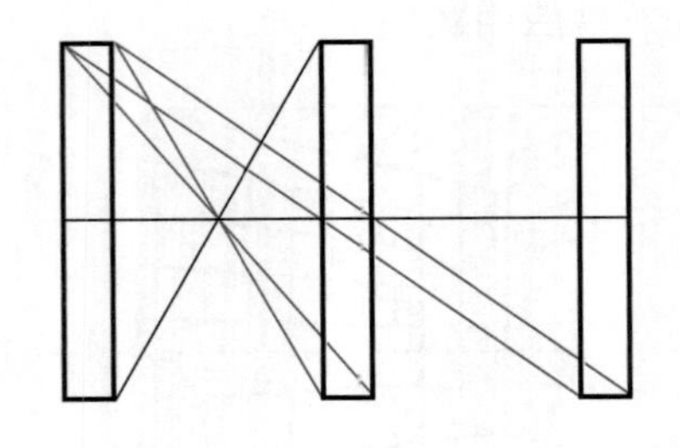
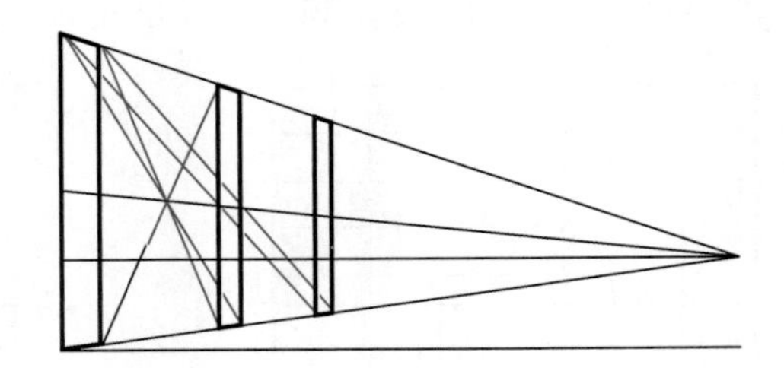

图 11-56 作等距等大的柱子

【例 19】 如图 11-57 所示，作门扇的分格线。

1）作门洞的透视图，如图 11-57a 所示。

2）利用等分线段作竖向分格线，如图 11-57a 所示。

3）利用分线段成一定比例作高度的分格线，如图 11-57a 所示。

4）完成作图，如图 11-57b 所示。

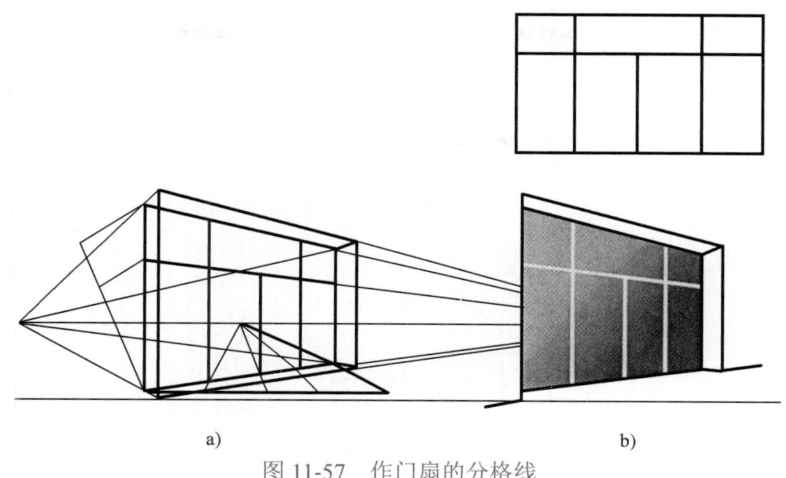

a)　　　b)

图 11-57　作门扇的分格线

11.9.3　网格法作透视图

当建筑形状不规则或具有复杂曲线时，可将它们纳入一个正方形组成的网格中来定位，先作出方格网的透视，然后定出图形的透视位置。如图 11-58 所示为用方格网法作出的一个花窗的透视图样。这种方法也适用于画某一区域建筑群的鸟瞰图或平面形状不规则的建筑物。

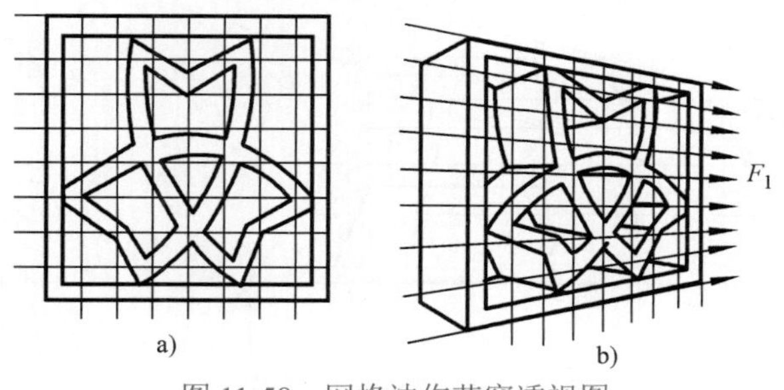

a)　　　b)

图 11-58　网格法作花窗透视图

1. 网格法作一点透视

图 11-59 为用方格网法绘制的建筑群的一点透视。作图步骤如下：

1）在总平面图上，选定画面位置，选定网格宽度，画出正方形网格，使网格一组线平行于画面，而另一组垂直于画面，如图 11-59a 所示。

2）在画面上，按选定的视高，画出基线 gg 和视平线 hh。在 hh 上确定灭点 s'。在 gg 上按格宽，定出 1、2…，连接 s'，即得垂直于画面的格线的透视方向。

3）根据选定的视距，在心点的一侧，定出方格网对角线的灭点 M。连接 $0M$ 是对角线的透视，它与 $s'1$、$s'2$…相交，由交点作 gg 的平行线，就是方格网中平行于画面的格线的透视，从而得到方格网的一点透视，如图 11-59b 所示。

4）根据总平面图中，建筑物和道路在方格网的相对位置，目估定出它们在透视网格中的位置，画出整个建筑群的透视平面图，如图 11-59b 所示。

5）找出真高线，求各建筑的透视高度，如图 11-59c 所示。

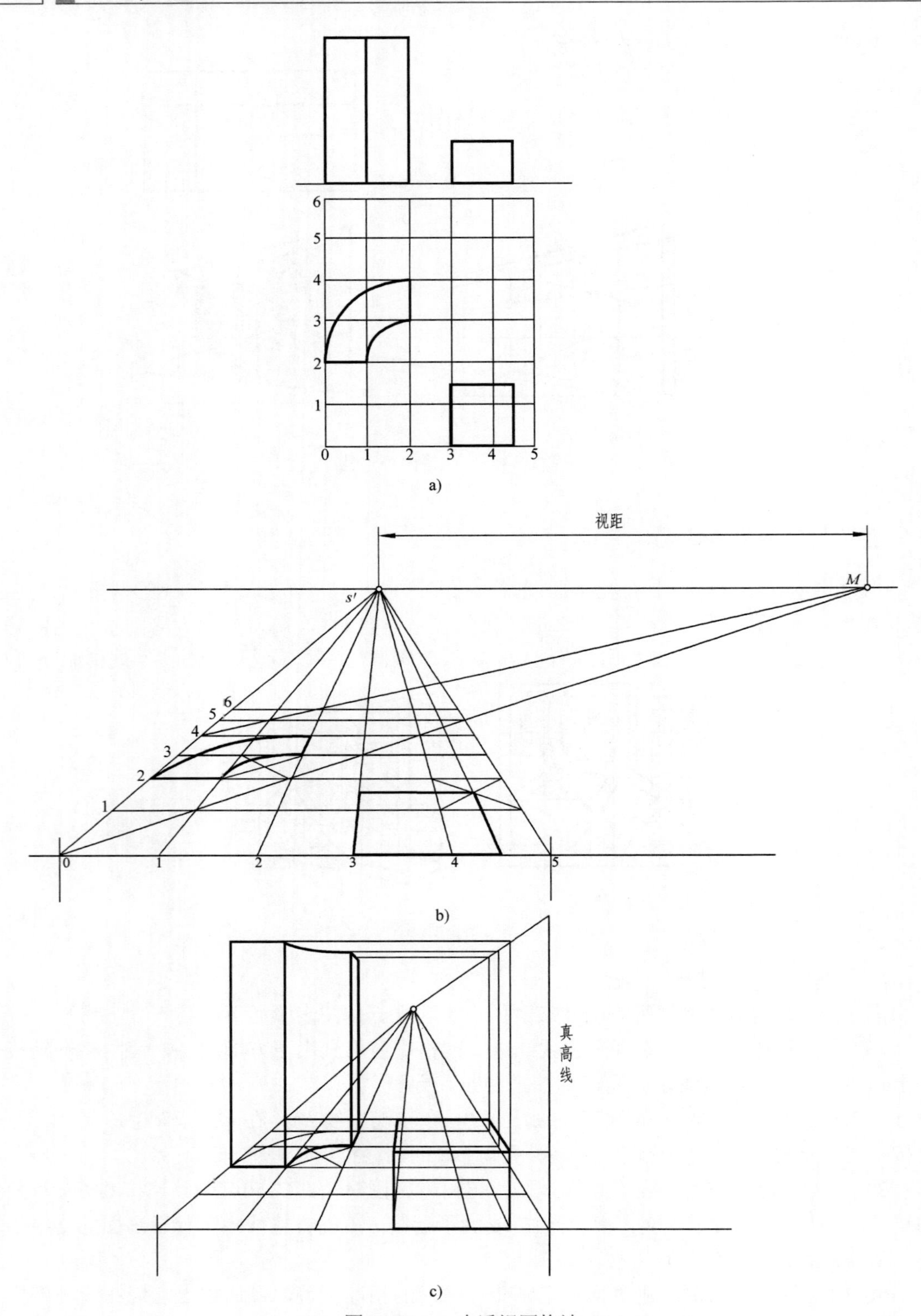

图 11-59　一点透视网格法

a）建筑平面图、立面图，在平面图上画出方格网　b）作出方格网透视，作出建筑群透视平面图　c）作出高度，区分图线

6）区分图线，完成透视图。

也可按所需透视的大小，在画面上将方格网的宽度、视平线的高度等按一定比例放大（比如 n 倍），得到放大的透视图。

2. 网格法作两点透视

图 11-60 为用方格网法绘制的建筑群的两点透视，作图步骤如下：

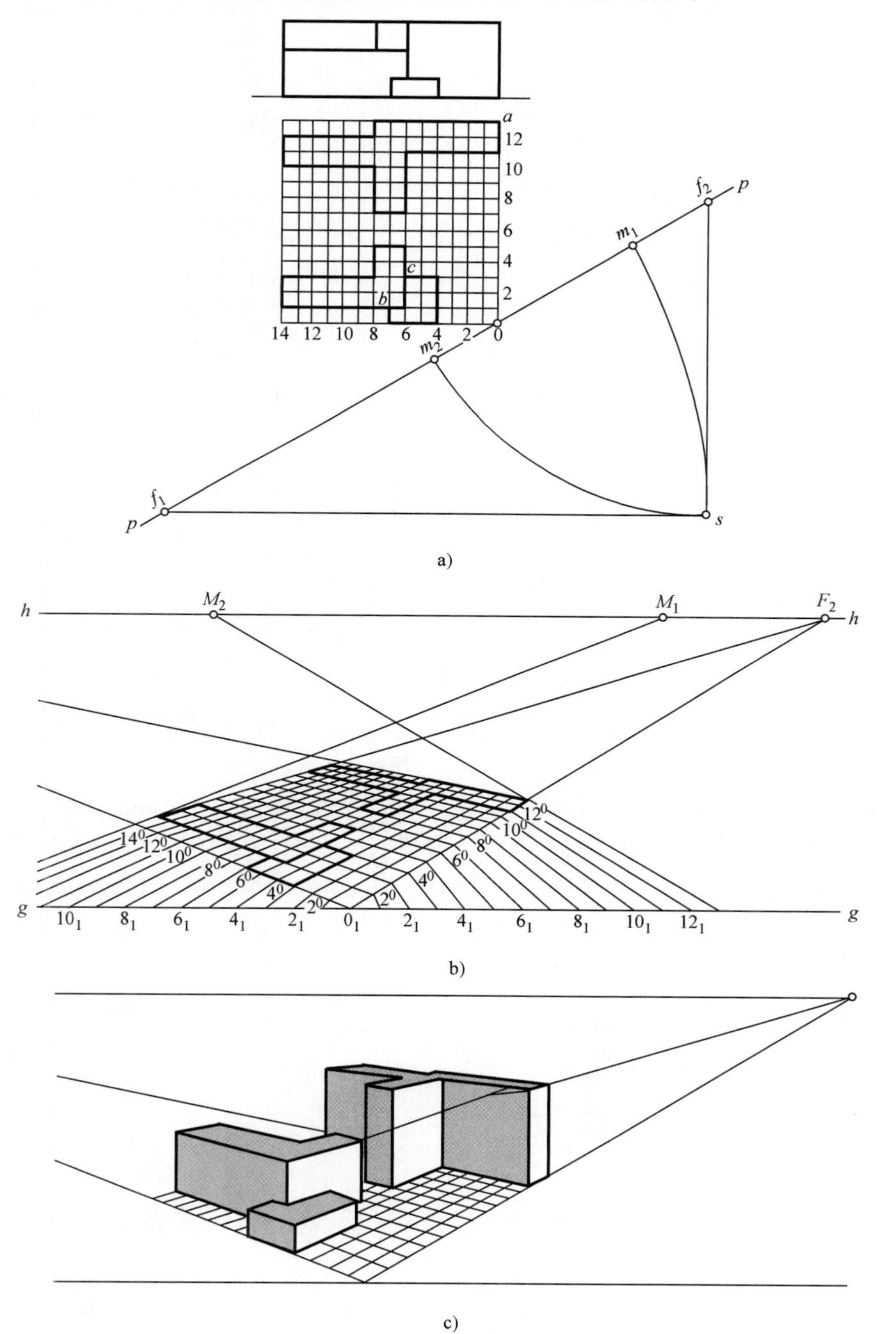

图 11-60　两点透视网格法

1）确定画面位置、站点、视高。求出 F_1、F_2、M_1、M_2，如图 11-60a 所示。

2）作出透视网格的两点透视，如图 11-60b 所示。

3）在透视网格中画出建筑的透视平面图，求出透视高度。区分图线，完成作图，如图 11-60c 所示。

11.10 透视图的选择

建筑物的透视图效果是由视点、画面与建筑物三者之间的相对位置所决定的。恰当选取三者之间的相对位置，可以获得满意的透视效果。

视点、画面和建筑物这三者之间相对位置的变化，直接影响所绘制透视图的形象。从几何学的观点来说，视点、画面和建筑物的相对位置不论如何安排，都可以准确地画出建筑物的透视图来，但是，要使透视图中所绘制的建筑物形象尽可能符合人们正常情况下直接观察时的建筑形象，就不能不从生理学的角度考虑人眼的视觉范围。如果忽略了这个问题，就可能使透视图发生透视变形，从而产生失真，而不能准确地反映设计意图。同时，为了让人们从透视图中尽可能多地获知建筑物的造型特征，就应该将视点放在最恰当的位置上来画出透视图，以免引起错觉和误解。

11.10.1 视点的选择

视点的选择，包括在平面图中确定站点的位置和在画面上确定视平线的高度。

1. 确定站点的位置

确定站点的位置，应考虑以下几点要求：

1）保证视角大小适宜。在绘制建筑透视图时，视角以 30°～40°为佳，如图 11-61 所示。

2）站点的选择应使绘成的透视能充分体现出建筑的整体造型特点，如图 11-62 所示。

2. 确定视高

视高即视平线与基线之间的距离，一般可按人的身高（1.5 ～ 1.8m）确定。有时为了使透视图取得特殊的效果，而将视高适当提高或降低。当视高高于建筑物的实际高度时，得到的是建筑物的鸟瞰图。而当视高低于建筑物的实际高度时，得到的是建筑物的仰视图。视点应尽可能确定在实际环境许可的位置上，以保证符合我们实际观察建筑物的位置，如图 11-63 所示。

一般视平线的位置不宜放在透视图高度的 1/2 处，因为这样放置的视平线将透视图分成上下对等的两部分，图像会显得过于呆板。

11.10.2 画面与建筑物的相对位置

1. 画面位置

当平行移动画面时，所得透视图不改变形状，只改变大小，如图 11-64 所示。

2. 画面与建筑立面的偏角

物体的某一面与画面的夹角越小，则该面上水平线的灭点越远，透视收敛则越平缓，于是该面的透视就越宽阔。如果夹角适当，则该面的透视非常接近于该面高宽的实际比例。

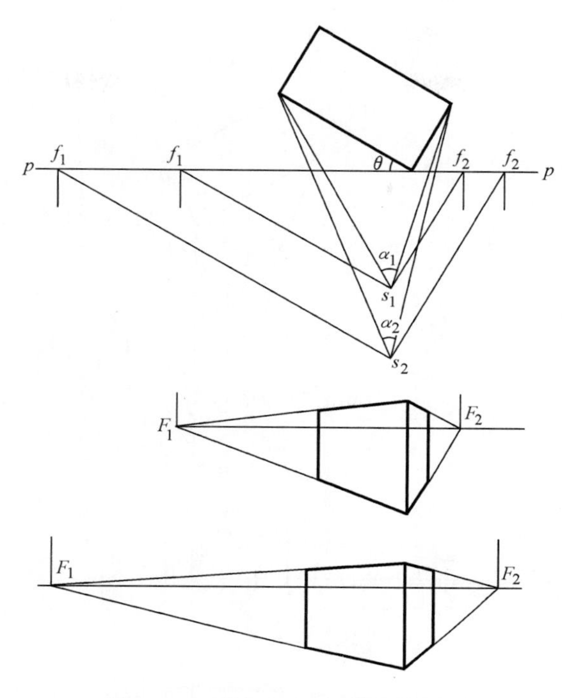

图 11-61　视角大小对透视图的影响

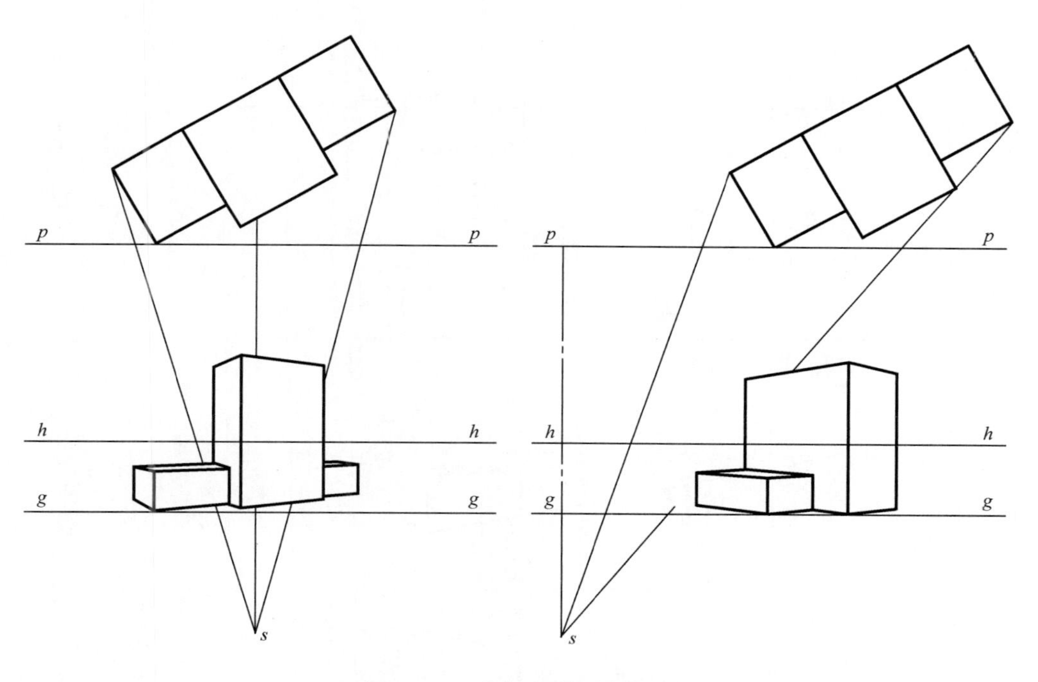

图 11-62　站点对透视图的影响

反之，夹角越大，则该面的水平线灭点越近，透视收敛则越急剧，于是该立面的透视越狭窄，如图 11-65 所示。

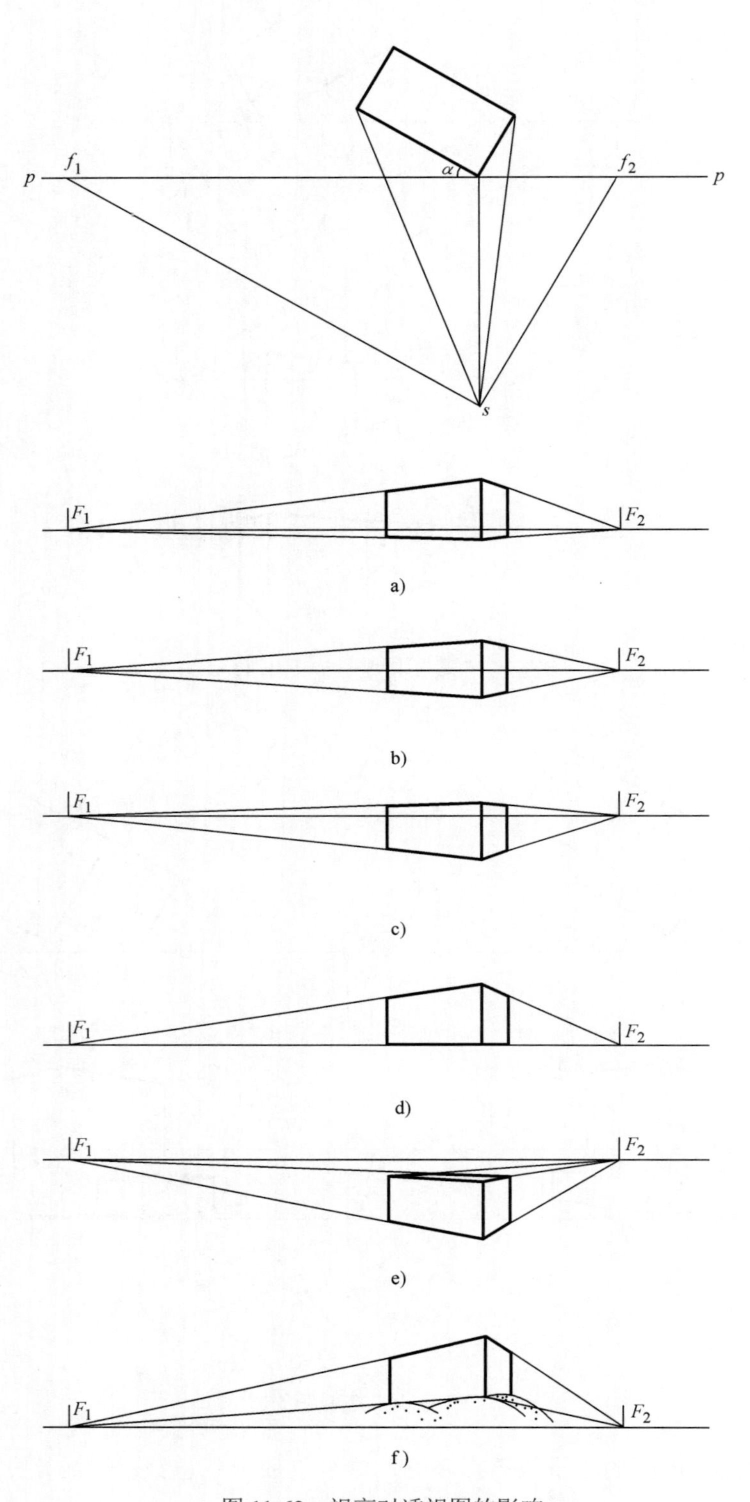

图 11-63 视高对透视图的影响

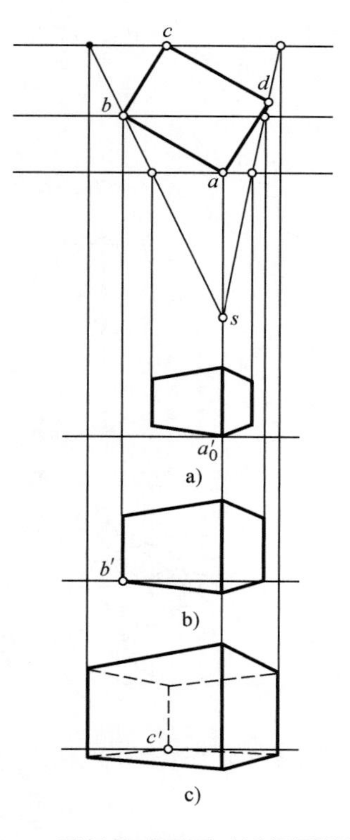

图 11-64　平行移动画面对透视图的影响

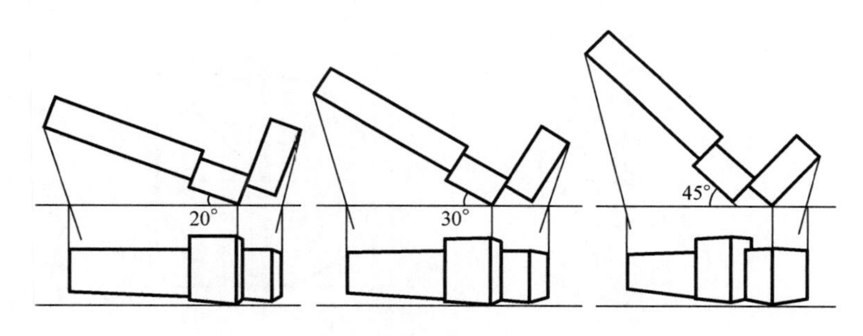

图 11-65　画面与建筑立面偏角对透视图的影响

11.11　圆及曲面立体的透视

圆是建筑形体中最常见的曲线。由于圆平面与画面所处位置的不同，其透视也不同。一般情况下圆的透视为椭圆，但当圆与画面平行时其透视仍为圆；如果圆平面通过视点，则其透视成为一条直线，在作透视时应尽量避免。

11.11.1　特殊位置圆的透视

1. 平行于画面的圆

当圆平面平行于画面时，其透视仍然是圆，其大小由圆平面距画面的远近而定。在这种情况下，其透视的绘制只需求出圆心及半径即可，如图 11-66 所示。

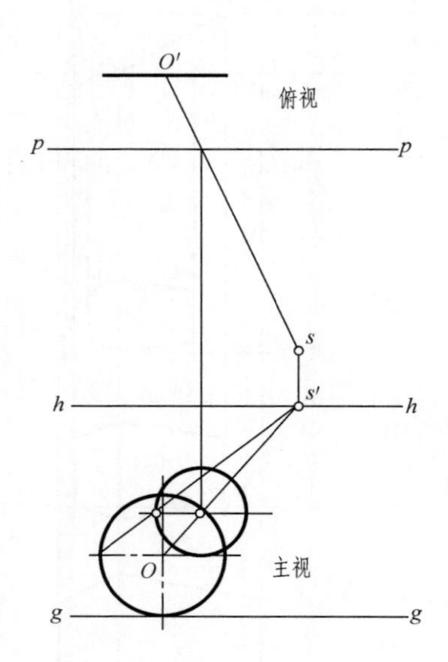

图 11-66 平行于画面的圆，其透视仍为圆

2. 平行于基面的圆

平行于基面的圆，其透视为椭圆，采用八点法作椭圆，如图 11-67 所示。

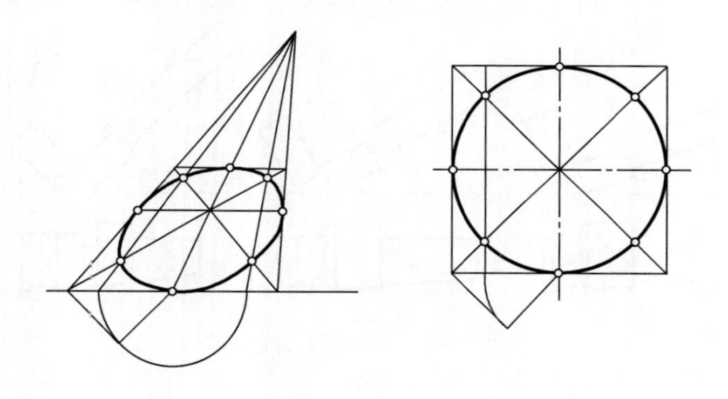

图 11-67 平行于基面的圆，其透视为椭圆

3. 垂直于基面的圆

垂直于基面的圆，其透视为椭圆，采用八点法作椭圆，如图 11-68 所示。

11.11.2 曲面立体的透视

【例 20】 如图 11-69 所示为一个圆管的透视。

此处，圆的透视不变形，仍为圆。应求出圆心与半径。

1）圆管的前端位于画面上，其透视即为其本身。

2）后端面的透视为缩小了的圆，其圆心 O_1^0 用视线交点法求得。过圆心作对称中心线，

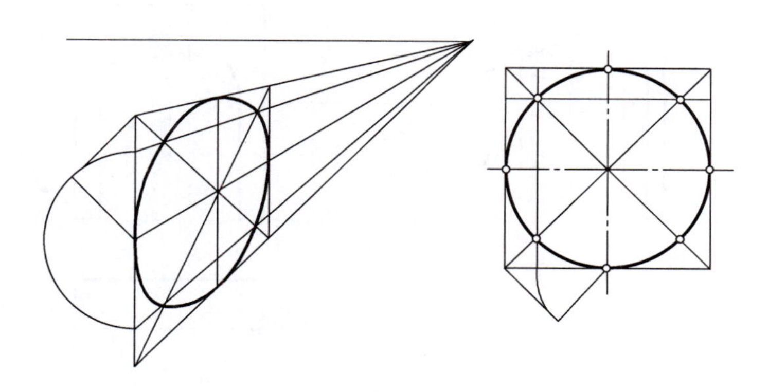

图 11-68 垂直于基面的圆，其透视为椭圆

与过点 A^0、B^0 的透视方向线相交得 A_1^0、B_1^0。分别以 $O_1^0A_1^0$、O_1^0、B_1^0 为半径作圆，再作两圆的公切线，即完成圆管的透视。

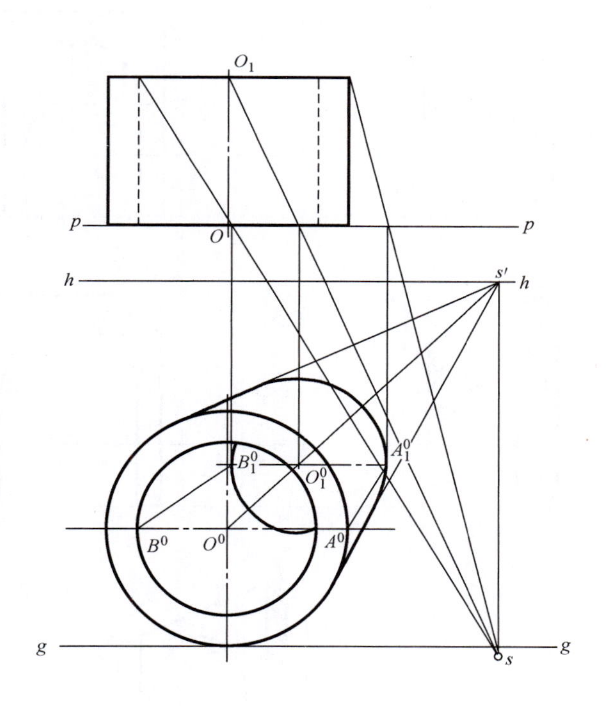

图 11-69 圆管的透视

【例 21】 如图 11-70 所示，求圆拱门的两点透视。

1）作轮廓的透视，求出圆心的位置，如图 11-70a 所示。

2）八点法作椭圆（此处求五点，作半圆），如图 11-70b 所示。

3）作后侧面上的椭圆，如图 11-70c 所示。

4）区分图线，完成作图，如图 11-70d 所示。

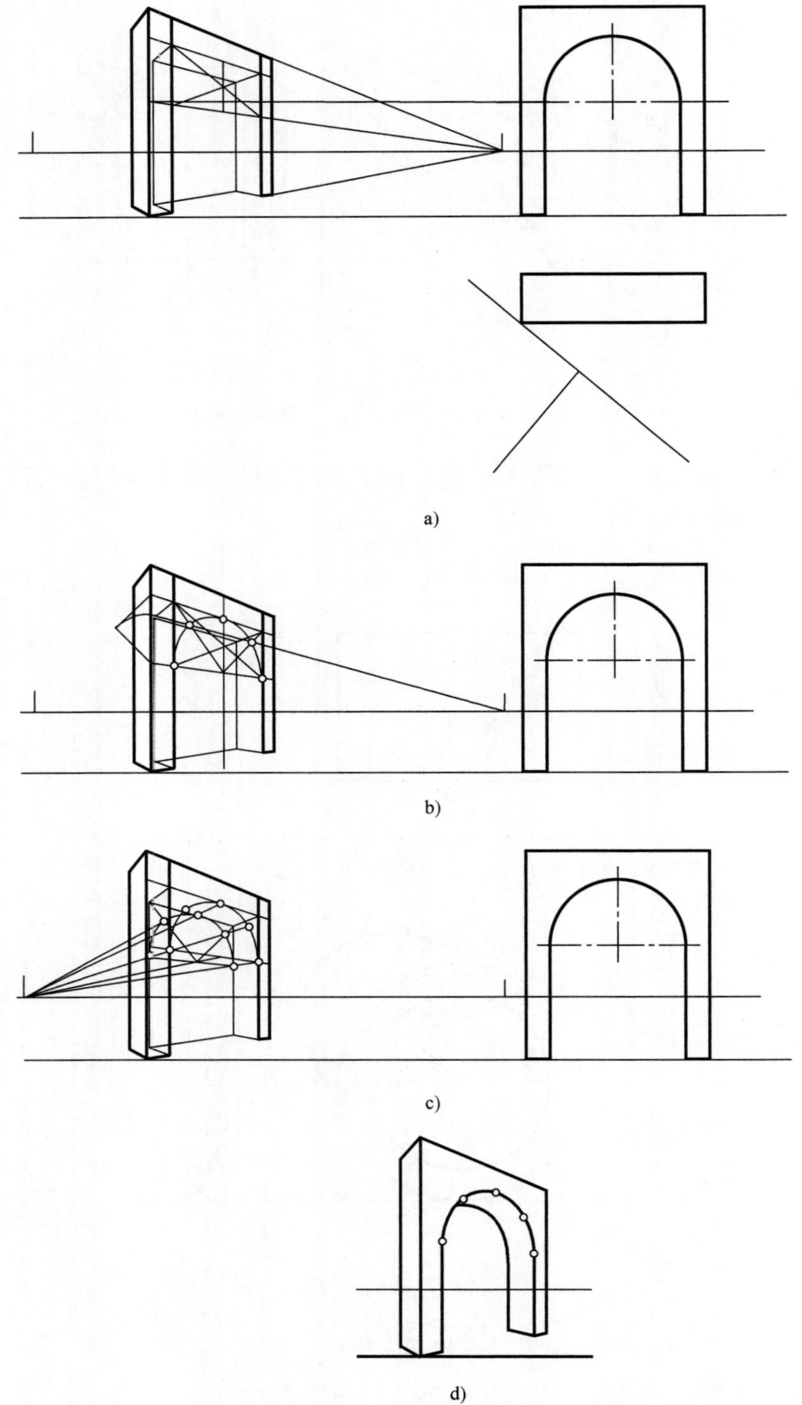

a)

b)

c)

d)

图 11-70 求圆拱门的两点透视

【例 22】 如图 11-71 所示，作圆拱大厅的透视。

此处，圆不变形，重点在于求出各圆的圆心、半径，如图 11-71a、b 所示。

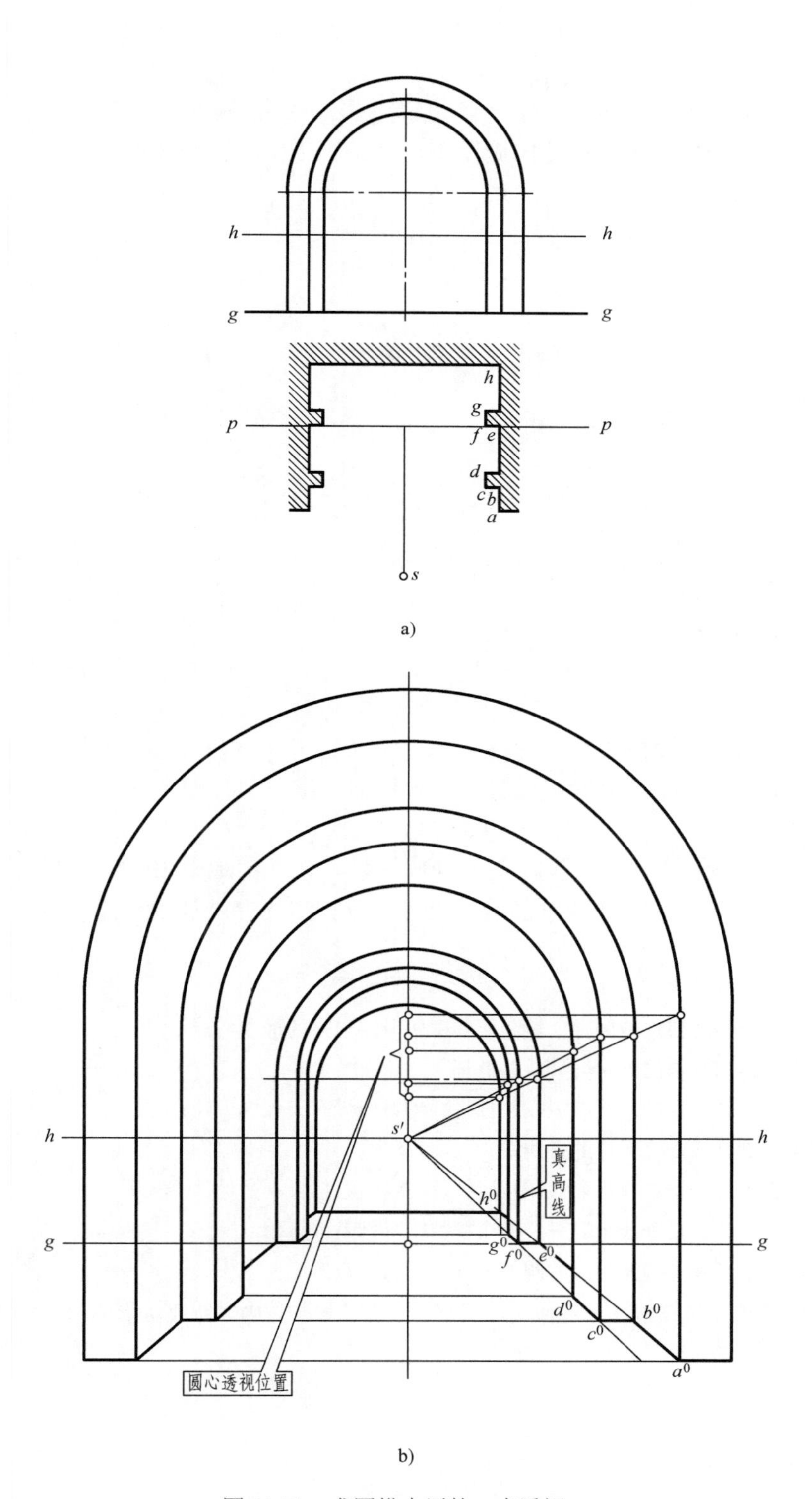

图 11-71　求圆拱大厅的一点透视

a）圆拱大厅的平、立面图　b）求底面的透视，求各圆心的透视及半径

11.12 透视在设计中的应用实例

无论是建筑设计还是装饰设计，一般都需要绘制效果图（表现图）。彩图1、彩图2是两幅效果图实例，分别为本书中建筑施工图与装饰施工图的配套效果图。它们都是运用透视原理绘制的，请同学们分析欣赏。

小　　结

透视图的求作要点（要求牢固掌握、熟练运用）：

1）一直线的灭点，就是该直线上无限远点的透视。

2）水平线的灭点必位于视平线上。

3）凡不平行于画面的平行线组，都有它们各自的灭点。

4）一直线的画面交点和灭点的连线就是该直线的透视方向。

5）求一直线段的透视，可以先求出它的透视方向，然后用视线交点法或量点法在透视方向上求出其端点的透视。

6）平行于画面的平行线组没有灭点，它们的透视与线段本身平行。

7）截取一线段的透视高度时，可利用平行线的透视交于同一灭点的特性，把已知高度从画面引渡过去。

8）建筑透视图的绘制通常是从平面图开始的。首先将该建筑物的平面图的透视画出来，即得到所谓的“透视平面图”，然后在此基础上将各部分的透视高度立起来，就可以完成整个建筑透视图。

9）对于建筑物的透视图并不需要不分巨细、一无遗漏地画出来，而只是将建筑物的主要轮廓画出即可，至于门、窗、细部装饰等可用透视的简捷画法画出。

思　考　题

1. 请找几张建筑物的照片或图片，试分析其中所反映出来的透视特点。

2. 弄清透视中常用术语的确定含义，并熟记。

3. 什么叫灭点？什么样的直线有灭点？什么样的直线没有灭点？为什么？

4. 透视图中的真高线是什么样的直线？

5. 建筑透视图的分类？试收集多张照片或图片，说明它们分别是什么透视图。

6. 水平线、铅垂线、正垂线、正平线的透视特征分别是什么？

7. 平行于画面的圆及与画面相交的圆的透视有什么特点？如何求作？

8. 绘制建筑物的透视图时，应如何进行视点、画面的选择？画面与建筑物的相对位置对透视图有何影响？

参考文献

[1] 中国建筑学会 . 建筑设计资料集 [M].3 版 . 北京：中国建筑工业出版社，2017.

[2] 何斌，陈锦昌，王枫红 . 建筑制图 [M].7 版 . 北京：高等教育出版社，2014.

[3] 宋安平 . 建筑制图 [M]. 北京：中国建筑工业出版社，2011.

[4] 谭伟建 . 建筑制图与阴影透视 [M].2 版 . 北京：中国建筑工业出版社，2008.

[5] 刘志杰，朱丽 . 装饰装修工程制图与识图 [M]. 北京：中国建材工业出版社，2005.

[6] 顾世权 . 建筑装饰制图 [M]. 北京：中国建筑工业出版社，2003.

[7] 刘甦，太良平 . 室内装饰工程制图 [M]. 北京：中国轻工业出版社，2012.

[8] 卢传贤 . 土木工程制图 [M]. 北京：中国建筑工业出版社，2017.

[9] 刘峰，谭英杰 . 室内装饰识图与房构 [M]. 上海：上海科学技术出版社，2004.

[10] 叶铮 . 室内建筑工程制图 [M]. 北京：中国建筑工业出版社，2018.

[11] 李思丽 . 建筑装饰工程制图与识图 [M]. 北京：机械工业出版社，2016.

[12] 居义杰，李思丽 . 建筑识图 [M]. 武汉：武汉理工大学出版社，2011.

[13] 乐荷卿，陈美华 . 土木建筑制图 [M]. 武汉：武汉理工大学出版社，2011.